AKADEMIE DER WISSENSCHAFTEN DER DDR
Forschungsstelle für Wirbeltierforschung
(im Tierpark Berlin)
Abteilung für Zoo- und Wildtiererkrankungen
Berlin-Friedrichsfelde

ERKRANKUNGEN DER ZOOTIERE

Verhandlungsbericht des
XXI. Internationalen Symposiums über die Erkrankungen der Zootiere
vom 13. Juni bis 17. Juni in Mulhouse

Zusammengestellt und bearbeitet von
Prof. Dr. med. vet. habil. Rudolf Ippen
und Dr. med. vet. Hans-Dieter Schröder

Mit 38 Abbildungen und 108 Tabellen

AKADEMIE-VERLAG BERLIN
1979

Erschienen im Akademie-Verlag, 108 Berlin, Leipziger Straße 3–4

Lizenznummer: 202 · 100/530/79

Bestellnummer: 762 632 6 (2136/13) · LSV 2905

Printed in GDR

VEB Druckkombinat Berlin

VERANSTALTER

Die Forschungsstelle für Wirbeltierforschung (im Tierpark Berlin),
Abteilung für Zoo- und Wildtiererkrankungen,
der Akademie der Wissenschaften der DDR
in Zusammenarbeit mit dem
Zoologischen und Botanischen Garten der Stadt Mulhouse

Tagungsort
Mulhouse

I n h a l t s v e r z e i c h n i s

Rückblick auf das XX. Internationale Symposium über die Erkrankungen der Zoo- und Wildtiere, Dvůr Králové, 14. bis 18. Juni 1978

Zum XX. Internationalen Symposium über die Erkrankungen der Zoo- und Wildtiere, das von der Abteilung für Zoo- und Wildtiererkrankungen der Forschungsstelle für Wirbeltierforschung (im Tierpark Berlin) der Akademie der Wissenschaften der DDR in Zusammenarbeit mit dem Zoologischen Garten in Dvůr Králové veranstaltet wurde, waren 234 aktive Teilnehmer und 97 Begleitpersonen erschienen. Die Teilnehmer kamen aus 21 Staaten, und zwar aus Algerien, Belgien, BRD, VR Bulgarien, ČSSR, Dänemark, DDR, England, Frankreich, SFR Jugoslawien, Niederlanden, Norwegen, Österreich, VR Polen, Schweden, Schweiz, Tunesien, Uganda, VR Ungarn, USA und West-Berlin.

Am 15. Juni eröffnete Herr Prof. Dr. Dr. Dathe im Namen und im Auftrag des Präsidenten der Akademie der Wissenschaften der DDR die wissenschaftlichen Sitzungen mit folgenden Worten: "Sehr verehrter Herr Pravda, 1. Stellvertreter des Ostböhmischen Kreises! Sehr verehrter Herr Dr. Hrabeta, Stellvertreter des Ministers für Landwirtschaft und Generaldirektor des Veterinärdienstes! Sehr verehrter Herr Dozent Dr. Blažek von der Tschechoslowakischen Akademie der Wissenschaften! Lieber Herr Kollege Vágner! Sehr verehrte Damen und Herren! Man mag es kaum glauben, daß wir uns schon zum 20. Male in diesem Kreis, der sich mittlerweile freilich sehr vergrößerte, versammeln, so frisch stehen die Tage des ersten Treffens noch vor unserem geistigen Auge. Manchen der damaligen Teilnehmer deckt längst die Erde, so Prof. Dobberstein, Prof. Schmidt-Hoensdorf, beide zu den Gründern gehörend, Dr. Landowski, Dr. Witkowski, Direktor Lukaszewic, um nur einiger zu gedenken.

Unser permanentes Anliegen aber, die Krankheiten der Zootiere zu erforschen, neue Behandlungsmethoden zu erfahren, das heißt dem erkrankten Zootier zu helfen, ist eher drängender geworden, wissen wir doch, daß im Hinblick auf die Wildbestände nicht nur ideell, sondern auch finanziell jedes einzelne Exemplar unserer Pfleglinge kostbarer wird. Darüber hinaus ist nicht zu übersehen, daß unsere Arbeit in diesem Kreis zunehmend beachtet wird, sei es, daß in sehr vielen Fällen die vorgetragenen Fakten halfen, das Leben von Tieren zu retten, sei es aber auch, weil die Ergebnisse nicht nur für die Tiergärtnerei mit ihren Veterinärdiensten wichtig, sondern auch weil manche der Erkenntnisse für die Gesamtveterinärmedizin von Wert wurden. Ein sichtbares Zeichen gerade dafür scheint mir, daß mein Vorschlag, Prof. Ippen, der mit Haut und Haar, unter Zurückstellung vieler Dinge und unter Aufgabe jeder Bequemlichkeit dem Symposium sich verschrieben hat, zum Veterinärrat zu ernennen, ohne jede Schwierigkeit akzeptiert wurde. Er trägt seit Oktober 1977 diesen ihn und auch uns ehrenden Titel.

Natürlich kann auch er es nicht jedem recht machen. Es gibt immer wieder einmal Kritik, berechtigte und unberechtigte. Ich weiß nicht, ob sich die Betreffenden klar gemacht haben, daß die Herren Ippen und Schröder wochenlang - ich betone neben der Erfüllung ihrer Dienstpflichten, die geleistet werden müssen - viele Stunden ihrer Freizeit zu opfern haben, um zum Beispiel den Berichtsband pünktlich jeweils vorlegen zu können. Nicht jeder Autor macht es den Redakteuren eben leicht.

Trotz allen Einsatzes wären aber diese Zusammenkünfte in der nun schon traditionellen Form unmöglich, wenn nicht die Akademie der Wissenschaften der DDR dahinterstünde. Sie trägt von Anfang an die Kosten, wobei die personellen Aufwendungen zweifellos die höchsten sind, und sichert damit diese Veranstaltung. Sie dürfen überzeugt sein, daß unter sorgfältigster Abwägung aller Umstände von uns versucht wird, es möglichst vielen recht zu machen. Wir machen uns keine Entscheidung leicht. Uns liegt daran, den fruchtbaren Kontakt untereinander immer enger zu gestalten, Freundschaften mit Fachgenossen aus aller Welt zu stärken, die wissenschaftliche Effektivität tunlichst zu erhöhen, immer auf das eine Ziel gerichtet, nämlich die Tierhaltung, um es einmal ganz allgemein zu sagen, zu verbessern.

Nachdem wir 1967 zum ersten Male unsere Tagung in der Tschechoslowakei, in der Hauptstadt Prag abhielten, eine Tagung, die uns noch bestens in Erinnerung ist, haben wir uns diesmal mit einem Tiergarten besonderer Art, mit Dvůr Králové, auf historischem Boden gelegen, verbündet. Wir tagen zusammen mit einem Zoologischen Garten, dessen meisten Tiere von seinem temperamentvollen und tatkräftigen Direktor, Herrn Kollegen Vágner, selbst gefangen wurden. Es gibt auf der Welt hinsichtlich der Konzeption der Institution nichts Vergleichbares. Mitten im Herzen Europas wurde in kürzester Zeit eine Tierzuchtstation - vor allem für afrikanische Tiere - im

Anschluß an einen kleinen traditionellen Zoo errichtet und für die Besucher eröffnet. Die Stückzahlen der gehaltenen und gezüchteten Tiere, die Seltenheit mancher Gruppen imponieren immer wieder. Wir wünschen Herrn Kollegen V á g n e r viele weitere Erfolge, schon deshalb, weil es durchaus möglich sein könnte, daß wir eines Tages froh sein werden, solch überragende Tierbestände so in der Nähe zu haben. Wir hoffen sehr, daß sich aus dem wundervollen Tierbestand adäquate wissenschaftliche Ergebnisse in absehbarer Zeit bemerkbar machen. Erste Publikationen liegen bereits vor. Gestatten Sie mir an dieser Stelle einen Vorschlag: Schwerlich an anderer Stelle gibt es von einzelnen Arten so viele Exemplare, vor allem Antilopen, wie hier im Zoo von Dvůr Králové. Man sollte von allen eingegangenen Stücken, besonders von den importierten Tieren, zumindest die Schädel präparieren und sammeln. Auch die der F_1- und F_2-Generationen wären von höchstem Interesse, etwa hinsichtlich des Einflusses der Zoohaltung. Hier wäre eine einmalige Gelegenheit für entsprechende Forschungen, da ich glaube, daß man hier auch über den nötigen Raum für solche Kollektionen verfügt. Ich weiß, daß es selbst dem British Museum of Natural History an genügend Material bei Großsäugern mangelt.

Zum Schluß darf ich wieder, meine sehr verehrten Damen und Herren, die Grüße des Herrn Präsidenten der Akademie der Wissenschaften der DDR, Prof. Dr. Dr. Hermann K l a r e , verbunden mit den besten Wünschen für einen erfolgreichen Ablauf der Tagung überbringen. In seinem Auftrag eröffne ich hiermit das XX. Internationale Symposium über die Erkrankungen der Zoo- und Wildtiere, dem ich einen harmonischen und ergebnisreichen Verlauf wünsche."

Im Anschluß daran ergriff Herr Prof. Dr. I p p e n , als Leiter der Veranstaltung, das Wort: "Meine Damen und Herren! Heute haben wir uns zum XX. Internationalen Symposium über die Erkrankungen der Zoo- und Wildtiere zusammengefunden. Ein kleines Jubiläum, das in der jetzt so schnellebigen Zeit durchaus einer Würdigung wert sein sollte. Zu Beginn des XV. Symposiums 1974 in Kolmården nahm ich die Gelegenheit wahr, in einem kurzen Rückblick auf die Gründung der Veranstaltung einzugehen. Heute möchte ich in knappen Worten versuchen, noch einmal die zurückliegenden 19 Veranstaltungen Revue passieren zu lassen. Manche Schwierigkeit mußte überwunden werden, um jährlich einen neuen und geeigneten Tagungsort auszuwählen und dabei dem internationalen Charakter unserer Zusammenkünfte stets Rechnung zu tragen. Die große Unterstützung, die uns dabei und bei der Vorbereitung und Durchführung der Symposien von der Leitung der Akademie der Wissenschaften der DDR zuteil wurde, soll besonders hervorgehoben sein und Anlaß zur Übermittlung unseres aufrichtigen Dankes geben.

1959 trafen wir uns zum ersten Symposium in Berlin und hielten unsere wissenschaftlichen Sitzungen in beiden Teilen der Stadt ab. Die Zahl der Vorträge war mit elf noch sehr gering, dennoch wurden aus den verschiedensten Bereichen erste Erfahrungen unterbreitet und heftige Diskussionen geführt. Neben den Besuchen in den beiden großen tiergärtnerischen Einrichtungen dürfte für die, die dabei waren, auch der "arme Heinrich" in besonderer Erinnerung geblieben sein.

Ein Jahr später trafen wir uns in Warszawa wieder. Bereits auf dieser Tagung wurden die wissenschaftlichen Beratungen unter zwei Hauptthemen gestellt. Während der erste Tag den Erkrankungen, die durch "Ernährungsfehler" verursacht werden, vorbehalten war, wurden am zweiten Tag speziell die "Erkrankungen der Primaten" besprochen. Direktor Dr. L a n d o w s k i vom Zoo Warszawa hatte damals in Zusammenarbeit mit Magister W o l i ń s k i vom Ministerium die örtlichen Vorbereitungen übernommen. Vielen von uns wird der erlebnisreiche Ausflug nach Bialowice zu den Wisenten noch heute in bester Erinnerung sein.

Nach Warszawa nahm uns Köln als Gastgeber in seinen Stadtmauern auf, und Zoodirektor Dr. W i n d e c k e r , Tierarzt Dr. L i n d a u sowie Oberbürgermeister B u r a u e n unternahmen alles, um die Veranstaltung zu einem großen Erfolg werden zu lassen. Wie im vorausgegangenen Jahr wurden auch in Köln zwei Themen "Die Parasitologie der Zootiere" und die "Vogelkrankheiten" zur Grundlage der wissenschaftlichen Beratungen gewählt. Darüber hinaus praktizierten wir erstmalig in Form eines Round-Table-Gesprächs über das Thema der Elefantenpocken und über die Narkose bei Zootieren eine Art Frage- und Antwortstunde, die sich später als sehr fruchtbringend erwies. Der sehr instruktive und unterhaltsame Ausflug nach Leverkusen bot beste Gelegenheit, sich auch persönlich näherzukommen.

In Kopenhagen sorgte dann 1962 Prof. C h r i s t e n s e n mit Unterstützung seiner Mitarbeiter, daß die Effektivität der wissenschaftlichen Beratungen weiter gesteigert werden konnte. Insgesamt wurden 47 Vorträge zur Diskussion gestellt, wobei als Themen die "Sedation und

Anästhesie der Zootiere", die Tuberkulose und andere Infektionen sowie "Robbenkrankheiten" gewählt wurden. Die ausgezeichnet vorbereiteten Rahmenveranstaltungen, wie unter anderen auch der Empfang im Rathaus Frederiksborg, begeisterten alle Teilnehmer.

Ein Jahr später organisierte Direktor Dr. J a c o b i in Amsterdam das V. Internationale Symposium über die Erkrankungen der Zootiere. Die wissenschaftlichen Vorträge waren diesmal den "Erkrankungen der Raubtiere" und den "Krankheiten der Beuteltiere" gewidmet. Darüber hinaus bestand die Möglichkeit zum Vortragen freier Beiträge. Der Jahreszeit entsprechend ließen es sich die Veranstalter nicht nehmen, den Teilnehmern im Rahmen eines Ausflugs die charakteristischen wunderschönen Tulpenfelder zu zeigen.

1964 rief uns dann Direktor Dozent Dr. F i e d l e r vom Tiergarten Schönbrunn nach Wien und sorgte gemeinsam mit Prof. Dr. K u t z er und Prof. Dr. G r ü n b e r g von der Tierärztlichen Universität Wien für einen großartigen Tagungsablauf. Es standen Fragen der "Seuchen und Zoonosen in Zoologischen Gärten" im Mittelpunkt der wissenschaftlichen Beratungen, wobei besonders die Maul- und Klauenseuche und die Tuberkulose besprochen wurden. Die netten Zusammenkünfte auf Einladung des Rektors der Tierärztlichen Universität und des Schloßhauptmanns von Schönbrunn blieben allen in bester Erinnerung.

Ein Jahr später trafen wir uns dann in der Schweiz, wo mit großem persönlichen Einsatz in Zürich Dr. W e i l e n m a n n und in Basel Prof. Dr. L a n g alles taten, um auch dieses Symposium zu einem großartigen Erlebnis werden zu lassen. "Zucht- und Aufzuchterkrankungen" war das Hauptthema dieses Symposiums. Zusätzlich wurden zahlreiche freie Vorträge gehalten. Die am Schluß der Tagung durchgeführte Exkursion nach Bern vermittelte den Teilnehmern einen bleibenden Eindruck vom Tierpark Dählhölzli und dem hauptstädtischen Naturkundemusum.

Das VIII. Internationale Symposium 1966 in Leipzig, das Direktor Dr. S e i f e r t vom Zoo Leipzig gemeinsam mit Prof. Dr. K r o n b e r g e r und Prof. Dr. E l z e von der veterinärmedizinischen Ausbildungsstätte am Ort mit vorbereiteten und durchführten, vermittelte mit seinen Beiträgen zum Hauptthema "Hygiene in Zoologischen Gärten" und den freien Vorträgen nicht nur wichtige wissenschaftliche Erkenntnisse, sondern bot mit seinem geselligen Beisammensein im Elefantenhaus einen gesellschaftlichen Höhepunkt.

Von Leipzig ging es 1967 nach Prag. Hier sorgten Prof. Dr. R y s a v y und seine Mitarbeiter von der Tschechoslowakischen Akademie der Wissenschaften und Direktor Dozent Dr. V e s e - l o v s k y vom Zoologischen Garten für ein ausgezeichnetes Gelingen des Beisammenseins. Die Vorträge zu den Hauptthemen "Erkrankungen der Verdauungsorgane" und "Schmerzausschaltung bei Zootieren" brachten, genau wie die anschließenden freien Vorträge, wesentliche neue Erkenntnisse, die deutlich werden ließen, wie wichtig die jährlichen Symposien für die Arbeit der Zoologischen Gärten geworden waren. Als besonderes Ereignis blieb wohl allen die Exkursion zu den Gestüten Slatinany und Kladruby in Erinnerung.

Im Jahre 1968 lud dann der Tiergarten Hellbrunn nach Salzburg ein. Der uns allen unvergessene Dr. Hermann T a x a c h e r sorgte mit ungeheurer Vitalität für ein gutes Gelingen, wobei ihm Direktor W i n d i s c h b a u e r tatkräftige Unterstützung gewährte. In Anlehnung an das in Prag besprochene Hauptthema wurden "Die Erkrankungen der Respirationsorgane" in den Mittelpunkt der wissenschaftlichen Diskussionen gestellt. Als ein weiteres Thema neben den aktuellen freien Vorträgen kamen "Operative Eingriffe bei Zootieren" zur Besprechung. Ein wunderschöner Busausflug machte die Teilnehmer auch mit dem Alpenzoo in Innsbruck unter Prof. P s e n n e r bekannt.

Zagreb in Jugoslawien war dann der nächste Veranstaltungsort. Direktor Dr. H u b e r vom Zoo und Prof. Dr. M a ř a n von der Veterinärmedizinischen Fakultät, die uns allen durch die regelmäßige Teilnahme an den Symposien seit Jahren eng vertraut sind, trugen mit ihren Mitarbeitern die Hauptlast der Vorbereitungsarbeiten. Sehr wertvolle und wichtige Erkenntnisse erbrachten die Beiträge zu den Themen "Anthropozoonosen und Zooanthroponosen" sowie zum Thema "Mißerfolge bei der Behandlung von Zootieren". Besonders beeindruckend war wohl für die meisten von uns die so wunderschöne Exkursion zu den Plitvicer Seen.

Nach Zagreb versammelten wir uns dann 1970 in Budapest. Hier war es in erster Linie ein Verdienst des uns allen bekannten Kollegen Dr. Lajos F á b i á n und Oberdirektor Dr. S z e - d e r j e i , daß alles zu einem schönen Erlebnis wurde. Als Hauptthemen der wissenschaftlichen Sitzungen hatten wir die "Aufzuchtkrankheiten bei Zootieren" und die "Erkrankungen des Bewegungsapparates" neben den freien Vorträgen gewählt. Wer von uns erinnert sich heute nicht noch gern an die Exkursion in die Puszta nach Hortobágy, wo Kollege F á b i á n allen trotz strömenden Regens die Sehenswürdigkeiten demonstrierte.

1971 traten dann viele von uns den recht weiten Weg nach Helsinki an. Direktor Dr. K o i v i - s t o und Tierarzt Dr. W a h l b e r g vom Zoo hatten gemeinsam mit Prof. Dr. H o l m - b e r g und seinen Mitarbeitern alles aufs beste vorbereitet, so daß die Tagung einen hervorragenden Ablauf nahm. Die wissenschaftlichen Vorträge des ersten Kongreßtages waren dem Thema "Erkrankungen der Affen" zugewandt, während sich die Beiträge des zweiten Tages mit der "Parasitologischen Überwachung der Zootiere" beschäftigten. Erstmalig seit dem Symposium in Köln 1961 führten wir neben den wissenschaftlichen Vorträgen eine Frage- und Antwortstunde durch, die sich mit aktuellen Problemen beschäftigte und großen Anklang unter den Teilnehmern fand. Nach dem sehr fruchtbaren wissenschaftlichen Erfahrungsaustausch wurden nicht nur die "weißen Nächte", sondern auch die landschaftlichen Schönheiten, die wir auf der Fahrt nach Tampere sahen, zu einem bleibenden Erlebnis.

Unser XIV. Zusammentreffen führte uns dann nach Wrocław in die VR Polen. Direktor Dr. G u c - w i ń s k i und seine Frau Magister Hanna G u c w i ń s k a als stellvertretende Zoodirektorin verstanden es, mit den Mitarbeitern des Zoos in Zusammenarbeit mit der Veterinärmedizinischen Fakultät eine hervorragende Tagung vorzubereiten, bei der die sprichwörtliche polnische Gastfreundschaft im Mittelpunkt stand. Zur wissenschaftlichen Beratung standen auf diesem Symposium "Die Erkrankungen der Vögel" und "Die Erkrankungen der Haut- und Anhangsorgane". Freie Vorträge und die Fragestunde waren zu einem bedeutenden Faktor des Symposiums geworden. Unvergeßlich bleiben für jeden der wunderschöne Zooabend und die Erlebnisse auf der Exkursion nach Krakow.

Ein Jahr später waren wir dann in Kolmården in Schweden bei Direktor Ulf S v e n s s o n im Djurpark zu Gast. Er und Dr. S c h a u m a n n hatten in Norrköping mit größter Präzision alle Voraussetzungen für einen ausgezeichneten Symposiumsablauf geschaffen. In dem recht kleinen, aber sehr zweckmäßigen Vortragsraum des Hotels wurden "Die Erkrankungen der Zoowiederkäuer" sowie "Tierärztliche Aspekte beim Transport von Zoo- und Wildtieren" besprochen. Auch hier boten freie Vorträge und die Fragestunde beste Gelegenheiten zur aktuellen Information. Nach erfolgreicher Tagesarbeit verlockten die "weißen Nächte" zu fröhlichem Tanz am Zooabend sowie zum nächtlichen Bad im Waldsee.

1974 begrüßte dann Direktor Dozent Dr. A l t m a n n die bis dahin größte Teilnehmerzahl in Erfurt. Er und die Mitarbeiter des Zoos hatten keine Mühe gescheut, um beste Voraussetzungen für einen guten Ablauf der wissenschaftlichen Tagung zu schaffen. Im einzelnen wurden "Die Erkrankungen der Raubtiere" sowie "Prophylaktische Maßnahmen bei der tierärztlichen Betreuung von Zootieren" und freie Vorträge diskutiert. Wiederum erwies sich die Fragestunde als besonders effektiv. Außerhalb des wissenschaftlichen Programms wurde keine Gelegenheit ausgelassen, um die angereisten Gäste mit einer Vielzahl thüringischer landschaftlicher Schönheiten und Traditionen vertraut zu machen.

Mit dem Symposium in Tunis fand zum ersten Mal unsere Veranstaltung auf einem anderen Kontinent statt. Dr. Habib C h e n i t i r hatte es verstanden, durch seine vielseitigen Beziehungen die immer wieder auftretenden Schwierigkeiten zu bewältigen und auch dieses Symposium zu einem Erlebnis werden zu lassen. Entsprechend dem Veranstaltungsort wurde als erstes Hauptthema "Die Erkrankungen afrikanischer Tiere" abgehandelt. Des weiteren kamen "Stoffwechselerkrankungen bei Zoo- und Wildtieren" und freie Vorträge zur Verlesung. Wohl allen hat der uns immer wieder dargebotene folkloristische Bauchtanz genauso begeistert wie die üppige Vegetation des nördlichen Tunesien.

Von der Mittelmeerküste ging es dann direkt ins Hochgebirge nach Innsbruck. Prof. P s e n n e r, Dr. T e u c h n e r und Dr. P e c h l a n e r unternahmen alles, um den Teilnehmern neben der fachlichen Arbeit so viele unauslöschliche Eindrücke zu vermitteln, wie nur irgend möglich. Auch hier in Innsbruck wurde der Landschaft entsprechend über "Die Krankheiten der Hochgebirgstiere" diskutiert. Weiterhin standen die Erkrankungen australischer Tiere, freie Vorträge und die aktuelle Fragestunde auf dem wissenschaftlichen Programm. Durch die Organisation der örtlichen Veranstalter wurde es ermöglicht, sowohl die wunderschönen Alpen und ihre interessante Tierwelt bei Besuchen im Schmirntal und in Alpbach, in der Nähe des Hafflinger Gestüts Ebbs, kennenzulernen.

Das XIX. Internationale Symposium vereinte dann schließlich eine sehr große Zahl von Teilnehmern in Poznań. Direktor Dr. T a b o r s k i vom Zoo und Direktor Dr. K o s ł o w s k i vom Städtischen Veterinärdienst hatten es mit ihren Mitarbeitern übernommen, die Aufgaben des örtlichen Mitveranstalters zu meistern. Die wissenschaftlichen Sitzungen dienten einerseits den "Erkrankungen der Reptilien und Amphibien" und waren andererseits auf "Erregerbedingte Erkrankungen bei Zoo- und Wildtieren" ausgerichtet. Selbstverständlich wurden auch freie Vorträge vorgelegt. Trotz unangenehmer kühler Witterung wurde auch dieses Symposium zu einem Erlebnis besonderer Art. Ob Zooabend, Beisammensein in der Tierklinik oder Exkursion mit Kutschwagenfahrt, überall herrschte ausgezeichnete Stimmung, die doch so entscheidend für ein gutes Gelingen einer wissenschaftlichen Tagung ist.

Heute nun wurde das XX. Internationale Symposium hier in Hradec Králové eröffnet. Bewußt wurde gerade zu diesem Jubiläum ein noch sehr junger, stark im Aufbau befindlicher Zoologischer Garten als Tagungsort ausgewählt. Hier in Dvůr Králové sind in den zurückliegenden Jahren Aufbauarbeiten wie kaum in einem anderen Zoo geleistet worden. Der bereits vorhandene, zum Teil schon selbst gezüchtete ausgezeichnete Tierbestand, speziell afrikanische Tiere, läßt schon jetzt das Ziel deutlich werden, daß hier ein Zuchtzoo entstehen soll, der es sich mit zur Aufgabe macht, in den kommenden Jahren afrikanische Tiere nicht nur zu erhalten, sondern auch zu züchten, um diese in ihrem Heimatland immer seltener werdenden Tierarten auch künftig in Tiergärten zeigen zu können. Um dieser Aufgabe gerecht zu werden, hat Direktor V á g n e r es sich zum Ziel gesetzt, der wissenschaftlichen Arbeit im Zoo besondere Aufmerksamkeit zu widmen, wozu das im Zoo errichtete neue Institut wesentlich beitragen wird. Wir möchten an dieser Stelle nicht versäumen, dem diesjährigen Mitveranstalter unseres Symposiums schon jetzt unseren herzlichsten Dank für alle Mühen bei der Vorbereitung der Tagung zu sagen. Direktor V á g n e r und Dozent D o l e j š í haben mit zahlreichen Helfern in unermüdlicher Arbeit Vorsorge getroffen, daß wir auch in diesem Jahr einen effektiven wissenschaftlichen Erfahrungsaustausch vornehmen können und daß wir in der uns verbleibenden Freizeit erholsame und anregende Stunden des Beisammenseins erleben werden.

Nutzen Sie alle die Tage des Aufenthaltes hier in Ostböhmen nicht nur, um wichtiges Fachliches hinzuzulernen, sondern auch, um die wunderschöne Landschaft und die herrlichen Tiere in Dvůr Králové zu bewundern, so daß Sie zufrieden und bereichert den Heimweg antreten."

Anschließend begrüßte im Namen des örtlichen Mitveranstalters Herr Ing. V á g n e r , Direktor des Zoologischen Gartens in Dvůr Králové, die Teilnehmer mit folgenden Worten: "Sehr geehrte Damen und Herren! Erlauben Sie mir, Sie im Namen des gastgebenden Zoologischen Gartens Dvůr Králové nad Labem herzlichst bei uns willkommen zu heißen. Ich freue mich, Sie hier in so unerwartet großer Zahl aus allen Teilen der Welt begrüßen zu können und möchte Ihnen einen recht angenehmen Aufenthalt bei uns wünschen. Es ist uns eine ganz besondere Ehre, gerade das XX. Internationale Symposium über die Erkrankungen der Zoo- und Wildtiere ausgestalten zu dürfen, und wir hoffen sehr, daß Sie nach Abschluß der Tagung mit allem zufrieden sein werden.

Ich möchte die sich hier bietende Gelegenheit nutzen, um Ihnen in kurzen Worten einiges über den Zoologischen Garten Dvůr Králové mitzuteilen.

Der Zoologische Garten existiert erst seit 32 Jahren und stellt somit eine recht junge Einrichtung dar. Als Besonderheit muß seine Lage angesprochen werden, da keine Verbindung zu einer Großstadt besteht. Dennoch ist der Besucherstrom sehr groß und erhöht sich jährlich weiter. Als günstig hierfür muß die am Garten vorbeiführende Touristenstraße zum Riesengebirge angesehen werden.

Die Aufgabenstellung des Zoologischen Gartens ist in Abstimmung mit der staatlichen Konzeption der tschechoslowakischen Zoologischen Gärten in der Perspektive vor allem auf die Zucht afrikanischer Tiere und dabei speziell Huftiere ausgerichtet. Das bedeutet aber nicht, daß die Tierwelt der übrigen Erdteile nicht vertreten sein soll. Wir haben aus diesem Grunde den Zoologischen Garten in zwei Teile unterteilt, wobei der sogenannte "klassische Zoo" besonders mit pädagogischer Zielsetzung eine möglichst umfassende Tierkollektion demonstriert, während der weiträumige zweite Teil zielbewußt der Zucht großer afrikanischer Tiere vorbehalten ist. Wir bemühen uns, beide Teile gleich stark zu entwickeln.

Insgesamt sind im Zoologischen Garten Dvůr Králové zur Zeit 1300 Tiere von 215 Arten. Wir haben im Laufe der letzten zehn Jahre fast alle afrikanischen Tiere selbst gefangen, eingewöhnt und von Afrika nach Dvůr Králové gebracht. Dabei waren wir uns der großen Verantwortung bewußt, die sich aus der Lösung der gestellten Aufgaben ergab. Es galt, nicht nur die nötige Anzahl ausgezeichneter Tiere der verschiedenen Arten zu bekommen, sondern auch genaue Kenntnisse über die geografischen Unterarten zu gewinnen, um bei zukünftiger Reproduktion über ein genetisch reines Material zu verfügen. Es galt weiterhin, die Eingewöhnung nach dem Einfangen so zu verbessern, daß die Verluste während des Transportes und der Quarantäne in Europa möglichst niedrig gehalten wurden. So konnten wir erreichen, daß die Verlustquote bei den importierten Tieren durchschnittlich unter 2,8 % lag. Des weiteren ist es uns gelungen, durch die Zusammenstellung einer großen Zahl von Zuchtherden bisher über 1000 Jungtiere zu reproduzieren, die bereits selbst wieder in weiteren Generationen züchten.

Erlauben Sie mir, daß ich an dieser Stelle als kleine Einführung zu dem am Freitag vorgesehenen Zoobesuch auf einige bei uns gehaltene Zuchtherden besonders hinweise. So haben wir zum Beispiel 8,24 Grevy-Zebras, 2,6 Bongos, 2,6 Breitmaulnashörner der Unterart Coltoni, 6,38 Pferdeantilopen, 9,19 Rappenantilopen, 3,5 Brillenböcke, 4,14 Kleine Kudus und 4,5 Zwergflußpferde. An großen afrikanischen Tieren haben wir insgesamt 26 Nashörner, 118 Zebras, 12 Giraffen, 311 Antilopen sowie 14 Nilpferde und Zwergflußpferde. Unser Ziel ist es, wie schon erwähnt, vor allem Jungtiere seltener Arten, besonders solcher, die in der Roten Liste der I.U.C.N. angeführt sind, zu züchten. Wir sind uns darüber im klaren, daß der natürliche Nachwuchs von Wildtieren in der ganzen Welt mehr und mehr zurückgeht. Die Ausfuhr lebender Tiere aus Afrika wird immer schwieriger und ist bei manchen Tierarten schon ganz unterbunden. Falls es also nicht gelingt, in den zoologischen Gärten Wildtiere zu reproduzieren, werden in absehbarer Zeit zahlreiche Tierarten zunächst aus den zoologischen Gärten und später aus der freien Wildbahn vollständig verschwinden. Um dieser Aufgabe einer gezielten Reproduktion mit Erfolg nachgehen zu können, ist es jedoch erforderlich, gründliche biologische Forschungsarbeit zu leisten. Als eine besonders wichtige Frage für die Reproduktion betrachten wir die Ermittlung und Zusammenstellung natürlich großer Zuchtgruppen, in denen die Herdenstruktur im Hinblick auf die Anzahl männlicher und weiblicher Tiere sowie auf das Alter den Bedingungen der freien Natur entspricht. Weiterhin geht es darum, geeignete Gehegegrößen, Winterquartiere und vor allem jahreszeitgerechte Futterzusammensetzungen zu schaffen. Um Seucheneinbrüchen vorzubeugen und unterschiedliche Blutlinien zu reproduzieren, erweist es sich als notwendig, parallel zu unseren Zuchtherden, ausgehend vom gleichen Tiermaterial, Zuchtgruppen in anderen Tiergärten aufzubauen, Die erfolgreiche Bearbeitung dieser und zahlreicher weiterer Aufgaben kann nicht allein vom wissenschaftlichen Personal des Tiergartens bewältigt werden. Aus diesem Grund errichteten wir auf unserem Gelände eine wissenschaftliche Forschungseinrichtung, die Sie im Rohbau beim Zoobesuch in Augenschein nehmen können. Hier soll, wie auch bereits in anderen Ländern, zielgerichtet Forschungsarbeit geleistet werden. Als Basis für die Lösung der gestellten Fragen stehen die im Zoo gehaltenen Tiere und die Tierkörper gestorbener Tiere zur Verfügung. Wir beabsichtigen, neben Fragen der Biochemie, Physiologie und Hämatologie in diesem Institut vor allem auch Probleme der Pathologie und Parasitologie bearbeiten zu lassen. Dabei ist es selbstverständlich, daß wir eng mit den Institutionen der Tschechoslowakischen Akademie, der Landwirtschaftlichen Hochschule in Prag, der Tierärztlichen und Naturwissenschaftlichen Universität in Brno, dem Nationalmuseum in Prag und vor allem auch mit ausländischen Instituten gleicher Forschungsrichtung zusammenarbeiten werden. Erste Anfänge sind bereits gemacht, und wir hoffen, bald weitere geeignete Kräfte einstellen zu können, um voll aktiv zu werden. Inwieweit unsere Pläne für die Reproduktion und die damit direkt im Zusammenhang stehenden Forschungsaufgaben richtig und erfolgreich sein werden, wird erst die Zukunft zeigen. Wir sind uns darüber im klaren, daß uns bestimmt mancher Fehler unterläuft und sind jedem dankbar, der uns darauf aufmerksam macht, denn nur so können wir in unserem gemeinsamen Anliegen, der bedrohten Tierwelt zu helfen, vorankommen. Wir sind uns der großen Verantwortung gegenüber der Gesellschaft und der Natur bewußt, die wir mit der Realisierung des grandiosen Projekts hier in Dvůr Králové übernommen haben, und werden ständig bemüht sein, alles zu tun, um Erfolge zu erzielen.

In diesem Sinne darf ich Sie nochmals bei uns herzlich willkommen heißen und danke Ihnen für Ihre Aufmerksamkeit."

Im Mittelpunkt der wissenschaftlichen Sitzungen des ersten Arbeitstages standen die "Erkrankungen der Huftiere". In den Abendstunden wurde der Empfang durch den Minister für Kultur der ČSR, Herrn Dr. K l u s á k , in den historischen Räumen der Burg Nove Mesto zu einem gesellschaftlichen Höhepunkt.

Der zweite Arbeitstag war freien Themen vorbehalten. Im Anschluß daran wurde die nun schon traditionelle Fragestunde zu aktuellen Problemen auf dem Gebiet der Zootierkrankheiten durchgeführt. In den Nachmittagsstunden vermittelte der Zoobesuch allen Teilnehmern einen Eindruck von der großartigen Aufbauarbeit und dem einmaligen Bestand an afrikanischen Tieren. Auch das gesellige Beisammensein auf Einladung des Zoos in den Abendstunden wurde zu einem unvergeßlichen Erlebnis.

Die wissenschaftlichen Sitzungen des dritten Arbeitstages befaßten sich mit freien Themen. Die Abendstunden waren einem Konzert vorbehalten, das das Staatliche Kammerorchester Pardubice ausschließlich für die Teilnehmer des Symposiums bestritt.

Am 18. Juni erfolgte eine wissenschaftliche Exkursion in den Nationalpark "Riesengebirge", die ebenso wie alle anderen vom örtlichen Mitveranstalter ausgezeichnet vorbereiteten Rahmenveranstaltungen bei allen Symposiumsteilnehmern hohe Anerkennung fand.

H.-D. Schröder

Aus dem Zoologischen Garten Berlin (Direktor: Prof. Dr. H.-G. K l ö s)

ZUR VITAMIN- UND MINERALSTOFFVERSORGUNG DER ZOOTIERE IM ZOO BERLIN+)

Von R. G ö l t e n b o t h und H.-G. K l ö s

Bekanntlich werden die modernen Methoden der Fütterung der landwirtschaftlichen Nutztiere mit Hilfe von Fertigfuttermitteln auch längst in den Zoologischen Gärten angewandt und haben unbestreitbar zur besseren Haltung und Zucht vieler Zootiere beigetragen. So werden in den meisten Zoologischen Gärten heute Kraftfuttermischungen für Pflanzenfresser und Allesfresser nach den Rezepten von Basel und Philadelphia (W a c k e r n a g e l , 1960) verfüttert, die entweder im Zoo selbst oder von Futtermittelfabriken hergestellt werden. Diese enthalten alle notwendigen Nährstoffe wie Eiweiß, Kohlehydrate, Fette, Vitamine und Mineralstoffe in ausgewogenem Verhältnis und in ausreichendem Maße. Auch viele andere auf dem Markt angebotene Fertigfuttermittel, vom Kükenaufzuchtfutter bis zum Milchleistungsfutter für Kühe, werden in Zoologischen Gärten erfolgreich eingesetzt. Neben diesem, an sich vollwertigen Nahrungsangebot wird von Zoo zu Zoo unterschiedlich und je nach Tierart eine reiche Palette der verschiedensten natürlichen oder zubereiteten Nahrungs- und Futtermittel verabreicht. Es ist daher zu fragen, warum trotz einer solchen, wie es scheint optimalen Fütterung in den Zoologischen Gärten bei den verschiedensten Tierarten doch immer wieder Fälle von Mangelernährung, insbesondere Vitamin- und Mineralstoffmangel, auftreten und behandelt werden müssen.

Die Ursachen für diese Erscheinungen sind mannigfaltiger Natur und können in vielen Fällen nur vermutet werden. Unter den besonderen Bedingungen der Haltung der Wildtiere in Zoologischen Gärten kann generell von einem erhöhten Vitaminbedarf der Zootiere ausgegangen werden. Vielfach fehlt es an genügend Sonnenbestrahlung, an frischem Gras, Laub und Zweigen und an gutem Heu für die Pflanzen- und Blattfresser, an frischtoten Tieren mit allen Innereien für die Fleischfresser und an frischen Fischen für die Meeressäuger und Fischfresser unter den Vögeln. Von Fall zu Fall kann auch ein Mangel an Vitaminen durch Vitaminzehrer, wie Parasiten, Pilze, Antibiotika und andere chemische Zusätze im Futter, entstehen oder dadurch, daß sich einzelne Tiere trotz reichhaltigem Nahrungsangebot sehr einseitig ernähren oder auf Grund einer Störung nicht in der Lage sind, angebotene Vitamine aufzunehmen und zu verwerten. Bekanntlich sind auch besonders Jungtiere im Wachstumsalter durch ihren erhöhten Bedarf an Vitaminen und Mineralstoffen gefährdet.

Wenn wir nun die Verhältnisse im Zoo Berlin in dieser Hinsicht betrachten, so muß festgestellt werden, daß viele der soeben aufgeführten negativen Faktoren bei uns durch die besondere Lage des Zoos und der Stadt verstärkt wirksam sind. Der Zoo liegt eingeengt mitten im Zentrum einer Millionenstadt, umgeben von Hochhäusern und stark befahrenen Straßen. Auf die Verfütterung frischen, gesunden Grases muß weitgehend verzichtet werden, und das Heu wird aus der Bundesrepublik bezogen und fällt in der Qualität sehr unterschiedlich aus, da wir auch keinen Einfluß auf seine Herstellung und Herkunft haben. Die Fleischfresser müssen ebenfalls überwiegend mit Fleisch von tiefgefrorenen aus der Bundesrepublik stammenden Rinder- und Pferdehälften, die zum Teil als minderwertig abgestempelt sind, ernährt werden. Deshalb muß einer zusätzlichen ausreichenden Versorgung der Zootiere mit Vitaminen und Mineralstoffen bei uns besondere Beachtung geschenkt werden.

Auch im Zoo Berlin werden nach den Rezepten von Basel fertige Kraftfuttermischungen in Pulver-, Pellet- oder Kuchenform, die allerdings nicht im Zoo selbst, sondern von einer Futtermittelfabrik hergestellt werden, als Nahrungsgrundlage für Allesfresser und empfindlichere Pflanzenfresser eingesetzt. Daneben werden für bestimmte Tierarten auch noch andere, auf dem Markt an-

+) Herrn Dr. Richard M ü l l e r , dem langjährigen und erfahrenen Tiergärtner, mit den besten Wünschen zur Vollendung seines 75. Lebensjahres gewidmet.

gebotene Kraftfutter verfüttert. Einige Hirscharten erhalten ein Wildfutter für Rot-, Reh- und Damwild, das einen geringeren Anteil als die Baseler Mischung an Getreide und dafür Tapiok-Mehl und Trockenschnitzel enthält. Weniger anspruchsvolle Rinderarten müssen sich mit einem Milchleistungsfutter für Milchkühe und auch unsere Ponys und Reitpferde mit einem Ergänzungsfutter für Pferde begnügen. Für die Vögel stehen sogenannte Alleinfutter für Hühner- und Truthühnerküken oder für Junghennen und Legehennen zur Verfügung. Ebenso wie den speziellen Mischungen für Zootiere ist diesen industriellen Tierfuttern für Haustiere ein bestimmter Prozentsatz an Vitaminen und Mineralstoffen zugesetzt.
Wie bereits erwähnt, dienen diese Futtermischungen nur als Basis und werden auch bei uns durch ein reiches und je nach Tierart unterschiedliches Angebot der verschiedensten Nahrungsmittel, wie Obst, Gemüse, Keimgetreide, Salat, Früchte, Körnerarten, Kleinsäuger, Meerestiere und Insekten, ergänzt. Darüber hinaus ist es die Aufgabe des Tierarztes im Zoo Berlin, je nach Bedarf eine zusätzliche und gezielte Versorgung der verschiedenen Tiergruppen oder auch einzelner Tiere mit Vitaminen und Mineralstoffen zu sichern. Dies geschieht dadurch, daß bestimmte Vitaminmischungen und -präparate teils ganzjährig und täglich, teils nur zeitweilig von den betreffenden Tierpflegern in vorgeschriebener Menge den Futterrationen zugesetzt werden oder als Einzelbehandlung vom Tierarzt eingegeben oder auch injiziert werden.
In den folgenden Abschnitten soll nun darüber berichtet werden, welche derartigen Präparate bei uns zum Einsatz kommen und mit welchen besonderen Problemen wir uns bei der Versorgung der verschiedenen Tiergruppen mit Vitaminen und Mineralstoffen zu befassen haben.

Es ist allgemein bekannt, daß die Primaten einen besonders hohen Bedarf an Vitaminen, Mineralstoffen und Spurenelementen haben (A l t m a n n , 1966, 1971; W a c k e r n a g e l , 1960; G ö l t e n b o t h , 1976). Dies gilt besonders für Neuweltaffen und natürlich für Jungtiere. Wir legen daher auch großen Wert darauf, daß alle unsere Menschenaffen und Affen den sogenannten Affenkuchen, das heißt die Mischung für Allesfresser plus gekochtes Fleisch und Fleischbrühe, täglich in genügender Menge aufnehmen. Bei den erwachsenen Menschenaffen genügt nach unseren Erfahrungen im allgemeinen die tägliche Verabreichung eines Multivitamin-Präparates wie Omnival(R) (Nordmark) oder Multi-Mulsin(R) (Mucos) und Vitamin C. Gelegentlich konnten wir auch bei dem einen oder anderen Orang-Utan durch Blutuntersuchung leichtere Anämien feststellen, denen wir durch Gaben eines Eisenpräparates (Spartocine(R), UCB-Chemie GmbH) und Vitamin B 12 (B 12-Intrinsic Vicotrat(R), Heyl) in bestimmten Abständen vorzubeugen suchen. Zu erwähnen sei hier noch der seltene Fall einer hochgradigen Hypokaliämie bei einem unserer Gorillas, der durch massive Behandlung mit Kalium-Präparaten (G ö l t e n b o t h und K l ö s , 1975) rasch zu beseitigen war.
Junge Menschenaffen, die künstlich aufgezogen werden, erhalten vom ersten Lebenstage an als Rachitis-Prophylaxe täglich Vitamin D_3-Tropfen (Detavit Aquat(R), Bayer) ab zweitem Lebensmonat Vitamin C (Cebion(R), Merck) und Polybion-Tropfen(R), Merck). Später wird dann auf Kinder-Aufbau-Präparate (Omnival(R), Neocalcit(R), Dr. Pfleger) übergegangen. Bei den jungen Orang-Utans ist nach unseren Erfahrungen die zusätzliche Gabe von Eisen (Spartocine(R)) besonders wichtig. Selbstverständlich versuchen wir auch, jungen Menschenaffen, die von ihren Müttern aufgezogen werden, so früh wie möglich diese Vitamin-Präparate beizubringen. Rachitische Erscheinungen oder andere Vitaminmangelsymptome haben wir bei unseren jungen Menschenaffen seit vielen Jahren nicht mehr beobachtet. Das Futter unserer niederen Affen wird täglich mit emulgierten Vitaminen (Multi-Mulsin(R), Mucos) und Neocalcit(R), das ein Ca: P-Verhältnis von 1 : 20 besitzt, angereichert. Alle Krallenäffchen erhalten zusätzlich Vitamin A D_3 E-Tropfen (Trigantol(R), Bayer) zur Aufzucht. Trotzdem mußten wir in den letzten Jahren bei einem Nasenaffen, zwei Klammeraffen, einem Guereza und mehreren Springtamarinen und Pinseläffchen, die in der Literatur häufig beschriebene sogenannte Knochenweiche oder Osteodystrophie feststellen (D ä m m r i c h und H i l d e b r a n d , 1970; D ä m m r i c h , 1967). Auf der Suche nach den Ursachen dieser Erkrankung mußten wir primär von einem alimentär bedingten Hyperparathyreoidismus auf Grund eines Überangebotes an Phosphor und gleichzeitigem Mangel an Kalzium ausgehen. Es ist auch durchaus denkbar, daß vor allem bei den Krallenäffchen und Klammeraffen einzelne Tiere sich zu einseitig von dem reichlich angebotenen tierischen Eiweiß ernährten und dadurch zuviel Phosphor aufnahmen. Wir setzen daher jetzt dem Futter auch noch reines Kalziumzitrat und -laktat (Calcilosan(R), Pharminco) zu. Den Blattfressern unter den Affen geben wir außerdem noch hohe Dosen von Vitamin C, denn es ist zu vermuten, daß diese Tiere mit ihrer natürlichen Nahrung sehr viel

Vitamin C aufnehmen. Außerdem haben wir bei den Käfigen der Krallenaffen und den empfindlicheren Affenarten sogenannte Vitalux-Lampen und UVA-Strahler (Osram) angebracht, wie sie auch in sogenannten Solarien verwendet werden, die ein dem natürlichen Sonnenlicht entsprechendes Licht aussenden ohne die gefährlichen UVB-Strahlen, um den erheblichen Mangel an Sonnenlicht unter den Bedingungen der Haltung der Affen in unserem Zoo auszugleichen.

Alle unsere Fleischfresser erhalten angereichertes Muskelfleisch mit Knochen vom Rind und Pferd, dazu in unterschiedlicher Menge je nach Tierart Ratten, Mäuse, Meerschweinchen und gelegentlich Kaninchen. Nicht selten werden auch überzählige Schafe, Ziegen, Mähnenschafe und andere Tiere aus dem eigenen Bestand geschlachtet und dann mit den Innereien an die Raubtiere und andere Fleischfresser verfüttert. Als Zusatz zum Muskelfleisch hat sich das Mineralfutter Welpi-Sal(R) (Asid) gut bewährt, das 20,7 % Kalzium, 9,0 % Phosphor und 6,0 % Natrium enthält. Zugesetzt sind außerdem die Vitamine A, D_3, E, K und B-Komplex, Biotin, Wuchshefe, die essentiellen Aminosäuren Lysin und Methionin und die Spurenelemente Eisen, Zink, Kupfer, Mangan, Kobalt und Jod. Das weite Ca: P-Verhältnis von 2,3 : 1 in diesem Mineralfutter haben wir in jüngster Zeit durch die Beimengung von 1 kg Canisan(R) (Pharminoo) bestehend aus reinem Trikalziumzitrat zu 10 kg Welpi-Sal(R) auf 3,3 : 1 erhöht. Von dieser Mischung erhalten die Tiere täglich etwa 15 g auf 1 kg reines Fleisch, was etwa ein Ca: P-Verhältnis von 2 : 1 im Futter gewährleistet.
Die bekannten Krankheitserscheinungen der Osteodystrophia fibrosa (Dämmrich und Hildebrand, 1970; Dämmrich, 1974) haben wir seit vielen Jahren weder bei erwachsenen noch bei natürlich aufgezogenen Raubtieren gesehen. Lediglich bei jungen Löwen, die jedes Jahr in der Hauptsaison von einem Privatmann zu Fotozwecken im Zoo gehalten und künstlich aufgezogen werden, konnten gelegentlich derartige Skelettveränderungen diagnostiziert werden. Auch ein junger Sibirischer Tiger, der von Hand mit Gimpet-Catmilk (Gimborn) aufgezogen wurde, mußte trotz intensiver Behandlung letztlich wegen Knochenwachstumsstörungen, Linsentrübung und Kümmern eingeschläfert werden. Als Prophylaxe bei der natürlichen Aufzucht der Feliden, wie sie besonders intensiv in Leipzig betrieben wird (Elze et al., 1970), reicht nach unseren Erfahrungen im allgemeinen aus, den Jungtieren zusammen mit den Schutzimpfungen gegen die Panleukopenie im Alter von sechs und acht Wochen einen Vitamincocktail der Vitamine A, D_3, E und C sowie B-Komplex zu verabreichen.

Die Fische für unsere Meeressäuger beziehen wir, wie eine Reihe anderer Zoos, direkt aus Holland. Sie werden nach dem Fang auf hoher See sofort tiefgefroren, kommen dann tiefgefroren in Paketen zu 20 kg bei uns an und werden in unserem Tiefkühlraum bis zum Verbrauch gelagert. Die Fische werden vorwiegend an der Luft aufgetaut und nur kurz gewässert, um zu verhindern, daß zuviel Salz und andere Wirkstoffe ausgeschwemmt werden.
Jede Robbe erhält mit dem Futterfisch je nach Gewicht täglich zwei bis acht Kapseln Obron(R) (Pfizer), die eine ausgewogene Kombination von Vitaminen, Mineralstoffen und Spurenelementen enthalten. Um den erhöhten Bedarf der Robben besonders an Vitamin A und E (Rüedi und Lang, 1974) abzudecken, verabreichen wir zusätzlich in regelmäßigen Abständen zwei Wochen lang hohe Dosen von Vitamin A und E (A-E-Mulsin(R) für Pferde, Mucos) in emulgierter Form. Nach unserer Erfahrung ist es auch möglich, durch hohe Dosen von Vitamin A eine günstige Wirkung auf die so häufig in den Zoologischen Gärten auftretende Keratitis bei Robben (Kühme und Lindau, 1977) zu erzielen. Den in der Literatur mehrfach erwähnten Thiamin-Mangel bei Robben (Gaukler, 1966) haben wir bis heute bei unseren Tieren noch nicht beobachten können, obwohl unsere Robben täglich nur etwa 6 bis 8 mg Thiamin zusätzlich über die Vitaminkapseln erhalten. Auch Kochsalzmangel ist bei unseren Robben, die im Süßwasser gehalten werden, noch nicht diagnostiziert worden, obwohl wir erst in jüngster Zeit damit begonnen haben, die Fische kurz vor dem Verfüttern in eine Salzlösung einzulegen.

Allen Huf- und Klauentieren sowie auch Elefanten und Nashörnern geben wir zusätzlich zu den Vitaminen und Mineralstoffen, die in den bereits eingangs erwähnten Fertigfuttermischungen enthalten sind, ein Vitamin-Mineralstoffgemisch unterschiedlicher Qualität und Menge. Weniger empfindliche Rinder-, Antilopen- und Hirscharten erhalten täglich Vitakalk(R) (Marienfelde) mit Phosphor, Kalzium, Natrium, Magnesium und den Vitaminen A, D_3, E; alle Equiden und Elefanten und wertvollere Rinder- und Antilopenarten entweder Vitakalk A D E-staubfrei oder Nutri-

terra(R) für Zuchtrinder und Zuchtpferde (Pfizer), die einen höheren Gehalt an Vitaminen haben. Wie bei den Fleischfressern wird auch bei den Equiden diesen Mischungen noch ein reines Kalzium-Präparat (Caballosan(R), Pharminco) in bestimmter Menge zugesetzt. Um eventuellen Weißmuskelerkrankungen und anderen Myopathien vorzubeugen (G ö l t e n b o t h und K l ö s , 1975; W i e s n e r und S c h l o t k e , 1975), werden in regelmäßigen Abständen 14tägige Kuren mit hohen Dosen von Vitamin A und E (A-E-Mulsin für Pferde(R)) durchgeführt. Unseren Grévy-Zebras, Giraffen, Elefanten, Bongos und Anoas geben wir in den Wintermonaten vorbeugend auch reines Vitamin C in Pulverform. Fast allen unseren Huf- und Klauentieren werden Salzlecksteine angeboten.
Soweit es möglich ist, ohne größeres Risiko an neugeborene Jungtiere heranzukommen, erhalten alle jungen Zebras, Antilopen, Rinder-, Schaf- und Ziegenartigen Injektionen von Vitamin A, D_3, E und Vitamin E/Selen.

Über die Versorgung der Vögel im Zoo Berlin mit Vitaminen und Mineralstoffen haben wir bereits mehrfach berichtet (G ö l t e n b o t h und K l ö s , 1972; G ö l t e n b o t h , 1973), so daß nur noch auf einige besondere Probleme hingewiesen werden soll.
Trotz der auch bei den Vögeln üblichen zusätzlichen direkten Verabreichung von Multivitamin- und Mineralstoff-Präparaten über das frisch zubereitete Futter (Rovimix(R), Hofmann La Roche; Multimulsin(R), Mucos; Multibionta(R), Merck und andere Vitaminkombinationen) kommt es bei bestimmten Vogelarten doch immer noch relativ häufig zu Mangelerscheinungen, die oft nur durch die Injektion hoher Dosen von Vitaminen mit einiger Aussicht auf Erfolg behandelt werden können. Besonders Anzeichen von Vitamin-B-Mangel, zum Teil mit Todesfällen gerade bei den wertvolleren Arten, müssen wir häufiger feststellen. Bei rechtzeitiger Injektion von Vitamin-B-Komplex sind Heilungserfolge nicht selten.
Vitamin ADE-Injektionen in etwa halbjährigem Abstand geben wir vorbeugend bei vielen unserer Kraniche und Störche und während der Aufzucht von Jungvögeln. Zur unterstützenden Behandlung im Krankheitsfall werden ebenfalls regelmäßig sowohl Multivitamin- als auch Vitamin ADE- oder Vitamin-B-Komplex-Präparate injiziert. Fischfresser, wie Pelikane, Kormorane, Möwen und Pinguine, erhalten über den Fisch regelmäßig die gleichen Vitamin-Mineralstoff-Kapseln (Obron(R), Pfizer) wie die Robben. Besonders hoch scheint der Bedarf an Vitamin A und B bei einigen unserer Felsen- und Eselspinguine zu sein. Bereits mehrfach konnten schwere Gleichgewichtsstörungen und Ataxien, zum Teil verbunden mit Sehstörungen, bei diesen Vögeln durch hohe Dosen dieser Vitamine über einige Tage injiziert, vollständig zum Verschwinden gebracht werden.
Die früher bei uns so häufig aufgetretenen Auftreibungen und Verbiegungen der Beine bei jungen Nandus und Emus, früher als Perosis bezeichnet und auf Mangan-Mangel zurückgeführt, sind bei uns, obwohl wir damit aufgehört haben Mangansulfat zu verabreichen, weitgehend verschwunden. Wir führen dies in Übereinstimmung mit anderen Kollegen (H e y m a n n et al., 1970) darauf zurück, daß wir den schnell wachsenden Straußenvögeln in den ersten Lebenswochen nur sehr wenig Kraftfutter und tierisches Eiweiß, aber sehr viel Grünfutter anbieten und ihnen möglichst viel Auslauf auf einer Wiese geben.

Zusammenfassung:

Zur Vitamin- und Mineralstoffversorgung der Zootiere im Zoo Berlin

Nach einem allgemeinen Überblick über die im Zoo Berlin verwendeten Futtermittel werden anhand der verschiedenen Tiergruppen besondere Probleme der Versorgung der Zootiere mit Vitamin- und Mineralstoffen erörtert und über den zusätzlichen und gezielten Einsatz von Vitamin- und Mineralstoff-Präparaten berichtet.

Summary:

Vitamin and Mineral Supplies for Animals of Berlin Zoo

A general account is given of feedstuffs used in the Zoological Garden of Berlin. Reference is made to aspects relating to vitamin and mineral supplies for certain groups of animals as well as to the systematic use of additional vitamin and mineral preparations.

Résumé:

A propos de l'alimentation en vitamines et en minéraux des animaux gardés au jardin zoologique de Berlin

Après avoir donné un aperçu général sur les produits alimentaires utilisés par le jardin zoologique de Berlin, les auteurs présentent les problèmes spécifiques étant en rapport avec l'alimentation des animaux en vitamines et minéraux et décrivent leur utilisation complémentaire et systématique.

Резюме

О снабжении животных Берлинского зоопарка витаминами и минеральными веществами

После общего обзора употребленных в Берлинском зоопарке кормовых веществ обсуждаются на примере разных видов животных специфические проблемы снабления животных зоопарка витаминами и минеральными веществами и сообщается о целенаправленной даче соответсвенных витаминовых и минеральных препаратов.

Literatur:

ALTMANN, D. (1966): Ein Beitrag zum Rachitis- und Osteomalazieproblem bei Primaten unter besonderer Berücksichtigung der Breitnasenaffen. Verhandlungsber. VIII. Internat. Symp. Erkrankungen Zootiere, Leipzig, 147-156.

ALTMANN, D. (1971): Ernährung und Therapie ernährungsbedingter Erkrankungen bei Tier- und Halbaffen im Thüringer Zoo Erfurt. Verhandlungsber. XIII. Internat. Symp. Erkrankungen Zootiere, Helsinki, 77-90.

DÄMMRICH, K. (1967): Erkrankungen des Skeletts bei jungen Affen. Kleintierprax. 12, 156.

DÄMMRICH, K. (1974): Skeletterkrankungen bei jungen Raubkatzen. Verhandlungsber. XVI. Internat. Symp. Erkrankungen Zootiere, Erfurt, 137-139.

DÄMMRICH, K. und B. HILDEBRAND (1970): Hyperparathyreoidismus bei Zootieren. Verhandlungsber. XI. Internat. Symp. Erkrankungen Zootiere, Budapest, 109-111.

ELZE, K., SEIFERT, S., KRONBERGER, H. und W. EHRENTRAUT (1970): Planmäßige Prophylaxe in der Felidenaufzucht. Verhandlungsber. XII. Internat. Symp. Erkrankungen Zootiere, Budapest, 27-34.

GAUKLER, A. (1976): in Klös, H.-G. und E. M. Lang: Zootierkrankheiten. Berlin-Hamburg: Paul Parey, S. 125.

GÖLTENBOTH, R. (1973): Hinweise zur Prophylaxe und Therapie der Erkrankungen der Zoovögel. Kleintierprax. 18, 6-10.

GÖLTENBOTH, R. (1976): in Klös. H.-G. und E. M. Lang: Zootierkrankheiten. Berlin-Hamburg, Paul Parey, S. 78.

GÖLTENBOTH, R. und H.-G. KLÖS (1972): Analyse der Vogelverluste des Berliner Zoos in den Jahren 1966 - 1970 sowie Hinweise auf die durchgeführten prophylaktischen und therapeutischen Maßnahmen. Verhandlungsber. XIV. Internat. Symp. Erkrankungen Zootiere, Wrocław, 47-55.

GÖLTENBOTH, R. und H.-G. KLÖS (1975): Myoglobinurie und einige andere Erkrankungen bei Säugetieren des Zoologischen Gartens Berlin. Verhandlungsber. XVII. Internat. Symp. Erkrankungen Zootiere, Tunis, 211-216.

HEYMANN, H., WITSTRUK, K.-G. und D. ZSCHEILE (1970): Perosis beim Emu (Dromaius novae hollandiae), Schwarzer Schwan (Cygnus atratus) und bei der Hühnergans (Cereopsis novae hollandiae). Verhandlungsber. XII. Internat. Symp. Erkrankungen Zootiere, Budapest, 103-104.

KÜHME, W. und K H. LINDAU (1977): Augenerkrankungen bei Robben - Haltungsprobleme in Zoologischen Gärten? Verhandlungsber. XIX. Internat. Symp. Erkrankungen Zootiere, Poznań, 311-315.

RÜEDI, D. und E. M. LANG (1974): Über die Seelöwenhaltung im Zoologischen Garten Basel. Verhandlungsber. XVI. Internat. Symp. Erkrankungen Zootiere, Erfurt, 245-251.

WACKERNAGEL, H. (1960): Moderne Methoden der Fütterung von Wildtieren im Zoologischen Garten. Grenzach, Baden: Dt. Hofman-La Roche AG.

WIESNER, H. und B. SCHLOTKE (1975): Weißmuskelerkrankungen im Münchener Tierpark Hellabrunn. Verhandlungsber. XVII. Internat. Symp. Erkrankungen Zootiere, Tunis, 217-220.

Anschrift der Verfasser: Dr. R. G ö l t e n b o t h und
Direktor Prof. Dr. H.-G. K l ö s
Hardenbergplatz 8
1000 Berlin 12 (Berlin-West)

Aus der Sektion Tierproduktion und Veterinärmedizin der Karl-Marx-Universität Leipzig, Wissenschaftsbereich Fortpflanzung landwirtschaftlicher Nutztiere (Leiter: OVR Prof. Dr. sc. K. Wohanka) und Wissenschaftsbereich Mikrobiologie und Tierseuchen (Leiter: OVR Prof. Dr. sc. med. vet. A. Voigt) und dem Zoologischen Garten Leipzig (Direktor: Dr. S. Seifert)

DER EINFLUSS VON VITAMINEN AUF RESISTENZ UND IMMUNITÄT

Von K. Elze und H.-J. Selbitz

Die Fortschritte, die Human- und Veterinärmedizin bei der Beherrschung verheerender Seuchen der Menschen und Tiere erzielt haben, gehören unbestreitbar zu den großen wissenschaftlichen und sozialen Leistungen dieses Jahrhunderts. Doch dies darf nicht darüber hinwegtäuschen, daß die Bekämpfung von Infektionskrankheiten nach wie vor ein erstrangiges medizinisches Problem ist, dessen Bedeutung gerade in den letzten Jahren durch neue Aspekte bestimmt wird. Mayr (1977) nennt als solche aktuellen Probleme der Infektionsmedizin die:

- durch sogenannte opportunistische Keime verursachten Krankheiten beziehungsweise Faktorenkrankheiten
- Arzneimittel- insbesondere Antibiotikaresistenz sowie
- Unwirksamkeit der Behandlung bei immunsuppressiven, durch Ernährungsfehler oder andere Umwelteinflüsse abwehrgeschädigten Patienten.

Von den genannten Schwierigkeiten dürfte die der Antibiotikaresistenz jedem Arzt oder Tierarzt am geläufigsten sein. Aber auch die infektiöser Faktorenkrankheiten oder bedingten Infektionen, die dadurch gekennzeichnet sind, daß die Henle-Koch'sche Triade nicht voll erfüllt wird, zwingen zu neuen Überlegungen über effektive Prophylaxe- und Therapieprogramme. Diese Gruppe von Erkrankungen fordert in besonderem Maße ein komplexes Herangehen, weil ihre Erreger eben erst nach entsprechender umweltbedingter Resistenzschwächung des Makroorganismus pathogen wirken können. Die Prophylaxe und Bekämpfung darf sich also nicht allein auf den Erreger ausrichten, sondern muß die Beseitigung aller resistenzmindernden Einflüsse oder anders gesagt, die optimale Gestaltung aller Faktoren von Ernährung und Umwelt einschließen.
Die bedeutende Rolle der Ernährung für die Fähigkeit des menschlichen oder tierischen Körpers, sich mit Krankheitserregern auseinanderzusetzen, ist geläufig und bedarf keiner weiteren Begründung.

Im folgenden soll speziell der Fragestellung nachgegangen werden, welche Einflüsse Vitamine auf die Infektionsabwehrleistungen des Körpers ausüben und wie diese biologischen Erkenntnisse für die Bekämpfung von Erkrankungen der Zootiere genutzt werden können. Dabei geht es hier um exakt erfaßbare Interaktionen zwischen Vitaminversorgung und Abwehr. Die zweifellos wichtigen indirekten Wirkungen, die die Vitamine über eine positive Stoffwechselbeeinflussung auf die Infektionsabwehr des Makroorganismus ausüben, werden als bekannt vorausgesetzt.

Einfluß des VitaminsA auf Faktoren der unspezifischen Abwehr

Schon seine Synonyme "Epithelschutzvitamin" und "antiinfektiöses Vitamin" deuten einiges über die besondere Rolle des Vitamins A im Abwehrgeschehen an. Es ist unter anderem für die Synthese von Mukopolysacchariden verantwortlich, die als Gerüst- und Schleimsubstanzen wichtig sind für den normalen Aufbau der Epithelien (Beck, 1974; Kolb und Gürtler, 1971). Das Epithel bildet die äußeren Körperhüllen und wird als erstes Körpergewebe mit eindringenden Erregern konfrontiert. Bei Mangel an Vitamin A wird eine Senkung der Synthese von Mukopolysacchariden und Glykoproteinen zugunsten einer vermehrten Bildung von Keratin beobachtet. Diese Veränderungen resultieren in metaplastischen Veränderungen der Epithelien, die die Abwehrfunktionen beeinträchtigen. Durchfälle bei Ferkeln und Kälbern sind eine Folgeerscheinung (Kolb und Gürtler, 1971).
Die Vitamin A-Versorgung Neugeborener hängt eng mit der der Muttertiere zusammen, da der Vitamin A-Gehalt des Kolostrums mit dem Blutspiegel korreliert. Steinbach et al. (1970) konnten durch Zufütterung von täglich 70 000 I. E. Vitamin A an hochtragende Kühe eine signifikante Erhöhung des Vitamin A-Spiegels im Erstgemelk erzielen. Gleichzeitig stieg das Geburts-

gewicht der Kälber, das seinerseits mit höherem Gammaglobulingehalt des Blutes und dem Vorhandensein einer größeren Anzahl reifer Phagozyten (neutrophile Granulozyten und Monozyten) in Beziehung stand. B e c k (1974) legte eine Literaturzusammenstellung vor, aus der folgende Auswirkungen des Vitamin A-Mangels auf Komponenten der unspezifischen Abwehr hervorgehen:

- Reduktion des Lysozymgehaltes in der Tränenflüssigkeit bei Kindern;
- Senkung der Phagozytoserate bei Ratten;
- Senkung des Komplementspiegels bei Ratten;
- verminderter Properdingehalt bei Ratten. Dieses Symptom trat bereits lange vor Wachstumsstörungen auf und war als frühes Anzeichen eines Vitamin A-Mangels verwertbar.

Die hier aufgeführten Einflüsse ließen sich nicht in jedem Falle auch von anderen Autoren bestätigen.
Andererseits gibt es Berichte über depressive Wirkungen von Vitamin A auf Abwehrfaktoren. So ermittelten B l a l o c k und G i f f o r d (1976) eine Hemmung der Interferonproduktion in Zellkulturen.

Der Vitamin A-Haushalt kann durch Antivitamine empfindlich gestört werden. Eine derartige Wirkung entfalten beispielsweise chlorierte Naphthaline, die in Desinfektions- und Holzschutzmitteln enthalten sind. In der Literatur wird über die sogenannte "Bindfadenkrankheit" oder "X-Disease", die bei Rindern durch Aufnahme von Strohbindegarnen verursacht wurde, die mit solchen chlorierten Naphthalinen präpariert waren, berichtet (J e r o c h , 1972).

Einfluß des Vitamins A auf die Antikörperbildung

Nach M a y r et al. (1977) ist Vitamin A als einziger Ernährungsfaktor bekannt, der die Synthese von Antikörpern stimuliert und J e r o c h (1972) schrieb von einer verminderten Antikörperbildung bei Vitamin A-Mangel, für die allerdings noch der biochemische Beweis zu erbringen sei. Nach einer umfangreichen Übersicht von H e r l y n und G l a s e r (1976) wurde die Steigerung der Antikörperbildung durch Vitamin A-Zufuhr bei Meerschweinchen, Mäusen und Hühnern beobachtet, wobei als Antigene Bakteriophagen, Rinderserumalbumin beziehungsweise Rindergammaglobulin und E. coli eingesetzt wurden.
Dem stehen andere Versuche gegenüber, in denen sich kein stimulierender Effekt nachweisen ließ. B e c k (1974) stellte bei Küken fest, daß für den Einfluß des Vitamins A auf die Antikörperbildung der Reifezustand des Immunsystems entscheidend ist. Applikationen suboptimaler Vitamindosen brachten bessere Ergebnisse als Überschußgaben.

Die positiven Effekte dieses Vitamins auf die Antikörpersynthese werden mit zwei Mechanismen erklärt:

a) Labilisierung von Zell- und Lysosomenmembranen führt zur Erleichterung des Eintritts von Antigenen in Makrophagen;
b) Steigerung der Vermehrung und Transformation der Lymphozyten (B e c k , 1974; H e r l y n und G l a s e r , 1976).

Vitamin D

Über direkte positive Einflüsse auf Resistenz- oder Immunitätsmechanismen liegen keine Hinweise vor. Bei Störungen im Mineralisierungsprozeß infolge Vitamin D-Mangel besteht bei Tieren mit Rachitis wie auch Osteodystrophia fibrosa in Verbindung mit dem Wachstumsmangel und der eingeschränkten Bewegungsmöglichkeit stets eine erhöhte Infektgefahr sowie ein schwerer Verlauf bei manifesten Infektionen. Wir konnten speziell bei osteodystrophischen Jungtigern eine wesentlich schwerer verlaufende Pasteurellainfektion (Bronchopneumonie) als bei nicht vorbelasteten Tieren beobachten. Desgleichen ist die erhöhte Erkrankungsfrequenz an Affektionen der Luftwege bei rachitischen Läufern bekannt.

Vitamin E

Vitamin E-Applikationen steigerten die Antikörperbildung bei Kaninchen, Ratten, Mäusen und Hühnern gegenüber Salmonella typhi, Schaferythrozyten, Tetanustoxoid und E. coli. Die Ursache wird in einer Erhöhung der Ubichinonsynthese gesehen, die ihrerseits die Phagozytoseaktivität fördert (H e r l y n und G l a s e r , 1976).

B-Vitamine

Die Zufuhr von Vertretern dieser Gruppe ist bei erwachsenen Ruminantiern und Equiden im Normalfall nicht erforderlich, da eine ausreichende mikrobielle Synthese in Vormägen beziehungsweise Dickdärmen erfolgt (K o l b , 1970).
Mangel an Vitamin B_6 und Folsäure führt zu Störungen der Hämatopoese, es treten Anämien und Minderungen der Leuko- und Thrombozytenzahlen auf. Daraus können Resistenzminderungen erwachsen.
Sekundärer Folsäuremangel muß nach Applikation von Medikamenten befürchtet werden, die als Folsäureantagonisten wirken, wie das zum Beispiel bei Sulfonamiden der Fall ist (K o l b und G ü r t l e r , 1971; J e r o c h , 1972).
Der B_{12}-Mangel führt bei Menschen zur perniziösen Anämie, die nach L a p i n und J a k o v - l e v a (1974) auch bei Affen beobachtet wurde.
Nach H e r l y n und G l a s e r (1976) wurde die Verringerung der Antikörpersynthese bei Mangel an Fol- und Pantothensäure und Pyridoxin beschrieben. Das ist darauf zurückzuführen, daß diese Vitamine der B-Gruppe als Coenzyme im Nuklein- und Aminosäurenstoffwechsel aktiv sind.
Über positive Einflüsse von B-Vitaminen auf die Phagozytoseaktivität wurde von verschiedenen Autoren berichtet (M e y e r et al., 1967).

Vitamin C

Der Askorbinsäure kommt für das gesamte Geschehen der Infektionsabwehr eine große Bedeutung zu, sie wird auch als "Anti-Stress-Vitamin" bezeichnet. Zunächst ist festzuhalten, daß der Stoffwechsel landwirtschaftlicher Nutztiere nicht auf die Zufuhr angewiesen ist und dieses Vitamin normalerweise ausreichend synthetisiert. Anders liegen diese Verhältnisse bei Menschen, Primaten, Präriehunden, Rehen und Meerschweinchen (J e r o c h , 1972). Auch Elefanten scheinen für einen Vitamin C-Mangel empfindlich zu sein, der bei ihnen Darmerkrankungen auslöst (S a l - z e r t , 1975).

Die Antikörpersynthese wird bei Menschen und Labortieren durch mangelnde Vitamin C-Versorgung anscheinend nicht negativ beeinflußt. Bei Kaninchen ist es gelungen, sie durch über den Bedarf hinausgehende Askorbinsäuregaben zu erhöhen (H e r l y n und G l a s e r , 1976).

Positive Einflüsse auf die Phagozytose konnten ebenfalls ermittelt werden (M e y e r et al., 1967).
Außerdem wurde festgestellt, daß Vitamin C in der Lage ist, die Interferonwirkung zu erhöhen (A n o n y m , 1977).
Bei Infektionskrankheiten und auch teilweise Impfungen ist der Askorbinsäurehaushalt belastet.
Mangel führt zu:
- verminderter Bindegewebsneubildung;
- verringerter Bildung von Interzellularsubstanz und damit eingeschränkter Regenerationsfähigkeit von Wunden und
- gestörter Anpassungsfähigkeit der Hypophysen-Nebennieren-Funktion (K o l b und G ü r t - l e r , 1971).

Schlußfolgerungen

Das Vitamin A besitzt herausragende Bedeutung für die Stärkung sowohl der unspezifischen als auch der spezifischen Infektionsabwehr des Organismus.

Eine Substitution ist bei Zootieren in allen Phasen mit erhöhter Belastung angezeigt, da sonst mit der Möglichkeit depressiver Wirkungen auf die Abwehrfähigkeit gerechnet werden muß. Solche Schwerpunkte sind generell:
- Eingewöhnungszeiten
- Gravidität und Säugezeit
- Wachstumsperiode sowie
- Winterfütterungsperiode (besonders bei Herbivoren und Wassergeflügel).

Planmäßige Dauersubstitutionen sind unter Berücksichtigung der Ernährung bei Vorliegen von spezifischen Ansprüchen notwendig, so zum Beispiel mit:

- Vitamin A bei den Fleischfressern
- Vitamin B_1 bei Fischfressern und
- Vitamin C bei Primaten, Meerschweinchen sowie unter Umständen auch Elefanten.

Bei Erkrankungen muß der erhöhte Vitaminverbrauch durch zusätzliche Gaben ausgeglichen werden, durch den Einsatz von Vitaminen, besonders von Vitamin A und C kann im Frühstadium von Infektionen deren Schweregrad gemindert sowie auch die Gefahr des Auftretens von Sekundärinfektionen verringert werden.

Bei Langzeitverabreichungen von Chemotherapeutika ist die mögliche Wirkung der Medikamente als Vitaminantagonisten zu beachten und gegebenenfalls durch entsprechende Substitution zu kompensieren.

Voraussetzungen für eine weitere Verbesserung der Vitaminversorgung von Zootieren sind die weitere Erarbeitung von Bedarfsnormen auf der Basis des Ausbaues der klinischen Diagnostik des Vitaminstatus des Einzeltieres.

Zusammenfassung:

Der Einfluß von Vitaminen auf Resistenz und Immunität

Einflußart und -größe einzelner Vitamine auf die Infektionsabwehr des Organismus werden dargelegt und diskutiert. Daraus werden Schlußfolgerungen für eine planmäßige bedarfsgerechte Vitaminversorgung der Zootiere gezogen.

Summary:

Effect of Vitamins on Resistance and Immunity

The types and magnitudes of effects of various vitamins on organic defence against infection are described an discussed. Conclusions are suggested for planned demand-oriented supply of vitamins to zoo animals.

Résumé:

L'influence de vitamines sur la résistance et l'immunité

Les auteurs montrent le mode et le poids de l'incidence de certaines vitamines sur la résistance de l'organisme aux infections et soumettent ce sujet à la discussion. Ils en tirent des conclusions pour pouvoir alimenter les animaux de jardins zoologiques systématiquement et conformément à leur besoin en vitamines.

Резюме

Влияние витаминов на резистентность и иммунитет

Показываются и обсуждаются способ и сила действия различных витаминов на иммунную реакцию организма. Указываются выводы из этого для планомерной дачи витаминов в соответствии с потребностями животных зоопарка.

Literatur:

ANONYM (1977): Vitamin C stimuliert Interferon-Bildung. Medicamentum 18, 112.

BECK, E. (1974): Einfluß von Vitamin A auf die Antikörperbildung beim Küken. München: Vet. med. Diss.

BLALOCK, J. E. and G. GIFFORD (1976): Suppression of interferon production by Vitamin A. J. gen. Virol. 32, 143-147.

HERLYN, E. und H. GLASER (1976): Vitaminversorgung und Immunantwort. Übers. Tierernähr. 4, 235-261.

JEROCH, H. (1972): Vitamine. In: HENNIG, A. (Hrsgb.): Mineralstoffe, Vitamine, Ergotropika. Berlin: VEB Deutscher Landwirtschaftsverlag.

KOLB, E. (1970): Wirkstoff-Vademecum. Jena: G. Fischer.

KOLB, E. und H. GÜRTLER (1971): Ernährungsphysiologie landwirtschaftlicher Nutztiere. Jena: G. Fischer.

LAPIN, B. A. und L. A. JAKOVLEVA (1964): Vergleichende Pathologie der Affen. Jena: G. Fischer.

MAYR, A. (1977): Aktive Praemunisierung (I). Kleintierpraxis 22, 85-87.

MAYR, A., BACHMANN, P. A., BIBRACK, Barbara und G. WITTMANN (1977): Virologische Arbeitsmethoden Bd. II., 1. Auflage. Jena: G. Fischer.

MEYER, H., LEIRER, R. und G. STEINBACH (1967): Phagozytose. Mh.Vet.-Med.22, 27-36.

SALZERT, W. (1975): Elefanten. In: KLÖS, H.-G. und E. M. LANG (Hrsgb.): Zootierkrankheiten. Berlin-Hamburg: Paul Parey, 133-150.

STEINBACH, G., EICHNER, M. und H. MEYER (1970): Zur Auswirkung einer Vitamin A-Zufütterung an tragende Muttertiere auf die Gesundheit der Kälber. Mh.Vet.-Med. 25, 191-195.

Anschrift der Verfasser: Veterinärrat Prof. Dr. sc. med. vet. K. E l z e und
Diplomveterinärmediziner H.-J. S e l b i t z,
DDR 701 Leipzig, Margarete-Blank-Str. 8 (DDR)

Aus dem Zoologischen Garten Basel

VITAMIN- UND ENZYMBESTIMMUNGEN IM RAHMEN KLINISCHER DIAGNOSTIK: AUSGEWÄHLTE BEISPIELE

Von D. Rüedi, J. Völlm, A. Heldstab und P. Keller

Auf Grund von Sektionsergebnissen und den Erhebungen moderner Labortechnik kann der Tierarzt und Ernährungsfachmann im Zoo hilfreiche Hinweise auf Haltungs- und Fütterungsprobleme erhalten.

In den vergangenen vier Jahren konnten wir zahlreiche Enzym- und Vitaminbestimmungen im Blut gesunder und kranker Zootiere und Vitaminbestimmungen in Leberproben gestorbener Tiere durchführen lassen. Wir versuchten damit, einen Beitrag zur Früherkennung des Vitamin-A-Mangels bei fischfressenden Säugetieren und Vögeln, von Vitamin-E-Mangel bei Wiederkäuern und von krankhaften Leberveränderungen bei Raubkatzen zu leisten.

Material und Methode:

Fischfresser:

Die Lebern folgender gestorbener Tiere wurden auf ihren Vitamin-A-Gehalt hin untersucht: 3 Seehunde (Phoca vitulina), nicht aus dem Zoo Basel, 3 Seelöwen (Zalophus californianus), 2 Delphine (Tursiops truncatus), nicht aus dem Zoo Basel, 1 Schuhschnabel (Balaeniceps rex) und 1 Brillenpinguin (Spheniscus demersus).

Ferner wurden fakultative Fischfresser wie 2 Eisbären (Thalarctos maritimus) und 4 Weißstörche (Ciconia ciconia) mit in die Untersuchung einbezogen, da der Anteil an Fischen in ihrem Futter mindestens zeitweise recht erheblich ist.

Futterfische:

Vitamin-A-Bestimmungen von ganzen Futterfischen, deren inneren Organen und isolierten Lebern gaben uns Auskunft darüber, wie hoch die tägliche Zufuhr von Vitamin-A mit der Nahrung an die oben aufgezählten Tiere ist.

Wiederkäuer:

Da wir im November 1975 zwei und im September 1976 einen Kleinen Kudu (Tragelaphus imberbis) im Alter von drei bis sechs Wochen an Weißmuskelkrankheit (WMD) verloren hatten, untersuchten wir bei den seither geborenen Jungen ab Geburt wöchentlich Blutproben auf Vitamin-A/E- und Leberenzymgehalt. Ferner konnten bei einem der drei an Weißmuskelkrankheit verstorbenen Jungtiere sowie an seiner später verunfallten Mutter die Konzentrationen an Vitamin-A/E in der Leber bestimmt werden.

In diesem Zusammenhang sind die Leber-Vitamin-Analysen einer 23 Jahre alten, euthanasierten Massai-Giraffe (Giraffa camelopardalis tippelskirchi) und ihres abortierten Jungtieres von Interesse.

Schneeleopard:

Da Leberveränderungen nach wie vor bei Schneeleoparden Haupttodesursache sind, untersuchten wir drei erkrankte Tiere auf den Vitamin-A- und Enzymgehalt im Blut und post-mortem den Vitamin-A-Gehalt in der Leber.

Labormethoden+:

Sowohl im Plasma als auch in tiefgefrorenen Leberproben wurde der Vitamin-A-Gehalt, nach entsprechend modifizierter Vorbehandlung, fluorometrisch bestimmt (B r u b a c h e r und V u i l l e u m i e r , 1977). Die Vitamin-E-Messungen im Plasma wurden nach einer modifizierten Methode von H a s h i m und S c h u t t r i n g e r (H a s h i m und S c h u t t - r i n g e r , 1966), diejenigen in den tiefgefrorenen Leberproben nach vorheriger Verseifung mittels Dünnschichtchromatographie (H o f f m a n n - L a R o c h e , 1977) durchgeführt.

Die Enzymanalysen wurden mit einem 'Centrifichem' Centrifugal Analyser und mit einem Atom-Absorptions-Spektrophotometer durchgeführt.

Resultate:

Vitamin-A-Gehalte in der Leber fischfressender Säugetiere und Vögel (Tabelle 1)

Die bei den von uns untersuchten Meeressäugern gefundenen Leberwerte von Vitamin-A sind, verglichen mit den aus der Literatur bekannten Zahlen, an der unteren Grenze gelegen. In einzelnen Fällen sind sie als außerordentlich tief zu bewerten. Für Seehunde werden Vitamin-A-Gehalte von durchschnittlich 1'300'000 IE/100 g Leber angegeben (K ö r n e r und V ö l l m , 1975).
Unter einer IE versteht man = 0.300 µg all-trans-vitamin A_1
= 0.344 µg all-trans-vitamin A_1-acetate.

Die Resultate der beiden Eisbären-Lebern stimmen eher mit den in der Literatur gefundenen Durchschnittswerten von 2'300'000 IE/100 g Leber überein (K ö r n e r und V ö l l m , 1975).

Da uns Literaturangaben von Vitamin-Analysen bei fischfressenden Vögeln nicht zur Verfügung standen, waren die unterschiedlich hohen Werte schwierig zu interpretieren. Sicher können Werte von 200'000 IE/100 g Leber und darüber als Zeichen einer genügenden Vitaminversorgung betrachtet werden.
Sowohl bei den untersuchten Meeressäugern wie bei den Vögeln wurden keine einheitlichen pathologischen Veränderungen festgestellt.

Vitamin-A-Gehalte in Futterfischen (Tabelle 2)

Die Vitamin-A-Lebergehalte der Fischfresser müssen bei der Beurteilung mit dem Vitamin-A-Gehalt der Futterfische verglichen werden. Die Resultate unserer wiederholten Bestimmungen aus verschiedenen Fischsendungen, die dem Zoologischen Garten Basel hochsee-tiefgefroren angeliefert werden, ersehen Sie aus Tabelle 2.

Gehaltsangaben von einigen hundert bis tausend Einheiten pro Kilogramm Futterfische liegen an der unteren Erfassungsgrenze der Methode. Sie widerspiegeln jedoch sicher einen tiefen Gehalt. Als absolute Werte sind sie vorsichtig zu interpretieren.

Weißmuskelkrankheit (WMD) beim Kleinen Kudu

Enzymuntersuchungen (Tabelle 3):

Drei junge Kleine Kudus starben im Alter von 32, 41 und 45 Tagen mit den bekannten Symptomen von WMD (R ü e d i et al., 1978). Histopathologisch konnten die typischen Veränderungen für WMD in den Adduktoren und im Myokard nachgewiesen werden (H e l d s t a b et al., 1978).

GOT und GPT im Plasma waren bei 'Xindy' und 'Xandra' extrem hoch. Bei 'Xindy' wurde ein zweites Mal nach der Behandlung Blut entnommen, wobei der GPT- und der CPK-Spiegel tief ausfielen. Bei den gesunden Vergleichstieren 'Anita' und 'Zuri' bewegten sich sowohl GOT- wie GPT-Werte in normalen Grenzen.

+ Wir danken für die durchgeführten Vitamin- und Enzymuntersuchungen den Damen und Herren der Abteilungen für Vitamin- und Ernährungsforschung und für Biologisch-pharmazeutische Forschung der Firma Hoffmann-La Roche & Co.AG.

Tabelle 1:

Vitamin-A-Gehalt in der Leber fischfressender Säugetiere und Vögel

Tierart	Alter	Pathologie	Vitamin-A-Gehalt IE/100 g Leber
? Seehund	2 Jahre	Allotriophagie Oesophagitis	23'900
? Seehund	adult	Fibrinöse Enteritis	32'400
0,1 Seehund	1½ Jahre	Herzversagen Aorta dilatiert	8'000
1,0 Seelöwe	subadult	abgemagert; Leberatrophie, Darmulcera, Bronchopneumonie	1'500
1,0 Seelöwe	Frühabort (810 g)	bakterieller Abort?	11'200
? Seelöwe	Totgeburt (8,2 kg)	-	22'100
0,1 Delphin	?	Bronchopneumonie ulcerative Oesophagitis	63'100
? Delphin	?	?	39'300
0,1 Eisbär	10 Jahre	Polyarthritis Trichinose	1'300'000
0,1 Eisbär	3½ Jahre	ichoröse Pleuritis herdförmige Leberdystrophie	312'500
1,0 Schuhschnabel	16 Jahre	Arteriosklerose	1'070'000
0,1 Brillenpinguin	22 Jahre	Vogel-Malaria	1'880'000
1,0 Weißstorch	23 Jahre	Altersveränderungen, Muskelnekrosen (WMD)	2'300
0,1 Weißstorch	26 Jahre	Altersveränderungen, Unfall	220'000
? Weißstorch	adult	chronische Gelenkentzündung	36'000
? Weißstorch	adult	Unfall	1'120'000

Tabelle 2:

Vitamin-A-Gehalt in Futterfischen

Fischart	Untersuchtes Material	Vitamin-A-Gehalt IE/kg
Makrelen	ganzer Fisch (homogenisiert)	12'800 - 25'600
Heringe	ganzer Fisch (homogenisiert, ohne Kopf)	17'000
	innere Organe incl. Leber	150'000
	Fisch exenteriert	zirka 900
Merlan	ganzer Fisch (homogenisiert, ohne Kopf)	43'000
	innere Organe incl. Leber	487'000
	Fisch exenteriert	zirka 2'000
Weißfische	Fisch exenteriert	zirka 500
	Leber	336'000

Tabelle 3:

Enzymuntersuchungen beim Kleinen Kudu

Individuum	Alter (Tage)	GOT IE/l	GPT IE/l	CPK IE/l
1,0 Zuri (ohne WMD)	Geburt	27	4	-
	14	43	6	-
	33	37	4	-
	51	43	6	-
0,1 Anita (ohne WMD)	Geburt	60	6	-
	14	77	10	-
	21	76	7	18
	28	80	9	123
	35	85	7	20
	42	112	10	-
	53	87	10	-
0,1 Xindy (WMD)	36	>1000	>1000	-
	40	>1000	92	56
0,1 Xandra (WMD)	35	>1000	992	-

Vitaminbestimmungen (Tabelle 4):

Der Vitamin-E-Spiegel von 'Anita' war in den ersten 14 Tagen sehr tief, erhöhte sich jedoch während der Behandlung rasch. Die Vitamin-A-Spiegel im Blut schienen durch die Vitamin-E/Selen-Injektionen unbeeinflußt zu bleiben.

Die Vitamin-E-Werte in der Leber des gestorbenen Jungtieres 'Yuta' waren tief und betrugen nur 1/5 der Konzentration beim Muttertier. Ein ähnliches Konzentrationsverhältnis konnten wir bei einer 23jährigen euthanasierten Giraffe und ihrem drei Monate vor dem Geburtstermin abortierten Jungtier (Aspergillen-Abort) finden. Dieselbe Giraffenmutter hatte vier Jahre zuvor ein Jungtier an WMD verloren.

Leberzirrhose beim Schneeleoparden

Enzymuntersuchungen (Abbildung 1):

1,2 Tiere starben nach unspezifischen Symptomen an schweren Leberveränderungen mit Ascites, Histopathologisch handelte es sich zweimal um zirrhotische Leberveränderungen und einmal um eine chronische Leberstauung. Ein Anstieg von GOT und GPT war bei den beiden ersten Fällen (1,0 = 'Yeti'; 0,1) zu verzeichnen. Nur geringe Schwankungen wurden im dritten Fall (0,1 = 'Vappu') gefunden.

Vitaminuntersuchungen (Tabelle 5):

Es liegen nur Untersuchungsresultate von Fall 1 (1,0 = 'Yeti') und Fall 3 (0,1 = 'Vappu') vor. Mit Ausnahme des Plasmawertes von 242 IE/100 ml liegen alle übrigen Resultate an der unteren Bestimmungsgrenze der verwendeten Methode und sind als sehr tief zu bewerten.

Diskussion:

Allgemein

Für tiefe Vitaminspiegel kommen folgende Ursachen in Frage:

- Mangelnde Zufuhr von außen, bedingt durch:
  Ersatz hochwertiger Futtermittel durch vitaminarme Ersatzstoffe, Verfütterung von überlagerter oder verdorbener Ware, temporär stark erhöhten Bedarf.
- Zerstörung der Vitamine durch:
  Antagonisten im Futter, wie zum Beispiel hochungesättigte Fettsäuren/Vitamin E.
- Mangelnde Resorption durch den Organismus infolge:
  schwer resorbierbarer Form des angebotenen Vitamins, Erkrankung im Magen-Darm-Bereich und Hungerzustände.
- Mangelnde Speicherung und Aktivierung resorbierter Vitamine durch:
  krankhafte Veränderungen der Speicherorgane und angeborene Enzymdefekte (selten isoliert, sondern meist mit anderen schweren Defekten gekoppelt).

In der Praxis sind meist Kombinationen dieser Hauptursachen anzutreffen.

Fischfressende Säugetiere und Vögel

Bei den von uns untersuchten 3 Seehunden und 2 Delphinen und 1,0 subadulten Seelöwen steht gemäß Anamnese eindeutig eine mangelhafte Fütterung mit Fischen schlechter Qualität, die zudem wegen der vermeintlichen Gefahr des Einschleppens von Parasiten oft ausgenommen verfüttert wurden, als Ursache des Vitamin-A-Mangels im Vordergrund. Da durch eine vitaminarme Fütterung die Abwehrbereitschaft durch Schädigung der Epithelien ebenfalls reduziert wird, kommt es häufig zu chronischen Krankheiten, die ihrerseits einen erhöhten Vitaminbedarf nach sich ziehen. Gerät ein Tier in diesen Kreislauf, kann es innert kurzer Zeit an banalen Infektionen sterben.

Die bei einem Seehund diagnostizierte Allotriophagie könnte als Ausdruck einer Mangelkrankheit interpretiert werden.

Bei den totgeborenen Seelöwen handelt es sich um Erstgeburten junger Mütter. Beide Jungtiere

Tabelle 4:

Vitamin-A/E-Bestimmungen in Plasma und Leber von Kleinem Kudu und Giraffe

Tierart	Alter	Vitamin-A in IE pro 100 ml Plasma	Vitamin-A in IE pro 100 g Leber	Vitamin-E in mg pro 100 ml Plasma	Vitamin-E in mg pro 100 g Leber	Behandlung Vitamin-E/Selen	Todesursache
0,1 Kleiner Kudu 'Anita' (gesundes Vergleichs-Tier)	Geburt	78		0.01		-	
	14 Tage	95		0.10		300 mg / 1 mg	
	21 Tage	115		0.37		600 mg / 2 mg	
	28 Tage	133		0.63		600 mg / 2 mg	
	35 Tage	92		0.56		600 mg / 2 mg	
	42 Tage	98		0.57		-	
	53 Tage	90		0.44		-	
	64 Tage	98		0.41		-	-
0,1 Kleiner Kudu 'Yuta'	32 Tage				0.08	-	WMD
0,1 Kleiner Kudu 'Ulla' (Mutter)	5 Jahre				0.37	-	Unfall
1,0 Giraffe			3900		0.06	-	Abort
0,1 Giraffe (Mutter)	23 Jahre	147	83200		0.66	-	Euthanasie

Tabelle 5:

Vitamin-A-Gehalt in Plasma und Leber von Schneeleoparden verglichen mit den Werten beim Menschen

Individuum	Vitamin-A-Gehalt in IE pro 100 ml Plasma	100 g Leber	Unter-suchungs-datum	gestorben
Schneeleopard				
1,0 'Yeti'	66	1200	15. 1. 76 (erkrankt)	30. 1. 76
0,1 'Vappu'	81	-	27. 4. 76	
	242	-	3. 1. 78	
	46	1800	16.11. 78	16.11. 78
Erwachsener Mensch				
gesund	150 bis 280	800 (bis 7000)	-	-
Mangel	< 80	-	-	-
Kind				
gesund	100 bis 200	550 (bis 900)	-	-
Mangel	< 50	-	-	-

besaßen zur Zeit der Geburt respektive des Abortes trotz optimaler Vitaminversorgung der Mutter eher geringe Vitamin-A-Reserven. Diese werden beim Neugeborenen vermutlich in den ersten Tagen mit der Milch aufgenommen. Jeder Seelöwe erhält im Zoologischen Garten Basel zusätzlich zur täglichen Fischration - neben allen anderen wichtigen fett- und wasserlöslichen Vitaminen - bis 100'000 IE Vitamin-A.

Der Vitamin-A-Wert des älteren Eisbären, dessen Todesursache im Gegensatz zum anderen Tier in keinem Zusammenhang mit einer Infektionskrankheit und einem Leberschaden stand, zeigt deutlich, daß dieses Tier bei unserer Fütterung ausreichend versorgt war.

Bei den fischfressenden Vögeln fallen die relativ tiefen Werte von zwei Weißstörchen auf (2'300 IE, 36'000 IE). Grund dafür ist vermutlich eine verminderte Nahrungsaufnahme bedingt durch Bewegungseinschränkung. Auch alle fischfressenden Vögel erhalten täglich 15'000 - 30'000 IE Vitamin-A (R ü e d i und L a n g , 1974).

Vitamin-A-Analysen bei Futterfischen geben uns einen Hinweis auf die Fischqualität und zeigen, wie wichtig die Verfütterung ganzer Fische ist, denn fast 100 % des Vitamins-A wird in der Leber gespeichert. Weiter geben uns die Untersuchungen bei fischfressenden Säugetieren und Vögeln Auskunft über den momentanen Speicherzustand der Leber und einen Hinweis auf den Gesundheitszustand.

Kleiner Kudu, Giraffe

Es ist - wie beim Seelöwen schon erwähnt - deutlich zu erkennen, daß die abortierte Giraffe wie die neugeborenen Kleinen Kudus eine geringe Vitamin-A/E-Konzentration in der Leber, respektive im Blut aufwiesen. Die geringe Durchlässigkeit der Placentaschranke für Vitamin-E ist nachgewiesen (Z i n t z e n , 1972). Jungtiere sind also gleich nach der Geburt auf die Zufuhr dieser lebenswichtigen Stoffe durch die Milch angewiesen.

Der erste Stillstand der Gewichtszunahme beim Kleinen Kudu fiel nach unseren Beobachtungen mit der ersten Brunst der Mutter und dadurch der Zeit verminderter Milchleistung zusammen. Dadurch ist die in den ersten Lebenstagen geforderte erhöhte Vitaminversorgung nicht gewährleistet, und erste Symptome von WMD können auftreten. Dies wurde am Anstieg der für Wiederkäuer spezifischen Skelett- und Herzmuskelenzyme GOT/GPT/CPK deutlich. Der tiefe CPK- und niedrige GPT-Spiegel in der zweiten Blutprobe von 'Xindy' läßt auf eine, durch die Behandlung bedingte, Regeneration der Muskulatur schließen, was auch histologisch bestätigt werden konnte.

Gemäß unseren Futterberechnungen stammt der einzig garantierte Vitamin-E-Gehalt von 60 - 65 mg pro Tier und Tag im Futter unserer Wiederkäuer aus dem pelletierten Kraftfutter und dem Futterzusatz, da bei der Lagerung der anderen Lebensmittel bis 90 % Vitamin-E verloren gehen können (Z i n t z e n , 1972). Deshalb haben wir begonnen, vermehrt täglich grüne Zweige zu verabreichen. Zusätzlich geben wir pro Tier und Tag zirka 250 - 500 mg Vitamin-E ins Futter (Rovimix-E25, Roche).

Mit Enzym- und Vitamin-E-Untersuchungen haben wir eine gute Möglichkeit, WMD früh zu erkennen und während prophylaktischen oder therapeutischen Vitamin-E-Verabreichungen - vor allem bei trächtigen oder säugenden Muttertieren - den Blutspiegel zu kontrollieren.

Schneeleopard

Nach dem Kurvenverlauf der beiden ersten Fälle in Abbildung 1 ist zu schließen, daß es sich beim Anstieg der GOT und GPT um akute Entzündungsschübe in der Leber gehandelt hat. Die geringen Schwankungen im dritten Fall ('Vappu') bewegen sich im Normalbereich. Dies zeigt uns, daß die Bestimmungsintervalle zu groß gewählt worden waren, denn es fehlen uns Werte akuter Entzündungsphasen der vermutlich schon bei den ersten Untersuchungen vorbestandenen Leberveränderungen.

Die niedrigen Vitamin-A-Spiegel im Blut geben die erschöpften Leberreservoirs wieder, was durch die Resultate der beiden Leberuntersuchungen bestätigt werden konnte. Verglichen mit dem Gehalt anderer Raubtierlebern liegen die gefundenen Werte beim Schneeleoparden um einen Faktor

Abbildung 1:

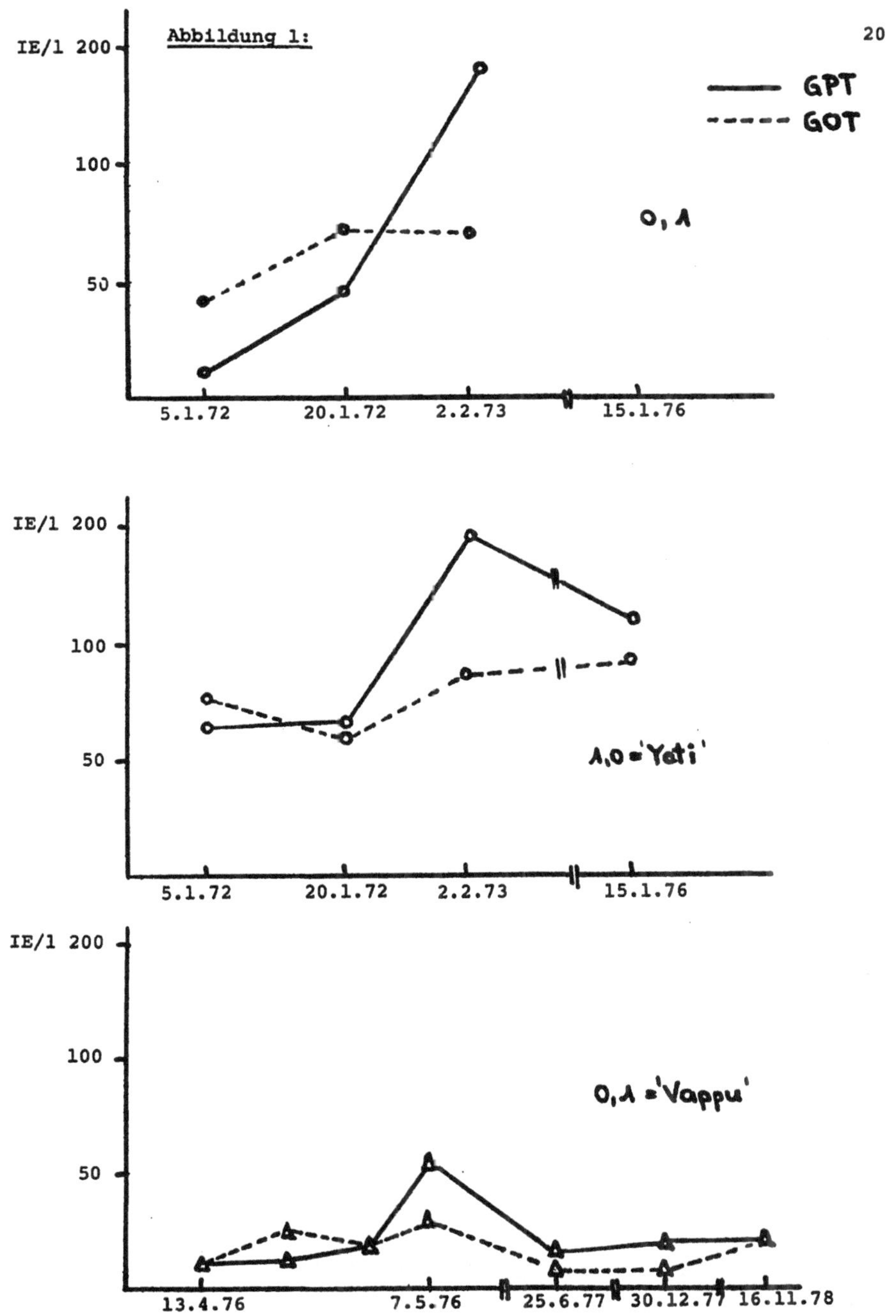
IE/l 200
100
50
5.1.72
20.1.72
2.2.73
15.1.76
GPT
GOT
O, Λ
IE/l 200
100
50
5.1.72
20.1.72
2.2.73
15.1.76
Λ,O = 'Yeti'
IE/l 200
100
50
13.4.76
7.5.76
25.6.77
30.12.77
16.11.78
O,Λ = 'Vappu'

500 - 1000 zu tief (unveröffentlichte Resultate).

Wahrscheinlich ist auch die Funktion des Retinol Binding Proteins (RBP), das für den Transport des Vitamins-A im Blut benötigt wird, durch die verschiedenen entzündlichen Schübe wiederholt beeinträchtigt worden. Die tiefen Enzym- und Vitaminwerte im fortgeschrittenen Stadium der Leberveränderung (Zirrhose) sind verständlich, da immer mehr funktionelles Lebergewebe durch Bindegewebe ersetzt wurde.

Da Einzelresultate von Enzym- und Vitaminuntersuchungen beim Schneeleoparden Auskunft über den momentanen Zustand der Leber geben, ist es notwendig, bei Krankheitsverdacht mehrmals in kurzen Intervallen Blutproben zu nehmen, um den Krankheitsverlauf kontinuierlicher verfolgen zu können (Entzündungsschübe).

Zusammenfassung:

Vitamin- und Enzymbestimmungen im Rahmen klinischer Diagnostik: Ausgewählte Beispiele

Vitamin-A-Untersuchungen in Lebern gestorbener fischfressender Säuger und Vögel ließen uns Rückschlüsse auf den Gesundheitszustand allgemein und den Speicherzustand der Leber ziehen. Dieselben Analysen bei Futterfischen zeigten, daß bis nahezu 100 % des Vitamins-A in der Leber gespeichert wird und daß deshalb ganze Fische verfüttert werden sollten. Mit Vitamin-E- und Leberenzymuntersuchungen beim Kleinen Kudu konnten wir Vitamin-E-Mangel frühzeitig erkennen und behandeln. Durch regelmäßige Vitamin-A- und Leberenzymuntersuchungen ist es möglich, Lebererkrankungen beim Schneeleoparden rechtzeitig zu erkennen.

Summary:

Vitamin and Enzyme Determination for Clinical Diagnosis - Selected Examples

Vitamin A tests were applied to livers of dead fish-eating mammals and birds for conclusions to the general health condition of those animals and to their liver storage potentials. Identical analyses, applied to feed fish, have shown that almost up to 100 per cent of all vitamin A was stored in the liver. Therefore, whole fish should be used for feeding. Vitamin E and liver enzyme examinations were conducted on kudu and resulted in early detection of vitamin E deficit for well-timed treatment. Regular vitamin A and liver enzyme examinations proved suitable for early detection of liver diseases in snow leopard.

Résumé:

Détermination de vitamines et d'encymes dans le cadre du diagnostic clinique: Examples

La détermination de la vitamine A dans le foie de mammifères et d'oiseaux décédés nous a permis de tirer des conclusions sur l'état sanitaire en général et sur la situation de stockage du foie. Ces mêmes études réalisées sur les poissons donnés comme aliment ont montré que presque la totalité de la vitamine A était stockée dans le foie. Il est donc préférable de donner en nourriture le poisson tout entier. Grâce à une détermination de la vitamine E et des enzymes hépatiques chez le Petit Koudou nous avons été en mesure de déceler précocement une carence en vitamine E et d'entreprendre un traitement prophylactique. De même une détermination de la vitamine A et des enzymes hépatiques permet de détecter rapidement une maladie du foie chez la panthère des neiges.

Резюме:

Определение витаминов и ферментов в рамке клинической диагностики:

Избранные примеры

На основе исследований на витамин А печени умерших млекопитающих и птиц, которые питались рыбами, можно было делать выводы об общем состоянии печени и о накоплении различных веществ в печени. Тот же анализ проведенный у рыб, употребленных для кормления показал, что около 100% витамина А накапливается в печени этих рыб. Поэтому рекомендуется кормление целыми рыбами. С помощью определения витамина Е и исследования печени на ферменты у маленького куду ранний диагноз недостатка витамина Е был возможен, после этого принимались соответсвующие меры лечения. Регулярными исследованиями на витвмин А и ферменты ранний диагноз заболевания печени у барса становился возможным.

Literatur:

BRUBACHER, G., and J. P. VUILLEUMIER (1977): Procedures for the Determination of Vitamin A and Carotin in Plasma and Serum. Clin. Biochem. II, 977-979.

HASHIM, S. A., and G. R. SCHUTTRINGER (1966): Rapid Determination of Tocopherol in Macro- und Microquantities of Plasma. Am.J.Clin.Nutr. 19, 137-145.

HOFFMANN-LA ROCHE (1977): Vitamin E Determination in Liver Tissue by Saponification and Thin Layer Chromatography. Internal Communication.

HELDSTAB, A., and D. RÜEDI (1978): The Occurrence of Myodystrophy in Zoo Animals at the Basle Zoological Garden. Symposium on the Comparative Pathology of Zoo Animals. (Washington)

KÖRNER, W. F., and J. VÖLLM (1975): New Aspects of the Tolerance of Retinol in Humans. Internat. J. Vit. Nutr. Res. 45, 363-372.

RÜEDI, D. und E. M. LANG (1974): Über die Seelöwenhaltung im Zoologischen Garten Basel. Verhandlungsber. XVI. Internat. Symp. Erkrankungen Zootiere, Erfurt, 245-251.

RÜEDI, D., HELDSTAB, A., VÖLLM , J., and P. KELLER (1978): White Muscle Disease in the Lesser Kudu (Tragelaphus imberbis) at the Basle Zoological Garden: Case Histories of Three Animals. Diagnostic Possibilities and Prophylactic and Therapeutic Measures. Symposium on the Comparative Pathology of Zoo Animals. (Washington.)

RÜEDI, D., HELDSTAB, A., WIESNER, H., and P. KELLER (1978): Liver Cirrhosis in the Snow Leopard (Uncia uncia): Case Histories of Three Animals and Suggestion of Some Diagnostic Possibilities. 1. Schneeleoparden-Symposium.(Helsinki.)

ZINTZEN, H. (1972): A Summary of the Vitamin E/Selenium Problem in Ruminants, 1-22. Basel: Roche.

Anschrift der Verfasser: Dr. D. R ü e d i ,
Zoologischer Garten Basel
Binningerstr. 40
CH-4054 Basel (Schweiz)

Muséum National d'Históre Naturelle, Parc Zoologique Paris (Sous-Directeur: Dr. Vre Jean R i n j a r d)

VITAMINE A ET SPONDYLOSE ANKYLOSANTE CHEZ DES OUISTITIS

Par Marie-Claude D e m o n t o y , J. L. B e r t h i e r et F. L e t e l l i e r

Les ostéopathies rencontrées chez les singes d'Amérique du Sud constituent une entité clinique souvent décrite et fréquemment rencontrée dans les zoos. Grâce à des traitements appropriés (amélioration du biotope, adjonction de vitamines et d'oligoéléments dans la ration etc...) ces maladies sont actuellement en régression. Il faut cependant prendre conscience du danger que peut représenter un surdosage de ces subtances, conduisant à des effets secondaires encore mal élucidés, mais importants et souvent irrémédiables. C'est pourquoi il nous a paru intéressant d'exposer un cas clinique d'hypervitaminose A survenu chez des ouistitis à la suite d'un traitement antirachitique trop prolongé.

Commémoratifs: Ces trois ouistitis - Hapale jacchus, Saguinus nigricollis, Oedipomidas geoffroyi - vivaient dans un terrarium et recevaient une nourriture variée: fruits de saison, insectes, bouillie, lait, oeufs ... Au bout de cinq mois ils commencèrent à manifester des symptômes de rachitisme: cachexie, troubles digestifs fréquents - diarrhées, parfois constipation, pica -; leur locomotion devenait difficile: les animaux se voussaient et marchaient avec précaution. Le personnel chargé de ces animaux institua alors un traitement classique à base de vitamine D, calcium et phoshore: Vigentol (ND) (vit. D3), Phosoforme (ND) et Chlorocalcion (ND). Ces supplémentations, mal acceptées par les animaux qui ne pouvaient être traités individuellement, étaient largement distribuées dans l'espoir d'obtenir un dosage d'environ 400 UI par animal. Cette méthode, appliquée depuis des années, permettait de pallier les déficiences vitamiques, cause probable des "paralysies de cage", et avait permis la naissance et l'élevage de jeunes. A la suite d'une rupture de stock de ces produits, on employa l'Adégio (ND) gouttes (une goutte fournit 200 UI de vit. D2 et 100 UI de vit. A) mis directement sur des vers de farine. L'appétence se révéla plus grande et les animaux absorbèrent sans problème ce mélange. Contrairement à toute attente aucune amélioration ne se fit your: les animaux s'affaiblirent et les troubles locomoteurs s'accentuèrent. L'un d'eux mourut; l'autopsie ne put être pratiquée. Du fait de la propension de ces animaux aux carences vitamiques et à la déminéralisation, le traitement fut poursuivi tous les dix jours pendant sept mois, avec des doses légèrement augmentées. Cependant l'aggravation continue des troubles amena à reconsidérer la supplémentation. On constata alors que le produit, n'ayant ni odeur, ni saveur désagréable était entièrement consommé par les animaux, donc à des doses beaucoup trop importantes; en effet, pour compenser une perte éventuelle, les animaux rejetant fréquemment de la nourriture, le dosage est souvent surévalué. On peut considérer que les oustitis consommèrent pendant cette période (sept mois tous les dix jours) 4 à 500 UI de vit. A, par jour, et qu'un surdosage en résulta.

Examen clinique: Les animaux semblaient être devenus raides et répugnaient à se déplacer et à se lever. Leur démarche était presque plantigrade, très saccadée et incoordonnée. Ils étaient beaucoup moins vifs et leur poil était terne et piqué, on remarquait une extrême cachexie et une alopécie diffuse, sans prurit. Un frottis cutané ne révéla aucun parasite externe. A la palpation, la colonne vertébrale présentait une rigidité anormale, les mouvements de flexion étant pratiquement inexistants; de plus cette palpation était douloureuse.

Radiographie: Elle montra une ossification anormale intéressant l'ensemble des vertèbres; l'os sous-jacent était respecté, mais les apophyses n'étaient plus distinctes: elles étaient noyées dans une gangue d'os néoformé dense et homogène. Aucune autre lésion squelettique n'était constatée.

Traitement: Il fut aléatoire, les lésions installées ne pouvant régresser. Il a été surtout envisagé pour diminuer la douleur. Dans un premier temps nous avons utilisé les corticoïdes par voie locale, en mésothérapie (injection intradermique de procaine, vitamine B1 et déxaméthasone). La stimulation de points d'acupuncture à l'aide de vit. B1 y fut associée. Trois séries de points furent ponoturés:

- Weizhong (40 vessie) situé au milieu du creux poplité,
- les points Shu du méridien de la vessie (branche externe du méridien décrit chez les animaux), situés entre les extrémités des apophyses des vertèbres lombaires.

Ces deux premières séries de points sont réputées d'avoir une action sur les douleurs dorsales.

- Zusanli (36 estomac), situé à un travers de doigt de la crête tibiale antérieure, et connu pour son action tonique.

Le traitement, effectué tous les quinze jours, amena une rémission des symptômes permettant aux animaux de se déplacer et de grimper à nouveau sur les branches. Malheureusement, peu à peu, il devint insuffisant et il fallut agir par voie générale: on injecta alors, des corticoïdes à action retard (1,5 mg d'acétate de bétaméthasone toutes les trois semaines). L'appétit s'accrut mais les troubles régressèrent peu. L'euthanasie fut alors décidée.

Lésions: Les vertèbres étaient soudées, les reliefs osseux et les articulations n'étaient plus visibles. Toute la colonne vertébrale était enveloppée dans une gaine fibro-cartilagineuse d'aspect pseudo-tumoral. Cet "étui" explique la raideur des animaux. Aucune autre lésion osseuse n'était visible. Les organes internes étaient indemmes de toutes affection, à l'exception d'une entérite suraigüe provoquée par les alternances de constipation et diarrhée précédemment décrites. Le pelage était sec et cassant; il n'y avait pas de lésion oculaire.

Discussion: Nous n'avons pu faire d'examens complémentaires pour confirmer le diagnostic clinique. Cependant ces lésions typiques ne pouvaient être confondues avec du rachitisme (pas de déformations et de déminéralisations du squelette) ou de l'arthrose (dans ce cas la douleur aurait été plus discrète et l'image radiologique différente: densification du corps vertébral, pincement de l'interligne articulaire ...). De plus les commémoratifs confirment les suspicions cliniques.

Il est évident qu'après la découverte des carences et l'engouement pour les vitamines qui s'ensuivit, des erreurs de ce genre sont fréquentes. En clinique humaine, l'abus des vitamines (particulièrement D), utilisées pour favoriser la croissance des enfants, est bien connu et maintenant combattu. En clinique vétérinaire, l'hypervitaminose A du chat ne mangeant que du foie, provoquant la spondylose cervicale ankylosante, est devenue un fait banal.

Dans le cas décrit, la prédisposition des ouistitis à l'ostéoporose avec cyphose et lordose, a conduit le personnel à commettre une erreur: cliniquement en effet, les symptômes premiers du rachitisme et de l'hypervitaminose A sont visualisés de façon identique. Il est probable que le déséquilibre du métabolisme phosphocalcique chez les ouistitis favorise la toxicité de la vitamine A surtout associée à la vitamine D. De plus, dans un groupe, on n'a aucune certitude quant à la quantitié de vitamines ingérée par chaque animal et le calcul des doses est souvent sujet à caution. Enfin, le stockage hépatique de la vitamine A, la potentialisation de son action par la vitamine D, ont sans doute accentué ce mécanisme. Ce phénomène laisse soupçonner également une prédisposition individuelle (actuellement recherchée en humaine au niveau du système HLA) et spécifique.

En outre il est clair, que malgré l'arrêt des supplémentations, les lésions osseuses ne purent régresser: elles étaient trop avancées et le remaniement osseux est insuffisant chez l'adulte.

CONCLUSION:

Il nous a semblé important de souligner le danger que peut représenter une trop grande adjonction de vitamines. Celles-ci sont parfois utilisées de façon illusoire et immodérée, d'autant qu'on néglige souvent l'apport vitaminique des aliments naturels. Il faut dans ce domaine songer au vieil adage "Le mieux est l'ennemi du bien".

Résumé:

Vitamine A et spondylose ankylosante chez des ouistitis

Les auteurs décrivent des cas de spondylose ankylosante survenue chez des ouistitis auxquels une supplémentation vitaminique A était distribuée en trop grande quantité. Une discussion s'ensuit au sujet des risques d'hypervitaminose chez certaines espèces.

Zusammenfassung:

Vitamin A und Lähmungsspondylose bei Pinseläffchen

Die Autoren beschreiben Fälle von Lähmungsspondylose bei Pinseläffchen, denen eine zu hohe A-Vitamindosis verabreicht worden war. Daran schließt sich dann eine Diskussion über die Gefahr überhöhter Vitamingaben für verschiedene Arten an.

Summary:

Vitamin A and Paralytic Spondylosis in Crested Bare-Faced Tamarins

Described in this paper are several cases of paralytic spondylosis in crested bare-faced tamarins which had received too much vitamin A. The hazards then are discussed relating to excessive vitamin doses for certain species.

Резюме:

Витамин А и паралычный спондилоз у обыкновенной игрунки

Авторы описывают случая паралычного спондилоза у обыкновенной игрунки вследствие черезмерной дачи витамина А. Обсуждается опасность увеличенной дачи витаминов для различных видов животных.

Literatur:

Académie de médecine traditionelle chinoise. - Précis d'acupuncture chinoise. Ed. Dangles, 1976.

CLARK, L. (1970): The effect of excess vit. A on long bone growth in kittens. J. comp. Path. 80, 625-634.

DU BOULAY, G. H. et M. A. CRAWFORD (1968): Nutritional bone disease in captive primates. Symp. Zool. Soc. Lond. 21, 223-236.

WYERS, M. et B. CLERC (1973): Hypervitaminose A chronique et spondylose cervicale ankylosante du chat adulte. Rec. Méd. Vét. 149, 457-466.

L'adresse d'auteur: Mme. Marie-Claude D e m o n t o y,
33, rue du Banquier
F-75013 Paris (France)

From Helsinki Zoo and the Department of Biochemistry of the College of Veterinary Medicine Helsinki

SOME HAEMATOLOGICAL AND BIOCHEMICAL REFERENCE VALUES OF SNOW LEOPARD (PANTHERA UNCIA) - PRELIMINARY REPORT

By C. Wahlberg and S. Sankari

Laboratory data can be of great clinical importance to diagnosis. Yet, there must be reference values for comparison and proper assessment of laboratory results. No haematological nor biochemical reference values so far have been published on snow leopard. Scattered laboratory results are obtainable from literature.

Materials and methods

Blood samples were taken from eight female and four male snow leopards at the Helsinki Zoo. Two of the animals, aged 15 and 16 years, have been kept in the zoo for more than ten years, following capture, and the others were born in the zoo. They were aged between three months and 16 years and clinically intact.

The animals were immobilised, using a mixture of 500 mg xylazine (Rompun, Farbenfabriken Bayer AG, Leverkusen, BR Deutschland) with 500 mg ketamine chloride in 5 ml solution (Parke, Davis & Co., Middlesex, England). The dose was 0.6 ml/10 kg. The samples were taken between five and ten minutes after injection.

The blood required for haematological examination were sampled into tubes which contained potassium ethylene diamine tetra-acetate. Blood samples for biochemical assay were taken without any anticoagulant. The serum was separated within two hours, and samples for the glucose test were taken immediately. The other analytical procedures were performed on the same day. All samples were frozen and analysed as soon as possible.

Serum-borne calcium and magnesium were determined by atomic absorption spectrophotometer (Perkin-Elmer 303, The Perkin-Elmer Corporation, Norwalk, USA). Blood glucose was analysed spectrophotometrically by o-toluidine reaction. All the other biochemical analyses were done on a computer-controlled analyzer (Gilford 3500, Gilford Instrument, Ohia, USA).

Aspartate aminotransferase (ASAT), alanine aminotransferase (ALAT), creatinine phosphokinase (CPK) and lactate dehydrogenase (LDH) were determined according to the standards of the Committee of Enzymes of the Scandinavian Society of Clinical Chemistry and Clinical Physiology (Scandinavian Committee of Enzymes, 1974, 1976). Alkaline phosphatase (AP) was determined by a colorimetric method, using p-nitrophenylphosphate as substrate (Hausamen et al., 1967). Gamma-glutamyl transferase (γ-GT) was determined according to Szasz and Persijn (1974), albumin by a dye-binding technique, using bromocresol green (Bartholomew and Delaney, 1964), total bilirubin by diazotization (Jendrassik and Grof, 1938), urea nitrogen by urease at 30 °C, cholesterol enzymatically by cholesterol ester hydrolase and cholesterol oxidase (Allain et al., 1974), creatinine by the kinetic Jaffe reaction (Fabing and Ertlingshausen, 1971), total protein by biuret reaction and inorganic phosphorus by the phosphomolybdate reaction (Henry et al., 1964). Enzyme activities were measured at 37 °C.

Results

The haematological results are presented in Table 1 and the biochemical results in Table 2. The data are presented in two ways. The actual range of observations and the mean and standard deviation of each parameter are reported. The alkaline phosphatase results are subdivided into

Table 1: Haematological reference values of snow leopard (Panthera uncia)

	Number of Animals	Mean value	Standard Deviation	Range
Haemoglobin g/l	12	140	± 21	92 - 158
PCV %	12	45	± 5.7	32 - 50
Leucocytes $10^3/mm^3$	12	11.05	± 2.99	7.5 - 17.8

Table 2: Biochemical reference values of snow leopard (Panthera uncia)

	Number of Animals	Mean value	Standard Deviation	Range
AP I.U./l	3	310 [1]	± 58	244 - 351
	9	57 [2]	± 23	25 - 91
ALAT IU/l	12	38	± 24	10 - 96
ASAT IU/l	12	32	± 12	16 - 56
CPK IU/l	12	227	227	74 - 659
-GT IU/l	12	5	6.5	0 - 24
LDH IU/l	11	146	82	47 - 341
Glucose mmol/l	12	8.9	2.6	5.9 - 13.8
Urea mmol/l	12	5.7	2.5	1.8 - 10.2
Creatinine mmol/l	12	188	69	64 - 286
Bilirubin mmol/l	5	4.6	2.7	2.2 - 9.2
Cholesterol mmol/l	10	3.4	1.0	2.3 - 5.6
Inorganic Phosphorus mmol/l	10	1.93	0.46	1.62 - 3.00
Calcium mmol/l	12	2.5	0.17	2.1 - 2.8
Magnesium mmol/l	12	0.93	0.06	0.86 - 1.02
Total protein g/l	12	73.1	7.7	62 - 92
Albumin g/l	10	48.7	6.5	41 - 63

1) animals younger than two years

2) animals older than two years

two groups according to age. The AP values of animals aged two years were just as high as those recorded from individuals of higher age.

γ-GT activities varied from 0 to 24. I. U./l. The value 24 I.U./l was noticed only once, and the other γ-GT values were below 8 I.U./l.

One female aged five years had 2147 I.U./l. of LDH. The cause of such high activity is unknown, and the latter high value was not considered for the overall mean value.

Discussion

The haematological values presented in this paper seem to agree with those in earlier studies on the family of felidae (K u n t z e and H u n s d o r f f , 1976; R h o d e s , 1975; S c h a l m , 1975). The packed cell volumes (PCV) recorded from several large cats obviously were higher than those obtainable from domestic cat (S c h a l m , 1975). White blood cell counts vary widely in the literature. It is claimed that the technique of immobilisation might affect the results (C h r i s t o p h and M e l h o r n , 1960; K u n t z e et al., 1976).

It is somehow difficult to compare the biochemical results with other work. Concentrations of inorganic and some organic substances will be almost the same, regardless the procedure used for measurement. It is well-known, however, that the enzyme activity depends strongly on the method by which the test is run. The effect of the drug used for immobilisation should as well be taken in consideration in evaluating haematological and biochemical findings.

The serum-borne calcium, magnesium and inorganic phosphorus concentrations in this study were similar to those quoted in previous reports (K u n t z e and H u n d s d o r f f , 1976; E l z e , 1974).

The glucose values in this material were rather high, but the animals usually had not been fasting before the samples were taken.

In case histories of three sick snow leopards, urea nitrogen values of something between 10.2 and 14.1 mmol/l were regarded as slightly elevated (R ü e d i et al., 1978). In this study the mean urea nitrogen concentration was close to that of the domestic cat (T a s k e r , 1978).

Summary:

Some haematological and biochemical reference values of snow leopard (Panthera uncia) - preliminary report.

Haemoglobin and haematocrit values, white blood cell counts, and some biochemical values of snow leopard are reported and briefly discussed.

Zusammenfassung:

Hämatologische und biochemische Normalwerte bei Schneeleoparden (Panthera uncia) - Ein vorläufiger Bericht

Hämoglobin- und Hämatokritwerte, Leukozytenzahl und biochemische Befunde von Schneeleoparden werden tabellarisch wiedergegeben und kurz besprochen.

Résumé:

Valeurs hématologiques et biochimiques normales chez les panthères des neiges (Panthera uncia) Rapport provisoire

Sous forme de tableau sont indiquées les valeurs d'hémoglobine et d'hémocrite, le nombre de leucocytes ainsi que les valeurs biochémiques des panthères des neiges et sont ensuite brièvement discutées.

Резюме:

Гематологические и биохимические нормы у барса (Panthera unica). Предварительный доклад

Перечисляются в таблице и коротко обсуждаются гемоглобиновый и гематокритовые данные, число лейкоцитов и биохимические данные.

Literature:

ALLAIN et al. (1974): Clin. Chem. 20, 470.

BARTHOLOMEW, R. J. and A. J. DELANEY (1964): Australia Ass. Clin. Biochem. 1, 64.

CHRISTOPH, H.-J. und G. MELHORN (1960): Beiträge zur Hämatologie der Zootiere. I. Mitteilung: Zur Hämatologie der Löwen (Panthera leo). Kleintierprax. 5, 12-16, 37-39.

ELZE, K., EULENBERGER, K., SEIFERT, S., KRONBERGER, H., SCHÜPPEL, K. F., and Ute SCHNURRBUSCH (1974): Auswertung der Krankengeschichten der Felidenpatienten (1958 - 1973) des Zoos Leipzig. Verhandlungsber. XVI. Internat. Symp. Erkrankungen Zootiere, Erfurt, 5-18.

FABING, D. L. and G. ERTINGSHAUSEN (1971): Clin. Chem. 17, 8, 391.

HAUSAMEN, T. V. et al. (1967): Clin. Chem. Acta 15, 241.

HENRY et al. (1964): Clinical Chemistry: Principles and Techniqs, Hoeber Medical Division. New York: Harper & Row, 411-416.

JENDRASSIK, L. and P. GROF (1938): Biochem. Zschr., 297, 81.

KUNTZE, A. und P. HUNSDORFF (1976): Hämatologische Befunde und Serumelektrolytwerte (Na, K, Ca, Mg, P) bei kranken und gesunden Großkatzen (Löwe, Tiger, Leopard und Puma). Verhandlungsber. XVIII, Internat. Symp. Erkrankungen Zootiere, Innsbruck, 353-359.

RHODES, J. A. (1975): Biochemical profiles in exotic captive animals. Am. Ass. Zoo Vet. Ann. Proc., 81-111.

RÜEDI, D. et al. (1978): Liver cirrosis in the snow leopard (Uncia uncia): Case histories of three animals and suggestion of some diagnostic possibilities. Internat. Pedigree Book of Snow Leopard, Helsinki Zoo, Helsinki (in press).

SCANDINAVIAN COMMITTEE OF ENZYMES (1974): Scand. J. Clin. Lab. Invest. 33, 287-306.

SCANDINAVIAN COMMITTEE OF ENZYMES (1976): Scand. J. Clin. Lab. Invest. 36, 711.

SCHALM, O. W. et al. (1975): Veterinary Hematology, 3rd edition. Philadelphia: Lea % Febiger, 109, 273-277.

SZASZ, G. und J. P. PERSIJN (1974): Z. Klin. Chem. Klin. Biochem. 12, 228.

TASKER, J. B. (1978): Reference values for clinical chemistry using the Coulter Chemistry system. Cornell Vet. 68, 460-479.

Address of authors: Dr. C. Wahlberg,
Korkeasaari
SF-00570 Helsinki (Finland)

Aus dem Institut für Generelle und Vergleichende Pathologie (Direktor: Prof. Dr. Z. M l a d e n o v) der Bulgarischen Akademie der Wissenschaften, Sofia, und der Forschungsstelle für Wirbeltierforschung (im Tierpark Berlin) (Direktor: Prof. Dr. sc. Dr. h. c. H. D a t h e) der Akademie der Wissenschaften der DDR, Berlin.

VITAMIN A-MANGEL BEI ZOO- UND WILDVÖGELN

Von A. K o n s t a n t i n o v und R. I p p e n

Eine der wichtigsten, aber auch am schwierigsten zu bewältigende Aufgabe stellt in allen zoologischen Gärten der Welt die optimale Fütterung der in Gefangenschaft gehaltenen Vögel dar. Trotz aller Bemühungen, für die Vielzahl der Vogelarten Futtermischungen zusammenzustellen, die Mangelerkrankungen und Stoffwechselstörungen ausschließen, treten immer wieder unerwartete Mangelerscheinungen auf, die zum Teil ernsthafte Verluste verursachen. Z w e t a e w a' (1941) berichtete, daß in einem Zeitraum von drei Jahren (1935 - 1937) im Moskauer Zoo insgesamt 77 Fälle von A-Avitaminosen bei verschiedenen Wildvogelarten auftraten. Bezogen auf die gesamten Vogelsektionen in diesem Zeitraum bedeutete das 4,3 - 7 %. Der weitaus größte Teil der Verluste (63 Fälle) betraf Vertreter aus der Ordnung der Gänsevögel (Anseriformes). Die Veränderung der Futterzusammenstellung führte zu einer raschen Abnahme der Vitamin A-Mangelverluste, so daß 1938 kein einziger und 1939 nur ein entsprechender Todesfall auftrat. Nach Angaben der Autorin wurde in vielen Fällen zum Zeitpunkt des Beginns der A-Avitaminose, wo weder klinische Anzeichen noch makroskopische Veränderungen auftraten, die Vermutung des Vorliegens einer unbekannten infektiösen Erkrankung ausgesprochen.
J a n t s c h e v (1960) berichtet über 12 A-Avitaminosen bei Wildvögeln, die in einem Zeitraum von zehn Jahren (1949 - 1959) im Zoo Sofia festgestellt werden konnten. Im einzelnen handelte es sich hierbei um vier Kaiseradler (Aquila heliaca), zwei Steinadler (Aquila chrysaetos) und zwei Schreiadler (Aquila pomarina) sowie je einen Uhu (Bubo bubo), Rauhfußbussard (Buteo lagopus), Wespenbussard (Pernis apivorus) und Haushuhn (Gallus gallus). Einem Bericht von D ó z s a (1961) ist zu entnehmen, daß die Untersuchung der Lebern von 100 gestorbenen Vögeln bedeutend verminderte Vitamin A-Werte ergaben.

In den zurückliegenden zehn Jahren erschienen nur recht spärlich Veröffentlichungen über Vitamin A-Mangelerscheinungen bei Wildvögeln. So berichtete C h e n i t i r (1972) über das durch unsachgemäße Fütterung plötzlich auftretende Krankheitsgeschehen bei Geierperlhühnern (Acryllium vulturinum), in dessen Verlauf fünf Tiere starben. Z w a r t (1978) weist auf drei weitere Fälle von A-Avitaminose bei Papageien, und zwar bei zwei Rotbugamazonen (Amazona aestiva) und einem Graupapagei (Psittacus erithacus), hin. Eine mehr generelle Aussage über Hypovitaminosen von Vitamin A, B und E findet sich in einer Arbeit von K r o n b e r g e r und S c h ü p p e l (1972). Auch hier wird auf die Gänsevögel als besonders oft betroffene Vogelordnung hingewiesen.
Ausgehend von der festen Annahme, daß die tatsächliche Zahl der A-Avitaminosen bei den in Gefangenschaft gehaltenen Wildvögeln viel größer ist, als aus den Literaturberichten zu entnehmen ist, entschlossen wir uns, von allen uns übergebenen Vögeln bei der Sektion Proben von der Ösophagusschleimhaut zu entnehmen und diese histologisch zu untersuchen, um so auch die klinisch noch nicht nachweisbaren Fälle von Vitamin A-Mangel wenigstens post mortem zu erfassen.

Material und Methode:

Über einen Zeitraum von vier Jahren (1975 - 1978) untersuchten wir makroskopisch und histologisch die Ösophagusschleimhaut von 1315 Wildvögeln aus mehreren Zoologischen Gärten und Heimattiergärten und von Tieren der freien Wildbahn. Das Untersuchungsmaterial wurde aus dem cranialen Teil des Ösophagus entnommen, auf festes Papier gebracht und so in 10%igem neutralen Formalin fixiert. Nach Paraffineinbettung wurden 4 - 6 nm starke Schnitte angefertigt, die routinemäßig mit Hämatoxylin-Eosin gefärbt wurden. Die Beurteilung und Befundfestlegung erfolgte nach der schon früher angewandten Methode (K o n s t a n t i n o v , 1972), indem die vorliegenden Veränderungen in drei Gruppen eingeordnet wurden. Als A-Avitaminose ersten Grades wurde eine beginnende Hyperkeratinisierung der Drüsenepithelzellen im Ösophagus angesprochen. Entsprechende Prozesse zweiten Grades stellten Fälle dar, bei denen alle Drüsen in Mitleidenschaft gezogen waren und das Drüsenepithel bereits überwiegend in verhornendes Epithel umgewandelt war. A-Avitaminosen dritten Grades dokumentieren sich bereits makroskopisch in Form weißer Knötchenbildungen, die sich histologisch als vollständig in verhornende Epithelzellknoten umgewandelte Drüsen erweisen.

Untersuchungsergebnisse:

Von den von uns untersuchten 1315 Vögeln ließen 81 (6,2 %) Veränderungen erkennen, die eindeutig als Folge eines Vitamin A-Mangels anzusprechen sind. Betroffen waren Vögel aus elf verschiedenen Ordnungen (Tabelle 1). Über die Hälfte, das heißt 41 der betroffenen Tiere, waren den Gänsevögeln zuzuordnen und 23 weitere Fälle betrafen Jungfernkraniche, so daß es sich bei den restlichen Vertretern aus neun Ordnungen überwiegend um Einzeltiere handelte. Wichtig erscheint in diesem Zusammenhang, auch auf die Relation zwischen der Anzahl der tatsächlich untersuchten Vögel und der mit Veränderungen einer A-Hypovitaminose zu verweisen. So zeigt sich, daß die Gänsevögel mit 403 Sektionen zahlenmäßig weit an erster Stelle stehen. Dennoch bleibt die Feststellung eines besonders häufigen Auftretens von A-Avitaminosen bei Vertretern dieser Ordnung zu Recht bestehen, da der Anteil von 10,2 % weit über dem Gesamtdurchschnitt liegt. Diese Beobachtung deckt sich mit der Feststellung von Zwetaewa (1941). Anders hingegen müssen die weit herausragenden Befunde bei den Kranichvögeln mit 40,4 % eingeschätzt werden. Bei den hier untersuchten Tieren handelte es sich im Gegensatz zu den anderen Vögeln ausschließlich um Frischimporte, die einer schweren Belastung ausgesetzt waren. Aus diesem Grunde können die hier ausgewiesenen Zahlen nicht als allgemein zutreffend für Kranichvögel angesehen werden. Als auffallend niedrig müssen die Befunde bei den Sperlingsvögeln (0,7 %) und bei den Stelzvögeln mit 1,7 % angesehen werden, soweit das vorliegende Zahlenmaterial überhaupt eine Einschätzung der Häufigkeit des Auftretens von Mangelerscheinungen zuläßt.

Interessanterweise überwogen bei unseren Untersuchungsergebnissen weitgehend die Fälle, in denen Veränderungen eines beginnenden Vitamin A-Mangelschadens (1. Grad) festzustellen waren. Nur sieben beziehungsweise sechs Vögel ließen Veränderungen II. und III. Grades erkennen.

Im Gegensatz zu Feststellungen anderer Autoren konnten die von uns nachgewiesenen A-Avitaminosen nicht ohne weiteres als Todesursache angesprochen werden, da gleichzeitig bei der Sektion andere Krankheitsprozesse ermittelt wurden, die zum Tod der Tiere geführt haben konnten. Aus diesem Grunde sollen in der Tabelle II die wichtigsten Erkrankungskomplexe aufgezeigt werden, die gleichzeitig bei den Tieren mit nachweislicher A-Avitaminose beobachtet wurden. Da jedoch jedes sezierte Tier bei den durchgeführten Untersuchungen mehrere Befunde aufwies, sind die in der Tabelle II enthaltenen Zahlenangaben höher als die der sezierten Tiere. Wie aus der Aufstellung ersichtlich wird, konnten bei den Tieren mit einer A-Avitaminose sowohl Befunde bakterieller, mykotischer oder parasitärer Infektionen als auch anderer Organveränderungen erhoben werden. Als zahlenmäßig am häufigsten auftretende Kombination wurden Befunde von Drüsenmagenparasitosen und krankhafte Veränderungen im übrigen Verdauungstrakt mit jeweils 26 Fällen ermittelt. Betrachtet man von dieser Feststellung ausgehend die entsprechenden Befunde bei den zahlenmäßig aussagekräftigen Gänsevögeln, so bestätigt sich diese Aussage. Auffällig hoch ist auch der Anteil an Nephropathien mit 14 Fällen und Amyloidosen bei neun Tieren. Die meist in Form starker Harnsäurestauung auftretenden Nephropathien sind zum Teil direkt mit dem Vitamin A-Mangel in Verbindung zu setzen, da es im Verlauf einer Hyperkeratinisierung des Epithels der ableitenden Harnwege zu einer mechanischen Behinderung des Harnabflusses kam, die eine Harnsäurestauung nach sich zog. Bei den nachgewiesenen Botulismus-C-Intoxikationen handelte es sich in fünf Fällen um Höckerschwäne und in vier Fällen um Stockenten, die alle als Wildvögel auf einem bestimmten Abschnitt der Berliner Gewässer lebten und nach ihrem plötzlichen Erkranken beziehungsweise ihrem Tod zur Untersuchung eingesandt wurden. Als ausgesprochen chronische Krankheitsprozesse bei den Gänsevögeln seien hier die Amyloidosen sowie die Fälle von Tuberkulose und Mykose besonders angeführt. Etwas anders verhält es sich bei den Erkrankungen der Jungfernkraniche. Wie schon vorher erwähnt, stammten alle Tiere aus Frischimporten. Als Hauptbefund war bei allen eine Hexamitiasis nachgewiesen worden, die zu schwersten diphtheroid-nekrotisierenden Dünndarmentzündungen geführt hatte (Ippen et al., 1978). Neben diesen Befunden wurden auch bei den Kranichen eine auffallend

Tabelle I

	Sezierte Vögel	Insgesamt A-Avitaminose	davon Grad der Veränderungen I	II	III
ZOO- und WILDVÖGEL INSGESAMT	1315	81 (6,2 %)	68	7	6
PINGUINE (Sphenisciformes)	18	1			
Humboldtpinguin (Spheniscus humboldti)		1	1		
RUDERFÜSSER (Pelecaniformes)	10	1			
Chile-Pelikan (Pelecanus occidentalis thagus)		1	1		
STELZVÖGEL (Ciconiiformes)	118	2 (1,7 %)			
Weißstorch (Ciconia ciconia)		1	1		
Waldrapp (Geronticus eremita)		1	1		
FLAMINGOS (Phoenicopteriformes)	49	2			
Chilenischer Flamingo (Phoenicopterus chilensis)		1	1		
Zwergflamingo (Phoeniconaias minor)		1	1		
GÄNSEVÖGEL (Anseriformes)	403	41 (10,2 %)			
Höckerschwan (Cygnus olor)		5	5		
Schwarzhalsschwan (Cygnus melanocoryphus)		4	3	1	
Rothalsgans (Branta ruficollis)		1	1		
Brandgans (Tadorna tadorna)		2	2		
Magellangans (Chloephaga picta)		1	1		
Graukopfgans (Chloephaga poliocephala)		1	1		
Schopfente (Lophonetta specularioides)		1	1		
Stockente (Anas platyrhynchos)		4	4		
Löffelente (Anas clypeata)		1	1		
Eiderente (Somateria mollissima)		3	3		
Peposakaente (Netta peposaca)		1	1		
Kolbenente (Netta rufina)		3	2	1	
Tauchente (Aythya spec.)		1			1
Veilchenente (Aythya affinis)		1	1		
Tafelente (Aythya ferina)		2	1		1
Sporengans (Plectropterus gambensis)		1	1		
Moschusente (Cairina moschata)		1	1		
Hartlaubente (Cairina hartlaubi)		1	1		
Brautente (Aix sponsa)		6	4	2	
Gänsesäger (Mergus merganser)		1	1		
GREIFVÖGEL (Falconiformes)	83	3 (3,6 %)			
Rauhfußbussard (Buteo lagopus)		1			1
Fahlgeier (Gyps coprotheres)		1	1		
Schneegeier (Gyps himalayensis)		1		1	
HÜHNERVÖGEL (Galliformes)	96	5 (5,2 %)			
Chukarsteinhuhn (Alectoris graeca chucar)		1	1		
Virginiawachtel (Colinus virginianus)		1			1
Temminck Tragopan (Tragopan temmincki)		1			1
Mikadofasan (Syrmaticus mikado)		1			1
Weißer Ohrfasan (Crossoptilon crossoptilon)		1	1		
KRANICHVÖGEL (Gruiformes)	57	23 (40,4 %)			
Jungfernkranich (Anthropoides virgo)		23	21	2	
MÖWENARTIGE (Lari)	1				
Sturmmöwe (Larus canus)		1	1		
KUCKUCKSVÖGEL (Cuculiformes)	6	1			
Rothaubenturako (Turaco erythrolophus)		1	1		
SPERLINGSVÖGEL (Passeriformes)	142	1 (0,7 %)			
Kolkrabe (Corvus corax)		1	1		

hohe Zahl von Drüsenmagenparasitosen festgestellt. Nicht unerwähnt bleiben dürfen die fünf Fälle von Salmonelleninfektionen und die vier Mykosen. Eine gesonderte Besprechung der Befunde bei den Vögeln der anderen Ordnungen erscheint wegen der Heterogenität als nicht erforderlich. Grundsätzlich muß aber hervorgehoben werden, daß bei allen Vögeln, die hier ausgewertet wurden, mehrere unterschiedliche Befunde auftraten, wobei eine Kombination bestimmter Erkrankungsprozesse gehäuft nur bei den Kranichen in Form einer Hexamitiasis und Drüsenmagenparasitose beobachtet werden konnte.

Diskussion:

Als Ergebnis unserer Untersuchungen kann herausgestellt werden, daß Fälle von klinisch nicht manifesten A-Avitaminosen bei Zoo- und Wildvögeln wesentlich häufiger auftreten als bisher vorliegende Berichte und Übersichten erkennen lassen. Einen wesentlichen Beitrag zur besseren Diagnostik kann hierbei die gezielte routinemäßige histologische Untersuchung der Ösophagusschleimhaut bieten. Der relativ geringe Anteil von Veränderungen 2. und 3. Grades verdeutlicht, daß die A-Avitaminosen in den meisten Fällen nicht als Todesursache anzusprechen sind. Dennoch steht außer Zweifel, daß durch einen Vitamin A-Mangel eine wesentliche Konditionsminderung des Organismus bedingt wird, die von entscheidender Bedeutung für den Krankheitsverlauf und für den Tod der Vögel sein kann.

In diesem Zusammenhang scheint es wichtig, darauf zu verweisen, daß die Resorption des Vitamin A über den Dünndarm erfolgt (G r a t z l und K ö h l e r , 1968), wobei weiterhin zu berücksichtigen ist, daß sich auch der gesamte Prozeß der Umwandlung der Karotine in der Darmwand vollzieht. Versucht man unter diesem Aspekt die möglichen Ursachen für die Entstehung eines Vitamin A-Mangels zu ergründen, so wird deutlich, daß keineswegs die unzureichende Zuführung von Vitamin A über das Futter der alleinige Hauptgrund ist. Wie die Untersuchungsergebnisse erkennen lassen, dürfte in der Mehrzahl der von uns ermittelten Fälle eine Resorptionsstörung durch bestehende Erkrankungen des Verdauungstraktes zugrunde liegen.

Mit Sicherheit sind die bei 23 Kranichen im Verlauf der Hexamitiasis auftretenden hochgradigen Dünndarmschleimhautveränderungen Ursache für einen Vitamin A-Mangel geworden. Berücksichtigt man in diesen Fällen darüber hinaus die bei diesen Tieren vorausgegangenen Transportschwächungen, die nachweislich als zusätzliche physiologische Belastung des Organismus eine Vitamin A-Bedarfssteigerung bewirkten, so erscheint der nachgewiesene Vitamin A-Mangel erklärlich. Eine ähnliche Er-

Tabelle 2:

Befunde	Gänseartige	Kraniche	Vögel anderer Ordnungen	Total:
Kokken	2	-	2	4
Salmonellen	1	5	-	6
Tuberkulosebakterien	5	-	-	5
Botulismus-C-Intoxikation	9	-	-	9
Mykose	4	4	3	11
Hexamiten	-	23	-	23
Drüsenmagenparasiten	17	9	-	26
Darmparasiten	5	2	3	10
Gastro-Enteropathie	19	3	4	26
Pneumopathien	8	3	12	23
Nephropathie	14	-	6	20
Hepatopathie	3	4	4	11
Cardiopathie	4	-	5	9
Myopathie	2	-	1	3
Amyloidose	9	-	3	12

klärung bietet sich für die nachgewiesenen Drüsenmagenparasitosen an, während die festgestellten Gastro-Enteropathien zwar einerseits Ursache für Resorptionsstörungen gewesen sein können, aber andererseits auch infolge einer länger bestehenden A-Avitaminose entstanden sein können. Zur Besprechung der Untersuchungsergebnisse ist weiterhin wichtig, daran zu erinnern, daß das eigentliche Speicherorgan für das Vitamin A die Leber ist. Daneben enthalten aber auch Gonaden, Nieren und Nebennieren geringere Mengen des Vitamin A (G r a t z l und K ö h l e r , 1968). Kommt es also zu Erkrankungen dieser Organe, wie zum Beispiel in Tabelle 2 für Nephropathien in 20 Fällen und für Hepatopathien in 11 Fällen ausgewiesen wurde, so dürften Störungen im Vitamin A-Haushalt durchaus zu erwarten sein. Schließlich sollte auch ein nicht auszugleichender gesteigerter Vitamin A-Bedarf als Ursache für Mangelerscheinungen in Betracht gezogen werden. In diesem Zusammenhang sei nur an erhebliche Belastungen durch chronische Erkrankungen (Tuberkulose, Mykose und andere) sowie auch an Intoxikationen oder an Amyloidablagerungen erinnert.

Aus allem hier kurz besprochenen Möglichkeiten ergibt sich eine Vielzahl von Ursachen und Gründen für die Ausbildung von A-Avitaminosen. Die Tatsache, daß gerade auch Wildvögel aus unserem Untersuchungsmaterial gleiche Veränderungen wie Zoovögel erkennen ließen, spricht für unsere Vermutung, daß das Futter nicht unbedingt als Hauptursache für Mangelerscheinungen anzusehen ist. Dennoch sollte auf eine optimale Vitamin A-Versorgung aller in Gefangenschaft gehaltenen Vögel größter Wert gelegt werden, da nachweislich die Rolle des Vitamin A im Stoffwechsel des Vogels eine größere Rolle spielt, als bisher angenommen wurde. Mit Sicherheit dürfte bei frühzeitigem Einsatz von Vitamin A-Gaben eine positive Beeinflussung der Heilung von Erkrankungen bei Vögeln erreicht werden.

Zusammenfassung:

Vitamin A-Mangel bei Zoo- und Wildvögeln

Bei der Untersuchung von 1315 Zoo- und Wildvögeln konnten durch histologische Untersuchungen der Ösophagusschleimhaut 81 Tiere mit einem Vitamin A-Mangel ermittelt werden. Sehr häufig waren mit 10,2 % die Gänsevögel (Anseriformes) betroffen. Bei einer Gruppe frischimportierter Jungfernkraniche (Anthropoides virgo) traten bei 40,4 % A-Avitaminosen auf. Alle bei den hier aufgeführten Vögeln festgestellten pathologischen Befunde werden tabellarisch wiedergegeben. Bei der Diskussion über mögliche Ursachen eines Vitamin A-Mangels bei Zoo- und Wildvögeln werden vor allem Zusammenhänge zwischen Erkrankungen im Verdauungstrakt und dadurch bedingte Vitamin A-Resorptionsstörungen erwogen.

Summary:

Vitamin A Deficit in Zoo and Wild Birds

The oesophageal mucous membrane was histologically examined in 1,315 zoo and wild birds, with vitamin A deficit having been recorded from 81 animals. Goose fowl (anseriforms) were affected with high frequency (10.2 per cent), and in one group of freshly imported demoiselle cranes (anthropoides virgo) A-avitaminosis was recorded even from 40.4 per cent. All pathological findings recorded and reported are presented in tabulated form. The possible causes of vitamin A deficit in zoo and wild birds are discussed, with particular emphasis being laid on the possible correlation between disorders of the digestive tract and resulting impairment of vitamin A resorption.

Résumé:

Avitaminose A constatée chez des oiseaux gardés au jardin zoologiques et chez des oiseaux sauvages

L'examen de 1315 oiseaux gardés aux jardins zoologiques et d'oiseaux sauvages ainsi que l'examen histologique de la muqueuse de l'oesophage ont permis de dépister 81 animaux présentant une carence de vitamine A. Les oiseaux les plus frappés (10,2 %) ont été les oies (ansériformes). Un groupe de grues vierges (Anthropoides virgo) qui venait d'être importé, a présenté des avitaminoses A à 40,4 %. Un tableau montrera tous les phénomènes pathologiques constatés chez les oiseaux sus-mentionnés. Au moment où il est question de discuter des cuaes éventuelles d'une avitaminose A d'oiseaux gardés et d'oiseaux sauvages, il importe de mentionner en premier lieu la relation entre les affections du système digestif et les perturbations de résorption de vitamine A qu'elles impliquent.

Резюме:

Недостаток витамина А у диких птиц и птиц зоопарка

При исследовании 1315 диких птиц и птиц зоопарка гистологическим контролем слизистой оболочки недостаток витамина А был установлен у 81 птицы. Часто недостаток витамина А наблюдается у гусообразных. Среди свежо- импортированных журавлей красавок А-авитаминоз наблюдался у 40,0%. Все полученные патологические данные передаются в таблицах. В обсуждении возможных причин недостатка витамина А у диких птиц и птиц зоопарка взвешиваются прежде всего связи между заболеваниями пищеварительного тракта и связанные с этим нарушения всасывания витамина А.

Literatur:

CHENITIR, H. (1972): "Nährschadendiphtherie" bei Geierperlhühnern (Acryllium vulturinum). Verhandlungsber. XIV. Internat.Symp.Erkrankungen Zootiere, Wrocław, 145-146.

DÓZSA, I. (1961): Untersuchungen über die Pathologie der Vögel des Zeologischen Gartens von Budapest. III.Internat.Symp.Erkrankungen Zootiere, Köln.

IPPEN, R., WISSER, Jutta und P. ZWART (1979): Ein Beitrag zur Hexamitiasis der Jungfernkraniche (Anthropoides virgo). Milu, im Druck.

JANTSCHEW, J. (1960): Einige Vitamin-Mangelkrankheiten bei Tieren im Zoologischen Garten in Sofia. II.Internat.Symp.Erkrankungen Zootiere, Warszawa, 93-104.

KONSTANTINOV, A. (1972): A Contribution to the Pathomorphology of Vitamin A Deficiency in Chickens. Zbl. Vet. Med. A 19, 407-416.

KRONBERGER, H. und K.-F. SCHÜPPEL (1972): Ergebnisse der postmortalen Untersuchungen von 4000 Vögeln. Verhandlungsber.XIV.Internat.Symp.Erkrankungen Zootiere, Wrocław, 29-36.

ZWART, P. (1978): Vitamin A-Mangel und Stomatitis bei Papageien. Der praktische Tierarzt 2, 121-125.

ZWETAEWA, N. P. (1941): Krankheiten der Tiere des Moskauer Zoos. Trudy Mosk.zooparka II, 2, 79-88.

Anschrift der Verfasser: Prof. Dr. A. Konstantinov,
Institut für Generelle und Vergleichende Pathologie der Bulgarischen Akademie der Wissenschaften
ul. acad. G. Bonchev, Bl.III, Kv.Geo Milev
Sofia 1113 (VR Bulgarien)

From State University of Utrecht, Department of Special Animal Pathology (Head of Department: Doz. Dr. P. Z w a r t), and Central Institute of Nutrition and Food Research (Director: Prof. B. K r o l)

VITAMIN A DEFICIENCY IN PARROTS

By P. Z w a r t , W. H. P. S c h r e u r s , and G. M. D o r r e s t e i n

The occurrence of stomatitis in three parrots, most probably caused by vitamin A deficit, had been reported by Z w a r t elsewhere (1978). The diagnosis of avitaminosis (A) in his report had been based on pathognomic metaplasia of non-squamous epithelia and hyperkeratosis of squamous epithelia of the upper digestive and respiratory tracts. Presented in this paper are data on the vitamin A status of recently imported parrots and of others that died while being with their owners. Also reported are clinical and histopathological lesions in parrots due to avitaminosis (A).

Material and methods

A control group consisted of five animals that had been freshly captured, before they died during the prescribed quarantine period of six weeks. They were analysed for vitamin A levels.

A group of 24 potential patients died in the possession of their owners. Their liver-borne vitamin A levels were analysed. Their posterior lingual and anterior submandibular salivary glands were histologically examined. Additional checks were performed on suspicious cases.

Histological tests only were applied to six advanced cases which had been identified and selected by clinical examinations or post-mortems. All material earmarked for histological testing was fixed in ten-per-cent neutral formalin. Paraffin sections were prepared in the usual way and stained with hemalum and eosin. Posterior lingual and anterior submandibular salivary glands were examined in all cases.

Liver-borne vitamin A levels were analysed, using the technique of Carr-Price (M u l d e r , 1957).

The feeding schedules that had been used for 20 of the 24 animals were provided by the owners on request.

Results

Vitamin A levels recorded from the livers of those animals that had died during quarantine are presented in Table 1. The data are representative of the range of vitamin A levels normally recorded from recently captured parrots.

Table 1: Vitamin A levels of parrots that died during quarantine (I.U./gm liver)

No.	Species	Vitamin A
1.	Blue-fronted amazon (Amazona aestiva)	706.80
2.	African grey parrot (Psittacus erithacus)	1234.80
3.	African grey parrot (Psittacus erithacus)	849.10
4.	African grey parrot (Psittacus erithacus)	525.50
5.	African grey parrot (Psittacus erithacus)	503.50

Only eight animals of those histologically examined and tested for their liver-borne vitamin A levels did not exhibit any histological lesion (33.4 per cent). These animals are given in Table 2.

All animals that had died without any histological lesion under the control of their private owners obviously had daily received greens in their feed rations, as was seen from the owners' feeding schedules. Some form of multivitamin preparations with vitamin A in them had been received additionally by the animals numbered 7, 8, 9, 12, and 13.

Table 2: Vitamin A levels (I.U./gm liver) in parrots that had been under the control of their owners and not exhibited any alteration in their salivary glands

No.	Species	Vitamin A	Captivity
6	Duyvenboide's lory (Chalopsitta duivenbodei)	7399.20	3 years
7	African grey parrot (Psittacus erithacus)	899.20	1 week
8	African grey parrot (Psittacus erithacus)	767.30	5 years
9	Blue-fronted amazon (Amazona aestiva)	589.90	several months
10	Yellow-fronted amazon (Amazona ochrocephala)	481.20	1 week
11	African grey parrot (Psittacus erithacus)	252.70	4 months
12	Chattering lory (Domicella garrula)	136.90	1 year
13	Yellow-crested cockatoo (Cacatua galerita)	30.11	4 years

An injection with vitamin A was given to the Duyvenboide's lory a few days before death.

One of the African grey parrots (No. 8) suffered from extensive arteriosclerosis. The animal had been in captivity five years, according to the owner. Daily doses of four drops of an aqueous vitamin A-D preparation (9,000 I.U./ml) were instilled through the last three weeks of life. That treatment may have been equivalent to daily vitamin A intakes of 250 I.U. and led to a rise of the vitamin A level in the liver.

The chattering lory had been received from a larger collection of lories. These animals had received soft food with 18,750 I.U. of vitamin A in one litre.

The yellow-crested cockatoo had received in its drinking water two drops of an oily vitamin A-D preparation with 15,000 I.U. of vitamin A in one millilitre, which, however, failed to provide an effective uptake of vitamin A.

Another African grey parrot (No. 7) and the yellow-fronted amazon (No. 10) had been with their owners a few days only. Their vitamin A status was comparable to that of animals in quarantine.

The blue-fronted amazon (No. 9) and the African grey parrot (No. 11) are believed to have had the benefits of the reserves at the moment of capture.

The histological lesions recorded from posterior lingual and anterior submandibular salivary glands were graded according to K o n s t a n t i n o v (1972).

Stage I: Diagnosis of lesions in animals with metaplasia restricted to the epithelium of the major excretory duct of one or more salivary glands (listed in Table 3);

Stage II: Metaplasia more generalised, though normal areas still present (listed in Table 4);

Stage III: Metaplasia has fully affected the salivary glands in totality (listed in Table 5).

Table 3: Vitamin A levels (I.U./gm liver) in parrots with Stage I metaplasia in salivary glands

No.	Species	Vitamin-A
14	Blue and yellow macaw (Ara araruana)	13.70
15	Yellow-crested cockatoo (Cacatua galerita)	7.90
16	Blue and yellow macaw (Ara araruana)	7.70
17	Cockatoo (Cacatua sp. indet.)	5.80
18	Blue and yellow macaw (Ara araruana)	2.80
19	Pink cockatoo (Cacatua leadbeateri)	1.60

Table 4: Vitamin A levels (I.U./gm liver) in parrots with Stage II metaplasia in salivary glands

No.	Species	Vitamin-A
20	Slender-billed cockatoo (Cacatua tenuirostris)	47.60
21	Bodinius amazon (Amazona festiva bodini)	22.10
22	African grey parrot (Psittacus erithacus)	4.60

The slender-billed cockatoo had been given salad or endive twice a week and carrots three times a week. The greens were eaten very well. The African grey parrot (No. 22), with 4.60 I.U. of vitamin A/gm liver, had been with its owner five years. The animal had received some drops of a vitamin A-D preparation once a week.

Table 5: Vitamin A levels (I.U./gm liver) in parrots with Stage III metaplasia in salivary glands

No.	Species	Vitamin-A
23	White cockatoo (Cacatua sulphurea)	7.00
24	White cockatoo (Cacatua sulphurea)	1.40
25	Thickbilled parrot (Rhynchopsitta pachyrhyncha)	1.20
26	Parrot (Spec. indet.)	0.90
27	Bodinius amazon (Amazona festiva bodini)	0.70
28	Grand eclectus (Lorius r. roratus)	0.40
29	African grey parrot (Psittacus erithacus)	0.40

Vitamin A deficit to an extent by which a parrot usually will be unable to retain the normal morphological structure of epithelia of its salivary glands obviously appears to occur, when the liver-borne vitamin A level drops below 50 I.U./gm liver tissue. Severe vitamin A deficit, resulting in metaplasia of all epithelial lining of the salivary glands, will develop, when vitamin A levels in the liver drop below 2.0 I.U./gm.

With reference to those parrots listed in Tables 2, 3, 4, and 5, it appears that 66.6 per cent of the 24 animals had developed vitamin A deficits to the extent of morphological changes. Consistent correlations were found to exist between liver-borne vitamin A levels, on the one hand, and histological changes, on the other.

Clinical manifestations of vitamin A deficit in parrots

More specific clinical symptoms of vitamin A deficit were recorded only from advanced cases.

Some of the birds had difficulties in dehusking and swallowing seeds, which revealed severe lesions to posterior salivary glands. Visual inspection revealed the presence of symmetrically placed whitish swellings at tongue base. The posterior salivary glands were packed with desquamated cornified cells, the origin of those swellings. It was that whitish matter that actually showed through the overlying epithelium of the tongue. The tracheal opening was of irregular appearance because of the presence of small whitish pustules which had originated from metaplastic mucous glands. Irregular whitish foci, sometimes, occurred under the epithelium along the cleft in the hard palate, because the palatine salivary glands were overfilled with cornified matter.

There may be bacterial (staphylococcic) or mycotic (Candida albicans) infections which may affect deficient epithelia of the upper digestive and respiratory tracts, as reported earlier (Z w a r t , 1978), and lead to the development of stomatitis, gingivitis, tracheitis, and oesophagitis. External nares were plugged only in occasional instances, when cornified cells of metaplastic epithelia in the nasal cavity had undergone desquamation. The condition of that material was caseous deep in the nasal cavity but hardened following evaporation of water when in contact with air.

Symmetrical outbulgings, dorsally of the eyes, were recorded from an African grey parrot (Psittacus erithacus) and a yellow-fronted amazon (Amazona ochrocephala) as a result of extensive metaplasia of lacrimal glands. Outbulgings were also recorded ventrally of the eyes of the same two animals and attributed to filling of the nasal sinuses with a mixture of desquamated cornified cells and heterophilic granulocytes. Distinctively circum-scribed round swellings were observed between the caudal parts of the mandibles due to extreme packing and dilatation of the submandibular glands. Those swellings first were thought to be abscesses. Yet, no inflammatory reaction was palpated from the immediate surrounding. On incision, the swellings produced a friable whitish mass, occasionally mixed with some mucus. Fresh preparations were made by adding some water for microscopic examination. The cornified cells then were identified as very thin, isolated, flattened cells of somewhat irregular shape, with remnants of nuclei still present in some of them.

Histopathological aspects relating to vitamin A deficit in parrot

The existence of stratification in the epithelium of the tongue, oral cavity, and oesophagus suggested the presence of hyperkeratosis with thickening of the stratum corneum and desquamation of cornified cells. Absence of stratification in epithelia suggested the presence of metaplasia, with the epithelia being transformed into squamous, stratified keratinising epithelium. The posterior lingual salivary glands, anterior submandibular salivary glands, and tracheal mucous membranes, in a more advanced stage, were the most common sites of metaplasia. The membranes of nasal sinuses and lacrimal glands were less often affected. Metaplasia of ureteral epithelia was observed only once in a yellow-headed amazon (Amazona ochrocephala oratrix). It had been caused by ureter clogging with desquamated cornified cells and urate and resulted in irregular ureter distension.

The most characteristic lesions were exhibited by the posterior lingual salivary glands and, therefore, will be described in greater detail.

In Stage I, a thing layer of squamous epithelium reached from the opening down the major excretory duct. No changes were recordable from deeper regions of the gland.

In Stage II, metaplasia developed in the major excretory duct, with isolated islands occurring also on the intertubular septa of the glands. Metaplasia seemed to occur preferentially in more central areas of the glands in this stage. Some of the acinic septa turned atrophic and simplified the glandular structure.

The complete posterior lingual gland eventually became involved in Stage III. Metaplasia now extended to the very periphery of the gland. The delicate septa in the acini had completely turned atrophic. The acini now have been transformed into round sacs coated with a thick layer of cornifying epithelium and filled with desquamated keratinised cells.

Discussion

According to Konstantinov's proposition (1972), histological lesions associated with vitamin A deficit in chickens can be graded by three stages. The same subdivision was applied by the authors to their parrots. Stages I (minimum) und II (moderate) were found to have been not distinctly separate in their correlations with liver-borne vitamin A levels. It, therefore, was considered appropriate to use only two grades to classify histologically established lesions in parrot. Konstantinov's Stages I and II could be put together to give one distinct relationship with the vitamin A level in the liver. An unambiguous correspondence to the clinical picture is another advantage. Subclinical avitaminosis (A) in parrot may be related to a combination of Stages I and II, according to Konstantinov, and to liver-borne vitamin A levels between 50 and 2 I.U./gm liver tissue.

Subclinical avitaminosis (A) was recorded by the authors of this paper from nine in 24 animals (37.5 per cent).

Severe avitaminosis (A) with clinically detectable symptoms was found to develop, when liver-borne vitamin A levels dropped below 2 I.U./gm liver tissue. Such severe forms were recorded from seven cases (29.2 per cent).

Avitaminosis (A), therefore, appears to be one of the most common causes of sub-optimum health status in parrot. In poultry avitaminosis (A) causes marked decrease in egg production (Sherwood and Fraps, 1932). The speculative assumption is tempting that minimum reproduction, known of parrot, may be related partly to the poor vitamin A status of these birds. The data presented in Tables 1 and 2 are likely to support the conclusion that a vitamin A level of 500 I.U./gm liver tissue or more might be acceptable as a physiological level.

Many parrots are imported in young age. The proposed level of 500 I.U./gm Liver would be in agreement with levels recorded from three young wood pigeons (Columba palumbus) (Stam, 1965). These were 582, 541, and 903 I.U.. Other values were 3,552 I.U., recorded from an adult wood pigeon, as well as 2,634, 1,800, and 666 I.U. which were recorded from three sparrows (Passer domesticus).

The data presented are likely to suggest that parrots, just as other birds, are able to store vitamin A in the liver. However, fairly high doses and strict regimes will be necessary to achieve levels comparable to those recorded from recently imported parrots.

Feeding should be the preferential route for vitamin A supply. Additional vitamins and minerals can then be given at the same time. The seed mixtures for parrots should contain higher percentages of small seeds and not more than 15 per cent of sunflower seed. In addition to these, rations should contain feed concentrates with vitamin A amounts of not less than 50,000 I.U./kg.

Experience so far accumulated is likely to suggest that the strongly pronounced feeding habits of parrots can be changed by feeding restricted amounts of seeds through about 14 days, such as 10 gm per die for one African grey parrot. During the same period, concentrate is offered in a separate feeding trough ad libitum in a quantity of about 20 per cent of the given bird's daily feed intake. All feed items have to be weighed carefully to keep the feeding system restricted and thus to maintain the regime as a whole. Such system also will prevent the bird from selecting preferred seeds. Additional titbits, such as greens and branches, should be given, provided that the basic feed is made up of 80 per cent seeds and 20 per cent vitaminised and mineralised concentrate which should contain some 22 per cent of protein.

Summary:

Vitamin A Deficiency in Parrots

The occurrence of avitaminosis (A) in parrot was studied by analysis of liver-borne vitamin A levels. Values between 500 and 1,200 I.U./gm liver were recorded from recently imported animals and considered to be acceptable. Levels between 50 and 2 I.U./gm liver coincided with sub-clinical avitaminosis (A) and focal metaplasia of epithelium in the posterior salivary glands of the tongue. Levels below 2 I.U./gm liver were found to be correlated with severe, extensive metaplasia of epithelia with clinically detectable symptoms. Accumulations of desquamated cornified cells occurred in salivary glands and less often in lacrimal glands and nasal sinuses, as well. They appeared as whitish circumscribed swellings. The development of avitaminosis (A) may be prevented by offering feed concentrate with 50,000 I.U. of vitamin A per kilogram of feed. This should account for 20 per cent of the daily feed intake. Restriction of seed quantities, however, is a prerequisite.

Zusammenfassung:

Vitamin A-Mangel bei Papageien

Durch Analysen der Lebern wurde die Avitaminosis-A bei Papageien untersucht. Der normale Gehalt bei frisch importierten Tieren betrug 500 - 1200 I.E. pro Gramm Lebergewebe. Bei einem Gehalt zwischen 50 und 2 I.E. pro Gramm Leber entwickelte sich eine subklinische Avitaminose-A, charakterisiert durch lokale Metaplasien des Epithels in den hinteren lingualen Speicheldrüsen. Ein Gehalt von weniger als 2 I.E. Vitamin-A ging mit klinisch sichtbaren Erscheinungen in Form von Hyperkeratosen und desquamierten Epithelzellen in den Speicheldrüsen sowie in geringerem Umfang in den Tränendrüsen und Nasensinus einher. Diese Anhäufungen von weißlichem Material verursachten sichtbare, umschriebene, blaß gefärbte Schwellungen. Als Vorbeuge wird ein 20%iger Zusatz von Konzentratfutter mit 50.000 I.E. Vitamin-A pro kg zur Tagesfutterration vorgeschlagen. Dementsprechend muß die Körnerration verringert werden.

Résumé:

Carence de vitamine A chez des perroquets

L'analyse du foie a permis de découvrir les causes de l'avitaminose A chez des perroquets. La teneur normale d'animaux nouvellement importés était de 500 à 1200 d' u.i. par gramme de tissue hépatique. En cas d'une teneur oscillant entre 50 et 2 u. i. par gramme de foie s'est développée une avitaminose A subclinique, caractérisée par des métaplasies de l'épithélium aux glandes salivaires linguales postérieure. Une teneur de moins de 2 u. i. de vitamine A allait de pair avec des manifestations cliniques visibles sous forme d'hyperkératose et de cellules épithéliales tuméfiées aux glandes salivaires et moins manifestement aux glandes lacrymales et au sinus nasal. Ces entassements d'une matière blanchâtre ont provoqué des tuméfactions visibles, cernées et pâles. L'auteur propose comme mesure préventive d'ajouter à l'affouragement journalier 20 % de concentré avec 50 000 d'u.i. de vitamine A par kilo ce qui implique la nécessité de réduire la ration de grains.

Резюме:

Недостаток витамина А у попугаев

Анализом печени исследовался авитаминозис-А у попугаев. Нормальное содержание у свежо-импортированных птиц составляло 500-1200 м.е./г печени. При содержании между 50 и 2 м.е./г печени развивается характеризованы локальной метаплазии эпители в задных подязычных слюнных железах субклинический авитаминоз-А. Содержание меньше 2 м.е. витамина А связан с ясно- клиническими проявлениями в виде гиперкератозов и десквамированных клеток эпители слюнных желез, а так же в меньшей мере слезных желез и носового синуса. Накопление белого материала вызывает видимые, слабо окрашеные напухания. Для профилактики рекомендуется 20% добавка корма-концентрата с 50.00 м.е. витамина А на кг.

Literature:

KONSTANTINOV, A. (1972): A contribution to the pathomorphology of vitamin A deficiency in chickens. Zbl. Vet. Med. A 19, 407-416.

MULDER, F. J. (1957): Het isoleren van de onverzeepbare rest bij het bepalen van in vet oplosbare vitaminen. Amsterdam: Vet.med. Diss.

SHERWOOD, R. M. and G. S. FRAPS (1932): The quantities of vitamin A required by pullets for maintenance and for egg production. Tex. Agr. Exper. Sta. Bull., 468.

STAM, J. W. E. (1965): Een onderzoek naar de vitamine A behoefte bij de duif. Utrecht: Diss.

ZWART, P. (1978): Vitamin A-Mangel und Stomatitis bei Papageien. Prakt. Tierarzt, 121-123.

Address of authors: Doz. Dr. P. Z w a r t ,
Biltstraat 172
Utrecht (Netherlands)

Aus dem Wissenschaftsbereich Pathologie (Leiter: Dozent Dr. sc. U. Johannsen) der Sektion Tierproduktion und Veterinärmedizin der Karl-Marx-Universität Leipzig

VITAMIN E-MANGEL BEI DER AUFZUCHT VON PSITTACIDEN

Von K.-F. Schüppel

Bei der Aufzucht von Wirtschaftsgeflügel sind Vitamin E- beziehungsweise Selen-Mangel-Krankheiten in Form der alimentären Enzephalomalazie der Küken, der diätetischen Muskeldystrophie, der exsudativen Diathese, der Sprunggelenksschwellung der Puten sowie der Fertilitätsstörungen und der Störungen der Embryonalentwicklung bekannt geworden (Gratzl und Köhler, 1968).

Durch Zusatz entsprechender Antioxydantien zu den Fertigfuttermitteln konnte bei diesen Tieren ein beträchtlicher Rückgang dieser Erkrankungen erreicht werden. Bei der Sektion von Psittaciden ermittelten wir nur sehr selten für Vitamin E-Mangel sprechende Enzephalomalazien im Kleinhirn und Muskeldegenerationen.

In den vergangenen vier Jahren erhielten wir häufiger ein bis drei Wochen alte Wellensittiche, Agaporniden und Springsittiche sowie weitere bis zu sechs Monate alte Jungvögel dieser drei Gattungen und andere Psittaciden von Züchtern, aber auch Einzeltiere aus zoologischen Gärten und Heimattierparks zur Sektion, bei denen meist erst durch die histologische Untersuchung der Leber starke Degenerationen als Todesursache nachgewiesen werden konnten. Insgesamt waren es 66 Vögel, die sich wie folgt aufgliedern:

9,6 2 - 3 Wochen alte Wellensittiche (Melopsittacus undulatus),
2,0 1 - 6 Monate alte Wellensittiche,
13,8 2 - 3 Wochen alte Agaporniden (2,3 Agapornis roseicollis ,
3,6 1 - 6 Monate alte Agaporniden 2,1 A. personata fischeri,
8,5 A. p. personata,
4,5 A. p. nigrigenis)
5,4 2 - 3 Wochen alte Springsittiche (Cyanoramphus auriceps)
1,2 1 - 6 Monate alte Springsittiche
2,0 1 - 6 Monate alte Ziegensittiche (Cyanoramphus novaezelandiae)
1,1 1 - 6 Monate alte Glanzsittiche (Neophema splendida)
0,1 1 - 6 Monate alter Singsittich (Psephotus haematonotus)
0,1 1 - 6 Monate alter Nymphensittich (Nymphicus hollandicus)
1,0 1 - 6 Monate alter Stanleysittich (Platycercus i. icterotis).

Die Nestlinge und Jungvögel, die sich gut entwickelt hatten, verstarben plötzlich, ohne daß Krankheitssymptome beobachtet worden waren. Bei einigen Züchtern kamen kurz nacheinander alle Jungtiere des Schlupfes ad exitum.

Die Tiere befanden sich in einem guten Ernährungszustand. Bei 23 Jungvögeln, davon waren 18 Vögel zwei bis drei Wochen alt, konnten vereinzelt spritzerhafte Blutungen und leichte subkutane Ödeme am Hals und über der Brustmuskulatur gefunden werden. Subepikardiale Petechien am gut entwickelten Herzmuskel waren bei 19 Tieren nachweisbar. Auf dem Querschnitt durch das Herz erschien die Herzmuskulatur lediglich bei sechs bis zu drei Wochen alten Nestlingen und bei zwei älteren Jungvögeln unscharf hellgraubräunlich aufgehellt. Durch die histologische Untersuchung konnte in den aufgehellten Herzmuskelbezirken eine feintropfige Fettablagerung nachgewiesen werden. Nur sehr vereinzelt waren Herzmuskelzelldegenerationen mit Hilfe der Hämatoxylin-Eosin-Färbung zu beobachten. Bei etwa der Hälfte der untersuchten Vögel (30) waren in der Lunge Blutstauungserscheinungen und Ödeme vorhanden. Die leicht geschwollen erscheinende und brüchige Leber ließ bei 43 Tieren schon makroskopisch eine zentrolobuläre Blutstauung vermuten. Die histologische Leberuntersuchung offenbarte bei allen 66 Psittaciden eine deutliche, graduell verschieden stark ausgeprägte Leberzellschädigung. Die Leberzelldegeneration begann häufig zentrolobulär. Die Leberzellen zerfielen in stärker eosinophil gefärbte amorphe Massen. Nekrotische Leberzellbezirke und die von zentrolobulär nach peripherlobulär dem Leberzelluntergang folgenden Blutungen konfluierten teilweise mit denen benachbarter Leberläppchen. An der Grenze des untergegangenen Lebergewebes in den peripher-lobulär liegenden Leberzellen, aber auch in von nicht so massiv geschädigten Leberläppchen diffus verteilt waren bei den meisten Tieren (40) vergrößerte, runde, zum Teil ovale, zuweilen mit zackigen Aus- und Einbuchtungen versehene Leberzellkerne zu finden, die blasig aufgetrieben erschienen. Der Nucleolus dieser sogenannten Lochkerne lag häufig dicht an der deutlich hervortretenden Kernmembran, die mit zunehmender Kernschwellung dünner wurde und unregelmäßige Knitter aufweisen konnte.

In Milz, Nieren, Magen und Skelettmuskulatur der untersuchten Vögel waren makroskopisch und histologisch keine Veränderungen festzustellen. Im Darmkanal ließ sich bei 17 Tieren, die ausschließlich älter als drei Wochen waren, ein leichter Katarrh nachweisen. Bei 19 bis zu sechs Monate alten Tieren war ein äußerst geringgradiger Nematodenbefall im Darmkanal zu ermitteln. 12 Tiere wiesen einen Spulwurmbefall (2 bis 6 Exemplare), fünf Tiere einen sehr schwachen Haarwurmbefall auf, und bei zwei Tieren konnten wenige Spulwürmer und Haarwürmer festgestellt werden.

Durch histologische Gehirnuntersuchungen waren lediglich bei vier Agaporniden und drei Wellensittichen, die sich im Alter von ein bis drei Wochen befanden, im Kleinhirn für Enzephalomalazie sprechende Veränderungen in Form von Blutungen, Gefäßthromben, Purkinjezelldegenerationen und reaktive Glia- und Mesenchymaktivierungen an den Gefäßen erkennbar. Diese Tiere stammten aus der Zucht von drei verschiedenen Einsendern und wiesen wie ihre Geschwistertiere, bei denen keine histologischen Gehirnveränderungen nachweisbar waren, ebenfalls die beschriebenen Leberdystrophien auf. Durch die bakteriologische Untersuchung konnten aus den Organen pathogene Erreger nicht angezüchtet werden.

Ermittlungen in vier Herkunftsbeständen ergaben, daß bei drei Züchtern mit dem Aufzuchtfutter Lebertran verabreicht worden war sowie länger gelagerte Eier-Bisquits für die Herstellung des Weichfutters zur Verwendung kamen. Des weiteren war das angebotene Körnerfutter, insbesondere die Sonnenblumenkerne, stark verschmutzt und feucht.

Auf Grund der Leberschäden, die bei wenigen Tieren entweder mit Herzmuskeldegenerationen oder mit histologischen Veränderungen der Enzephalomalazie des Kleinhirns verbunden waren und den häufig beobachteten sogenannten Lochkernbildungen in Leberzellen, die wir bei früheren Untersuchungen in Leberpunktaten von Kälbern, welche mit großen Mengen von Fischöl oder mit Öl einer hohen Peroxydzahl gefüttert worden waren, feststellten (S c h ü p p e l und S c h l e i c h e r , 1970), ergab sich der Verdacht, daß die Veränderungen auf einen Vitamin E-Mangel zurückzuführen sind. Den Züchtern und Vogelhaltern, in deren Beständen Leberdystrophien bei Psittaciden diagnostiziert worden waren, wurde geraten, statt Lebertran Vitamin E und nur frische Bisquits für die Zubereitung des Weichfutters zu verwenden. Dem Weichfutter wurde pro Zuchtpaar 1,5 ml Ursovit E wäßrig (enthält in 1 ml 50 ml Tokopherolazetat) in den ersten drei Wochen zweimal wöchentlich beigegeben und im dritten und fünften Monat nochmals über zwei Wochen die gleiche Menge Ursovit E mit dem Weichfutter verabreicht. Von einer Selenapplikation wurde abgesehen, da Selenpräparate eine enge therapeutische Breite besitzen und leicht zu toxischen Erscheinungen führen können (S ø r e n s e n , 1973). Seitdem in den Zuchtbeständen eine intensive Vitamin E-Applikation betrieben und auf die Lebertranzusätze verzichtet wurde, sind Verluste durch Leberdystrophien bei den Jungvögeln nicht mehr aufgetreten. Wurden durch Sektionen Leberdystrophien bei Jungvögeln ermittelt, empfahlen wir den Einsendern, entsprechende Vitamin E-Gaben dem Weichfutter zuzusetzen, die sich günstig auf die Aufzucht und Entwicklung der Jungtiere auswirkten.

Diskussion

Der Vitamin E-Bedarf des Organismus wird von einer Anzahl von Faktoren beeinflußt. Er kann von den Vitamin E-Reserven des Tieres, von der Zusammensetzung des Futters, von der Entwicklungs- und Wachstumsphase, der Leistung und dem Gesundheitszustand des Tieres abhängen (H v i d s t e n and H e r s t a d , 1973). Er ist bei jungen, wachsenden Tieren höher als

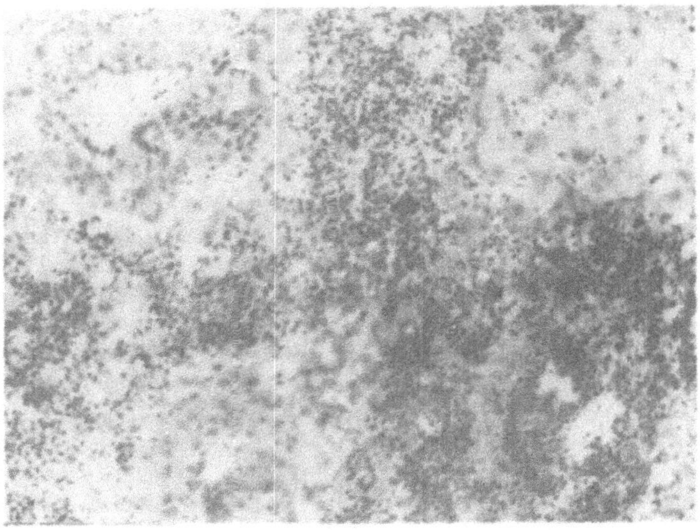

Abb. 1: akute Leberdystrophie mit stark hervortretenden zentrolobulären Blutungen

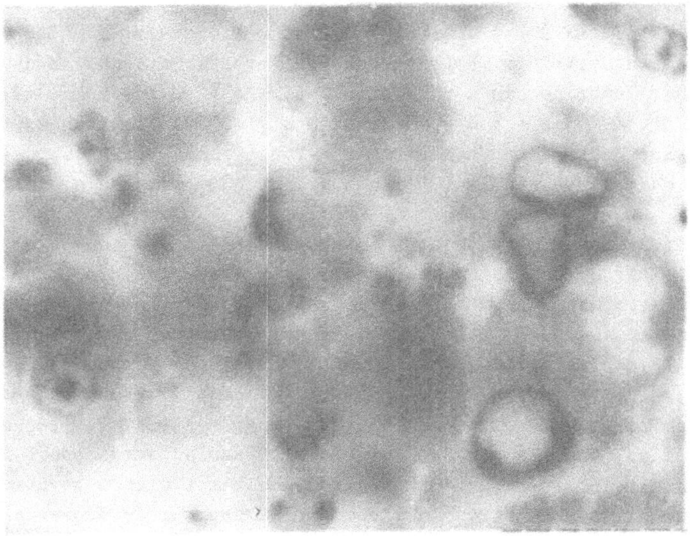

Abb. 2: Lochkernbildungen in Leberzellen

bei adulten (B a r t o v et al., 1965; H o r w i t t , 1976; S h t u t t m a n n et al., 1971). Verstärkte Zufuhr ungesättigter Fettsäuren mit dem Futter steigert den Tocopherolbedarf. Das Vitamin E in den Futterstoffen wird durch einen hohen Peroxyd-, Aldehyd- und Ketongehalt, zum Beispiel durch das Ranzigwerden der Öle, schnell zerstört, und die intestinale Absorption der Tocopherole ist durch die Gegenwart freier Fettsäuren stark reduziert (M a r t h e d a l , 1973). Außerdem können einige Stoffe in Futtermitteln die biologische Aktivität des Vitamin E und dessen Resorption herabsetzen. Solche Stoffe wurden in Luzernegrünmehl (O l s o n et al., 1966) und in Bohnen (H i n t z und H o g u e , 1964; D e s a i , 1966) nachgewiesen. Des weiteren sind die Spurenelemente Eisen, Mangan, Kobalt, Kupfer, Tellur und Silber in der Lage, die Tocopherole in den Nahrungsmitteln durch die katalytische Wirkung zu zerstören (W i e s - m a n n , 1970; v a n V l e e t , 1977). Der Vitamin E-Gehalt der Futtermittel, insbesondere der Pflanzensamen, schwankt stark. Er ist abhängig vom Wachstum, von der Erntezeit (Reifegrad der Körner), der genetischen Struktur, den klimatischen Einflüssen, der Lagerung und der weiteren Verarbeitung (D i e h l , 1974; K i v i m ä e und C a r p e n a , 1973; M e l c h e r t , 1971). Deshalb ist es nicht ratsam, sich auf Vitamin E-Gehaltangaben für Futtermittel ohne vorherige chemische Bestimmung zu verlassen (S ø r e n s e n , 1973). H v i d s t e n und H e r - s t a d (1973) betonen, daß der Vitamin E-Gehalt im Futter nicht hoch genug sein kann, um eine gute Entwicklung und stabile Gesundheit des Geflügels zu gewährleisten.

Eine wichtige Funktion der Tocopherole besteht in ihrer antioxydativen Wirkung, besonders in der Hemmung der Lipidperoxydation in den Geweben. Lipidperoxyde entstehen in Geweben aus Polyenfettsäuren unter katalytischer Wirkung von Häminproteiden, zum Beispiel dem Cytochrom (T a p p e l , 1962). Die bei Tocopherolmangel auftretenden Lipidperoxyde und die daraus entstehenden Radikale können schädigend wirken durch Oxydation der verschiedensten Stoffe, zum Beispiel Vitamin A, SH-Gruppen an Aminosäuren, an Proteinen und speziell an Enzymen (D i e h l , 1974; H o r - w i t t , 1976; L e w i s und W i l l i s , 1962;, N a f s t a d , 1973; S t a d t m a n , 1977).

Leberschäden beim Vitamin E-Mangel in Gestalt von Lebernekrosen bei der Ratte (S c h w a r z , 1944) und beim Schwein in Form der Leberdystrophie (O b e l , 1953) sind bekannt. Des weiteren können Leberdegenerationen durch Selenmangel verursacht werden (S c h w a r z , 1957). Zwischen Selen und Vitamin E bestehen synergistische Wechselbeziehungen im Organismus. Einesteils sollen die Tocopherole das hochlabile Selenid vor einer Oxydation bewahren, zum anderen sollen die Proteinstrukturknüpfungen durch Tocopherole stabilisiert werden (D i p l o c k , 1973; K r i - s t i a n s e n , 1973; S t a d t m a n , 1977). Des weiteren ist man der Meinung, daß die Tocopherole spezifische ungesättigte membrangebundene Fettsäuren schützen und dadurch zur Stabilisierung biologischer Membranen in den Geweben beitragen (D i e h l , 1974; H u l s t e a r t und Mitarbeiter, 1975; N a f s t a d , 1973; V o s , 1973). Elektronenoptisch konnten Kernmembranschädigungen der Leberzellen bei Vitamin E-Mangel und bei reichlicher Gabe von ungesättigten Fettsäuren nachgewiesen werden (D i n e s e n und C l a u s e n , 1973).

Es liegt nahe, daß die von uns beobachteten Leberdystrophien bei jungen Psittaciden durch einen Antioxydantienmangel, der durch die zusätzliche Gabe von verdorbenem Lebertran in einigen Fällen verstärkt worden sein mag, verursacht wurden. Auch bekräftigen die günstigen Wirkungen der Vitamin E-Gaben diese Annahme. Ebenfalls konnten, wenn auch nur vereinzelt, bei Jungtieren des gleichen Geleges im Kleinhirn für Enzephalomalazie sprechende pathohistologische Veränderungen nachgewiesen werden. Möglicherweise ist die Leber der schnell heranwachsenden Nestlinge für einen Antioxydantienmangel empfänglicher als andere Organsysteme. Vielleicht werden Skelettmuskulatur und Kleinhirn, das für koordinierte Bewegungsabläufe besondere Bedeutung besitzt, der Nestflüchter stärker gefordert und erkranken deshalb bei diesen bevorzugter als bei den Nesthockern, bei denen sich der Antioxydantienmangel früher im Lebergewebe bemerkbar macht.

<u>Zusammenfassung:</u>

<u>Vitamin E-Mangel bei der Aufzucht von Psittaciden</u>

Bei bis zu sechs Monate alten Psittaciden, vor allem bei jungen Agaporniden, Wellensittichen und Springsittichen, wurden Leberdystrophien festgestellt, deren Genese auf einen Antioxydantienmangel zurückgeführt wird. Die pathohistologischen Veränderungen werden beschrieben. Durch Korrektur in der Fütterung und Vitamin E-Verabreichungen konnten die Leberschäden bei Jungvögeln vermieden werden.

Summary:

Vitamin E Deficit in Raising of Psittacids
Hepatodystrophy, pathogenetically attributable to anti-oxidant deficit, was recorded from psittacids aged up to six months, above all from young lovebirds, budgerigars, and yellow-fronted New Zealand parakeets. The pathohistological findings are described. Modified feeding and complementary application of vitamin E helped to avoid liver damage in young birds.

Résumé:

Avitaminose E constatée lors de l'élévage de psittacidés
Les psittacidés de moins de six mois, surtout les jeunes agapornidés (inséparables), perruches ondulées et perruches à front jaune ont présenté des dystrophies du foie dont la genèse est due à une carence d'antioxydants. L'exposé décrit les changements pathohistologiques qui en résultent. Un changement de l'alimentation et l'application de vitamine E ont permis d'empêcher des anomalies du foie chez les jeunes oiseaux.

Резюме:

Недостаток витамина Е при выращивании Psittacidae
У psittacidae с возрастом до 6 месяцев, особенно у молодых неразлучных, волнистых и прыгающих попугайчиков установлена дистрофия печени, возникновение которой обьясняется недостатком антиокислителей. Описываются патогистологические изменения. Корректурой кормления и дачей витамина Е можно было избежать повреждение печени у птенцов.

Literatur:

BARTOV, I., BUDOWSKI, P. and S. BORNSTEIN (1965): The relation between tocopherol content of the breeder diet and that of newly hatched chick. Poult. Sci. 44, 1489-1494.

DESAI, I. D. (1966): Effect of Kedney beaus (Phaseolus vulgaris) on plasma tocopherol level and its relation to nutritional muscular dystrophy in the chick. Nature 209, 810.

DIEHL, J. F. (1974): Die Vitamine E (Tokopherole), in: Ammon R. und W. Dirscherl: Fermente - Hormone - Vitamine. Band III/1. Stuttgart: Georg Thieme.

DINESEN, B. and J. CLAUSEN (1973): Changes in the Activity of Nuclear RNA-Polymerase in the Liver and Brain of the Rat as Consequences of a Deficiency of Vitamin E and of Linoleic Acid. Acta Agriculturae Scandinavica, Suppl. 19, 142-151.

DIPLOCK, A. T. (1973): The Interaction between Vitamin E and Selenium. Acta Agriculturae Scandinavica, Suppl. 19, 113-121.

GRATZL, E. und H. KÖHLER (1968): Spezielle Pathologie und Therapie der Geflügelkrankheiten. Stuttgart: Ferdinand Enke.

HINTZ, H. F. and D. E. HOGUE (1964): Kidney beaus (Phaseolus vulgaris) and the effectioness of vitamin E for prevention of nutrial muscular dystrophy in the chick. J. Nutrit. 84, 283-287.

HORWITT, M. K. (1976): Vitamin E: a reexamination. Amer. J. Clin. Nutrit. 29, 569-578.

HULSTEART, C. E., GIJZEL, W. P., HARDONK, M. J., KROON, A. M. and I. MOLENAAR (1975): Cellular membranes and membran-bound enzymes in vitamin E deficiency: a histochemical, cytochemical, biochemical, and morphologic study of the liver of the Peking duckling. Lab. Invest. 33, 176-186.

HVIDSTEN, H. and O. HERSTAD (1973): The Importance of Vitamin E for Poultry. Acta Agriculturae Scandinavica, Suppl. 19, 46-50.

KIVIMÄE, A. and C. CARPENA (1973): The Level of Vitamin E Content in Some Conventional Feeding Stuffs and the Effects of Genetic Variety; Harvesting; Processing and Storage. Acta Agriculturae Scandinavica, Suppl. 19, 161-168.

KRISTIANSEN, F. (1973): Conditions in Poultry Associated with Deficiencies of Vitamin E in Norway. Acta Agriculturae Scandinavica, Suppl. 19, 51-57.

MARTHEDAL, H. E. (1973): Encephalomalacia in chicks, with Special Reference to Frequency and the Occurrence of Pathological and Anatomical Change. Acta Agriculturae Scandinavica, Suppl. 19, 58-63.

MELCHERT, H.-U. (1971): Bestimmung von Tocopherolen in gelagertem Sonnenblumenöl und Nachweis ihrer primären Antoxidationsprodukte. Berlin-West: Diss. Technische Universität.

NAFSTAD, I. (1973): Some Aspects of Vitamin E-Deficiency in Pigs. Acta Agriculturae Scandinavica, Suppl. 19, 31-34.

OBEL, A. L. (1953): Studies on the morphology and etiology of so called toxic liver dystrophy (Hepatosis diaetetica) in Swine. Acta path. microbiol. scand. Suppl. 94.

OLSON, G., PUDEIKIEWICZ, W. J. and L. D. MATTERSON (1966): Isolation of a compound from alfaalfa lipids that inhibits tocopherol deposition in chick tissues. J.Nutrit.90, 199-206.

SCHÜPPEL, K.-F. und J. SCHLEICHER (1970): Beitrag zum Vorkommen und zur Bedeutung von Kernglykogen in Leberzellen. Mhefte Vet.-med. 25, 912-916.

SCHWARZ, K. (1944): Tocopherol als Leberschutzstoff. Hoppe-Seylers Z, physiol.Chemie 281,109-116.

SCHWARZ, K. and C. M. FOLTZ (1957): Selenium as an integrad part of Factor 3 against dietary necrotic liver degeneration. J. Amer. Chem. Soc. 79, 3292.

SHTUTTMANN, C. M., CHAGOVEC, R. V., SUCHKOV, B. P. und R. P. VISHNEVSKIJ (1971): Selen und Vitamin E bei der Fütterung der Tiere. Vestnik sel'skochoz. Nauk.Moskva Nr.3, 41-47.

SØRENSEN, P. H. (1973): Basis Principles Involved in the Supplementation of Compound Feeds with Vitamin E. Acta Agriculturae Scandinavica, Suppl. 19, 177-180.

STADTMAN, Theresa, C. (1977): Biological function of selenium. Nutrit. Rev., N.Y. 35, 161-166.

TAPPEL, A. L. (1962): Vitamin E as the biological lipid antioxydant. Vitamins and Hormones 20, 493-510.

VLEET, van, J. F. (1977): Protection by Various Nutritional Supplements Against Lesions of Selenium - Vitamin E Deficiency Induced in Ducklings Fed Tellurium or Silver. Amer. J. Vet. Res. 38, 1393-1398.

VOS, J., MOLNAAR, I., SEARLE van LEENWEN, M. and F. A. HOMMES (1973): Cellular Membranes in Vitamin E-Deficiency: an Ultrastructural and Bio-chemical Study of Isolated Outer and Inner Mitochondrial Membranes. Acta Agriculturae Scandinavica, Suppl. 19, 192-203.

WIESMANN, H. (1970): Zur Antioxidanswirkung einiger Tocopherole in wäßriger Phase. Gießen: Inaugural-Diss.

Anschrift des Verfassers: Dr. med. vet. K.-F. S c h ü p p e l ,
Wissenschaftsbereich Pathologie der Sektion
Tierproduktion und Veterinärmedizin
DDR 701 Leipzig, Margarete-Blank-Str. 4 (DDR)

Aus dem Thüringer Zoopark Erfurt (Direktor: Doz. Dr. D. A l t m a n n)

EIN BEITRAG ZUR VITAMIN C-PROPHYLAXE UND -THERAPIE

Von D. A l t m a n n

Häufig wird in der Literatur darauf hingewiesen, daß nur der Mensch, die Affen und das Meerschweinchen nicht in der Lage seien, Ascorbinsäure, also Vitamin C, im eigenen Organismus synthetisieren zu können. Die im Brockhaus A B C der Landwirtschaft (1974) getroffene Formulierung: "Es wird von den Haustieren einschließlich dem Geflügel selbst gebildet, während es beim Menschen, Affen und Meerschweinchen zu Mangelerscheinungen kommt ..." läßt hingegen offen, ob nicht auch andere Wildtiere zu einer Ascorbinsäure-Synthese nicht in der Lage sind. Zumindest dem Menschen, den Affen und dem Meerschweinchen fehlt das Enzym Gulonolactonoxydase, das L-Gulono-γ-lacton über zwei-Keto-L-gulonolacton in L-Ascorbinsäure (Vitamin C) überführt. Es ist aber anzunehmen, daß auch andere Wildtiere nicht zu einer Vitamin C-Synthese in der Lage sind. Das dürfte zumindest für die Unterfamilien Eigentliche Meerschweinchen gelten, wahrscheinlich aber auch für die zweite Unterfamilie der Familie Meerschweinchen (Caviidae), die Maras. Darüber hinaus ist es durchaus möglich, daß auch die übrigen Vertreter der Überfamilie Meerschweinchenartige (Cavioidea), nämlich die Familie der Riesennager (Hydrochoeridae) und der Agutis (Dasyproctidae), nicht in der Lage sind, Vitamin C zu synthetisieren.

Nach neueren Erkenntnissen (K o l b und G ü r t l e r , 1971) können Laboratoriumsratten ihren Vitamin C-Bedarf zumindest nicht in allen Entwicklungsstadien durch Eigensynthese decken beziehungsweise voll decken.
Bei Jungtieren verschiedener Tierarten anderer systematischer Gruppen dürfte die Vitamin C-Synthese ebenfalls noch nicht vollständig und damit ausreichend sein. So weisen K o l b und G ü r t l e r (1971) nach, daß bei Kälbern in den ersten Lebenswochen die körpereigene Vitamin C-Synthese noch unvollständig ist. Der durchschnittliche tägliche Bedarf des Kalbes in den ersten 14 Lebenstagen beläuft sich auf zirka 250 mg. Die gesunde Mutterkuh führt dem Kalb dabei ausreichend Vitamin C über die Milch zu. Der Mangel an Vitamin C zieht folgendes nach sich (F r a g n e r , 1964):

1. Störung der Regelung der Zellatmung,
2. Störungen im Stoffwechsel aromatischer Aminosäuren, besonders im Tyrosin-Stoffwechsel,
3. Störungen bei der Bildung der interzellulären Substanz (durch Verminderung der Widerstandsfähigkeit der Kapillaren gegenüber mechanischen Einflüssen kapilläre Blutungen; Durchlässigkeit der Interzellularsubstanz für Bakterien, Viren etc. - Antiinfektionsschutzvitamin),
4. Störung des Eisenstoffwechsels (Anämie),
5. Störung des Kohlenhydratstoffwechsels,
6. Störung bei der Bildung der Hypophysen- und Nebennierenrindenhormone (Abnahme der Abwehrbereitschaft gegenüber Infektionskrankheiten),
7. Störung der Aktivität einiger Enzyme,
8. Störung der Thrombozytenbildung (erhöhte Blutungsbereitschaft),
9. Störung der normalen Funktion der Osteoblasten und Odontoblasten und damit der Bildung der Knochen und des Dentins.

Die unter 3. aufgeführte Störung bei der Bildung der Interzellularsubstanz beruht in erster Linie darauf, daß an Stelle des faserförmigen Kollagens nicht faserförmiges, chemisch verändertes Kollagen gebildet wird. Hiermit steht im engen Zusammenhang, daß die Zwischenzellsubstanz durchlässig wird und dadurch Bakterien, Viren etc. durch die Epithelien in den Organismus eindringen und Infektionen hervorrufen können. Eine ähnliche Situation tritt gegenüber den Epithelzellen selbst auf, wenn Vitamin A (Axerophthol; Epithelschutzvitamin) fehlt.

K o l b und G ü r t l e r (1971) charakterisieren die Ausfallserscheinungen bei Ascorbinsäuremangel wie folgt: "Es stehen Störungen des Wachstums, der Bildung von Bindegewebe sowie der Anpassungsfähigkeit der Hypophyse und der Nebennierenrinde an gesteigerte Belastungen im Vordergrund des Krankheitsbildes." Die Autoren nennen folgende Hauptveränderungen:

1. Herabsetzung der Neubildung von Bindegewebe. Dabei wirkt sich die Störung der Proteinsynthese in erster Linie auf die Osteoblasten aus. Das hat während der Wachstumsperiode eine ungenügende Bildung von Knochensubstanz zur Folge.
2. Einschränkung der Bildung von Interzellularsubstanzen. Dabei sind in erster Linie die Kapillaren betroffen. Das hat unter anderem eine Verminderung der Widerstandsfähigkeit der Kapillaren gegenüber mechanischen Einflüssen zur Folge, die eine Zunahme kapillarer Blutungen besonders im Bereich des Zahnfleisches (Skorbut) nach sich zieht.
   Die Fähigkeit zur Regeneration von Gewebe und zur Heilung von Wunden ist eingeschränkt.
3. Verminderung der Anpassungsfähigkeit der Hypophyse und der Nebennierenrinde und somit der Stoffwechselregulation an gesteigerte Belastungen. Dabei kann die Abnahme der Synthese von Kortikosteroiden zu einer Herabsetzung der Futteraufnahme und zu einer Minderung der Leistung des Tierkörpers führen. Hierbei sind Symptome wie Müdigkeit und Muskelschwäche zu nennen. Gegenüber Infektionskrankheiten ist eine Abnahme der Abwehrbereitschaft zu verzeichnen. Das Wachstum der Jungtiere wird eingeschränkt. K o l b und G ü r t l e r (1971) bringen die Bedeutung des Vitamins C bezüglich der Beeinflussung der Gewichtsentwicklung von Meerschweinchen, also überhaupt kein Vitamin C synthetisierenden Tieren, in nachfolgender Tabelle deutlich zum Ausdruck.

Tabelle 1: Die Gewichtsentwicklung bei wachsenden Meerschweinchen bei einer vollwertigen Ration mit unbeschränktem Zugang (A), bei einer vollwertigen Ration mit beschränktem Angebot (B) sowie bei einer Vitamin-C-freien Ration (C).

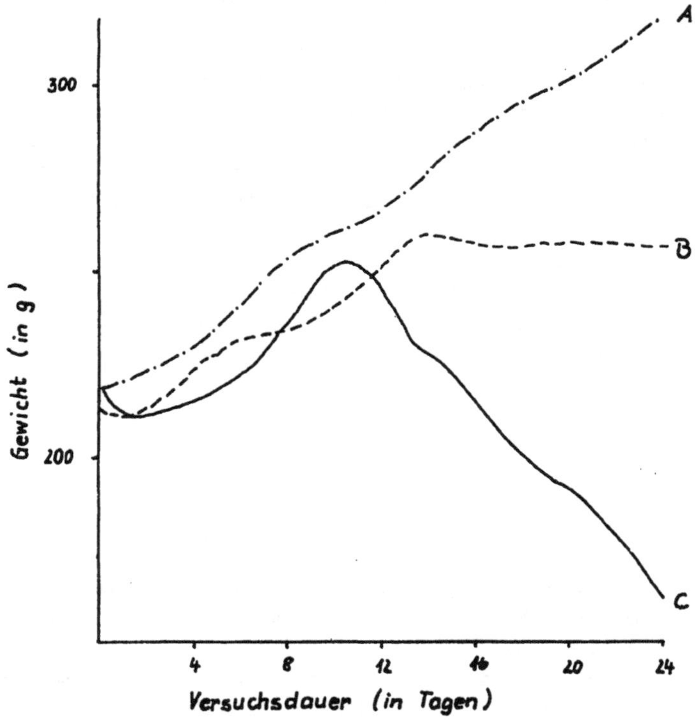

nach Kolb und Gürtler, 1971

Bei Tierarten, die über die Fähigkeit der Eigensynthese von Vitamin C verfügen, kann diese durch hochgradigen Eiweißmangel oder einen chronischen Vitamin A- und E-Mangel bedingt herabgesetzt sein und damit zu Vitamin C-Mangel führen (K o l b und G ü r t l e r , 1971).

Besonders in größeren Meerschweinchenbeständen kommt es immer wieder vor, daß vorrangig im Winterhalbjahr massenhaft Meerschweinchen sterben. Das Ganze deutet sehr auf einen seuchenhaften Verlauf hin. Auch in dem immer zirka 150 bis 200 Tiere umfassenden Meerschweinchenbestand des Thüringer Zooparkes Erfurt, wir züchten aus vergleichend haustierkundlichem Interesse verschiedene Meerschweinchenrassen heraus (Behaarungsformen, Farben, Hängeohren, etc.), sind in der Vergangenheit wiederholt solche Meerschweinchensterben aufgetreten. Es starben pro Tag ein, mehrere, aber auch acht bis elf Tiere. Im Vordergrund der Obduktionsbefunde standen jeweils Pneumonien, die meist einen interstitiellen Charakter aufwiesen, sowie Lungenödeme.

Als weitere Befunde traten oft Leberveränderungen in Form von Blutstauungen, Sternzellaktivierungen, Einzelzellnekrobiosen und -nekrosen, parenchymatöse Leberdegenerationen und Leberzellverfettungen bis hin zu Perihepatitiden und Hepatitiden auf. Die Milz wies meist eine allerdings in der Regel nicht starke Schwellung auf. Hinweise auf Gastritiden und Enteritiden sowie Nierenveränderungen traten dabei nur vereinzelt auf. Bei der Erhebung dieser Befunde äußerten die Pathologen den zunehmenden Verdacht auf eine Virusätiologie besonders der pneumonischen Veränderungen. Dabei wurden in einem Teil der Fälle auch bakterielle Infektionen, teilweise nur in der Lunge beziehungsweise auch nur in anderen Organen, ermittelt, die aus dieser Sicht als Sekundärinfektionen zu betrachten sind: coliforme Keime, Streptokokken, Diplokokken, Mikrokokken, Pneumokokken und Sporenbildner. In wenigen Fällen wurde, dann aber ausschließlich in den Nieren, auch ein Klossiellenbefall ermittelt (Wissenschaftsbereich Mikrobiologie der Sektion Tierproduktion und Veterinärmedizin der Karl-Marx-Universität Leipzig).

Ausgehend von der Überlegung, daß durch eine Vitamin C-Mangel bedingte Schädigung beziehungsweise Veränderung der Interzellularsubstanz, besonders der Epithelgewebe, ein Eindringen von Viren und Bakterien in den Organismus sehr erleichtert wird, verabreichten wir in solchen Situationen allen Meerschweinchen mit einer kleinen Recordspritze ohne Kanüle 0,5 ml L-Ascorbinsäure = 50 mg per os (eine Ampulle L-Ascorbinsäure zu 500 mg in 5 ml, VEB Jenapharm, Jena). Am darauffolgenden Tage waren in der Regel keine oder nur noch einzelne Verluste zu verzeichnen. Am ersten oder zweiten Tag nach der Erstbehandlung erhielt dann jedes Meerschweinchen nochmals diese Ascorvitdosis per os, und die Todesfälle hörten schlagartig auf.

Nach S h e r m a n et al. (1922) und S l a v i k (1964) genügen 0,5 mg L-Ascorbinsäure auf 100 Gramm Körpermasse eines Meerschweinchens pro Tag, die charakteristischen Symptome des Skorbuts zu verhindern. Die gleiche Menge reicht aus für die Erhaltung des normalen Wachstums junger Tiere und die Erhaltung des Gewichtes der Nebennieren (P f a n d e r und M i t c h e l l , 1951).

C r a m p t o n (1947) ermittelte 2 mg pro 100 Gramm Körpermasse Meerschweinchen, um Mängel bei der Dentinbildung der Schneidezähne zu verhindern. Für die Erhaltung eines normalen Serumphosphatasespiegels reichen nach G o u l d und S c h w a c h m a n n (1943) bereits 0,225 mg auf 100 Gramm Körpermasse bei Meerschweinchen aus. G i r o u d et al. (1937) nennen bei normal gefütterten Meerschweinchen einen Tagesbedarf von 50 mg bei einem Tiergewicht von 300 Gramm. P e n n e y und Z i l v a (1946) hingegen vertraten die Meinung, daß die Hälfte dieser letztgenannten Dosis pro Tag ausreichend sei.
J u n g (1958) führt aus, daß ein Meerschweinchen pro Tag 10 bis 20 mg L-Ascorbinsäure benötigt. Die Speicherung der Ascorbinsäure erfolgt in der Leber, und es dauert bei Mangelfütterung wenigstens zwei bis drei Wochen, teilweise auch länger, bis der Vitamin C-Vorrat verbraucht ist. Meerschweinchenjungtiere verfügen bei der Geburt über einen Vitamin C-Vorrat, der für die ersten Lebenstage ausreicht.

Die subkutane Applikation der Ascorbinsäure, hierzu liegen uns keine eigenen Erfahrungen vor, ist nach F r a g n e r (1964) wesentlich wirksamer als die orale Gabe. Der Ascorbinsäureverbrauch wird durch Schwangerschaft und Laktation, aber auch bei Infektionen (N u n g s t e r und A m e s , 1948) und bei einer zu hohen Tyrosinmenge im Futter vermehrt.
Einige Flavonoide, zum Beispiel Rutin, besitzen nach C a t e r e a u (1948) eine sichtbare Schutzwirkung auf den Ascorbinsäureverbrauch.

Die Versorgung von Meerschweinchen und wahrscheinlich auch ihrer Verwandten, die in zoologischen Gärten immer wieder zur Schau gestellt werden, mit ausreichend Vitamin C-haltigen Futtermitteln ist deshalb von besonders großer Bedeutung. Dabei ist zu bedenken, daß zwar Gräser und Kräuter sowie viele Gemüsearten etc., besonders blattreiche Pflanzen und Kartoffeln und verschiedene Rübenarten, Vitamin C enthalten, daß Vitamin C aber durch seine leichte Oxydationsfähigkeit, das gilt besonders, wenn es sich in flüssiger Form befindet, sehr schnell zerstört wird. Kristallin ist es in dieser Sicht wesentlich weniger empfindlich. So treten erhebliche Verluste an L-Ascorbinsäure besonders bei längerer Lagerung eigentlich Vitamin C-haltiger Pflanzen beziehungsweise pflanzlicher Produkte auf. Besonders der Vorgang der Trocknung zerstört das Vitamin C sehr schnell. Deshalb ist Vitamin C in Heu nur anfangs noch in gewisser, bald stark abnehmender und sich schließlich völlig verlierender Menge vorhanden. Aus dem gleichen Grunde sind Stroh und die verschiedenen Körnerfutterarten praktisch ohne einen Gehalt an Vitamin C. Auch in Pellets finden wir aus diesen Gründen oft kaum Vitamin C. Hinzu kommt, daß Vitamin C auch sehr hitzeempfindlich ist (Brockhaus, 1974; Kellner und Scheunert, 1952; Kolb und Gürtler, 1971; Nehring, 1972; Püschner und Simon, 1972; Wiesner, 1972). Gerade diese Problematik spielt ja aber bei den meisten Herstellungsmethoden von Pellets eine große Rolle.
Eine Fütterung von Meerschweinchen und wahrscheinlich auch ihrer Verwandten mit länger gelagerten Gemüse- und Obstsorten sowie Heu, Getreidemischungen und/oder Pellets reicht also oft nicht aus, um den Vitamin C-Bedarf zu decken. Man sollte hier also prophylaktisch ausreichend Vitamin C dem Futter oder dem Trinkwasser zusetzen. Meerschweinchen trinken übrigens besonders dann, wenn das ihnen angebotene Futter relativ trocken ist, nach einiger Gewöhnung sehr gern Wasser.

Obwohl die Kartoffel als eine der hauptsächlichsten Vitamin C-Quellen in der menschlichen Ernährung gilt, muß angenommen werden, daß auch hier der Vitamin C-Gehalt für Meerschweinchen zumindest oft nicht ausreicht, zumal einerseits beim Kochen erhebliche Verluste an Vitamin C eintreten können, zum anderen aber auch hier beachtliche Lagerverluste zu verzeichnen sind und die erforderliche Kartoffelmenge nicht oder nur bedingt im Verhältnis zur Körpermasse beziehungsweise zur für Meerschweinchen aufnehmbaren Kartoffelmenge steht, wenn man nach Jung (1958) davon ausgeht, daß ein Meerschweinchen 10 bis 20 mg L-Ascorbinsäure pro Tag benötigt und nach Nehring (1972) 100 Gramm Kartoffeln in den einzelnen Monaten die nachfolgenden L-Ascorbinsäuremengen enthalten:

Oktober	25 - 30 mg
Dezember	15 - 22 mg
Februar	10 - 12 mg
Mai	6 - 10 mg.

Scheunert und Theile (1956) stellten hingegen fest, daß die Kartoffeln von April bis Juli 50 bis 70 % ihres Ascorbinsäuregehaltes verlieren. Danach setzt aber ein erneuter Vitamin C-Anstieg in den Kartoffeln ein, und zwar um 50 bis 70 %. Das dürfte mit den biochemischen Vorgängen während des Keimens der Kartoffel im Zusammenhang stehen.

Nach Bukin (1949) sinkt der Vitamin C-Gehalt von normal gelagerten Äpfeln binnen ein bis zwei Monaten auf einen Bruchteil seines ursprünglichen Wertes. Lagerungen bei 0 bis 5 °C bedingen parallel zu der herabgesetzten Außentemperatur auch eine grundlegende Herabsetzung der Atmungsgeschwindigkeit der Früchte und damit eine wesentliche Hemmung der biochemischen Vorgänge, die zu einem starken Vitamin C-Verlust führen. Auch die Lagerung von Obst und Früchten in Räumen mit sogenannter kontrollierter Atmosphäre, das heißt mit einem optimalen Verhältnis von Sauerstoff und Kohlendioxid bei herabgesetzter Temperatur, hilft, den Vitamin C-Gehalt über längere Zeit in erheblichem Maße zu erhalten, da die enzymatischen und anderen biochemischen Reaktionen, die eine wesentliche Herabsetzung des Ascorbinsäuregehaltes zur Folge haben, dadurch stark verlangsamt werden.

Es ist mir ein Bedürfnis, Herrn Prof. Dr. A. Vogt und Mitarbeitern, Wissenschaftsbereich Mikrobiologie, und Herrn Doz. Dr. Johannsen und Mitarbeitern, besonders Herrn Dr. K. F. Schüppel, Wissenschaftsbereich Pathologie der Sektion Tierproduktion/Veterinärmedizin der Karl-Marx-Universität Leipzig, für die durchgeführten Untersuchungen herzlich zu danken und meines leider verstorbenen hochverehrten Freundes, Herrn Prof. Dr. H. Kronberger, ehemals ebenfalls Wissenschaftsbereich Pathologie der Sektion Tierproduktion/Veterinärmedizin der Karl-Marx-Universität Leipzig, für durchgeführte Untersuchungen in Dankbarkeit zu gedenken.

Zusammenfassung:

Ein Beitrag zur Vitamin C-Prophylaxe und -Therapie

Meerschweinchen sind - genau wie die Primaten einschließlich des Menschen - nicht in der Lage, Vitamin C im eigenen Organismus zu synthetisieren. Bei Ernährung besonders über längere Zeit mit Vitamin C-armer Kost wurden bei Meerschweinchen erhebliche Verluste beobachtet, in deren Vordergrund pneumonische Veränderungen, besonders interstitielle Pneumonien, standen. Außerdem wurden oft Leberveränderungen und Milzschwellungen festgestellt. Besonders die Veränderungen an den Lungen dürften auf eine Virusinfektion zurückzuführen sein, in deren Folge zum Teil auch bakterielle Sekundärinfektionen einsetzten. Die prophylaktische Gabe von 0,5 ml = 50 mg L-Ascorbinsäure per os führte jeweils zum schlagartigen Aufhören der Verluste.

Summary:

Use of Vitamin C in Prophylaxis and Therapy

Guinea pigs, just as all primates, including man, cannot synthetise vitamin C in their own organism. Guinea pigs that receive feed rations with inadequate vitamin C levels, over a somewhat prolonged period of time, are likely to suffer considerable loss, with interstitial and other types of pneumonia playing a major role. Liver changes and spleen swelling were recorded, as well. The pulmonary changes, in that context, are believed to be attributable to a virus infection which had bacterial secondary infections as sequels. Oral prophylactic administration of 0.5 ml = 50 mg of L-ascorbic acid brought losses to an abrupt halt.

Résumé:

Contribution à la prophylaxie et à la thérapie à la vitamine A

Comme tous les primates, y compris l'homme, les cobayes ne sont pas capables du synthétiser la vitamine C dans leur propre organisme. En ayant alimenté des cobayes durant une certaine période avec une nourriture pauvre en vitamine C, ils ont présenté en premier lieu des altérations pneumoniques, surtout des pneumonies interstitielles. En plus de cela, il a souvent fallu constater des altérations au foie et une tuméfaction de la rate. Les altérations au poumon sont vraisemblablement dues à une infection virulente ayant parfois comme conséquence des infections bactérielles secondaires. L'application prophylactique de 0,5 ml = 50 mg d'acide ascorbique per os a immédiatement mis fin aux pertes enregistrées.

Резюме:

К профилактике и терапии витамином С

Морские свинки, как и приматы, включая человек, не в состояние синтезиравать витамин С в собственном организме. При долгом держании морских свинок на содержащем мало витамина С питании наблюдались значительные потерия среди которых пневмонические изменения, особенно интерстициальные пневмонии имели особое значение. Причиной изменении особенно в легких очевидно являлись вирусные инфекции воедствие которых наблюдались и вторичные заражения бактериями. Профилактическая оральная дача 0,5 мл = 50 мг L- аскорбиновой кислоты моментально прекратила потерия.

Literatur:

ANONYM (1974): Brockhaus ABC Landwirtschaft, Bd. II. Leipzig: F. A. Brockhaus.

FRAGNER, J. (1965): Vitamine, Bd. I. Jena: Gustav Fischer.

JUNG, S. (1958): Zucht und Haltung der wichtigsten Laboratoriumsversuchstiere. Jena: Gustav Fischer.

KELLNER, O. und A. SCHENERT (1952): Grundzüge der Fütterungslehre. Berlin-Hamburg: Paul Parey.

KOLB, E. und H. GÜRTLER (1971): Ernährungsphysiologie der landwirtschaftlichen Nutztiere. Jena: Gustav Fischer.

NEHRING, K. (1972): Lehrbuch der Tierernährung und Futtermittelkunde. Radebeul: Neumann.

PÜSCHNER, A. und O. SIMON (1972): Grundlagen der Tierernährung. Jena: Gustav Fischer.

SCHEUNERT, A. und G. THEILE (1956): Zschr. Ernährungsforschung 1, 1.

WIESNER, E. (1972): Fütterung und Fruchtbarkeit. Jena: Gustav Fischer.

Alle übrigen Literaturangaben zitiert in
FRAGNER, J. (1965): Vitamine Bd. I, 445-447 und 474-477. Jena: Gustav Fischer.

Anschrift des Verfassers: Doz. Dr. D. Altmann,
Thüringer Zoopark Erfurt
DDR 506 Erfurt, Zum Zoopark 8-10 (DDR)

Aus dem Institut für Veterinär-Pathologie der Universität Berlin-Dahlem

ZUR PATHOGENESE DER SKELETTERKRANKUNGEN BEI ZOOTIEREN

Von K. Dämmrich

Systemische Skeletterkrankungen kommen auch bei den in Gefangenschaft gehaltenen Wildtieren vor. Sie beeinträchtigen die Funktion des Skeletts als Stütz- und Depotorgan, bei juvenilen Tieren auch die Entwicklung des Skeletts.

Eine Klassifikation der Skeletterkrankungen kann nach ihrer kausalen oder formalen Pathogenese erfolgen. Die Darstellung nach formal pathogenetischen Gesichtspunkten ist zweckmäßiger, da sie die Voraussetzungen gibt, die für die Diagnose der Art der Skelettveränderungen notwendig sind, eine unerläßliche Voraussetzung für die Therapie.

In der formalen Pathogenese der Skeletterkrankungen sind zu berücksichtigen:

1. Die Entwicklung und Erhaltung des Skeletts,
2. die Rolle des Skeletts als Depotorgan und
3. die Bedeutung des Skeletts als Stützorgan.

1) Entwicklung und Erhaltung des Skeletts und seine Störungen

Skelettwachstum beruht auf den Vorgängen der Chondrogenese, Osteogenese und Mineralisation sowie auf den Vorgängen des Remodelling. Die Aufrechterhaltung der Skelettfunktion bei erwachsenen Tieren beruht auf den fortlaufenden inneren Umbauvorgängen.

Chondrogenese: In den knorpelig vorgebildeten Skelettanlagen ist die Struktur der Epiphysenfugenscheiben mit der Anordnung der Knorpelzellen in Säulen wachstumsorientiert. Dabei hat der Säulenknorpel zwei Aufgaben. Die Proliferationszone ist Träger des Längenwachstums. Die Differenzierung der Knorpelzellen über reifende Knorpelzellen bis zum Blasenknorpel und der Abbau durch das Aufschließungsblastem dienen dem Ersatz des Platzhalters Knorpelgewebe durch Knochengewebe.

Störungen der Chondrogenese sind am vermehrten oder verminderten Längenwachstum zu erkennen. Die vermehrte Knorpelzellproliferation, der Gigantismus, gehört zu den seltenen Krankheitsbildern. Häufig sind dagegen das verminderte Längenwachstum oder der Wachstumsstillstand, als unspezifisches Symptom bei chronisch kranken beziehungsweise kümmernden Jungtieren vorkommend. Kennzeichnend sind in den Epiphysenfugen die verminderte Knorpelzellproliferation und die Abdeckelung der Eröffnungszone durch angeschichtetes Knochengewebe, da kein Abbau des nicht mehr wachsenden Knorpelgewebes erfolgt.

Zu den Störungen der Chondrogenese ist auch die Chondrodysplasia fetalis zu rechnen, die als hereditäre Erkrankung zu den am weitesten verbreiteten Erbleiden des Stützgewebes gehört und vielfach als rassenbildendes Merkmal - wie Kurzbeinigkeit, Kurzköpfigkeit - bei Haustieren benutzt worden ist. Spontan auftretende Formen sind meist Spontanmutationen. Die abortierten oder nach normaler Tragezeit geborenen Jungtiere der abortiven Formen sind nicht lebensfähig. Bei einem von uns beobachteten Fall eines Banteng-Kalbes lagen infolge der ungeordneten und verminderten Knorpelzellproliferation und -differenzierung verkürzte Röhrenknochen vor, die von den deformierten Epiphysen überragt wurden. Die Verkürzung der Schädelbasis rief das Bild des sogenannten Mopskopfes hervor.

Osteogenese: Die organische Matrix des Knochengewebes besteht aus den in die Grundsubstanz aus Proteoglykanen eingebetteten kollagenen Fibrillen. Sie wird von den Osteoblasten gebildet.

Beim Jungtier wird organische Matrix bei der chondralen Ossifikation, Ersatz der knorpeligen Epiphysenfugenscheibe durch Spongiosa, und bei der desmalen Ossifikation, Entwicklung der Corticalis der Röhrenknochen, gebildet. Die anfänglich wachstumsorientierten Strukturen werden nach Abschluß des Längenwachstums unter dem Einfluß der statisch-mechanischen Belastung zu tragfähigeren Strukturen umgebaut: Trajektorielle Ausrichtung der Spongiosa, Osteonstruktur der Corticalis. Diese Umbauvorgänge, das sogenannte Remodelling, verlaufen zweiphasig mit Abbau des Knochengewebes durch Osteoklasten und seinem Ersatz durch neugebildetes Knochengewebe. Gleichartige Abbauvorgänge begleiten schon das Wachstum, in dem überflüssig gewordenes Knochengewebe abgebaut wird, so daß sich die Binnenräume des Skeletts entsprechend der Größenzunahmen der Knochen erweitern.

Beim erwachsenen Tier bleibt das Skelett ein Mausergewebe mit fortlaufendem inneren Umbau, der vor allem von den wechselnden Belastungen induziert wird. Dabei halten sich Abbau- und Anbauvorgänge im Gleichgewicht, so daß der Bestand an Knochengewebe erhalten bleibt.

Störungen der Osteogenese sind quantitativer oder qualitativer Natur. Quantitative Störungen der Osteogenese zeigen sich in einer verminderten Knochengewebsbildung, die zur Osteoporose führt. Die hypoplastische Osteoporose bei Jungtieren ist durch eine verminderte Anzahl dünner Spongiosabälkchen sowie durch eine nur aus wenigen Radiär- und Tangentiallamellen bestehende eischalendünne Corticalis mit weiten Havers'schen Räumen gekennzeichnet, wobei die Chondrogenese normal verläuft. Einzelfälle einer hypoplastischen Osteoporose sind bei Junglöwen beobachtet worden. Die Ätiologie dieser Fälle ist ungeklärt. Es ließen sich weder eine herediäre Ursache im Sinne der Osteogenesis imperfecta noch das Substrat für enterale Resorptionsstörungen (Malabsorption) nachweisen, die häufigste Ursache hypoplastischer Osteoporosen bei jungen Hunden und Katzen.

Die Osteoporosen erwachsener Tiere entstehen allmählich während des inneren Umbaues durch den verminderten Ersatz abgebauten Knochengewebes. Kennzeichnend ist die einfache und numerische Atrophie der Spongiosabälkchen sowie die Erweiterung aller Binnenräume - Markräume und Havers'sche Kanäle - des Skeletts, besonders ausgeprägt in Rippen und Wirbeln. Die Osteoporose ist der Ausdruck eines katabolen Eiweißstoffwechsels als senile Osteoporose, Hungerosteoporose oder Steroidosteoporose. Als Hungerosteoporose vor allem bei Landschildkröten nach mehrmonatiger Inanition oder kalorisch unzureichender Fütterung auftretend, wobei die Knochenplatten des Panzers porosiert sind und in den Poren ein Gallertgewebe entsteht (D ä m m r i c h , 1967).

Von den qualitativen Störungen der Osteogenese, verminderte Bildung eines minderwertigen Knochengewebes, ist der Morbus Möller-Barlow bei Jungtieren zu erwähnen. Askorbinsäuremangel hemmt bei der Kollagensynthese die Hydroxylierung des Prolins zu Oxyprolin. Entsprechend sind die Skelettveränderungen durch das Bild einer hypoplastischen Osteoporose gekennzeichnet, die durch Blutungen unter dem Periost und in Markräumen kompliziert ist. Die systemische Kollagensynthesestörung ist auch Ursache der Blutungen infolge brüchiger Gefäßwände in Schleimhäuten und Muskulatur sowie der Lockerung der Zähne. Der Askorbinsäuremangel spielt nur bei den Tierarten eine Rolle, die über keine eigene Biosynthese verfügen, sondern auf die exogene Zufuhr angewiesen sind, wie Menschen, Affen und Meerschweinchen. Offensichtlich ist die Askorbinsäurezufuhr für Affen stets ausreichend. Es wird nur selten über Morbus Möller-Barlow bei Affen berichtet (H a r t , 1912; F ö l s c h et al., 1977).

Störungen des Remodelling bei Jungtieren können auf gesteigerten oder verminderten Abbauvorgängen beruhen. Steigerungen der Abbauvorgänge in den wachstumsintensiven Zonen (Metaphysen) führen zu Spontanfrakturen. Hemmung der modellierenden Abbauvorgänge bedeutet, daß mit dem umfangsvermehrenden Wachstum überflüssig gewordene Strukturen nicht abgebaut werden, so daß sich die Binnenräume des Skeletts, wie zum Beispiel Markräume, Nerven- und Gefäßdurchlässe, nicht erweitern. Die Abbauvorgänge werden vom Vitamin A beeinflußt, das in vorhandenen Osteoklasten die Hydrolasen aktiviert. Entsprechend werden bei der chronischen Hypervitaminose A Steigerungen und bei der chronischen Hypo- oder Avitaminose A Hemmungen des modellierenden Knochengewebsabbaues beobachtet. Praktische Bedeutung kann die Unterversorgung mit Vitamin A erlangen, wie Erkrankungen bei Kälbern gezeigt haben.

<u>Mineralisation:</u> Die Matrix für die Mineralisation wird von den Osteoblasten gestellt. Die Glykoproteide der Grundsubstanz wirken bei der Mineralisation des Knochengewebes als Ionenaustauscher, wobei die sauren als Kationenaustauscher Ca^{++} und die neutralen als Anionenaustauscher HPO_4^{--} einlagern. Bei Sättigung der Ionenaustauscher mit Ca^{++} und HPO_4^{--} wird das Löslichkeitsprodukt überschritten und Calciumphosphat ausgefällt, nachdem durch die alkalische Phosphatase der Osteoblasten der Inhibitor der Mineralisation, das Pyrophosphat, abgebaut worden ist. Die Umwandlung des Calciumphosphats in Hydroxylapatit beendet die Mineralisation des Knochengewebes.

<u>Störungen der Mineralisation</u> des Knochengewebes sind heute sehr selten gewordene Erkrankungen des Skeletts. Wenn sie als Einzelfälle noch auftreten, beruhen sie auf Ca- und/oder P-Mangelzuständen. Der P-Mangel ist meist alimentär bedingt. Der Ca-Mangel kann alimentär bedingt sein; häufiger beruht er auf einem Vitamin D-Mangel, der weniger alimentär bedingt ist, sondern vielmehr in erster Linie einer unzureichenden Photosynthese von Vitamin D in der Haut entspricht. Die Wirkung von Vitamin D beruht auf seinen Metaboliten. Das in der Leber gebildete 25-Hydroxycholecalciferol, von dem vor allem die Mineralisation des Knochengewebes abhängig sein soll, metabolisiert und wird in der Niere in 1,25-Dihydroxycholecalciferol umgewandelt, das über die Bildung von Trägerproteinen die Resorption von Calcium im Dünndarm fördert. Dabei besteht eine Hemmung der Ca- und P-Ausscheidung.

Störungen der Mineralisation werden bei Jungtieren als <u>Rachitis</u> und bei erwachsenen Tieren als <u>Osteomalazie</u> manifest. Ätiologisch entsprechen sie Ca-, P- oder Vitamin D-Mangelzuständen.

Kennzeichen der Rachitis ist die ausbleibende Mineralisation des neugebildeten Knochengewebes, zuerst im Spongiosabereich, später auch an den Lamellen der Corticalis, wobei osteoide Säume das mineralisierte Knochengewebe abdecken, später rein osteoide Knochenbälkchen auftreten. Da osteoides Knochengewebe von Osteoklasten nicht abgebaut wird, entstehen infolge Ausbleibens der modellierenden Abbauvorgänge Verdickungen der Metaphysen. Hauptkennzeichen der Rachitis sind aber die unregelmäßig verbreiterten Epiphysenfugen. Da bei Rachitis in der Eröffnungszone der Epiphysenfugenscheiben die Mineralisation der Knorpelmatrix ausbleibt, kann das Aufschließungsblastem den Knorpel nicht abbauen. Andererseits proliferieren die Knorpelzellen weiter und führen zu der mit der Dauer der Erkrankung zunehmenden Dicke der Epiphysenfugen. Unregelmäßige Eröffnung, osteoides Knochengewebe und Fasermark bilden an den Epiphysenfugen die sogenannte rachitische Zone.

Gesichert ist Rachitis nur in Einzelfällen bei jungen Primaten beobachtet worden (Mantelpaviane, Totenkopfäffchen [D ä m m r i c h , 1967]), bei den zahlreichen anderen Schrifttumsangaben liegt zumeist keine Rachitis, sondern generalisierte Osteodystrophia fibrosa vor. Rachitis wird auch bei Schildkröten (Wasserschildkröten [D ä m m r i c h , 1967]) beobachtet, wobei der Mangel an ultraviolettem Licht (H a u s e r et al., 1977 : Seychellen-Riesenschildkröten) als Ursache des Vitamin D-Mangels diskutiert wird.

Für die Osteomalazie der erwachsenen Tiere ist kennzeichnend, daß das im Rahmen des inneren Umbaues neugebildete Knochengewebe nicht mineralisiert, so daß allmählich ein Ersatz des mineralisierten durch nicht mineralisiertes Knochengewebe erfolgt, das als osteoide Säume die inneren Oberflächen der Knochen überzieht.

Gesicherte Beobachtungen über das Auftreten von Osteomalazie bei in Gefangenschaft gehaltenen Wildtieren liegen bisher nicht vor.

<u>2) Skelett als Depotorgan und seine Störungen</u>

Das Skelett ist das Depotorgan für Kalzium. Bei Bedarf - der nicht schnell oder ausreichend genug über die enterale Resorption gedeckt werden kann - wird Kalzium aus dem Skelett mobilisiert.

Im Skelett liegt das Ca-Depot in zwei Formen vor. Das <u>mobile Calcium</u> ist eine leicht verfügbare Form, die zur Aufrechterhaltung der aktuellen Reaktion der Körperflüssigkeiten beziehungsweise der Ca-Homöostase dient. Es ist das an die sauren Glykoproteine der Appositionssäume der inneren Oberfläche der Knochen (Spongiosa, innere Generallamellen, Grenzscheiden der Lakunen und Kanaliculi) und das additiv an die Oberfläche der Apatitkristalle gebundene Kalzium. Die zweite

Form des Ca-Depots, das fixe Calcium, ist das Ca der Apatitkristalle im mineralisierten Knochengewebe, das nach Erschöpfung des mobilen Calciumpools und bei langfristigen Bedarfsdeckungen mobilisiert wird. Die Freisetzung des Ca aus dem stabilen Apatit ist nur über Abbau des Knochengewebes durch Osteoklasten möglich.

Die Regulation des zelligen Knochengewebsabbaues erfolgt über Epithelkörperchen und C-Zellensystem. Eine hypokalzämische Stoffwechsellage induziert über eine vermehrte Parathormonausschüttung eine Steigerung des osteoklastischen Knochengewebsabbaues und damit die Freisetzung von Ca. Dagegen inhibiert eine hyperkalzämische Stoffwechsellage die Parathormonausschüttung und führt über eine vermehrte Calcitonininkretion zur Hemmung der Osteoklastentätigkeit und über eine Vermehrung der Osteoblasten zur Einlagerung von Kalzium in das Skelett.

Zur langfristigen Bedarfsdeckung bildet der Organismus im Skelett ein physiologisches Depot an metabolischem Knochengewebe. Das metabolische Knochengewebe wird bei Vögeln vom sogenannten Medullärknochen gebildet, in dem, unter Östrogeneinfluß entstanden, ein Ca-Depot für die Kalzifizierung der Eischale vorliegt. Bei Säugern entsprechen dem metabolischen Knochengewebe die inneren Generallamellen und Appositionssäume der Spongiosabälkchen, die beispielsweise in der Laktationsphase zur Bedarfsdeckung abgebaut werden.

Störungen der Depotfunktion sind immer dann zu beobachten, wenn infolge einer chronischen Bedarfsdeckung der Vorrat an metabolischem Knochengewebe erschöpft ist und die Abbauvorgänge auf das funktionelle Knochengewebe übergreifen. Der anhaltende Knochengewebsabbau wird weiterhin von den Epithelkörperchen induziert.

Die Skelettveränderungen entsprechen der Osteodystrophia fibrosa generalisata, die gekennzeichnet ist mit Abbau des mineralisierten Knochengewebes durch Osteoklasten, Ersatz des abgebauten Knochengewebes durch Fasergewebe, Endostfibrose und bei Jungtieren Störungen in der Aufschließung der Epiphysenfugenscheiben. Die Osteodystrophia fibrosa generalisata kann bei allen in Gefangenschaft gehaltenen Wildtierarten auftreten, bevorzugt erkranken junge Raubkatzen nach dem Absetzen, Affen in der Wachstumsphase, Antilopen am Ende der Wachstumsperiode, Kleinpferde sowie Wasserschildkröten (Raubkatzen: Slusher et al., 1965; Überschär et al., 1967; Dämmrich und Hildebrand, 1970; Dämmrich, 1974; Affen: Christeller, 1923; Cordy, 1957; Krook und Barrett, 1962; Dämmrich, 1967; Krook, 1969; Schildkröten: Dämmrich, 1967).

Auffallend sind bei jungen Raubkatzen vor allem die Befunde an den Röhrenknochen mit den zu Papierdünne abgebauten Corticales, der ausgedehnten Markfibrose und den schmalen, gut abgesetzten Epiphysenfugen; vielfach durch Grünholzfrakturen kompliziert. Bei den Pflanzenfressern dominiert der Knochengewebsabbau mit luxurierender Fasergewebsbildung im Backzahnbereich der Kieferknochen, die symmetrisch wulstförmig verdickt sind. Kleinpferdfohlen zeigen dazu vielfach Kompressionsfrakturen der Wirbelkörper im Brustwirbelsäulenbereich sowie Stauchungsfrakturen des Femur- und Humeruskopfes. Bei den Primaten steht der Abbau des Knochengewebes mit Ersatz durch Fasergewebe und ausgeprägter desmaler Knochengewebsbildung im Vordergrund, so daß vor allem die Schädelknochen plump verdickt erscheinen und "pagetoide" Strukturen annehmen. Grünholz- und Stauchungsfrakturen der langen Röhrenknochen sowie Kompressionsfrakturen der Wirbel führen zu Mobilitätsstörungen. Insuffizienz der Aufschließungsblasteme und mechanische Alterationen leiten zu unregelmäßig verbreiterten und proliferierenden Epiphysenfugenscheiben über. Bei jungen Wasserschildkröten ist es vor allem der Knochengewebsabbau in den Knochenplatten von Bauch- und Rückenpanzer, der zur "Panzererweichung" führt.

In der kausalen Pathogenese steht die P-überschüssige Fütterung im Vordergrund, bei Raubkatzen und Wasserschildkröten die einseitige Fütterung mit Muskelfleisch, bei den Pflanzenfressern die überwiegende Fütterung mit Cerealien.

Entsprechend dem hohen P-Angebot entsteht über eine hypokalzämische Stoffwechsellage ein sekundärer regulativer Hyperparathyreoidismus, der sich verselbständigen kann, zum autonomen tertiären Hyperparathyreoidismus wird, der das Krankheitsbild auch nach Normalisierung der Fütterung weiter anhalten läßt. Dabei wird aus dem Skelett weiterhin Ca freigesetzt und eine hyperkalzämische Stoffwechsellage eingeleitet, die über eine vermehrte Calcitoninausschüttung den Abbau zum Abklingen bringt und im Fasergewebe eine vermehrte Knochengewebsbildung hervorruft.

Aus den Wechselwirkungen zwischen den Vitamin D-Metaboliten sowie Parathormon und Calcitonin ergeben sich die unterschiedlichen Skelettveränderungen bei der chronischen Hypervitaminose D, die meist iatrogen verursacht, insbesondere durch die erhöhte Empfindlichkeit kümmernder Jungtiere, nicht selten bei Säugetieren und Reptilien beobachtet wird (Malicka et al., 1967; Ippen, 1965, 1975; Schüppel und Krische, 1978).

Über die erhöhte Vitamin D-Zufuhr entstehen im Überschuß 25-Hydroxycholecalciferol und 1,25-Dihydroxycalciferol. Das 1,25-Dihydroxycalciferol läßt über vermehrte enterale Ca-Resorption den Serum-Ca-Spiegel ansteigen, es entwickeln sich die charakteristischen metastatischen Gefäß- und Organverkalkungen.

Die Skelettveränderungen werden anfänglich durch Abbauvorgänge charakterisiert, die synergistisch durch Parathormon und 25-Hydroxycholecalciferol eingeleitet werden. Mit Anhalten der hyperkalzämischen Stoffwechsellage wird die Parathormonausschüttung inhibiert und die Calcitoninausschüttung gefördert. Entsprechend werden im Skelett die Abbauvorgänge durch eine vermehrte Knochengewebsbildung abgelöst, die sich bei Säugetieren vor allem in einer Spongiosasklerose zeigt (Bathe-Peters, 1977). Bei Hühnern überwiegt in dieser Phase die Bildung mantelförmiger Osteophyten an den langen Röhrenknochen, die Ähnlichkeit mit den luxurierenden Osteophyten an den Knochen der Reptilien zeigt. Der Wechsel zwischen Abbau- und Anbauvorgängen im Skelett wiederholt sich rhythmisch, da die vermehrte Calcitonininkretion eine vorübergehende Rückkehr zur normokalzämischen Stoffwechsellage bewirkt.

3) Skelett und Stützfunktion und seine Störungen

Bei Jungtieren sind die wachstumsorientierten Strukturen des Skeletts durch Körpergewicht und ansetzende Muskelkräfte weniger belastet als bei erwachsenen Tieren. Entsprechend werden die wachstumsorientierten Strukturen des Skeletts in tragfähigere Strukturen umgebaut, die charakterisiert sind durch Epiphysenfugenschluß, Entwicklung der trajektoriell orientierten Spongiosa und Ausbildung von Osteonsystemen in den kompakten Knochenabschnitten.

Der harmonisierte Ablauf von Wachstum und Reifung kann gestört sein, wenn das umfangsvermehrende Wachstum sowie die Zunahme des Körpergewichts und der Muskulatur beschleunigt werden, wie es durch den anabol wirkenden Effekt einer energetisch überschüssigen und proteinreichen Fütterung erfolgt. Das Problem der aus einer Überbelastung des Skeletts entstehenden Wachstumsstörungen ist in der intensiven Rinder- und Schweinehaltung, in der Geflügelmast, aber auch bei großwüchsigen Hunderassen und stark getriebenen Fohlen bekannt.

Kennzeichnend sind aus Überbelastungen herrührende Wachstumsstörungen der Epiphysenfugenscheiben, die über ungleichmäßiges Knochenwachstum zu Stellungsanomalien der Extremitäten führen, und Wachstumsstörungen der Gelenkknorpel, die bleibende Gelenkveränderungen im Sinne der Arthropathia deformans verursachen.

Bei in Gefangenschaft gehaltenen Wildtieren sind nur einzelne Befunde bekannt, die auf das Vorkommen von Wachstumsstörungen des Skeletts durch Überfütterung hinweisen. Zu diesem Formenkreis ist vor allem das als "Perosis" bei der Aufzucht von Laufvögeln (Strauß, Nandu, Emu, Trappe) und anderen Vogelarten bekannte Krankheitsbild zu rechnen, gekennzeichnet durch Fehlstellungen der Ständer (Gewalt, 1967; Heymann et al., 1970).

Auch die bei Wiederkäuern vorkommenden Stellungsanomalien der Extremitäten, insbesondere bei bilateral symmetrischer Ausprägung, können aus derartigen Überbelastungen des Skeletts hervorgehen. Göltenboth und Keller (1970) haben bei einem Giraffenkalb derartige Veränderungen am distalen Metacarpus erwähnt.

Für die Verhütung dieser Krankheitsformen gilt, daß maximales Wachstum nicht mit optimalem Wachstum gleichgesetzt werden kann.

Zusammenfassung:

Zur Pathogenese der Skeletterkrankungen bei Zootieren

Die Pathogenese systemischer Skeletterkrankungen wurde anhand des Schrifttums und eigener Untersuchungen dargestellt. Die Pathogenese wurde von Störungen der Entwicklung und Funktion des Skeletts abgeleitet.

Summary:

Pathogenesis of Skeletal Diseases in Zoo Animals

An account is given of the pathogenesis of systemic skeletal diseases, with reference being made to literature and the author's own studies. The pathogenesis was attributed to disorders in the development and function of the skeleton.

Résumé:

A propos de la pathogenèse d'affections au squelette chez des animaux zoologiques

En se basant sur la littérature et sur ses propres expériences, l'auteur montre la pathogenèse d'affections au système d'ossature qu'il déduit des troubles survenus au cours du développement de l'ossature et dans sa fonction.

Резюме:

К патогенезе заболеваний скелета у животных зоопарка

Патогенез системных заболеваний скелета показан по данным литературы и собственных исследований. Патогенез начинается нарушениями развития и функции скелэта.

Literatur:

BATHE-PETERS, H.-J. (1977): Die Beeinflussung der experimentellen chronischen Hypervitaminose D_3 bei Schweinen durch Exstirpation des thyreoidalen C-Zellensystems. Berlin (West): Vet. med. Diss.

CHRISTELLER, E. (1923): Die Formen der Ostitis fibrosa und der verwandten Knochenerkrankungen der Säugetiere, zugleich ein Beitrag zur Frage der "Rachitis" bei Affen. Ergeb.allg. Path. 20, 2, 1.

DÄMMRICH, K. (1967): Erkrankungen des Skeletts bei jungen Affen. Kleintierprax. 12, 156.

DÄMMRICH, K. (1967): Pathomorphologische Befunde am Panzer der Schildkröten. Verhandlungsber. IX. Internat. Symp. Erkrankungen Zootiere, Prag, 271.

DÄMMRICH, K. (1974): Skeletterkrankungen bei jungen Raubkatzen. Verhandlungsber. XVI. Internat. Symp. Erkrankungen Zootiere, Erfurt, 137.

DÄMMRICH, K. und B. HILDEBRAND (1970): Hyperparathyreoidismus bei Zootieren. Verhandlungsber. XII. Internat. Symp. Erkrankungen Zootiere, Budapest, 109.

FÖLSCH, D. W., HANCK, A. B. and H. WEISER (1977): Malformation of bones in young Woolly Monkey - challenge to determine Vitamin C Plasma and Vitamin D serum levels of crab-eating Macaques, kept in a zoo. Verhandlungsber. XIX, Internat. Symp. Erkrankungen Zootiere, Poznań, 339.

GEWALT, W. (1967): Über die Perosis bei Zoogeflügel. Verhandlungsber. IX. Internat. Symp. Erkrankungen Zootiere, Prag, 287.

GÖLTENBOTH, R. und H. KELLER (1970): Rachitisähnliche Krankheitserscheinungen an den Fesselgelenken der Vorderextremitäten einer jungen Giraffe. Verhandlungsber. XII. Internat. Symp. Erkrankungen Zootiere, Budapest, 113.

HART, K. (1912): Über die experimentelle Erzeugung der Möller-Barlow'schen Krankheit und ihre endgültige Identifizierung mit dem klassischen Skorbut. Virchows Arch. path. Anat. 208, 367.

HAUSER, B., METTLER, F. und R. E. HONEGGER (1977): Knochenstoffwechselstörungen bei Seychellen-Riesenschildkröten. Verhandlungsber. XIX. Internat. Symp. Erkrankungen Zootiere, Poznań, 121.

HEYMANN, H., WITSTRUK, K.-G. und D. ZSCHEILE (1970): Perosis beim Emu, Schwarzen Schwan und bei der Hühnergans. Verhandlungsber. XII. Internat. Symp. Erkrankungen Zootiere, Budapest, 103.

IPPEN, R. (1975): Ein Beitrag zu einigen stoffwechselbedingten Veränderungen bei Zoo- und Wildtieren. Verhandlungsber. XVII. Internat. Symp. Erkrankungen Zootiere, Tunis, 187.

KROOK, L. (1969): In E. Joest: Handbuch der speziellen pathologischen Anatomie der Haustiere, 3. Aufl., Bd, I. Berlin-Hamburg: Paul Parey.

KROOK, L. and R. B. BARRETT (1962): Simian bone disease - a secondary hyperparathyroidism. Cornell Vet. 52, 459.

MALICKA, E. und E. LANDOWSKA-PLAZEWSKA (1967): Kalkgicht bei einem Löwenjungen. Verhandlungsber. IX. Internat. Symp. Erkrankungen Zootiere, Prag, 275.

SCHÜPPEL, K.-F. und G. KRISCHE (1978): Kalzinose bei zwei jungen Leierhirschen. Verhandlungsber. XX. Internat. Symp. Erkrankungen Zootiere, Dvur Králové, 131.

SLUSHER, R., BISTNER, S. I. and C. KIRCHER (1965): Nutritional secondary hyperthyroidism in a tiger. J. Amer. Vet. med. Assoc. 147, 1109.

ÜBERSCHÄR, S., BRANDT, H.-P. und W. WIRTH (1967): Skelettveränderungen vom Typ der Osteogenesis imperfecta bei Raubkatzen. Zbl. Vet. med. A 14, 252.

Anschrift des Verfassers: Prof. Dr. K. Dämmrich,
Drosselweg 1-3
1 Berlin 33 (Berlin-West)

Aus der Kleintierklinik Dr. E. B r a h m und Dr. R. B r a h m und dem Tierpark Dortmund
(Leiter: Dr. W. B a r t m a n n)

OSTEODYSTROPHIA FIBROSA BEI FELIDEN

Von R. B r a h m , E. B r a h m und W. B a r t m a n n

Die Osteodystrophia fibrosa ist die Folgeerscheinung eines sekundären alimentären Hyperparathyreoidismus. Mangelhafte Kalziumzufuhr oder ungleich überschießende Phosphorversorgung führen zu einer hypocalcämischen Stoffwechsellage und somit zu einer regulativen Aktivierung der Nebenschilddrüse mit einer vermehrten Ausschüttung von Parathormon. Im Knochen, dem natürlichen Speicherorgan des Kalziums, kommt es zu einem exzessiven Abbau festgebundenen Kalziums zum Ausgleich des herabsinkenden Blutspiegels. Das abgebaute Knochengewebe wird durch Fasergewebe ersetzt (D ä m m r i c h und H i l d e b r a n d , 1970; D ä m m r i c h , 1974; S c h m i d t k e , 1977).

Ätiologie

Ursache der Osteodystrophie, die bei Haus- und Wildkatzen gleichermaßen auftritt, ist eine einseitige, unausgewogene Fütterung. Dies wird deutlich, wenn man sich den Gehalt einiger Nahrungsmittel ansieht, den wir den Arbeiten von S o u c i - F a c h m a n n - K r a u t (1973) entnommen haben (Tab. 1).

Tabelle 1: Kalzium-, Phosphor- und Vitamin A-Gehalt einiger Nahrungsmittel vom Rind

100 g enthalten	Ca in mg	P in mg	Ca:P	Vit. A
Leber	7	358	1:51	28000 IE
Niere	11	248	1:23	1100 IE
Herz	9	210	1:22	20 IE
Muskulatur	9	194	1:22	9 IE
Muskulatur (fett)	10	166	1:17	45 IE
Kuhvollmilch	125	95	1:0,8	120 IE

Der Ca-P-Quotient des Futters sollte 1,2:1 betragen. Dies verlangt bei in Gefangenschaft gehaltenen Feliden, die sich nicht mit Ganzkörperfutter ernähren, eine Aufwertung des meist von Rind und Pferd stammenden Futterfleisches. Der absolute Kalziumbedarf junger Hauskatzen beträgt nach K r o o k (1974) 530 mg/kg, von erwachsenen Tieren 260 mg/kg, der Phosphorbedarf von jungen Katzen 440 mg/kg und von erwachsenen 220 mg/kg. An Vitamin A benötigt die Hauskatze nach übereinstimmenden Angaben 1600 - 2000 IE/d; sie ist nicht in der Lage, wie andere Tiere, aus Karotin Vitamin A selbst zu synthetisieren. Dagegen braucht sie wesentlich weniger Vitamin D als Mensch und Hund, der Bedarf liegt bei 50 - 100 IE Vitamin D_3 täglich. M e r k l e (1976) und M a s u i et al. (1975) meinen, daß Löwen deutlich mehr Vitamin D als andere Feliden benötigen. E l z e et al. (1970) gehen von folgenden Tagesbedarfsnormen für eine gravide Großkatze (von 100 bis 250 kg) aus: Vitamin A zirka 20 - 30000 IE und Vitamin D zirka 2 - 3000 IE.

Eigene Untersuchungen

In den Jahren 1976 - 1978 stellten wir bei 13 Wildkatzen eine Osteodystrophie fest. Es waren 1/1 Löwen, 0/1 Tiger, 1/1 Pumas, 1/0 Ozelot, 0/2 Margays und 3/2 Panther. Der größte Teil dieser Tiere gehörte in den Kreis der als Pets privat gehaltenen Wildkatzen. Die Tiere wurden größtenteils mit schierem Fleisch gefüttert, was vom Besitzer wegen der hohen Kosten nicht ohne Stolz vermeldet wurde. Als Mineralstoffergänzung wurden stets - wenn überhaupt - Präparate mit sehr niedrigem Ca:P-Verhältnis eingesetzt. Die Vitaminsubstitution lag im Durchschnitt eher über der Norm. Die uns vorgestellten Katzen waren zwischen drei und sieben Monate alt.

Klinisches Bild

Die Erkrankung zeigt sich zunächst in Bewegungsunlust, nachlassendem Spieltrieb und Berührungsscheu. Es kann eine wechselnde Lahmheit registriert werden, die besonders ausgeprägt ist, wenn es zu Spontanfrakturen kommt. Dabei bestimmt die Fraktur die Art der Lahmheit und Form der Ausfallserscheinungen. Frakturen treten häufig schon nach leichten Sprüngen und spielerischen Bewegungen auf. Die Röhrenknochen erkrankter Tiere sind mit leichter Hand biegsam. Das Allgemeinbefinden ist sonst meist ungestört, der Appetit erhalten. Kompliziert werden kann die Erkrankung durch Störungen im Kot- und Urinabsatz. Wir verloren einen Margay an Koprostase. Die Kotbeschaffenheit war eigenartig zäh-lehmig und von der verwendeten Streu durchsetzt. Das Tier zeigte keinen sichtbaren Kotdrang.

Röntgenbefund

Die Röntgenuntersuchung liefert wesentliche Aufschlüsse über die Erkrankung. Auffallend ist dabei zunächst die geringe Schattendichte des Skeletts, das sich mitunter kaum von den umgebenden Weichteilen absetzt. Die Kompakta ist papierdünn. Die Röhrenknochen weisen oft Verbiegungen auf. Die Frakturen unterscheiden sich deutlich von denen am gesunden Skelett, wir sehen häufig nur Knick-, "Grünholz"- und Kompressionsfrakturen. Fast immer ergeben sich Verformungen an der Wirbelsäule, typisch ist die Sattelbildung der Lendenwirbelsäule vor dem Becken. Die Wirbelendplatten treten deutlich hervor. Das Kreuzbein wird hakenförmig umgestaltet. Die Hüftgelenkpfannen werden nach dorsal gedrückt. Im ventro-dorsalen Strahlengang ergibt sich daher eine x-förmige Beckenkontur mit kaum sichtbarem Foramen obturatum.

Die vor allem bei erwachsenen Katzen auftretende ankylosierende Panarthritis und Spondylose wird von einigen Autoren ebenfalls der Osteodystrophia fibrosa zugerechnet (M e r k l e , 1976; S c h m i d t k e , 1977). Man sieht knochendichte Einlagerungen in der Umgebung der Gelenke und zwischen den Wirbelkörpern. Wir haben diese Veränderungen in unserem Patientenmaterial nur bei Hauskatzen gesehen, die sich auf Leberfütterung spezialisiert hatten.

Prophylaxe und Therapie

Die Prophylaxe setzt eine ausgewogene Fütterung auf der Grundlage einer Futteranalyse voraus. Kalzium und Phosphor sowie die Vitamine A und D sind zu bestimmen und gegebenenfalls zu substituieren. Im Tierpark Dortmund verwenden wir routinemäßig den "Fleischzusatz nach Wackernagel" oder verfüttern ganze Tierkörper.

Bei der Behandlung wird bis zur Besserung ein Ca:P-Verhältnis von 2:1 angestrebt, das dann wieder auf 1,2:1 reduziert werden kann. Kalzium sollte bei einem Defizit in Form von Kalziumcarbonat, -laktat oder -gluconat zugeführt werden. Wir setzen meist Kalziumcarbonat ($CaCO_3$) ein. 100 g dieser Substanz enthalten 40 g Kalzium. Wird bei einer Fütterung von 1 kg Rinderherz (siehe Tab. 1) ein Ca:P-Verhältnis von 2:1 verlangt, sind demnach 10 g (zirka zwei Teelöffel) Kalziumcarbonat hinzuzusetzen. Der oralen Kalziumzufuhr ist der Vorzug gegenüber der parenteralen zu geben. Injektionen oder entsprechende unterstützende Zwangsmaßnahmen bringen durch Abwehrbewegungen ein erhöhtes Verletzungsrisiko mit sich. Erkrankte Tiere sind möglichst ruhig zu halten und sollten isoliert werden. Sprung- und Klettermöglichkeiten sind weitgehend auszuschalten. Schienen und Stützverbände zur Frakturbehandlung sind nur dann zu empfehlen, wenn sie das Tier nicht zu sehr behindern und ihm eine frühere und bessere Belastung ermöglichen, sonst kommt es leicht zu einer Beeinträchtigung mehr belasteter Gliedmaßen.
Die Indikation zur Osteosynthese ist schon bei "knochengesunden" Jungtieren begrenzt. Bei Feliden, die an einer Osteodystrophie erkrankt sind, sollte man - wenn überhaupt - nur eine "Minimalosteosynthese" durchführen (Kirschnerdraht). Stärkere Implantate (Platten, Schrauben) sind abzulehnen.

Prognose

Die Prognose ist bei Korrektur der Ursachen günstig. Wir verloren nur einen Patienten an Koprostase und sahen nach abgeschlossenem Wachstum keine Rezidive. Es kommt zur Wiederherstellung einer normalen Knochenstruktur. Frakturierte Knochen können Längen- und Achsenabweichungen ausgleichen (Remodelling). Die im Vergleich zum Menschen günstigere Winkelstellung der Gliedmaßen ermöglicht den Fleischfressern ohnehin einen lahmheitsfreien Ausgleich verkürzter Gliedmaßen. Koprostasen und Wirbelfrakturen, die irreversible Nervenschädigungen mit Paresen hervorrufen, können ein Weiterleben gefährden. Die zurückbleibende mangelhafte Weite des knöchernen Geburtsweges kann eine Indikation zur Kastration beziehungsweise Sectio sein.

Zusammenfassung:

Osteodystrophia fibrosa bei Feliden

Die Osteodystrophia fibrosa wird nach Pathogenese und Ätiologie geschildert. Das klinische Bild und die Röntgenbefunde von 13 erkrankten Wildkatzen werden beschrieben und Empfehlungen zur Prophylaxe und Therapie abgeleitet. Die Prognose erscheint günstig.

Summary:

Osteodystrophia fibrosa in Felids

Described in this paper are the pathogenesis and aetiology of Osteodystrophia fibrosa, with reference being made primarily to the clinical picture as well as to X-ray findings obtained from 13 animals. Recommendations are made for prophylaxis and therapy. The prognosis appears to be favourable.

Résumé:

Ostéodystrophia fibrosa chez des félidés

L'auteur décrit l'ostéodystrophia fibrosa d'après la pathogénèse et l'étiologie. Ensuite, il présente l'aspect clinique et les résultats de la radio de 13 félidés malades tout en fais en même temps, en conclusion, des recommandations sur la prophylaxie et la thérapie. Le pronostic paraît prometteur.

Резюме:

Osteodystrophia fibrosa у кошачих

Сообщаются патогенез и этиология заболевания. Описываются клиническая картина и рентгеновые данные для I3 заболевших диких кошек. Кроме того рекомендуются некоторые меры профилактики и терапии. Прогноз кажется благоприятным.

Literatur:

DÄMMRICH, K. und B. HILDEBRAND (1970): Hyperparathyreoidismus bei Zootieren. Verhandlungsber. XII. Internat. Symp. Erkrankungen Zootiere, Budapest, 109-111.

DÄMMRICH, K. (1974): Skeletterkrankungen bei jungen Raubkatzen. Verhandlungsber. XVI. Internat. Symp. Erkrankungen Zootiere, Erfurt, 137-139.

DÄMMRICH, K. (1974): Zur Pathogenese stoffwechselbedingter Osteopathien. 20. Jahrestagung der Fachgruppe "Kleintierkrankheiten" der Deutschen Veterinärmedizinischen Gesellschaft, Mannheim 1974. Hannover: Schlütersche Verlagsanstalt, 1975.

ELZE, K., SEIFERT, S., KRONBERGER, H. und W. EHRENTRAUT (1970): Planmäßige Prophylaxe in der Felidenaufzucht. Verhandlungsber. XII. Internat. Symp. Erkrankungen Zootiere, Budapest, 27-34.

KROOK, L. (1974): zit. nach MERKLE.

MASUI, M. und T. KITA (1974): Spontaneous Cases of Calcium Deficit in Wild Cats. Verhandlungsber. XVIII. Internat. Symp. Erkrankungen Zootiere, Tunis, 221-229.

MERKLE, C. (1976): Ernährungsbedingte Osteodystrophia fibrosa der erwachsenen Katze. Tierärztliche Prax. 4, 77-84.

SOUCI, S. W., FACHMANN, W. und H. KRAUT (1973): Die Zusammensetzung der Lebensmittel, Nährwert-Tabellen, Band I. Stuttgart: Wissenschaftliche Verlagsgesellschaft.

SCHMIDTKE, H. O. (1977): Katzenkrankheiten. Hannover: Schaper, 375-380.

Anschrift der Verfasser: Dr. R. B r a h m ,
Hoher Wall 20
D-4600 Dortmund 1 (BRD)

Aus dem Zoologischen Garten Duisburg (Direktor: Dr. W. G e w a l t)

OSTEODYSTROPHIA FIBROSA BEI HANDAUFGEZOGENEN CANIDEN

Von M. B r a c k m a n n

Die mutterlose Aufzucht von Feliden und Caniden gehört in unseren Zoos heute zu den alltäglichen Beschäftigungen. Dies wird zum einen dadurch erleichtert, daß für die meisten Spezies reichlich Erfahrungsberichte vorliegen, zum anderen sicher auch, weil für Hunde und Katzen jeweils vorgefertigte Ersatzmilchpulver auf dem Markt sind. Diese sind zwar auf die Bedürfnisse der Haustiere zugeschnitten, welche sich aber weitestgehend auf die der Wildcaniden und -feliden übertragen lassen.

Die bei der Handaufzucht am häufigsten auftretenden Komplikationen sind neben den Verschluckpneumonien Erkrankungen des Verdauungsapparates wie Parasitosen, bakterielle Infektionen und Indigestionen, die auf fehlerhafte Fütterungstechnik zurückzuführen sind. In der vorliegenden Arbeit soll eine Aufzuchterkrankung vorgestellt werden, deren Gefährlichkeit darin besteht, daß erstens ihr Beginn nicht erkannt wird, zweitens die ersten auftretenden Symptome häufig fehlinterpretiert werden, wenn eine röntgenologische Untersuchung nicht vorgenommen wird und drittens eine Therapie nur selten zu einer Restitutio ad integrum führt. Beschrieben wird das Auftreten einer Osteodystrophia fibrosa bei der Aufzucht von 1,1 Rothund (Cuon alpinus) und 1,0 Hyänenhund (Lycaon pictus).

Klinik:
Der 1,0 Hyänenhund wurde vom ersten Lebenstag und die 1,1 Rothunde von der dritten Lebenswoche an mit handelsüblichen Trockenmilchpräparaten (Ipevet[R], Esbilac[R]) handaufgezogen. Ab der vierten Lebenswoche wurde den Tieren kleingeschnittenes Fleisch, Fisch, Obst, Reis und Haferflocken angeboten. Täglich wurde das Futter durch einige Tropfen eines Multivitaminpräparates und durch Futterkalkgaben angereichert. Die Hunde entwickelten sich dabei zunächst der Erwartung entsprechend normal.

Erste Anzeichen einer Erkrankung traten bei den Rothunden im Alter von 8 - 10 Wochen auf. Die Hündin wurde nach einem Ausbruch aus dem Gehege hinten links hinkend wiedergefunden. Es bestand der Verdacht auf traumatische Distorsion. Als nach Ablauf einer Woche die Bewegungsstörungen sich weiter verstärkt hatten, wurde das Tier röntgenologisch untersucht, was zu der Diagnose Osteodystrophia fibrosa führte. Die Compacta der langen Röhrenknochen war sehr dünn und die Spongiosa in den Metaphysen nur sehr zart ausgebildet. Neben verschiedenen Fissuren wurde eine Fraktur des linken Femurs ohne Dislocation deutlich.

Wenige Tage nach dieser Diagnosestellung traten gleiche Lahmheitserscheinungen der Hinterhand auch bei dem Rothundrüden auf. Die in diesem Fall unverzüglich vorgenommene Röntgenuntersuchung zeigte ähnliche Befunde wie bei der Hündin.

Der Hyänenhund begann im Alter von 16 Wochen vorn rechts hochgradig zu lahmen. Dieses starke Hinken wurde zunächst auf eine Rißverletzung im Ballen zurückgeführt. Wegen der starken allgemeinen Schmerzhaftigkeit, die auch bei den Rothunden aufgefallen war, wurde eine Röntgenaufnahme der Extremitäten angefertigt, die den Verdacht auf Osteodystrophia fibrosa bestätigte. Die Röhrenknochen waren, was adspektorisch kaum wahrnehmbar war, säbelartig gebogen, und der linke Radius wies eine Knickfraktur auf.

Differentialdiagnose:
Differentialdiagnostisch ist eine Osteogenesis imperfecta in Betracht zu ziehen. Da diese vornehmlich als hereditäres Leiden angesehen wird (C a l k i n s et al., 1956; R e i s e r t ,

1968; W e i s s b e r g , 1968), in den vorangegangenen Jahren jedoch von denselben Zuchtpaaren Jungtiere mit gleicher Methodik ohne auffällige Störungen der Knochenentwicklung handaufgezogen wurden, erscheint diese Möglichkeit wenig wahrscheinlich.

Ätiologie:
Bei den beschriebenen Fällen ist die Osteodystrophia fibrosa zurückzuführen auf einen alimentär bedingten sekundären Hyperparathyreoidismus (S c h e b i t z und B r a s s , 1975). Da bei der Futterzusammenstellung für die Welpen ausdrücklich auf ein ausgewogenes Ca:P-Verhältnis und eine ausreichende Vitaminisierung geachtet wurde, ist anzunehmen, daß bei den Tieren die Resorption oder Nahrungsauswertung gestört war. Während bei den Rothunden die Ursache dieser Störung unklar ist (N i e b e r l e und C o h r s , 1970; R e i s e r t , 1968), ist bei dem Hyänenhund möglicherweise dafür ein starker Coccidienbefall verantwortlich, unter dem das Jungtier im Alter von zehn Wochen litt und der durch orale Sulfonamidgaben (Socatyl-Paste[R]) erfolgreich behandelt werden konnte. Die beobachtete allgemeine Schmerzhaftigkeit ist ebenfalls durch den Hyperparathyreoidismus bedingt (W e i s s b e r g , 1968).

Therapie:
Bei der Therapie wurden drei Ziele verfolgt. (I) Zunächst sollte die Ca:P-Relation zugunsten des Ca verschoben werden, um damit einerseits die Knochencalcifizierung zu intensivieren und zum anderen durch einen hohen Ca-Blutspiegel die Sekretion des Parathormons zu hemmen. Dies wurde erreicht durch parenterale Gaben einer 24 % Kalziumsalzlösung (dreimal täglich 5,0 Calphon[R] über 20 Tage) und Anreicherung des Futters mit Schlämmkreide und den Vitaminen AD_3E. (II) Durch wöchentliche Gaben eines Anabolikums (Dianabol[R]) sollte des weiteren der Aufbau der Knochenmatrix gefördert werden. (III) Und schließlich wurden die unregelmäßig auftretenden starken Schmerzen durch Analgetika gelindert (Novalgin[R]).

Bei allen drei Tieren verschlechterte sich der Zustand noch in den ersten Tagen der Therapie. Weitere Spontanfrakturen traten auf, so daß sich die Hunde zeitweise nicht mehr in der Hinterhand erheben konnten. Im weiteren Verlauf der intensiven Behandlung begann das Skelett, sich zu festigen. Nach etwa drei Wochen waren die Tiere schmerzfrei und wieder voll bewegungsfähig. Die deutlich atrophische Hinterhandmuskulatur bildete sich wieder aus, unterstützt durch Gaben von Biodyl[R]. Nach drei Monaten wiesen die Hunde, wie Röntgenaufnahmen bestätigten, eine weitestgehend normale Skelettbildung auf. Bei der Rothündin und bei dem Hyänenhund deutet heute noch eine Säbelbeinigkeit hinten auf die Osteodystrophia fibrosa im Welpenalter hin.

Zusammenfassung:

Osteodystrophia fibrosa bei handaufgezogenen Caniden

Beschrieben sind drei Fälle von Osteodystrophia fibrosa bei handaufgezogenen 1,1 Rothunden (Cuon alpinus) und 1,0 Hyänenhund (Lycaon pictus). Die Erkrankungen werden zurückgeführt auf einen sekundären Hyperparathyreoidismus. In einem Fall kann nach einer Coccidiose die Beteiligung sekundär alimentärer Faktoren nicht ausgeschlossen werden. Als Behandlung werden parenterale Ca-Gaben, wiederholter Anabolikaeinsatz sowie eine Schmerzlinderung durch Analgetika empfohlen.

Summary:

Osteodystrophia fibrosa in Manually Raised Canids

Reported in this paper are three cases of Osteodystrophia fibrosa in manually raised red dogs (Cuon alpinus) and hyena dog (Lycaon pictus). The diseases were attributed to secondary hyperparathyreoidism. Involvement of secondary alimentary factors could not be ruled out in one case following coccidiosis. Parenteral administration of calcium, repeated administration of anabolics, and application of analgesics for alleviation of pain are recommended.

Résumé:

Osteodystrophia fibrosa chez des canidés d'élevage manuel

L'auteur décrit trois cas d'osteodystrophia fibrosa chez 1,1 chiens rouges (Cuon alpinus) et 1,0 chien-Hyène (Lycaon pictus). Il est d'avis que les affections sont dues à un hyperparathyréoidisme secondaire. Dans un de ces trois cas, l'on ne peut exclure l'intervention de facteurs alimentaires secondaires à la suite d'une coccidiose. Il recommande pour le traitement des doses de Ca parenterales, une application répétée d'anaboliques ainsi que des analgésiques pour atténuer les douleurs.

Резюме:

Osteodystrophia fibrosa у выращиванных от рукой собачьих

Описывается 3 случая Osteodystrophia fibrosa у выращиванных от рукой I,I красного волка (Cuon alpinus) и I,0 гиенового собаки (Lycaon pictus). Заболевания развивались вследствие вторичного гиперпаратиреоза. В одном случае участие вторичных алиментарных факторов после Coccidiose нелтзя исключить. Для терапии рекомендуются парентальные дачи Ca, повторное применение анаболиков и уменьшение ощущения боли аналгетиками.

Literatur:

CALKINS, E., KAHN, D. and W. C. DINER (1956): Idiopathic familial osteoporosis in dogs "Osteogenesis imperfecta". Amer. New York. Acad. Sci. 64, 410.

NIEBERLE und P. COHRS (1970): Lehrbuch der spez. path. Anatomie der Haustiere. 5. Aufl. Jena: Gustav Fischer, 1022.

NIEMAND, H. G. (1974): Praktikum der Hundeklinik. 3. Aufl. Berlin-Hamburg: Paul Parey, 490.

REISERT, P. M. (1968): Der Stoffwechsel in Lehrb. der spez. path. Phys. L. Heilmeyer Hrsgb. Stuttgart: Gustav Fischer, 678-679, 684-694.

SCHEBITZ, H. und W. BRASS (1975): Lehrbuch der spez. Chirurgie, 1. Aufl. Berlin-Hamburg: Paul Parey, 471, 477-482.

WEISSBERG, L. (1968): Innere Sekretion in Lehrbuch der spez. path. Phys. L. Heilmeyer Hrsgb. Stuttgart: Gustav Fischer, 773.

Anschrift des Verfassers: Dr. med. vet. Dr. rer. nat. M. B r a c k m a n n,
Zoologischer Garten Duisburg
Mülheimer Str. 273
D-4100 Duisburg 1 (BRD)

Aus dem Forschungsinstitut für Wildtierkunde der Veterinärmedizinischen Universität Wien
(Vorstand: o. Univ. Prof. Dr. K. O n d e r s c h e k a)

PROBLEME DER MINERALSTOFFANALYTIK BEI WILDLEBENDEN TIEREN

Von Frieda T a t a r u c h , K. O n d e r s c h e k a und G. G a t t i n g e r

Die Problematik der Mineralstoffanalytik beginnt bereits mit der Technik der Probenentnahme beim Tier. Dabei ist zu differenzieren zwischen Faktoren, die noch das Tier betreffen, wie zum Beispiel der Fang und die damit zumeist verbundene mehr oder minder große Aufregung, der Todeskampf nach dem Erlegen, der Zeitpunkt der Probenentnahme, zum Beispiel vor oder nach der Nahrungsaufnahme, und solchen Faktoren, die der unmittelbaren Entnahmetechnik zuzurechnen sind. Zu letzteren gehört unter anderem die Beherrschung der Entnahmetechnik und die notwendige Sorgfalt und Sauberkeit der Entnahme der Proben. Von nicht minder großem Einfluß auf das Analysenergebnis ist auch Art und Dauer des Transportes beziehungsweise der Lagerung des Probenmaterials bis zu dessen Untersuchung. Da die Problematik der Mineralstoffbestimmung in Organproben und Körperflüssigkeiten verschieden ist, wird sie in der Folge auch getrennt besprochen.

1. O R G A N P R O B E N

Ein entscheidender Faktor für die Zuverlässigkeit der Resultate der Mineralstoffbestimmung ist hier durch die richtige Wahl der Veraschungsmethode gegeben.

Neben anderen Verbindungen sind es quantitativ vor allem Kohlenhydrate, Fette und Eiweiße, aus denen das biologische Material aufgebaut ist. Sie sind jedoch am Aufbau der einzelnen Substanzen nicht in gleichem Ausmaß beteiligt. Daraus ergibt sich die Notwendigkeit, eine Veraschungsmethode zu wählen, die die Beschaffenheit des zu untersuchenden Materials berücksichtigt. Für die Wahl der Veraschungsmethode ist auch ausschlaggebend, welche Elemente bestimmt werden sollen, da manche Verbindungen sich unter Umständen während der Veraschung verflüchtigen können. Unter Berücksichtigung dieser Kriterien wird man unter zwei möglichen Methoden, nämlich Trocken- und Naßveraschung, die geeignete Variante wählen.

1.1. T r o c k e n v e r a s c h u n g

Hierbei unterscheidet man zwei Arten, nämlich die Hochtemperaturveraschung bei Temperaturen zwischen 450 - 800 °C und die Tieftemperaturveraschung mit Sauerstoff bei etwa 150 °C.

1.1.1 Hochtemperaturveraschung

Gegenüber der Naßveraschung mit Säuren bietet dieses Verfahren einige Vorteile, so zum Beispiel die problemlosere Verarbeitung größerer Probenmengen, die relativ einfache und vom Analytiker weniger Aufmerksamkeit erfordernde Durchführung, und als größten Vorteil die Vermeidung der Einschleppung von Spurenelementen durch Reagentien.

Diese Methode besitzt jedoch auch Nachteile und Fehlerquellen: So zum Beispiel die Möglichkeit des Verlustes von Spurenelementen infolge deren Flüchtigkeit oder durch Adsorption oder Bindung mit anderen Aschebestandteilen beziehungsweise dem Gefäßmaterial; die Gefahr der Einschleppung von Spurenelementen durch den Staub während der Veraschung oder durch Bestandteile des Veraschungsgefäßes. Der Nachteil der längeren Veraschungsdauer gegenüber der Naßmethode kann zum Beispiel dadurch ausgeglichen werden, daß das Veraschen ohne Beaufsichtigung, demnach zum Beispiel über Nacht erfolgen kann.

Generell ist folgende Vorgangsweise zu empfehlen (Analytical Methods Committee, 1960): Um die Gefahr des Verspritzens von Probenmaterial während des Veraschens zu verringern, sollte für diese Veraschungsmethode nur absolut trockenes Untersuchungsmaterial verwendet werden.

Bei der Trockenveraschung sollten, vor allem bei Spurenelementanalysen, ausschließlich Quarzglasschalen verwendet werden. Bei Verwendung normaler Laborgläser könnten während des Veraschens Bestandteile der Glasoberfläche herausgelöst werden und so zu einer Verfälschung der Resultate führen. Natürlich sind auch Platingefäße geeignet. Das organische Material sollte zunächst während des langsamen Ansteigens der Temperatur bis auf etwa 450 °C verkohlt werden, erst dann soll über Nacht bei 450 - 550 °C im Muffelofen verascht werden. Die Veraschung muß unter Luftzutritt erfolgen. Ist die Probe über Nacht nicht vollständig verascht, das heißt ist die Asche noch nicht weiß, befeuchtet man die Asche mit verdünnter HCl oder HNO_3, dampft auf dem Wasserbad bis zur Trockene ein und setzt die Veraschung fort. Außerdem kann man dem Probenmaterial Veraschungshilfen zusetzen, wie zum Beispiel MgO, $Mg(NO_3)_2$, Na_2CO_3 oder H_2SO_4. Nach Beendigung des Veraschungsvorganges wird die erhaltene Asche mit Säure ausgezogen. Diese Methode der trockenen Veraschung läßt sich auf alle Organproben anwenden und liefert für den Großteil der zu bestimmenden Elemente richtige Ergebnisse, wobei allerdings berücksichtigt werden muß, daß Quecksilber bereits bei einer Temperatur von unter 550 °C vollständig verflüchtigt (G o r s u c h , 1959), aber auch Blei und Cadmium bei Anwesenheit von Chloriden als $CdCl_2$ und $PbCl_2$ ebenfalls leicht flüchtig sind. Diese Gefahr läßt sich durch Zusatz von Sulfaten oder Schwefelsäure (S h i r l e y et al., 1949) am Beginn der Veraschung vermeiden. Bei der Bestimmung des Kupfers kann man besonders aus zwei Gründen fehlerhafte Resultate erhalten: Einerseits kann sich infolge Reaktion mit dem Gefäßmaterial säureunlösliches Cu-silikat (C o m r i e , 1935) bilden, wodurch diese Cu-menge der Bestimmung entzogen wird. Andererseits wird durch den bei der Veraschung entstehenden Kohlenstoff Cu^{2+} oder Cu^+ zu metallischem Cu reduziert, welches beim Ausziehen der Asche mit HCl nicht in Lösung geht, sehr wohl aber mit einem HCl/HNO_3-Gemisch (H i g h , 1947).

1.1.2 Tieftemperaturveraschung

Bei dieser Methode (G l e i t et al., 1962) wird Sauerstoff unter einem Druck von 1 - 5 Torr (133 - 665 Pa) durch ein Verbrennungsrohr aus Pyrexglas geleitet. Durch ein elektrisches Feld wird der Sauerstoff aufgespalten und angeregt, wodurch das organische Material im Verbrennungsrohr bereits bei 100 - 150 °C verascht. Diese Methode vermeidet sowohl die Nachteile der Hochtemperaturveraschung (Spurenelementverluste oder Reaktion mit dem Gefäßmaterial) als auch die der nassen Veraschung (Reagentienverbrauch, hoher Blendwert), jedoch erfordert das Hantieren mit reinem Sauerstoff gewisse Vorsichtsmaßnahmen. Außerdem fehlen in den meisten Laboratorien die für diese Veraschungsmethode notwendigen Spezialgeräte.

1.2. N a ß v e r a s c h u n g

Bei dieser Methode wird das organische Material in Gegenwart von Säuren wie Schwefel-, Salpeter-, Perchlorsäure oder von Wasserstoffperoxid oder Gemischen dieser Reagentien verascht. Gegenüber der trockenen Veraschung besitzt diese Methode den Vorteil der niedrigeren Reaktionstemperatur, wodurch die Gefahr der Verflüchtigung von Spurenelementen vermindert wird. Weiters entfallen durch die Reaktion in flüssiger Phase die Verluste durch Adsorption oder Reaktion mit dem Gefäßmaterial oder mit Aschebestandteilen. Ein weiterer Vorteil ist die kürzere Veraschungszeit.

Diesen Vorteilen stehen aber auch einige Nachteile, beziehungsweise Fehlerquellen gegenüber. So müssen zum Beispiel die verwendeten Reagentien einen sehr hohen Reinheitsgrad besitzen, um die Einschleppung von Spurenelementen zu vermeiden. Solche Reagentien sind in der Regel sehr teuer. Weiters können unlösliche Verbindungen entstehen, so zum Beispiel bei Verwendung von HNO_3 bei Sn die Metazinnsäure (d e G i a c o m i , 1940), oder bei Material mit hohem Ca-Anteil und Verwendung von H_2SO_4 die Mitfällung von $PbSO_4$ mit dem $CaSO_4$. Dazu erfordert die Naßveraschung einen bedeutenden Mehraufwand an Arbeit. Außerdem bereitet die Aufarbeitung größerer Probenmengen oftmals Probleme.

Bei der Wahl des geeignetsten Aufschlußmittels sind jeweils die spezifischen Eigenschaften des biologischen Materials zu berücksichtigen beziehungsweise die zu bestimmenden Elemente. In der Praxis hat sich die Veraschung mit einem Gemisch von HNO_3 und H_2SO_4 und einem nachfolgenden Zusatz von $HClO_4$ oder H_2O_2 als für die meisten Elemente am günstigsten erwiesen (Analytical Methods Committee, 1960). Um das Verdampfen flüchtiger Bestandteile zu verhindern, sollte das Reaktionsgefäß mit einem Kühlfinger oder einem Rückflußkühler versehen sein. Die Reaktionszeit beziehungsweise die Reihenfolge der Reagentienzugabe hängt von der Reaktivität der Probe ab, da einerseits die Proben mit H_2SO_4 sehr heftig reagieren können, beziehungsweise durch den späteren Zusatz von $HClO_4$ oder H_2O_2 die Reaktion rascher zu Ende geführt werden kann.

Für die Quecksilberbestimmung, für die das biologische Material naß aufgeschlossen werden muß, wird - um organisch gebundenes Quecksilber in ionisch gebundenes überzuführen - in der Literatur (Analytical Methods Committee, 1960) eine vorhergehende Oxidation mit $KMnO_4$ empfohlen. Die Notwendigkeit für diesen Reaktionsschritt sollte allerdings jeweils für den speziellen Fall überprüft werden.

Nachdem man durch die Veraschung des biologischen Materials die Mineralstoffe in Lösung übergeführt hat, erfolgt die Konzentrationsbestimmung. Dazu wird in letzter Zeit nahezu ausschließlich die Methode der Atomabsorption - (ASS) beziehungsweise Atomemissionsspektralphotometrie (AES)-verwendet.

Da die einzelnen Elemente nur über relativ enge Konzentrationsbereiche eine lineare Absorption beziehungsweise Emission besitzen, müssen bei diesen Meßverfahren zur Auswertung jeweils Verdünnungsreihen hergestellt werden. Dabei sollten die Verdünnungen so gewählt werden, daß das zu bestimmende Element jeweils in einer Konzentration vorliegt, die sich im linearen Bereich der Kurve befindet. Die verdünnten Lösungen dürfen nicht in Glasgefäßen aufbewahrt werden, da durch die Oberfläche des Glases eine gewisse Ionenaustauscherfunktion ausgeübt werden kann, was wieder eine Veränderung der Konzentration einzelner Elemente zur Folge haben könnte. In Kunststoffgefäßen, wie zum Beispiel solchen aus Polypropylen, -äthylen, aufbewahrte Lösungen zeigen hingegen selbst nach Monaten noch keine Konzentrationsänderungen (D o z e r et al., 1952).

Für die Verdünnungen muß bidestilliertes oder demineralisiertes (durch Ionenaustauscher) Wasser verwendet werden, wobei letzteres in der Herstellung billiger kommt als das bidestillierte. Einfach destilliertes Wasser ist in vielen Fällen für die Spurenanalyse nicht ausreichend ionenfrei. Sollte solches Wasser nicht zur Verfügung stehen, muß man den Leerwert des Wassers bei der Messung berücksichtigen. Alle Gefäße und Pipetten müssen natürlich sorgfältigst gereinigt werden und chemisch rein sein. Dazu ist es erforderlich, die Geräte zunächst einer chemischen Vorreinigung und dann einer Reinigung mit Hilfe eines entsprechenden Laborwaschmittels zu unterziehen. In der Folge wird gründlichst mit Leitungswasser und abschließend mit demineralisiertem Wasser gespült. Zurückbleibende Waschmittelspuren beeinflussen vor allem die Ca- und Pb-Werte. Bei den gereinigten Laborgeräten darf die Innenseite der Reaktionsgefäße oder eine Pipettenspitze niemals mit den Fingern berührt werden, da schon durch die einmalige Berührung die Natriumwerte verfälscht werden.

Um die maximale Empfindlichkeit bei der Messung zu erzielen, gibt es für die Messung der einzelnen Elemente mit Hilfe der AAS oder AES jeweils ganz spezifische Meßbedingungen, wie zum Beispiel Brenngaszusammensetzung, Wellenlänge, Spaltbreite, die in der Literatur zu finden sind, beziehungsweise von den einzelnen Geräteherstellern angegeben werden.

Störungen, die von physikalischen oder chemischen Faktoren in der Lösung herrühren, lassen sich oftmals durch den Zusatz geeigneter Reagentien unterdrücken oder sogar gänzlich beseitigen. So wird die Bestimmung von Ca durch die Anwesenheit größerer Mengen von Phosphat gestört. Ein Zusatz von Sr^{++} oder La^{++} eliminiert diese Störungen.

Störungen, die durch teilweise Ionisierung in der Flamme hervorgerufen werden, wie zum Beispiel bei Erdalkalien, lassen sich durch den Zusatz noch leichter ionisierbarer Elemente, sogenannter spektroskopischer Puffer, zum Beispiel 100 - 1000 ppm Ca, Na oder K, verhindern.

Für die Bestimmung von Spurenelementen, für die oft die Empfindlichkeit der Messung in der Flamme nicht ausreicht, empfiehlt sich anstelle des Zerstäuberbrenners die Verwendung einer Graphitrohrküvette (M a s s m a n n , 1968). Die Probelösung (10 - 100 µl wird in das Graphitrohr eingebracht und durch Stromzufuhr verdampft. Bei dieser Methode erreicht man in der Regel eine Verbesserung der Nachweisgrenze um 1 - 2 Zehnerpotenzen.

Steht eine Graphitrohrküvette nicht zur Verfügung, läßt sich eine höhere Meßempfindlichkeit folgendermaßen erzielen: Durch Zusatz eines geeigneten Komplexbildners (meist organischer Natur) wird das zu bestimmende Element komplexiert. Mit einem organischen Lösungsmittel wird dieser Komplex extrahiert und direkt im AAS-Brenner zerstäubt. Durch die Gegenwart des organischen Lösungsmittels ergibt sich eine höhere Empfindlichkeit, wenn auch nicht eine so hohe wie bei der Graphitrohrmethode.

Einen weiteren Fortschritt in der Analytik der Spurenelemente stellen die von den verschiedenen Firmen hergestellten "Hydridmeßsysteme" dar, die als Zusatzgerät zu einem Atomabsorptionsspektralphotometer für die störungsfreie und selektive Bestimmung von Hg, As, Se, Sb, Te und Sn bestens geeignet sind. Bei diesen Nachweisverfahren wird zu der Lösung, die das zu bestimmende Element - zum Beispiel Hg - enthält, ein Reduktionsmittel ($NaBH_4$ oder $SnCl_2$) zugegeben, das die vorliegenden Hg-Ionen zu metallischem Quecksilber reduziert. Der Quecksilberdampf wird durch ein Luft-Inertgasgemisch in die Meßküvette gespült und dort gemessen. Für die anderen vorgenannten Elemente funktioniert die Methode ähnlich, nur bilden sich bei diesen nach dem Zusatz des Reduktionsmittels die Hydride dieser Elemente, die vor der Messung in der Küvette thermisch zersetzt werden.

2. B L U T P R O B E N

Für die Mineralstoffbestimmung im Blut ergibt sich bereits von der Abnahme an eine besondere Problematik, die wir gesondert besprechen wollen.

Die Blutproben für die Mineralstoffbestimmung sollten beim Wiederkäuer und beim Pferd aus der Halsvene (Vena jugularis), beim Wildschwein aus der vorderen Hohlvene (Vena cava cranialis) und beim Geflügel aus der Flügelvene (Vena cutanea ulnaris) entnommen werden.

Neben der klinisch-technisch einwandfrei durchgeführten Entnahme ist besonders die Sauberkeit von größter Wichtigkeit.

Jedes Eindringen von Staub oder anderen Fremdstoffen in die Probe muß vermieden werden. Alle verwendeten Instrumente müssen vor dem Sterilisieren gründlichst mit bidestilliertem oder demineralisiertem Wasser gespült worden sein. Abgesehen von wenigen Spezialfällen wird für die chemische Analyse nur Blutserum oder Plasma verwendet. Plasma hat gegenüber dem Serum den Vorteil, daß das Blut gleich nach der Blutabnahme zentrifugiert werden kann, wodurch die Gefahr eines Übertritts von Zellinhaltstoffen (zum Beispiel Kalium aus zerfallenen Erythrozyten) in das Plasma geringer wird.

Um Plasma zu gewinnen, muß das Blut schon während der Entnahme mit einem Antikoagulans vermischt werden. Dieses Antikoagulans muß dem Blutröhrchen oder der Entnahmespritze bereits vor der Blutentnahme zugesetzt sein. Als Antikoagulantien finden Verwendung: Oxalat, Citrat, EDTA, Heparin oder Fluorid, das auch als Glykolysehemmer wirkt (von Bedeutung für eventuelle Blutglucosebestimmung). Für Plasma, das zur Mineralstoffbestimmung verwendet werden soll, eignet sich am besten NH_4^+-Heparinat, da es die Messung nicht beeinflußt.

Die größte Gefahr für eine Verfälschung der Resultate besteht durch die Hämolyse. Zu den häufigsten Ursachen einer Hämolyse zählt zum Beispiel während des Winters die Verwendung zu kalter Blutentnahmegeräte und Blutröhrchen oder die Lagerung von Blutproben bei niederen Temperaturen (zum Beispiel Eisschrank). Auch die während des Transportes auftretenden Erschütterungen des Probenmaterials können zur Hämolyse führen. Schließlich besteht noch eine Gefahr beim Zentrifugieren im Laboratorium, wenn mit einer zu hohen Umdrehungszahl gearbeitet wird (nicht höher als 2500 Rpm). Der Zusatz eines Antikoagulans vermindert die Gefahr der Hämolyse.

Durch Hämolyse kommt es zum Übertritt von Erythrozytenbestandteilen in das Serum und Plasma; ein Umstand, der besonders bei jenen Stoffen zu berücksichtigen ist, deren Konzentration in den Erythrozyten höher als im Serum ist, das heißt das Verhältnis $\frac{C\ \text{Erythrozyten}}{C\ \text{Serum}} > 1$ ist. Dies trifft zum Beispiel für Kalium und Magnesium zu, bei denen dieser Wert 22,4 beziehungsweise 2,4 beträgt. Das hat zur Folge, daß in einem hämolytischen Serum eine bedeutend höhere K- beziehungsweise Mg-Konzentration vorliegt (W e b s t e r et al., 1952).

Für die Überprüfung des Hämolysegrades eines Serums oder Plasmas eignet sich die photometrische Bestimmung der Hämoglobinkonzentration, mit deren Hilfe es möglich ist, die Meßwerte zum Beispiel für K oder Mg nach folgender Formel zu korrigieren (C a r a w a y, 1962):

$$p = 3 \cdot [P_{Hb}] \cdot \left(\frac{C\ \text{Erythrozyten}}{C\ \text{Serum}} - 1\right)$$

p = Abweichung des Meßresultates eines Elementes von der echten Konzentration im Serum (im Plasma) in Prozenten

P_{Hb} = Hämoglobinkonzentration in g %

$\frac{C\ \text{Erythrozyten}}{C\ \text{Serum}}$ = Konzentrationsverhältnis des Elements in den Erythrozyten und im nicht hämolytischen Serum (aus der Literatur ersichtlich)

So ergibt sich zum Beispiel für 0,1 g % Hb im Serum eine Abweichung des gefundenen K-Wertes $p = 3 \cdot 0{,}1 \cdot (22{,}4 - 1) = 6{,}42$ %.

Die Bestimmung der Mineralstoffkonzentration sollte möglichst rasch nach der Serum- oder Plasmagewinnung erfolgen; ist das nicht möglich, soll die Probe bei - 18 °C gelagert werden. Für die Ca-Bestimmung sollte gleich nach dem Zentrifugieren die entsprechende Verdünnung hergestellt werden, da es bei längerem Aufbewahren im Serum oder Plasma zu Inhomogenitäten in der Ca-Verteilung kommen kann, die auch durch Schütteln nicht mehr zu beseitigen sind.

Für die Konzentrationsbestimmung eignet sich, wenn man gewisse Regeln beachtet, die Messung der Atomabsorption beziehungsweise der Atomemission am besten. Die Verdünnungen werden einfach mit bidestilliertem oder demineralisiertem Wasser oder mit Verdünnungslösungen (0,1 n HCl und 0,02 % Netzmittel für Alkalien oder 0,1 n H_2SO_4 für Mg) hergestellt.

Die möglicherweise auftretenden Störungen, die wir schon vorher besprochen haben, treten auch hier auf. Als Alternative für die Ca-Bestimmung durch die AAS bietet sich in letzter Zeit ein spezifischer Farbtest für Ca an, wobei die Extinktion des Ca-o-Kresolphthalein-Komplexonates photometrisch gemessen wird. Unserer Erfahrung nach erreicht dieser Test die Genauigkeit der AAS-Methode, erspart aber die Verwendung sehr teurer Reagentien, wie zum Beispiel $SrCl_2$, die bei der Ca-Bestimmung mit Hilfe der AAS eingesetzt werden müssen.

Zusätzlich zu diesen möglichen Störungen ergeben sich beim Plasma noch Probleme, die durch die höhere Viskosität der verdünnten Probe bedingt sind. Lösungen mit höherer Viskosität zeigen niedrigere Signale in der AAS. Der Wert der Viskosität wird durch den Proteingehalt bestimmt. Er beträgt für Plasma 1,9 - 2,3, für Serum 1,7 - 2,0. Bei größeren Verdünnungen wie sie zum Beispiel für Na, K, Ca, Mg verwendet werden, fällt dieser

Einfluß der Viskosität weg, und die Eichkurve kann ohne größeren Fehler mit wäßrigen Standards, die in der chemischen Zusammensetzung den zu messenden Lösungen ähnlich sind, aufgestellt werden. Für Elemente, die in geringerer Konzentration vorkommen, wie zum Beispiel Cu, Zn, Mn, Fe etc., ist aus meßtechnischen Gründen keine solche Verdünnung möglich. Es gibt nun verschiedene Möglichkeiten, diese Schwierigkeiten zu beseitigen:

1. Angleichung der Eichlösungen in ihrer Viskosität mit Hilfe einer Infusionsflüssigkeit, zum Beispiel neo-Plasmagel(R) und Haemacel(R) (H e i n e m a n n , 1972). Hierbei muß allerdings die Viskosität der Proben einzeln bestimmt werden.
2. Enteiweißung des Plasmas mit wäßriger Trichloressigsäurelösung (O l s o n et al., 1969).
3. Veraschung des Plasmas und Aufnehmen der Asche in verdünnter Säure.
4. Messung mit Hilfe der flammenlosen AAS in der Graphitrohrküvette.
5. Extraktion des jeweils zu bestimmenden Spurenelements mit geeigneten Komplexbildnern und einem organischen Lösungsmittel und dem direkten Einsprühen dieses Extraktes in die Flamme. So eignet sich zum Beispiel für Cu die Kombination Ammoniumtetramethylendithiocarbamat/Methylisobutylketon (M a l i s s a et al., 1953) oder Dithizon/ $CHCl_3$ (I w a n t s c h e f f , 1972).

Im Rahmen dieser Arbeit konnten wir nicht alle möglicherweise auftretenden Probleme und Fehlerquellen besprechen. Wir bemühten uns aber, zumindest auf die am häufigsten zu Fehlern führenden Schwierigkeiten hinzuweisen.

Nachschlagwerke, wo auf diese Problematik ausführlich eingegangen wird, stehen viele zur Verfügung. Als kleine Auswahl wären anzuführen:

DÜRR, U. M. und W. KRAFT (1975): Kompendium der Klinischen Laboratoriumsdiagnostik bei Hund, Katze, Pferd. Hannover: M &H Schaper.

KLINISCHES LABOR, herausgegeben von der Firma E. Merck, Darmstadt.

KOCH, O. G. und G. A. KOCH-DEDIC (1974): Handbuch der Spurenanalyse. Berlin-Heidelberg-New York: Springer.

RICHTERICH, R. (1965): Klinische Chemie, Theorie und Praxis. Frankfurt (Main): Akademische Verlagsges.

Auf eine detaillierte Besprechung der Meßtechnik der Atomabsorptionsspektralphotometrie wurde auch verzichtet, hier sei auf entsprechende Fachliteratur und die von den jeweiligen Geräteherstellern herausgegebenen Handbücher verwiesen.

Zusammenfassung:

Probleme der Mineralstoffanalytik bei wildlebenden Tieren

Es werden die bei der Mineralstoffanalyse möglicherweise auftretenden Probleme angeführt und Hinweise für richtige Probennahme, Wahl der geeigneten Veraschungsmethode und einige Meßverfahren angegeben. Weiters werden mehrere Faktoren, die die Richtigkeit der Meßergebnisse beeinträchtigen können, diskutiert.

Summary:

Problems of Mineral Analysis of Wild-Living Animals

Reference is made to problems which may possibly occur in the context of mineral analysis, with suggestions being made for proper sampling, choice of the most suitable incineration method, and some measuring techniques. Also discussed are several factors which may distort measuring results.

Résumé:

Les problèmes étant en rapport avec l'analyse minérale chez des animaux sauvages

L'auteur mentionne les problèmes pouvant se présenter éventuellement en procédant à une analyse minérale, et il explique comment il convient de prendre les prélèvements, quelles méthodes d'incinération sont indiquées et quels procédés analytiques peuvent être utilisés. En plus de cela, il discute plusieurs facteurs susceptibles de mettre en cause les résultats précis atteints dans l'analyse.

Резюме:

Проблемы анализа минеральных веществ у диких животных

Указываются возможные проблемы, которые могут встречатся при исследовании минеральных веществ, рекомендуется несколько способов взятия проб, выбирания подходящей методики и приводится несколько методов измерения. Далее обсуждается несколько факторов, которые могут оказывать влияние на точность результатов измерения.

Literatur:

Analytical Methods Committee (1960): Metallic impurities in organic matter sub-committee, Analyst. 85, 643.

CARAWAY, W. T. (1962): Amer. J. Clin. Path. 37,445.

COMRIE, A. A. D. (1935): Analyst. 60, 532.

DOZER, I., DOLE, M. (1952): Plastics in trace element research, Science (Wash.) 115, 93.

GIACOMT de, R. (1940): Analyst. 65, 216.

GLEIT, C. E., and W. D. HOLLAND (1962): Use of Electrically Excited Oxygen for Low Temperature Decomposition of Organic Substances. Analyt. Chem. 34, 1454.

GORSUCH, T. T. (1959): Radiochemical Investigations on the Recovery for Analysis of Trace Elements in Organic and Biological Materials, Analyst. 84, 135.

HEINEMANN, G. (1972): Eisen-, Kupfer- und Zinkanalysen unter Anwendung der Atom-Absorptions-Spektralphotometrie. Z. Klin. Chem., Klin. Biochem. 10, 467.

HIGH, J. H. (1947): The Determination of Copper in Food. Analyst. 72, 60.

IWANTSCHEFF, G. (1972): Das Dithizon und seine Anwendung in der Mikro- und Spurenanalyse. Weinheim (Bergstraße): Verlag Chemie.

MALISSA, H. und F. F. MILLER (1953): Über die Verwendung von disubstituierten Dithiocarbamaten in der Mikroanalyse I. Mikrochim. Acta 40, 63.

MASSMANN, H. (1968): Vergleich von Atomabsorption und Atomfluoreszenz in der Graphitküvette. Spectrochim. Acta 23 B, 215.

OLSON, A. D. and W. B. HAMLIN (1969): Clin. Chem. 15, 438.

SHIRLEY, R. L., BENNE, E. J. and E. J. MILLER (1949): Cadmium in Biological Materials and Foods (Dithizone Methode for Evaluating Minute Quantities). Analyt. Chem. 21, 300.

Anschrift der Verfasser: Dr. Frieda T a t a r u c h ,
Linke Bahngasse 11
A-1030 Wien (Österreich)

Aus dem Forschungsinstitut für Wildtierkunde der Veterinärmedizinischen Universität Wien
(Vorstand: o. Univ. Prof. Dr. K. Onderscheka)

BEITRAG ZUR MEDIZINISCH-CHEMISCHEN PRÜFUNG DES CALCIUM-, PHOSPHOR- UND MAGNESIUMSTOFFWECHSELS BEI WILDLEBENDEN TIEREN

Von K. Onderscheka, G. Gattinger, F. Tataruch

In dieser Publikation werden nur drei am Mineralstoffwechsel wildlebender Tiere maßgeblich beteiligte Elemente, nämlich Calcium, Phosphor und Magnesium, behandelt. Diese drei Mineralstoffe wurden deshalb herausgegriffen, weil über ihre Funktion im Stoffwechsel der Nutztiere schon relativ viel bekannt ist. Darüber hinaus ist die physiologische Wirkungsweise der genannten drei Elemente im Tierkörper miteinander vielfach so eng verknüpft, daß es den Verfassern als notwendig erschien, sie gleichzeitig zu untersuchen.

Ziel dieser Arbeit war es, die bei Rot-, Reh-, Gams-, Muffel- und Steinwild teilweise bereits vorhandenen physiologischen Werte (R e r a b e k , 1956; A n k e , 1973; D r e s c h e r - K a d e n , 1974; S t u b b e et al., 1975; O n d e r s c h e k a , 1976a, 1976 b et al., 1976c et al., 1978) durch ein größeres Zahlenmaterial zu erhärten oder zu präzisieren beziehungsweise zusätzliche noch nicht vorhandene Daten zu erarbeiten. Außerdem sollte der Versuch unternommen werden zu prüfen, inwieweit sich diese Daten zur Charakterisierung der Stoffwechselsituation eignen.

Besonders erschwerend für die Interpretation der ermittelten Werte im Hinblick auf die bestehende Stoffwechselsituation ist außer den rein technischen Problemen der Probenentnahme, der Verwahrung des Materials bis zur Untersuchung und der eigentlichen Analytik, auf die an dieser Stelle lediglich hingewiesen werden soll, der Umstand, daß eine Vielzahl physiologischer Parameter zum Beispiel durch das Alter, das Geschlecht, die Leistung, die Jahreszeit oder den Biotop beeinträchtigt wird (G ü n t h e r , 1972; D r e s c h e r - K a d e n , 1974; O n d e r s c h e k a , 1976a, 1976b et al., 1976c et al.; S t u b b e et al., 1975). Diese Erkenntnis war für uns der Anlaß, den Einfluß einiger der uns in diesem Zusammenhang als besonders schwerwiegend erscheinenden Faktoren zu studieren und so weit als möglich zu erfassen, um damit die effektiv gemessenen Werte exakter interpretieren zu können.

MATERIAL UND METHODEN:

A) UNTERSUCHUNGSGEBIETE

1. MAYRHOFEN:

Lage: Tirol, Zillertal. Hochgebirge.
Seehöhe: 950 bis zirka 3000 Meter (- 3500 Meter).
Geologie und Boden: Gneis, podsolige Böden, wenig Braunerden.
Klima: Tallagen um 1000 Meter: 1100 mm Jahresniederschlag, Jahresmittel der Temperatur: 5,5 °C; je 100 Meter Höhenzunahme kann mit einer Abnahme der Temperatur um 0,7 °C im Sommer und 0,4 °C im Winter gerechnet werden.
Vegetation: Fichtenwälder mit wenig Lärche und Tanne, Zirben-Lärchen-Wälder, subalpiner Krummholzgürtel, alpine Zwergstrauchheide, alpine Carex-curvula- und Elyna-Rasen.

2. BLÜHNBACH:

Lage: Salzburg, zwischen Hochkönig und Hagengebirge, Hoch- und Mittelgebirge.
Seehöhe: 750 bis zirka 2000 Meter.
Geologie und Boden: überwiegend Kalk und Dolomit, meist Rendzinen.
Klima: Tallagen um 800 Meter: 1300 mm Jahresniederschlag, 6,5 °C Jahrestemperatur.
Vegetation: Montane Fichten-Tannen-Buchenwälder mit überwiegend Fichte; Reste eines subalpinen Lärchen-Zirbenwaldes, Kalkrasen.

3. EBENSEE:

Lage: Oberösterreich, Salzkammergut, Mittelgebirge, nur in den Hochlagen des Höllengebirges Hochgebirgscharakter.
Seehöhe: 660 bis 1800 Meter.

Geologie und Boden: Verschiedene Kalke, Dolomit. Flachgründige Rendzinen, mittel- bis tiefgründige Kalkböden.

Klima: Durch seine Lage im Staubereich der regenbringenden NO- und W-Winde ist es, wie die Untersuchungsgebiete Reichraming, Hollenstein und Langau, sehr niederschlagsreich. In Ebensee (425 Meter) beträgt die jährliche Niederschlagsmenge 1720 mm, das Jahresmittel der Temperatur 8,5 °C.

Vegetation: Montane Fichten-Tannen-Buchenwälder mit Fichte als dominierender Baumart; auf trokkenen Standorten Kiefernwälder, subalpine Fichten-Lärchenwälder, Latschen, Kalkrasen.

4. REICHRAMING:

Lage: Südöstliches Oberösterreich, Mittelgebirge.
Seehöhe: 400 bis 1500 Meter.

Geologie und Boden: Dolomit, Kreideflysch, verschiedene Kalke. Mittel- bis tiefgründige, karbonatreiche Böden.

Klima: Jährliche Niederschlagsmenge in Reichraming (380 Meter): 1434 mm. Jahresmittel der Temperatur: 8,0 °C.

Vegetation: Montaner Fichten-Tannen-Buchenwald mit überwiegendem Fichtenanteil. Auf flachgründigen Standorten auch Kiefer und Lärche.

5. HOLLENSTEIN:

Lage: Südwestliches Niederösterreich. Nördliche Kalkalpen. Mittelgebirge.
Seehöhe: zirka 500 bis 1500 Meter.

Geologie und Boden: Dolomit, Kalk. Rendzina, mittel- bis tiefgründige Karbonatstandorte.

Klima: Tallagen um 500 Meter: 1500 mm Jahresniederschlag. Die geschlossene Schneedecke liegt im Tal zwischen 97 und 112 Tage.

Vegetation: Montane Fichten-Tannen-Buchenwälder mit überhöhtem Fichtenanteil, subalpine Fichtenwälder mit Lärche, Krummholzgürtel mit Latsche, Kalkrasen.

6. LANGAU:

Lage: Südwestliches Niederösterreich. Nördliche Kalkalpen, Mittelgebirge, nur im Gipfelbereich der höchsten Berge Hochgebirgscharakter.
Seehöhe: 650 bis 1900 Meter.

Geologie und Boden: Verschiedene Kalke, Dolomit, Sandstein. Rendzina, Kalkbraunlehm, Braunerde.

Klima: Tallagen zwischen 800 und 1000 Meter: zirka 1900 mm Jahresniederschlag; 3,7 bis 5,6 °C Jahrestemperatur. Dauer der geschlossenen Schneedecke zirka 180 Tage.

Vegetation: Montane Fichten-Tannen-Buchenwälder mit überhöhtem Fichtenanteil, an trockenen Rendzinastandorten Kiefernwälder, Kalkrasen.

7. WEGSCHEID:

Lage: Nordöstliche Steiermark, Nördliche Kalkalpen.
Seehöhe: zirka 800 bis 2000 Meter.

Geologie und Boden: Verschiedene Kalke, Dolomit, kristalline Schiefer und Sandstein, Karbonatböden, Braunerden.

8. GUTENSTEIN-DÜRRE WAND und GAINFARN:

Lage: Niederösterreich, östliche Ausläufer der Nördlichen Kalkalpen. Mittelgebirge.
Seehöhe: zirka 500 bis 1200 Meter.

Geologie und Boden: Dolomit, wenig Kalk. Meist flach- bis mittelgründige Rendzinastandorte.

Klima: In Gutenstein (480 Meter) beträgt die jährliche Niederschlagsmenge 980 mm, das Jahresmittel der Temperatur 7,2 °C.

Vegetation: Montane Fichten-Tannen-Buchenwälder mit überwiegendem Fichtenanteil, an trockenen Standorten auch Schwarzkiefernwälder.

9. KALTENBERG-KLEINZELL (320 ha):

Lage: Niederösterreich, Kalkalpenvorland.
Seehöhe: 500 bis 1000 Meter.
Geologie und Boden: Kalk, Karbonatböden.
Klima: Tallagen um 400 Meter: zirka 1000 mm Jahresniederschlag. Die geschlossene Schneedecke liegt 40 bis 50 Tage.
Vegetation: Montane Buchenmischwälder.

10. LAAB/WALDE:

Lage: Niederösterreich, Wienerwald.
Seehöhe: 300 bis 530 Meter.
Geologie und Boden: Flysch. Meist tiefgründige, tonige Böden.
Klima: Tallagen zwischen 300 und 400 Meter: 800 bis 850 mm Jahresniederschlag; 7 bis 8 °C Jahrestemperatur. Die geschlossene Schneedecke liegt zirka 30 Tage.
Vegetation: Kolline Eichen-Mischwälder und montane Buchenwälder.

11. JAGDGEHEGE EBENTHAL (280 ha):

Lage: Östliches Niederösterreich, Weinviertel. Flachwelliger, 280 Meter hoher Rücken.
Geologie: Von Löß überlagerte Sedimente.
Klima: Jahresniederschlag bei 600 mm; Jahrestemperatur zwischen 8 und 10 °C. Geschlossene Schneedecke zirka 30 Tage.
Vegetation: Kolliner Traubeneichenwald. 1/10 der Fläche Wiesen und Wildäcker. Ganzjährige Fütterung.

B) DIE ENTNAHMETECHNIK DES PROBENMATERIALS UND DIE CHEMISCHEN ANALYSEN

Die Probenentnahme und Lagerung des Probenmaterials erfolgte entsprechend den von O n d e r s c h e k a et al. (1976b) angegebenen Methoden.

Die Calcium- und Magnesiumkonzentration im Panseninhalt, der Leber und den Haaren wurde in der nach trockener Veraschung des Probenmaterials durch Ausziehen mit Säure (18%ige HNO_2) erhaltenen Lösung mit Hilfe der Atomabsorptionsspektralphotometrie bestimmt. Die Phosphorkonzentration wurde spektralphotometrisch mit Ammonmolybdat/Ammonvanadatlösung bestimmt (N e h r i n g , 1960).

Die Calcium- und Magnesiumkonzentration im Blutserum und Harn wurde ebenfalls durch Messung der Atomabsorption in den mit bidestilliertem Wasser verdünnten Proben ermittelt.
Die Bestimmung des Phosphorgehaltes im Blutserum und Harn erfolgte spektralphotometrisch nach der von P i r i n g e r et al. (1953) beschriebenen Methode.

C) STATISTISCHE AUSWERTUNG

Die statistische Auswertung wurde von Dr. W. K l ä r i n g (EDV-Zentrum der Veterinärmedizinischen Universität Wien, Vorstand: Prof. Dr. Gertrude K e c k) unter Verwendung des Programmpakets SPSS (Statistical Packages for the Social Sciences, Ves. 7.0) und des Programms "Regression" aus dem Paket SPSS (N i e , 1975) durchgeführt.

U N T E R S U C H U N G S E R G E B N I S S E :

In den Tabellen werden noch die alten Maßeinheiten angeführt. Dies erfolgt deswegen, weil die Auswertungen während der sich über acht Jahre hin erstreckenden Untersuchungsperiode ausnahmslos noch nach diesem System durchgeführt wurden. Außerdem sind erfahrungsgemäß dem überwiegenden Teil der Fachleute noch diese Maßeinheiten geläufiger als die neuen SI-Einheiten. Um die Daten aber auch in Zukunft vergleichbar zu machen, werden von uns nachstehend die Umrechnungsfaktoren angegeben:

PANSENINHALT:	Ca:	g/kg Tr.S. x 24,95	= mmol/kg Tr.S.
	Mg:	g/kg Tr.S. x 41,14	= "
	P:	g/kg Tr.S. x 32,29	= "

LEBER:	Ca:	g% d. R.A. x 249,5	= mmol/kg R.A.
	Mg.	g% d. R.A. x 411,4	= "
	P:	g% d. R.A. x 322,9	= "
BLUTSERUM, HARN:	Ca:	mg% x 0,2495	= mmol/l
	Mg:	mg% x 0,4114	= "
	P:	mg% x 0,3229	= "
HAAR:	Ca:	mg%ffr.TrS. x 0,2495	= mmol/kg ffr.TrS.
	Mg:	mg%ffr.TrS. x 0,4114	= "
	P:	mg%ffr.TrS. x 0,3229	= "

A) VERGLEICH DER TIERARTEN

Der Mittelwert des Calcium-, Phosphor- und Magnesiumanteiles im Panseninhalt, der Leber, im Blutserum, Haar und Harn ist von Tierart zu Tierart verschieden. Dabei besteht - bezogen auf den Mittelwert der fünf untersuchten Tierarten - zwischen den geprüften Kriterien weder innerhalb derselben Tierart noch zwischen den Tierarten eine synchrone, vielfach sogar nicht einmal eine gleichgerichtete Abhängigkeit.
Gesetzmäßige Relationen zwischen den untersuchten Elementen konnten in keinem Fall nachgewiesen werden.

B) VERGLEICH DER GESCHLECHTER

Zwischen männlichen und weiblichen Tieren ist bis auf vereinzelte Parameter kein signifikanter Unterschied feststellbar. So scheidet zum Beispiel weibliches Rot- und Gamswild über den Harn mehr Calcium und Phosphor, hingegen weniger Magnesium aus als männliche Stücke. Beim Rehwild ist dies gerade umgekehrt. Bei Muffel- und Steinwild haben wir diese Untersuchungen nicht durchgeführt.

C) EINFLUSS DES ALTERS

Das Lebensalter beeinflußt die Calcium-, Phosphor- und Magnesiumkonzentration innerhalb der Tierarten. Diese Unterschiede sind allerdings weder bei allen Elementen noch bei allen Tierarten gleich. Bei jeder einzelnen Tierart ist der Einfluß des Alters mehr oder minder stark aus der chemischen Zusammensetzung des Panseninhaltes, der Leber, des Blutserums, der Haare und des Harns erkennbar, doch verlaufen die Änderungen in den genannten Substanzen nicht immer analog.

Die im Panseninhalt ermittelten Unterschiede dürften vorwiegend auf die altersmäßig recht differierende Äsungsselektion zurückzuführen sein, während die in dem anderen Probenmaterial ermittelten Konzentrationen zusätzlich durch die aufgenommene Futterquantität, den Bedarf und die Retention beeinflußt werden.

D) EINFLUSS DES LEBENSRAUMES

Von Biotop zu Biotop ergeben sich mehr oder weniger große Unterschiede. Diese Divergenzen sind allerdings sowohl zwischen den Elementen (Ca, P, Mg) als auch zwischen dem untersuchten Probenmaterial (Panseninhalt, Leber, Blutserum, Haar und Harn) unterschiedlich groß.

Während der Panseninhalt, wenn auch nicht in direkter linearer Beziehung, so aber doch weitgehend mit der Qualität der Nahrung konform geht (O n d e r s c h e k a et al., 1968; O n d e r s c h e k a , 1972), werden die übrigen geprüften Parameter noch von anderen Kriterien, wie zum Beispiel Quantität des Nahrungsangebotes, dem Erhaltungs- oder Leistungsbedarf und damit auch vom Geschlecht und Alter mehr oder minder stark beeinflußt (W i e s n e r , 1967; K o l b , 1971; G ü n t h e r , 1972). Aber auch Antagonismen zwischen den Elementen selbst (S m i t h , 1961; B e r s i n , 1963; W i e s n e r , 1967; B r o n s c h , 1969; K o l b , 1971) sind für die unterschiedlichen Relativwerte, bezogen auf das Mittel der Tierart, ebenso aber auch zwischen den Tierarten zwischen Pansen, Leber, Blut, Haar und Harn verantwortlich.

Die unterschiedliche Versorgungs- beziehungsweise Stoffwechselsituation der einzelnen in einem Großbiotop lebenden Tierarten ist mit Sicherheit auf die verschiedenen Ansprüche an Lebensraum und Nahrungszusammensetzung und damit an die Lebensraum- und Nahrungskonkurrenz innerhalb

VERGLEICH DER TIERARTEN

CALCIUM	Maßeinheit	ROTWILD			REHWILD			GAMSWILD			MUFFELWILD			STEINWILD		
		n	$\bar{x}$	± s	n	$\bar{x}$	± s	n	$\bar{x}$	± s	n	$\bar{x}$	± s	n	$\bar{x}$	± s
PANSENINHALT	g/kg Tr.S.	196	13,2	6,2	68	12,3	5,2	99	8,5	4,3	23	11,2	5,1	9	10,4	4,2
LEBER	g% R.A.	207	0,3	0,3	57	0,2	0,1	246	0,3	0,5	23	0,3	0,5	8	0,5	0,5
BLUTSERUM	mg %	139	10,5	2,3	53	11,1	2,5	104	11,4	2,5	16	11,7	1,3	3	9,0	2,4
HAAR	mg% fettfr. Tr.S.	141	167,9	86,2	45	147,1	120,5	86	264,0	133,5	15	256,9	149,2	-	-	-
HARN	mg %	14	38,6	21,3	22	33,6	24,3	59	81,5	80,7	7	25,0	11,5	-	-	-
PHOSPHOR		n	$\bar{x}$	± s	n	$\bar{x}$	± s	n	$\bar{x}$	± s	n	$\bar{x}$	± s	n	$\bar{x}$	± s
PANSENINHALT	g/kg Tr.S.	196	11,7	4,1	68	5,0	3,0	99	10,2	3,0	23	10,6	2,7	9	7,5	1,8
LEBER	g% R.A.	207	15,7	7,4	57	13,9	7,6	246	23,7	5,8	23	12,6	9,3	8	15,0	6,0
BLUTSERUM	mg %	138	11,3	5,1	53	10,6	4,0	123	11,1	5,2	16	11,9	4,6	3	11,9	6,1
HAAR	mg% fettfr. Tr.S.	141	18,1	8,5	43	30,8	10,7	86	21,0	12,0	15	33,5	10,2	2	25,9	0,5
HARN	mg %	13	4,8	7,7	20	1,7	3,8	54	1,7	3,4	5	2,0	1,1	-	-	-

VERGLEICH DER TIERARTEN

MAGNESIUM	Maßeinheit	ROTWILD			REHWILD			GAMSWILD			MUFFELWILD			STEINWILD		
		n	$\bar{x}$	$\pm$ s	n	$\bar{x}$	$\pm$ s	n	$\bar{x}$	$\pm$ s	n	$\bar{x}$	$\pm$ s	n	$\bar{x}$	$\pm$ s
PANSENINHALT	g/kg Tr.S.	196	3,4	1,5	68	3,3	1,1	99	2,4	1,4	23	2,9	0,8	8	4,0	1,3
LEBER	g% R.A.	207	1,2	0,5	57	1,2	0,5	246	1,3	0,5	23	1,0	0,4	8	1,5	0,3
BLUTSERUM	mg %	139	4,1	1,9	53	4,7	2,0	103	3,6	1,5	16	4,3	1,4	3	4,0	0,2
HAAR	mg% fettfr. Tr.S.	141	37,2	21,6	45	50,3	40,5	86	63,1	75,3	15	71,5	46,9	2	84,3	12,3
HARN	mg %	14	61,1	53,7	23	50,9	44,5	60	65,0	104,7	7	76,3	54,5	-	-	-

VERGLEICH DER TIERARTEN

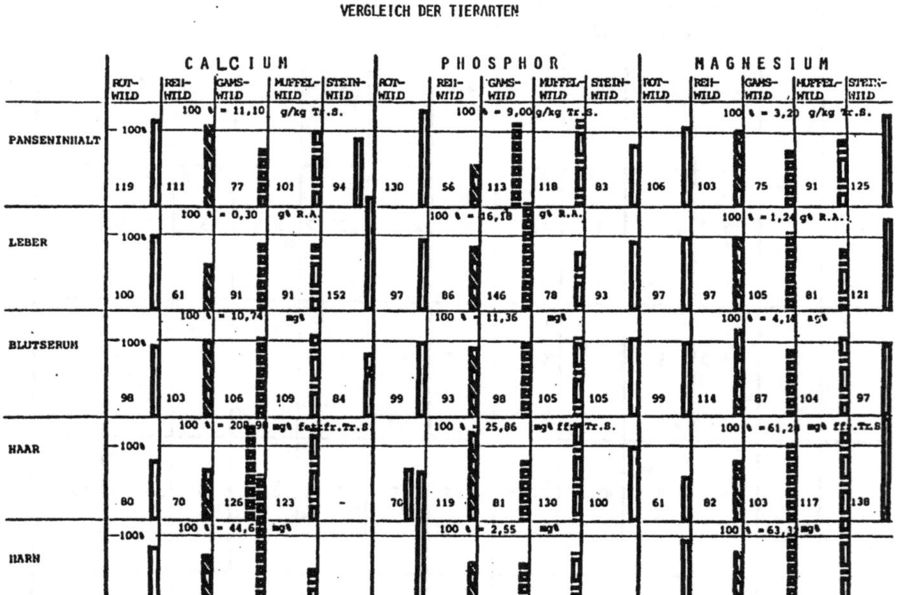

VERGLEICH DER GESCHLECHTER

$$\frac{\varnothing ♂♂ + \varnothing ♀♀}{2} = \bar{x}$$

CALCIUM	Maßeinheit		ROTWILD männlich	ROTWILD weiblich	REHWILD männlich	REHWILD weiblich	GAMSWILD männlich	GAMSWILD weiblich	MUFFELWILD männlich	MUFFELWILD weiblich	STEINWILD männlich	STEINWILD weiblich
			$\bar{x}$ = 13,13		$\bar{x}$ = 12,05		$\bar{x}$ = 8,55		$\bar{x}$ = 11,44		$\bar{x}$ = 10,49	
PANSENINHALT	g/kg Tr.S.	n	73	121	29	35	54	45	15	8	4	5
		$\bar{x}$	13,07	13,18	11,01	13,08	8,38	8,72	10,79	12,08	11,25	9,72
		$\pm s$	5,98	6,40	3,38	6,03	3,76	4,89	3,51	7,54	3,02	5,24
			$\bar{x}$ = 0,34		$\bar{x}$ = 0,23		$\bar{x}$ = 0,29		$\bar{x}$ = 0,36		$\bar{x}$ = 0,56	
LEBER	g% R.A.	n	77	128	25	32	124	121	15	8	3	5
		$\bar{x}$	0,35	0,32	0,25	0,20	0,30	0,27	0,19	0,52	0,70	0,41
		$\pm s$	0,27	0,27	0,12	0,12	0,62	0,18	0,10	0,80	0,81	0,10
			$\bar{x}$ = 10,50		$\bar{x}$ = 11,22		$\bar{x}$ = 11,41		$\bar{x}$ = 11,71		$\bar{x}$ = 9,10	
BLUTSERUM	mg %	n	52	87	22	31	52	52	10	6	1	2
		$\bar{x}$	10,58	10,42	11,68	10,75	11,39	11,43	11,47	11,95	9,50	8,70
		$\pm s$	1,91	2,53	2,81	2,24	2,05	2,83	0,86	1,84	-	3,39
			$\bar{x}$ = 168,61		$\bar{x}$ = 145,91		$\bar{x}$ = 264,76		$\bar{x}$ = 260,27		-	
HAAR	mg% fettfr. Tr.S.	n	48	93	21	24	48	38	8	7	-	-
		$\bar{x}$	170,73	166,49	128,57	163,25	258,13	271,39	209,25	311,29	-	-
		$\pm s$	92,31	83,33	110,45	128,83	140,35	125,76	129,45	160,90	-	-
			$\bar{x}$ = 40,24		$\bar{x}$ = 29,32		$\bar{x}$ = 2,16		-			
HARN	mg %	n	9	5	16	6	42	12	7	-	-	-
		$\bar{x}$	34,67	45,80	38,81	19,83	1,27	3,06	25,00	-	-	-
		$\pm s$	19,89	24,25	25,42	15,24	2,36	5,64	11,53	-	-	-
PHOSPHOR			männlich	weiblich	männlich	weiblich	männlich	weiblich	männlich	weiblich	männlich	weiblich
			$\bar{x}$ = 11,83		$\bar{x}$ = 17,09		$\bar{x}$ = 10,19		$\bar{x}$ = 10,25		$\bar{x}$ = 7,44	
PANSENINHALT	g/kg Tr.S.	n	73	121	29	35	54	45	15	8	4	5
		$\bar{x}$	12,14	11,52	16,54	17,63	10,09	10,28	11,29	9,20	6,60	8,28
		$\pm s$	4,11	4,17	4,93	5,30	3,12	2,86	2,94	1,73	0,43	2,13
			$\bar{x}$ = 15,78		$\bar{x}$ = 13,97		$\bar{x}$ = 23,67		$\bar{x}$ = 12,61		$\bar{x}$ = 14,89	
LEBER	g% R.A.	n	77	128	25	32	124	121	15	8	3	5
		$\bar{x}$	16,17	15,38	14,54	13,39	23,70	23,64	12,62	12,59	14,43	15,34
		$\pm s$	7,66	7,31	7,57	7,73	5,44	6,16	8,87	10,57	4,48	7,31
			$\bar{x}$ = 11,21		$\bar{x}$ = 10,56		$\bar{x}$ = 11,08		$\bar{x}$ = 11,79		$\bar{x}$ = 10,78	
BLUTSERUM	mg %	n	52	86	22	31	59	64	10	6	1	2
		$\bar{x}$	10,96	11,46	10,50	10,61	10,92	11,24	12,36	11,22	7,30	14,25
		$\pm s$	3,97	5,69	4,94	3,34	5,48	4,90	3,26	6,68	-	6,44
			$\bar{x}$ = 18,35		$\bar{x}$ = 30,91		$\bar{x}$ = 21,22		$\bar{x}$ = 33,52		-	
HAAR	mg% fettfr. Tr.S.	n	48	93	19	24	48	38	8	7	-	-
		$\bar{x}$	19,29	17,41	32,22	29,60	19,42	23,02	32,15	35,01	-	-
		$\pm s$	7,84	8,79	11,72	9,99	8,88	14,97	10,72	10,28	-	-
			$\bar{x}$ = 5,58		$\bar{x}$ = 1,27		$\bar{x}$ = 2,17		-			
HARN	mg %	n	9	4	15	5	42	12	5	-	-	-
		$\bar{x}$	3,63	7,53	2,07	0,46	1,27	3,06	2,00	-	-	-
		$\pm s$	3,80	13,53	4,35	0,24	2,36	5,64	1,08	-	-	-

VERGLEICH DER GESCHLECHTER

$$\frac{\varnothing ♂♂ + \varnothing ♀♀}{2} = \bar{x}$$

MAGNESIUM	Maßeinheit		ROTWILD männlich	ROTWILD weiblich	REHWILD männlich	REHWILD weiblich	GAMSWILD männlich	GAMSWILD weiblich	MUFFELWILD männlich	MUFFELWILD weiblich	STEINWILD männlich	STEINWILD weiblich
			$\bar{x}$ =	3,39	$\bar{x}$ =	3,33	$\bar{x}$ =	2,43	$\bar{x}$ =	2,85	$\bar{x}$ =	4,03
PANSENINHALT	g/kg Tr.S.	n	73	121	29	35	54	45	15	8	4	4
		$\bar{x}$	3,27	3,50	3,53	3,13	2,28	2,58	2,85	2,85	4,43	3,63
		±s	1,30	1,55	1,04	1,10	1,33	1,38	0,72	1,01	1,36	1,19
			$\bar{x}$ =	1,19	$\bar{x}$ =	1,18	$\bar{x}$ =	1,27	$\bar{x}$ =	0,97	$\bar{x}$ =	1,47
LEBER	g% R.A.	n	77	128	25	32	124	121	15	8	3	5
		$\bar{x}$	1,20	1,17	1,31	1,04	1,30	1,23	0,94	1,00	1,49	1,45
		±s	0,47	0,54	0,29	0,55	0,56	0,37	0,52	0,28	0,44	0,31
			$\bar{x}$ =	4,06	$\bar{x}$ =	4,74	$\bar{x}$ =	3,63	$\bar{x}$ =	4,15	$\bar{x}$ =	3,93
BLUTSERUM	mg %	n	52	87	22	31	51	52	10	6	1	2
		$\bar{x}$	3,92	4,19	4,84	4,64	3,32	3,94	4,68	3,62	3,80	4,05
		±s	2,02	1,87	2,44	1,74	0,69	1,91	1,57	0,71	-	0,21
			$\bar{x}$ =	37,22	$\bar{x}$ =	49,54	$\bar{x}$ =	65,26	$\bar{x}$ =	70,77	-	
HAAR	mg% fettfr. Tr.S.	n	48	93	21	24	48	38	8	7	-	-
		$\bar{x}$	37,33	37,10	38,40	60,68	46,96	83,56	81,80	59,73	-	-
		±s	22,43	21,30	22,03	49,72	29,99	105,49	55,41	35,42	-	-
			$\bar{x}$ =	55,50	$\bar{x}$ =	57,20	$\bar{x}$ =	14,33	-		-	-
HARN	mg %	n	9	5	17	6	46	13	7	-	-	-
		$\bar{x}$	75,00	36,00	44,06	70,33	18,68	9,97	76,29	-	-	-
		±s	61,63	23,47	25,46	77,64	27,24	15,64	54,46	-	-	-

VERGLEICH DER GESCHLECHTER

$$\frac{\varnothing ♂♂ + \varnothing ♀♀}{2} = \bar{x} = 100\ \%$$

angegeben in Relativprozenten

CALCIUM	ROTWILD männlich	ROTWILD weiblich	REHWILD männlich	REHWILD weiblich	GAMSWILD männlich	GAMSWILD weiblich	MUFFELWILD männlich	MUFFELWILD weiblich	STEINWILD männlich	STEINWILD weiblich
	$\bar{x}$ =	13,13	$\bar{x}$ =	12,05	$\bar{x}$ =	8,55	$\bar{x}$ =	11,44	$\bar{x}$ =	10,49
PANSEN-INHALT	99,5	100,4	91,4	108,5	98,0	102,0	94,3	105,6	107,2	92,7
	$\bar{x}$ =	0,34	$\bar{x}$ =	0,23	$\bar{x}$ =	0,29	$\bar{x}$ =	0,36	$\bar{x}$ =	0,56
LEBER	104,5	95,5	111,1	88,9	105,3	94,7	53,5	146,5	126,1	73,9
	$\bar{x}$ =	10,50	$\bar{x}$ =	11,22	$\bar{x}$ =	11,41	$\bar{x}$ =	11,71	$\bar{x}$ =	9,10
BLUTSERUM	100,8	99,2	104,1	95,8	99,8	100,2	98,0	102,0	104,4	95,6
	$\bar{x}$ =	168,61	$\bar{x}$ =	145,91	$\bar{x}$ =	264,76	$\bar{x}$ =	260,27	-	
HAAR	101,3	98,7	88,1	111,9	97,5	102,5	80,4	119,6	-	-
	$\bar{x}$ =	40,24	$\bar{x}$ =	29,32	$\bar{x}$ =	2,16	-		-	
HARN	86,2	113,8	132,4	67,6	58,8	141,7	100,0	-	-	-

VERGLEICH DER GESCHLECHTER

$$\frac{\varnothing \male\male + \varnothing \female\female}{2} = \bar{x} = 100\ \%$$

angegeben im Relativprozenten

PHOSPHOR	ROTWILD		REHWILD		GAMSWILD		MUFFELWILD		STEINWILD	
	männlich	weiblich	männlich	weiblich	männlich	weiblich	männlich	weiblich	männlich	weiblich
	$\bar{x}$ =	11,83	$\bar{x}$ =	17,09	$\bar{x}$ =	10,19	$\bar{x}$ =	10,25	$\bar{x}$ =	7,44
PANSEN-INHALT	102,6	96,6	96,8	103,2	99,0	101,0	110,1	89,8	88,7	111,3
	$\bar{x}$ =	15,78	$\bar{x}$ =	13,97	$\bar{x}$ =	23,67	$\bar{x}$ =	12,61	$\bar{x}$ =	14,89
LEBER	102,5	97,5	104,1	95,8	100,1	99,9	100,1	99,9	96,9	103,0
	$\bar{x}$ =	11,21	$\bar{x}$ =	10,56	$\bar{x}$ =	11,08	$\bar{x}$ =	11,79	$\bar{x}$ =	10,78
BLUTSERUM	97,8	102,2	99,4	100,5	98,6	101,4	104,8	95,2	67,7	132,2
	$\bar{x}$ =	18,35	$\bar{x}$ =	30,91	$\bar{x}$ =	21,22	$\bar{x}$ =	33,52	-	
HAAR	105,1	94,9	104,2	95,8	91,5	108,5	95,7	104,3	-	-
	$\bar{x}$ =	5,58	$\bar{x}$ =	1,27	$\bar{x}$ =	2,17	-		-	
HARN	65,1	134,9	163,0	36,2	58,5	141,0	100,0	-	-	-
MAGNESIUM	männlich	weiblich	männlich	weiblich	männlich	weiblich	männlich	weiblich	männlich	weiblich
	$\bar{x}$ =	3,39	$\bar{x}$ =	3,33	$\bar{x}$ =	2,43	$\bar{x}$ =	2,85	$\bar{x}$ =	4,03
PANSEN-INHALT	96,5	103,2	106,0	94,0	93,8	106,2	100,0	100,0	109,9	90,1
	$\bar{x}$ =	1,19	$\bar{x}$ =	1,18	$\bar{x}$ =	1,27	$\bar{x}$ =	0,97	$\bar{x}$ =	1,47
LEBER	101,3	98,7	111,0	88,1	102,4	96,9	96,9	103,0	101,4	98,6
	$\bar{x}$ =	4,06	$\bar{x}$ =	4,74	$\bar{x}$ =	3,63	$\bar{x}$ =	4,15	$\bar{x}$ =	3,93
BLUTSERUM	96,6	103,2	102,1	97,9	91,5	108,5	112,8	87,2	96,7	103,1
	$\bar{x}$ =	37,22	$\bar{x}$ =	49,54	$\bar{x}$ =	65,26	$\bar{x}$ =	70,77	-	
HAAR	100,3	99,7	77,5	122,5	72,0	128,0	115,6	84,4	-	-
	$\bar{x}$ =	55,50	$\bar{x}$ =	57,20	$\bar{x}$ =	14,33	-		-	
HARN	135,1	64,9	77,0	123,0	130,4	69,6	100,00	-	-	-

EINFLUSS DES ALTERS

	Maßeinheit		ROTWILD jung	ROTWILD mittel	ROTWILD alt	REHWILD jung	REHWILD mittel	REHWILD alt	GAMSWILD jung	GAMSWILD mittel	GAMSWILD alt	MUFFELWILD jung	MUFFELWILD mittel	MUFFELWILD alt
CALCIUM														
PANSENINHALT	g/kg Tr.S.	n	135	20	14	17	21	22	50	36	13	4	12	7
		$\bar{x}$	12,37	15,58	12,88	13,25	13,01	10,44	7,89	8,72	10,50	7,73	12,08	11,80
		$\pm s$	5,53	6,14	4,10	6,31	5,18	2,96	3,02	3,84	8,01	1,62	6,41	3,10
LEBER	g% R.A.	n	145	20	15	18	19	18	116	87	41	4	12	7
		$\bar{x}$	0,32	0,36	0,28	0,24	0,20	0,22	0,26	0,34	0,24	0,26	0,42	0,13
		$\pm s$	0,28	0,24	0,17	0,14	0,09	0,10	0,25	0,71	0,13	0,06	0,66	0,07
BLUTSERUM	mg %	n	109	14	10	17	18	16	62	32	10	4	9	3
		$\bar{x}$	10,70	10,65	8,78	10,74	11,53	11,23	11,58	11,00	11,58	11,23	12,23	10,47
		$\pm s$	2,05	3,89	1,06	2,52	3,12	1,89	2,89	1,69	1,36	1,12	1,25	0,35
HAAR	mg% fettfr. Tr.S.	n	98	13	11	14	16	13	47	33	6	3	7	5
		$\bar{x}$	164,02	203,54	195,82	146,86	125,44	153,38	280,12	247,25	229,66	452,67	214,86	198,20
		$\pm s$	84,43	110,25	87,59	91,26	117,43	134,39	150,26	110,42	106,89	107,47	125,11	111,71
HARN	mg %	n	9	1	1	6	7	9	25	24	9	-	5	2
		$\bar{x}$	32,33	57,00	65,00	28,33	39,00	33,00	45,61	108,74	117,50	-	23,40	29,00
		$\pm s$	19,93	-	-	17,37	36,67	17,57	51,58	97,67	57,76	-	13,70	1,41
PHOSPHOR			jung	mittel	alt	jung	mittel	alt	jung	mittel	alt	jung	mittel	alt
PANSENINHALT	g/kg Tr.S.	n	135	20	14	17	21	22	50	36	13	4	12	7
		$\bar{x}$	11,56	11,70	10,59	16,92	17,65	16,90	10,17	10,14	10,28	9,40	10,08	12,07
		$\pm s$	3,43	3,71	2,37	6,40	3,77	5,33	2,87	3,10	3,38	2,23	2,25	3,42
LEBER	g% R.A.	n	145	20	15	18	19	18	116	87	41	4	12	7
		$\bar{x}$	15,10	15,69	13,25	16,00	14,64	11,44	23,78	22,93	24,85	14,73	14,93	7,43
		$\pm s$	6,61	8,94	5,93	7,53	8,41	6,77	5,89	6,05	4,86	8,95	9,88	7,06
BLUTSERUM	mg %	n	108	14	10	17	18	16	69	39	15	4	9	3
		$\bar{x}$	11,41	12,61	7,82	9,96	11,32	10,66	11,71	10,28	10,31	8,83	12,52	14,30
		$\pm s$	5,13	5,69	2,85	3,04	5,13	3,84	6,10	3,40	3,93	2,59	5,44	2,04
HAAR	mg% fettfr. Tr.S.	n	98	13	11	13	16	12	47	33	6	3	7	5
		$\bar{x}$	18,34	15,85	17,30	31,38	31,09	29,77	21,99	20,69	15,14	30,53	35,21	32,84
		$\pm s$	8,94	7,06	5,56	12,78	9,57	10,99	13,87	9,90	2,52	4,90	11,15	12,50
HARN	mg %	n	8	1	1	5	6	9	22	23	8	-	3	2
		$\bar{x}$	3,09	1,70	0,30	0,62	1,62	2,28	1,21	1,08	2,60	-	1,97	2,05
		$\pm s$	4,00	-	-	0,24	1,59	5,62	3,00	1,21	4,03	-	1,27	1,20

EINFLUSS DES ALTERS

MAGNESIUM	Maßeinheit		ROTWILD jung	ROTWILD mittel	ROTWILD alt	REHWILD jung	REHWILD mittel	REHWILD alt	GAMSWILD jung	GAMSWILD mittel	GAMSWILD alt	MUFFELWILD jung	MUFFELWILD mittel	MUFFELWILD alt
PANSENINHALT	g/kg Tr.S.	n	135	20	14	17	21	22	50	36	13	4	12	7
		$\bar{x}$	3,29	3,41	3,45	3,26	3,36	3,36	2,33	2,50	2,52	2,88	3,08	2,46
		$\pm s$	1,34	1,66	1,53	1,13	1,11	1,10	0,96	1,68	1,72	1,03	0,58	0,97
LEBER	g% R.A.	n	145	20	15	18	19	18	116	87	41	4	12	7
		$\bar{x}$	1,17	1,10	1,07	1,11	1,11	1,26	1,34	1,21	1,20	1,39	1,01	0,63
		$\pm s$	0,47	0,49	0,39	0,49	0,43	0,52	0,33	0,64	0,42	0,24	0,37	0,43
BLUTSERUM	mg %	n	109	14	10	17	18	16	61	32	10	4	9	3
		$\bar{x}$	4,04	4,86	3,55	4,29	5,73	4,19	3,70	3,55	3,52	4,68	3,99	4,63
		$\pm s$	1,96	2,36	0,83	1,88	2,52	1,26	1,75	1,00	0,75	2,48	1,02	0,47
HAAR	mg% fettfr. Tr.S.	n	98	13	11	14	16	13	47	33	6	3	7	5
		$\bar{x}$	37,51	35,45	44,40	51,34	44,91	53,81	80,22	44,39	38,19	83,07	42,77	104,78
		$\pm s$	23,33	19,07	15,88	42,55	43,14	39,73	98,12	18,32	14,49	40,94	18,74	58,44
HARN	mg %	n	9	1	1	6	7	10	25	25	9	-	5	2
		$\bar{x}$	57,67	168,00	41,00	69,67	52,29	38,70	33,77	78,33	114,57	-	53,80	132,5[illegible]
		$\pm s$	52,03	-	-	77,29	25,68	26,10	27,23	120,82	168,59	-	33,30	67,1[illegible]

EINFLUSS DES ALTERS
(mittelalte Tiere = 100 %)

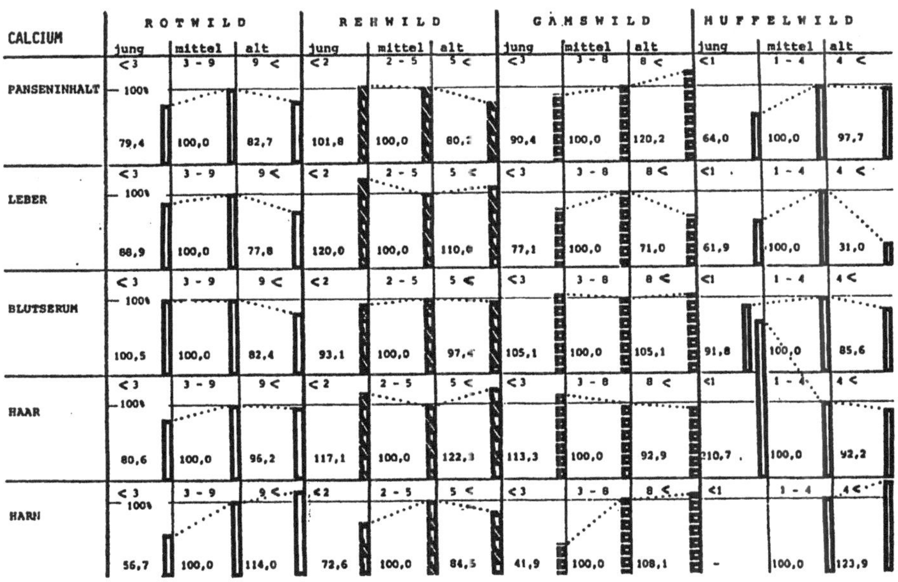

EINFLUSS DES ALTERS

(mittelalte Tiere = 100 %)

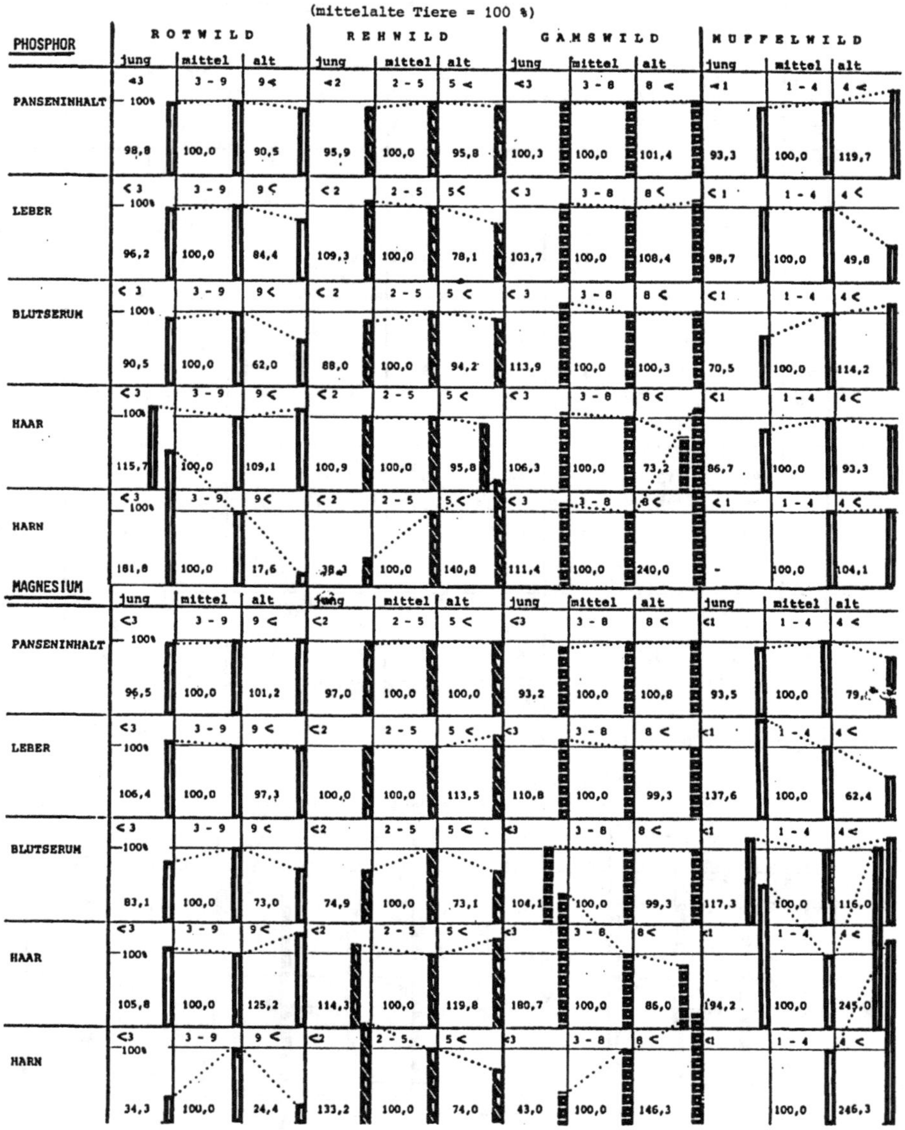

EINFLUSS DES LEBENSRAUMES

CALCIUM	Maß-einheit		ROTWILD n	x̄	± s	REHWILD n	x̄	± s	GAMSWILD n	x̄	± s	MUFFELWILD n	x̄	± s
PANSEN-INHALT	g/kg Tr.S.	Wegscheid	39	10,88	4,45									
		Blühnbach	14	15,00	5,58									
		Hollenstein	23	13,09	9,35									
		Ebenthal	18	15,85	6,22									
		Ebensee	40	13,07	5,27									
		Reichraming	13	14,02	3,95									
		Langau	30	14,39	7,66	11	12,83	5,80	12	9,43	3,79	10	9,30	6,61
		Dürre Wand	17	11,39	4,31	16	11,54	3,95	15	11,72	7,65			
		Gainfarn				2	13,15	2,19	5	12,06	5,43			
		Laab/Walde				29	12,00	5,71						
		Kaltenberg				9	14,92	4,60				13	12,73	3,14
		Mayrhofen							63	7,29	2,32			
LEBER	g% R.A.	Wegscheid	42	0,41	0,39									
		Blühnbach	14	0,34	0,13									
		Hollenstein	23	0,36	0,34									
		Ebenthal	17	0,30	0,14									
		Ebensee	42	0,29	0,18									
		Reichraming	13	0,37	0,25									
		Langau	32	0,31	0,24	11	0,19	0,06	12	0,99	1,91	10	0,47	0,72
		Dürre Wand	22	0,22	0,13	16	0,20	0,14	15	0,21	0,10			
		Gainfarn				2	0,18	0,06	5	0,20	0,09			
		Laab/Walde				19	0,27	0,11						
		Kaltenberg				8	0,24	0,17				13	0,18	0,10
		Mayrhofen							180	0,24	0,13			
BLUT-SERUM	mg %	Wegscheid	18	10,02	1,29									
		Hollenstein	20	9,66	1,50									
		Ebenthal	14	9,86	1,12									
		Ebensee	36	10,79	3,30									
		Reichraming	6	11,58	4,03									
		Langau	22	11,10	1,87	11	11,81	3,01	9	12,24	1,86	10	11,69	1,29
		Dürre Wand	21	10,75	1,77	14	10,38	1,94	5	12,76	4,54			
		Gainfarn				2	8,35	2,62	2	11,63	3,09			
		Laab/Walde				18	11,13	2,64						
		Kaltenberg				7	12,30	2,06				6	11,58	1,37
		Mayrhofen							64	11,45	2,49			
HAAR	mg% ffr. Tr.S.	Wegscheid	28	130,64	67,08									
		Hollenstein	19	189,00	98,97									
		Ebenthal	12	159,00	69,84									
		Ebensee	36	176,53	83,85									
		Reichraming	9	222,78	79,58									
		Langau	20	186,20	108,03	11	173,64	156,01	12	233,25	188,33	8	319,25	165,58
		Dürre Wand	16	142,44	70,55	11	188,55	162,38	10	284,00	194,60			
		Gainfarn				2	148,50	102,53	3	201,67	41,67			
		Laab/Walde				13	122,00	69,85						
		Kaltenberg				7	90,86	29,04				7	185,57	93,87
		Mayrhofen							44	267,41	126,18			
HARN	mg %	Hollenstein	8	28,63	21,82									
		Ebenthal	4	47,50	12,01									
		Reichraming	1	57,00	–									
		Langau	1	65,00	–	3	33,00	18,08	3	70,33	74,57	3	25,33	11,02
		Dürre Wand				8	40,63	34,91	6	155,17	127,71			
		Gainfarn							1	84,00	–			
		Laab/Walde				6	35,33	18,23						
		Kaltenberg				4	22,00	10,23				4	24,75	13,60
		Mayrhofen							43	76,12	75,09			

EINFLUSS DES LEBENSRAUMES

PHOSPHOR	Maß-einheit		ROTWILD n	x̄	± s	REHWILD n	x̄	± s	GAMSWILD n	x̄	± s	MUFFELWILD n	x̄	± s
PANSEN-INHALT	g/kg Tr.S.	Wegscheid	39	12,43	4,43									
		Blühnbach	14	9,96	4,33									
		Hollenstein	23	13,00	6,68									
		Ebenthal	18	10,63	2,33									
		Ebensee	40	10,80	2,89									
		Reichraming	13	12,38	4,25									
		Langau	30	12,13	2,94	11	18,54	3,26	12	10,89	3,78	10	9,48	2,01
		Dürre Wand	17	11,91	4,34	16	17,33	5,48	15	10,66	3,08			
		Gainfarn				2	14,10	4,53	5	8,84	1,68			
		Laab/Walde				29	16,34	5,39						
		Kaltenberg				9	19,41	2,72				13	11,40	3,00
		Mayrhofen							63	10,03	2,85			
LEBER	g% R.A.	Wegscheid	42	19,24	8,34									
		Blühnbach	14	18,92	8,60									
		Hollenstein	23	16,96	6,27									
		Ebenthal	17	14,54	4,71									
		Ebensee	42	13,36	6,97									
		Reichraming	13	17,52	6,21									
		Langau	32	14,71	7,23	11	14,70	8,88	12	16,68	7,43	10	15,20	9,45
		Dürre Wand	22	11,93	5,92	16	12,18	6,42	15	12,41	6,25			
		Gainfarn				2	13,10	2,40	5	11,60	7,35			
		Laab/Walde				19	15,51	8,32						
		Kaltenberg				8	13,59	7,72				13	10,62	8,94
		Mayrhofen							180	25,72	2,69			
BLUT-SERUM	mg%	Wegscheid	17	10,64	4,19									
		Hollenstein	20	11,57	8,55									
		Ebenthal	14	9,44	2,69									
		Ebensee	36	11,92	4,56									
		Reichraming	6	16,45	3,11									
		Langau	22	10,55	3,78	11	10,09	2,14	11	10,75	4,81	10	9,47	2,65
		Dürre Wand	21	10,96	4,90	14	8,95	2,75	14	12,62	7,04			
		Gainfarn				2	9,30	4,38	5	9,08	3,12			
		Laab/Walde				18	10,81	4,57						
		Kaltenberg				7	12,51	4,33				6	16,03	4,45
		Mayrhofen							68	11,41	5,17			
HAAR	mg% ffr. Tr.S.	Wegscheid	28	17,29	7,69									
		Hollenstein	19	13,88	5,42									
		Ebenthal	12	18,32	5,99									
		Ebensee	36	18,74	11,78									
		Reichraming	9	15,71	1,61									
		Langau	20	21,75	8,04	11	25,90	5,88	12	21,30	7,60	8	29,69	4,66
		Dürre Wand	16	19,08	7,16	11	28,16	10,28	10	29,90	25,86			
		Gainfarn				2	16,65	2,19	3	19,10	10,27			
		Laab/Walde				12	39,52	11,23						
		Kaltenberg				6	32,08	8,61				7	37,83	13,35
		Mayrhofen							44	16,34	3,58			
HARN	mg%	Hollenstein	7	6,03	10,05									
		Ebenthal	4	4,65	4,47									
		Reichraming	1	1,70	–									
		Langau	1	0,30	–	3	0,80	0,82	3	0,70	0,66	2	1,85	1,77
		Dürre Wand				8	3,03	5,86	6	0,43	0,48			
		Gainfarn							1	3,50	–			
		Laab/Walde				4	0,35	0,44						
		Kaltenberg				4	1,13	1,38				3	2,10	[illegible]
		Mayrhofen							38	1,97	3,95			

EINFLUSS DES LEBENSRAUMES

rel. % zum Mittelwert aller Reviere - nach Tierarten getrennt

CALCIUM	Maß-einheit	Tierart	x̄ aller Reviere 100% =	Wegscheid	Blühnbach	Hollenstein	Ebenthal	Ebensee	Reichraming	Langau	Dürre Wand	Gainfarn	Laab/Walde	Kaltenberg	Mayrhofen
PANSEN-INHALT	g/kg Tr.S.	Rotwild	13,64	79,8	110,0	96,0	116,2	95,8	102,8	105,5	83,5				
		Rehwild	12,88							99,6	89,6	102,1	93,2	115,8	
		Gamswild	9,48							93,4	116,0	119,4			72,0
		Muffelwild	11,01							84,5				115,6	
LEBER	g% R.A.	Rotwild	0,33	124,5	103,0	109,1	90,9	87,9	112,1	93,9	66,7				
		Rehwild	0,22							86,4	90,9	81,8	122,7	109,1	
		Gamswild	0,40							241,5	51,2	48,8			58,5
		Muffelwild	0,33							142,4				54,5	
BLUTSERUM	mg %	Rotwild	10,54	95,1	-	91,7	93,5	102,4	109,9	105,3	102,0				
		Rehwild	10,79							109,5	96,2	77,4	103,2	114,0	
		Gamswild	11,76							101,8	106,2	96,8			95,3
		Muffelwild	11,64							100,4				99,5	
HAAR	mg% fettfr. Tr.S.	Rotwild	172,37	81,0	-	109,6	92,2	102,4	129,2	108,0	82,6				
		Rehwild	144,71							120,0	130,3	102,6	84,3	62,8	
		Gamswild	252,12							94,6	115,2	81,8			108,4
		Muffelwild	252,41							126,5				73,5	
HARN	mg %	Rotwild	49,53	-	-	87,8	96,0	-	115,1	131,1					
		Rehwild	32,74							100,8	124,1	-	108,0	67,2	
		Gamswild	86,82							73,0	161,0	87,1			79,0
		Muffelwild	25,04							101,2				98,8	

PHOSPHOR	Maß-einheit	Tierart	x̄ aller Reviere 100% =	Wegscheid	Blühnbach	Hollenstein	Ebenthal	Ebensee	Reichraming	Langau	Dürre Wand	Gainfarn	Laab/Walde	Kaltenberg	Mayrhofen
PANSEN-INHALT	g/kg Tr.S.	Rotwild	11,66	106,6	85,4	111,5	91,2	92,6	106,2	104,0	102,1				
		Rehwild	8,29							108,4	101,3	82,5	95,6	113,5	
		Gamswild	9,71							107,8	105,5	87,5			99,3
		Muffelwild	10,44							90,8				109,2	
LEBER	g% R.A.	Rotwild	15,89	121,1	119,1	106,7	91,5	84,1	110,3	92,6	75,1				
		Rehwild	13,81							106,4	88,2	94,9	112,3	98,4	
		Gamswild	17,06							100,5	74,8	69,9			54,9
		Muffelwild	12,91							117,7				82,3	
BLUTSERUM	mg %	Rotwild	11,64	91,4	-	99,4	81,1	102,4	141,3	90,6	94,2				
		Rehwild	10,31							97,9	86,8	90,2	104,8	121,3	
		Gamswild	10,76							98,1	115,1	82,8			104,1
		Muffelwild	12,75							74,3				125,7	
HAAR	mg% fettfr. Tr.S.	Rotwild	17,82	97,0	-	77,9	102,8	105,2	88,2	122,1	107,1				
		Rehwild	28,46							91,0	99,0	58,5	138,9	112,7	
		Gamswild	22,47							98,0	137,8	88,0			75,3
		Muffelwild	33,76							88,0				112,1	
HARN	mg %	Rotwild	4,13	-	-	146,0	112,6	-	41,2	-					
		Rehwild	1,32							60,6	229,5	-	26,5	85,6	
		Gamswild	1,53							42,4	26,0	212,1			119,
		Muffelwild	1,97							94,0				106,6	

EINFLUSS DES LEBENSRAUMES

MAGNESIUM	Maß-einheit		ROTWILD n	ROTWILD x̄	ROTWILD ± s	REHWILD n	REHWILD x̄	REHWILD ± s	GAMSWILD n	GAMSWILD x̄	GAMSWILD ± s	MUFFELWILD n	MUFFELWILD x̄	MUFFELWILD ± s
PANSEN-INHALT	g/kg Tr.S.	Wegscheid	39	3,28	1,36									
		Blühnbach	14	4,12	1,24									
		Hollenstein	23	3,78	2,12									
		Ebenthal	18	3,79	1,46									
		Ebensee	40	3,34	1,56									
		Reichraming	13	2,95	0,77									
		Langau	30	3,19	1,19	11	3,18	0,71	12	2,93	1,16	10	2,90	0,81
		Dürre Wand	17	3,15	1,18	16	4,13	1,30	15	3,79	1,51			
		Gainfarn				2	3,70	1,56	5	4,48	2,39			
		Laab/Walde				29	2,79	0,88						
		Kaltenberg				9	3,72	0,89				13	2,82	0,83
		Mayrhofen							63	1,82	0,71			
LEBER	g% R.A.	Wegscheid	42	1,30	0,75									
		Blühnbach	14	1,20	0,39									
		Hollenstein	23	1,28	0,44									
		Ebenthal	17	1,03	0,35									
		Ebensee	42	1,05	0,37									
		Reichraming	13	1,19	0,55									
		Langau	32	1,25	0,42	11	1,02	0,34	12	1,65	1,36	10	1,13	0,41
		Dürre Wand	22	1,07	0,43	16	1,12	0,27	15	1,17	0,41			
		Gainfarn				2	1,60	0,72	5	1,00	0,23			
		Laab/Walde				19	1,28	0,65						
		Kaltenberg				8	1,06	0,39				10	0,83	0,44
		Mayrhofen							180	1,24	0 39			
BLUT-SERUM	mg %	Wegscheid	18	3,88	1,40									
		Hollenstein	20	4,01	2,05									
		Ebenthal	14	3,61	0,78									
		Ebensee	36	4,46	2,77									
		Reichraming	6	4,93	0,77									
		Langau	22	3,35	0,73	11	4,79	3,13	9	3,94	1,21	10	4,17	1,63
		Dürre Wand	21	4,47	1,95	14	4,96	1,58	5	7,03	4,20			
		Gainfarn				2	3,95	0,92	2	4,11	0,94			
		Laab/Walde				18	4,54	2,11						
		Kaltenberg				7	4,64	0,92				6	4,47	0,98
		Mayrhofen							63	3,25	0,91			
HAAR	mg% ffr. Tr.S.	Wegscheid	28	29,65	14,10									
		Hollenstein	19	46,23	33,86									
		Ebenthal	12	32,18	18,65									
		Ebensee	36	35,95	16,85									
		Reichraming	9	39,89	17,06									
		Langau	20	46,63	25,86	11	44,05	52,69	12	58,70	45,51	8	55,13	35,59
		Dürre Wand	16	33,79	17,87	11	57,72	39,67	10	146,59	170,73			
		Gainfarn				2	49,75	5,73	3	58,97	16,93			
		Laab/Walde				13	55,79	45,54						
		Kaltenberg				7	39,36	15,21				7	90,21	53,81
		Mayrhofen							44	36,23	15,52			
HARN	mg %	Hollenstein	8	35,13	39,10									
		Ebenthal	4	120,00	48,42									
		Reichraming	1	53,00	-									
		Langau	1	41,00	-	3	15,67	4,62	3	61,67	56,41	3	93,33	15,57
		Dürre Wand				9	52,67	29,67	7	165,86	174,36			
		Gainfarn							1	630,00	-			
		Laab/Walde				6	79,50	72,04						
		Kaltenberg				4	35,00	13,49				4	104,00	58,14
		Mayrhofen							43	39,58	27,62			

EINFLUSS DES LEBENSRAUMES

rel. % zum Mittelwert aller Reviere - nach Tierarten getrennt

MAGNESIUM	Maß-einheit	Tierart	x̄ aller Reviere 100% =	Wegscheid	Blühnbach	Hollenstein	Ebenthal	Ebensee	Reichraming	Langau	Dürre Wand	Gainfarn	Laab/Walde	Kaltenberg	Mayrhofen
PANSEN-INHALT	g/kg Tr.S.	Rotwild	3,45	95,1	119,4	109,6	109,9	96,8	85,5	92,5	91,3				
		Rehwild	3,50							90,9	117,7	105,7	79,7	106,3	
		Gamswild	3,26							89,9	116,3	137,4			55,8
		Muffelwild	2,86							101,4				98,6	
LEBER	g% R.A.	Rotwild	1,18	110,2	101,7	108,5	91,5	89,8	100,9	105,9	90,7				
		Rehwild	1,21							84,3	92,6	132,2	105,8	87,6	
		Gamswild	1,27							129,9	92,1	78,7			97,6
		Muffelwild	0,98							115,3				84,7	
BLUTSERUM	mg %	Rotwild	4,10	94,6	-	97,8	88,0	108,8	120,2	81,7	109,0				
		Rehwild	4,57							104,8	108,5	86,4	99,3	101,5	
		Gamswild	4,58							86,0	153,5	89,7			71,0
		Muffelwild	4,32							96,5				103,4	
HAAR	mg% fettfr. Tr.S.	Rotwild	37,76	78,5	-	122,4	85,2	95,2	105,6	123,5	89,5				
		Rehwild	49,33							89,3	117,0	100,9	113,1	79,8	
		Gamswild	75,12							78,1	195,1	78,5			48,2
		Muffelwild	72,67							75,9				124,1	
HARN	mg %	Rotwild	62,28			56,4	193,0		85,1	65,8					
		Rehwild	45,71							34,3	115,2		173,9	76,6	
		Gamswild	89,00							69,3	186,4				44,5
		Muffelwild	98,66							94,6				105,4	

EINFLUSS DER JAHRESZEIT

CALCIUM	Maßeinheit		ROTWILD				REHWILD				GAMSWILD				MUFFELWILD			
			Winter	Frühling	Sommer	Herbst	Winter	Frühling	Sommer	Herbst	Winter	Frühling	Sommer	Herbst	Winter	Frühling	Sommer	Herbst
PANSEN-INHALT	g/kg Tr.S.	n	57	48	51	40	14	10	19	25	32	27	22	17	12	5	3	3
		x̄	13,39	9,06	12,26	18,87	11,90	9,62	11,57	14,24	9,15	7,34	7,61	10,54	11,38	9,46	7,60	17,27
		±s	5,66	2,37	4,91	7,31	5,42	3,44	2,68	6,47	5,41	2,70	3,78	4,09	5,79	3,19	1,01	0,83
LEBER	g% R.A.	n	61	49	53	44	11	10	17	19	91	47	33	73	12	5	3	3
		x̄	0,36	0,29	0,30	0,35	0,15	0,20	0,24	0,27	0,26	0,27	0,49	0,24	0,37	0,21	0,24	0,25
		±s	0,36	0,16	0,24	0,23	0,06	0,11	0,13	0,13	0,25	0,17	1,13	0,15	0,68	0,13	0,06	0,02
BLUTSERUM	mg %	n	39	40	42	18	11	10	15	17	28	30	23	22	7	4	3	2
		x̄	9,75	10,12	11,11	11,36	9,71	11,57	11,23	11,71	12,01	10,38	11,71	11,83	11,57	11,30	11,60	12,70
		±s	1,57	1,19	2,19	4,44	2,55	2,83	1,99	2,57	2,11	3,02	1,59	2,50	1,49	1,40	0,69	1,27
HAAR	mg% fettfr. Tr.S.	n	41	38	34	28	9	9	15	12	18	30	26	12	9	4	1	1
		x̄	179,63	162,16	162,38	165,39	92,56	152,67	147,27	183,50	267,72	284,47	271,96	189,92	223,00	402,00	75,00	163,00
		±s	84,74	84,72	108,15	58,72	32,59	93,66	127,88	161,98	112,00	122,94	165,99	92,42	112,02	157,74	-	-
HARN	mg %	n	3	8	1	2	2	4	11	5	18	17	17	7	4	-	2	1
		x̄	29,33	39,63	53,00	41,50	33,00	29,75	33,73	36,80	145,83	80,65	24,71	56,43	20,75	-	28,00	36,00
		±s	6,03	26,38	-	21,92	24,04	17,48	17,11	44,41	83,41	75,49	31,79	55,56	11,35	-	14,14	-

EINFLUSS DER JAHRESZEIT

PHOSPHOR	Maßeinheit		R O T W I L D				R E H W I L D				G A M S W I L D				M U F F E L W I L D			
			Winter	Frühling	Sommer	Herbst	Winter	Frühling	Sommer	Herbst	Winter	Frühling	Sommer	Herbst	Winter	Frühling	Sommer	Herbst
PANSEN-INHALT	g/kg Tr.S.	n	57	48	51	40	14	10	19	25	32	27	22	17	12	5	3	3
		$\bar{x}$	10,31	9,77	13,34	14,04	16,46	15,55	17,56	17,77	9,13	8,40	12,95	11,42	10,45	12,88	8,40	9,33
		$\pm s$	2,24	2,90	3,12	6,18	5,17	4,92	5,12	4,98	2,77	1,63	1,93	1,88	4,42	0,36	1,00	
LEBER	g% R.A.	n	61	49	53	44	11	10	17	19	91	47	33	73	12	5	3	3
	1	$\bar{x}$	16,39	16,30	14,64	15,44	13,75	8,27	16,96	14,21	24,67	20,44	21,33	25,57	11,24	5,22	19,27	23,73
		$\pm s$	7,30	7,38	6,78	8,42	7,18	3,76	7,49	8,25	4,84	6,29	7,39	4,56	8,32	6,06	9,05	2,23
BLUTSERUM	mg %	n	39	40	41	18	11	10	15	17	37	33	28	24	7	4	3	2
		$\bar{x}$	10,14	11,04	11,53	13,63	9,71	11,57	11,23	11,71	10,67	9,98	11,16	13,28	11,83	9,33	10,43	19,75
		$\pm s$	3,41	4,57	6,49	5,27	2,55	2,83	1,99	2,57	4,41	4,52	3,09	8,00	3,67	3,38	1,29	7,00
HAAR	mg% fettfr. Tr.S.	n	41	38	34	28	9	9	13	12	18	30	26	12	9	4	1	1
		$\bar{x}$	18,12	16,68	19,24	18,35	26,21	24,26	36,92	32,36	17,76	17,02	25,69	27,71	34,99	25,18	34,30	52,40
		$\pm s$	10,50	7,24	8,59	6,67	9,44	5,82	9,88	12,03	3,53	5,17	11,56	24,21	8,95	7,58	-	-
HARN	mg %	n	3	7	1	2	2	4	11	3	17	18	15	4	2	-	2	1
		$\bar{x}$	2,80	2,13	10,00	14,75	0,70	0,23	2,43	1,43	0,71	2,39	1,37	3,60	2,05	-	1,85	2,20
		$\pm s$	3,33	3,09	-	18,46	0,14	0,17	5,02	1,70	0,71	4,80	3,01	3,60	1,20	-	1,77	-

MAGNESIUM	Maßeinheit		Winter	Frühling	Sommer	Herbst	Winter	Frühling	Sommer	Herbst	Winter	Frühling	Sommer	Herbst	Winter	Frühling	Sommer	Herbst
PANSEN-INHALT	g/kg Tr.S.	n	57	48	51	40	14	10	19	25	32	27	22	17	12	5	3	3
		$\bar{x}$	3,00	2,72	3,61	4,57	2,91	3,30	3,78	3,22	2,26	1,85	2,73	3,24	2,53	3,34	2,97	3,23
		$\pm s$	1,11	1,21	1,20	1,70	0,83	1,26	0,81	1,29	1,47	0,70	1,48	1,37	0,82	0,95	0,12	0,40
LEBER	g% R.A.	n	61	49	53	44	11	10	17	19	91	47	33	73	12	5	3	3
		$\bar{x}$	1,02	1,23	1,23	1,27	0,92	1,03	1,24	1,28	1,13	1,32	1,58	1,27	0,78	0,99	1,35	1,25
		$\pm s$	0,61	0,47	0,30	0,55	0,39	0,32	0,24	0,66	0,38	0,33	0,81	0,40	0,39	0,59	0,03	0,27
BLUTSERUM	mg %	n	39	40	42	18	11	10	15	17	27	30	23	22	7	4	3	2
		$\bar{x}$	4,03	3,51	4,07	5,56	5,30	5,75	4,17	4,23	3,60	3,45	3,42	4,15	4,43	3,80	4,97	3,70
		$\pm s$	1,11	0,97	2,00	3,52	1,64	3,00	1,08	2,07	0,77	1,10	1,14	2,51	0,62	1,26	2,89	1,41
HAAR	mg% fettfr. Tr.S.	n	41	38	34	28	9	9	15	12	18	30	26	12	9	4	1	1
		$\bar{x}$	37,86	36,72	39,19	34,36	55,98	37,36	48,56	57,86	43,18	47,44	102,92	46,06	77,40	75,55	20,30	53,40
		$\pm s$	16,26	21,23	30,91	15,18	45,22	13,27	38,50	53,16	21,34	16,31	126,37	27,88	50,40	48,95	-	-
HARN	mg %	n	3	8	1	2	2	4	12	5	18	18	17	7	4	-	2	1
		$\bar{x}$	75,33	36,88	155,00	89,50	27,00	58,50	37,50	86,60	90,89	47,89	64,41	43,86	107,25	-	32,00	41,00
		$\pm s$	57,49	20,04	-	111,02	8,49	23,92	25,94	78,23	121,65	29,17	147,82	41,44	53,64	-	12,73	-

EINFLUSS DER JAHRESZEIT

bezogen auf das Jahresmittel $\bar{x} = \frac{\not{o}W + \not{o}F + \not{o}S + \not{o}H}{4} = 100\ \%$

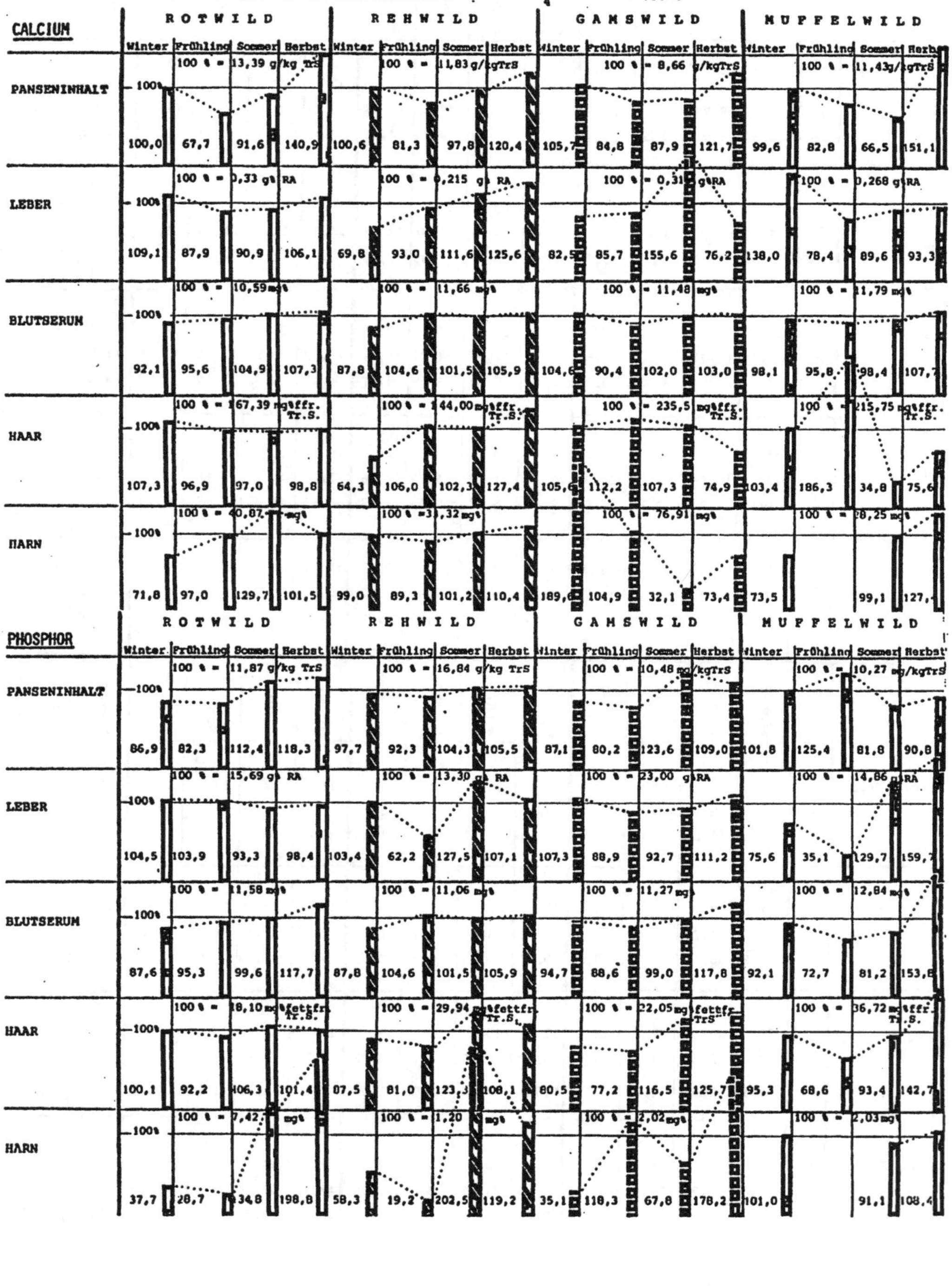

EINFLUSS DER JAHRESZEIT

bezogen auf das Jahresmittel $\bar{x} = \frac{\emptyset W + \emptyset F + \emptyset S + \emptyset H}{4} = 100\ \%$

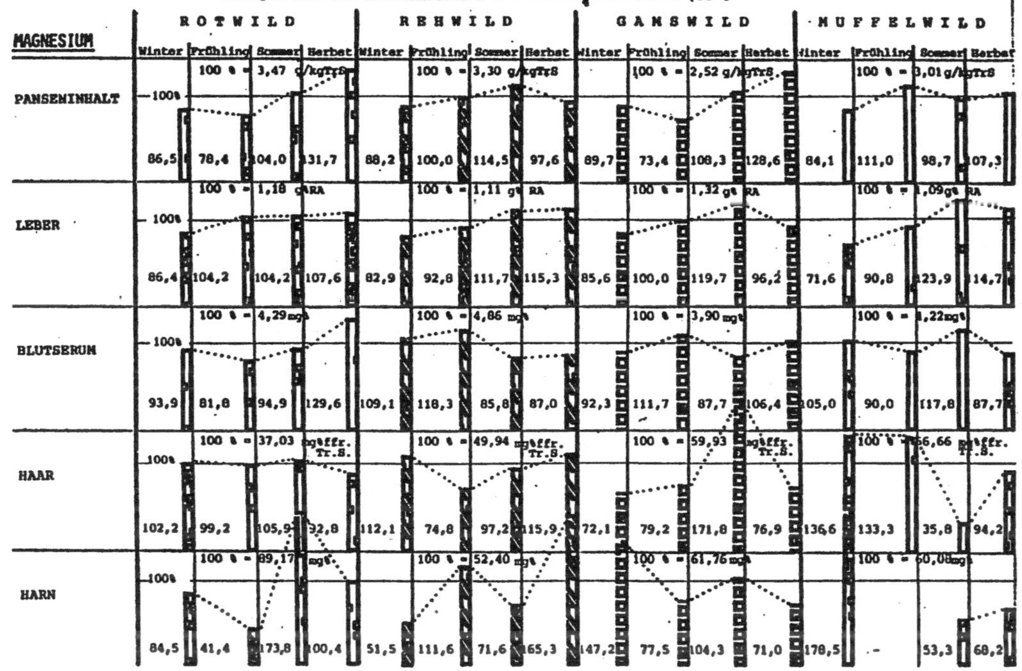

EINFLUSS VERSCHIEDENER FAKTOREN AUF
EINZELNE PARAMETER
(ausgedrückt in Relativprozenten)

R O T W I L D		Geschlecht	Alter	Lebensraum	Jahreszeit	Summe der anderen Einflüsse, z.B. individuelle
PANSENINHALT	Calcium	10	5	10	30	45
	Phosphor	10	2	1	28	59
	Magnesium	14	3	4	41	38
LEBER	Calcium	19	28	15	22	16
	Phosphor	4	8	0	4	84
	Magnesium	3	24	11	3	59
BLUTSERUM	Calcium	2	7	1	4	86
	Phosphor	12	8	5	7	68
	Magnesium	9	17	25	24	25
HAAR	Calcium	8	43	12	13	24
	Phosphor	5	8	14	13	60
	Magnesium	0	54	35	11	0
HARN	Calcium	6	68	26	0	0
	Phosphor	28	31	14	0	27
	Magnesium	18	32	12	0	28

EINFLUSS VERSCHIEDENER FAKTOREN AUF
EINZELNE PARAMETER
(ausgedrückt in Relativprozenten)

R E H W I L D		Geschlecht	Alter	Lebensraum	Jahreszeit	Summe der anderen Einflüsse, z.B. individuelle
PANSENINHALT	Calcium	33	3	13	13	38
	Phosphor	20	3	9	6	62
	Magnesium	24	8	35	12	21
LEBER	Calcium	28	2	25	27	18
	Phosphor	8	7	18	14	53
	Magnesium	24	5	17	18	36
BLUTSERUM	Calcium	7	1	10	14	68
	Phosphor	8	1	35	16	40
	Magnesium	17	1	8	29	45
HAAR	Calcium	43	4	7	46	0
	Phosphor	8	4	15	24	49
	Magnesium	54	8	19	19	0
HARN	Calcium	72	0	11	17	4
	Phosphor	31	0	55	14	0
	Magnesium	32	3	20	45	0

EINFLUSS VERSCHIEDENER FAKTOREN AUF
EINZELNE PARAMETER
(ausgedrückt in Relativprozenten)

GAMSWILD		Geschlecht	Alter	Lebensraum	Jahreszeit	Summe der anderen Einflüsse, z.B. individuelle
PANSENINHALT	Calcium	2	21	58	11	8
	Phosphor	0	6	0	29	65
	Magnesium	5	9	66	20	0
LEBER	Calcium	15	2	80	3	0
	Phosphor	0	1	79	3	17
	Magnesium	11	4	11	11	63
BLUTSERUM	Calcium	1	2	8	0	89
	Phosphor	5	4	3	15	73
	Magnesium	24	2	62	5	7
HAAR	Calcium	12	16	5	29	38
	Phosphor	14	6	49	26	5
	Magnesium	35	13	52	0	0
HARN	Calcium	28	11	20	41	0
	Phosphor	14	16	29	41	0
	Magnesium	12	9	73	6	0

EINFLUSS VERSCHIEDENER FAKTOREN AUF
EINZELNE PARAMETE
(ausgedrückt in Relativprozenten)

MUFFELWILD		Geschlecht	Alter	Lebensraum	Jahreszeit	Summe der anderen Einflüsse, z.B. individuelle
PANSENINHALT	Calcium	10	5	80	5	0
	Phosphor	22	10	35	8	25
	Magnesium	0	16	62	13	9
LEBER	Calcium	22	7	65	6	0
	Phosphor	4	16	51	29	0
	Magnesium	3	36	0	28	33
BLUTSERUM	Calcium	4	14	78	4	0
	Phosphor	7	3	82	8	0
	Magnesium	24	11	56	9	0
HAAR	Calcium	13	2	85	0	0
	Phosphor	13	2	79	6	0
	Magnesium	11	7	74	8	0
HARN	Calcium	0	29	47	24	0
	Phosphor	0	32	0	19	49
	Magnesium	0	38	50	12	0

zwischen den Tierarten sowie die differierenden Bedarfswerte zurückzuführen.

Um individuelle Einflüsse auszuschalten, sollte eine Beurteilung eines Lebensraumes immer auf der Untersuchung einer möglichst großen Tierzahl beruhen. Außerdem sollte man zur Interpretation der Calcium-, Phosphor- und Magnesiumstoffwechselsituation auch stets die Gesamternährungssituation (Leistung, Bedarf, Qualität und Quantität des gesamten Nahrungsangebotes) prüfen. Von besonderer Bedeutung ist aber, daß bei der Beurteilung eines Lebensraumes immer die Jahreszeit berücksichtigt wird.

E) <u>EINFLUSS DER JAHRESZEIT</u>

Die Unterteilung in die vier Jahreszeiten erfolgte abweichend vom Kalenderjahr in der nachstehenden Gliederung:

Winter:	November, Dezember, Januar
Frühling:	Februar, März, April
Sommer:	Mai, Juni, Juli
Herbst:	August, September, Oktober.

Bei allen untersuchten Wildarten bestehen sowohl im Panseninhalt, der Leber, dem Blutserum, dem Haar als auch im Harn im Hinblick auf die Calcium-, Phosphor- und Magnesiumkonzentration deutliche jahreszeitliche Unterschiede. Besonders die Änderung der chemischen Zusammensetzung des Panseninhaltes verläuft synchron mit der vegetationsbedingten Änderung des Nähr- und Mineralstoffgehaltes der Nahrungspflanzen (Onderscheka et al., 1968; Becker, 1969; Müller et al., 1971; Onderscheka, 1972; Onderscheka, 1972; Anke, 1973; Onderscheka, 1976a). Dort, wo sich dennoch geringe Abweichungen ergeben, rühren sie daher, daß den Tieren zum Beispiel während der Winterperiode andere Pflanzen als Nahrung dienen als beispielsweise im Sommer. Außerdem bewohnt das Wild, soweit es in der heutigen Kulturlandschaft überhaupt noch möglich ist, zu den verschiedenen Jahreszeiten auch jeweils andere Lebensräume.

F) <u>ANTEIL DER GEPRÜFTEN EINFLÜSSE AUF EINZELNE PARAMETER</u>

Im Zuge dieser Untersuchungen konnten mehr oder minder große Abhängigkeiten einzelner physiologischer Parameter von der Tierart, dem Geschlecht, dem Lebensalter, dem Lebensraum oder der Jahreszeit festgestellt werden. Diese Erkenntnisse weisen darauf hin, daß, bedingt durch die Verhältnisse in der freien Wildbahn, kaum die Möglichkeit besteht, die einzelnen Kriterien unabhängig voneinander zu testen. Schon aus diesem Grund ist es von großer Bedeutung, über Art und Größe des Einzeleinflusses auf den Gesamtwert möglichst genau Bescheid zu wissen. Nur so ist es möglich, Einzelkriterien entsprechend einzustufen, was gleichermaßen für die Umweltforschung, die Wildbewirtschaftung und andere Wissensgebiete von entscheidender Bedeutung ist.

Mit Hilfe der multiplen Regressionsanalyse ist es möglich, die einzelnen Einflüsse zu wichten. Die Berechnungen haben ergeben, daß der gleiche Faktor (zum Beispiel Geschlecht, Alter, Lebensraum oder Jahreszeit) sowohl auf die einzelnen Tierarten als auch auf bestimmte Parameter einen unterschiedlich großen Einfluß hat.

<u>Zusammenfassung</u>:

<u>Beitrag zur medizinisch-chemischen Prüfung des Calcium-, Phosphor- und Magnesiumstoffwechels bei wildlebenden Tieren</u>

Bei 207 Stück Rotwild, 68 Rehen, 246 Gemsen, 23 Mufflons und 9 Stück Steinwild wurde der Calcium-, Phosphor- und Magnesiumanteil im Panseninhalt, in der Leber, im Blut, Haar und Harn geprüft und der jeweilige Mittelwert berechnet. Die Untersuchungsergebnisse wurden nach Geschlecht, Alter, Lebensraum und Jahreszeit geordnet und der Einfluß dieser Kriterien auf die einzelnen vorgenannten Parameter geprüft. Da aber immer mehrere Faktoren gleichzeitig auf das Einzeltier einwirken, wurde auch der Anteil des Einzelfaktors auf den Gesamtwert berechnet.

Summary:

Medico-Chemical Testing of Calcium, Phosphorus, and Magnesium Metabolism in Wild-Living Animals

Twohundred-seven heads of red deer, 68 roes, 246 chamois, 23 mufflons, and nine heads of ibex were tested for calcium, phosphorus, and magnesium levels in rumen matter, liver, blood, hair, and urine. Mean values were calculated for all items. The results were listed by sex, age, habitat, and season, and the potential effects of these criteria on the above parameters were elucidated. However, the role played by one individual factor in the context of the totel value was also calculated, since the individual animal aleays is exposed to several factors at any given time.

Résumé:

Contribution à l'analyse médico-chimique du métabolisme de calcium, phosphore et magnésium chez des animaux sauvages

207 cervidés, 68 chevreuils, 246 chamoix, 23 mouflons et 9 bouquetins ont été examinés à propos de la teneur en calcium, en phosphore et en magnésium du contenu de leur panse, dans le foie, dans le sang, dans le pelage et dans l'urine pour arriver à en déterminer les valeurs moyennes. Or, les résultats des analyses ont été classés selon le sexe, l'âge, l'espace vital et la saison, et l'influence de ces critères sur les différents paramètres sus-mentionnés a été également objet d'un examen. Mais puisque plusieurs facteurs agissent toujours simultanément sur l'animal pris individuellement, l'auteur a calculé aussi la part du facteur individuel à la valeur totale.

Резюме:

К медицинско-биохимической проверке обмена кальции, фосфора и магнии у диких животных

У 207 штук красной дичи, 68 косулей, 246 серней, 23 муфлона и 9 каменных козлов определился состав кальции, фосфора, магнии в содержимом рубца, печени, крови, волосах и моче. Результаты исследований распределились по полу, возрасте, месту обитания и времени года и исследовалось влияние этих критерий на отдельные названные выше параметры. Поскольку всегда несколько факторов действует одновременно на одно животное вычислялась доля каждого отдельного фактора на общий результат.

Literatur:

ANKE, M. und E. BRÜCKNER (1973): Der Mengen- und Spurenelementegehalt verschieden frequentierter Äsungspflanzen des Rotwildes und des Rothirschgeweihs unterschiedlicher Qualität. Beiträge zur Jagd- und Wildforschung 8, 21-32.

ANKE, M., BRIEDERMANN, L. und A. SIEFKE (1973): Der Mengen- und Spurenelementegehalt verschiedener Körperteile einjähriger Rehböcke auf fünf verschiedenen Standorten und ihre Beziehungen zur Körpermasse und Gehörnqualität. Beiträge zur Jagd- und Wildforschung 8, 131-154.

BECKER, M. und K. NEHRING (1969): Handbuch der Futtermittel, 1. Band. Hamburg-Berlin: Paul Parey.

BERSIN, Th. (1963): Biochemie der Spurenelemente. Frankfurt (Main): Akad.Verlags-Ges.

BRONSCH, K. (1969): Pathophysiologie der Haustiere, von H. Spörri und H. Stünzi. Hamburg-Berlin: Paul Parey.

DRESCHER-KADEN, U. (1974): Vergleichende hämatologische Untersuchungen an wildlebenden Wiederkäuern (Rotwild, Rehe, Gemsen, Rentiere). 3. Mitteilung: Der Gehalt an Calcium, Magnesium, anorganisch gebundenem Phosphor sowie die Aktivität der alkalischen Phosphatase im Plasma. Zschr. Jagdwiss. 20, 192-201.

GÜNTHER, K. D. (1972): Handbuch der Tierernährung, von W. Lenkeit und K. Breirem. Hamburg-Berlin: Paul Parey.

KOLB, E. und H. GÜRTLER (1971): Ernährungsphysiologie der landwirtschaftlichen Nutztiere. Jena: Gustav Fischer.

MÜLLER, H. L., VOIGTLÄNDER, G. und M. KIRCHGESSNER (1971): Das Wirtschaftseigene Futter 17, 165-178.

NEHRING, K. (1960): Agrikulturchemische Untersuchungsmethoden für Dünge- und Futtermittel, Boden und Milch. Hamburg-Berlin: Paul Parey.

NIE, N. M. (1975): SPSS-Statistical Package for the Social Sciences, 2nd Ed. McGraw-Hill.

ONDERSCHEKA, K., KUTZER, E. und H. E. RICHTER (1968): Die Räude der Gemse und ihre Bekämpfung; II. Zusammenhänge zwischen Ernährung und Räude. Zschr.Jagdwiss. 14, 12-27.

ONDERSCHEKA, K. (1972): Rotwildernährung und ihre Probleme. Österreichs Weidwerk, H. 2, 50-53.

ONDERSCHEKA, K. (1973): Neue Erkenntnisse in der Rotwildernährung und ihre Nutzanwendung im Rahmen einer wirtschaftlichen Fütterung. Tagungsbericht der Wintertagung 1973 der Österreichischen Gesellschaft für Land- und Forstwirtschaftspolitik, 276-287.

ONDERSCHEKA, K. (1976): Ernährungsprobleme beim Gamswild. Die Bodenkultur 27, 97-106.

ONDERSCHEKA, K., GATTINGER, G. und W. KLÄRING (1976): Beitrag zur Festlegung physiologischer Normalwerte beim Gamswild. Tagungsbericht 2. Internationales Gamswildtreffen in Bled.

ONDERSCHEKA, K., GATTINGER, G., FELDBACHER, P. und W. KLÄRING (1976): Vorläufige Ergebnisse des Gamsräudeforschungsprojektes Zillertal/Tirol. Tagungsbericht 2. Internationales Gamswildtreffen in Bled.

ONDERSCHEKA, K., GATTINGER, G., FELDBACHER, P. und W. KLÄRING (1978): Zusammenhänge zwischen Ernährungsstoffwechsel und Räude der Gemse (Rupicapra rupicapra rupicapra Linné 1758). Verhandlungsber. XX. Internat. Symp. Erkrankungen Zootiere, Dvur Králové, 149-158.

PIRINGER, W. und W. PILGERSTORFER (1953): Laboratoriumsdiagnostik. Wien-Innsbruck: Urban und Schwarzenberg.

RERABEK, J. und A. BUBENIK (1956): Untersuchungen des Mineralstoffwechsels bei Geweihträgern mittels radioaktiven Isotopen. Zschr.Jagdwiss. 2, 119-123.

SMITH, H. and J. H. TAYLOR (1961): Effect of Feeding Two Levels of Dietary Calcium on the Growth of Broiler Chickens. Nature 190, 1200.

STUBBE, I., STUBBE, W. und G. STUBBE (1975): Morphologische, chemische und serologische Blutuntersuchungen bei Reh- und Muffelwild. Beiträge zur Jagd- und Wildforschung 9, 225-266.

WIESNER, E. (1967): Ernährungsschäden der landwirtschaftlichen Nutztiere. Jena: Gustav Fischer.

Anschrift der Verfasser: o. Univ. Prof. Dr. K. Onderscheka,
Forschungsinstitut für Wildtierkunde der Veterinärmedizinischen Universität Wien
Linke Bahngasse 11
A-1030 Wien (Österreich)

Aus dem Forschungsinstitut für Wildtierkunde (Vorstand: o. Univ. Prof. Dr. K. O n d e r - s c h e k a) der Veterinärmedizinischen Universität Wien

BEITRAG ZUR BEURTEILUNG DER KUPFER- UND ZINKSTOFFWECHSELSITUATION MIT HILFE MEDIZINISCH-CHEMISCHER PARAMETER BEI FREILEBENDEN TIEREN

Von G. G a t t i n g e r , K. O n d e r s c h e k a und F. T a t a r u c h

Die große Bedeutung der Spurenelemente für den Stoffwechsel ist seit Jahrzehnten bereits bekannt. Von den vielen Regulationsmechanismen, die die Verteilung der Spurenelemente steuern, die die Umverteilung bei deren Verbrauch oder ihrer Ausscheidung beeinflussen, ist allerdings nur relativ wenig, häufig sogar fast nichts bekannt. Dennoch ist es bei Pflanze und Tier gelungen, eine Reihe von Funktionen der Spurenelemente zu erkennen und abzuklären. Spurenelemente sind vielfach Bestandteile von Enzymen (= Metalloenzyme) und erfüllen somit katalytische Aufgaben, wobei sie verschiedene metabolische Prozesse kontrollieren.

Für die Beurteilung einer Stoffwechselsituation werden bei Labor- und Haustieren verschiedene Untersuchungstechniken angewandt. So werden beispielsweise Bilanzversuche, Körperanalysen und Fütterungsversuche durchgeführt. Die genannten Methoden sind bei den in freier Wildbahn lebenden Tieren jedoch kaum anwendbar, da wildlebende Tiere einen Stoffwechsel aufweisen, der sich vielfach von dem der Labor- und Haustiere unterscheidet. Deshalb haben wir uns die Aufgabe gestellt, ein für freilebende Tiere geeignetes Untersuchungsverfahren zu entwickeln, das es ermöglicht, an Hand von "Momentaufnahmen" die Stoffwechselsituation zu beurteilen.

Im Rahmen dieser Arbeit soll vor allem geprüft werden, ob und inwieweit chemischen Untersuchungen des Panseninhaltes, der Leber, des Blutes und der Haare bei Rot-, Reh-, Gams- und Muffelwild eine Aussage über die Stoffwechselsituation im allgemeinen, beziehungsweise den Kupfer- und Zinkstoffwechsel im besonderen zukommt.

Durch die Untersuchung einer größeren Anzahl von Tieren versuchten wir, den individuellen Einfluß weitgehend auszuschalten. So untersuchten wir an 204 Stück Rot-, 246 Stück Gams-, 66 Stück Reh-, 23 Stück Muffel- und 9 Stück Steinwild bis zu 178 Einzelparameter pro Tier.

Eine weitere Erschwernis bei der Interpretation von Einzelwerten kommt dem Umstand zu, daß viele der Parameter physiologisch, also auch bei gesunden Tieren, bei vollkommen gegensätzlicher Stoffwechselsituation gleich groß sind. So wird zum Beispiel beim Befüllen oder Entleeren eines Depots (zum Beispiel Leber) ein gleich großer Wert ermittelt. Diese Tatsache hat zur Folge, daß auch zur Beurteilung des Mineralstoffwechsels stets mehrere Kriterien herangezogen werden.

Die Beschreibung der Probenentnahmetechnik wird in den Arbeiten von O n d e r s c h e k a et al. (1976b, 1978, 1979) genau beschrieben.

1. ANALYSENMETHODEN

1.1 Panseninhalt

Eine gewogene Menge des frischen Panseninhaltes wird im Vakuumtrockenschrank bei 37 °C bis zur Gewichtskonstanz getrocknet. Aus dem Gewichtsverlust wird der Wassergehalt der Probe errechnet.

3 g getrocknetes, fein vermahlenes Untersuchungsgut werden in einer Quarzschale im Muffelofen bei 550 °C 12 Stunden lang verascht. Nach dem Veraschen wird der Rückstand mit 10 ml 19,5%iger Salpetersäure versetzt und auf dem Sandbad kurz erwärmt. Diese Lösung wird quantitativ in einen 50 ml-Meßkolben überführt und mit destilliertem Wasser bis zur Marke aufgefüllt. Aus dieser Lösung wird die Kupfer- und Zinkkonzentration mit einem Atomabsorptionsspektralphotometer bei den Wellenlängen 324,7 nm (Cu) und 213,9 nm (Zn) ermittelt.

Kupferkonzentrationen im Panseninhalt, in der Leber, im Blutserum, im Haar und im Harn unter Berücksichtigung der Tierart (Tab.: 1 a)

KUPFER		Maßeinheit	Gesamtwerte		
			n	$\bar{x}$	± s
PANSENINHALT	Rotwild	mmol/kg Tr.S.	185	0,33	0,32
	Rehwild		61	0,26	0,14
	Gamswild		99	0,18	0,17
	Muffelwild		23	0,34	0,18
	Steinwild		9	0,22	0,15
LEBER	Rotwild	mmol/kg R.A.	199	10,30	13,80
	Rehwild		55	23,50	22,80
	Gamswild		246	22,90	28,30
	Muffelwild		23	36,50	33,20
	Steinwild		8	6,60	3,90
BLUTSERUM	Rotwild	µmol/l	47	14,60	6,70
	Rehwild		30	14,30	8,00
	Gamswild		99	8,00	3,42
	Muffelwild		15	16,20	5,50
HAAR	Rotwild	mmol/kg fettfr. Tr.S.	138	0,17	0,20
	Rehwild		45	0,29	0,34
	Gamswild		86	0,16	0,20
	Muffelwild		15	0,14	0,11
HARN	Rotwild	µmol/l	2	6,69	0,55
	Rehwild		10	4,01	4,71
	Gamswild		48	3,36	2,24
	Muffelwild		4	3,54	2,90

Zinkkonzentrationen im Panseninhalt, in der Leber, im Blutserum, im Haar und im Harn unter Berücksichtigung der Tierart (Tab.: 1 b)

ZINK		Maßeinheit	Gesamtwerte		
			n	$\bar{x}$	± s
PANSENINHALT	Rotwild	mmol/kg Tr.S.	196	1,50	0,70
	Rehwild		66	1,14	0,43
	Gamswild		99	1,78	0,72
	Muffelwild		23	1,40	0,32
	Steinwild		9	1,40	0,60
LEBER	Rotwild	mmol/kg R.A.	204	29,10	15,30
	Rehwild		57	35,57	23,66
	Gamswild		246	50,61	29,01
	Muffelwild		23	28,92	15,89
	Steinwild		8	42,30	20,80
BLUTSERUM	Rotwild	µmol/l	127	11,60	5,00
	Rehwild		44	16,06	8,38
	Gamswild		95	11,47	5,54
	Muffelwild		15	26,95	24,14
	Steinwild		3	18,00	2,80
HAAR	Rotwild	mmol/kg fettfr. Tr.S.	140	1,80	0,80
	Rehwild		42	3,03	3,88
	Gamswild		86	1,76	0,71
	Muffelwild		15	1,59	0,40
HARN	Rotwild	µmol/l	11	4,89	3,60
	Rehwild		15	5,54	3,67
	Gamswild		57	5,06	2,79
	Muffelwild		3	5,30	2,67

Kupferkonzentrationen im Panseninhalt, in der Leber, im Blutserum, im Haar und im Harn unter Berücksichtigung von Tierart und Biotop (Tab.: 2 a)

KUPFER		Maßeinheit	ROTWILD n	ROTWILD x̄	ROTWILD ± s	REHWILD n	REHWILD x̄	REHWILD ± s	GAMSWILD n	GAMSWILD x̄	GAMSWILD ± s	MUFFELWILD n	MUFFELWILD x̄	MUFFELWILD ± s
PANSENINHALT	Wegscheid	mmol/kg	39	0,23	0,16									
	Blühnbach	Tr.S.	14	0,17	0,10									
	Hollenstein		22	0,37	0,36									
	Ebenthal		15	0,58	0,44									
	Ebensee		40	0,36	0,33									
	Reichraming		11	0,34	0,27									
	Langau		27	0,32	0,35	10	0,30	0,17	12	0,34	0,41	10	0,35	0,20
	Dürre Wand		15	0,33	0,36	14	0,24	0,10	15	0,22	0,18			
	Laab/Walde					26	0,27	0,16						
	Kaltenberg					8	0,28	0,12				13	0,33	0,17
	Mayrhofen								63	0,14	0,04			
LEBER	Wegscheid	mmol/kg	42	13,10	20,80									
	Blühnbach	R.A.	14	16,40	7,50									
	Hollenstein		22	4,90	4,10									
	Ebenthal		16	14,90	14,70									
	Ebensee		40	7,80	8,10									
	Reichraming		13	8,90	11,90									
	Langau		31	11,10	16,40	11	36,60	27,00	12	12,49	12,54	10	58,24	39,35
	Dürre Wand		20	7,40	6,00	16	17,70	24,30	15	10,42	13,56			
	Laab/Walde					19	22,20	22,30						
	Kaltenberg					8	21,20	13,50				13	19,80	12,77
	Mayrhofen								180	26,40	31,07			
BLUTSERUM	Wegscheid	µmol/l	7	14,90	4,60									
	Hollenstein		4	9,20	3,30									
	Ebensee		13	14,20	8,70									
	Langau		13	15,30	6,30	7	15,30	6,60	8	9,25	2,29	9	16,74	6,82
	Dürre Wand		9	15,20	6,20	9	12,00	3,80	6	9,79	1,95			
	Laab/Walde					9	16,80	12,80						
	Kaltenberg					4	13,00	0,32				6	15,37	3,10
	Mayrhofen								60	7,84	3,63			
HAAR	Wegscheid	mmol/kg	28	0,17	0,16									
	Hollenstein	fettfr.	19	0,13	0,14									
	Ebenthal	Tr.S.	11	0,11	0,05									
	Ebensee		36	0,11	0,07									
	Reichraming		9	0,23	0,27									
	Langau		20	0,18	0,22	11	0,14	0,17	12	0,25	0,46	8	0,08	0,02
	Dürre Wand		14	0,34	0,42	11	0,26	0,34	10	0,15	0,21			
	Laab/Walde					13	0,40	0,40						
	Kaltenberg					7	0,21	0,13				7	0,21	0,13
	Mayrhofen								44	0,17	0,11			
HARN	Hollenstein	µmol/l	1	7,10	-									
	Langau		1	6,30	-	3	1,60	1,40	1	3,94	-			
	Dürre Wand					2	2,00	0,60	2	3,15	2,23			
	Laab/Walde					2	10,20	3,30						
	Kaltenberg					3	3,70	6,40				3	4,72	2,08
	Mayrhofen								38	3,67	2,31			

Zinkkonzentrationen im Panseninhalt, in der Leber, im Blutserum, im Haar und im Harn unter Berücksichtigung von Tierart und Biotop (Tab.: 2 b)

ZINK		Maßeinheit	ROTWILD n	ROTWILD x̄	ROTWILD ± s	REHWILD n	REHWILD x̄	REHWILD ± s	GAMSWILD n	GAMSWILD x̄	GAMSWILD ± s	MUFFELWILD n	MUFFELWILD x̄	MUFFELWILD ± s
PANSENINHALT	Wegscheid	mmol/kg	39	1,68	0,97									
	Blühnbach	Tr.S.	14	1,37	0,38									
	Hollenstein		23	1,74	0,94									
	Ebenthal		18	1,26	0,56									
	Ebensee		40	1,41	0,43									
	Reichraming		13	1,62	0,61									
	Langau		30	1,62	0,58	11	1,37	0,36	12	1,48	0,46	10	1,41	0,27
	Dürre Wand		17	1,08	0,37	15	1,07	0,36	15	1,39	0,72			
	Laab/Walde					29	1,08	0,53						
	Kaltenberg					8	1,15	0,28				13	1,39	0,37
	Mayrhofen								63	1,99	0,70			
LEBER	Wegscheid	mmol/kg	42	30,01	18,16									
	Blühnbach	R.A.	14	29,27	8,12									
	Hollenstein		23	37,82	24,08									
	Ebenthal		16	28,42	10,33									
	Ebensee		41	29,14	11,95									
	Reichraming		13	24,58	10,48									
	Langau		31	29,94	13,35	11	38,68	17,33	12	35,75	21,32	10	34,61	15,77
	Dürre Wand		22	21,03	10,34	10	39,42	39,40	15	35,44	20,10			
	Laab/Walde					19	31,11	11,87						
	Kaltenberg					8	31,94	11,04				13	24,54	15,11
	Mayrhofen								180	55,77	31,03			
BLUTSERUM	Wegscheid	µmol/l	18	11,69	4,24									
	Hollenstein		18	10,59	4,33									
	Ebenthal		12	9,73	3,74									
	Ebensee		33	12,98	5,77									
	Reichraming		6	10,02	2,43									
	Langau		20	10,17	5,11	8	18,44	9,94	8	15,25	2,76	9	19,99	9,15
	Dürre Wand		19	12,94	5,46	14	13,53	3,92	4	28,01	13,12			
	Laab/Walde					16	17,40	11,08						
	Kaltenberg					4	15,22	6,18				6	17,38	35,78
	Mayrhofen								59	10,28	5,66			
HAAR	Wegscheid	mmol/kg	27	1,89	0,29									
	Hollenstein	fettfr.	19	1,80	0,37									
	Ebenthal	Tr.S.	12	1,58	0,21									
	Ebensee		36	1,70	0,39									
	Reichraming		9	1,70	0,43									
	Langau		20	2,13	1,55	11	2,78	3,44	12	1,70	0,76	8	1,61	0,16
	Dürre Wand		16	1,98	1,17	11	1,45	0,32	10	1,34	0,34			
	Laab/Walde					13	1,62	0,31						
	Kaltenberg					4	13,41	1,46				7	1,58	0,58
	Mayrhofen								44	1,83	0,75			
HARN	Hollenstein	µmol/l	5	4,85	4,49									
	Ebenthal		4	4,29	2,45									
	Reichraming		1	2,42	-									
	Langau		1	9,95	-	3	5,36	1,33	2	3,83	3,25	1	3,06	-
	Dürre Wand					5	7,22	4,78	6	7,98	4,84			
	Laab/Walde					4	4,66	4,80						
	Kaltenberg					3	4,08	0,44				2	6,42	2,60
	Mayrhofen								42	4,74	2,11			

Kupferkonzentrationen im Panseninhalt, in der Leber, im Blutserum, im Haar und im Harn unter Berücksichtigung von Tierart und Jahreszeit (Tab.: 3 a)

K U P F E R		Maßeinheit	Winter (November - April)			Sommer (Mai - Oktober)		
			n	x̄	± s	n	x̄	± s
PANSENINHALT	Rotwild	mmol/kg Tr.S.	101	0,25	0,25	84	0,43	0,37
	Rehwild		21	0,26	0,15	40	0,27	0,13
	Gamswild		59	0,17	0,17	39	0,18	0,06
	Muffelwild		17	0,40	0,20	6	0,26	0,01
LEBER	Rotwild	mmol/kg R.A.	102	8,90	10,60	97	11,75	16,00
	Rehwild		19	30,34	26,01	36	20,15	19,95
	Gamswild		138	27,69	37,48	106	15,37	16,30
	Muffelwild		17	47,32	37,67	6	28,42	16,72
BLUTSERUM	Rotwild	µmol/l	16	15,85	6,45	31	13,25	6,55
	Rehwild		8	12,59	5,50	22	14,86	6,73
	Gamswild		54	8,05	3,73	44	7,91	3,05
	Muffelwild		10	16,42	5,71	5	16,40	1,55
HAAR	Rotwild	mmol/kg fettfr. Tr.S.	77	0,16	0,19	61	0,17	0,21
	Rehwild		18	0,29	0,42	37	0,30	0,31
	Gamswild		48	0,15	0,13	38	0,20	0,30
	Muffelwild		13	0,12	0,07	2	0,23	-
HARN	Rotwild	µmol/l	2	6,70	0	-	-	-
	Rehwild		9	2,76	4,10	1	6,30	-
	Gamswild		28	3,14	2,1[illegible]	20	3,70	2,12
	Muffelwild		3	4,33	2,[illegible]3	-	-	-

Zinkkonzentrationen im Panseninhalt, in der Leber, im Blutserum, im Haar und im Harn unter Berücksichtigung von Tierart und Jahreszeit (Tab.: 3 b)

Z I N K		Maßeinheit	Winter (November - April)			Sommer (Mai - Oktober)		
			n	x̄	± s	n	x̄	± s
PANSENINHALT	Rotwild	mmol/kg	105	1,31	0,67	91	1,71	0,60
	Rehwild		23	1,06	0,42	43	1,20	0,61
	Gamswild		59	1,55	0,55	39	2,16	0,81
	Muffelwild		17	1,44	0,38	6	1,40	0,23
LEBER	Rotwild	mmol/kg R.A.	107	30,66	15,11	97	28,02	14,71
	Rehwild		21	34,80	26,82	36	36,63	24,77
	Gamswild		138	56,42	34,98	106	43,20	18,07
	Muffelwild		17	30,13	20,47	6	29,66	5,34
BLUTSERUM	Rotwild	µmol/l	72	12,27	5,30	55	11,41	4,97
	Rehwild		17	16,54	7,63	27	15,54	7,41
	Gamswild		53	11,09	5,33	41	12,20	7,08
	Muffelwild		10	33,32	28,41	5	17,32	5,11
HAAR	Rotwild	mmol/kg fettfr. Tr.S.	79	1,85	0,52	61	1,81	0,89
	Rehwild		18	4,21	3,50	24	2,09	1,86
	Gamswild		48	1,85	0,65	38	1,70	0,77
	Muffelwild		13	1,60	0,34	2	1,63	-
HARN	Rotwild	µmol/l	2	6,51	-	-	-	-
	Rehwild		4	5,36	1,9[illegible]	11	8,17	3,93
	Gamswild		34	5,03	2,3[illegible]	23	5,38	3,28
	Muffelwild		2	5,66	-	1	4,59	-

Kupferkonzentrationen im Panseninhalt, in der Leber, im Blutserum, im Haar und im Harn unter Berücksichtigung von Tierart und Geschlecht (Tab.: 4 a)

KUPFER		Maßeinheit	Geschlecht					
			männlich			weiblich		
			n	$\bar{x}$	± s	n	$\bar{x}$	± s
PANSENINHALT	Rotwild	mmol/kg Tr.S.	69	0,38	0,40	114	0,30	0,25
	Rehwild		27	0,29	0,08	31	0,23	0,13
	Gamswild		54	0,17	0,20	45	0,18	0,13
	Muffelwild		15	0,34	0,15	8	0,33	0,24
LEBER	Rotwild	mmol/kg R.A.	72	11,10	13,90	125	9,60	13,50
	Rehwild		25	27,48	23,21	30	20,26	22,38
	Gamswild		124	33,71	32,86	121	11,85	16,97
	Muffelwild		15	29,84	28,00	8	49,01	40,26
BLUTSERUM	Rotwild	µmol/l	16	15,00	4,20	31	14,40	7,70
	Rehwild		13	16,08	8,20	17	12,96	7,79
	Gamswild		46	7,61	2,30	53	6,31	4,15
	Muffelwild		9	16,98	3,04	6	15,00	8,23
HAAR	Rotwild	mmol/kg fettfr. Tr.S.	45	0,17	0,24	93	0,16	0,18
	Rehwild		21	0,36	0,32	24	0,24	0,36
	Gamswild		48	0,17	0,16	38	0,16	0,25
	Muffelwild		8	0,17	0,11	7	0,11	0,10
HARN	Rotwild	µmol/l	1	7,10	-	1	6,30	-
	Rehwild		9	4,20	4,96	1	2,36	-
	Gamswild		37	3,03	2,20	11	4,45	2,11
	Muffelwild		4	3,54	2,91	-	-	-

Zinkkonzentrationen im Panseninhalt, in der Leber, im Blutserum, im Haar und im Harn unter Berücksichtigung von Tierart und Geschlecht (Tab.: 4 b)

ZINK		Maßeinheit	Geschlecht					
			männlich			weiblich		
			n	$\bar{x}$	± s	n	$\bar{x}$	± s
PANSENINHALT	Rotwild	mmol/kg Tr.S.	73	1,46	0,58	121	1,53	0,77
	Rehwild		29	1,27	0,34	34	1,06	0,48
	Gamswild		54	1,79	0,77	45	1,77	0,67
	Muffelwild		15	1,46	0,35	8	1,28	0,24
LEBER	Rotwild	mmol/kg R.A.	76	26,79	12,55	126	30,58	16,71
	Rehwild		25	39,19	23,34	32	32,72	23,89
	Gamswild		124	58,57	34,73	121	42,53	18,67
	Muffelwild		15	24,99	14,16	8	36,28	17,23
BLUTSERUM	Rotwild	µmol/l	45	10,86	4,84	82	11,94	5,04
	Rehwild		18	16,93	10,28	26	15,44	6,92
	Gamswild		47	11,30	6,09	48	11,63	7,01
	Muffelwild		9	30,86	29,95	6	21,08	11,34
HAAR	Rotwild	mmol/kg fettfr. Tr.S.	48	1,86	1,19	92	1,82	0,41
	Rehwild		19	2,30	2,91	23	3,62	4,50
	Gamswild		48	1,77	0,76	38	1,75	0,65
	Muffelwild		8	1,51	0,38	7	1,68	0,43
HARN	Rotwild	µmol/l	8	4,71	3,59	3	5,36	4,52
	Rehwild		12	5,65	4,08	3	5,10	1,45
	Gamswild		45	5,29	2,89	12	4,18	2,25
	Muffelwild		3	5,30	2,67	-	-	-

Kupferkonzentrationen im Panseninhalt, in der Leber, im Blutserum, im Haar und im Harn unter Berücksichtigung von Tierart und Alter (Tab.: 5 a)

KUPFER		Maßeinheit	jung n	jung $\bar{x}$	jung ± s	mittel n	mittel $\bar{x}$	mittel ± s	alt n	alt $\bar{x}$	alt ± s
PANSENINHALT	Rotwild	mmol/kg Tr.S.	129	0,33	0,32	20	0,41	0,40	13	0,38	0,38
	Rehwild		14	0,27	0,17	20	0,27	0,10	20	0,24	0,08
	Gamswild		50	0,19	0,21	36	0,16	0,10	13	0,17	0,19
	Muffelwild		4	0,39	0,30	12	0,31	0,14	7	0,35	0,18
LEBER	Rotwild	mmol/kg R.A.	138	9,70	11,20	20	18,20	28,60	14	4,40	3,80
	Rehwild		17	18,06	22,12	18	32,75	27,45	18	21,67	16,53
	Gamswild		116	13,54	15,21	87	36,67	37,74	41	20,77	22,52
	Muffelwild		4	53,71	48,32	12	43,54	31,32	7	14,62	14,76
BLUTSERUM	Rotwild	µmol/l	38	14,90	6,90	5	11,30	4,50	3	13,00	0,61
	Rehwild		8	10,57	4,86	12	15,43	8,96	8	17,52	8,29
	Gamswild		58	7,42	5,51	31	9,07	4,72	10	7,92	2,64
	Muffelwild		4	20,46	8,00	8	14,60	4,35	3	14,74	1,27
HAAR	Rotwild	mmol/kg fettfr. Tr.S.	95	0,16	0,21	13	0,11	0,07	11	0,21	0,29
	Rehwild		14	0,33	0,39	16	0,28	0,24	13	0,30	0,43
	Gamswild		47	0,19	0,25	33	0,15	0,14	6	0,07	0,02
	Muffelwild		3	0,08	0,02	7	0,12	0,11	5	0,20	0,11
HARN	Rotwild	µmol/l	1	6,30	-	-	-	-	1	7,10	-
	Rehwild		3	7,61	5,12	3	0,80	1,36	4	3,74	4,95
	Gamswild		21	3,62	2,37	20	2,87	2,22	6	3,67	1,91
	Muffelwild		-	-	-	2	1,57	2,23	2	5,51	2,22
		ROTWILD:		- 3 a			- 9 a			9 a	
		REHWILD:		- 2 a			- 5 a			5 a	
		GAMSWILD:		- 3 a			- 8 a			8 a	
		MUFFELWILD:		- 1 a			- 4 a			4 a	

Zinkkonzentrationen im Panseninhalt, in der Leber, im Blutserum, im Haar und im Harn unter Berücksichtigung von Tierart und Alter (Tab.: 5 b)

ZINK		Maßeinheit	jung n	jung $\bar{x}$	jung ± s	mittel n	mittel $\bar{x}$	mittel ± s	alt n	alt $\bar{x}$	alt ± s
PANSENINHALT	Rotwild	mmol/kg Tr.S.	135	1,52	0,74	20	1,44	0,46	14	1,38	0,59
	Rehwild		17	1,13	0,57	20	1,22	0,38	22	1,14	0,38
	Gamswild		50	1,83	0,74	36	1,62	0,55	13	2,04	0,98
	Muffelwild		4	1,41	0,26	12	1,39	0,41	7	1,41	0,22
LEBER	Rotwild	mmol/kg R.A.	143	28,98	13,29	20	11,12	13,76	14	23,80	11,58
	Rehwild		18	33,87	28,67	19	31,15	14,40	18	42,82	26,60
	Gamswild		116	43,87	19,34	87	57,84	37,50	41	54,73	28,07
	Muffelwild		4	31,17	11,98	12	33,83	14,50	7	19,21	17,50
BLUTSERUM	Rotwild	µmol/l	98	11,23	4,69	14	12,88	5,48	9	13,31	7,52
	Rehwild		13	14,24	4,14	15	18,80	11,09	14	15,21	8,35
	Gamswild		57	11,17	6,37	30	12,12	7,35	8	11,15	4,79
	Muffelwild		4	25,63	11,42	8	27,31	33,21	3	27,74	4,34
HAAR	Rotwild	mmol/kg fettfr. Tr.S.	98	1,85	0,89	13	1,76	0,39	11	1,85	0,48
	Rehwild		13	1,52	0,34	15	5,35	5,75	12	1,81	0,70
	Gamswild		47	1,70	0,70	33	1,87	0,75	6	1,60	0,61
	Muffelwild		3	1,54	0,11	7	1,59	0,24	5	1,63	0,67
HARN	Rotwild	µmol/l	7	3,02	3,78	1	4,28	-	1	9,95	-
	Rehwild		4	6,08	3,60	4	3,18	1,84	7	6,57	4,24
	Gamswild		25	4,20	2,44	22	5,99	3,19	9	5,17	2,29
	Muffelwild		-	-	-	2	3,83	1,08	1	8,26	-
		ROTWILD:		- 3 a			- 9 a			9 a	
		REHWILD:		- 2 a			- 5 a			5 a	
		GAMSWILD:		- 3 a			- 8 a			8 a	
		MUFFELWILD:		- 1 a			- 4 a			4 a	

1.2 Leber

Die bei - 18 °C aufbewahrte Leber wird erst knapp vor der chemischen Analyse auf Raumtemperatur gebracht. Für die Bestimmung der Trockensubstanz wird 1 g der Leber 18 Stunden hindurch im Nickeltiegel bei 105 °C bis zur Erlangung der Gewichtskonstanz getrocknet (Gewichtsverlust = Wassergehalt). Zur Ermittlung des Rohascheanteiles wird die getrocknete Probe 6 Stunden hindurch bei 550 °C im Muffelofen verascht.
Der Rest der Leber wird gleich nach Entnahme eines etwa 1 g schweren Stückes im Vakuumtrockenschrank bei 37 °C bis zur Gewichtskonstanz getrocknet.
10 g getrocknete Leber werden in einer Quarzschale 10 Stunden lang im Muffelofen bei 550 °C verascht. Die erhaltene Asche wird in 10 ml 20%iger Salpetersäure gelöst und in einem 100 ml-Meßkolben bis zur Marke aufgefüllt. Aus dieser Lösung wird, wie beim Panseninhalt beschrieben, die Kupfer- und Zinkkonzentration ermittelt.

1.3. Blutserum

1 ml Blutserum wird mit 9 ml bidestilliertem H_2O verdünnt. Diese Lösung wird für die atomabsorptionsspektralphotometrische Messung verwendet.

1.4 Harn

Bei Harnproben erfolgt die Messung je nach der Konzentration der Elemente entweder aus der unverdünnten oder aus der 1 + 9 mit bidestilliertem Wasser verdünnten Probe.

1.5 Haar

Die vom Aalstrich stammende 10 - 20 g schwere Haarprobe wird zunächst von etwaigen Schmutzteilen manuell befreit und anschließend mit warmem Leitungswasser gewaschen. Danach werden die Haare mit einem nichtionischen Detergens, einer 4‰igen wäßrigen Lösung des Emulgators P8 (Firma Schön, Wien) gründlich gewaschen. Anschließend wird mit Leitungswasser so lange nachgespült, bis das abfließende Wasser vollkommen schaumfrei ist. Diese Vorgangsweise wird noch zweimal wiederholt. In der Folge werden die Haare mit 2%iger Essigsäure gewaschen, nachfolgend mit Leitungswasser, und schließlich wird drei- bis viermal mit destilliertem Wasser gründlich nachgespült. Danach wird im Trokkenschrank bei einer Temperatur von 105 °C bis zum Erreichen der Gewichtskonstanz getrocknet, anschließend wird das trockene Untersuchungsgut sechs Stunden hindurch im Soxhletapparat mit Petroläther entfettet und danach neuerlich bei 105 °C bis zum Erreichen der Gewichtskonstanz getrocknet.
Das gereinigte, fettfreie und trockene Haar wird in Quarzschalen eingewogen und bei 550 °C im Muffelofen so lange verascht, bis die Asche weiß ist. Diese Asche wird in 10 ml 20%iger HNO_3 gelöst und daraus mit Hilfe der Atomabsorption die Kupfer- und Zinkkonzentration gemessen.

2. STATISTIK

Die Ergebnisse der in Organproben und Körperflüssigkeiten durchgeführten Untersuchungen des Kupfer- und Zinkgehaltes sind der besseren Übersicht wegen in Tabelle 1 - 5 zusammengefaßt.

Die Zahl der Individuen wird unter (n), die Mittelwerte werden als ($\bar{x}$) und die dazugehörige Standardabweichung unter ($\pm s$) angegeben. Die Anzahl der untersuchten Individuen ist bei den Parametern Kupfer und Zink in Panseninhalt, Leber, Blutserum, Haar und Harn verschieden. Dies kommt daher, daß nicht bei jeden Einzelindividuum immer alle Kriterien geprüft werden konnten, da entweder mangelnde Qualität oder Quantität des Untersuchungsmaterials eine Analyse unmöglich machte.
Für die Bestimmung der perzentuellen Abweichung wurde, um weitgehend von der Probenanzahl und damit von einer falschen Wichtung unabhängig zu sein, vom Durchschnittswert der Mittelwerte ausgegangen.

3. BIOTOPBESCHREIBUNG

Die Untersuchungsgebiete liegen in den Bundesländern Tirol, Salzburg, Oberösterreich, Niederösterreich und Steiermark. Entsprechend dem unterschiedlichen Landschaftscharakter dieser

Länder zeigen auch die Untersuchungsgebiete eine große geomorphologische Vielfalt. Sie reicht von einem Gebiet mit ausgesprochenem Hochgebirgscharakter im Zillertal in Tirol bis zu den flachen Hügeln des Weinviertels im Osten Österreichs. Auch die geologischen, die klimatischen und die Vegetationsverhältnisse zeigen große Unterschiede, die als unterschiedliche ökologische Faktoren auf die Wildtiere einwirken.

Im folgenden sollen die Gebiete kurz charakterisiert werden:
Das Untersuchungsgebiet im oberen Zillertal liegt in einem Höhenbereich zwischen 950 Meter und dem Gratbereich der Gebirgskämme mit Gipfelhöhen über 3000 Meter. Die durchschnittliche Jahresniederschlagsmenge beträgt im Tal rund 1100 mm und steigt gegen die Gipfelregionen bis 2000 mm an. Die montanen Fichtenwälder mit wenig Tanne und Lärche, die Reste subalpiner Lärchen-Zirbenwälder und die alpinen Carex-curvula und Elyna-Rasen wachsen auf dem das Kerngebiet der Alpen aufbauenden Zentralgneis.

Durch untereinander ähnliche ökologische Verhältnisse zeichnen sich die Reviere Blühnbachtal, Ebensee, Reichraming, Hollenstein, Langau und Wegscheid aus. Sie liegen alle im nördlichen randalpinen montanen Fichten-Tannen-Buchenwaldgebiet über Karbonatgestein in den Bundesländern Salzburg, Oberösterreich und Niederösterreich. Nur die Gipfelbereiche der Berge haben alpinen Charakter.

Durch ihre Lage im unmittelbaren Staubereich der regenbringenden NO- und W-Winde sind die Gebiete Ebensee, Reichraming, Hollenstein und Langau mit Werten um 2000 mm Jahresniederschlag im Talbereich besonders niederschlagsreich. Im weiter gegen das Alpeninnere gelegenen Gebiet Blühnbach liegen die Niederschlagswerte bei 1300 mm, in Wegscheid zwischen 1100 mm und 1400 mm. Als einziges dieser Reviere hat Wegscheid auch Anteil am kristallinen Gestein.

Das Gebiet Dürre Wand liegt in einer Dolomitschneidenlandschaft in den östlichen Ausläufern der nördlichen Kalkalpen in Niederösterreich. Neben montanen Fichten-Tannen-Buchenwäldern findet man hier auch kleine Waldungen mit der wärmeliebenden Schwarzkiefer. Das Wildgatter Kaltenberg-Kleinzell liegt im Kalkalpenvorland Niederösterreichs. Gegenüber den bereits besprochenen Gebieten am Alpennordrand mit zirka 2000 mm Jahresniederschlag macht sich hier durch eine jährliche Niederschlagsmenge von nur zirka 1000 mm ein deutliches O-W-Gefälle bemerkbar, das sich in Laab/Wald im Flysch-Wienerwald mit 800 mm noch deutlicher zeigt. Durch seine östliche Lage reicht dieses Revier in die Übergangszone zwischen subozeanischem und pannonischem Klima. Es gehört zu einer Reihe von Bergen und Kuppen, mit denen die Ostalpen ihren Ausklang gegen das Wiener Becken finden. Über dem Flysch stocken Buchen- und Eichen-Hainbuchenwälder. Das östlichste Untersuchungsgebiet ist Ebenthal im Weinviertel in Niederösterreich. Es liegt auf einem flachwelligen O-W verlaufenden Rücken mit einer höchsten Höhe von nur 284 Meter. Die Niederschläge erreichen pro Jahr nur 600 mm. Das Temperatur-Jahresmittel liegt zwischen 8 und 10 °C. Damit ist es das wärmste und trockenste aller besprochenen Reviere. Über Löß stocken in Ebenthal Eichenwälder mit thermophilen Straucharten.

4. FUNKTIONEN DER MINERALSTOFFE IM STOFFWECHSEL

4.1 Funktion des Kupfers im Stoffwechsel

Das aufgenommene Kupfer wird sowohl im Magen als auch im Dünndarm vorwiegend in Form von Ionen resorbiert. Die Resorptionsquote wird häufig durch verschiedene Inhaltsstoffe des Nahrungsbreies, beispielsweise den Kalziumgehalt der Ration, beeinflußt (Hock, 1966; Hennig, 1972; Lenkeit et al., 1969). So wird zum Beispiel beim Wiederkäuer die Kupferresorption auch durch eine antagonistische Wirkung des Schwefels beeinflußt. Schwefel wird im Pansen durch Mikroorganismen zu H_2S reduziert; durch diesen wird das Kupfer zumindest teilweise in das kaum oder nur schlecht resorbierbare CuS übergeführt.
Im Gegensatz zu einigen anderen Spurenelementen (zum Beispiel Fe, Mn) scheint im Tierkörper für die Kupferaufnahme kein aktiver Regulationsmechanismus zu bestehen.
Die aufgenommene Kupfermenge ist weitgehend von der Zusammensetzung der Nahrung abhängig. Das resorbierte Kupfer wird, an Blutalbumine gebunden, in die Leber transportiert,

wo kupferhaltige Proteine gebildet werden, welche teilweise wieder abgegeben und von der Muskulatur, den Knochen und dem Knochenmark aufgenommen werden. Diese im Tierkörper befindlichen kupferhaltigen Proteine umfassen solche mit Enzymaktivität, die allerdings nur einen relativ geringen Anteil des gesamten im Körper enthaltenen Kupfers speichern und solche ohne bisher bekannte spezifische Aktivität, welche die Hauptmenge des gesamten Körperkupfers enthalten.
Physiologisch sind diese Enzyme zum Beispiel bei der Wasserstoffoxydation, der Pigmentbildung und dem Harnsäureabbau beteiligt. Ferner ist Kupfer für die Synthese des Hämoglobins und der Elastine von wesentlicher Bedeutung.
Die Ausscheidung des Kupfers erfolgt vorwiegend über die Drüsen des Magen-Darm-Kanals (insbesonders über die Galle) und über die Haut und Anhangsgebilde. Infolge der Bindung des Kupfer- und Zinkions an Plasmaproteine ist die Ausscheidung mittels der Filtration in den Nieren nicht oder nur in geringem Umfange möglich (H e n n i g , 1972). Darüber hinaus erfolgt eine geringe Kupferausscheidung über die Milch, wobei allerdings dabei die Tierart eine wesentliche Rolle spielt.

4.2 F u n k t i o n d e s Z i n k s i m S t o f f w e c h s e l

Das oral aufgenommene Zink wird bei Wiederkäuern vorwiegend über die Duodenalschleimhaut (zit. aus L e n k e i t et al., 1969; H e n n i g , 1972) resorbiert, wobei wie bei allen Schwermetallen eine etwa 10%ige Resorptionsrate (H a p k e , 1975) angenommen werden kann. Darüber hinaus ist die Resorptionsrate vom Alter des Tieres, dem Zinkangebot und der Rationszusammensetzung abhängig (H e n n i g , 1972).
Zink ist ein natürlicher Bestandteil des tierischen Körpers. In der Leber findet man es in einer Menge von 100 - 150 ppm, außerdem ist Zink in den Nieren, der Skelettmuskulatur, in den Knochen und im Pankreas nachweisbar. Das Zink wird im Blutplasma und von den Erythrozyten transportiert und vorwiegend in der Leber, dem Pankreas und der Milz gespeichert. Die Zinkspeicherung erfolgt in Form eines sehr stabilen Metallprotein-Komplexes. Die Speicherung des Zinks erfolgt primär in den genannten Organen und in zweiter Linie im Knochensystem. Der Speicherungsort wird auch in nicht unerheblichem Ausmaß durch das Alter beeinflußt.
Die Ausscheidung von Zink erfolgt zum größten Teil über die Galle, die Bauchspeicheldrüse und mit dem Kot über den Darm. Nur zu einem geringeren Teil wird Zink mit dem Harn ausgeschieden (siehe Kupfer). Zink ist auch im Schweiß enthalten. Außerdem werden über die Milch und das Ejakulat erhebliche Zinkmengen exkretiert.
Im tierischen Organismus ist Zink Bestandteil verschiedener lebenswichtiger Enzyme wie Karboanhydrasen, Peptidasen, Dehydrogenasen sowie der alkalischen Phosphatase. Darüber hinaus bestehen Zusammenhänge zwischen Zink und Gewebsphosphatasen und Insulin.
Eine hohe Cadmium-Aufnahme bewirkt eine Verminderung des Zinkanteiles in Blut, Muskel, Haar und Skelett. Gleichzeitig wird das Zink vor allem in der Leber angereichert, der Zinkanteil in den Nieren bleibt jedoch unverändert (H a p k e , 1975).

5. U N T E R S U C H U N G S E R G E B N I S S E

5.1 E i n f l u ß d e r T i e r a r t auf die Kupfer- und Zinkkonzentration im Panseninhalt, in der Leber, im Blutserum, im Haar und im Harn (Tab.: 1a, 1b).

Für die Versorgung wildlebender Tiere mit Kupfer und Zink ist nicht nur die quantitative, sondern auch die qualitative Zusammensetzung des Äsungsangebotes von entscheidender Bedeutung. In einem Biotop mit einem ganzjährigen für die freilebenden Wiederkäuer ausreichendem Äsungsangebot, weist die Kupfer- und Zinkkonzentration des Panseninhaltes, der Leber, des Blutserums, des Haares und Harns für jede Tierart einen charakteristischen Wert auf.
Für die Bestimmung der perzentuellen Abweichung wurde, um weitgehend von der Probenanzahl und damit von einer falschen Wichtung unabhängig zu sein, vom Durchschnitt der Mittelwerte der untersuchten Tierarten ausgegangen:

$$\bar{\bar{x}} = \frac{\text{Ø Rot-} + \text{Ø Reh-} + \text{Ø Gams-} + \text{Ø Muffel-} + \text{Ø Steinwild}}{5}$$

5.1.1 Panseninhalt

So ist im Panseninhalt des Rot- und Muffelwildes weitaus mehr Kupfer enthalten, als in dem des Reh- und Steinwildes oder gar des Gamswildes (- 32 %). Der Gehalt an Zink liegt hingegen im Panseninhalt des Gamswildes (+ 23 %) und des Rotwildes (+ 4 %) über dem Durchschnitt, während er bei Muffel- und Steinwild knapp darunter (- 3%), beim Rehwild sogar weit darunter (- 21 %) liegt.

5.1.2 Leber

In der Leber des Reh- (+ 18 %) und Gamswildes (+ 15 %) oder gar des Muffelwildes (+ 83 %) ist eine bedeutend höhere Kupferkonzentration enthalten als in der Leber des Rot- (- 48 %) und Steinwildes (- 67 %). Die Zinkkonzentration ist hingegen in der Leber der Gemse bedeutend höher (+ 36 %), während sie bei Rot- und Muffelwild (- 22 %) weitaus geringer ist. Reh- (- 5 %) und Steinwild (+ 13 %) liegen näher beim Durchschnitt der fünf untersuchten Wildwiederkäuerarten.

5.1.3 Blutserum

Im Blutserum der Gemse konnte im Vergleich mit den anderen untersuchten Tierarten die niedrigste Kupferkonzentration (- 40 %) festgestellt werden, wohingegen das Muffelwild die höchste Kupfer- (+ 22 %) und Zinkkonzentration (+ 60 %) aufweist. Zink liegt bei der Gemse ebenso wie beim Rotwild mit - 22 % beziehungsweise - 32 % unter dem Durchschnitt.

5.1.4 Haar

Im Haar des Rehwildes konnten wir die höchste Kupfer- (+ 53 %) und Zinkkonzentration (+ 48 %) in dem des Rot-, Gams- und Muffelwildes hingegen die geringste feststellen.

5.1.5 Harn

Im Harn des Rotwildes ist die Kupferkonzentration um 52 % über dem Mittelwert, während sie beim Gams- und Muffelwild um 24 % beziehungsweise 20 % darunter liegt. Hinsichtlich der Zinkkonzentration im Harn ergibt sich zwischen den einzelnen Tierarten kein bedeutender Unterschied.

Aus diesen Untersuchungsergebnissen ist zu ersehen, daß sowohl hinsichtlich der Kupferals auch der Zinkkonzentration im Panseninhalt, in der Leber, im Blutserum, im Haar und im Harn bedeutende tierartliche Unterschiede bestehen. Weiters ersieht man aus diesen Ergebnissen, daß ein höherer Kupfer-oder Zinkgehalt im Panseninhalt nicht zwangsläufig mit einer höheren Konzentration in der Leber, im Blutserum, im Haar oder im Harn verbunden sein muß oder umgekehrt.

5.2 Einfluß des Biotops auf die Kupfer- und Zinkkonzentration im Panseninhalt, in der Leber, im Blutserum, im Haar und im Harn bei Rot-, Reh-, Gams- und Muffelwild (Tab.: 2a, 2b).

5.2.1 Panseninhalt

Die in Tabelle 2 angeführten Untersuchungsergebnisse lassen eine Abhängigkeit zwischen Biotop und der Kupfer- und Zinkkonzentration in Panseninhalt, Leber, Blutserum, Haar und Harn deutlich erkennen.

Der Kupfer- und Zinkgehalt der Äsung und somit auch der des Panseninhaltes wird vom Kupfer- und Zinkvorrat des Bodens beziehungsweise der Bodenart beeinflußt. Außerdem hängt der Spurenelementgehalt des Panseninhaltes noch von einer eventuellen Zusatzfütterung ab.

Rotwild: Sechs der acht Untersuchungsgebiete (Dürre Wand, Langau, Reichraming, Ebensee, Ebenthal und Hollenstein), aus denen die von uns untersuchten Rotwildstücke stammen, sind einander hinsichtlich Bodenart und Bodentyp weitgehend gleich. Trotzdem liegt aber der durchschnittliche Kupfergehalt im Panseninhalt der aus dem Untersuchungsgebiet Ebenthal stammenden Rotwildstücke um 71 % über dem Mittel aller Reviere. Dies dürfte darauf zurückzuführen sein, daß die Tiere in diesem Biotop ganzjährig mit einem kupferhaltigen Zusatzfutter versorgt werden. In den Revieren Blühnbach und Wegscheid ist der Kupfergehalt im Panseninhalt der untersuchten Tiere um 32 % beziehungsweise 50 % unter dem Durchschnittswert. Das könnte mit der relativen Kupferarmut der Böden in diesen zwei Revieren in Zusammenhang stehen. Der Zinkgehalt im Panseninhalt des Rotwildes, das aus dem Revier Dürre Wand stammt, liegt um 27 % unter dem Durchschnittswert aller Reviere.

Rehwild: Die vier Untersuchungsgebiete Langau, Dürre Wand, Laab im Walde und Kaltenberg-Kleinzell, aus denen die von uns untersuchten Rehe stammen, weisen eine weitgehend gleiche Bodenart und Bodentype auf. Dies dürfte auch die Ursache dafür sein, daß der Kupfer- und Zinkgehalt im Panseninhalt der in diesen Revieren erlegten Rehe weitgehend gleich groß ist.

Gamswild: Die drei Untersuchungsgebiete Langau, Dürre Wand und Mayrhofen, aus denen das von uns untersuchte Gamswild stammt, unterscheiden sich im Hinblick auf Bodenart und Bodentyp. Dies findet auch seinen Niederschlag in der chemischen Zusammensetzung des Panseninhaltes. So ist zum Beispiel bei den Tieren aus dem Untersuchungsgebiet Langau der Kupferanteil im Panseninhalt um 48 % über dem Durchschnitt, während er in Mayrhofen um etwa 39 % unter dem Mittelwert aller Reviere liegt. Hingegen liegt der Zinkgehalt im Panseninhalt der Gemsen, die aus Mayrhofen stammen (+ 23 %) über dem Durchschnitt, während er in den beiden anderen Revieren geringfügig unter dem Mittelwert liegt.

Muffelwild: Da die von uns untersuchten Muffelwildstücke aus den zwei weitgehend ähnlichen Revieren Langau und Kaltenberg-Kleinzell stammen, sind analog zu den vorgenannten Untersuchungsergebnissen auch bei dieser Wildart keine merklichen Unterschiede des Kupfer- und Zinkgehaltes im Panseninhalt zu erwarten. Das wird durch die Untersuchungsergebnisse bestätigt (siehe Tab. 2).

5.2.2 Leber

Im Gegensatz zu dem weitgehend gleichen Kupferanteil im Panseninhalt des Rot-, Reh- und Muffelwildes, welches in den Biotopen Dürre Wand, Langau, Reichraming, Ebensee, Hollenstein, Laab im Walde und Kaltenberg-Kleinzell erlegt wurde, bestehen im Hinblick auf die Kupferkonzentration in der Leber bedeutende Unterschiede. So ist zum Beispiel die Kupferkonzentration in der Leber bei Rot-, Reh- und Gamswild, das im Biotop Dürre Wand erlegt wurde, um etwa 30 % unter dem Mittelwert aller Reviere. Auch bei dem im Revier Kaltenberg-Kleinzell erlegten Reh- und Muffelwild liegt die Konzentration um 13 % beziehungsweise um 49 % unter dem Durchschnittswert. Bemerkenswert ist auch, daß das Rotwild in Hollenstein und Ebensee eine um etwa 54 % beziehungsweise 26 % geringere Kupferkonzentration in der Leber aufweist als der Durchschnittswert beträgt.

Auf Grund dieser Untersuchungsergebnisse hat es den Anschein, als ob bei allen vier untersuchten Wildarten die Kupferkonzentration in der Leber in jenen Revieren am geringsten ist, in denen es die höchsten Wilddichten gibt. Dies scheint sich auch umgekehrt zu bestätigen, da in der Langau, wo eine relativ geringe Wilddichte gegeben ist, der Kupferanteil in der Leber bei allen vier untersuchten Wildarten über dem Durchschnitt liegt.

Analog dazu besteht in der Leber des in Blühnbach und Wegscheid erlegten Rotwildes beziehungsweise des Gamswildes in Mayrhofen eine weitaus höhere Kupferkonzentration, obwohl im Panseninhalt dieser Tiere die geringsten Kupferwerte gemessen wurden. Diese Untersuchungsergebnisse können dahingehend interpretiert werden, daß im Hinblick auf die Versorgungssituation neben der Qualität auch der Quantität der Nahrung eine große Bedeutung zukommt. Weitgehend analoge Verhältnisse bestehen im Hinblick auf den Zinkgehalt der Leber (siehe Tab. 2).

5.2.3 Blutserum

Der Lebensraum hat auf die Kupfer- und Zinkkonzentration im Blutserum des Rot- und Muffelwildes einen geringeren Einfluß als auf Panseninhalt, Leber, Haar und Harn. Nur bei dem in Hollenstein erlegten Rotwild konnten größere Abweichungen (- 33 %) vom Mittel aller Reviere festgestellt werden. Auch im Blutserum besteht demnach ein direkter Zusammenhang zwischen Kupferkonzentration und der höheren Wilddichte (Äsungsangebot). Diese Annahme wird sogar noch verstärkt, wenn man im Revier Dürre Wand die Analysenergebnisse bei Reh- und Gamswild betrachtet. Der in diesem Revier bestehende scheinbare Widerspruch zum Rotwild könnte dadurch hervorgerufen worden sein, daß sich das Rotwild in der Äsungskonkurrenz in dem genannten Lebensraum gegenüber Gams- und Rehwild besser behauptet.

Beim Rehwild bestehen von Biotop zu Biotop bedeutende Unterschiede in Kupfer- und Zinkkonzentration im Blutserum. Darüber hinaus ist vor allem bei dieser Tierart auffallend, daß im Blutserum ein relativ geringer Kupferwert mit einem relativ hohen Zinkwert gekoppelt ist oder umgekehrt.

5.2.4 Haar

Der Kupfer- und Zinkgehalt im Haar zeigt eine hohe Abhängigkeit von der Tierart und vom Biotop.

Rotwild: So ist im Haar des aus der Dürren Wand und Reichraming stammenden Rotwildes überdurchschnittlich viel Kupfer (+ 89 % beziehungsweise + 28 %) enthalten, während Tiere aus Hollenstein um 28 %, solche aus Ebenthal und Ebensee sogar um 39 % weniger als der Durchschnitt aufweisen.

Rehwild: Im Haar der aus Laab im Walde stammenden Rehe ist eine überdurchschnittlich hohe (+ 60 %) Kupferkonzentration gegeben, während im Haar der aus der Langau stammenden Tiere eine um 44 % unter dem Durchschnitt liegende Konzentration vorliegt.

Ungewöhnlich große Unterschiede ergeben sich im Zinkgehalt der Rehwildhaare. So liegt dieser bei den aus Kaltenberg-Kleinzell stammenden Tieren im Mittel 178 % über dem Durchschnitt, während die Tiere aus den anderen drei Untersuchungsgebieten Langau, Dürre Wand und Laab im Walde um 60 %, 30 %, beziehungsweise 34 % unter dem Schnitt liegen.

Gamswild: Beim Ganswild ist bei den aus der Langau stammenden Tieren der Kupfergehalt um 32 % über dem durchschnittlichen Wert gelegen, während er im Haar der von der Dürren Wand stammenden Gemsen um 21 % und solchen aus Mayrhofen um 11 % darunter liegt.

Muffelwild: Auch bei dem aus Kaltenberg-Kleinzell stammenden Muffelwild ist im Haar ein um 45 % höherer Kupfergehalt nachweisbar. Bezüglich des Zinkgehaltes zeigen sich zwischen Gams- und Muffelwild keine signifikanten Unterschiede.

5.3 Einfluß der Jahreszeit auf die Kupfer- und Zinkkonzentration im Panseninhalt, in der Leber, im Blutserum, im Haar und im Harn bei Rot-, Reh-, Gams- und Muffelwild (Tab.: 3a, 3b).

Die jahreszeitlich bedingte Änderung der Äsungsqualität spiegelt sich in der Kupfer- und Zinkkonzentration des Panseninhaltes, der Leber, des Blutserums, des Haares und des Harns wieder.

Zusätzlich ergeben sich sehr deutliche und bemerkenswerte tierartliche Unterschiede hinsichtlich des Kupfer- und Zinkgehaltes in den untersuchten Organen und Körperflüssigkeiten.

5.3.1 Panseninhalt

Der Kupfer- und Zinkgehalt ist im Panseninhalt der im Sommer erlegten Rot-, Reh- und Gamswildstücke (Mai - Oktober) höher als bei den im Winter (November - April) erlegten Tieren. Genau umgekehrte Verhältnisse zeigen sich im Panseninhalt des Muffelwildes.
Diese Ergebnisse könnten in der unterschiedlichen Nahrungspräferenz von Rot-, Reh- und Gamswild einerseits und Muffelwild andererseits begründet sein.

5.3.2 Leber

In der Leber der im Winter erlegten Reh-, Gams- und Muffelwildstücke ist die Kupferkonzentration um etwa 25 % über dem Jahresmittel, während sie im Sommer unter dem Durchschnitt liegt.
Die Zinkkonzentration in der Leber weist im Verlauf des Jahres bei allen vier untersuchten Wildarten nur relativ geringfügige Abweichungen vom Mittelwert der betreffenden Tierart auf.

5.3.3 Blutserum

Die Kupfer- und Zinkkonzentration im Blutserum zeigt im jahreszeitlichen Verlauf bei Rot-, Reh- und Gamswild keine bedeutenden Unterschiede (max. etwa ± 9 %). Auffallend ist die Zinkkonzentration im Blutserum der im Winter erlegten Muffelwildstücke (November - April), die um etwa 32 % über dem Jahresmittel liegt.

5.3.4 Haar

Die Kupferkonzentration ist im Haar der im Winter erlegten Tiere (Rot-, Reh-, Gams- und Muffelwild) unter dem Jahresmittel. Zum Unterschied davon läßt die Zinkkonzentration einen entgegengesetzten Verlauf erkennen.

5.3.5 Harn

Im Harn ist sowohl der durchschnittliche Kupfer- als auch der entsprechende Zinkwert der im Winter erlegten Tiere unter dem Jahresmittel. Die angeführten Meßergebnisse sind Mittelwerte, wobei Einzelheiten aus den Tabellen entnommen werden können.

5.4 Einfluß des Geschlechtes auf die Kupfer- und Zinkkonzentration im Panseninhalt, in der Leber, im Blutserum, im Haar und im Harn bei Rot-, Reh-, Gams- und Muffelwild (Tab.: 4a, 4b).

5.4.1 Panseninhalt

Zwischen männlichen und weiblichen Rot-, Reh-, Gams- und Muffelwildstücken zeigt sich hinsichtlich der botanischen Zusammensetzung des Panseninhaltes kein nennenswerter Unterschied (Onderscheka et al., 1976c, 1976a). Dies ist auch besonders deswegen von Bedeutung, weil der Kupfer- und Zinkgehalt von Pflanzenart zu Pflanzenart sehr verschieden sein kann. So sind zum Beispiel Leguminosen und Kräuter im allgemeinen kupfer- und zinkreicher als Gramineen. Auf Grund dieser Tatsachen ist ein ähnlicher Wert des Kupfer- und Zinkgehaltes im Panseninhalt zu erwarten. Tatsächlich weisen die im Panseninhalt ermittelten Kupfer- und Zinkwerte keine bedeutenden Unterschiede auf.

5.4.2 Leber

Auf Grund des weitgehend gleichen Kupfer- und Zinkgehaltes im Panseninhalt bei männlichen und weiblichen Tieren wäre kein Unterschied in der Kupferkonzentration der Leber zu erwarten. Tatsächlich weisen aber die ermittelten Kupfer- und Zinkwerte in der Leber - allerdings nur beim Gams- und Muffelwild - große Unterschiede auf. So liegt der Kupfer- und Zinkanteil in der Leber der Gamsböcke um 48 % beziehungsweise um 16 % über, beziehungsweise bei den Geißen unter dem jeweiligen Durchschnittswert. Bei Muffelwiddern besteht allerdings im Vergleich zu den Schafen eine geringere Kupfer- und Zinkkonzentration in der Leber.

5.4.3 Blutserum

Im Blutserum konnten bei drei der untersuchten Tierarten hinsichtlich der Kupfer- und Zinkkonzentration keine bedeutenden, geschlechtsbedingten Unterschiede festgestellt werden, nur beim Muffelwild weisen die Widder um 19 % mehr Zink im Serum auf.

5.4.4 Haar

Das Haar der Muffelwidder hat eine höhere Kupferkonzentration als das der Schafe. Beim Rehwild enthält das Haar der Böcke um 22 % weniger Zink. Bei den anderen untersuchten Tierarten ergeben sich geschlechtsbedingt bezüglich der Kupfer- und Zinkkonzentration im Haar keine nennenswerten Unterschiede.

5.4.5 Harn

Im Harn der Rehgeißen ist im Gegensatz zu den Böcken weniger Kupfer enthalten.

Zusammenfassend kann gesagt werden, daß beim Versuch, die Stoffwechselsituation eines Tieres zu erfassen, das Geschlecht des Probanden keine bedeutende Rolle spielt. Dies bestätigt auch die schrittweise Regressionsanalyse, die dem Geschlecht eine geringe Bedeutung zumißt.

5.5 Einfluß des Alters auf die Kupfer- und Zinkkonzentration im Panseninhalt, in der Leber, im Blutserum, im Haar und im Harn bei Rot-, Reh-, Gams- und Muffelwild (Tab.: 5a, 5b).
Die in Tabelle 5 angeführten Untersuchungsergebnisse lassen keine Abhängigkeit zwischen Alter und dem Kupfer- und Zinkgehalt des Panseninhaltes erkennen.

5.5.1 Panseninhalt

Auf Grund der weitgehend gleichen durchschnittlichen Kupfer- und Zinkgehalte im Panseninhalt bei allen vier untersuchten Tierarten und Altersgruppen wäre kein Unterschied in der Kupferkonzentration der Leber zu erwarten. Tatsächlich weisen aber die Werte in der Leber innerhalb der einzelnen Tierarten bedeutende Unterschiede auf. So haben generell die mittelalten Tiere eine höhere Kupferkonzentration in der Leber, während die jungen und alten Tiere Werte unter dem Durchschnitt aufweisen.

5.5.2 Leber

Die Zinkkonzentration ist in der Leber mittelalter Rot- und Rehwildstücke unter dem Durchschnitt. Bei jungen und alten Rotwildstücken liegt der Zinkgehalt analog zu den alten Rehen über dem Durchschnittswert. Beim Gams- und Muffelwild sind die Verhältnisse gerade umgekehrt.

5.5.3 Blutserum

Im Blutserum zeigen sowohl die Kupfer- als auch die Zinkwerte bei allen vier untersuchten Wildarten im Hinblick auf die einzelnen Altersgruppen keine bedeutenden Unterschiede.

5.5.4 Haar

Im Haar sind sowohl bei Kupfer als auch bei Zink deutliche Unterschiede zwischen den einzelnen Altersgruppen nachweisbar. So weisen alte Rotwildstücke die höchsten Kupferkonzentrationen (+ 31 %) im Haar auf, während beim Gamswild das Maximum in der Jugendklasse zu finden ist (+ 39 %).

6. SCHLUSSFOLGERUNG

Die Kupfer- und Zinkkonzentration im Panseninhalt, in der Leber, im Blutserum, im Haar und Harn weist charakteristische tierartliche Unterschiede auf.

Aus der Kupfer- und Zinkkonzentration des Panseninhaltes, der Leber und des Haares können vielfach direkte Rückschlüsse auf die Qualität und wiederholt sogar auf die Quantität des Nahrungsangebotes und damit auf die Jahreszeit, das Biotop und die Äsungsbelastung gemacht werden.

Außerdem konnte vielfach ein Einfluß des Alters und im bescheidenen Ausmaß einer des Geschlechts auf die Kupfer- und Zinkwerte festgestellt werden.

Wir danken Herrn Dr. W. Kläring vom EDV-Zentrum der Veterinärmedizinischen Universität Wien (Vorstand: Prof. Dr. G. Keck) für die Beratung bei der Erstellung des Statistik-Programms und für die Durchführung der Berechnungen.

Zusammenfassung:

Beitrag zur Beurteilung der Kupfer- und Zinkstoffwechselsituation mit Hilfe medizinisch-chemischer Parameter bei freilebenden Tieren

In dieser Arbeit wird der Versuch unternommen zu klären, welche Aussagekraft die Konzentration von Kupfer und Zink im Panseninhalt, Leber, Blutserum, Haar und Harn von freilebenden Wiederkäuern für die Beurteilung der Stoffwechselsituation dieser Spurenelemente hat. Die Untersuchungsergebnisse von 204 Stück Rotwild, 66 Stück Rehwild, 246 Stück Gamswild, 23 Stück Muffelwild und 9 Stück Steinwild werden in Abhängigkeit von Tierart, Biotop, Jahreszeit, Geschlecht und Alter diskutiert.

Summary:

Use of Medico-Chemical Parameters to Measure Copper and Zinc Metabolism in Wild-Living Animals

An attempt was made to elucidate copper and zinc concentrations in rumen matter, liver, blood serum, hair, and urine of wild-living animals and the relevance of those parameters to assessment of metabolism of the above trace elements. The findings obtained from 204 heads of red deer, 66 roes, 246 chamois, 23 mufflons, and nine heads of ibex are discussed in relation to species, biotype, season, sex, and age.

Résumé:

Contribution à l'appréciation de la situation du métabolisme du cuivre et du zinc à l'aide de paramètres médicaux et chimiques chez les animaux sauvages

L'auteur essaie d'étudier la signification de la concentration de cuivre et de zinc au contenu de la panse, du foie, du dérum sanguin, du pelage et de l'urine de ruminants sauvages pour connaître la situation métabolique de ces oligo-éléments. Les résultats de l'analyse de 204 cervidés, de 66 chevreuils, de 246 chamois, de 23 mouflons et de 9 bouquetins sont discutés en fonction de l'espèce, du biotope, de la saison, du sexe et de l'âge des animaux.

Резюме:

К оценке состояния обмена меди и цинка с помощью медицинско-химических параметров у свободно живущих животных

В этой работе делается попытка выяснить, какое значение имеют концентрация меди и цинка в содержимом рубца, в печени, серуме, волосах и моче свободно живущих жвачных животных для оценки ситуации обмена этих микроэлементов. Обсуждаются результаты исследований 204 штук красной дичи, 66 косулей, 246 серней, 23 муфлона и 9 каменных козлов в зависимости от вида, биотопа, времени года, пола и возраста.

Literatur:

BERSIN, Th. (1963): Biochemie der Mineral- und Spurenelemente. Frankfurt (Main): Akademische Verlagsgesellschaft.

HAPKE, H. J. (1975): Toxikologie für Veterinärmediziner. Stuttgart: Ferdinand Enke.

HENNIG, A. (1972): Mineralstoffe, Vitamine, Ergotropika. Berlin: Deutscher Landwirtschaftsverlag.

HOCK, A. (1966): Vergleichende Ernährungslehre des Menschen und seiner Haustiere. Jena: Gustav Fischer.

LENKEIT, W., BREIREM, K. und E. CRASEMANN (1969): Handbuch der Tierernährung. Hamburg-Berlin: Paul Parey.

ONDERSCHEKA, K. (1976a): Ernährungsprobleme beim Gamswild. Die Bodenkultur 27, 1, 97-106.

ONDERSCHEKA, K., GATTINGER, G. und W. KLÄRING (1976b): Beitrag zur Festlegung physiologischer Normalwerte beim Gamswild. II. Int. Gamswildsymposium in Bled, 21. X. - 23. X., 166-179.

ONDERSCHEKA, K., und H. R. JORDAN (1976c): Einfluß der Jahreszeit, des Biotops und der Äsungskonkurrenz auf die botanische Zusammensetzung des Panseninhaltes beim Gams-, Reh-, Muffel- und Rotwild. Die Bodenkultur 27, 2, 202-217.

ONDERSCHEKA, K., GATTINGER, G., FELDBACHER, P. und W. KLÄRING (1978): Zusammenhänge zwischen Ernährungsstoffwechsel und Räude der Gemse (Rupicapra rupicapra Linné, 1758). Verhandlungsber. XX. Internat. Symp. Erkrankungen Zootiere, Dvur Královė, 149-158.

ONDERSCHEKA, K., GATTINGER, G., HUSS, H., KLÄRING, W., STEINECK, T. und F. TATARUCH (1979): Beurteilung der Funktionstüchtigkeit eines Ökosystemes durch Messung physiologischer Parameter bei wildlebenden Tieren (im Druck).

Anschrift der Verfasser: Dr. G. Gattinger,
Forschungsinstitut für Wildtierkunde der
Veterinärmedizinischen Universität Wien
Linke Bahngasse 11
A-1030 Wien (Österreich)

Aus dem Zoologischen Garten Łódź (Direktor: Dr. A. Sosnowski)

EIN BEITRAG ZUR HARNSÄUREGICHT DER ZOOVÖGEL

Von J. Dabrowski, A. Sosnowski und Eva Zuchowska

Unter den Stoffwechselstörungen kommt der Gicht sowohl beim Hausgeflügel als auch bei Zoovögeln eine besondere Bedeutung zu. Wir konnten diese Erkrankung auch bei wildlebenden Vögeln, wie zum Beispiel Waldschnepfe (Scolopax rusticola) und Elster (Pica pica), beobachten.

Die wichtigsten Faktoren, die unter Zoobedingungen diese Stoffwechselstörung begünstigen, sind mit Fütterungsfehlern verbunden: Vitamin- und Mineralstoffmangel, geringe Bewegungsmöglichkeiten und zu niedrige Raumtemperaturen.

Wir haben im Zoologischen Garten Łódź von 1958 - 1977 insgesamt 50 zu 37 verschiedenen Arten gehörende Vögel infolge Gicht verloren, das sind 6,2 % aller in diesem Zeitraum verstorbenen Vögel. Diese Prozentzahl wies in den verschiedenen Jahren erhebliche Schwankungen auf. So war sie im Jahre 1977 mit 16,1 % sehr hoch, während wir beispielsweise im Jahre 1972 überhaupt keinen Verlust infolge Gicht zu verzeichnen hatten.

Gichtveränderungen wurden auch bei Vögeln festgestellt, die auf Grund anderer Ursachen, wie zum Beispiel Tuberkulose oder Legenot, verstorben sind. Auch bei Jungtieren wie beispielsweise Moschusenten (Cairina moschata) und Nepalfasanen (Lophora leucomelana) haben wir sie gesehen.

Mitteilungen im Schrifttum wiesen ebenfalls auf die besondere Bedeutung der Gicht unter den Todesursachen bei Vögeln hin. So haben Göltenboth und Klös (1972) bei 3,3 %, Heroeg et al. (1972) bei 4,2 % und Kronberger und Schüppel (1972) sogar bei 6,9 % der von ihnen untersuchten Vögel Harnsäuregicht beobachtet.

Auch in unseren Fällen wurde die Diagnose erst bei der Obduktion gestellt. Die hauptsächlichsten Veränderungen wurden an den Nieren gefunden, gefolgt von Alterationen am Herzbeutel, der Leber und anderen Organen.

Von der Überlegung ausgehend, daß diese Krankheit mit einem Anstieg des Harnsäuregehaltes im Blut verbunden ist, haben wir 53 Vögel untersucht, um vorerst die sogenannten Normalwerte zu ermitteln. Die Ergebnisse sind in Tabelle 1 dargestellt. Das Blut wurde morgens aus der Flügelvene entnommen, und der Harnsäuregehalt wurde mit der Phosphor-Wolfram-Methode bestimmt.

Wir sind uns darüber im klaren, daß das Material für Vergleichszwecke noch zu gering ist und daß auch eine Reihe anderer Krankheiten mit einem Anstieg des Harnsäuregehaltes im Blut einhergehen. Trotzdem glauben wir, daß auf diesem Wege eine Möglichkeit besteht, die Gicht auch am lebenden Tier zu diagnostizieren, zumal die von uns ermittelten Werte sehr gut mit den von Sova et al. (1972) publizierten Angaben über den Harnsäuregehalt des Blutes bei Fasanen vergleichbar sind.

Zusammenfassung:

Ein Beitrag zur Harnsäuregicht der Zoovögel

Es wird über erste Versuche zum Nachweis des Harnsäuregehaltes des Blutes bei verschiedenen Zoovögeln berichtet.

Summary:

Uric Acid Gout in Zoo Birds

An account is given of initial causes by which to detect uric acid levels in the blood of various zoo bird species.

Résumé:

Contribution à la goutte chez les oiseaux migrateurs

L'auteur parle des causes originales de la goutte et mentionne la teneur en acide urique du sang chez différents oiseaux migrateurs.

Резюме:

К подагре птиц зоопарка

Сообщается о предварительных исследованиях определения мочевой кислоты в крови разных перелетных птиц.

Tabelle 1: Harnsäuregehalt in mg % im Blutserum bei Zoovögeln

Nr.	Vogelart	Zahl der untersuchten Vögel	Zahl der untersuchten Blutproben	Arithmetisches Mittel $\bar{a}$	Standardabweichung s	Grenzwerte a
1	Weißstorch (Ciconia ciconia)	9	12	7,44	± 2,66	4,40 - 13,50
2	Nilgans (Alopochen aegyptiacus)	10	30	10,48	± 2,30	6,75 - 16,60
3	Moschusente (Cairina moschata)	11	11	4,50	± 1,68	1,58 - 6,46
4	Jagdfasan (Phasianus colchicus)	10	11	5,11	± 0,97	3,60 - 6,36
5	Pfau (Pavo cristatus)	13	21	6,30	± 1,67	3,87 - 9,20

Literatur:

GÖLTENBOTH, R. und H.-G. KLÖS (1972): Analyse der Vogelverluste des Berliner Zoos in den Jahren 1966 - 1970 sowie Hinweise auf die durchgeführten prophylaktischen und therapeutischen Maßnahmen. Verhandlungsber. XIV. Internat. Symp. Erkrankungen Zootiere, Wrocław, 47-55.

HERCEG, M., HUBER, I., MAŘAN, B., ČUTURIĆ, S. und A. VRANČIĆ (1972): Zur Sektionsstatistik bei Vögeln des Zoologischen Gartens der Stadt Zagreb. Verhandlungsber. XIV. Internat. Symp. Erkrankungen Zootiere, Wrocław, 37-42.

KRONBERGER, H. und K.-F. SCHÜPPEL (1972): Ergebnisse der postmortalen Untersuchung von 4000 Vögeln. Verhandlungsber. XIV. Internat. Symp. Erkrankungen Zootiere, Wrocław, 29-35.

SOVA, Z., KONDELA, K., TREFNÝ, D., VREBENSKA, A., NĚMEC, Z., HOUŠKA, J., JANDA, J. und V. PUJMAN (1972): Kyselina močová v krevnim séru a vjátrech bažantu obecných (Phasianus colchicus) do jednoho roku života. Vet. Med., Praha, 17, 45, 127-131.

Anschrift der Verfasser: J. D a b r o w s k i,
Zoologischer Garten
ul. Konstantynowska 8/10
94-303 Łódź (VR Polen)

Aus dem Institut für Forstwissenschaften Eberswalde, Abteilung Jagdwirtschaft (Leiter: Ofm. Dr. L. Briedermann) und der Staatlichen tierärztlichen Gemeinschaftspraxis Hoyerswerda (Leiter: Dr. W. Tschiroh)

PEROSIS BEIM AUERHUHN (TETRAO UROGALLUS L.)

Von W. Tschiroh

Skeletterkrankungen spielen beim Hausgeflügel in der Intensivaufzucht beziehungsweise -mast eine zunehmende Rolle. Die klinisch oft gleich oder ähnlich aussehenden Erkrankungen wurden erst in letzter Zeit differentialdiagnostisch genauer abgegrenzt (Bergmann und Scheer, 1976). Dabei spielt in der Intensivmast von Broilern, Puten und neuerdings auch Enten die Perosis ökonomisch die Hauptrolle.
Immer wieder ist auch über das Auftreten dieser Erkrankung beim Wildgeflügel (Fasan, Großtrappe, Kranich, Schwan, Straußenvögel) berichtet worden, wobei alle Berichte aus der künstlichen Aufzucht dieser Vogelarten stammen (zum Beispiel Gewalt, 1958 und 1967; Fodor und Poka, 1965; Heymann et al., 1970; Evans-Layng und Benirschke, 1978 usw.).
Ätiologie und Pathogenese der Erkrankung sind auch heute noch nicht völlig geklärt. Früher wurden Mangel an Mangan, Cholin, Vitamin E, Vitaminen des B-Komplexes und Disproportionen im Ca-P-Vitamin D_3-Stoffwechsel als Ursachen angesehen (Hilbrich, 1967; Gratzl und Köhler, 1968; Kronberger, 1978). Heute wird die Ursache eher in einem Mißverhältnis von Körpermassezunahme und Skelettdifferenzierung beim wachsenden Tier gesehen (Bergmann und Scheer, 1976), wobei beim künstlich aufgezogenen Wildvogel ein starker Eiweißeinsatz im Zusammenhang mit Bewegungsmangel als Hauptgrund gelten muß. Das Zusammentreffen verschiedener auslösender Faktoren führt zu einer Störung des Chondrozytenstoffwechsels und damit zu Verknöcherungsstörungen im Epiphysenfugenbereich (Bergmann und Scheer, 1976; Kunstmann, 1977).

Von der echten Perosis müssen klinisch ähnliche Erkrankungen wie die Tibiatorsion, Turkey-Y-Disease (Bergmann und Pietsch, 1976), aber möglicherweise auch die Ammoniak-Vergiftung (Mendelewska und Mendelewski, 1973) abgegrenzt werden.
Seit der Erstbeschreibung der Perosis durch Milne (1936) hat sich an der Klinik der Erkrankung bei allen betroffenen Vogelarten nichts geändert: Schwellung und Rötung des Fersengelenkes mit anschließendem seitlichen Abgleiten der Achillessehne von den Rollhöckern des Tibiotarsalgelenkes. Anschließend erfolgt eine Drehung und Seitwärtsstellung des Metatarsus; häufig Dekubitus am Gelenk.

In einem Wildforschungsgebiet der DDR, wo unter Leitung des Institutes für Forstwissenschaften Eberswalde Rauhfußhühner gehalten und gezüchtet werden, traten bei Auerhühnern in der Aufzuchtphase immer wieder Erkrankungen an Perosis auf.
Die typischen klinischen Anzeichen waren zumeist ab der dritten Lebenswoche bis etwa zum dritten oder vierten Lebensmonat zu beobachten. Befallen wurden immer die größten und am schnellsten wachsenden Tiere. Fast ausnahmslos waren es männliche Tiere.
Jungtiere des Auerhuhnes zeigen im genannten Alter ein frappierendes Wachstum mit gewaltigen Massezunahmen. Die in freier Wildbahn zu diesem Zeitpunkt fast ausnahmslos aufgenommene Insektennahrung muß unter Bewältigung eines großen Laufpensums gesucht werden.
In der Gefangenschaft steht eine eiweißreiche, aber meist einseitige Nahrung bei starker Bewegungseinschränkung zur Verfügung. Dazu bestehende Störungen im Stoffwechsel skelettaktiver Nahrungsstoffe (zum Beispiel Zink, Mangan, Selen, Calcium, Phosphor, Vitamine usw.) lösen das Bild der Perosis aus.

Erste Hinweise zum Auftreten von Perosis bei Auerhühnern sind bereits bei Wurm (1885) zu finden. Nach Wurm zog Bruchlacher sieben Auerhühner künstlich auf, wovon ein Weibchen "fußkrank" getötet wurde, während ein dreijähriger Hahn "mit luxiertem Fuße herumhumpelte". Nach B o b a c k (1976) wurde die Erkrankung auch in einer spanischen Auerwildfarm festgestellt. Außerdem wurde Perosis auch bei der künstlichen Aufzucht des Nordamerikanischen Haselhuhnes (Bonasa umbellus) gesehen (B u m p et al., 1947).

Während G e w a l t in seinen Arbeiten angibt, selbst fortgeschrittene Fälle von Perosis durch entsprechende Substitutionstherapie geheilt zu haben, konnten wir bei klinisch manifesten Erkrankungen zunächst keine Besserung oder Heilung erzielen (siehe auch M e n d e l e w s k a , 1971). Selbst die wegen des beträchtlichen Wertes der Tiere versuchte chirurgische Korrektur brachte keinen Erfolg. Durch den Einsatz des Präparates "Agranil" des VEB Agraria (W i l s - d o r f et al., 1976; M a g u n s k y et al., 1976), einem Mangan-Selen-Prämix, in der angegebenen Dosierung von 2 g je kg Futter bei den Zuchttieren zur Legezeit und 1,6 g je Liter Trinkwasser bei den Küken ab erstem bis dreißigstem Lebenstag konnte mit wenigen Ausnahmen das Auftreten von Perosis in den letzten zwei Jahren verhindert werden.
Die trotz des "Agranil"-Einsatzes erkrankten drei Küken konnten erstmalig durch individuelle Behandlung vollständig geheilt werden.

Zusammenfassung:

Perosis beim Auerhuhn (Tetrao urogallus L.).

Es wird über das Auftreten von Perosis bei jungen Auerhühnern in einem Zuchtbetrieb der DDR berichtet. Das Auftreten der Erkrankung wurde mit dem Präparat "Agranil" verhindert.

Summary:

Wood grouse perosis (Tetrao urogallus).

The occurrence of perosis in young wood grouses is dealt within a GDR breeding farm. The occurrence of the disease was prevented by means of the "Agranil" preparation.

Résumé:

La pérose de la poule de bruyère (Tetrao urogallus).

Un rapport est donné sur les cas de pérose chez de jeunes poules de bruyère dans une ferme d'élevage en R.D.A. La propagation de la maladie fut empêchée grâce au produit "Agranil".

Резюме:

Пероз у глухарки (Tetrao urogallus)

Сообщается о возникновении пероза у молодых глухарок на одной птицеферме в ГДР. Возникновение болезни предотвращается при помощи препарата "Аграниль"

Literatur:

BERGMANN, V. und M. PIETSCH (1976): Beiträge zur Differentialdiagnose der Bewegungsstörungen beim Junghuhn. 4. Mitt. : Tibiatorsion beim Perlhuhn - eine perosisähnliche Erkrankung in einem Perlhuhnmastbetrieb. Mh. Vet.-Med. 31, 581.

BOBACK, A. W. (1976): pers. Mitt.

BUMP, G., DARROW, R. W., EDMINSTER, F. C., and W. F. CRISSEY (1947): The ruffed grouse. N. Y. State Cons. Dept.

EVANS-LAYNG, Marit J. and K. BENIRSCHKE (1978): The Hatching and Rearing of Darwin's Rhea, Pterocnemia pennata. Zool. Garten N. F. 48, 4, 273.

FODOR, T. und G. POKA (1965): Weitere Angaben zur Aufzucht der Trappen (Otis tarda L.). VII. Internat. Symp. Erkrankungen Zootiere, Zürich und Basel, 60.

GEWALT, W. (1958): Über Wachstumsstörungen und einen Fall vermutlicher Perosis bei der Aufzucht eines Großtrappenhahnes. Zool. Garten N.F. 24, 27.

GEWALT, W. (1967): Über die Perosis bei Zoogeflügel. Verhandlungsber. IX. Internat. Symp. Erkrankungen Zootiere, Prag, 287.

GRATZL, E. und H. KÖHLER (1968): Spezielle Pathologie und Therapie der Geflügelkrankheiten. Stuttgart: Enke.

HEYMANN, H., WITSTRUK, K.-G. und D. ZSCHEILE (1970): Perosis beim Emu (Dromaius novaehollandiae), Schwarzen Schwan (Cygnus atratus) und bei der Hühnergans (Cereopsis novaehollandiae). Verhandlungsber. XII. Internat. Symp. Erkrankungen Zootiere, Budapest, 103.

HILBRICH, P. (1967): Krankheiten des Geflügels. Schwenningen: H. Kuhn.

KRONBERGER, H. (1978): Haltung von Vögeln - Krankheiten der Vögel. Jena: G. Fischer.

KUNSTMANN, K.-D. (1977): Pathomorphologische Untersuchungen zum Auftreten von Perosis bei Broilern unter verschiedenen Haltungsbedingungen. Berlin: Dipl.Arb.Vet.Med.

MAGUNSKY, K.-J., WILSDORF, G., WERNER, E. und Gabriele REICHERT (1976): Möglichkeiten der Prophylaxe bei der Perosis des Geflügels. 2. Mitt.: Erprobung eines Mn- und Se-haltigen Präparates des VEB Agraria Dresden als Perosisprophylaktikum in einer Broilermastanlage (KIM). Mh. Vet.-Med. 31, 266.

MENDELEWSKA, Jolanta (1971): Perosis indykow i proby leczenia. Med.weteryn. 27, 6, 354.

MENDELEWSKA, Jolanta und E. MENDELEWSKI (1973): Zatrucie amoniakiem perlic typu broiler. Med.weteryn. 29, 4, 227.

MILNE, H. J. (1936): Proc. VIth Worlds Poultry Congr., Vol. 2, 155.

WILSDORF, G., REICHERT, Gabriele, WERNER, E., MAGUNSKY, K.-J. und P. EICHELBERGER (1976): Möglichkeiten der Prophylaxe bei der Perosis des Geflügels. 1. Mitt. : Akute und chronische Toxizitätsuntersuchungen bei Zufuhr von Mangan und Selen einschließlich der Rückstandsproblematik. Mh.Vet.-Med. 31, 61.

WURM, W. (1885): Das Auerwild. Wien 2. Aufl.

Anschrift des Verfassers: Dr. W. T s c h i r c h ,
DDR 7705 Lauta, Nordstr. 20 (DDR)

From the Zoological Society of London, Department of Veterinary Science, and the Central Veterinary Laboratory, Weybridge, Department of Biochemistry

SOME PRELIMINARY STUDIES ON BLOOD AND LIVER COPPER LEVELS IN UNGULATES AT WHIPSNADE

By D. G. Ashton, D. M. Jones, G. Lewis and R. N. Cinderey

Introduction

There is a marked species difference in the normal range of copper concentrations in the liver (the main storage organ of the element in vertebrates), as well as an appreciable individual variation which is common to all species (Underwood, 1956). Beck (1956) found that the average liver copper concentration of adults of the majority of species which he examined, lay between 10 and 50 ppm on a dry matter basis. This applied to species with greatly differing diets and habitats for instance the Agile wallaby (Macropus agilis), Domestic pig (Sus scrofa), Humpback whale (Megaptera nodosa), Bee eater (Merops ornatus), Crocodile (Crocodilus johnsoni) and Australian salmon (Arripus trutta). Certain other species, including the Domestic cow (Bos taurus) and sheep (Ovis aries) had much higher levels (100 - 400 ppm DM). Beck suggests that this variation is more a reflection of the animals' ability to restrict storage in the liver and to excrete the surplus, than an indication of the animals' intake, absorption or storing ability, since different species on the same diet exhibit these same differences in liver copper concentrations.

There are relatively few reports of tissue copper levels in non-domestic ungulates in the wild, Beck (loc. cit.), Howard (1964), Boyazoglu et al. (1972), Dvremo (1974), Turkstra et al. (1977 and 1978), and one brief report for animals kept in zoos Senf (1974). The tissue levels in non-domestic species are of interest, in view of the Domestic sheeps's well known susceptibility to both excesses and deficiences of this element, and the reports of reduced growth rate and infertility in cattle associated with low blood and liver levels.

This paper summarises the results of copper determinations of 474 liver samples and 538 blood samples from 41 species of ungulates at Whipsnade Zoo, collected over an 8 year period. Where liver concentrations are quoted in parts per million (ppm) in the text and tables, these are on a dry matter basis.

Materials and Methods

The Latin names of the species examined are given in the appendix. Most of these (for exceptions see below) were kept in paddocks originally sown with a cocksfoot/perennial ryegrass mixture. Pasture analysis for copper from seven paddocks at different points in the park showed an average level of 10.6 ppm dry matter (range 6.2 - 12). The soils are principally made up of a dense loam (limestone and clay).

During the summer supplementary feeding with hay and concentrates is reduced or absent. During the winter, meadow, lucerne, clover and sanfoin hays are fed depending on the species of animal. A proportion of the meadow hay is grown on land adjacent to the paddocks but the other hays are bought in. The ruminants and hippos receive a concentrate ration consisting of an approximately equal mix of rolled oats, flaked maize and a pelleted commercial cattle pellet containing 14 % protein and 14 - 18 ppm of copper (Spillers Dairy 14 Cube). To this is added a commerical vitamin and mineral balancer (Minsal 374 B. P. Nutrition), which supplies copper at a rate of 10 ppm when mixed at the recommended inclusion rate. The Equines and Black and Indian Rhinoceros receive a commercial cube designed for horses (12 % protein and 14 - 18 ppm copper) (Spillers Horse and Poney Cubes) instead of the cattle pellet in their ration.

All the ruminants except the Reindeer, Musk Ox and Giraffe normally have unlimited access to grass. The Reindeer and Giraffe have no access, the Musk Ox have limited access to a well mown paddock. Two free living species of ruminant (Muntjac and Chinese water deer) receive only minimal supplementary feeding.

All the Equines and the White Rhinoceroses are able to graze throughout the year. The Black and Indian Rhinos and the two Hippo species are not able to graze, but are fed out grass in the summer, and green vegetables and carrots in the winter. The Moose and Giraffe both receive linseed cake in their concentrate ration. The Suids eat a sow and weaner pellet and have access to some pasture in their enclosure. Since mid 1973 the Blesbok group have been supplemented with copper sulphate, at the rate of 10 - 50 mg copper each per day.

Liver samples were collected at post-mortem examinations from both clinically normal and sick animals. Animals with infectious diseases were not usually sampled. Blood samples were taken from both healthy and diseased animals while they were being handled for management purposes, examination, or treatment.

The copper concentrations of blood and liver were determined by atomic absorption spectrophotometry (Perkin, Elmer, Model 107). Prior treatment consisted of wet digestion of liver samples with sulphuric, perchloric and nitric acid, and deproteinisation of whole blood with trichloracetic acid.

Results

The results of liver analyses are shown in Table 1 and of blood analyses in Tables 2 and 3. Data for both blood liver copper levels taken on the same day from the same individual was available for 28 animals. These were 7 Mouflon, 4 Chinese water deer, 3 European Bison, 2 Reindeer, 2 Wapiti and single specimens of Arabian camel, Bactrian camel, Fallow deer, Pere David's deer, Red deer, Giraffe, Musk Ox, Soay sheep, Wildebeest and Yak. The correlation of blood with liver values was poor, however all the animals with blood levels below 0.05 mg/100 ml had liver levels less than 20 ppm (with the exception of 1 Arabian camel and 1 Mouflon which both had values of 25 ppm and 0.04 mg/100 ml).
Five animals with blood levels above 0.05 mg/100 ml had liver concentrations below 20 ppm. These were:-

	Blood mg/100 ml	Liver ppm DM
Reindeer	0.09	8.5
Bactrian camel	0.07	18
Chinese water deer	0.08	18
European Bison	0.07	14
European Bison	0.06	17

Table 4 shows the correlation of maternal and foetal liver copper levels in 6 cases where pregnant females died.

Discussion

The poor correlation between blood and liver copper values in individuals is in keeping with the work on domestic ruminants, but in general blood levels below 0.05 mg/100 ml indicate a relatively low liver level. (In domestic cattle and sheep blood levels below 0.07 are considered morginal and below 0.04 deficient.) The information about the relationship of blood and liver levels in individual animals is supplemented by data included in Tables 1 - 3. For instance the Blesbok group prior to supplementation and during the period when losses were experienced in the group due to a complex metabolic problem involving a number of factors (J o n e s , 1978), had average blood levels of 0.046 mg/100 ml. During the same period liver levels averaged 15.2 ppm. The corresponding averages after supplementation and other changes in management which resulted in a clinical improvement were 0.11 mg/100 ml and 223.8 ppm. Similarly 12 Wildebeest since 1974 have had an average blood level of 0.05 mg/100 ml and liver concentrations of 10.3 ppm in adults and young, whereas prior to this, the average blood level was 0.11 mg/100 ml and the average liver level in adults and young was 53.25 ppm. The explanation for this apparent change in copper status is unknown since there was not recorded

Table 1: COPPER CONTENT OF LIVER mg/kg DM / Mean (number) (Range)

	Species	Neonate (N)(0-15 days) Stillborn (S) Foetus (F)	Young (Y)	Adult (A)	Comments
CERVIDAE	Axis Deer	N+ 1970 (14) (530-5000)	730 (3) (500-1400)	145 (5) (11-250)	+Up to 3 weeks
	Chinese Water Deer	-	1268 (4) (870-1900)	93 (13) (17-320)	
	Fallow Deer	N 1978 (5) (490-3400)	Y & A +24 (22) (6.3-130)		+1 senile 130. 5 black phase animals had lower mean 10.8.
	Hog Deer	N 2992 (13) (1100-7400)	Y & A 614 (19) (28-1900)		
	Moose	N & S 2290 (13)(a) (1400-3600)	170 (1)(b)	53 (3) (17-86)	(a) No significant correlation with age. (b) 5 weeks old. Group fed linseed cake.
	Muntjac	F 1500 (3) (300-2700)	Y & A 36 (14) (6.9-140)		
	Pere David's Deer	N 1160 (4) (670-2200)	Y & A 200 (10)+ (19-630)		+Overlap between adults and young.
	Red Deer	N 780 (1)	Y & A 10.4 (9) (6.1-19)		
	Reindeer	N & S 1140 (6) (41-1800)	Y & A 76 (6)+ (8.5-170)		+Hay and concentrates only occasional browse
	Sika Deer	N & S 2958 (12) (1200-5100)	Y & A 56 (32) (9.6-250)		Black phase animals lower than average.
	Swamp Deer	N & F 1709 (11) (700-3000)	Y & A 80 (7) (18-190)		
	Wapiti	-	Y & A 32.6 (16) (12-110)		
BOVIDAE	European Bison	N & Y 108.6 (5) (14-370)		13.7 (8) (8.6-26)	
	American Bison	N & Y 270 & (2) 260		8.3& (2) 11	
	African Buffalo	F 240 (1)	Y & A +10.2 (6) (3.7-13)		+In addition 1 adult 83.
	Yak		89 (1)	13.4 (4) (8.5-26)	
	Musk ox	N 530 (1)	114.5 (4) (14-210)	35 (1)	
	Giraffe	N 90 & 98		15 &(2) 16	
	Nilgai	S 693 (3) (580-810)	99.2 (6) (7.3-290)	14.1 (7) (6-27)	
	Sitatunga	N 854 (5) (520-1100)	Y & A 210 (3) (200-230)		
	Blesbok	S, Y & A 48.4 (16) (6.7-420)			Before supplementation 10 adults average 15.2, after supplementation 5 adults average 223.8.
	Wildebeest	N & S 214 (7) (12-560)	Y & A +25 (13) (3.8-140)		+Adults average 7.4 since 1973.
	Thomson's Gazelle	F, Y & A 489 (22) (32-920)			No obvious difference between adults young and foetuses.
	Mouflon	N, Y & A 72.9 (37) (9.6-260)			7 known adults since 1974 average 15.7, neonates & young tend to be higher.
	Soay Sheep	N, Y & A 225 (6) (110-400)			Neonates tend to be higher than average.
CAMELIDAE	Guanaco	S 450 (1) N, Y & A 120 (11) (8.2-230)			Adult 220
	Llama	N, S & Y 180 (6) (6.7-330)		18 (5) (10-36)	
	Bactrian camel	N, Y & A 145 (14) (15-540)			Some adults very high, some young low.
	Arabian camel			25 (1)	
SUOIDEA	Collard Peccary			23.2 (4) (19-26)	
EQUIDAE	Przewalski horse	N, F & Y 390 (3) (240-540)		21 & (2) 39	
	Onager		Y & A	15.8 (3) (5.4-28)	Highest value 5 months old, rest adult.
	Mountain Zebra		160 (1)	24 (4) (16-31)	
	Common Zebra	S 190 & (2) 580	56.5 (2) (24-89)	26 (4) (19-36)	
	Cream Pony	N & F 420 (3) (210-730)	74 (1)	13 (1)	
RHINO-CERITIDAE	White Rhino	N & S 1000 & (2) 1300		22 (4) (14-32)	
	Black Rhino	S 880 (1)		33 (1)	
HIPPO-POTAMIDAE	Common Hippo	N 940 (3) (490-1700)	190 (1)		
	Pygmy Hippo	N 120 & (2) 320			

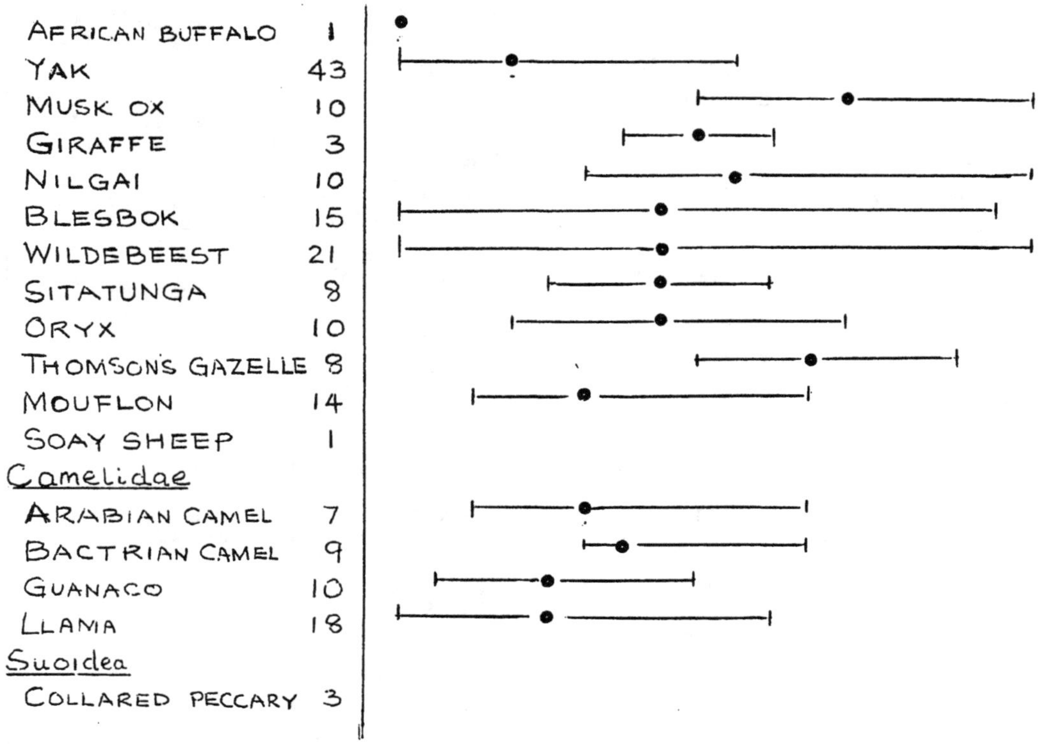
AFRICAN BUFFALO 1
YAK 43
MUSK OX 10
GIRAFFE 3
NILGAI 10
BLESBOK 15
WILDEBEEST 21
SITATUNGA 8
ORYX 10
THOMSON'S GAZELLE 8
MOUFLON 14
SOAY SHEEP 1
Camelidae
ARABIAN CAMEL 7
BACTRIAN CAMEL 9
GUANACO 10
LLAMA 18
Suoidea
COLLARED PECCARY 3

BLOOD COPPER mg/100ml MEAN & RANGE

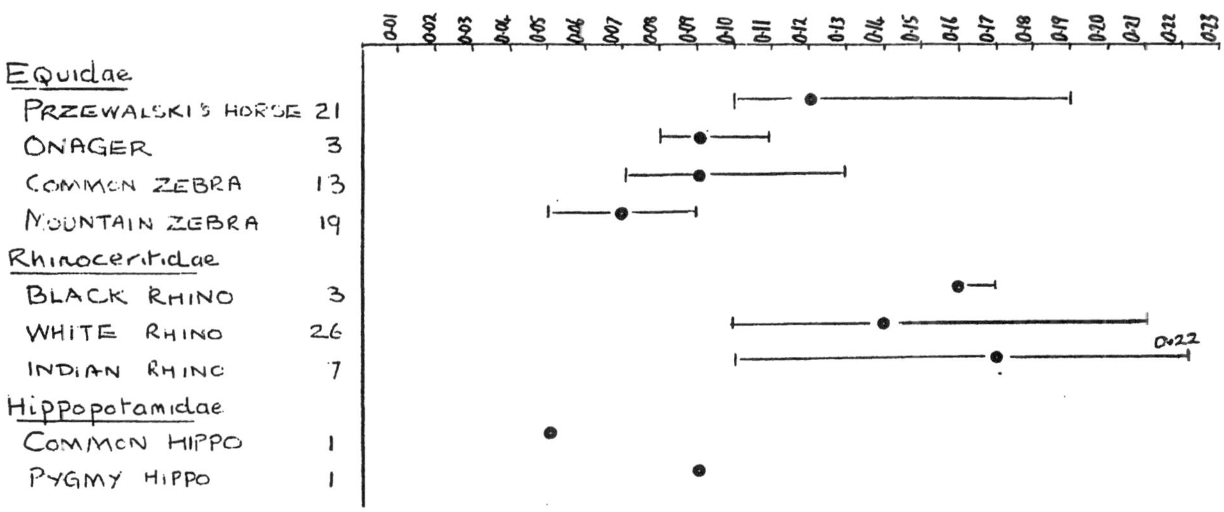

Table 4:

CORRELATION OF MATERNAL AND FOETAL COPPER LEVELS IN LIVER (ppm).

Species	Maternal level	Foetal level
Hog deer	400	4000
Muntjac	14	2700
Muntjac	15	300
Swamp deer	91	3000
African buffalo	11	240
Giraffe	15	210

change of management at that time.

The liver copper levels in the monogastric ungulates fall within the range quoted by Beck (loc. cit.) for a wide variety of species. They are comparable with the figures recorded by Howard (1964) and Boyazoglu et al. (1972) for monogastric animals killed in the wild in Kenya and South Africa respectively. Howard found an average of 45 ppm in Common Zebras, and 29 ppm in Black Rhinoceroses, Boyazoglu found 46 ppm in Common Zebras and 26.4 ppm in White Rhinoceroses. Howard gives an average liver copper concentration of 365 ppm (range 212 - 489) for 5 adult Common hippos, and comments that this species has copper levels more in line with many of the ruminants.

In the monogastric species at Whipsnade, neonates and foetuses have higher levels than the adults but were usually below 1000 ppm. The blood levels in the monogastric species were almost invariably above 0.07 mg/100 ml. Collared pecoaries had appreciably higher blood levels than the other single stomached animals, the average of 0.27 mg/100 ml compares with Beck's figure for the domestic pig of 0.10 mg/100 ml (loc. cit.) although the liver levels are only slightly higher than his figure of 18.9 ppm for the latter species.

Unlike the liver copper concentrations in both monogastric and ruminant species, there was no obvious correlation of blood copper levels with age, although in some species (Axis deer, Yak, Przewalski horse) there was a tendency for young animals to have values at the lower end of the range.

The liver levels in the ruminants are much more variable. The most striking figures to emerge from the data is the extremely high copper concentration in the liver of neonate deer, particularly the Moose, Hog, Axis, Sika and Fallow deer. It is not clear whether or not these levels are toxic. In the domestic sheep concentrations greater than 800 to 900 ppm are considered to be potentially toxic, but an analysis of ages and causes of death in the neonate deer shows no evidence of mortality due to the high levels. For instance the average levels in stillborn animals is not higher than the live born ones and although the cause of death in the fawns was frequently attributed to maternal neglect, exposure and starvation, there were some animals with levels greater than 2000 ppm which had lived for as long as 3 weeks or died through injury. Gross post-mortem findings did not indicate copper poisoning, and histological examination of a small number of Moose and Reindeer calves did not reveal pathological changes associated with copper toxicity. The limited data shown in Table 4 shows that apart from one Muntjac, the foetal liver copper concentration in the 3 deer species is higher than the maternal level by a factor of between 10 and 30. A similar ratio is shown by a Giraffe and an African buffalo, both dams showing low levels compared with wild caught animals (see later). This suggests that high neonatal copper levels may in fact be a normal feature of many deer species, but it will be necessary to examine more histological material from fawns exhibiting these very high levels in order to investigate this phenomenon further.

In the adult domestic cow and sheep, liver copper levels below 10 - 15 ppm are considered marginal or deficient and the minimum critical levels in younger animals are higher than this. Compared to these domestic species all the deer examined except the Red deer, and a group of Black Fallow deer had levels which are more than adequate. Cowie (1976) gives figures for 31 wild Red deer hinds from the north of Scotland which range from 3.01 to 107.9 ppm DM (average 24.4). The animals with the lowest levels were from herds which were said to exhibit poor growth rates. Six stags shot after feeding on cultivated farm land averaged 96.4 ppm (range 208.7 - 36.5). These figures suggest that the Whipsnade animals may have marginally deficient copper levels.

The average blood level from the Red deer reflects to some extent the low average liver level found in this species. The Pere David's deer and Wapiti both had lower blood levels than the Red deer, although they did not exhibit correspondingly low liver levels.

In contrast to the high levels of copper found in the liver of deer, the adult large bovids exhibited low levels. The average for the African buffalo (10.2 ppm) is much lower than the average figures for wild caught animals quoted by H o w a r d (loc. cit.) and B o y a z o g l u (loc. cit.) of 154, and equivalent to 94.8 ppm DM respectively. D v r e m o et al. (loc. cit.) found an average of 0.07 mg copper/100 ml blood in 11 wild African buffalo. These figures are more in line with what would be considered normal in the adult domestic cow, and suggest that the levels in the Whipsnade animals are lower than optimum. The average figure for 2 wild caught Giraffe quoted by B o y a z o g l u et al. (loc. cit.) is equivalent to 53 ppm DM, in comparison to the 15.5 ppm DM average found in the 2 Whipsnade animals. D v r e m o et al. (loc. cit.) quote a blood copper level average of 0.11 mg/100 ml in 15 wild Giraffe. The high level recorded in the single adult Musk Ox may be a reflection of the diet, in that this group receive a higher proportion of hay and concentrates than the other large bovids. A relationship between grazing and low copper levels, and housing off grass and higher levels was seen in the European bison. Some of this group were kept permanently on pasture, and some were housed with no free access to grass for varying periods of time. Six housed animals had average blood levels of 0.11 mg/100 ml (range 0.08 - 0.13), whereas the average figure for 27 animals at grass was 0.06 mg/100 ml (range 0.02 - 0.15). Two housed animals when moved to grass showed a drop in blood copper from 0.12 to 0.07 in one case over a 19 month period, and from 0.10 - 0.03 over a 17 month period. This second animal had previously shown a rise from 0.02 to 0.10 mg/100 ml when moved from grass into the housed accommodation. For approximately the last 12 months of the period over which this data was collected a copper supplement at the rate of 130 mg copper per adult per day has been given as copper sulphate in the concentrate ration. This has apparently increased the blood levels in 4 animals (0.05 to 0.14, 0.02 to 0.14, 0.03 to 0.08, 0.06 to 0.10).

The antelope group exhibit a wide variation in liver copper levels. The Thomson's gazelle and Sitatunga have high levels, and the Nilgai low. H o w a r d (loc. cit.) and D v r e m o et al. (loc. cit.) found liver and blood levels of 166 ppm DM and 0.1 mg/100 ml respectively in wild Thomson's gazelle. The Brindled Wildebeest average of 25 ppm is much lower than the figure equivalent to 194.4 ppm DM quoted for wild caught animals by B o y a z o g l u et al. (loc. cit.), but is more in line with H o w a r d 's figure of 29.3 ppm DM from 16 adult wild animals (loc. cit.). In comparison with these figures the 7.4 ppm for adult Wildebeest at Whipsnade over the last 3 years of the survey period suggests a deficient state. As already mentioned the blood levels from animals sampled in the same period are low by domestic cattle standards too, and compare with D v r e m o et al's average of 0.1 mg/100 ml from 14 wild animals.

For comparison with the Blesbok figures, T u r k s t r a et al. (1978) found an average of 113 ppm dry matter (range 72 - 244) in 16 Blesbok from 2 National Parks in South Africa.

The Camelidae in common with the true ruminants show a wide intraspecies variation of liver copper levels. In the Guanaco and Llama at least there appears to be a tendency for blood levels to be at the lower end of the ranges shown in Table 3. Values for liver levels in Arabian camels in Africa are given by T a r t o u r (1969), K h a l i f a (1973) and H o w a r d (loc. cit.), they are 164, 156 and 206 ppm DM respectively.

The interspecies variation exhibited by species occupying the same paddock, and offered the same concentrates and hay ration in the winter, is illustrated by the copper levels found in the Nilgai, Llamas and Hog deer, 14, 18 and 614 ppm respectively. Similar differences were found by d e V o s (pers. comm.) in some wild living species from the same area in South Africa, although these would of course have been eating different diets. Bontebok (Damaliscus dorcas) and Springbok (Antidorcas marsupialis) had levels averaging 576 and 64 ppm respectively. W e i n e r et al. (1977) showed that there are marked differences in copper absorption and/or excretion in different breeds of the domestic sheep. Similar factors may explain the differences between the liver levels in the dark and light varieties of the Fallow deer in Table 1. A further source of variation, in liver copper concentrations, that of seasonal fluctuation, has been suggested by T u r k s t r a et al. (1977).

Relation of low values to disease

The European Bison group has a moderate incidence of animals affected with diarrhoea and debility, when at grass, and some effort was made to correlate disease with blood copper status. 64 % of the animals with marginal or deficient values had diarrhoea and/or debility, whereas 33 % of the animals with normal or high values were similarly affected. The low blood copper levels could be a primary or secondary factor in the disease complex, because B o y a z o g l u et al. (loc. cit.) report that sheep dosed with strongyle larvae had significantly lower copper levels in their livers than controls, and European Bison with diarrhoea often exhibit raised faecal nematode egg counts. The debilitating syndrome in Blesbok has been described in detail by J o n e s (1978). It appears to have been due to primary liver damage from a dietary toxin, which impaired the copper storing ability of the organ. Other groups with no copper supplementation of their diet (other than the vitamin/mineral balancer), have shown levels equally low, but without obvious signs connected with copper deficiency. Limited data in two species (Wapiti and Yak) which had low blood copper, haematocrit, and red cell mean volume, values, showed there was an improvement in all three when the groups were treated with extra copper.

Conclusion

Although the metabolism of copper and its interactions with other minerals have been extensively studied in domestic ruminants, little information is available on the normal, deficient and toxic concentrations in non-domestic species. Evidence from wild living and captive animals suggests that normal status, and requirements may vary considerably even in related species. In view of the known susceptibility of certain species to copper toxicity, and the apparent development of marginal or deficiency states in animals receiving diets with apparently adequate levels by domestic ruminant standards, there is a need to investigate blood and liver copper concentrations in more captive and wild non-domestic animals.

Acknowledgements

We would like to thank Miss P. L. D o n who was responsible for the copper determinations, and Mrs. J. M a r s d e n who typed the manuscript.

Appendix

Species	Scientific name	Species	Scientific name
American bison	Bison bison	Llama	Lama glama
European bison	Bison bonasus	Moose	Alces alces
Blesbok	Damaliscus dorcas	Mouflon	Ovis musimon
African buffalo	Syncerus caffer	Muntjac	Muntiacus reevesi
Arabian camel	Camelus dromedarius	Nilgai	Boselaphus tragocamelus
Bactrian camel	Camelus bactrianus	Onager	Asinus hermionus
Axis deer	Axis axis	Scimitar-horned oryx	Oryx tao
Chinese water deer	Hydropotes inermis	Musk ox	Ovibos moschatus
Fallow deer	Dama dama	Collared peccary	Tayassu tajacu
Hog deer	Axis porcinus	Cream Pony	Equus caballus
Pere David's deer	Elaphurus davidianus	Black rhinoceros	Diceros bicornis
Red deer	Cervus elaphus	Indian rhinoceros	Rhinoceros unicornis
Reindeer	Rangifer tarandus	White rhinoceros	Ceratotherium simum
Sika deer	Cervus nippon	Soay sheep	Ovis aries
Swamp deer	Cervus duvauceli	Sitatunga	Tragelaphus spekei
Thomson's gazelle	Gazella thomsoni	Wapiti	Cervus elaphus
Giraffe	Giraffa camelopardalis	Wildebeest	Connochaetes taurinus
Guanaco	Lama guanicoe	Yak	Bos grunniens
Common hippopotamus	Hippopotamus amphibius	Common zebra	Equus burchelli
Pygmy hippopotamus	Choeropsis liberiensis	Mountain zebra	Equus zebra
Przewlaksi horse	Equus przewalski		

Summary:

Some Preliminary Studies on Blood and Liver Copper Levels in Ungulates at Whipsnade

The paper summarises the results of copper determinations on 474 liver samples and 538 blood samples from 41 species of ungulate (the majority grazing in paddocks) at Whipsnade Zoo. The single stomached species showed the least variation, and the ruminants the most. The highest liver levels were found in certain species of deer (in excess of 4000 ppm DM in some neonates), the lowest in the large bovids (below 5 ppm in some cases). Supplementation of diets containing sufficient copper for domestic cattle was found necessary in some species.

Zusammenfassung:

Vorläufige Untersuchungen zum Kupferspiegel des Blutes und der Leber bei Ungulaten des Zoos Whipsnade

In der vorliegenden Arbeit wird über die Ergebnisse der Kupferbestimmungen in 474 Leber- und 538 Blutproben berichtet, die bei 41 Ungulatenarten des Zoos Whipsnade durchgeführt wurden. Die Tierarten mit einhöhligem Magen zeigten die geringste und die Wiederkäuer die größte Variationsbreite. Während bei einigen Hirscharten die höchsten Leberwerte (im Extremfall 4000 ppm bei Neugeborenen) nachgewiesen werden konnten, wurden bei den großen Boviden (teilweise unter 5 ppm) die niedrigsten Werte gefunden. Für einige Tierarten war eine zusätzliche Kupferzufuhr erforderlich, wie sie für Hausrinder gebräuchlich ist.

Résumé:

Examens préliminaires du pourcentage de auvre dans le sang et le foie chez les ongulés du Zoo de Whipsnade

L'auteur présente les résultats de la détermination de cuivre dans 474 prélèvements de foie et dans 538 prises de sang réalisés sur 41 espèces d'ongulés au jardin zoologique de Whipsnade. Les genres d'animaux avec un estomac à poche unique ont manifesté la plus petite et les ruminants la plus grande échelle de variations. Alors que l'auteur a pu déterminer, chez certaines espèces de cerfs, les valeurs les plus élevées dans le foie (au cas extrême 4000 ppm chez des nouveaux-nés), les grands bovins ont présenté les valeurs les plus basses (allant en partie au dessous de 5 ppm). Certaines espèces ont besoin d'agents cuivreux supplémentaires dans leur alimentation tel qu'on les trouve normalement dans l'affourragement de boeufs de ferme.

Резюме

Предварительные исследования к определению концентрации меди в крови и печени у копытных зоопарка Whipsnade

В настоящей работе сообщается о результатах определения концентрации меди в 474 пробах из печени и крови, взятых у 4I копытного зоопарка Whipsnade . Животные с однополостным желудком показали наименьший, жвачные наибольший диапозон вариации. Когда у некоторых видов vervidal были определены наивысшие печенночные данные, тогда у больших представителей фам. Bovidae нашлись наименьшие данные (частично ниже 5 ppm). Для некоторых видов животных была необходима дополнительная дача меди, как она принята у домашнего крупного рогатого скота.

Literature:

BECK, A. B. (1956): The copper content of the liver and blood of some vertebrates. Aust. J. of Zool. 4, 1.

BOYAZOGLU, P. A., BARRETT, E. C., YOUNG, E. and H. EBEDES (1972): Proceedings of 2nd World Conference on Animal Feeding P. 995.

COWIE, R. S. (1976): Copper levels in Red deer. Vet. Rec. 98, 434.

DVREMO, S., GOOTENHUIS, J. G. and L. KARSTAD (1974): Blood Parameters in Wild Ruminants in Kenya. J. Wild. Dis. 10, 327.

HOWARD, D. A. (1964): Copper content of the liver of some game animals in Kenya. E. A. Wild J. 2, 47.

JONES, D. M. (1978): A complex debilitating syndrome in Blesbok (Damaliscus dorcas) as an example of a problem of maintaining antelope from arid lands on temperate grasslands. Proc. Symp. Comp. Path. Zoo Animals. Washington 1978 (in press).

KHALIFA, H., FOAD, M. T., AWAD, Y. L. and M. E. GEORGY (1973): Application of Fast Grey R. A. to the spectrophotometric determination of copper in soft tissues of Egyptian Camels. Microchemical J. 18, 617.

SENF, W. (1974): Beitrag zur Kupfermangelerkrankung-Swayback-bei Afrikanischen Zwergziegen und anderen Zootieren. Verhandlungsber. XVI. Internat. Symp. Erkrankungen Zootiere, Erfurt, 239.

TARTOUR, G. (1969): Studies on the Metabolism of copper and iron in the camel.

TURKSTRA, J., HARTHOORN, A. M., BEUKES, P. J. L. and R. J. N. BRITIS (1977): Influence of seasonal changes on concentrations of trace elements in liver in wild animals. J. Radioanaly. Chem. 37, 473.

TURKSTRA, J., DE VOS, V., BIDDLECOMBE, F. and R. J. DOW (1978): The characterisation of the concentration levels of various trace elements in liver tissue of Blesbok and Bontebok. Z. Tierphysiol. Tierernährung u. Futtermittelkde. 40, 149.

UNDERWOOD, E. J. (1956): Trace elements in human and animal nutrition. Academ. Press Inc. New York 1956.

WIENER, G., FIELD, A. C. and C. SMITH (1977): Deaths from copper toxicity of sheep at pasture, and the use of fresh seaweed. Vet. Rec. 101, 424.

Address of authors: D. G. Ashton, MA, VetMB, MRCVS
The Zoological Society of London,
Whipsnade Park,
Dunstable,
Bedfordshire, LU6 2LF (England)

Aus dem Institut für Veterinär-Pathologie der Universität Zürich (Direktor: Prof. Dr. H. S t ü n z i)

SPONTANE YELLOW FAT DISEASE (STEATITIS) BEI ZWEI SCHMUCKSCHILDKRÖTEN

Von F. M e t t l e r und B. H a u s e r

Die Yellow Fat Disease, auch Steatitis oder Pansteatitis genannt, ist eine generalisierte Erkrankung des Fettgewebes, die bei erhöhter Aufnahme von mehrfach ungesättigten Fettsäuren auftritt. Sie wird vor allem bei Nerzen (E n d e r und H e l g e b o s t a d , 1953), Schweinen (v a n d e K e r k und D a n s e , 1973) und Katzen (G a s k e l l et al., 1975) mit fischreicher Diät beobachtet, und sie kann experimentell bei Versuchstieren mit hohen Gaben von Lebertran ausgelöst werden (D a n s e und V e r s c h u r e n , 1978).

<u>1. Fall:</u> Rotwangen-Schmuckschildkröte (Pseudemys scripta elegans), weiblich, mit einem Gewicht von 1,090 kg; wurde wegen schlechten Allgemeinzustandes euthanasiert. Die Art des Futters ist unbekannt. Sektion: Das Fettgewebe zeigt große gelbe Bezirke, die verfestigt sind und krümelige Konsistenz ausweisen. Die Leber ist gelb und weich.

<u>2. Fall:</u> Schmuckschildkröte (Pseudemys sp.), weiblich, 670 g schwer; plötzlich gestorben. Das Futter bestand hauptsächlich aus tiefgefrorenen Sardinen. Sektion: In der Körperhöhle befindet sich auffallend viel dunkles, gelbgrau marmoriertes Fettgewebe, das penetrant nach Fischtran riecht. Die Leber ist gelb, gefleckt und sehr weich; von der Schnittfläche fließt etwas milchige Flüssigkeit ab.

Die histologischen Befunde sind bei den beiden Tieren im wesentlichen gleich: Das Fettgewebe ist durchsetzt von unterschiedlich großen Bezirken, in denen die Fettzellen zerfallen. Bei zahlreichen dieser Zellen sind entlang der Zellwand homogene, schwach gelbe Massen abgelagert. Beim zweiten Tier bestehen ausgedehnte Verkalkungen, teils herdförmig, teils entlang der Zellwände. Die zerfallenen Bezirke sind von entzündlichem Gewebe begrenzt, das hauptsächlich aus Makrophagen besteht. Weiterhin sind zahlreiche heterophile Granulozyten und Lymphozyten vorhanden. Die Makrophagen, die auch Riesenzellen bilden, umgeben klumpenförmige Ablagerungen des gelblichen Pigmentes, wobei große Mengen davon auch intrazellulär nachweisbar sind.
Die Leber ist stark verfettet und zeigt periportal eine starke Infiltration von Makrophagen, die wie die Kupfferschen Sternzellen gelbliches Pigment enthalten. Zahlreich sind diese pigmentbeladenen Makrophagen in der Milz, und vereinzelt kommen sie auch in den Nierenglomerula vor. Das beschriebene Pigment erweist sich bei der Färbung nach Ziehl-Neelsen als säurefest und hat im ultravioletten Licht eine gelbe Eigenfluoreszenz. Dies sind die Eigenschaften von Ceroid, einem Pigment, das dem Lipofuszin ähnlich ist und das durch Oxydation und Polymerisation von Fetten entsteht. Ablagerungen von Ceroid sind regelmäßig bei Tieren mit Yellow Fat Disease zu beobachten.

Die Ursache der Krankheit besteht in einem relativen Mangel an Antioxydans (Vitamin E) bei exzessiver Aufnahme von mehrfach ungesättigten Fettsäuren. Es kommt dabei im Fettgewebe des Körpers zur Bildung von freien Radikalen und Peroxyden. In der Folge entstehen Nekrosen im Fettgewebe mit entzündlicher Reaktion, und es wird ein charakteristisches Pigment abgelagert (Ceroid).

Die Erkrankung wurde bisher fast ausschließlich bei Säugetieren beobachtet. Nur W a l l a c h und H o e s s l e (1968) beschrieben sie auch bei Krokodilen, die vorwiegend mit Makrelen gefüttert wurden.

Zusammenfassung:

Spontane Yellow Fat Disease (Steatitis) bei zwei Schmuckschildkröten

Es werden zwei Fälle von Yellow Fat Disease bei Schmuckschildkröten (Pseudemys) beschrieben.

Summary:

Spontaneous Yellow Fat Disease in two pseudemic turtles

Reported are two outbreaks of Yellow Fat Disease in pseudemic turtles.

Résumé:

Yellow Fat Disease (Steatitis) spontané chez deux pseudémydes

Deux cas de Yellow Fat Disease chez pseudémydes sont décrits.

Резюме:

Спонтанный стеатоз у двух украшенных черепах

Описывается два случая стеатоза у украшенных черепах (Pseudemys).

Literatur:

DANSE, L. H. J. C. and P. M. VERSCHUREN (1978): Fish oil-induced yellow fat disease in rats: I. Histological changes. Vet. Pathol. 15, 114-124.

ENDER, F. and A. HELGEBOSTAD (1953): Yellow fat disease in furbearing animals. XV. Int. Vet. Congr. Stockholm, Proc. 636-642.

GASKELL, C. J., LEEDALE, A. H. and S. W. DOUGLAS (1975): Pansteatitis in the cat: A report of four cases. J. Small. Anim. Pract. 16, 117-121.

KERK, P. VAN DE and L. H. J. C. DANSE (1973): Yellow fat disease in piglets and fattening pigs. Tijdschr. Diergeneeskd. 98, 1118-1132.

WALLACH, J. D. and C. HOESSLE (1968): Steatitis in captive crocodilians. J. Am. Vet. Med. Ass. 153, 845-847.

Anschrift der Verfasser: Dr. med. vet. F. M e t t l e r ,
Institut für Veterinär-Pathologie
Winterthurerstr. 260
CH-8057 Zürich (Schweiz)

Aus der Poliklinik für kleine Haustiere, Ambulanz für Exoten, Wild- und Zirkustiere (Leiter: Dr. habil. A. K u n t z e) und dem Bezirksinstitut für Veterinärwesen Berlin (Direktor: VR Dr. E. G u d a t)

WEITERE HÄMATOLOGISCHE UND BIOCHEMISCHE BEFUNDE (Ca, anorg. P., Mg, Na, K, Fe, GLUKOSE, FERMENTE) UNTER BESONDERER BERÜCKSICHTIGUNG DER EISENMANGELANÄMIE DES JUNGELEFANTEN (ELEPHAS MAXIMUS)

Von A. K u n t z e und P. H u n s d o r f f

Anämien werden bei Zootieren relativ häufig diagnostiziert, wofür in erster Linie Parasitenbefall verantwortlich zu machen ist (S c h m i t t , 1961). Bei sehr frohwüchsigen Tieren (zum Beispiel Hausschwein) entsteht während der Phase des stärksten Körperwachstums zwangsläufig Blutarmut, sofern dem nicht durch gezielte Eisensubstitution vorgebeugt wird. Im Herbst 1977 wurden drei etwa zweijährige Asiatische Elefantinnen (Elephas maximus) importiert, die nachweislich anämisch waren (K u n t z e und H u n s d o r f f , 1978). Neben der radikalen Entwurmung wurde auf optimale Ernährung der schnell wachsenden Jungtiere großer wert gelegt. Die für unumgänglich angesehenen Eisensubstitutionsmaßnahmen wurden durch hämatologische Untersuchungen wiederholt kontrolliert.

Material und Methodik:

Die Blutentnahme erfolgte vor der Hauptfütterung von unsedierten Tieren aus der V. auricularis ext. Das Blut wurde spätestens zwei Stunden nach der Entnahme untersucht und das Serum durch Zentrifugieren abgetrennt. Letzteres wurde nur in Ausnahmefällen nicht am gleichen Tage untersucht, sondern bei -20°C aufbewahrt. Die Glukose wurde im Vollblut mit dem Fermognost^{R}-Blutzukkertest enzymatisch bestimmt und bei 545 nm photometrisch gemessen. Das Serumkalzium wurde komplexometrisch, der anorganische Phosphor nach Urbach (modifiziert von Raabe), das Magnesium mit der Titergelbmethode und das Eisen mit der Bathophenanthrolinmethode photometrisch bestimmt. Die Natrium- und Kaliumbestimmung erfolgte flammenphotometrisch. Die Fermentbestimmung erfolgte mit Fermognost^{R}-Farbtests, die bei 40 nm photometrisch gemessen wurden. Die Ergebnisse sind den Tabellen I und II zu entnehmen.

Diskussion der Ergebnisse:

Wie bereits belegt (K u n t z e und H u n s d o r f f , 1978), ist die Anämie unserer jungen Elefantinnen auf Eisenmangel zurückzuführen. Hypochrome Anämien beruhen nach S c h m i t t (1961) auf Eisenmangel in der Nahrung, gestörter oder vermehrter Fe-Resorption oder schließlich übermäßigem Eisenverlust. L a n g und U n d r i t z (1954) führen die Anämie des Elefanten auf die Diskrepanz zwischen Wachstum und Gewichtszunahme einerseits und dem Nahrungseisengehalt andererseits zurück. Sie erwähnen, daß Jungelefanten an Anämiefolgen verendeten. E v a n s (1910) empfiehlt, um die Anämie des Elefanten zu verhüten, der Nahrung ein- bis zweimal täglich Eisensulfat oder -karbonat zuzufügen. S c h m i t t (1961) gibt der oralen Medikation als der physiologischen Form der Eisenzufuhr den Vorrang und rät, Zootieren 4 - 6 g Ferroglukonat/ 100 kg KM zu applizieren. Bei erwachsenen Tieren (3000 - 4000 kg KM) erreichten L a n g und U n d r i t z mit 1,1 g Ferronicum binnen 45 Tagen eine Normalisierung der Hb-Werte von 11,0 auf 14,5 - 15,0 g%. Dagegen genügten bei Jungelefanten 1,32 g täglich lediglich zur Erhaltung des Ausgangswertes.

Bei unseren Patienten besserten sich nach der ersten Ursoferraninjektion (= 2,0 g Eisendextran des VEB Serumwerk Bernburg) Erythrozyten-, Hämoglobin- und Hämatokritwerte (Tab. 1). Im Hinblick auf die während der Tournee wesentlich eingeschränkten tierärztlichen Möglichkeiten schien uns dann die orale Medikation sinnvoller. Ab 14. 12. 1978 wurden jedem Elefanten täglich 4,0 g eines speziell angefertigten Eisensulfatsirupgemischs auf die Zunge gestrichen. Das in der Pädiatrie bewährte Medikament wurde stets gern und vollständig aufgenommen. Obwohl sich die Hämoglobin- und Erythrozytenwerte deutlich verbesserten, blieb der erhoffte Anstieg des Serumeisenspiegels zunächst aus. Während der Sommermonate wurde den Elefanten reichlich Grünfutter, Luzerne und frische Zweige verschiedenster Laubbäume gefüttert. Die Standplätze der Tourneeorte boten reichlich Gelegenheit zur Aufnahme frischer Erde, so daß ab Juli 1978 die Eisensirup-

<u>Tab. 1:</u> Anämie bei Jungelefantinnen

Datum	Erythrozyten (Mill/cmm)			Hämoglobin (g %)			Hämatokrit (Vol %)			Fe (µg %)			Therapie
	I	II	III	I	II	III	I	II	III	I	II	III	
29. 9.1977	1,93	3,67	2,82	15,6	15,8	10,5	35	36	25	-	-	-	4.10.1977 je Tier 20 ml Ursoferran subcutan = 2,09
18.11.1977	-	2,91	-	-	12,0	-	-	33	-	-	47	-	
27.12.1977	2,33	2,81	3,41	15,0	14,0	13,6	34	37	37	43	46	26	Ab 15.12.1977 täglich je Tier 4,0 g Fe_2SO_4 als Sirup
7. 2.1978	3,71	3,36	3,20	14,6	13,8	13,8	38	37	37	94	41	40	bis Juli 1978
6. 3.1978	-	3,73	-	-	13,9	13,8	-	33	-	46	25	36	
28.11.1978	2,46	2,52	2,75	15,6	14,0	14,2	43	33	36	68	67	78	1.12.1978 je Tier 50 ml (= 5,0 Ursoferran (= Eisendextran)
29.12.1978	3,65	3,80	3,61	13,0	15,0	13,4	40	43	38	115	82	71	

Tab. 2: Leukogramm und Mineralstoffwerte

Name der untersuchten Elefanten	Leukozyten	Stabkernige	Segmentkernige	Lymphozyten	Eosinophile	Monozyten	Basophile	Glukose (9 %)	P (mg%)	Ca (mg%)	Mg (mg%)	Na (mg%)	K (mg%)	AP (Einheiten/1000 ml)	GOT	GPT
Jana (n = 6)	9800 - 18300	1-3	36-63	33-57	2-3	0-2	0	35,5 - 115,6	3,12 - 7,79	11,4 - 12,6	2,20 - 2,85	306	26,0	76-118	24-62	7-45
Shura (n = 7)	7900 - 11500	1-3	31-63	32-68	1-10	0-2	0-1	44,7 - 129,0	2,85 - 6,60	10,0 - 11,3	2,30 - 2,88	279	25,5	60-100	15-22	5-32
Daisy (n = 6)	9150 - 15000	1-3	48-70	27-48	1- 6	0-2	0-1	41,9 - 106,0	2,90 - 6,20	10,0 - 13,6	1,94 - 2,85	279	25,5	67- 98	15-21	7- 9
Lewis 1974 (n = 6)	11100 - 16100	-	4-14	71-74	8-15	0-11	-	65,0 - 110,0	2,5 - 4,5	8,5 - 10,5	-	280 - 300	18 - 21	30- 85	10-50	7-40
Untersuchungsergebnisse aus der Literatur:																
Debbie and Clausen (1975) (n = 23)	5700 - 21200 (Ø 11000)	0-5	7-33	56-85	0- 4	2-17	0-1	-	7,08 ± !	-	-	-	-	-	-	-
Jainudeen and Jayasinghe (1975) (n = 42)	12780 - 16720 (Ø 14700)	-	37-43	49-56	1 - 3	4 -6	0-2	-	-	-	-	-	-	-	-	-

n = Anzahl der Untersuchungen

fütterung fallengelassen wurde. Nach der Rückkehr ins Winterquartier ist ein erfreulicher Anstieg der Serumeisenwerte erkennbar (28. 1. 1978), ohne daß (mit Ausnahme von "Daisy") die untere Normalwertgrenze (78 - 137 mg) unserer erwachsenen Elefanten (K u n t z e und H u n s d o r f f , 1978) erreicht wurde. Die daraufhin durchgeführte Ursoferraninjektion (5,0) bewirkte bei zwei Tieren eine Normalisierung des Serumeisenspiegels. Der bei "Daisy" registrierte Abfall kann nicht erklärt werden, zumal alle Patienten koprologisch keine Parasiteneier aufweisen. Es ist beabsichtigt, rotes Blutbild und Serumeisenwerte der Jungtiere mindestens zweimal jährlich zu kontrollieren, so daß gegebenenfalls die jeweils zweckmäßigste Form der Eisenzufuhr eingesetzt werden kann. Leichte Anämien sind durch Eisenzufütterung, ausgeprägtere Formen schneller per injectionem zu beeinflussen.

Während sich die Leukozytenwerte durchaus im Rahmen der bisherigen Untersuchungsbefunde (L e w i s , 1974; R h o d e s , 1975; J a i n u d e e n und J a y a s i n g h e , 1975; D e b b i e und C l a u s e n , 1975; K u n t z e und H u n s d o r f f , 1978) bewegen, weist das Differentialblutbild teilweise erhebliche Abweichungen auf (siehe Tab. 2). Die geringe Anzahl unserer Serumnatriumuntersuchungen läßt verbindliche Aussagen noch nicht zu. L e w i s (1974) fand erstaunlicherweise ähnlich niedrige Natriumkonzentrationen. Die von Mensch, Haussäugetieren und Großkatzen (K u n t z e und H u n s d o r f f , 1976) bekannt stabilen Serumnatriumwerte (zwischen 310 - 340 mg%) werden in keinem Fall erreicht. Weitere Untersuchungen werden lehren, ob diese Befunde als physiologisch anzusehen sind, oder ob damit der bekannte Kochsalzhunger der Elefanten erklärlich wird. Noch deutlicher ist die Diskrepanz beim Kalium. Hier übertreffen unsere Ergebnisse nicht nur die für andere Tierarten bekannten Normen (etwa 17 - 18 mg%), sondern auch die von L e w i s (1974) bei sechs Elefanten erhobenen Befunde. Inwieweit hierfür die Fütterung verantwortlich zu machen ist, werden weitere Untersuchungen zeigen. Demgegenüber vermuten wir, daß die von uns erhobenen Fermentparameter als Normalwerte anzusehen sind, was letztlich durch die Ergebnisse von L e w i s (1974) und R h o d e s (1975) bestätigt wird.

Zusammenfassung:

Weitere hämatologische und biochemische Befunde (Ca, anorg. P, Mg, Na, K, Fe, Glukose, Fermente) unter besonderer Berücksichtigung der Eisenmangelanämie des Jungelefanten (Elephas maximus).

Durch regelmäßige hämatologische Kontrollen wurde der therapeutische Effekt oraler und parenteraler Eisenmedikation bei anämischen Jungelefanten geprüft. Weitere Serumelektrolytwerte (Ca, P, Mg, Na, K, Glukose, SGOT, SGPT, alkalische Phosphatase) werden mitgeteilt und teilweise diskutiert.

Summary:

More Haematological and Biochemical Findings (Calcium, Inorganic Phosphorus, Magnesium, Sodium, Potassium, Iron, Glucose, Ferments) with Particular Reference to Iron-Deficit Anaemia of Young Elephants (Elaphus maximus)

Regular haematological checks were applied to young elephants with anaemia to study the therapeutic effects of oral and parenteral iron medication. Additional serum electrolyte values are reported, with some of them discussed. They are relating to calcium, phosphorus, magnesium, sodium, potassium, glucose, SGOT, SGPT, and alkaline phosphatase.

Résumé:

D'autres phénomènes hématologiques et ciochimiques (Ca, anorg.P, Mg, Na, K, Fe, glucose, ferments) en tenant particulièrement compte de l'anémie de l'éléphant juvénil due à la carence de fer (Elephas maximus)

Des contrôles hématologiques réguliers ont permis d'examinier les effets thérapeutiques d'une médicamentation orale et parentérale de fer chez les éléphants juvéniles ayant manifesté des phénomènes d'anémie. Ont été mentionnées d'autres valeurs électrolytiques du sérum (Ca, P, Mg, Na, K, glucose, SGOT, SGPT et des phosphatases alcaliques) qui sont en partie discutées.

Резюме

Дальнейшие гематологические и биохимические данные (Ca, неорган. P, Mg, Na, K, Fe, глюкоза, ферменты) под особым вниманием железодефицитной анемий молодого слона (Elephas maximus)

Регулярными гематологическими контролями проверялся лечебный эффект оральной и парентеральной дачи железа на анемичных молодых слонов. Сообщаются и частично обсуждаются дальнейшие данные о концентрации электролитов (Ca, P, Mg, Na, K, глюкозы, SGOT, SGPT, щелочной фосфатазы) в серуме.

Literatur:

DEBBIE, J. G. and B. CLAUSEN (1975): Some hematological values of free-ranging Elephants. J. Wildl. Disease 11, 79-82.

EVANS, G. H. (1910): Elephants and their Diseases. Supdt. Govt. Printing Union of Burma Rangoon (Reprint 1961).

JAINUDEEN, M. R. and J. B. JAYASINGHE (1975): Hemogram of the domesticated Asiatic Elephant (Elephas maximus). J. Zoo Anim. Med. 2, 5-10.

KUNTZE, A. und P. HUNSDORFF (1976): Hämatologische Befunde und Serumelektrolytwerte (Na, K, Ca, Mg, P) bei kranken und gesunden Großkatzen (Löwe, Tiger, Leopard, Puma). Verhandlungsber. XVIII. Internat. Symp. Erkrankungen Zootiere, Innsbruck, 353-359.

KUNTZE, A. und P. HUNSDORFF (1978): Hämatologische und biochemische Befunde (Ca, P, Mg, Fe, Glukose, Fermente) von Asiatischen Elefantinnen. Verhandlungsber. XX. Internat. Symp. Erkrankungen Zootiere, Dvur Králove, 309-313.

LANG, E. M. und E. UNDRITZ (1954): Die Eisenbehandlung der alimentären Anämie in Gefangenschaft lebender Elefanten, ein Beitrag zum Problem der alimentären Anämie überhaupt. Schweiz. Med. Wschr. 80, 1120-1122.

LEWIS, J. H. (1974): Comparative Hematology: Studies on Elephants, Elephas maximus. Comp. Biochem. Physiol. 49 A, 175-181.

RHODES, M. T. (1975): Biochemical Profiles in Exotic Captive Animals. Ann. Proc. Am. Ass. Zoo Vet. 81-111.

SCHMITT, J. (1961): Die hypochrome Anämie, ihre Diagnose, Differentialdiagnose und Therapie. Zbl. Vet. Med. 8, 853-861.

Anschrift der Verfasser: Dr. habil. A. K u n t z e ,
DDR 1157 Berlin, Robert-Siewert-Str. 34 (DDR)

Aus der Sektion Tierproduktion und Veterinärmedizin der Karl-Marx-Universität Leipzig, Wissenschaftsbereich Fortpflanzung landwirtschaftlicher Nutztiere (Leiter: OVR Prof. Dr. sc. K. W o h a n k a) und dem Zoologischen Garten Leipzig (Direktor: Dr. S. S e i f e r t)

ZUR BEDEUTUNG DER BESTIMMUNG DES SERUMEISENSPIEGELS FÜR DIE KLINISCH-CHEMISCHE KRANKHEITSDIAGNOSTIK UND ZUR KONTROLLE DER AUFZUCHT BEI GROSSKATZEN

Von K. E u l e n b e r g e r

1. Einleitung

Als Bestandteil verschiedener Enzymsysteme der biologischen Oxidation (Zytochrom, Zytochromoxidase, Katalase, Peroxidase) und des Hämoglobins (Hb) besitzt das Körpereisen wichtige Stoffwechselfunktionen. Es ist ihm deshalb in der Periode des Wachstums tierischer Organismen und in unphysiologischen Belastungssituationen verschiedenster Ursachen besondere Bedeutung beizumessen. Wichtigste dieser sind ohne Zweifel die Infektionskrankheiten, in deren Verlauf sich der Gehalt an Serumeisen infolge erhöhten Verbrauchs vermindert (B r ü s c h k e , 1964).

Es sollte deshalb versucht werden, Normalwerte für Großkatzen zu erstellen und anhand dieser insbesondere die Bedeutung von Serumeisenuntersuchungen für die Kontrolle der Aufzucht junger Großkatzen sowie des Verlaufs von Infektionskrankheiten zu prüfen.
In früheren Arbeiten (siehe E u l e n b e r g e r , 1979) war bereits auf die Bedeutung besonders subklinischer Infektionen beziehungsweise Enterotoxämien im Verlaufe der Aufzucht von jungen Großkatzen hingewiesen worden. Zur Diskussion einiger pathophysiologischer Aspekte wurde auf die Monographie von B r ü s c h k e (1964) zurückgegriffen, auf die, sowie weitere, zahlreich dort referierte Literaturstellen hiermit verwiesen werden soll.

2. Methodik

Die Angaben zur Gewinnung und Aufbewahrung der Serumproben und zur statistischen Auswertung entsprechen denen der vorangestellten Arbeit (E u l e n b e r g e r , 1979). Es handelt sich im wesentlichen um Ergebnisse von Blutuntersuchungen desselben Tiermaterials; wichtige kasuistische Angaben erfolgen im Zusammenhang mit der Darlegung der Ergebnisse.
Die Bestimmung des Serumeisens erfolgte nach der Methode des DAB 7 in Analysenvollautomaten des Zentralen Automatenlabors des Bereiches Medizin der Karl-Marx-Universität Leipzig (Leiter: MR Prof. Dr. med. habil. W. R o t z s c h).
Um den Einfluß auch subklinischer Erkrankungen (Infektionen, primäre und sekundäre anämische Zustände) auf den Serumeisenspiegel zu berücksichtigen, wurden die statistischen Meßzahlen für Gruppen getrennt nach Tierart und Altersabschnitt und unter Beachtung der jeweiligen Hämogramme errechnet. Dabei fanden die in früheren Arbeiten (E u l e n b e r g e r et al., 1977; 1979) für Tiger und Löwen ermittelten Normalwertbereiche für den Hb-Gehalt und den Gehalt an Leukozyten im Blut Anwendung. So wurden bei Hb-Werten von < 10 g% bei Saugtieren, < 13 g% bei älteren Jungtieren und < 15 g% bei adulten sowie bei > 15000/µl Leukozyten bei Jungtieren und > 20000/µl bei Alttieren die Eisenwerte zur Normalwertermittlung nicht herangezogen, sondern jeweils in die Gruppen "hypochrome Anämie" und "Leukozytose" zusammengefaßt. Weiterhin wurden bei Tieren, die an der sogenannten Tigerkrankheit erkrankt waren, deren Serumeisenwerte getrennt ausgewertet, ebenso bei allen Patienten, bei denen auf Grund eines erhöhten Serumkreatiningehaltes (> 3 mg/100 ml) auf eine Nierenfunktionsstörung zu schließen war.

3. Ergebnisse

3.1. Serumeisenwerte bei Tieren mit normämischem Hämogramm (Tabelle 1)

Die von klinisch gesunden Tieren mit normämischem Hämogramm ermittelten statistischen Meßzahlen (einschließlich des Variationskoeffizienten Vk) stimmen weitgehend mit den Normalwerten von Haustieren anderer systematischer Familien und Ordnungen (nach C h r i s t o p h und M e y e r , 1970) überein. Für die Hauskatze (Felis silvestris var. dom.) waren aus der Literatur keine Normalwerte zu entnehmen.
Statistisch zu sichernde Unterschiede zwischen den einzelnen Tierarten ergaben sich in den eige-

Tabelle 1: Statistische Meßzahlen zum Serumeisengehalt (µg/100 ml) bei Tieren mit normämischem Hämogramm

Tierart	Alter	n	$\bar{x} \pm s$	x_{min}	x_{max}	VK
Leopard (Panthera pardus)	9 Monate	14	127±49	60	154	38 %
	2 Jahre	5	131±17	120	156	13 %
Amurtiger (P.tigris altaica)	3 Monate (Saugtiere)	23 +++	108±36	52	135	33 %
	3,5 Monate (Absatzalter)	6 +++	185±44 F +++	106	222	24 %
	6-9Monate	13	101±18	75	141	18 %
	1,5 Jahre ("Bilok")	15	100±35	39	180	35 %
	2 Jahre	21	127±28	85	185	22 %
Sumatratiger (P.tigris sumatrae)	3 Jahre	4	131±48	102	202	37 %
Löwe (P.leo)	1 Jahr	6 +	90± 9	82	115	10 %
	3 Jahre	5	120±20	60	149	17 %
Gepard (Acinonyx jubatus)	5 Jahre	3	104±25	25	127	24 %

nen Untersuchungen nicht. Wie aus Tabelle 1 weiterhin hervorgeht, bestehen jedoch Unterschiede zwischen den verschiedenen Altersgruppen. Es ist die Tendenz zu erkennen, daß die Alttiere im Durchschnitt einen, allerdings nur bei den Löwen (Panthera leo) signifikant, höheren Serumeisengehalt aufweisen. Nur die drei bis vier Monate alten, gerade von den Muttertieren abgesetzten Tiger (P. tigris altaica) entsprechen nicht dieser Regel; bei ihnen liegt ein hochsignifikant höherer Serumeisenspiegel vor, der in ähnlicher Höhe bei keiner weiteren der aufgestellten Gruppen anzutreffen ist. Es ist an dieser Stelle darauf zu verweisen, daß es sich bei diesen Tieren um dieselbe Tiergruppe wie bei den sechs bis neun Monate alten handelt und daß auch Werte dieser Tiger im Saugalter in die der Gruppe der Saugtiger eingegangen sind. Die statistischen Meßzahlen dieser beiden Altersgruppen liegen aber hochsignifikant unter denen der Absatztiger, so daß auf spezifische Faktoren geschlossen werden kann, die gerade im Entwicklungsabschnitt des Absetzalters den Serumeisenspiegel erhöhen.

3.2. Der Serumeisengehalt bei Tieren mit hypochromer Anämie und/oder Leukozytose

In Tabelle 2 sind die statistischen Meßzahlen zum Serumeisengehalt bei jungen Amurtigern (P. tigris altaica) in verschiedenen Entwicklungsabschnitten dargestellt, bei denen gleichzeitig mehr als 15000 beziehungsweise 20000 Leukozyten/µl bei normalem rotem Blutbild nachgewiesen wurden.

Bei den Saugtieren und denen im Alter von sechs bis neun Monaten ergaben sich hochsignifikant niedrigere Mittelwerte im Vergleich zu den gleichaltrigen mit normämischen Hämogrammen. Dagegen liegen die Werte der Absatztiger noch weit über denen aller anderen Arten und Altersgruppen und nur insignifikant unter denen desselben Entwicklungsabschnittes mit normämischem Hämogramm (Tabelle 1). Zur Charakterisierung dieser Jungtigerpopulation ist anzuführen, daß bei der Mehrzahl der Tiere zum Zeitpunkt der Blutentnahmen im Absatzalter eine Leukozytose, in keinem Falle aber erniedrigte Hb-Werte vorlagen. Ferner ist anhand der hohen Standardabweichung zu erkennen, daß besonders bei dieser Tiergruppe sowohl sehr hohe als auch relativ niedrige Werte auftraten. Bei allen übrigen Tierarten und Altersgruppen mit zu niedrigen Hb-Werten und/oder mit Leukozytose (Tabelle 3) ergaben sich im Vergleich zu den entsprechenden Gruppen mit normämischen Hämogrammen (Tabelle 1) in allen Fällen hochsignifikant niedrigere Mittelwerte.

Tabelle 2: Statistische Meßzahlen zum Serumeisengehalt (μg/100 ml) bei Amurtigern (P.tigris altaica) mit Leukozytose

Alter	n	$\bar{x} \pm s$	x_{min}	x_{max}	VK
Saugalter	9	42 ± 29	15	93	69 %
Absetzalter (3,5 Monate)	12	168 ± 63	57	273	38 %
6 - 9 Monate	12	74 ± 26	30	112	35 %

Tabelle 3: Statistische Meßzahlen zum Serumeisengehalt (μg/100 ml) bei Tieren mit hypochromer Anämie und/oder Leukozytose

Tierart	Alter	n	$\bar{x} \pm s$	x_{min}	x_{max}	VK
Leopard (P.pardus)	1 Jahr	8	40±20	15	60	51 %
	3 Jahre	3	36±20	21	12	57 %
Amurtiger (P.tigris altaica)	Saugalter	10	47±26	15	93	55 %
Löwe (P.leo)	alle Altersstadien	11	72±21	45	105	30 %
Gepard (Acinonyx jubatus)	3 Jahre	8	35±15	15	58	43 %

Tabelle 4: Statistische Meßzahlen zum Serumeisengehalt (μg/100 ml) von verschiedenen Stadien der sog. Tigerkrankheit

Krankheitsstadium	n	$\bar{x} \pm s$	x_{min}	x_{max}	VK
akut	8	93 ± 28	60	139	30 %
Rekonvaleszenz	6	62 ± 36	31	138	58 %
chronisch	3	104 ± 22	89	128	18 %

3.3. Serumeisenwerte bei Tieren mit klinisch manifesten Erkrankungen

Bei jungen Großkatzen mit klinisch manifesten Jungtierinfektionen, vorwiegend Infektionen durch Escherichia coli, in zwei Fällen auch durch Streptokokken und in einem Falle durch Staphylokokken, wurden folgende statistische Meßzahlen ermittelt:

$$n = 11 \quad \bar{x} \pm s = 43{,}5 \pm 22 \quad Vk = 52\ \%$$

Bei zwei an einer Koliinfektion erkrankten Jungleoparden wurden 134 und 154 μg/100 ml Eisen ermittelt, die als Extremwerte für die Errechnung der statistischen Meßzahlen unberücksichtigt bleiben.

In Tabelle 4 sind Serumeisenwerte von an der sogenannten Tigerkrankheit erkrankten Amurtigern in verschiedenen Krankheitsstadien dargestellt. Die Mittelwerte von akut erkrankten Tigern und von solchen, bei denen nach wiederholten Rezidiven sich ein chronisches Stadium entwickelt hatte, liegen nur geringfügig unter den Werten klinisch gesunder Alttiere mit normämischem Hämogramm (Tabelle 1). Die Unterschiede sind nur zwischen Alttieren und akut erkrankten signifikant. Auch die von Rekonvaleszenten am Ende eines akuten Anfalls nach etwa achttägiger intensiver Therapie (einschließlich einer Eisensubstitution) ermittelten statistischen Meßzahlen unterscheiden sich signifikant von klinisch gesunden Alttigern, wobei der Mittelwert von Rekonvaleszenten bei höchstem Vk der absolut niedrigste ist. Es kann daraus auf einen erhöhten Eisenverbrauch im Verlaufe der akuten Erkrankung geschlossen werden.

Die Eisenwerte aus 23 Blutentnahmen von Tieren mit Allgemeinstörungen, bei denen auf Grund charakteristischer Krankheitssymptome (Polyurie, Polydipsie) und/oder eines über 3 mg/100 ml erhöhten Kreatiningehaltes im Serum auf Nierenfunktionsstörungen zu schließen war, ergaben folgende statistische Meßzahlen:

$$\bar{x} \pm s = 90 \pm 34, \; x_{min} = 40, \; x_{max} = 157, \; VK = 38 \%$$

Es ergibt sich damit im Vergleich zu gesunden Tieren ein zwar geringfügig verringerter Mittelwert, wie insbesondere anhand der hohen Standardabweichung und der großen Variationsbreite ersichtlich wird, können jedoch keine engen, direkten Beziehungen zwischen Nierenfunktionsstörungen und der Höhe des Serumeisenspiegels abgeleitet werden.

3.4. Das Verhalten des Serumeisenspiegels bei einem Löwen (P. leo) nach intravenöser Applikation von Escherichia coli-Endotoxin

Im Rahmen von Untersuchungen zur Pathogenese der Koliinfektion bei Großkatzen (E l z e et al., unveröffentlicht) wurde nach intravenösen Gaben von 30 bis 50 ml Endotoxin eines ferkelpathogenen E. coli-Stammes an einen 1½ Jahre alten Löwen der Einfluß auf das Hämogramm und einige klinisch-chemische Serumbestandteile geprüft. Wie aus Abbildung 1 erkennbar wird, kann je nach Zeitpunkt der Blutentnahmen und je nach Reaktionslage des Tieres mit unterschiedlich hohen Eisenwerten gerechnet werden. Ausgehend von einem Normalwertbereich dieses Tieres von 80 bis 160 µg/100 ml traten am Anfang des Versuchszeitraumes - nach vorübergehendem Abfall - einmalig ein überhöhter Wert (220 µg/100 ml) auf, der jedoch erst am sechsten Tag nach der letzten Applikation festgestellt wurde. Unmittelbar nach einem Toxinreiz ist jedoch mit einem Abfall (in einem Falle bis auf 18 µg/100 ml) zu rechnen, doch vermögen offensichtlich Regulationsmechanismen ausgleichend auf den Serumeisenspiegel zu wirken.

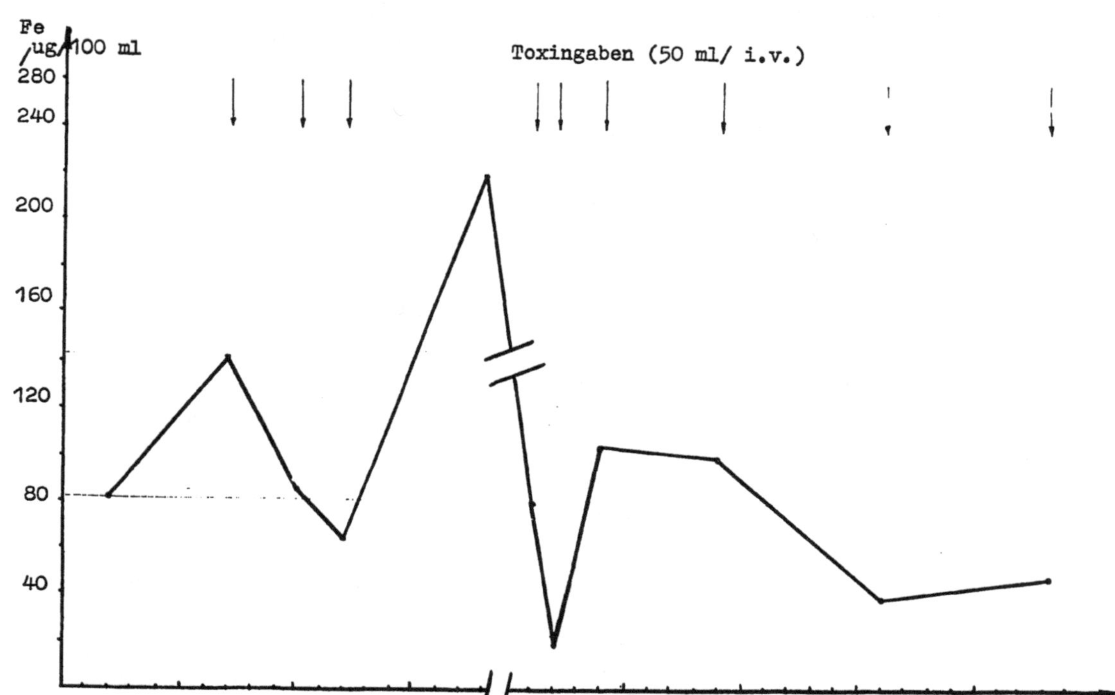

Abb. 1: Verhalten des Serumeisenspiegels nach intravenösen Gaben von E.coli-Endotoxin

4. Diskussion und Schlußfolgerungen

Die von klinisch gesunden Wildfeliden mit normämischen Hämogrammen ermittelten Serumeisenwerte liegen im wesentlichen im Normbereich verschiedener Haustierarten; die errechneten statistischen Meßzahlen erscheinen ebenfalls für eine Normalwertfeststellung geeignet. Obwohl die Tendenz zu niedrigeren Werten bei Jungtieren besteht, wurde auf eine altersdifferenzierte Normalwertbestimmung verzichtet. Unter Verwendung der in der klinischen Laboratoriumspraxis üblichen Formel $N = \bar{x} \pm 2s$ ergibt sich für in Zoos gehaltene Großkatzen (Pantherini) und Geparden (Acinonyx jubatus) folgender Normalwertbereich:

N = 60 - 180 µg Eisen / 100 ml Serum

Werte unter 6.0 µg/100 ml sprechen bereits für einen primären oder sekundären Eisenmangel; die ersten Anzeichen einer Anämie (blasse Schleimhäute) sind zu bemerken. In der Mehrzahl der Fälle, insbesondere bei Jungtieren, handelt es sich offensichtlich um einen sekundären Eisenmangel im Verlaufe von Infektionskrankheiten.

Obwohl bisher nicht bis in das letzte Detail Klarheit über die Aufgaben des Eisens bei der Infektionsabwehr gewonnen werden konnte, so gilt doch als belegt, daß im Infekt eine hohe Affinität des Eisens zum RHS besteht und daß es auch verstärkt in Entzündungsgebiete eingelagert wird. B r ü s c h k e (1964) spricht von einer "Infektkonstellation" hinsichtlich des Verhaltens des Serumeisens. Es kommt dabei zu einem Abfall des Serumeisenspiegels, der um so nachhaltiger erniedrigt bleibt, je länger die infektiösen beziehungsweise infektiös-toxischen Prozesse anhalten. Nach Überwinden des Infektes kommt es zur Normalisierung der Serumwerte, es sei denn, es liegt ein primärer Eisenmangelzustand vor. Erst wenn gleichzeitig ein erniedrigter Hb-Gehalt nachgewiesen wird, kann angenommen werden, daß das Körpereisen nicht mehr den Bedarf für die Erythropoese zu decken vermag.

Früher noch als der Hb-Gehalt zeigt eine gleichzeitige Leukozytose einen Infekt und damit eine mögliche Ursache eines erniedrigten Serumeisenspiegels an. Ein ausschließlich erniedrigter Serumeisenspiegel (ohne Leukozytose, normales Erythrogramm) spricht für einen Infekt in der Inkubationsperiode oder für Infekte mit hohem Leukozytenverbrauch. In diesen Fällen muß das Differentialzellbild zur weiteren Abklärung eines infektiösen Prozesses herangezogen werden. Bei hochakuten Krankheitsverläufen kann auch mit Werten über 200 µg/100 ml gerechnet werden, die auf ein verstärktes Freiwerden von Eisen bei Hb-Zerfall infolge toxämischer Wirkungen zurückzuführen sind. Neben Tieren mit klinisch manifesten Infektionen (Panleukopenie, akute Koliinfektion) traten derartig überhöhte Serumeisenwerte gelegentlich auch bei klinisch gesunden Tieren auf; bei einem Teil von ihnen konnte auf Grund zu hoher Leukozytenwerte auf subklinische Infekte geschlossen werden. Da solche Werte besonders häufig bei drei bis vier Monate alten Jungtigern zum Zeitpunkt des Absetzens von den Muttertieren zu beobachten waren, kann dieser Entwicklungsabschnitt in Übereinstimmung mit bereits früher mitgeteilten Untersuchungsergebnissen zur selben Tigerpopulation (E u l e n b e r g e r , 1979) auch anhand der Serumeisenwerte als ein besonders kritischer betrachtet werden.

Über die Ursachen der überhöhten Eisenwerte - in der Mehrzahl der Fälle lagen gleichzeitig relativ hohe Hb-Werte vor - vermag keine definitive Erklärung gegeben zu werden. Nach B r ü s c h k e (1964) sind überhöhte Eisenwerte nur bei toxisch bedingtem Erythrozyten- beziehungsweise Hb-Zerfall zu erwarten; der hohe Eisenbedarf des RHS bei infektiösen Prozessen läßt das reichlich freigewordene Eisen jedoch bald ins Mesenchym abwandern, so daß hohe Werte nur bei akuten Prozessen, häufig sogar nur während der Inkubationszeit zu erwarten sind. Dies würde die klinischen Beobachtungen, die im Verlaufe der Aufzucht dieser Jungtigerpopulation gemacht wurden, teilweise bestätigen. Gleichzeitig ist sicher aber der Sachverhalt von besonderem Interesse, daß sich nur bei einigen Tieren eine klinische Manifestation einer Allgemeinerkrankung (Koliinfektion beziehungsweise -enterotoxämie) anschloß. Es kann aus diesem Grunde, weil auch Anzeichen einer Hämolyse fehlten, vielmehr angenommen werden, daß ein überhöhter Serumeisenspiegel Kriterium überhöhter Abwehrmechanismen ist und daß dabei Eisen aus den Speichern frei wird. Die spezielle Bedeutung kann in seiner Beteiligung an antitoxämischen Prozessen liegen, zumal nach B r ü s c h k e (1964) eine solche Antitoxinwirkung des Eisens nur in der Blutbahn möglich ist. Eigene Versuchsergebnisse zur Wirkung eines intravenös verabreichten Kolienterotoxins beim Löwen unterstützen eine solche Interpretation.

Die Beurteilung der Effektivität von Substitutionsmaßnahmen anhand der Bestimmung des Serumeisengehaltes ist nur bedingt möglich. Nach Brüschke (1964) - eigene Beobachtungen, zum Beispiel bei der Therapie der sogenannten Tigerkrankheit, vermögen das zu bestätigen - wird das zugeführte Eisen sofort aus der Blutbahn eliminiert und dem RHS zugeführt. Theoretisch ist erst bei dessen Sättigung mit einer Erhöhung des Serumeisenspiegels nach Substitution zu rechnen; im Falle eines infektiösen Prozesses sei praktisch damit jedoch nicht zu rechnen, eine Eisensubstitution auch im akuten Infekt jedoch für die Sicherung des Behandlungserfolges von großer Bedeutung.

Neben dem Verhalten des Serumeisenspiegels bei Jungtierinfektionen, insbesondere der Koliinfektion, ergaben sich auch charakteristische Veränderungen bei der "Tigerkrankheit". Bei dieser Erkrankung kommt es zumindest im Verlaufe eines akuten Anfalls zu teilweise bis auf 30 µg/100 ml erniedrigte Eisenwerte, die ebenfalls auf einen hohen Bedarf des RHS schließen lassen und als Folge eines enterotoxämischen Einflusses gewertet werden können.

Bei Tieren mit Nierenfunktionsstörungen ergaben sich sehr unterschiedliche Werte, so daß in Übereinstimmung mit den Ergebnissen beim Menschen (Brüschke, 1964) auch für Feliden keine direkten Beziehungen zwischen Nierenfunktionsstörung und Eisenserumgehalt abgeleitet werden können. Vielmehr ist auch in diesen Fällen eine direkte Beziehung zu infektiösen Abwehrmechanismen herzustellen.

Die Bedeutung der Serumeisenbestimmung für die klinische Laboratoriumsdiagnostik liegt somit weniger im Erkennen von primären Eisenmangelsituationen, sondern sie ermöglicht zusammen mit weiteren Parametern (Hämogramm, Enzymaktivitäten etc.) in erster Linie eine Beurteilung des Stadiums infektiöser beziehungsweise infektiös-toxämischer Erkrankungen.
Im Rahmen einer Kontrolle der Aufzucht junger Großkatzen ist die Bestimmung des Serumeisenspiegels vor allem für das frühzeitige Erkennen subklinischer Infekte beziehungsweise von Infekten in der Inkubationsperiode von Bedeutung.

Zusammenfassung:

Zur Bedeutung der Bestimmung des Serumeisenspiegels für die klinisch-chemische Krankheitsdiagnostik und zur Kontrolle der Aufzucht bei Großkatzen

Auf der Grundlage von Bestimmungen des Serumeisengehaltes bei klinisch gesunden Tieren mit normämischem Hämogramm wird der Normalwertbereich für den Eisengehalt im Blutserum der Großkatzen angegeben. Die Bedeutung dieser klinisch-chemischen Labormethode liegt vor allem im Erkennen sekundären Eisenmangels sowie in der besseren Beurteilung subklinischer und klinischer Infektionen und Enterotoxämien sowie des jeweiligen Infektionsstadiums.

Summary:

Determination of Serum Iron Level - Importance to Clinico-Chemical Diagnosis and to the Control of Big Felid Raising

The normal iron values are given for the blood serum of big felids on the basis of serum iron determination of clinically intact animals with normaemic haemogram. This clinico-chemical laboratory method has proved to be important primarily to the detection of secondary iron deficit as well as better assessment of subclinical and clinical infections and enterotoxaemia and of the stage an infection has reached.

Résumé:

A propos de l'importance de la détermination du niveau de sérum ferrique pour le diagnostic clinique et chimique de la maladie et pour le contrôle de l'élivage de félidés

En se basant sur la détermination de la teneur en sérum ferrique chez les animaux cliniquement sains au moyen de l'hémogramme est indiquée la gamme des valeurs normales pour la teneur en fer du sérum sanguin chez les félidés. L'importance ce cette méthode analytique clinico-chimique réside surtout dans le fait de permettre de reconnaître une carence secondaire de fer et de mieux apprécier les infections sub-cliniques et cliniques et les antérotoxémies ainsi que le stade respectif de l'infection.

Резюме:

К значению определения концентрации железа в серуме для клинико-химической диагностики и для контроля выращивания больших кошачих

На основе определения концентрации железа в серуме у клинически-здоровых животных с нормальной гемограммой сообщается диапозон нормальных данных для концентрации железа в серуме крови больших кошачих. Значение этих клинико-химических лабораторных методов лежит прежде всего в установлении вторичного недостатка железа и в лчшей оценке субклинических и клинических инфекций и внутренних оттравлений а так же соответствующей стадии инфекции.

Literatur:

BRÜSCHKE, G. (1964): Der Eisenstoffwechsel. Dresden-Leipzig: Th. Steinkopf.

CHRISTOPH, H.-J. und H. MEYER (1970): Arbeitsmethoden des Laboratoriums in der Veterinärmedizin. Klinisches Laboratorium. Leipzig: S. Hirzel.

EULENBERGER, K. (1979): Untersuchungen zum Hormonjodgehalt (PBJ, BEJ) im Blutserum verschiedener Zootierarten unter besonderer Berücksichtigung der Wildfeliden. Verhandlungsber. XXI. Internat. Symp. Erkrankungen Zootiere, Mulhouse.

EULENBERGER, K., ELZE, K. und S. SEIFERT (1977): Beiträge zum Blutbild der in zoologischen Gärten gehaltenen Großkatzen (Pantherini). 2. Mitt.: Zum Blutbild klinisch gesunder Sibirischer Tiger (Panthera tigris altaica). Zool. Garten N.F. 47, 393-412.

Anschrift des Verfassers: Dr. K. Eulenberger,
Margarete-Blank-Str. 8
DDR-701 Leipzig (DDR)

Aus dem Thüringer Zoopark Erfurt (Direktor: Doz. Dr. D. A l t m a n n)

ZU EINIGEN DEN VITAMIN- UND SPURENELEMENTGEHALT VON FUTTERMITTELN BEEINFLUSSENDEN FAKTOREN

Von D. A l t m a n n und I. S c h i m m e l

Oft wird uns gerade bei der Vielfalt der in der Zootierernährung angewandten Futtermittel nicht immer bewußt, daß ihr Nährstoff-, Vitamin-, Mineralstoff- und Spurenelement-(Mikronährelement) gehalt nicht selten sehr stark von verschiedenen Umweltfaktoren abhängig ist, die während des Entstehens dieser Produkte oder auch im Rahmen ihrer Lagerung und/oder ihrer Verarbeitung wirksam werden.

Als ein Beispiel für viele soll aus der Sicht der "Lagerungs- beziehungsweise Konservierungsverluste" in diesem Zusammenhang der Karotingehalt im Grünfutter und in einigen seiner Konservierungsformen wie Grünmehl, Silage und Heu angeführt werden.

Tabelle 1 zeigt in graphischer Darstellung den Karotingehalt verschiedener Futtermittel in frischer und konservierter Form.

Tabelle 1

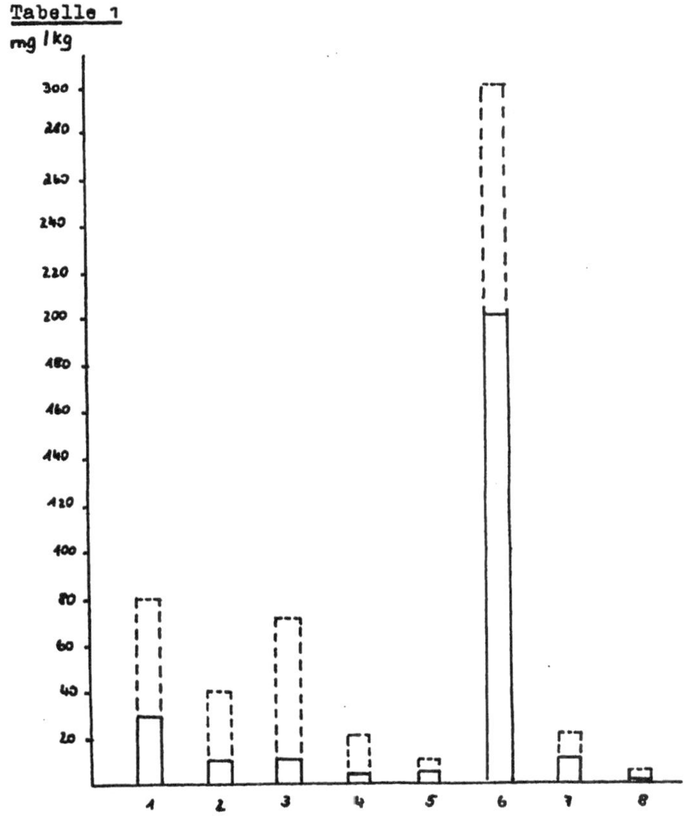

Karotingehalt verschiedener pflanzlicher Futtermittel (in mg / kg)

1 Grünfutter, frisch
2 Wiesengrassilage
3 Kleesilage
4 Maissilage
5 Rübenblattgärfutter
6 Luzernegrünmehl, frisch
7 Wiesenheu, frisch
8 Wiesenheu, länger gelagert

Werte nach Kolb und Gürtler, 1971

— Minimalwerte --- Maximalwerte

Tabelle 2 verdeutlicht in graphischer Darstellung den Karotinverlust bei verschiedenen Konservierungsverfahren:

Tabelle 2

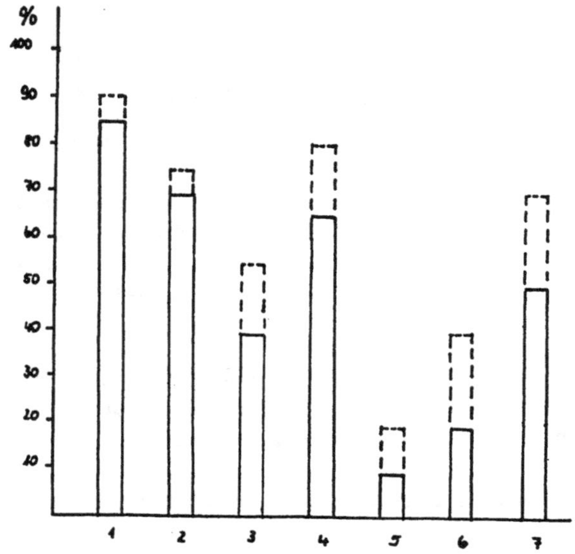

Karotinverluste im Futter bei verschiedenen Konservierungsverfahren (in %)

1 Heuwerbung, am Boden, schlechte Wetterverhältnisse
2 Heuwerbung, am Boden, günstige Wetterverhältnisse
3 Heuwerbung, Gerüsttrocknung, günstige Wetterverhältnisse
4 Heuwerbung, Gerüsttrocknung, schlechte Wetterverhältnisse
5 Grünmehlherstellung, künstliche Trocknung
6 Silageherstellung, unmittelbare Silierung
7 Silageherstellung, Anwelkmethode

Werte nach Kolb und Gürtler, 1971

— Minimalwerte --- Maximalwerte

Karotine und Karotinoide enthalten zahlreiche Doppelbindungen und sind deshalb so oxydationsempfindlich, daß schon im Verlaufe eines Tages bei der Trocknung von Grünpflanzen ein Abbau dieser Verbindungen von mehr als 50 % die Folge sein kann (K o l b und G ü r t l e r , 1971; B l a ž e k , 1978).
Auch bei den Vitaminen D, E und K sind im Heu erhebliche Lagerverluste zu verzeichnen. Noch stärker ist der Vitamin C-Verlust bei längerer Lagerung beziehungsweise Trocknung Vitamin C-haltiger Futtermittel. Oft sind im Frühjahr nur noch 1 bis 5 % des L-Ascorbinsäuregehaltes im Vergleich zum Gehalt zum Erntezeitpunkt vorhanden (F r a g n e r , 1965; K o l b und G ü r t l e r , 1971; L i e b s c h e r , 1958). Besonders die Gegenwart auch nur kleinster Mengen von Schwermetallsalzen wie Eisen- und Kupfer in Ionenform (F r a g n e r , 1965; K o l b und G ü r t l e r , 1971) beschleunigt den Abbau der L-Ascorbinsäure sehr (A l t - m a n n , 1979).

Viele ähnliche Beispiele könnten noch folgen. Das Beispiel der verschiedenen Konservierungsformen des Grünfutters wurde deshalb gewählt, weil gerade das Grünfutter und die Verabreichung

von Heu für viele Zootiere von größter Bedeutung sind. In den Tiergärten gemäßigter und kalter Klimazonen müssen viele Tiergruppen jährlich über Monate anstelle von Grünfuttermitteln verschiedener Art zumindest zu einem beträchtlichen Anteil als Ersatz mit Heu vorlieb nehmen, zumal Silage zumindest nicht in jedem Falle von Zootieren gut vertragen wird.
Nachfolgend sollen nur aus der Sicht der Beeinflussung des Vitamin- beziehungsweise Spurenelement- (Mikronährelement)gehaltes einige Betrachtungen angestellt und einige Hinweise gegeben werden, die in der praktischen Zootierernährung in Zukunft eine größere und breitere Anwendung finden müßten. In erster Linie sollte daraus die Schlußfolgerung gezogen werden, daß ein ausreichender Zusatz der betreffenden Vitamine oder Spurenelemente (Mikronährelemente) zu der vorgesehenen Futterzusammenstellung unerläßlich ist, sollen nicht Mangelerscheinungen und entsprechende Erkrankungen die Folge sein.
Die einzelnen Vitamine beziehungsweise Spurenelemente (Mikronährelemente) werden nachfolgend aus dieser Sicht beleuchtet.

Vitamin A

Sind im Fett von Futtermitteln größere Mengen von Peroxiden enthalten, wird ein Teil des Vitamins A im Magendarmkanal abgebaut und ist somit nicht mehr für den Organismus nutzbar. Das ist bei allen Vorgängen des Ranzigwerdens besonders tierischer Fette der Fall. Besonders schnell und intensiv verläuft dieser Vorgang bei Fischen mit höherem Fettgehalt (H e n n i g , 1972; N i k o l s k i , 1957; P i e l e n z und K r ä m e r , 1958). Ein Zusatz von Antioxydantien zu den Futtermitteln kann die Zerstörung der ungesättigten Fettsäuren weitgehend verhindern (H e n n i g , 1972; K o l b und G ü r t l e r , 1971; P i e l e n z und K r ä m e r , 1958).

In Holzschutzmitteln sind oft Chlornaphthaline enthalten. Sie bedingen eine Steigerung des Vitamin A-Abbaues und einen Rückgang des Vitamin A-Depots in der Leber. Besonders bei Rindern wurde schon wiederholt eine solche Chlornaphthalinvergiftung beobachtet, bei der im Vordergrund der Symptome eine Hyperkeratose steht. Auch andere Tiere sind gefährdet, und der Einsatz chlornaphthalinhaltiger Holzschutzmittel sollte an für Zootiere zugänglichen Stellen grundsätzlich unterlassen werden.
Bei Aufnahme größerer Mengen von Chlornaphthalinen können die Tiere unter den Symptomen einer mit starken Durchfällen verbundenen Magendarmentzündung sehr schnell sterben.
K o l b und G ü r t l e r (1971) nennen schon bei geringer Aufnahme von Chlornaphthalinen nachfolgende Symptome, die einer A-Avitaminose sehr ähnlich sind:

" 1. Verdickung der Haut und Zunahme der Verhornung, Faltenbildung, Haarverlust, zunächst im Bereich der Schulter und des Halses, später am ganzen Körper.

2. Metaplastische Veränderungen an den Epithelien, erhöhte Speichelbildung, Papillenbildung im Bereich des Maules und des Ösophagus.

3. Entzündliche Veränderungen an den Schleimhäuten des Magendarmkanals, Rückgang der Futteraufnahme, Diarrhoe und Gewichtsverluste. "

Bei in dieser Weise erkrankten Rindern erfolgt ein Absinken des Vitamin A-Gehaltes im Blutplasma unter die Normalwerte. Gaben von 50.000 bis 100.000 IE Vitamin A pro Tier und Tag bei sofortiger Verhinderung weiterer Aufnahme von Chlornaphthalinverbindungen können zur Heilung dieser Erkrankung führen.

Vitamin E

Bereits beim Vitamin A wurde darauf hingewiesen, daß die Peroxidbildung vitaminzerstörend wirkt. Dieser Vorgang steht beim Ranzigwerden besonders auch tierischer Fette im Vordergrund. Da er bei Fischen, hauptsächlich solchen mit hohem Fettgehalt (Fettfische), eine besondere Rolle spielt, ist dieser Frage in der Fütterung ausschließlich oder vorrangig Fische verzehrender Zootiere besonderes Augenmerk zu schenken. Dieser Peroxidierungsvorgang zerstört nicht nur das Vitamin A, sondern auch Vitamin E und die Vitamine des B-Komplexes.

Fettfische sind Fische, in und zwischen deren Muskulatur größere Mengen Fett eingelagert sind. Zu ihnen gehören: Hering, Sprotte, Sardine, Makrele, Thunfisch, Lachs und Aal.
Bei den Fettfischen kommt es im Laufe des Jahres zu erheblichen Schwankungen des Fettgehaltes,

die besonders vom Heranreifen der Geschlechtsprodukte abhängig sind. Dabei werden nämlich die im Körper vorhandenen Fettreserven weitgehend aufgebraucht (P i e l e n z und K r ä m e r , 1958).

L ü c k e (1954) gibt für den deutschen Fladengrundhering nach mehrjährigen Untersuchungen die nachfolgenden Durchschnittswerte für den Fettgehalt in 100 Gramm Fischfleisch an:

Juli	August	September	Oktober	November	Mittel
18,8 g	20,1 g	19,2 g	16,7 g	14,1 g	17,8 g

Dieses Beispiel soll andeuten, welch vielfältige Einflüsse unter anderen den Vitamingehalt in der Nahrung beeinflussen. Vitamin E als fettlösliches Vitamin wird einerseits bei höherem Fettgehalt in größeren Mengen vorhanden sein als bei geringerem Fettanteil, die Gefahr seiner Zerstörung ist aber dann bei Ranzigwerden besonders groß.

Den Fettfischen stehen die Magerfische gegenüber. Sie speichern den größten Teil ihres Körperfettes in der Leber. Der Fettgehalt in und zwischen den Muskeln ist niedrig. Er beträgt bei Kabeljau, Schellfisch und Köhler 0,1 bis 0,2 %. Rotbarsch und die Plattfische, zum Beispiel Heilbuttarten, Scholle und Flunder, haben einen Muskelfettgehalt von 0,6 bis 1 %.

Vitamin K

Bei der Aufnahme von Vitamin K-Antagonisten auf dem alimentären Wege, das gilt in erster Linie für Pflanzenfresser beziehungsweise Tiere, die auch bestimmte Kleearten beziehungsweise Heu zu sich nehmen, kann ein Vitamin K-Mangel eintreten. So tritt in faulendem Heu, besonders in so verändertem Süßkleeheu, Dikumarol auf, das einen sehr wirksamen Vitamin K-Antagonisten darstellt, dessen Aufnahme zu einer gesteigerten Blutungsneigung führt (K o l b und G ü r t l e r , 1971). Im Kraut und in den Blüten von Steinkleearten (besonders auch im weißen Stein- oder Bokharaklee) sind bis zu 1 % Kumarine enthalten. Es handelt sich neben geringen Mengen von freiem Kumarin in erster Linie um glykosidisch gebundene Kumarinsäure, die vorwiegend beim Welken und Trocknen, aber auch bei mechanischer Verletzung der Pflanzen durch Hydrolyse in Kumarin umgewandelt wird. Das Kumarin wird besonders bei feuchter Witterung durch Verschimmelungsprozesse zum Teil in das giftige Dikumarol umgewandelt. Bei kontinuierlicher Verfütterung von Steinklee ist mit einer kumulativen Wirkung von Kumarin und Dikumarol zu rechnen (B e n t z und V o i g t , 1969). Neben den anderen Vergiftungssymptomen ist hier wiederum an den Vitamin K-Antagonismus und damit an die verstärkte Blutungsbereitschaft zu denken. Die Senkung des Prothrombinspiegels im Blut, dessen Gerinnungszeit sich dadurch verlängert, steht hier im Vordergrund. Zusätzlicher Mangel an Vitamin K bedingt eine verstärkte Wirkung des Dikumarins (F r ö h n e r und V ö l k e r , 1950).

Vitamin B-Komplex

Vitamin B_1

Nehmen Pferde einseitig größere Mengen von Adlerfarn oder Schachtelhalm auf, sind Störungen der Funktion des Nervensystems, die sich besonders in Übererregbarkeit zeigen, sowie des Kreislaufes, in erster Linie in Form der Bradykardie, die Folge. Ein Thiaminmangel ist die Ursache. Wie dieser Thiaminmangel allerdings unter diesen Fütterungsverhältnissen entsteht, ist noch nicht völlig geklärt. Offensichtlich enthalten diese Pflanzen in starkem Maße als Thiaminasen bezeichnete Fermente, die das Thiaminmolekül spalten. Injektionen von Vitamin B_1 in höheren Dosen beeinflussen die durch Adlerfarn- beziehungsweise Schachtelhalmvergiftung bedingten Störungen des Nervensystems positiv (K o l b , 1970; K o l b und G ü r t l e r , 1971). Es ist durchaus möglich, daß ähnliche Erscheinungen bei der Aufnahme von größeren Mengen Adlerfarn, vielleicht auch anderer Farne, und/oder Schachtelhalm auch bei anderen Tierarten entsprechende Erscheinungen nach sich ziehen.

In der Pelztierhaltung und -zucht wird seit 1932 bei Nerzen und Füchsen die Chasteck-Paralyse beschrieben. Sie beruht auf einer Vitamin B_1-Avitaminose. Man hatte Nerze und Füchse über längere Zeit mit Karpfen gefüttert, die vorher durch Einfrieren gelagert worden waren. In der Folgezeit mußte man feststellen, daß nicht nur Karpfen (Cyprinus carpio), sondern auch die nachfolgend aufgeführten Fische das Vitamin B_1 zerstörende Ferment Thiaminase enthalten: Aland, Barsch, Blei, Elritze, Felchen, Hasel, Hecht, Karausche, Katzenwels, Quappe, Großer und Kleiner Stint. Ob der Ostseehering auch zu den "Thiaminasefischen" zu rechnen ist, ist noch umstritten (P é r e l d i k , 1974).

Der Thiaminasegehalt ist besonders stark in den Eingeweiden und Köpfen dieser Fische enthalten. Bei Herausnahme der Eingeweide und Entfernen des Kopfes vor der Verfütterung waren die Vitamin B_1-Mangelerscheinungen nicht so intensiv wie bei der Verfütterung der kompletten Fische. Hervorzuheben ist, daß die in diesen Fischen enthaltene Thiaminase auch zur gleichen Zeit mit anderen Futtermitteln zugeführtes Vitamin B_1 zerstört. Wichtig ist, daß Vitamin B_1 hitzebeständig ist, während man die Thiaminase durch fünfminütiges Kochen der Fische inaktivieren kann (K o l b und G ü r t l e r , 1971; Z i m m e r m a n n , 1974). Nach P é r e l d i k (1974) ist ein jedoch 15- bis 30minütiges Kochen bei 95 bis 100 °C erforderlich, nach Z i m m e r m a n n (1974) reichen 15 Minuten aus.
Diese bei Edelpelztieren gewonnenen Erfahrungen sind in der Tiergärtnerei oft noch nicht ausreichend bekannt und sollten gerade bei der Fütterung von Robben, Delphinen, aber auch vorrangig oder ausschließlich fischfressender Vögel, des weiteren bei Tieren, die unter anderem mit Fisch ernährt werden, Beachtung finden. Die Injektion von Vitamin B_1 einerseits und seine Applikation auf oralem Wege besonders auch an Tagen, wo keine Thiaminase enthaltenden Fische gefüttert werden, andererseits sind hier von besonderer Bedeutung, zumal wir ja eine Reihe von Zootieren haben, die Fische in gekochter Form nicht aufnehmen. Bestimmt werden in nächster Zeit noch weitere Fischarten gefunden werden, die ebenfalls Thiaminase enthalten. Man sollte nach Möglichkeit zumindest Tieren, die sich ausschließlich von ungekochten Fischen ernähren, thiaminasehaltige Fische nur im Abstand eines oder mehrerer Tage füttern, um in der Zwischenzeit andere Fische möglichst unter Zugabe von Vitamin B_1 oder besser noch Vitamin B-Komplex-Präparaten wirkungsvoll einsetzen zu können.

Biotin (Vitamin H)

Im rohen Hühnereiweiß, und zwar im Weißei, ist Avidin, ein basisches Albumin, enthalten. Es wird von den Verdauungsfermenten nicht abgebaut. Das Avidin verbindet sich im Darmkanal mit Biotin zu einem durch die Darmfermente nicht spaltbaren Avidin-Biotin-Komplex, der von der Darmschleimhaut nicht resorbiert werden kann. Der Biotinmangel wird besonders dann markant, wenn neben der Gabe größerer Mengen von Weißei (nicht Eigelb) eine parenterale Sulfonamid- beziehungsweise Antibiotikatherapie durchgeführt wird, die die enterale mikrobielle Biotinsynthese zum Erliegen bringt. Werden die Eier erhitzt, wird das Avidin so verändert, daß es die Biotinresorption nicht negativ beeinflussen kann (K o l b , 1972; K o l b und G ü r t l e r , 1971; P é r e l d i k , 1974).

Niazinamid (Nikotinsäureamid)

Bei Hunden, Schweinen und beim Geflügel wurden in geographischen Regionen mit einseitiger Maisfütterung Erkrankungen festgestellt, die in ihren Symptomen der menschlichen Pellagra (= rauhe Haut) ähneln. Die Ursache liegt bei einseitiger Maisfütterung darin, daß das Niazinamid (Nikotinsäureamid) "im Mais in einer für das Tier schlecht verwertbaren Form vorliegt." Außerdem ist das als Zein bezeichnete Maiseiweiß arm an Tryptophan. Nach neuesten Forschungsergebnissen soll auch die Unausgeglichenheit des Gehaltes "an den verschiedenen essentiellen Aminosäuren im Maisprotein bei der Entstehung der Pellagra eine gewisse Rolle" spielen (K o l b und G ü r t l e r , 1971).

Vitamin B-Komplex

Daß die enteral verabreichten Sulfonamide und Antibiotika auch in den Stoffwechsel physiologisch wichtiger Mikroorganismen genauso eingreifen wie in den pathogener und es dabei zur Hemmung der Synthese verschiedener Vitamine der B-Gruppe kommt, soll in diesem Rahmen nicht weiter ausgeführt werden, da diese zu Vitamin B-Mangel führenden Aspekte ja landläufig bekannt und bei der oralen Sulfonamid- und Antibiotikatherapie durch die parallele Gabe von Vitaminen, besonders des B-Komplexes, kompensiert werden. Das Ranzigwerden von Fetten, nicht zuletzt tierischer Fette, das Fischfett ist wegen seines hohen Gehaltes an essentiellen Fettsäuren davon besonders stark und schnell betroffen - Peroxidbildung -, führt unter anderem, wie bereits bei verschiedenen Vitaminen erwähnt, auch zu einer Zerstörung beziehungsweise Hemmung der Synthese der meisten B-Vitamine. Wiederholtes Unterbrechen der Kühl- besonders der Tiefkühlkette, führt in erster Linie bei Fischen zum Platzen der Myofibrillen der Muskulatur, damit ist die Zerstörung der meisten Vitamine des B-Komplexes ganz oder zumindest teilweise verbunden.

Eisen

Bei der oralen Aufnahme von Eisen, das für den Stoffwechsel unter den Spurenelementen (Mikronährelementen) eine besonders große und vielfältige Rolle spielt und auch in verhältnismäßig großen Mengen benötigt wird, sei darauf hingewiesen, daß vom Magendarmkanal nur zwei-, niemals dreiwertiges Eisen resorbiert wird (S t e i n m e t z e r , 1955). Dreiwertige Eisenpräparate, die auf oralem Wege verabreicht werden, können deshalb als wirkungslos bezeichnet werden. Wiederum aus der Pelztierzucht stammt die Bezeichnung "Anämiefische". Es handelt sich um Fische (Köhler, Wittling, Hechtdorsch, Schellfisch, Mintai = Alaska-Pollack), die Stoffe enthalten, die das Eisen, das in der angebotenen Futtermischung enthalten ist, binden und "in eine nichtverwertbare Form verwandeln." Werden die genannten Fische gekocht, ist von dieser Wirkung nichts mehr zu merken. Werden die Eingeweide aus den roh zu verfütternden Fischen vor der Verabreichung entfernt, ist die eisenbindende Wirkung nicht so intensiv. Die Anämie tritt besonders deutlich bei Nerzwelpen auf, die mehr als 40 % ihrer Nahrung in Form solcher "Anämiefische" erhalten und sich in den ersten Wochen nach dem Absetzen von der Mutter ausschließlich ohne Muttermilch ernähren und an diese Ernährungsform erst endgültig gewöhnen müssen (P é r e l d i k , 1974). Es ist durchaus möglich, daß bei weiteren diesbezüglichen Untersuchungen noch weitere Fischarten zu den "Anämiefischen" gezählt werden müssen. Diese aus der Pelztierernährung stammende Erkenntnis sollte wiederum auch in der Zootierernährung Beachtung finden.

Zink

Die Verwertung des Zinks, das durch Bindung an Globuline größtenteils über die Dünndarmschleimhaut resorbiert wird, wird durch zahlreiche Faktoren beeinflußt. Die Zinkverwertung wird bei monogastrischen Säugetieren in erheblichem Maße verringert, wenn die Futterrationen größere Anteile Sojaschrot enthalten. So entsteht nämlich ein Zink-Phytat-Komplex, der schwer verwertbar ist.

Bei Legehennen wurden ähnliche Erscheinungen beobachtet. Höhere Anteile Sojaschrot in den Futterrationen vermindern die Zinkverwertung und sind die Ursache für Zinkmangel in den Eiern, der embryonale Mißbildungen bei den Küken zur Folge hat (K o l b , 1972). Eine Abnahme der Zinkverwertung erfolgt übrigens auch bei zu hohen Calciumkonzentrationen im Futter (K o l b , 1972).

Zusammenfassung:

Zu einigen den Vitamin- und Spurenelementgehalt von Futtermitteln beeinflussenden Faktoren

In der landwirtschaftlichen Tierernährung wurden in letzter Zeit Faktoren bekannt, die die Resorption beziehungsweise Verwertung bestimmter Vitamine und Spurenelemente (Mikronährelemente) negativ beeinflussen. Solche Erkenntnisse sind auch für die wissenschaftlich begründete Zootierernährung, die in vielerlei Sicht noch am Anfang steht, von großer Bedeutung. Und gerade eine weitgehend optimale Ernährung der vielfältigen Zootierformen ist eine der wesentlichsten Voraussetzungen für ihre Gesundheit. In der vorliegenden Arbeit wird in diesem Zusammenhang auf einige Probleme hingewiesen, die bei der Zootierernährung berücksichtigt werden sollten.

Summary:

Factors of Influence on Vitamins and Trace Elements in Feedstuffs

Some factors with negative bearings upon resorption or conversion of certain vitamins and trace elements (micronutrient elements) have become known recently, in the context of farm animal nutrition. Such findings are of greatest relevance to scientifically based zoo animal nutrition, as well, which still is in an infantile stage in many respects. Best possible nutrition of the great variety of zoo animals, after all, is one of the most important conditions for animal health. In that context, reference is made in this paper to certain aspects which should be taken into due consideration in zoo animal feeding.

Résumé:

A propos de certains facteurs influant sur la teneur en vitamines et en oligo-éléments des produits de fourrage

Au cours des derniers temps, l'on a enregistré dans le domaine de l'affouragement du bétail agricole des facteurs qui influent négativement sur la resorption ou sur l'assimilation de certaines vitamines ou de certains oligo-éléments (micro-éléments nutritifs). De telles découvertes sont très importantes aussi pour l'alimentation des animaux du zoo qui se fonde sur des résultats scientifiques et qui est, sous plusieurs aspects, encore à ses débuts. Car c'est justement une nourriture optimale des multiples formes zoologiques qui constitue une condition essentielle à leur état de santé. L'auteur mentionne certaines problèmes dont il faudrait tenir compte dans le domaine de l'alimentation des animaux de jardins zoologiques.

Резюме:

Некоторые факторы влияющие на содержание витаминов и микроэлементов в кормовых веществах

В последное время в кормлении сельскохозяйственных животных были установлены некоторые факторы отрицательно влияющие на всасывание определенных витаминов и микроэлементов. Эти данные имеют большое значение и в научно- обоснованном кормлении животных зоопарка. Именно, по возможности оптимальное кормление различных животных зоопарка является важной основой для сохранения их здоровья. В настоящей работе в связи с этим указывается на некоторые проблемы, которые необходимо учитывать при кормлении животных зоопарка.

Literatur:

ALTMANN, D. (1979): Ein Beitrag zur Vitamin C-Prophylaxe und -Therapie. Verhandlungsber. XXI. Internat. Symp. Erkrankungen Zootiere, Mulhouse.

BENTZ, H. und O. VOIGT (1969): In: Bentz, H., Nutztiervergiftungen. Jena: VEB Gustav Fischer.

BLAŽEK, J. (1978): Ernte, Konservierung und Lagerung von Grobfuttermitteln. Berlin: VEB Deutscher Landwirtschaftsverlag.

FRÖHNER, E. und R. VÖLKER (1950): Lehrbuch der Toxikologie für Tierärzte. 6. völlig umgearb. Aufl., Stuttgart: Ferdinand Enke.

HENNIG, R. (1972): Fischwaren. Leipzig: VEB Fachbuchverlag.

KOLB, E. (1972): Wirkstoff-Vademekum. Jena: VEB Gustav Fischer.

KOLB, E. und H. GÜRTLER (1971): Ernährungsphysiologie der landwirtschaftlichen Nutztiere. Jena: VEB Gustav Fischer.

LIEBSCHER, W. (1958): Die Wirkstoffe in der Ernährung der landwirtschaftlichen Nutztiere. 2. unver. Aufl., Wien: Carl Gerolds Sohn.

LÜCKE, F. (1954): Fischindustrielles Taschenbuch. Braunschweig.

NIKOLSKI, G. W. (1957): Spezielle Fischkunde. Berlin: VEB Deutscher Verlag der Wissenschaften.

PERELDIK, S. (1974): In: Wenzel, U. D., Edelpelztiere. Berlin: VEB Deutscher Landwirtschaftsverlag.

PIELENZ, F. und H. KRÄMER (1958): Die Fischverarbeitung. Leipzig: Fachbuchverlag.

STEINMETZER, K. (1955): Lehrbuch der Pharmakologie für Tierärzte. 3. Aufl. Berlin-Wien: Urban und Schwarzenberg.

ZIMMERMANN, H. (1974): In: Wenzel, U. D., Edelpelztiere. Berlin: VEB Deutscher Landwirtschaftsverlag.

Anschrift des Verfassers: Doz. Dr. D. A l t m a n n ,
Thüringer Zoopark Erfurt
DDR 506 Erfurt, Zum Zoopark 8-10 (DDR)

Aus der Sektion Tierproduktion und Veterinärmedizin der Karl-Marx-Universität Leipzig, Wissenschaftsbereich Fortpflanzung landwirtschaftlicher Nutztiere (Leiter: OVR Prof. Dr. sc. W o h a n k a) und dem Zoologischen Garten Leipzig (Direktor: Dr. S. S e i f e r t)

UNTERSUCHUNGEN ZUM HORMONJODGEHALT (PBJ, BEJ) IM BLUTSERUM VERSCHIEDENER ZOOTIERARTEN UNTER BESONDERER BERÜCKSICHTIGUNG DER WILDFELIDEN

Von K. E u l e n b e r g e r

1. Einleitung

Im Rahmen einer Stoffwechselkontrolle bei Zootieren sowie zur Abklärung klinischer Erkrankungen muß auch der Bestimmung der Funktion der Schilddrüse Bedeutung beigemessen werden. Es wurde aus diesem Grunde in den vergangenen sechs Jahren sowohl zur Ermittlung von Normalwerten bei klinisch gesunden Tieren, insbesondere Großkatzen, als auch bei allen klinisch erkrankten Tieren des Leipziger Zoologischen Gartens, von denen zu diagnostischen Zwecken Blutproben entnommen worden waren, der Gehalt an Schilddrüsenhormonjod bestimmt. Im ersten Jahr wurde der Gehalt an proteingebundenem Jod (PBJ) ermittelt, danach auf die Bestimmung des butanolextrahierbaren Jods (BEJ) umgestellt. Beide Methoden gestatten eine quantitative Aussage über die Inkretionsleistung der Schilddrüse. Im Gegensatz zum PBJ, mit dem auch verschiedene stoffwechselinaktive Vorstufen des Thyroxins erfaßt werden, wird durch das BEJ nur der Gehalt an Trijodthyronin (T_3) und Thyroxin (T_4) auf indirekte Weise bestimmt.
Um einen Vergleich zu den von Zootieren gewonnenen Hormonjodwerten zu ermöglichen, sind in Tabelle 1 Normalwerte zum PBJ- und BEJ-Gehalt von einigen Haustieren und dem Menschen dargestellt.

Tabelle 1: Literaturangaben zum Hormonjodgehalt des Serums bei einigen Haustierarten und dem Menschen

Tierart	PBJ (µg/100 ml)	BEJ (µg/100 ml)	Autoren
Mensch	3,4 - 7,3[1]	2 - 6[2]	[1]KÖHLER (1976) [2]AUTORENKOLLEKTIV (1976)
Schwein		untere Grenzwerte: 3,5 (Ferkel) 2,5 (Jungsau) 2,0 (Altsau)	KÖRBER et al.(1978)
Hund	-	$\bar{x} \pm s$: 1,8 ± 0,8	ARNOLD UND LÖBE (1977)
Rind	-	$\bar{x} \pm s$: 3,8 ± 1,1	EULENBERGER (unveröffentlicht)
Schaf	-	3,4 ± 1,2	PREUSS UND PREUSS (1977)

2. Methodik

Die Blutentnahmen erfolgten in den Vormittagsstunden, wenn es darum ging, Werte von klinisch gesunden Tieren zur Normalwertermittlung zu erhalten. Bei Großkatzen war das somit stets vor der jeweiligen Tagesfütterung. Klinisch kranke Tiere kamen zu den unterschiedlichsten Tageszeiten zur Untersuchung, in der Mehrzahl der Fälle jedoch ebenfalls in den Vormittagsstunden.

Das Blut wurde bei Karnivoren aus den Venen der Hinterextremitäten, meist der V. saphena parva, entnommen, bei jüngeren Tieren auch aus der V. saphena. Bei Huftieren wurde das Blut durch Punktion der V. jugularis gewonnen.

Das drei bis fünf Stunden später abzentrifugierte Serum (15 min. bei zirka 4000 Umdrehungen) wurde bis zur Weiterverarbeitung im Zentralen Automatenlabor des Bereichs Medizin der KMU Leipzig+) bei -18° C aufbewahrt.
Für die Bestimmung des PBJ fand die Methode des DAB 7, für die des BEJ die automatisierte Methode von K ö h l e r et al. (1974) Anwendung.
Es werden die statistischen Meßzahlen Mittelwert ($\bar{x}$)und Standardabweichung ($\pm$ s) sowie die Variationsbreite (x_{min}, x_{max}) und im Falle eines positiven Mittelwertvergleichs (t-Test nach STUDENT) der Grad der statistischen Sicherheit (+ 95 %; ++ 99 %; +++ 99,9 %) angegeben.
Kasuistische Angaben zum Tiermaterial erfolgen im Zusammenhang mit der Beschreibung der Ergebnisse.

3. Ergebnisse:

3.1. PBJ-Gehalt im Blutserum beim Amurtiger (Panthera tigris altaica)

In Tabelle 2 sind die statistischen Meßzahlen zum PBJ-Gehalt bei saugenden Tieren bis zu einem Alter von drei Monaten und bei Tigern im Alter von zwei bis zwölf Jahren dargestellt. Von einem an der sogenannten Tigerkrankheit (E l z e et al., 1974) erkrankten männlichen Tier ("Eros") wurden vergleichsweise die statistischen Meßzahlen aus vier Untersuchungen mit herangezogen. Es zeigt sich, daß der PBJ-Gehalt des Serums bei erwachsenen Tieren noch signifikant höher als bei Jungtieren liegt. Es muß allerdings bei den adulten Tieren mit einer zehnmal stärkeren Streuung der Werte gerechnet werden. Die vom Tiger "Eros" ermittelten Werte unterscheiden sich durch eine geringere Streuung; der im Vergleich zu klinisch gesunden Tieren in der Tendenz niedrigere Mittelwert ließ sich aber statistisch nicht sichern.

Tabelle 2: PBJ-Gehalt des Blutserums (μg/100 ml) bei Amurtigern

Tiergruppe	n	$\bar{x} \pm s$	x_{min}	x_{max}
Saugtiger	17	1,6 $\pm$ 0,6	0,9	2,7
Alttiger (2 Jahre)	6	+++8,7 $\pm$ 5,1	5,1	18,0
"Eros" ("Tigerkrankheit")	4	5,4 $\pm$ 2,1	3,4	7,7

3.2. BEJ-Gehalt im Blutserum bei Amur- und Sumatratiger (P. tigris sumatrae)

Die in Tabelle 3 für verschiedene Altersgruppen und von "tigerkranken" Amurtigern ausgewiesenen Werte belegen die im Vergleich zum PBJ niedrigeren BEJ-Spiegel. Bei 39 % der noch saugenden Tiere konnte mit der angewandten Methode überhaupt kein Hormonjod nachgewiesen werden, und nur bei 16 % lagen die Werte über 0,5 μg/100 ml.
Nachdem im Alter von sechs Monaten bei der Mehrzahl der nun von den Muttertieren abgesetzten Tiere meßbare Mengen an Hormonjod nachgewiesen werden konnten und ein Mittelwert von 1,1 $\pm$ 0,9 μg/100 ml ermittelt wurde, ergaben die Untersuchungen bei derselben Tiergruppe drei Monate später wiederum bei 64 % der Tiger 0-Werte und nur bei 21 % Werte über 5 μg/100 ml.
Ansonsten belegen die Mittelwertvergleiche zwischen sechs Monate alten Tigern und Alttigern keine signifikanten Unterschiede, wenngleich bei Alttigern auch öfter höhere Werte als 0,5 μg/100 ml auftraten. Auch die für einen 18 Monate alten Tiger ("Bilok") aus Verlaufsuntersuchungen errechneten Mittelwerte liegen in den für die verschiedenen Altersgruppen ermittelten Bereichen. Dabei wechselten höhere Werte unregelmäßig mit niedrigeren oder gar 0-Werten ab.
Drei von zwei Tigerweibchen im Puerperium (1. bis 8. Tag post partum) ermittelte Werte lagen zwischen 0,1 und 0,3 μg/100 ml Serum. Auch für den BEJ-Gehalt an der "Tigerkrankheit" erkrankter Tiger können durchschnittlich niedrigere Werte als für gesunde Tiere festgestellt werden; 59 % wiesen jedoch Werte unter 0,5 μg/100 ml auf, so daß auf die Bestimmung der statistischen Meßzahlen verzichtet wurde. Dieser offensichtlich verminderte BEJ-Gehalt trat besonders bei akuten

+Herrn MR Prof. Dr. sc. W. R o t z s c h und seinen Mitarbeitern sei an dieser Stelle für die Bereitschaft gedankt, stets all unseren Wünschen entgegenzukommen.

Krankheitsschüben auf; bei Rekonvaleszenten beziehungsweise chronisch gewordenem Krankheitsverlauf lagen die Werte meist um 1 µg/100 ml.
Alle von Sumatratigern erhaltenen Werte lagen unter 0,5 µg/100 ml; sie sind deshalb in Tabelle 3 nicht berücksichtigt. Nachdem allerdings über einen längeren Zeitraum eine generelle Jodsubstitution (E l z e et al., 1979) im Großkatzenbestand des Leipziger Zoologischen Gartens angewandt worden war, konnten bei einem männlichen und einem weiblichen Tier, die an einer akuten Niereninsuffizienz (Kreatinin 4 mg beziehungsweise 3,0/100 ml) erkrankt waren, Werte von 1,4 µg/100 ml BEJ ermittelt werden.

Tabelle 3: BEJ Gehalt des Blutserums (µg/100 ml) bei Amurtigern

Tiergruppe	n	$\bar{x} \pm s$	x_{min}	x_{max}
Saugtiger	31	-	0 (39%)	2,0
Jungtiger				
6 Monate	14	1,1 ± 0,9	0	3,0
9 Monate	14	-	0 (64%)	0,9
Alttiger				
>2 Jahre	17	1,2 ± 1,2	0,5	1,8
Tiger "Bilok"	11	1,0 ± 0,5	0	1,6
An "Tigerkrankheit" erkrankte Tiere	17	-	0,5 (59%)	1,8

3.3. BEJ-Gehalt im Serum bei weiteren Großkatzen, Geparden und Hyänen

Die von adulten Löwen (Panthera leo) ermittelten Durchschnittswerte liegen nur geringfügig über denen der Tiger (Tabelle 4); allerdings wurde bei keinem der Löwen ein Wert < 0,5 µg/100 ml gefunden.
Die statistischen Meßzahlen eines neun Monate alten Junglöwen, die aus zwölf im Verlaufe von zirka vier Monaten gewonnenen Einzelwerten berechnet worden sind, unterscheiden sich nicht von den vergleichbaren Größen des Jungtigers "Bilok" (Tabelle 3).
Die ebenfalls in Tabelle 4 dargestellten Werte für erwachsene Leoparden (P. pardus saxicolor, P. p. japonensis, P. p. orientalis) und Geparden (Acinonyx jubatus) unterscheiden sich nicht wesentlich von denen der anderen klinisch gesunden erwachsenen Tiger und Löwen; gleichfalls wurden nie Werte unter 5 µg/100 ml gefunden.
Die durchschnittlich höchsten BEJ-Werte fanden sich bei den Hyänen (Hyaena hyaena, H. brunnea).

Tabelle 4: BEJ-Gehalt im Blutserum (µg/100 ml) bei weiteren Feliden und Hyänen

Tierart	n	$\bar{x} \pm s$	x_{min}	x_{max}
Panthera leo, adult	10	1,3 ± 1,1	0,5	2,8
(9 Monate alt, weiblich)	12	1,0 ± 0,5	0	1,6
P. pardus, adult	5	1,1 ± 1,1	0,6	1,8
Acinonyx jubatus, adult	9	0,9 ± 1,0	0,5	2,1
Hyaena sp., adult	5	1,6 ± 1,2	0,5	2,7

3.4. BEJ-Serumwerte bei verschiedenen Huftierarten

Obwohl es sich bei den in Tabelle 5 enthaltenen Angaben nur um Einzelwerte von Huftierarten handelt, denen aus den verschiedensten Anlässen Blutproben entnommen worden waren, sollen diese informativ mit publiziert werden.
Mit Ausnahme der Equiden und der Bisons (Bison bison athabascae), bei denen es sich um Tierum-

setzungen handelte, muß bei den übrigen Tieren eine mehr oder weniger intensive Beeinflussung des BEJ-Spiegels durch die krankhaften Bedingungen in Erwägung gezogen werden. An einen primär erhöhten BEJ-Blutspiegel ist lediglich bei dem Trampeltier (Camelus ferus bactrianus) zu denken.

Tabelle 5: BEJ-Gehalt im Blutserum (μg/100 ml) bei verschiedenen Huftierarten

Tierart, Geschlecht, Alter	BEJ	Diagnose
Przewalskipferd (Equus przewalskii) o o 1,5 Jahre	1,7; 2,6; 2,2	klinisch o.b.B.
Grevy-Zebra (E. grevyi) ♀ 1 Jahr	2,7	Halswirbelfraktur
Trampeltier (Camelus ferus bactrianus) ♀ adult	10,0	"Dämpfigkeit" Exanthem
Dromedar (C. dromedarius) ♀ adult	4,1	Labmagenabszeß
Waldbison (Bison b.athabascae) ♀♀ 1 Jahr	7,4; 4,9	klinisch o.b.B.
Buntbock (Damaliscus dorcas) ♀ 1 Jahr	10,1	Verletzung
Schneeziege (Oreamnus americanus) ♀ zirka 5 Jahre	3,4	Bronchopneumonie, Nephritis
o zirka 1 Jahr	0,9	während Quarantäne nach längerem Transport Enteritis, Nephritis
Moschusochse (Ovibus moschatus) o 6 Jahre	1,2	Azidose

3.5. Beurteilung einiger erniedrigt beziehungsweise erhöht erscheinender BEJ-Werte

Bei zwei Junglöwen mit klinischer Struma lagen die BEJ-Werte unter 0,5 μg/100 ml, allerdings unterscheiden sie sich damit nicht von werten, die von klinisch gesunden Tieren gewonnen wurden. Bei einem Tiger, der im Alter von 18 Monaten wegen offensichtlich irreversibler Entwicklungsstörungen euthanasiert und bei dem eine Struma - histologisch als Struma mit Follikelanisomorphie und Zystenbildung - diagnostiziert wurde, ergaben dreimalige Blutuntersuchungen sogar Werte zwischen 0,5 und 1,8 μg/100 ml.

Relativ hohe BEJ-Werte (Tabelle 6) wurden sowohl bei einem Tier mit primärer Schilddrüsenerkrankung (Schilddrüsenkarzinom bei Procyon lotor) als auch im Zusammenhang mit anderen Erkrankungen, insbesondere Infektionskrankheiten, gesehen.
Trotz häufiger Blutuntersuchungen bei Tigern, die an der sogenannten Tigerkrankheit erkrankt waren, konnte nur in einem einzigen Falle, und zwar im Initialstadium bei einem noch relativ jungen Tier, ein höherer BEJ-Wert bestimmt werden.

Der höchste Wert (15,0 μg/100 ml) stammt von einem knapp zweijährigen männlichen Amur-Leoparden (Panthera pardus orientalis) mit ZNS-Störungen und temporärem Exophthalmus vermutlich im Gefolge eines infektiös-toxischen Geschehens. Im Blutbild zeigten sich leichte Eosinophilie (9 %) und geringgradig Monozytose (3 %), so daß auf Stadium II bis III der biologischen Leukozytenkurve geschlossen werden kann. Bei einem Amurtiger mit Hydrozephalus kann eine zentral überstimulierte Thyreoidea angenommen werden.

Bei einem klinisch gesunden, zirka 1 1/2jährigen männlichen Amurtiger (P. tigris altaica) aus freier Wildbahn wurde am Tage seiner Ankunft im Leipziger Zoo ein Wert von 3,1 μg/100 ml BEJ ermittelt. Blutbild und weitere klinisch-chemische Parameter lagen in physiologischen Bereichen.

Tabelle 6: **Ausgewählte, erhöhte BEJ-Werte (µg/100 ml Serum) bei verschiedenen Tierarten**

Tierart, Geschlecht, Alter	BEJ	Diagnose
Waschbär (Procyon lotor) o adult	5,4	Schilddrüsenkarzinom
Gepard (Acinonyx jubatus) o adult	4,6	Enzephalitis, Gastroenteritis, Nephritis
Irbis (Uncia uncia) o adult	7,0	Nephritis, Leberschaden
Jungleoparden (Panthera pardus) o, ♀ 3 Monate	1,7 1,5	Jungtierinfektionen
Amurleopard (P. p. orientalis) o 1½ Jahre	15,0	ZNS-Störungen, Exophthalmus
Amurtiger (P. tigris altaica) o 1½ Jahre	5,6	Entwicklungsstörungen, Hydrozephalus
o 2½ Jahre	3,4	"Tigerkrankheit"

4. Diskussion und Schlußfolgerungen

Die bei Zootieren verschiedener systematischer Gruppen ermittelten Hormonjodwerte zeigen, daß erhebliche tierartliche Unterschiede in der Inkretion der Schilddrüsen bestehen müssen. Diese waren schon von K a l l f e l z und E r a l i (1973) durch Bestimmung des T_3- und T_4-Blutspiegels bei den wichtigsten Haustierarten festgestellt worden, ohne daß jedoch eine Begründung für diese Verschiedenheiten gegeben werden konnte. Danach war der T_4-Gehalt bei der Katze am niedrigsten und lag bei den Wiederkäuern insgesamt höher als bei Tierarten mit einhöhligem Magen. Somit erklären sich auch die bei den Zoowiederkäuern im Vergleich zu den Karnivoren höheren BEJ-Werte. Weitere Herbivoren und Omnivoren einschließlich des Menschen liegen sowohl im T_4-Gehalt als auch im BEJ-Gehalt zwischen den Wiederkäuern und den Karnivoren.
Die an einer größeren Zahl verschiedener Wildfeliden unterschiedlicher Altersgruppen des Zoos Leipzig ermittelten statistischen Meßzahlen liegen noch unter den von A r n o l d und L ö - b e (1977) für den Hund ermittelten. Bei den Hyänen lagen sie ähnlich dem Haushund höher als bei den Katzenartigen. Da diese Tiergruppen im wesentlichen auf gleiche Weise ernährt werden, sind unterschiedliche endogene Faktoren für diese Differenzen verantwortlich zu machen. S c h e r z i n g e r et al. (1972) führen den niedrigen T_4-Gehalt bei Katzen direkt auf einen artspezifisch sehr niedrigen Blutgehalt an thyroxinbindendem Globulin zurück.

Es dürfte kein Zweifel darüber bestehen, daß die unterschiedlichen Stoffwechselsysteme der einzelnen Tiergruppen und des Menschen dafür verantwortlich sind. Weiterhin besitzt wahrscheinlich das Thyroxin bei den Karnivoren nicht dieselbe Bedeutung sowohl für die Aufrechterhaltung des Grundumsatzes als auch für die Sicherung weiterer Stoffwechselleistungen. Dies postulierten auch C l a r k und M e i e r (1958) und M e i e r und C l a r k (1958), die trotz deutlicher histo-pathologischer Veränderungen der Schilddrüse bei Hunden und Katzen häufig noch keine klinischen Ausfallserscheinungen beobachten konnten.

Einige klinische Beobachtungen (E l z e et al., 1979) sowie die im Verlaufe der Aufzucht nachgewiesenen Schwankungen im durchschnittlichen BEJ-Gehalt (Tabelle 3) und die bei Jungtieren im Vergleich zu Alttigern niedrigeren Werte sprechen dafür, daß bei den Feliden des Zoos Leipzig dennoch ein primärer und/oder sekundärer Jodmangel in Betracht zu ziehen ist. Zumindest die Untersuchungen von K a l l f e l z und E r a l i (1973) zum T_4-Gehalt bei allen wichtigen Haustierarten und auch die zum BEJ-Gehalt beim Hausschwein von K ö r b e r et al. (1978) hatten für Jungtiere höhere Blutspiegel ergeben als für erwachsene; bei den Katzen des Zoos Leipzig verhielt es sich genau umgekehrt.

Es kann daraus geschlußfolgert werden, daß das mit Nahrung und Trinkwasser zugeführte Jod den Bedarf an Hormonjod besonders in längerwährenden Belastungssituationen nicht zu decken vermag. Daß die Tiere solchen Belastungen ausgesetzt waren beziehungsweise im Verlaufe der Aufzucht in den Wochenstuben sind, haben bereits früher publizierte hämatologische Untersuchungsergebnisse ausgewiesen (E u l e n b e r g e r et al., 1972; 1974; 1977). Eine solche Schlußfolgerung ist bedingt auch aus den niedrigeren Werten bei an der sogenannten Tigerkrankheit erkrankten Tigern abzuleiten. Die niedrigen BEJ-Werte bei zwei Tigerinnen im Frühpuerperium, ein Tier nach einer Normalgeburt, das andere nach einem geburtshilflichen Eingriff, müssen dagegen als für diese Periode charakteristisch eingestuft werden. Untersuchungen zum Geburtsverlauf bei Rindern (W i l h e l m , unveröffentlicht) hatten ein ähnliches Verhalten des BEJ-Serumspiegels ergeben.

Daß in Belastungssituationen auch höhere BEJ-Werte bei den Karnivoren auftreten können, belegen einzelne Werte, die mit hoher Sicherheit für eine sekundäre Erhöhung des BEJ- und damit Hormonjodspiegels sprechen (Tabelle 6). Das kann auch für den Wert von 3,1 µg/100 ml, der von dem Wildfangtiger am Tage seiner Ankunft im Zoo Leipzig ermittelt worden ist, angenommen werden. Ein Anheben des PBJ- beziehungsweise BEJ-Serumspiegels bei Großkatzen um 100 % und mehr durch orale Jodsubstitution, zum Beispiel in Form einer Jod-KJ-Lösung (Lugolsche Lösung), ist möglich.

Obwohl angenommen werden muß, daß die untersuchten Großkatzen des Leipziger Zoos für eine Normalwertbestimmung des BEJ-Serumgehaltes nicht ausreichend repräsentativ sind, sollen aus den berechneten statistischen Meßzahlen orientierende Normalwerte differenziert nach Altersgruppen abgeleitet werden:

Saugtiere	0,5 - 1,5 µg BEJ/100 ml Serum
Jungtiere nach dem Absetzen	0,5 - 2,0 µg BEJ/100 ml Serum
Alttiere	0,5 - 3,0 µg BEJ/100 ml Serum

Mehrjährige klinische Erfahrungen in der Anwendung der BEJ-Bestimmung belegen jedoch, daß ein einmalig nachgewiesener Wert von weniger als 0,5 µg/100 ml keine definitiven Aussagen über die Versorgungslage mit Jod oder gar über jodmangelbedingte Krankheitssymptome gestatten. Dazu sind mehrmalige Untersuchungen oder Untersuchungen an einer repräsentativen Tiergruppe (etwa 2 % des Bestandes) erforderlich.

BEJ-Werte über 3 µg/100 ml bei Feliden sprechen für spezielle Belastungssituationen und das Vermögen, noch mit einer höheren Schilddrüsenhormoninkretion zu antworten, die zu BEJ-Werte führt, die gleichfalls als physiologisch einzuschätzen sind und als Ausdruck einer reaktiven Schilddrüse gewertet werden können. Belastungen über einen längeren Zeitraum können jedoch das Jodpotential des Organismus erschöpfen.

Bei hohen BEJ-Werten ist außerdem an bösartige Geschwülste der Thyreoidea zu denken.

Ansonsten kommt der Bestimmung des BEJ-Serumgehaltes - in Übereinstimmung mit E k m a n (1970), A r n o l d und L ö b e (1977) u. a. - die Bedeutung eines Suchtestes zu. Zur endgültigen Abklärung von Schilddrüsenerkrankungen sind weitere Untersuchungsverfahren heranzuziehen, wie sie von verschiedenen Autoren empfohlen werden (L o m b a r d i et al., 1962; E k m a n , 1970; K a l l f e l z und E r a l i , 1973; A r n o l d und L ö b e , 1977).

Zusammenfassung:

Untersuchungen zum Hormonjodgehalt (PBJ, BEJ) im Blutserum verschiedener Zootierarten unter besonderer Berücksichtigung der Wildfeliden

Untersuchungen zum Gehalt an Hormonjod im Serum bei Zootieren ergeben deutliche Unterschiede vor allem zwischen Herbivoren, Omnivoren und Karnivoren; bei den Ruminantia wurden die höchsten, bei den Karnivoren die niedrigsten Werte festgestellt. Für Großkatzen werden Normalwerte zum BEJ-Gehalt angegeben und die Methode vor allem als Suchtest zur Auffindung von Schilddrüsenerkrankungen ausgewiesen. Um einen latenten Jodmangel zu erkennen, sind Untersuchungen einer repräsentativen Bestandsstichprobe notwendig.

Summary:

Studies into Hormone Iodine Levels (PBJ, BEJ) in Blood Serum of Several Zoo Animal Species, with Particular Reference to Wild Felids

Studies were conducted into hormone iodine levels in the serum of zoo animals and revealed conspicuous differences primarily between herbivores, omnivores, and carnivores. The highest values were recorded from ruminants and the lowest from carnivores. Big felids showed normal BEI levels (butanol-extractable iodine). The method has been found to be suitable for screening to detect thyroid diseases. Latent iodine deficit will be hardly detectable unless tests are applied to larger and more representative random stock. (PBI - protein-bound iodine).

Résumé:

Etudes faites sur la teneur en iode hormonal (PBJ, BEJ) au sérum sanguin chez différentes espèces zoologiques en tenant surtout compte des félides sauvages

Les études faites pour connaître la teneur en iode hormonal au sérum d'animaux gardés au jardin zoologique montrent clairement des différences significatives surtout entre herbivores, omnovores et carnivores. Les ruminants présentent les valeurs les plus élevées alors que les carnivores en présentent les plus basses. Pour les grands félins sont indiquées des valeurs normales pour la teneur en BEJ, et la méthode est surtout présentée comme étant un test pour découvrir les affections des glandes thyroïdes. Pour détecter une carence d'iode latente, il convient de faire des examens représentatifs sur des échantillons.

Резюме:

Исследования содержания гормон-иода (PBJ, BEJ) в серуме крови рвзличных видов животных зоопарка под особым вниманием диких кошачих

Исследования содержания гормон-иода в серуме животных зоопарка показывают значительные различия у Herbivoren, Omnivoren и Karnivoren , у Ruminantia отмечается наивысшая, у Karnivoren наименьшая концентрация. Для больших кошачих указываются нормовые данные содержания BEJ и методика, прежде всего метод определения заболеваний шитовидной железы. Для определения латентного недостатка иода необходимы репрезентативные пробы на выборку.

Literatur:

ARNOLD, P. und J. LÖBE (1977): Zur Diagnostik von Schilddrüsenerkrankungen beim Hund. Mh. Vet.-Med. 32, 495-498.

AUTORENKOLLEKTIV (1976): Labordiagnostik Leipzig, Methodenkatalog und Organisation der Klinischen Chemie und Labordiagnostik. 2. neubearb. Aufl.

CLARK, S. T. and H. MEIER (1958): A clinical-pathological study of thyreoid disease in the dog and cat. Zbl. Veterinärmed. A 5, 17-32.

EKMAN, L. (1970): Klinisch-chemische Diagnostik von Schilddrüsenerkrankungen in der Veterinärmedizin. Wien. tierärztl. Mschr. 57, 286-292.

ELZE, K., EULENBERGER, K., SEIFERT, S., KRONBERGER, H., SCHÜPPEL, K. F. und Ute SCHNURRBUSCH (1974): Auswertung der Krankengeschichten der Felidenpatienten (1958 - 1973) des Zoos Leipzig. Verhandlungsber. XVI. Internat. Symp. Erkrankungen Zootiere, Erfurt, 5-18.

ELZE, K., EULENBERGER, K., SEIFERT, S. und Gisela KRISCHE (1979): Orale Vitamin- und Jodsubstitution bei Großkatzen zur Stabilisierung von Fruchtbarkeit und Aufzucht. Verhandlungsber. XXI. Internat. Symp. Erkrankungen Zootiere, Mulhouse, ...

EULENBERGER, K., HEILMANN, W., ELZE, K. und S. SEIFERT (1972): Normalwerte von Enzymaktivitäten im Serum junger Sibirischer Tiger (Panthera tigris altaica). Verhandlungsber. XIV. Internat. Symp. Erkrankungen Zootiere, Wrocław, 393-398.

EULENBERGER, K., SCHUMACHER, U., ELZE, K. und S. SEIFERT (1974): Der Gesamteiweißgehalt und das Elektropherogramm des Blutserums in verschiedenen Altersstadien des Sibirischen Tigers (Panthera tigris altaica). Verhandlungsber. XVI. Internat. Symp. Erkrankungen Zootiere, Erfurt, 143-149.

EULENBERGER, K., ELZE, K. und S. SEIFERT (1977): Beiträge zum Blutbild der in Zoologischen Gärten gehaltenen Großkatzen (Pantherini). 2. Mitt.: Zum Blutbild klinisch gesunder Sibirischer Tiger (Panthera tigris altaica). Zool. Garten N. F. 47, 393-412.

KALLFELZ, T. A. and R. P. ERALI (1973): Thyroid function tests in domesticated animals: Free thyroxine Index. Amer. J. Vet. Res. 34, 1449-1451.

KÖHLER, H., HELLTHALER, G. und R. DONATH (1974): Eine automatisierte Methode zur Bestimmung des butanolextrahierbaren Jods. Z. med. Labortechnik 15, 269-273.

KÖHLER, P. (Hrsgb.) (1976): Klinische Chemie und Laboratoriumsdiagnostik. Berlin: Volk und Gesundheit.

KÖRBER, R., WENZEL, R., VÖLKER, H. und H. BIERBACH (1978): Zur Ätiologie, Pathogenese, Diagnostik und Bekämpfung von Jodmangelerkrankungen der Zuchtschweine. Mh. Vet.-Med. 33, 858-863.

LOMBARDI, M. H., COMAR, C. L. and R. W. KIRK (1962): Diagnosis of thyroid gland function in the dog. Amer. J. Vet. Res. 23, 412-421.

MEIER, H. and S. T. CLARK (1958): The clinical pathological aspects of thyroid disease in the dog and cat II. Zbl. Veterinärmed. R.A 5, 120-128.

PREUSS, G. und M. PREUSS (1977): Zur Brunstsynchronisation beim Schaf mittels Megestrolazetat (MEG) bei gleichzeitiger Kontrolle einiger Stoffwechselparameter. Leipzig: Vet.med.Diss.

SCHERZINGER, E. J. K., Guzy und K. LÖRCHER (1972): Schilddrüsenhormonkonzentration im Blut und Thyroxinbindung an Serumproteine bei verschiedenen Spezies. Zbl.Veterinärmed. A 19,585.

SEIDEL, H., KLÄHN, J., KIUPEL, H., BLÖDOW, G., HELLER, P. und H. LOEPELMANN (1977): Ein Beitrag zum Jodmangel-Syndrom des Mastschweines. Mh.Vet.-Med. 32, 693-697.

Anschrift des Verfassers: Dr. med. vet. K. E u l e n b e r g e r ,
DDR 701 Leipzig, Marg.-Blank-Str. 8 (DDR)

Aus der Sektion Tierproduktion und Veterinärmedizin der Karl-Marx-Universität Leipzig, Wissenschaftsbereich Fortpflanzung landwirtschaftlicher Nutztiere (Leiter: OVR Prof. Dr. sc. med. vet. K. Wohanka) und dem Zoologischen Garten Leipzig (Direktor: Dr. S. Seifert)

ORALE VITAMIN- UND JODSUBSTITUTION BEI GROSSKATZEN ZUR STABILISIERUNG VON FRUCHTBARKEIT UND AUFZUCHT

Von K. Elze, K. Eulenberger, S. Seifert und G. Krische

Fruchtbarkeitsdepressionen oder -störungen sowie mangelnde Vitalität und dadurch verringerte Aufzuchtchancen von Neugeborenen sind nach unseren heutigen Kenntnissen bis zu 90 % umweltbedingt. Im Vordergrund stehen Faktoren der Fütterung und Haltung, die den phasengerechten Ablauf aller Stadien des Reproduktionszyklus stabilisieren und verbessern oder stören können. Die Basis für eine ungestörte Fruchtbarkeit ist eine vollwertige und gesunde Aufzucht sowie kontinuierlich bedarfsgerechte Ernährung der Zuchttiere, damit sie innerhalb des artengerechten Alters die Geschlechtsreife erlangen und über den gewünschten Zeitraum ihrer Zuchtnutzung das Fruchtbarkeitspotential wertvoller Zuchten voll ausgeschöpft werden kann.

Der Zeitpunkt des Eintrittes der Pubertät beeinflußt in weiterer Sicht auch das Zuchtbenutzungsalter und die Fruchtbarkeitsintensität. Eine zeitgerecht eintretende Pubertät beweist aus klinischer Sicht rückblickend die richtige Aufzuchtmethode und bedeutet zumindest eine gute Basis bezüglich der späteren Fruchtbarkeit des Tieres. Ein frühes Anspringen und regelmäßig ablaufendes Zyklusgeschehen lassen aus klinischer Sicht und Erfahrungswerten von Haustieren auf einen stabil ablaufenden Regelkreis der Sexualhormone, eine hohe Gonadenaktivität und eine zyklusgerechte Sexagenwirkung auf Uterus und Uterindrüsen schließen. Das sind die Grundvoraussetzungen für eine ausreichende Spermiogenese, Oogenese, Follikelreifung und Ovulation bei gleichgeschalteter Östrusintensität und Begattungsbereitschaft bei vorausgesetzter Begattungsfähigkeit beider Zuchttiere. Nach ovulationsgerechter Begattung und erfolgter Befruchtung der Eizelle erfolgt die Implantation der Blastozysten in das Endometrium nur im Stadium der Transformation, das wiederum durch das zeitlich phasengerecht ablaufende Zusammenwirken von Progesteron und Östrogenen gesichert wird. Die Östrogene stimulieren das Wachstum der Endometriumsdrüsen und des Stromas, die Gestagene sind für die Bildung von Glykogen und Proteinen mitverantwortlich. Mangelversorgung führt gerade in dieser Phase zu der bei multiparen Tieren relativ weitverbreiteten embryonalen Mortalität. Weitere Schwerpunkte im Reproduktionszyklus sind die Hochgravidität, der Geburtsverlauf, die Vitalität der Neugeborenen, die einsetzende Säugeleistung und die Aufzuchtperiode bis Absetzen der Jungtiere von den Müttern.

Die volle Ausschöpfung des hohen Fruchtbarkeitspotentials auserwählter wertvoller Zuchttiere verlangt um so mehr eine wissenschaftlich begründete, bedarfsgerechte Versorgung mit den artspezifischen Hauptfutterkomponenten sowie den entsprechenden Vitaminen, Mineralstoffen und anderen essentiellen Faktoren. Nicht selten werden aber Störungen im Fruchtbarkeitsgeschehen und in der Aufzucht durch den Mangel an dem einen oder anderen Vitamin oder Mengenelement ausgelöst. Die Wirkung der einzelnen Vitamine auf die Fortpflanzungsorgane und die funktionellen Vorgänge und Organismen wie auf die Fetenentwicklung und Jungtiervitalität sind prinzipiell bei allen Arten gleich. Nur ihre Aufnahmemöglichkeit oder Biosynthese sind unterschiedlich je nach Nahrungsaufnahme- und Verdauungstyp.

Wie unsererseits (Elze , 1966, 1967; Elze et al., 1970; Eulenberger , 1973; Eulenberger et al., 1973; Elze et al., 1974) bereits wiederholt angesprochen, sind unsere Großkatzen bei Zoohaltung durch die nahezu ausschließliche Fütterung mit schierem Fleisch selbst bei einigen Ganzkörpergaben für einen Vitamin A-Mangel besonders prädisponiert. Vitamin A-Mangel bedingt je nach Stärke und Zeitdauer seines Bestehens folgende Störungen in der Fortpflanzung und Aufzucht:

- später, protrahierter Pubertätseintritt (Wachstumshemmung, Beeinträchtigung der Eiweißsynthese)

Abb.1: Kriterien einer stabilen Fruchtbarkeit

Früher Eintritt der Geschlechtsreife mit artengerechtem Zyklusanlauf	
Physiologischer Ablauf des hormonalen Regelkreises	
Ausreichende Spermiogenese, Ausreifung und Ausschüttung	Zyklusgerechte Oogenese, Follikelreifung und Ovulation
Normale Libido und Bedeckungsfähigkeit	Volle Östrusintensität und Duldung
B e f r u c h t u n g N i d a t i o n P l a z e n t a t i o n	
Artspezifische Entwicklung von Masse und Vitalität der Feten bis zur Geburt	Aufbau einer hohen Energiepotenz und Aktivierung des kontraktilen Systems am Myometrium
Artengerechter Ablauf einer Normalgeburt	
Schnelles und volles Einsetzen der Laktation und Mütterlichkeit	Hohe Vitalität, Saugdrang und gute Masseentwicklung der Neugeborenen
Verlustarme Aufzucht	

- Störungen in Spermiogenese und Oogenese (Degenerationserscheinungen am Keimepithel)
- Libidomangel und niedrige Östrusintensität (Produktionsmangel an Gonadotropinen und Sexagenen)
- geringere Befruchtungsrate und niedrige Wurfgrößen (Ovulationsstörungen, verminderte Stoffwechselaktivität im Endometrium, größere Disposition für das Auftreten von Endometritiden, hohe embryonale Mortalitätsrate)

- Graviditäts- und Geburtsstörungen (Störung der trophischen Versorgung der Feten, Mumifikation der Früchte, mangelnde Vitalität und Masseentwicklung der Feten, mangelhafte Geburtsvorbereitung, pathologische Geburten, Totgeburten)
- Puerperalstörungen, fehlende Mütterlichkeit, geringe Laktationsleistung, hohe perinatale Verluste (geringe Epithelabwehr, Beeinträchtigung der Eiweißsynthese)
- hohe Morbiditäts- und Mortalitätsrate in der ersten Aufzuchtphase (geringe Geburtsmasse und -vitalität, geringer Epithelschutz, verminderte Abwehrreaktion, Wachstumshemmung, desorganisiertes Knochenwachstum, erhöhte Infektanfälligkeit).

Ergebnisse der Fruchtbarkeits- und Aufzuchtanalysen der Leipziger Felidenzucht (E l z e et al., 1970; S e i f e r t , 1975) lassen aus klinischer Sicht erkennen, daß in Zeitabschnitten mit geringerer oder fehlender Vitaminsubstitution sich nach kurzer Zeit Fruchtbarkeitsdepressionen sowie Aufzuchtstörungen einstellen. Nach G u g g i s b e r g (1960) steht die

Wurfgröße beim Löwen in direkter Abhängigkeit von dem Nahrungsangebot vor der Paarung. Danach sollen in guten Wildgebieten oft vier, bei schwieriger Jagd zwei oder gar nur eines zur Welt kommen. Sechslingswürfe sind ihm nur aus zoologischen Gärten bekannt. Nach R o n n e f e l d (1969) können bei reichlichem Nahrungsangebot auch sechs Junge in Wildgebieten geboren werden. S e i f e r t (1975) konnte bei Zoohaltung keine Abhängigkeit der Wurfstärke von der Ernährungslage (ausgenommen Vitaminsubstitution) ermitteln. Bei Erstlingsmüttern stellte er aber im allgemeinen niedrigere Wurfstärken fest.

So war die intensive Zucht von wertvollen Großkatzen im Leipziger Zoo in den letzten zwanzig Jahren immer wieder Veranlassung, Beiträge zum Nähr-, Vitamin- und Mineralstoffbedarf zu erarbeiten. Immer wieder wurde versucht, eine optimale Versorgung der Großkatzen mit allen lebensnotwendigen Stoffen durch eine vollwertige und vielseitige Fütterung zu verwirklichen. Besondere Schwierigkeiten bereitet das Fehlen exakter Bedarfsnormen, so daß nur Rückschlüsse aus den Freßgewohnheiten in der Wildbahn und aus dem Bedarf anderer Carnivoren, notfalls auch der Omnivoren gezogen werden können. Gehaltswerte der zum Einsatz gelangenden Futtermittel ermöglichen, das Angebot und den Mangel an Nähr-, Mineral- und Wirkstoffen einzuschätzen.
Nachfolgende Tabellen geben einen Überblick über den Bedarf einiger Fleisch- und Allesfresser an Vitamin A, D_3 und E sowie des Gehaltes bei Fleisch, Leber, Eiern und Milch, die einerseits Rückschlüsse auf den Bedarf der Großkatzen, andererseits auf die Deckung des Bedarfs durch die Gestaltung der Fütterung zulassen.

Tabelle 1: Vitamin A-, D_3- und E-Bedarf verschiedener Carnivoren und Omnivoren

	Vitamin A I.E./kg/d	Vitamin D_3 I.E./kg/d	Vitamin E mg/kg/d
Katze, erw. (nach Christoph)	85	12 - 19	0,36-3,6/Tier
Katze, wachsend (nach Christoph)	135		
Hund (nach Hock, 1966)	130	20	2
Hund (nach Biochem.Tb.)	22 - 100		
Nerze, Füchse (nach Hock, 1966)	80		3-7
Sau, tragend (nach Hock, 1966)	90	6,5	0,45
Sau, säugend (nach Hock, 1966)	200	8	0,75
Ferkel (nach Hock, 1966)	100	10	0,9
Mensch (nach Hock, 1966)	5000/Erw.	400/Erw.	

Tabelle 2: Gehalt an Vitamin A, D_3 und E verschiedener Futtermittel

	Vitamin A I.E./100 g	Vitamin D_3 I.E./100 g	Vitamin E mg/100 g
Fleisch, Rind, mager	83,3		0,3
Leber, Rind	15-20 000^{+}	40 - 50^{+}	0,7 - 2
Ei	1140^{++}	800 (Eigelb)	3 (Eigelb)
Milch, 3%ig	70	2,8	0,056

$^{+}$ nach Kolb-Gürtler, 1971;
$^{++}$ Biochemisches Taschenbuch, 1956;
alle anderen Werte nach Schall, 1967

Auf Grund dieser Bedarfswerte vergleichbarer Arten und auf der Basis der 1973 von B u l e n - b e r g e r et al. publizierten Ergebnisse der Untersuchungen zum Vitamin A-Serumgehalt bei Sibirischen Tigern und Löwen des Leipziger Zoos wurde bezüglich des Vitamin A-Bedarfes von folgenden Bedarfsnormen ausgegangen:

fortpflanzungsaktives Tier	pro Tag	30-40000 I.E.
ein- bis zweijähriges Tier	pro Tag	20000 I.E.
bis einjähriges Tier	pro Tag	15000 I.E.

In der Praxis der Fütterung wird aber die optimale Deckung der als Bedarf eingeschätzten Normen weiterhin von folgenden Faktoren beeinflußt:
- Futtergrundlage
- Art der Haltung und der Fütterungstechnik (Füttern durch die Gitterstäbe oder Umsperren)
- Art der Verabreichung der Vitamine
- Annahme durch das Tier.

In der Regel bilden Fleischportionen (vor allem vom Rind) mit ihrem geringen Gehalt an fettlöslichen Vitaminen den Hauptbestandteil des Großkatzenfutters. Eier werden zwar regelmäßig beigefüttert, Leber und ganze Futtertiere kommen aber immer nur in begrenztem Umfang zum Einsatz. So ist die Versorgung mit fettlöslichen Vitaminen über das Futter meist niedrig und nicht konstant, deshalb sollte der Gesamtbedarf regelmäßig substituiert werden. Des weiteren ist aber die Einsatzbereitschaft und Zuverlässigkeit der Tierpfleger von entscheidender Bedeutung für die Realisierung einer generellen Vitaminsubstitution. Sie entscheiden über Erfolg und Mißerfolg des gewählten Verfahrens sehr wesentlich mit. Das tägliche oder wöchentliche Verabreichen von Vitamingaben erfordert äußerste Sorgfalt, Umsicht, Anpassungsvermögen und bewußtes Handeln.

Die Umstellung und Gewöhnung der Großkatzen an vitamin- und mineralstoffangereichertes Fertigfutter, wie es in vielen nordamerikanischen Zoos bereits zum Einsatz kommt, schaltet die genannten Faktoren weitgehend aus und führt am ehesten zu einer optimalen Versorgung.
Im Leipziger Zoo wurden seit 1961 entsprechend den Möglichkeiten und auftretenden Problemen verschiedene Wege eingeschlagen, um eine optimale Lösung zu finden. In der Tabelle 3 und 4 sind diese dargelegt.

In Vorbereitung des Zuchtjahres 1978 substituierten wir wiederum in Form von täglichen Einzelgaben mit Vitamindragees, die vor der Fütterung in einem kleinen Stück Fleisch unter Kontrolle verabreicht wurden. Außerdem wurden Jod- und Eisengaben verabreicht, wie sie aus Tabelle 4 ersichtlich sind.

Die zusätzliche orale Substitution mit Lugolscher Lösung wurde 1978 eingesetzt auf Grund der seit Jahren vereinzelt bei Jungtieren beobachteten klinischen Symptome einer Jodstoffwechselstörung sowie bei biochemischen Blutserumuntersuchungen wiederholt gefundener niedriger Werte an butanolextrahierbarem Jod (BEJ). Das Auftreten von direktem Jodmangel ist beim Fleischfresser nicht unverständlich, da bei reiner Fleischnahrung nur äußerst wenig Jod zugeführt wird. Hinzu kommt, daß auch bei den Pflanzenfressern in den letzten Jahren gehäufte Jodstoffwechselstörungen infolge indirekten Jodmangels beobachtet werden. Ursachen dafür können in höherem Nitratgehalt von Futterpflanzen, hohem Anteil an Rapsextraktionsschroten in den Tagesrationen sowie zum Beispiel auch Vitamin E-Mangel gesehen werden (K ö r b e r , 1977).

Als klinische erfaßbare Symptome, die in Verbindung mit Jodmangel bei Großkatzen zu sehen sind, sprechen wir folgende an:
- azyklisches Verhalten sowie schwaches Rollen
- zu geringe Befruchtungsrate
- Lebensschwäche von Neugeborenen
- Ödembildung am Unterbauch der Jungtiere
- rotbraune Verfärbung des Felles
- Abbrechen der Schnurrhaare
- Kümmern der Jungtiere im Alter von zirka 6 - 12 Wochen
- Mopsgesichtigkeit und Kretinismus.

Tabelle 3: Vitamin- und Mineralstoffbeifütterung von 1961 bis 1977

Zeitraum	Häufigkeit	Präparat	Menge	Art der Verabreichung	Bemerkungen
1961/63	täglich	Vitadral Vitamin E bestr.Futterhefe Mineralstoffgemisch Vitamin-B-Komplex	0,5–1 ml 2–4 ml 2–5 g 1–2 gehäufte Teelöffel 2 Dragees an hochtragende u. säugende ♀♀	In der Fleischportion	In der Erprobung etwas variierend
1964/68	zweimal wöchentlich	Vitamin A, min.-stabil. Ursovit AD_3EC bestr.Futterhefe Mineralstoffgemisch	0,13 g 1 ml 1 g 1 g	Als breiiges Gemisch (mit Tritisanol oder Lebertran) in ein oder mehreren Fleischeinschnitten der Fleischportion. Sib.Tiger die doppelte, Leoparden die halbe Menge	Gefahr, daß die Tiere an der präparierten Stelle reißen und die Vitamine wegfließen
1969/73	täglich	Vitamin A Vitamin E Ursovit AD_3EC Vitamin-B-Komplex Mineralstoffgemisch	1 Dragee 1 Dragee 0,5 ml 2 Dragees an hochtragende u. säugende ♀♀ 10–15 g	In der Fleischportion	Stellt hohe Anforderungen an die Tierpfleger, die Dragees können beim Fessen aus der Portion herausrollen
1974/77	täglich	Vitamin-Mineralstoffgemisch aus anfangs 36 % Vitaminvormischung für Ratten 22 % Min.gemisch für Schweine 42 % Schlämmkreide später 50 % Edapan (Vit.gemisch f.Pelztiere) 10 % Knochenmehl 40 % Schlämmkreide	10–25 g	Fleischportion paniert bzw. auf diese gestreut	Von der Fütterungstechnik abhängig, Verluste rel.hoch, besonders, wenn durch das Gitter gefüttert wird

Vitadral (50 000 I.E. Vit.A/ml), Vitamin E (30 mg/ml), Vit.-B-Komplex (5 mg Vit.B_1, 2 mg Vit.B_2, 2 mg Vit.B_6, 3 mg Pantothens., 20 mg Nikotinsäure/Dragee), Vitamin ADE (15 000 I.E. Vit.A, 20 000 I.E. Vit.D_2, 10 mg Vit.E/ml), Vitamin A, min.-stabil (325 000 I.E./g), Ursovit AD_3EC (50 000 I.E. Vit.A, 5 000 I.E. Vit.D_3, 30 mg Vit.E, 100 mg Vit.C/ml), Vitamin A (30 000 I.E./Dragee), Vitamin E (100 mg/Dragee)

Tabelle 4: Orale Substitution der Zuchttiere mit Vitaminen, Eisen und Jod im Zuchtjahr 1978

Zeitraum	Vitamin-Dosis je Tier u.Tag	Vitamin-A-Kapseln, Vit.-B-Komplex-Dragees	Eisen in Drageeform	Lugolsche Lösung
3.1.78 bis 15.6.78	60 000 I.E. Retinol-palmitat	15 mg Thiaminhydrochlorid 6 mg Riboflavin 6 mg Tyrodoxinhydro-chlorid 9 mg Dexpanthenol 60 mg Nikotinamid	38 mg Fe II	ca. 5-10 mg Jod 10-20 mg KJ
16.6.78 bis 30.9.78	30 000 I.E. Retinol-palmitat	10 mg Thiaminhydrochlorid 4 mg Riboflavin 4 mg Tyrodoxinhydro-chlorid 6 mg Dexpanthenol 40 mg Nikotinamid	19 mg Fe II	ca. 5-10 mg Jod 10-20 mg KJ
1.10.78 bis 31.12.78	30 000 I.E. Retinol-palmitat			

Die Auswirkung der zusätzlichen Verabreichung von Vitamin- und Mineralstoffpräparaten zeigt eine Gegenüberstellung der Fruchtbarkeitsergebnisse von Löwengruppen im Leipziger Zoo. In den Jahren 1958-60 bestanden große Konzeptionsschwierigkeiten, und die Fruchtbarkeit lag entsprechend niedrig. Mit dem Einsetzen der Beifütterung von Mineral- und Wirkstoffen schnellte die Fruchtbarkeitsleistung von vorher 60 % in die Höhe und weist im Schnitt von 17 Jahren 84,8 % (züchtende zu zuchtfähigen Weibchen) auf. Die Differenz von 23,08 % zwischen den Fortpflanzungsleistungen von Löwen und den übrigen Großkatzen sind wir geneigt, auf die reichlichere Versorgung der Leoparden, Jaguare und Tiger mit Rauhfutter und Leberanteilen zurückzuführen.

In Zusammenarbeit mit dem ehemaligen Institut für Tierzucht und Milchwirtschaft Oberholz der Karl-Marx-Universität Leipzig (Dr. agr. H. Voigtländer) wurde 1967 der Vitamin A-Gehalt der Leber von gestorbenen Großkatzen ermittelt. Folgende Werte ergaben sich:

	I.E. Vitamin A je g Frischgewicht	
0,1 Löwe, 13jährig	109,6	
1,0 Löwe, 4jährig	415,6	
1,0 Löwe, 6. Lebenstag	56,7)	Wurfgeschwister
1,0 Löwe, 1. Lebenstag	29,0)	
0,1 Löwe, 2. Lebenstag	111,1	
1,0 Löwe, 1. Lebenstag	97,6)	Wurfgeschwister
1,0 Löwe, 1. Lebenstag	147,9)	
0,1 Sibirischer Tiger, 2. Lebenstag	151,1	

Zum Vergleich werden die Leberwerte anderer Arten aufgeführt (aus Hook, 1966):

Hund, erwachsen	100 - 200
Hund, Jungtier	20 - 50
Schwein	60 - 200
Ferkel	20 - 40
Ratte	250
Rind	150 - 200
Kalb	40 - 120
Schaf	500
Lamm	60
Pferd	500 - 600
Fohlen	20 - 40
Mensch, neugeboren	30 - 150
Mensch, jugendlich	100 - 500
Mensch, erwachsen	90 - 800

Tabelle 5: Fruchtbarkeitsleistung der Großkatzen im Zoologischen Garten Leipzig von 1958 bis 1977

Zeitraum	Tierart bzw. Gruppe	zuchtfähige ♀♀ +)	züchtende ♀♀	züchtende zu zuchtfähigen ♀♀ in %	Wurfanzahl	Würfe je züchtendes ♀	Würfe je zuchtfähiges ♀	geborene Junge	geborene Junge je züchtendes ♀	geborene Junge je zuchtfähiges ♀	geborene Junge je Wurf
1958–1960	Löwen	52	27	51,92	30	1,11	0,58	87	3,22	1,67	2,90
	übrige Großkatzen	28	21	75,00	24	1,14	0,86	56	2,67	2,0	2,33
	alle Großkatzen	80	48	60,00	54	1,13	0,68	143	2,98	1,79	2,65
1961–1977	Löwen	99	84	84,85	104	1,24	1,05	293	3,49	2,96	2,82
	übrige Großkatzen	164	139	84,76	152	1,09	0,93	408	2,94	2,49	2,68
	alle Großkatzen	263	223	84,79	256	1,15	0,97	701	3,14	2,67	2,74

+) als "zuchtfähige ♀♀" wurden alle 4–12jährigen sowie jüngere und ältere züchtende ♀♀ angesehen

Tabelle 6: Fruchtbarkeits- und Aufzuchtergebnisse der Leipziger Großkatzenzucht im Jahre 1978

Tierart	zuchtfähige ♀♀	züchtende ♀♀	züchtende zu zuchtfähigen ♀♀ in %	Wurfanzahl	Würfe je züchtende ♀♀	geborene Junge	geborene Junge im Durchschnitt je Wurf	geborene Junge je Muttertier und Jahr	geborene Junge je zuchtfähiges Muttertier und Jahr	totgeborene Junge	totgeborene Junge in %	gestorbene Junge bis 10. Lebenstag	bis 10. Lebenstag gestorbene in %	Junge gestorben bis 30. Lebenstag	bis 30. Lebenstag gestorbene in %
Sib. Tiger	4	3	75,0	3	1,0	8	2,67	2,67	2	–	–	1	12,5	–	–
Sumatratiger	2	1	50,0	1	1,0	3	3	3	1,5	–	–	–	–	1	33,3
Löwen	5	4	80,0	6	1,5	19	3,17	4,75	3,8	1	5,26	1	5,26	1	5,26
Jaguare	1	1	100,0	2	2,0	4	2	4	4	–	–	1	25,0	–	–
Amurleoparden	2	2	100,0	2	1,0	4	2	2	2	–	–	1	25,0	–	–
Persische Leoparden	1	1	100,0	1	1,0	3	3	3	3	–	–	2	66,7	–	–
Nordchines. Leoparden	1	1	100,0	1	1,0	1	1	1	1	1	100,0	–	–	–	–
insgesamt	16	13	81,25	16	1,23	42	2,63	3,23	2,63	2	4,76	6	14,29	2	4,76

Schlußfolgerungen:

1. Fruchtbarkeitsdepressionen oder -störungen sind bei Großkatzen gleichermaßen wie bei Haustieren häufig fütterungsbedingt. Mit der im Vordergrund stehenden Verfütterung von schierem Fleisch wird der Bedarf an fettlöslichen Vitaminen sowie aus klinischer Sicht auch an Jod, Eisen und Kalzium (über andere Mineralstoffe kann noch nichts ausgesagt werden) nicht gedeckt.

2. Der Vitamin-A-Bedarf für Großkatzen muß auf der Basis von Vitamin A-Bestimmung im Blutserum sowie in Organen gefallener Tiere und klinischer Prüfungen folgendermaßen gewertet werden:
   - fortpflanzungsaktives Tier pro Tag 30 - 40000 I.E.
   - ein- bis zweijähriges Tier pro Tag 20000 I.E.
   - bis einjähriges Tier pro Tag 15000 I.E.

3. Durch die planmäßige orale Substitution mit Vitamin A- und Vitamin E- sowie Vitamin B-Komplex und die Zufütterung eines Mineralstoffgemisches konnte der Fruchtbarkeitshundertsatz in der Leipziger Großkatzenzucht von 60 % auf 84,8 %, die Wurfhäufigkeit pro Tier und Jahr von 0,68 auf 0,97 und die Anzahl geborener Jungtiere pro zuchtfähiges Tier und Jahr von 1,79 auf 2,67 gesteigert werden.

4. Niedriger Jodgehalt von Blutserum sowie die klinisch verschiedengradig immer wieder zu beobachtenden Symptome wie Dyszyklien, Lebensschwäche der Neugeborenen, rotbraune Verfärbung des Felles, Brechen der Schnurrhaare, blasse Schleimhäute, Mopsgesichtigkeit und anderes mehr sprechen dafür, daß bei Großkatzen, öfters als bisher bekannt, Jod- und Eisenmangel vorliegt.

5. Eine tägliche orale Substitution der tragenden und säugenden Großkatzen mit Lugolscher Lösung (zirka 5 - 10 mg Jod und 10 - 20 mg Kaliumjodatum in das Trinkwasser) sowie eisenhaltigen Präparaten (zirka 20 - 40 mg Fe II) in Verbindung mit der genannten Vitaminzufuhr hat sich aus klinischer Sicht bezüglich der Stabilisierung des Fruchtbarkeits- und Aufzuchtgeschehens im Zuchtjahr 1978 recht gut bewährt.

Zusammenfassung:

Orale Vitamin- und Jodsubstitution bei Großkatzen zur Stabilisierung von Fruchtbarkeit und Aufzucht

Es werden Ergebnisse einer kontrollierten oralen Vitamin A- und Jodsubstitution bei züchtenden Großkatzen dargelegt. Fruchtbarkeits- und Aufzuchtergebnisse werden analysiert. Als Substitutionsdosen werden 30 - 60000 I.E. Vitamin A und bis zu 10 mg Jod pro Tier und Tag vorgeschlagen.

Summary:

Oral Vitamin and Iodine Substitution for Big Cat to Stabilise Fertility and Raising Effectiveness

Results obtained from controlled oral vitamin-A and iodine substitution for big cats are reported in this paper. Fertility and raising results are analysed. The substitutional doses recommended for one animal per die are between 30,000 and 60,000 I. U. of vitamin-A and up to 10 mg of iodine.

Résumé:

Substitution orale de vitamines et d'iode chez des félidés en vue de stabiliser leur fertilité et leur élevage

L'auteur parle des résultats d'une substitution contrôlée de vitamine A et d'iode chez des félidés d'élevage.et procède à une analyse des résultats atteints en ce qui concerne la fertilité et l'élevage. Ensuite il propose comme doses de substitution 30 - 60 000 vitamine A I. E. et jusqu'à 10 mg d'iode par animal et par jour.

Резюме:

Оральная дача витаминов и иода у больших кошачих для стабилизации плодовитости и выращивания

Сообщаются результаты контролированной дачи витамина А и иода у размножающихся больших кошачих. Предлагаются дозы: витамина А: 30000-60000 м.е. и до IO мг иода на день и животное.

Literatur:

BIOCHEMISCHES TASCHENBUCH (1956): Berlin-Göttingen-Heidelberg: Springer.

ELZE, K. (1966): Bedeutung und Ursachen der Kälber-Colisepsis sowie die Möglichkeiten ihrer Bekämpfung durch Tierarzt und Landwirt unter den Bedingungen der Großraumbewirtschaftung (Beitrag zur Klinik der Colisepsis der Kälber). Leipzig: Vet. Habilschrift.

ELZE, K. (1967): Zur Coliinfektion bei Zootieren. Verhandlungsber. IX. Internat. Symp. Erkrankungen Zootiere, Prag, 57-64.

ELZE, K., SEIFERT, S., KRONBERGER, H. und W. EHRENTRAUT (1970): Planmäßige Prophylaxe in der Felidenzucht. Verhandlungsber. XI. Internat. Symp. Erkrankungen Zootiere, Budapest, 27-34.

ELZE, K., EULENBERGER, K., SEIFERT, S., KRONBERGER, H. SCHÜPPEL, K. F. und Ute SCHNURRBUSCH (1974): Auswertung der Krankengeschichten der Felidenpatienten (1958 - 1973) des Zoos Leipzig. Verhandlungsber. XVI. Internat. Symp. Erkrankungen Zootiere, Erfurt, 5-18.

EULENBERGER, K. (1973): Untersuchungen zur Hämatologie (Vitamin A-Serumgehalt und Hämogramm) und Klinik von Vitaminmangelerkrankungen bei Sibirischen Tigern, Löwen und anderen Feliden des Leipziger Zoologischen Gartens. Leipzig: Diss.

EULENBERGER, K., ELZE, K. und S. SEIFERT (1973): Untersuchungen zum Vitamin A-Serumgehalt bei Sibirischen Tigern (Panthera tigris altaica) und Löwen (P. leo) des Leipziger Zoologischen Gartens. Verhandlungsber. XV. Internat. Symp. Erkrankungen Zootiere, Kolmarden, 361-369.

GUGGISBERG, C. A. W. (1960): Simba - Eine Löwenmonographie. Bern.

HOCK, A. (1966): Vergleichende Ernährungslehre des Menschen und seiner Haustiere. Jena: Gustav Fischer.

KÖRBER, R. (1977): Jodstoffwechselstörungen bei Schweinen - Ätiologie, Klinik, Diagnostik und Bekämpfung. Tierzucht 31, 464-468.

KOLB, E. (1970): Wirkstoffvademekum. Jena: Gustav Fischer.

KOLB, E. und H. GÜRTLER (1971): Ernährungsphysiologie der landwirtschaftlichen Nutztiere. Jena: Gustav Fischer.

RONNEFELD, U. (1969): Verbreitung und Lebensweise afrikanischer Feloidea (Felidae et Hyaenidae). Säugetierkundl. Mitteilg. 17, 285-350.

SCHALL, H. (1967): Nahrungsmitteltabelle. Leipzig: Johann Ambrosius Barth.

SEIFERT, S. (1975): Untersuchungen zur Fortpflanzungsbiologie der im Zoologischen Garten Leipzig gehaltenen Großkatzen (Panthera, Oken, 1816) unter besonderer Berücksichtigung des Löwen (Panthera leo, Linné, 1758). Greifswald: Diss.

STEVENSON-HAMILTON (1957): Wild Life in South Africa, London.

Anschrift der Verfasser: VR Prof. Dr. sc. med. vet. K. E l z e ,
Margarete-Blank-Str. 8
DDR-701 Leipzig (DDR)

Aus der Forschungsstelle für Wirbeltierforschung (im Tierpark Berlin)(Direktor: Prof. Dr. sc. Dr. h. c. H. Dathe) der Akademie der Wissenschaften der DDR

ZUM PROBLEM DER MISCHINFEKTIONEN BEI ZOOTIEREN

Von H.-D. Schröder

Unter den Erkrankungen der Zootiere kommt zweifelsohne den Infektionskrankheiten eine vorrangige Bedeutung zu. Sie stehen sowohl bei den Säugetieren als auch bei den Vögeln und Reptilien an der Spitze der Verluste, wobei noch berücksichtigt werden muß, daß in fast allen Befundstatistiken keine exakten Angaben über das Vorliegen von Virusinfektionen gemacht werden. Die Gründe hierfür sind einerseits in der erschwerten klinischen Diagnostik beim Zootier und andererseits in der Tatsache zu sehen, daß auch das Sektionsmaterial oftmals nicht den Frischezustand aufweist, der als Voraussetzung für einen Virusnachweis gilt. Hinzu kommt, daß beispielsweise für Reptilien adäquate Zellkultursysteme beziehungsweise geeignete Labortiere fehlen oder ihre Vorratshaltung für Routinelaboratorien sehr aufwendig ist. Auch Blutentnahmen für serologische Untersuchungen sind bei vielen Zootieren nur mit Maßnahmen durchführbar, die für das meist bereits schwer erkrankte Tier eine zusätzliche Belastung darstellen. Überhaupt ist das Abwarten der Ergebnisse labordiagnostischer Untersuchungen auf Grund der bekannten Indolenzerscheinungen bei Zootieren nicht unproblematisch. Der Zootierarzt wird also oft gezwungen sein, "ungezielt" zu behandeln. Diese Situation wird ferner durch die Tatsache kompliziert, daß mit Mischinfektionen durch verschiedene Erreger (Viren, Bakterien, Pilze, Parasiten) gerechnet werden muß, die das therapeutische Vorgehen weiterhin erschweren. Dabei spielt auch die Stellung der Erreger zueinander eine entscheidende Rolle, wobei ein indifferentes, ein kongruentes sowie ein potenzierendes Verhalten zu unterscheiden ist. Hierzu sollen im folgenden einige Beispiele angeführt werden.

Im Jahre 1969 hatten wir über eine Salmonellenenzootie in einem Menschenaffenbestand berichtet, die durch das gleichzeitige Auftreten einer Amöbiasis kompliziert wurde (Schröder, 1969). Die bei einem Gorilla wiederholt festgestellten Durchfälle hatten zu Umgebungsuntersuchungen bei allen anderen im Menschenaffenhaus untergebrachten Affen Veranlassung gegeben, die dann zur Feststellung von weiteren Salmonellenausscheidern führten, die aber alle einen klinisch gesunden Eindruck machten. Nach Sensibilitätsprüfung des isolierten Salmonellenstammes wurden noch vor Beginn der vorgesehenen Therapie bei einigen Tieren wäßrige und zum Teil blutige Durchfälle beobachtet. Nach sofort eingeleiteter Behandlung mit Chloronitrin, das sich bei der Sensibilitätsprüfung als wirksam erwiesen hatte, wurden nur unwesentliche Besserungen beobachtet. Von drei Schimpansen, die nach rapider Verschlechterung des Allgemeinzustandes ad exitum kamen, wiesen zwei das pathologisch-anatomische Bild einer Amöbiasis auf. Die daraufhin eingeleiteten Umgebungsuntersuchungen führten zur Feststellung von zwei Amöbenausscheidern bei den Gorillas. Nach einer Behandlung mit Chlorochin und Endiaron traten keine Verluste mehr auf. Über die Primärinfektion können nur Vermutungen angestellt werden. Fest steht aber, daß die mehrmalige orale Applikation von Antibiotika trotz zusätzlicher Vitamingaben zu einer erheblichen Beeinträchtigung der physiologischen Darmflora geführt hatte und somit entscheidende Abwehrmechanismen gestört wurden. Die Verabreichung eines Medikamentes, das gegen beide Erregerarten wirksam ist, wäre hier mit Sicherheit erfolgversprechender gewesen.

Die Entscheidung hinsichtlich des therapeutischen Vorgehens war auch beim Auftreten einer Mischinfektion bei frischimportierten Meerkatzen nicht einfach. Von insgesamt zehn gestorbenen Tieren wurden bei fünf eine Pasteurellenseptikämie, bei einem Tier eine Salmonelleninfektion und bei einem weiteren eine Streptokokkenseptikämie festgestellt. Ferner wurden bei fünf Affen Shigellen im Blind- und Enddarm nachgewiesen. Diese Befunde zwangen zur gleichzeitigen parenteralen und oralen Verabreichung von Antibiotika. Die entscheidenden Maßnahmen waren aber auf die Verbesserung des Allgemeinzustandes der Tiere sowie auf eine Erhöhung ihrer Abwehrkraft und die Verhinderung einer Virulenzsteigerung bei den nachgewiesenen Keimarten gerichtet.

Bei älteren Säugetieren (Elefant, Löwe und Rothirsch) wurden in unserem Material mehrfach Mischinfektionen von Tuberkulosebakterien mit Aspergillus fumigatus nachgewiesen. Auch in diesen Fällen ist eine Beantwortung der Frage, welche Infektion primär vorlag, recht schwierig.

Bei Katzenbären sahen wir die Überlagerung einer Staupeerkrankung durch eine sekundäre Infektion mit Salmonella typhi-murium (von Mickwitz und Schröder, 1967). Der Nachweis von Salmonella typhi-murium aus allen Organen bei mehreren gestorbenen Katzenbären hatte zur Diagnose 'Salmonellose' geführt und entsprechende therapeutische Maßnahmen ausgelöst, die aber erfolglos blieben. Erst durch die fluoreszenz-serologische Untersuchung von Konjunktivalabstrichen und Organabdruckpräparaten sowie durch histologischen Nachweis der entsprechenden Einschlußkörperchen konnte eine Infektion mit dem Virus der Hundestaupe ermittelt werden, was schließlich auch die Unwirksamkeit der eingeschlagenen Therapie erklärte.

Auch bei Vögeln spielen Mischinfektionen eine bedeutende Rolle, wobei besonders Primär- oder Sekundärinfektionen mit Pilzen zu berücksichtigen sind. Wohl jedem Zootierarzt ist die Sorge bekannt, gerade bei Vögeln bei unklarem klinischen Bild durch die Verabreichung von Antibiotika möglicherweise eine Mykose zu aktivieren. In unserem Material sind häufiger Mischinfektionen mit Mykobakterien, Salmonellen, Pilzen und Parasiten festgestellt worden. So wurden erst kürzlich bei Jungfernkranichen erhebliche Verluste durch eine Hexamitiasis beobachtet, die durch bakterielle und pilzbedingte Sekundärinfektionen kompliziert wurde (Ippen et al., 1978). Das Sektionsbild war durch das Auftreten einer diphtheroid-nekrotisierenden Enteritis fast des gesamten Dünndarmes charakterisiert. Daneben konnten zahlreiche weitere Befunde ermittelt werden, die für die Aufklärung des gesamten Krankheitsgeschehens durchaus bedeutungsvoll waren. Besonders traten Drüsenmagenveränderungen hervor, die durch Tetrameres spec. verursacht worden waren. Ferner wurden Ösophagitiden beobachtet und metaplastische Umwandlungsvorgänge am Drüsenepithel des Ösophagus festgestellt, die als morphologischer Nachweis einer A-Hypovitaminose gewertet wurden. Weiterhin wurden bei zehn Tieren Infektionen mit Salmonella typhi-murium ermittelt. Allein bei sieben Tieren wurde eine unterschiedlich stark ausgeprägte, durch Aspergillus fumigatus verursachte Lungen- und Luftsackmykose beobachtet. Schließlich wurde bei einem Kranich noch eine Darmtuberkulose festgestellt. Offensichtlich hatten die ausgeprägten Darmveränderungen und die damit verbundene Schwächung der Abwehrkraft das Angehen der verschiedenen Infektionen begünstigt.

Besonders häufig wurden Mischinfektionen bei Reptilien angetroffen, die in vielen Fällen die Entscheidung, welche Erreger für die festgestellten Veränderungen verantwortlich zu machen waren, sehr erschwert. Hauptsächlich wurden Mischinfektionen mit Salmonellen, Aeromonaden, Pseudomonaden und Amöben beobachtet. Besonders Pseudomonas aeruginosa ist in letzter Zeit vermehrt aus nekrotischen Prozessen bei Reptilien isoliert worden, wobei sich ungünstig bemerkbar macht, daß dieser Keim sehr therapieresistent ist. In eigenen Untersuchungen (Schröder, 1975) konnte festgestellt werden, daß völlige Resistenz gegenüber Penizillin und Nystatin sowie mäßige Empfindlichkeit bis Resistenz gegen Chloramphenikol und Streptomyzin vorlagen. Gute Empfindlichkeit wurde dagegen gegenüber Polymyxin ermittelt.

Ein anderes Problem, das auch bei Reptilien an Bedeutung zu gewinnen scheint, ist die sogenannte Helfervirus-Problematik. Obwohl die Virusinfektionen der Reptilien in ihrer Morphologie und Pathogenese nur wenig erforscht sind, kommt beispielsweise dem bei der Graufleckenkrankheit der Meeresschildkröten nachgewiesenen Herpesvirus praktische Bedeutung zu (Reichenbach-Klinke, 1978). Bei der einmal als ausgedehnte graue Flecken der Oberhaut und zum anderen als örtlich abgegrenzte Pusteln mit oberflächlichen Nekrosen der Epidermis in Erscheinung tretenden Krankheit spielen offensichtlich auch bakterielle Sekundärinfektionen eine Rolle. Während das Schlangen- beziehungsweise Iguana-Herpesvirus bisher mehr wissenschaftliches Interesse fanden, kommt auch den Onkornaviren eine Bedeutung zu. Außerdem wird vermutet, daß Reptilien Arboviren gewisse Überwinterungsmöglichkeiten bieten. So konnte nachgewiesen werden, daß die virämische Phase einer Arbovirusinfektion die Periode der Kältestarre bei Reptilien, in der bekanntlich auf Grund der erniedrigten Körpertemperatur die Atmung und der Stoffwechsel auf ein Minimum reduziert sind, überdauern kann (Reichenbach-Klinke, 1978). In diesem Zustand stagniert auch die Bakterienausscheidung, was dazu führen kann, daß die bakteriologische Untersuchung trotz massiven Organbefalls negative Ergebnisse erbringt. Diese Wechselbeziehungen und die optimalen Keimentwicklungsmöglichkeiten in den Terrarien sind auch für das vermehrte Vorkommen von Doppel- und Mehrfachinfektionen bei Reptilien verantwortlich zu machen. Auch die Lebensweise der Reptilien, einige sind bekanntlich Koprophagen, spielen in diesem Zusammenhang eine bedeutende Rolle. Das Verhalten von Schlangen, für mehrere Wochen am selben Platz zu liegen, fördert ebenfalls die Reinfektionsmöglichkeiten.

Diskussion und Schlußfolgerungen

Wenn wir von der Tatsache ausgehen, daß nur eine wirkungsvolle Therapie der Schlüssel zum Erfolg sein kann, so sind uns aber gerade in der Zootierpraxis auf Grund der bereits erwähnten diagnostischen und vor allen Dingen differentialdiagnostischen Schwierigkeiten entsprechende Grenzen gesetzt. Aus diesem Grunde wird in vielen Fällen auch nur eine symptomatische und keine kausale Therapie betrieben werden können. Vor dem Einsatz von Antibiotika, oder, was häufiger der Fall sein wird, zur Kontrolle ihrer therapeutischen Wirksamkeit, sollten die Ergebnisse entsprechender Antibiogramme berücksichtigt werden. Selbstverständlich ist das Resultat eines Antibiogramms nur als Hinweis für die Therapie zu werten, da die in vitro erhaltenen Ergebnisse nicht ohne weiteres auf die Verhältnisse in vivo übertragen werden können. Hinzu kommt, daß die Diskrepanz zwischen Antibiogramm und Therapieergebnis verschiedene Ursachen haben kann, wie beispielsweise ungeeignete Applikationsart, ungenügende Dosierung oder Besonderheiten des Entzündungsprozesses. So spielt zum Beispiel die Vaskularisation eines Entzündungsherdes eine entscheidende Rolle, ob das Medikament den Ort des eigentlichen Geschehens überhaupt erreicht oder nicht. Ferner sind bei der sogenannten Kombinationstherapie mit verschiedenen Antibiotika gewisse Voraussetzungen zu berücksichtigen. Es muß unbedingt beachtet werden, daß sich Antibiotika gegenseitig in ihrer Wirkung beeinflussen können. So sind neben einem indifferenten Verhalten eine additive Wirkung, eine Potenzierung der Einzelwirkungen (Synergismus) sowie eine Wirkungsminderung (Antagonismus) bekannt. Während beispielsweise bei einer Kombination von Penizillin und Streptomyzin eine Addition der Wirkungen beziehungsweise sogar eine Wirkungspotenzierung erfolgt, tritt beim gleichzeitigen Einsatz von Tetrazyklin oder Chloramphenikol mit Penizillin oder Streptomyzin eine Wirkungsminderung ein. Durch den Einsatz von sogenannten Kombinationspräparaten soll nach Möglichkeit ein breites Erregerspektrum erfaßt, eine Resistenzentwicklung der Erreger verhindert und eine Verlängerung des Nachdosierungszeitraumes erreicht werden. Gerade der letztgenannte Umstand kann unter den Bedingungen der Zootierpraxis nicht hoch genug eingeschätzt werden. Auch von den Sulfonamiden sollten im Hinblick auf ein breites Wirkungsspektrum, eine bessere Verträglichkeit und eine Wirkungspotenzierung Kombinationspräparate eingesetzt werden, wobei besonders die Kombination Sulfonamid und Trimethoprim von Bedeutung ist. Es müssen allerdings auch hier gewisse Voraussetzungen berücksichtigt werden. So kann zum Beispiel die gleichzeitige Gabe von Koffein oder Spasmolytika eine Steigerung der Sulfonamidwirkung zur Folge haben, während beispielsweise Vitamin B und Lokalanästhetika die Wirkung der Sulfonamide herabsetzen. Der Zeitpunkt der Nachdosierung wird auch wesentlich von der Stoffwechsellage des Patienten abhängen. Während wir beim Vogel mit einer schnellen Eliminierung der Medikamente rechnen müssen, wird bei Reptilien die Ausscheidungsrate sehr stark von der Umgebungstemperatur beeinflußt werden. Ferner wird bei den Sauropsiden auch der Ort der Applikation von Bedeutung sein, da hier besondere Kreislaufverhältnisse (Nierenpfortaderkreislauf) vorliegen. So wird bei Injektionen in die hinteren beziehungsweise unteren Körperabschnitte ein gewisser Wirkungsverlust einkalkuliert werden müssen. Seine tatsächliche Höhe könnte Gegenstand entsprechender experimenteller Untersuchungen sein. Auch die Behandlung der Endomykosen ist nach wie vor problematisch geblieben. Über den Einsatz von Miconazole liegen keine eigenen Erfahrungen vor.

Von wesentlicher Bedeutung bei der Bekämpfung der Infektionskrankheiten sind auch alle Maßnahmen, die auf eine Erregerverdünnung ausgerichtet sind. Selbstverständlich werden diese Möglichkeiten unter Zoobedingungen durch die Haltung der Tiere auf natürlichen Böden beziehungsweise durch die Bepflanzung der Terrarien stark eingeschränkt. Trotzdem kann durch Reinigung und Zwischendesinfektion und, soweit durchführbar, durch Gehegewechsel eine Anreicherung des Bodens mit Erregern vermieden werden.

Die Hauptstoßrichtung zur Bekämpfung beziehungsweise Verhinderung des Auftretens von Infektionskrankheiten bei Zootieren muß unserer Meinung nach bei der Verbesserung der Immunprophylaxe liegen (S c h r ö d e r , 1974). Sie sollte nach Möglichkeit schon beim Muttertier beginnen, aber spätestens beim neugeborenen Jungtier einsetzen. Gerade bei der bei Zootieren aus den verschiedensten Gründen oftmals notwendig werdenden künstlichen Aufzucht sollte nicht vergessen werden, daß auch die "vollwertigste Ersatznahrung" niemals das Erstkolostrum ersetzen kann. Die Fütterung mit Erstkolostrum ist bekanntlich eine passive Immunisierung und deshalb von hohem Wert. Hier sollte speziell unter Zoobedingungen mehr Gebrauch von der Möglichkeit der Konservierung des Erstkolostrums gemacht werden, damit es bei entsprechender Situation zur Verfügung steht, zumal es bei dem materiellen und ideellen Wert vieler Zootiere nicht selten darauf ankommt, auch lebensschwache Jungtiere aufzuziehen. Aber nicht nur der Immunkörperspiegel des Kolostrums, sondern auch sein Vitamin A-Gehalt ist für die Infektionsabwehr von großer Bedeutung. Das Vitamin A spielt sowohl bei der unspezifischen als auch bei der spezifischen Infektionsabwehr eine große Rolle und ist nach M a y r (1977) als einziger Ernährungsfaktor zu nennen, der die Antikörpersynthese stimuliert. Die Antikörperbildung sollte generell bei den Jungtieren so früh wie möglich angeregt werden. Speziell bei der künstlichen Aufzucht muß berücksichtigt werden, daß ein erheblicher Antikörpermangel besteht, der nur durch frühzeitige Verabreichung polyspezifischer Immunseren und aktive Immunisierung behoben werden kann. Gute Dienste kann hier auch die Applikation von Gammaglobulin leisten.

Zweifellos müssen auch die Bemühungen um die Immunprophylaxe der Tuberkulose intensiviert werden. Nachdem sich die BCG-Impfung bei Affen und Feliden bewährt hat (H i e p e , 1960; K l ö p p e l , 1964; E h r e n t r a u t , 1965; E l z e et al., 1970), sollte man dazu übergehen, auch die Jungtiere der anderen für Tuberkulose empfänglichen Tierarten schutzzuimpfen. Fortschritte werden allerdings auch hier nicht durch sporadische Aktionen, sondern nur durch Aufstellung entsprechender Arbeitskalender der Immunprophylaxe und deren Realisierung erreicht werden, die die jeweilige epizootiologische Situation berücksichtigen. Trotz der objektiven Schwierigkeiten (Zukauf, Tausch, hohes Lebensalter der Tiere) sollte auch bei Zootieren einer epizootiologischen Einheit möglichst der gleiche Immunstatus angestrebt werden. Hierbei können auch exakte Angaben auf den entsprechenden Veterinärzeugnissen über die durchgeführten immunprophylaktischen Maßnahmen eine große Hilfe sein.

Schließlich sollten immunprophylaktische Maßnahmen bei allen erregerbedingten Erkrankungen erprobt werden, bei deren Bekämpfung mit anderen Mitteln bisher keine oder nur Teilerfolge erzielt wurden. In Beständen, in denen spezifische Erreger bereits verbreitet sind, kann auch die bessere Wirksamkeit von Lebendimpfstoffen genutzt werden. Die Impfung mit Lebendimpfstoffen führt bekanntlich zu humoralen und zellulären Immunitätserscheinungen, wie sie auch bei einer natürlich ablaufenden Infektion auftreten. Nach B e e r (1973) muß allerdings die biologisch richtige Anwendung von Lebendimpfstoffen zur Ausbildung einer sicheren Immunität für jeden Erreger, jede Infektionskrankheit und jede Tierart berücksichtigt werden.

Wenn sich auch für die Bekämpfung der virusbedingten und bakteriellen Erkrankungen der Zootiere durch den Einsatz verbesserter Impfstoffe und die Einführung moderner Immunisierungsverfahren neue Perspektiven ergeben, so sollten wir doch bei therapeutischen Erfolgen bescheidenerweise nicht vergessen, daß es auch Krankheiten gibt, die Spontanremissionen aufweisen können.

Zusammenfassung:

Zum Problem der Mischinfektionen bei Zootieren

Es werden einige der bei Säugetieren, Vögeln und Reptilien auftretenden Mischinfektionen beschrieben und die sich daraus für die Therapie ergebenden Schlußfolgerungen abgeleitet.

Summary:

Compound Infection of Zoo Animals

Compound infections likely to develop in mammals, birds, and reptiles are described, and therapeutic conclusions are drawn.

Résumé:

A propos du problème d'infections mixtes chez des animaux des jardins zoologiques

L'auteur décrit les infections mixtes qui frappent les mammifères, les oiseaux et les reptiles et en tire des conclusions pour les thérapies à appliquer.

Резюме:

К проблеме смешанной инфекции у животных зоопарка

Описываются встречающиеся у млекопитающих, птиц и пресмыкающих смешанные инфекции и следующие из этого выводы для терапии.

Literatur:

BEER, J. (1973): Neue Wege der Immunprophylaxe bei Virustierseuchen. Mh.Vet.Med.28, 156.

ELZE, K., SEIFERT, S., KRONBERGER, H. und W. EHRENTRAUT (1970): Planmäßige Prophylaxe in der Felidenaufzucht. Verhandlungsber. XII. Internat. Symp. Erkrankungen Zootiere, Budapest, 27-34.

EHRENTRAUT, W. (1955): Gesundheitsüberwachung und medikamentelle Prophylaxe bei der Aufzucht von Feliden. VII. Internat. Symp. Erkrankungen Zootiere, Zürich/Basel, 234-237.

HIEPE, Th. (1960): Zur Klinik der Tuberkulose bei den Primaten. II. Internat. Symp. Erkrankungen Zootiere, Warszawa, 195-200.

IPPEN, R., WISSER, Jutta und P. ZWART (1978): Ein weiterer Beitrag zur Hexamitiasis der Jungfernkraniche (Anthropoides virgo). Milu (im Druck).

KLÖPPEL, G. (1964): BCG-Impfung bei Affen. VI. Internat. Symp. Erkrankungen Zootiere, Wien, 118-120.

MAYR, A. (1977): Aktive Praemunisierung (I). Kleintierprax. 22, 85.

MICKWITZ, von, C.-U. und H.-D. SCHRÖDER (1967): Staupeinfektion beim Katzenbär (Ailurus fulgens). Verhandlungsber. IX. Internat. Symp. Erkrankungen Zootiere, Prag, 215-217.

REICHENBACH-KLINKE, H.-H. (1977): Krankheiten der Reptilien. Stuttgart-New York: G. Fischer.

SCHRÖDER, H.-D. (1969): Zum Salmonellenproblem in Zoologischen Gärten. Verhandlungsber. XI. Internat. Symp. Erkrankungen Zootiere, Zagreb, 35-43.

SCHRÖDER, H.-D. (1974): Zum gegenwärtigen Stand der Immunprophylaxe bei Zootieren. Verhandlungsber. XVI. Internat. Symp. Erkrankungen Zootiere, Erfurt, 155-165.

SCHRÖDER, H.-D. (1975): Zum Vorkommen und zur Bedeutung von Pseudomonas-Infektionen bei Zootieren. Verhandlungsber. XVII. Internat. Symp. Erkrankungen Zootiere, Tunis, 297-301.

Anschrift des Verfassers: Dr. med. vet. H.-D. S c h r ö d e r ,
Forschungsstelle für Wirbeltierforschung (im Tierpark Berlin)
der Akademie der Wissenschaften der DDR
DDR-1136 Berlin-Friedrichsfelde, Am Tierpark 125 (DDR)

Aus der Sektion Tierproduktion und Veterinärmedizin der Karl-Marx-Universität Leipzig, Wissenschaftsbereich Mikrobiologie und Tierseuchen (Leiter VR Prof. Dr. sc. med. vet. A. V o i g t), Wissenschaftsbereich Fortpflanzung landwirtschaftlicher Nutztiere (Leiter: OVR Prof. Dr. sc. med. vet. K. W o h a n k a), dem Zoologischen Garten Leipzig (Direktor: Dr. S. S e i f e r t) und dem Zoologischen Garten Erfurt (Direktor: Doz. Dr. D. A l t m a n n)

ZU PROBLEMEN DES VORKOMMENS UND DER BEDEUTUNG BAKTERIELLER INFEKTIONEN BEI FELIDEN IN DEN ZOOLOGISCHEN GÄRTEN LEIPZIG UND ERFURT IN DEN JAHREN 1965 - 1978

Von H.-J. S e l b i t z , K. E l z e , K. E u l e n b e r g e r , A. V o i g t,
A. B e r g m a n n , S. S e i f e r t und D. A l t m a n n

Der nunmehr über 100jährige Zoologische Garten Leipzig ist seit seiner Gründung eine Pflegestätte von Großkatzen gewesen und hat als Geburtsort von Löwen (Panthera leo), Sibirischen Tigern (P. tigris altaica) und Leoparden seltener Unterarten (P. pardus) internationale Bedeutung erlangt. Der über viele Jahre hinweg hohe Katzenbestand dieses Gartens bietet naturgemäß ein reichhaltiges Material für wissenschaftliche Untersuchungen. Da im Wissenschaftsbereich Mikrobiologie und Tierseuchen an der Sektion Tierproduktion und Veterinärmedizin der Karl-Marx-Universität seit Jahren auch Proben aus dem Zoologischen Garten Erfurt untersucht werden, kann die vorliegende Auswertung auf ein für Zootierverhältnisse recht umfangreiches Material zurückgreifen. Das Ziel dieser Arbeit besteht darin, mitzuhelfen, einen Überblick über die Häufigkeit und die Bedeutung bakterieller Erkrankungen bei Feliden, insbesondere Löwen (P. leo), Tigern (P. tigris) und Leoparden (P. pardus) zu geben, um daraus Schlußfolgerungen für die tierärztliche Betreuung abzuleiten und besonders durch die gezielte Bekämpfung von Jungtiererkrankungen einen Beitrag zur Erhaltung vom Aussterben bedrohter Großkatzenunterarten zu leisten.

Material und Methode

Ausgewertet werden die Ergebnisse der bakteriologischen Untersuchungen der Organe von 194 Feliden aus den Zoologischen Gärten Leipzig und Erfurt und die Befunde bakteriologisch untersuchter klinischer Proben aus dem Zoo Leipzig aus den Jahren 1965 - 1978, wobei bei den klinischen Proben besonders der Zeitraum von 1976 - 1978 berücksichtigt wurde. Das bearbeitete Organmaterial wurde vom Wissenschaftsbereich Pathologie der Sektion Tierproduktion und Veterinärmedizin der Karl-Marx-Universität im Anschluß an Sektionen überwiesen.

Zur Methodik des Probenansatzes und der Differenzierungen sowie der Interpretation der Befunde und besonders des Begriffes "sogenannter unspezifischer Keimgehalt" sei auf S e l b i t z et al. (1978) verwiesen.

Für die Auswertung der mitgeteilten Befunde sind besonders noch zwei Aspekte zu berücksichtigen:

a) ein sehr hoher Prozentsatz des Untersuchungsmaterials stammte von Jungtieren und
b) die angegebenen Prozentzahlen des Anteiles bestimmter Keimarten oder -gruppen beziehen sich auf das mikrobiologische Untersuchungsmaterial und nicht auf die Gesamtabgänge der beiden Zoologischen Gärten. Beispielsweise wurden Organe von Tieren, die einwandfrei an traumatischen Einwirkungen verendet waren, nicht zur bakteriologischen Untersuchung überwiesen.

Gesamtübersicht über die bei Organuntersuchungen erhobenen Befunde

Tabelle 1: Ergebnisse der bakteriologischen Untersuchungen der Organe von 194 Feliden de Zoos Leipzig und Erfurt (1965 - 1978)

Der Anteil von 50 % unspezifischer Keimgehalte an den Diagnosen erscheint zunächst recht niedrig. Wie bereits erwähnt, darf aber daraus nicht der Schluß gezogen werden, daß 50 % der in Leipzig und Erfurt aufgetretenen Felidenverluste Folgen bakterieller Infektionen gewesen seien, da von Tieren mit eindeutig nichtinfektiöser Todesursache kein Untersuchungsmaterial überwiesen wurde. Weiterhin muß beachtet werden, daß ein Teil der hier aufgeführten bakteriologischen Diagnosen nicht die primären Erkrankungs- und Todesursachen zum Ausdruck bringen, die zum Tode führende Infektion beispielsweise mit Kolikeimen oder Pasteurellen sich erst nach anderweitig verursachter Resistenzschwächung manifestieren konnte.

Unter diesen Gesichtspunkten dürften unsere Ergebnisse etwa mit denen von I p p e n und

Tabelle 1: Ergebnisse der bakteriologischen Untersuchungen der Organe von 194 Feliden der Zoos Leipzig und Erfurt (1965-1978)

Nachgewiesene Erreger	Feliden insgesamt (194)		Löwen (49		Leoparden (54)		Tiger (68)		sonstige Feliden +) (23)	
	absolut	in %	absolut	in %	absolut	in %	absolut	in %	absolut	in %
Koliforme Keime	45	23,2o	15	3o,61	1o	18,52	16	23,53	4	17,39
davon: **koliforme Keime ohne Hämolyse**	32	16,49	12	24,49	7	12,96	9	13,24	4	17,39
ß-hämolysierende koliforme Keime	10	5,15	3	6,12	1	1,85	6	8,82	-	-
kälberpathogene Kolikeime	3	1,55	-	-	2	3,7o	1	1,47	-	-
Pasteurella multocida	15	7,75	2	4,08	4	7,41	8	11,76	1	4,35
Streptokokken	14	7,22	4	8,16	7	12,96	2	2,94	1	4,35
davon: Streptokokken ohne Hämolyse	7	3,61	3	6,12	3	5,56	-	-	1	4,35
α-hämolysierende Streptokokken	3	1,55	-	-	2	3,7o	1	1,47	-	-
ß-hämolysierende Streptokokken	4	2,06	1	2,04	2	3,7o	1	1,47	-	-
Salmonellen	7	3,61	1	2,04	3	5,56	1	1,47	2	8,7o
säurefeste Stäbchen	6	3,09	2	4,08	1	1,85	1	1,47	2	8,7o
davon: Mycobact. bovis	5	2,06	1	2,04	1	-	1	1,47	2	8,7o
Pseudomonas aeruginosa	5	2,58	-	-	2	3,7o	3	4,41	-	-
Koryneforme Keime	2	1,03	-	-	2	3,7o	-	-	-	-
Klebsiellen	1	0,52	-	-	-	-	1	1,47	-	-
Staphylococcus aureus	1	0,52	-	-	-	-	1	1,47	-	-
Mikrokokken	1	0,52	-	-	-	-	-	-	1	4,35
sogenannter unspezifischer Keimgehalt	97	50,00	25	51,02	25	46,3o	35	51,47	12	52,17

+) Im einzelnen handelte es sich dabei um Material von:

9 Jaguaren (P.onca)
3 Geparden (Acinonyx jubatus)
3 Pumas (Puma concolor)
2 Servalen (Leptailurus serval)
2 Nebelpardern (Neofelis nebulosa)
1 Luchs (Lynx spec.)
1 Irbis (Unica unica)
1 Wildkatze (Felis silvestris)

S c h r ö d e r (1974) übereinstimmen, die bei 235 Felidensektionen einen Anteil von 35,03 % bakterieller Infektionen ermittelten. M ü n i c h und S t e g e r (1974) stellten bei der Auswertung der Zerlegungen und Nachfolgeuntersuchungen von 458 Carnivoren 30,2 % infektiöse Todesursachen fest.
D o l l i n g e r (1974) und M a r̂ a n et al. (1974) diagnostizierten dagegen nur 9,8 % beziehungsweise 10,1 % infektiöse Todesursachen.
Allein diese deutlichen Differenzen lassen es sinnvoll und nützlich erscheinen, möglichst viel des in den Untersuchungsstellen angesammelten Materials auszuwerten und zur Diskussion zu stellen. Die Tatsache, daß bei der Statistik von Zootiererkrankungen im Vergleich zu landwirtschaftlichen Nutztieren immer von sehr geringen Tierzahlen ausgegangen werden muß, die natürlich die Verallgemeinerungswürdigkeit senken, unterstreicht diese Feststellung.
Aus der Tabelle 1 geht weiterhin hervor, daß koliforme Enterobakterien mit Abstand die am häufigsten diagnostizierten Keime sind, ihr Anteil an allen bei Feliden gestellten bakteriologischen Diagnosen beträgt 23,2 % und ist mit 30,6 % bei Löwen besonders hoch. In der von I p p e n und S c h r ö d e r (1974) veröffentlichten Auswertung stehen die Kolikeime nach Kokken und Mykobakterien noch an dritter Stelle des Erregerspektrums, es wird aber auf einen deutlichen Anstieg der Koliinfektionen junger Feliden hingewiesen.
Mit erheblichem Abstand folgt Pasteurella multocida, dieser Erreger wurde in 7,7 % aller Untersuchungen nachgewiesen, bei Tigern sogar in 11,8 %. Alle acht Tiger (P. tigris), bei denen Pasteurellen festgestellt wurden, waren Jungtiere. Bei den Pasteurelleninfektionen der Zoofeliden dürfte es sich in der Regel um bedingte Infektionskrankheiten handeln, die vorwiegend bei Jungtieren auftreten und denen sowohl resistenzmindernde Umwelteinflüsse als sicher auch in einigen Fällen Virusinfektionen zugrunde liegen.
An dritter Stelle folgen in unserem Material Infektionen mit Streptokokken. Ebenso wie die Pasteurellen werden sie bei der Hauskatze als Erreger von Septikämien nachgewiesen (F r e u d i g e r , 1977).

Zur Rolle von Kolikeimen bei Zoofeliden

Bei Untersuchung des Organmaterials wurde insgesamt 43mal die Diagnose koliforme Keime gestellt, in 33 Fällen handelte es sich dabei um anhämolysierende Stämme, die nicht näher differenziert wurden. Interesse verdient der dreimal geführte Nachweis von Serotypen, die als Erreger der Koliruhr der Kälber gelten. Beispielsweise wurden derartige Keime aus Dünndarm und Darmlymphknoten eines an Enteritis verendeten Jungtieres des Sibirischen Tigers (P. tigris altaica) angezüchtet, weiterhin konnten sie bei je einem Leoparden (P. pardus) und Irbis (Uncia uncia) nachgewiesen werden.
Um Aufschlüsse über die Bedeutung dieser Kolitypen für Feliden zu gewinnen, wurde eine Reihenuntersuchung von Kotproben aller klinisch gesunden Feliden des Leipziger Zoos vorgenommen. Aus jeder dieser Proben wurden koliforme Keime angezüchtet und mittels der im Staatlichen Veterinärwesen der DDR verwendeten Testseren in der Objektträgerschnellagglutination untersucht. Dabei stellten wir in zehn Proben als kälberpathogen geltende Serotypen von E. coli fest. Nur in einem einzigen Fall erfolgte eine positive Reaktion mit einem Testserum gegen Erreger der Koliruhr der Ferkel. Gleichzeitig wurden in dieser Probe aber auch kälberpathogene Kolitypen nachgewiesen. Es steht also fest, daß derartige Kolikeime im Felidenbestand des Leipziger Zoologischen Gartens nicht gerade selten vorkommen,und die drei erwähnten Nachweise bei verendeten Tieren lassen auf eine bedingte Pathogenität schließen.
Diese Erreger sollten daher bei zukünftigen Untersuchungen stets mit berücksichtigt werden, wobei der serologischen Differenzierung angezüchteter E. coli-Stämme eine große Bedeutung zukommen dürfte.

Salmonellose

Für die Beurteilung von Salmonellennachweisen bei Feliden ist die Feststellung von I p p e n und S c h r ö d e r (1974) sehr wesentlich, daß es sich oft nicht um primäre Salmonellosen, sondern um Sekundärinfektionen handelt. Nach F r e u d i g e r (1977) und W e b e r (1978) besitzen Hauskatzen eine recht hohe Resistenz gegen Salmonellen, die Erreger sind oft nur temporäre Darmbewohner und verschwinden nach einigen Wochen auch ohne therapeutische Maßnahmen. Das kann aber nichts an der Tatsache ändern, daß jedem Salmonellenfund aus epizootiologischer und auch epidemiologischer Sicht große Aufmerksamkeit gebührt. Es sind Fälle bekannt, in denen

es durch Kontakt mit Hauskatzen zur Salmonellenübertragung auf Menschen gekommen ist (F r e u - d i g e r , 1977).
In der Epizootiologie der Carniverensalmonellose nehmen Futtertiere nach wie vor einen wichtigen Platz ein. Erst 1977 beobachteten wir in Leipzig eine Salmonella typhimurium-Enzootie bei weißen Mäusen. Aus Kotproben im selben Raum gehaltener Meerschweinchen ließen sich diese Erreger ebenfalls isolieren und selbst aus im betreffenden Gebäude gefangenen amerikanischen Großschaben (Periplaneta americana) wurden Salmonellen angezüchtet. Ein Übergreifen der Salmonellen auf andere Tiere konnte verhindert werden.
Das unterstreicht die Bedeutung der bakteriologischen Kontrolle der Futtertiere ebenso wie die Notwendigkeit der Schabenbekämpfung. Bei mangelhafter Schabenbekämpfung müßte selbst nach ordnungsgemäßer Desinfektion entsprechender Räumlichkeit bald mit der Wiedereinschleppung der Erreger gerechnet werden. Über die große Bedeutung, die Schaben als Salmonellenträger haben, berichtete auch S t e l l m a c h e r (1974),und D r ä g e r (1971) referierte mehrere Literaturangaben über Salmonellennachweise bei Küchenschaben (Blatta orientalis), Fliegen (Muscidae) und Läusen (Anoplura). Danach wurden an Schaben (Blattaria) verfütterte Salmonellen noch nach 40 Tagen aus dem Kot reisoliert.
Im ausgewerteten Zeitraum wurden insgesamt 234 Kotproben von Feliden aus dem Leipziger Zoologischen Garten auf das Vorhandensein von Salmonellen untersucht. Dabei handelte es sich sowohl um Kontrolluntersuchungen klinisch gesunder Tiere während der Quarantäne als auch um Proben von Tieren mit enteritischen Symptomen. Die an anderer Stelle dieser Arbeit erwähnten insgesamt 43 Kotuntersuchungen bei gesunden Tieren sind in dieser Zahl nicht mit enthalten.
Insgesamt wurden nur viermal Salmonellen aus dem Kot von Feliden angezüchtet. Das beweist die erfreulich günstige Salmonellosesituation im Leipziger Zoo, die das Ergebnis jahrelanger planmäßiger Prophylaxe- und Bekämpfungsmaßnahmen ist. Die Tatsache, daß Salmonellennachweise häufiger aus Organ- als aus Kotproben gelangen, dürfte aber zum anderen eindringlich darauf hinweisen, daß erst mehrfache Untersuchungen von Kotproben eines Tieres zu einer abschließenden Beurteilung als salmonellenfrei berechtigen.

<u>Tabelle 2:</u> Nachweise von Salmonellen bei Feliden

Salmonellenspecies	Tierart	Probenart	Häufigkeit
S. typhimurium	Löwe (P. leo)	Sektionsmaterial	1
		Kot	1
	Puma (Puma concolor)	Kot	1
	Leopard (P. pardus)	Sektionsmaterial	1
	Jaguar (P. onca)	Sektionsmaterial	1
	Wildkatze (Felis silvestris)	Sektionsmaterial	1
S. enteritidis	Löwe (P. leo)	Kot	1
S. agona	Leopard (P. pardus)	Sektionsmaterial	1
S. görlitz	Tiger (P. tigris)	Sektionsmaterial	1
S. typhi	Leopard (P. pardus)	Kot	1
S. cholerae-suis	Leopard (P. pardus)	Sektionsmaterial	1

Tuberkulose

Unter 194 bakteriologischen Untersuchungen im Anschluß an Felidensektionen wurden nur sechsmal säurefeste Stäbchen nachgewiesen, in fünf Fällen gelang nach dem mikroskopischen Nachweis (Ziehl-Neelsen-Färbung) auch die Anzüchtung und Differenzierung als Mycobacterium bovis.
Die aktuelle Tuberkulosesituation ist in beiden Zoologischen Gärten als sehr günstig einzuschätzen. Nachdem 1968 bei einem Tiger (P. tigris) in Erfurt, 1967 bei zwei Löwen (P. leo) in Leipzig, 1970 bei einem Irbis (Uncia uncia) und 1971 bei einem Geparden (Acinonyx jubatus) in Leipzig säurefeste Stäbchen diagnostiziert wurden, trat erst 1977 wieder ein Einzelfall in Leipzig ein. Ein 3 3/4 Jahre alter weiblicher chinesischer Leopard (P. pardus japonensis) zeigte klinische Symptome, die an Lungentuberkulose denken ließen. Nachdem dieser Verdacht röntgenologisch erhärtet worden war, wurde das Tier im Interesse des übrigen wertvollen Zuchtbestandes eingeschläfert. I p p e n hatte bereits 1969 festgestellt, daß bei Nachweis einer Felidentuberkulo-

se die Tötung des Tieres indiziert sei.
Aus anderen Einrichtungen wurde dagegen über zum Teil beträchtlich höhere Tuberkuloseanteile berichtet. I p p e n und S c h r ö d e r (1974) stellten bei einem Drittel aller von 1958 bis 1973 sezierten Tiger tuberkulöse Veränderungen fest, M i c h a l s k a (1972) berichtete von 37 Carnivorensektionen des Zoos Wrocław, bei denen von 1946 bis 1971 sechsmal Tuberkulose diagnostiziert wurde. Die besondere Bedeutung, die das Mycobacterium bovis unter den säurefesten Stäbchen für Feliden hat, wurde auch in unserem Material deutlich. F r e u d i g e r (1977) teilte mit, daß 95 % und mehr der typisierten Katzentuberkulose durch diese Art verursacht würde.
Das Nachlassen der Bedeutung der Tuberkulose kann, wie das von vielen Autoren getan wurde, einerseits mit dem Rückgang der Rindertuberkulose in Zusammenhang gebracht werden (I p p e n , 1969; F r e u d i g e r , 1977), und andererseits auch mit als ein Ergebnis der seit 1950 im Leipziger Felidenbestand lückenlos durchgeführten BCG-Schutzimpfung gewertet werden.
Klinisch erfaßbar erkrankte Tiere waren vor der Großimpfaktion 1961 aus dem Bestand eleminiert worden. Wir messen dieser Einmalimpfung auf Grund unserer seither sehr günstigen Tuberkulosesituation einen gewissen positiven Effekt mit zu. Bei den fünf nach 1961 erkrankten Tieren handelt es sich nur um ein 1961 noch nicht eleminiertes, sondern unter INH-Protektion noch gehaltenes Zuchttier und drei Zukäufe, so daß in Wirklichkeit nur eine Neuerkrankung bei in Leipzig seit 1961 geborenen Tieren zu verzeichnen ist. Dennoch sollte gerade bei Feliden bezüglich der Tuberkulose immer wieder höchste Wachsamkeit angeraten sein.

Am 12. 12. 1960 erhielten die ersten Jungtiere (zwei Löwen und zwei Leoparden) intrakutan an der Kniefalte im örtlichen Abstand von 2 cm zweimal 0,1 ml des resuspendierten Lyophilisats injiziert. Der von uns bis zum heutigen Tage verwendete BCG-Impfstoff des BCG-Institut-Jena des Zentralinstituts für Mikrobiologie und experimentelle Therapie Jena der Akademie der Wissenschaften der DDR ist ein Lyophilisat aus lebenden Bakterien des Bacille bilie'de Calmette Guérin. 5 ml des resuspendierten Lyophilisats enthalten 5mg Bakterienmaterial (Feuchtgewicht). Am 23. 12. 1961 wurden alle im Leipziger Zoo befindlichen adulten Groß-, Mittel- und Kleinkatzen mit einer Dosis von 2 x 0,2 ml geimpft. Seither wurden lückenlos alle Jungtiere im Alter von 5 - 40 Tagen sowie alle zugekauften Tiere in beschriebener Weise mit 2 x 0,1 beziehungsweise 2 x 0,2 ml dieses BCG-Impfstoffes intrakutan geimpft.

Resistenzbestimmung isolierter Keime

Die Tabelle 3 gibt einen Überblick über die Resistenzprüfung von 25 Erregerstämmen, die zum überwiegenden Teil in den Jahren 1977 und 1978 vorgenommen wurde und daher als Ausdruck eines recht aktuellen Standes gewertet werden darf. Zur Resistenzprüfung wurde die laut einer Arbeitsanweisung für veterinärmedizinische Untersuchungsstellen in der DDR verbindliche Diffussionsmethode (Plättchentest) angewendet.
Besondere Beachtung verdienen dabei natürlich die Enterobakterien. Sie sind erwartungsgemäß zu 100 % resistent gegen Penizillin, in der Regel aber auch gegen Streptomyzin, das lediglich noch bei je 6,2 % der geprüften Stämme eine Wirksamkeit beziehungsweise verminderte Wirksamkeit in vitro erkennen ließ. Ähnlich liegen die Verhältnisse beim Oxytetrazyklin, hier erwies sich nur noch einer von 16 Stämmen als empfindlich. Die besten Ergebnisse wurden bei der Resistenzprüfung in vitro mit Nitrofurantoin und Neomyzin erzielt. Fast die Hälfte der Stämme konnte als voll empfindlich deklariert werden, weitere 37,5 % beziehungsweise 18,75 % wiesen eine eingeschränkte Wirksamkeit auf. Recht gute Ergebnisse wurden weiterhin mit dem potenzierten Sulfonamid-Präparat Sulprim (Pharmazeutische Werke POLFA, VR Polen) erzielt, dessen Wirkstoffe Trimethoprim und Sulfamethoxazol sind. Zwar wurden gegen dieses Medikament erst zehn Stämme geprüft, davon waren aber nur drei resistent.
Zum Einsatz gegen koliforme Enterobakterien bei Zoofeliden müssen also vor allem Präparate auf der Grundlage von Nitrofurantoin, Neomyzin und Trimethoprim/Sulfamethoxazol empfohlen werden.

Im Vergleich zu den von T r o l l d e n i e r und R u m m l e r (1970) veröffentlichten Ergebnissen der Resistenzprüfung von 41 Kolistämmen von Rindern wird bei unserem Material ein höherer Anteil resistenter Stämme deutlich. Besonders eindrucksvoll treten die Unterschiede bei Neomyzin und Nitrofurantoin zutage, gegen die die von Rindern isolierten Keime nur zu 9 % beziehungsweise 28,2 % resistent waren.

Tabelle 3: Ergebnisse der Resistenzprüfung von 25 Bakterienstämmen aus den Felidenbeständen der Zoos Leipzig und Erfurt

	Stamm Lfd.Nr.	Penizillin	Streptomyzin	Chlor-amphenikol	Nitro-furantoin	OTC	Neomyzin	Sulprim
Kälber- und ferkel-pathogene Keime	1	R	R	R	e	R	R	–
	2	R	R	R	E	R	R	–
	3	R	R	R	R	R	E	R
	4	R	R	R	E	R	E	R
	5	R	R	E	R	R	E	E
	6	R	E	R	E	R	R	–
	7	R	R	E	E	R	R	E
	8	R	R	R	e	R	e	E
Koliforme Keime ohne Hämolyse	9	R	R	R	e	R	E	e
	10	R	R	E	e	E	e	–
	11	R	R	R	R	R	E	E
	12	R	R	R	E	R	R	–
	13	R	R	E	e	R	R	R
	14	R	R	R	e	R	e	E
ß-hämolysierende koliforme Keime	15	R	R	E	E	R	E	e
	16	R	e	E	E	R	E	–
Salmonella typhimurium	17	R	R	R	E	R	E	E
Enterokokken	18	E	e	E	E	R	E	–
	19	R	R	e	E	R	E	–
	20	R	R	E	E	R	E	–
	21	e	R	R	R	R	R	–
Coryneforme Keime	22	R	R	R	e	R	R	–
	23	e	e	R	R	R	R	–
Mikrokokken	24	E	E	E	E	E	R	R
Staphylokokken	25	E	E	E	E	E	E	R

E = empfindlich
e = vermindert empfindlich
R = resistent

Diskussion und Schlußfolgerungen

Die vorliegende Auswertung weist deutlich die große Bedeutung aus, die Kolierkrankungen für Zoofeliden und ganz besonders deren Jungtiere besitzen. Gerade in großen und regelmäßig züchtenden Beständen ist ständig mit dem Vorhandensein bestimmter Serotypen zu rechnen, die über eine bedingte Pathogenität verfügen und deren Virulenz durch Passagewirkung wahrscheinlich ansteigt. Diesbezüglich sei auf die Arbeit von E u l e n b e r g e r et al. (1974) verwiesen. Als wichtige Aufgabe ist die Gewinnung weiterer Erkenntnisse über die Rolle bestimmter Serotypen zu nennen. Hierbei dürfte die Untersuchung der sogenannten kälberpathogenen Kolitypen eine besondere Rolle spielen.

Die zweithäufigste Keimgruppe, die Pasteurellen, können ebenfalls als Erreger bedingter Infektionen besonders der Jungtiere eingeordnet werden. Dadurch wird die große Rolle derartiger Erkrankungen bei Zoofeliden unterstrichen. Die wesentlichste Schlußfolgerung besteht darin, daß die Bekämpfung dieser bedingten Infektionskrankheiten nicht allein durch das Angehen der Infektion erfolgen kann, sondern alle auf die Resistenz einwirkenden Faktoren von Fütterung und Haltung einen gleichen Stellenwert besitzen. Zur Beherrschung des Koligeschehens werden sich in großen Zuchtbeständen mehr und mehr immunprophylaktische Maßnahmen erforderlich machen, wie sie auch von I p p e n und S c h r ö d e r (1974) gefordert wurden. Unter Berücksichtigung der Rolle der Kolikeime als opportunistische Keime dürfte es sich als günstig erweisen, in eventuelle Impfversuche die Praemunisierung nach M a y r (1977) einzubeziehen.

Die Bedeutung der Tuberkulose als eine der wichtigsten bakteriellen Infektionen der Katzen ist erheblich zurückgegangen. Mit Einzelfällen muß aber immer noch gerechnet werden, was die BCG-Impfung für die nächsten Jahre noch als angezeigt erscheinen läßt.

Zur Beherrschung der Salmonellosesituation unter den Katzenbeständen Zoologischer Gärten tragen vor allem die bakteriologische Überwachung der Futtertiere und sorgfältige Kotuntersuchungen bei enteritischen Erkrankungen und neueingestellter Tiere während der Quarantäne bei. Dabei muß immer von mehreren negativ abgeschlossenen Untersuchungen ausgegangen werden, ehe Salmonellenfreiheit konstatiert werden kann.

Die Entwicklung antibiotikaresistenter Enterobakterienstämme darf bei Zoofeliden nicht günstiger beurteilt werden als bei landwirtschaftlichen Nutztieren. Durch regelmäßige Resistenzbestimmungen isolierter Stämme muß ein ständiger Überblick über das Resistenzgeschehen vorhanden sein, um in Notfällen einen sofortigen Einsatz von Chemotherapeutika mit der notwendigen Sicherheit vornehmen zu können.

Zusammenfassung:

Zu Problemen des Vorkommens und der Bedeutung bakterieller Infektionen bei Feliden in den Zoologischen Gärten Leipzig und Erfurt in den Jahren 1965 - 1978

Es wird über die Ergebnisse der bakteriologischen Untersuchungen der Organe von 194 Feliden aus den Zoologischen Gärten Leipzig und Erfurt berichtet. Koliforme Keime sind die am häufigsten nachgewiesenen Erreger, an zweiter Stelle folgt Pasteurella multocida. Im einzelnen wird zur Rolle von Kolikeimen, Salmonellen und Mykobakterien Stellung genommen. Weiterhin werden die Ergebnisse der Resistenzprüfungen von 25 Bakterienstämmen mitgeteilt und diskutiert.

Summary:

Incidence and Importance of Bacterial Infections of Felids in Zoological Gardens of Leipzig and Erfurt, between 1965 and 1978

The results obtained from bacteriological checks of the organs of 194 felids kept in the Zoological Gardens of Leipzig and Erfurt are reported in this paper. Coliform germs ranked highest on the list of established pathogens, followed on second position by Pasteurella multocida. More specific reference is made to the roles played by coli germs, Salmonellae, and mycobacteria. Also reported and discussed are the results of resistance tests which had been applied to 25 bacterial strains.

Résumé:

A propos des problèmes de manifestations et de l'importance d'infections bactérielles de félidés dans les jardins zoologiques de Leipzig et d'Erfurt au cours des années entre 1965 et 1978

L'auteur décrit les résultats d'examens bactériologiques faits sur les organes de 194 félidés aux jardins zoologiques de Leipzig et d'Erfurt. Les agents pathogènes le plus fréquemment dépistés ont été des colibacilles, suivi par Pasteurella multocida. Par ailleurs, l'auteur prend position en détail à propos du rôle que jouent les colibacilles, les salmonellas et les mycobacilles et informe sur les résultats des examens faits pour connaître la résistence de 25 souches bactériennes.

Резюме:

Данные о бактериальных инфекциях у кошачих зоопарков Лейпцига и Эрфурта в I965-I978 гг.

Сообщаются результаты бактериологических исследований органов I94 кошачих зоопарков Лейпцига и Эрфурта. Чаще всего встречаются разновидности кишечной палочки, на втором месте следует Pasteurella multocida. В часности обсуждается роль кишечной палочки, салмонелл и микобактерий. Далее показываются и обсуждаются результаты проверки резистентности 25 штаммов бактерий.

Literatur:

DOLLINGER, P. (1974): Analyse der Verluste im Raubtierbestand des Zoologischen Gartens Zürich von 1954 - 1973. Verhandlungsber. XVI. Internat. Symp. Erkrankungen Zootiere, Erfurt, 39-43.

DRÄGER, H. (1971): Salmonellosen. Berlin: Akademie Verlag.

EULENBERGER, K., ELZE, K., SEIFERT, S. und Ute SCHNURRBUSCH (1974): Zur Differentialdiagnose, Prophylaxe und Therapie der Panleukopenie, Salmonellose und Koliinfektion der jungen Großkatzen (Pantherini). Verhandlungsber. XVI. Internat. Symp. Erkrankungen Zootiere, Erfurt, 55-65.

FREUDIGER, U. (1977): Infektionskrankheiten. In: Christoph, H.-J. (Hrsgb.): Klinik der Katzenkrankheiten, 2. Auflage. Jena: Fischer.

IPPEN, R. (1969): Möglichkeiten und Wege einer Tuberkulosebekämpfung in zoologischen Gärten. Verhandlungsber. XI. Internat. Symp. Erkrankungen Zootiere, Zagreb, 25-33.

IPPEN, R. und H.-D. SCHRÖDER (1974): Auswertung der postmortalen Untersuchungsergebnisse bei in Gefangenschaft gehaltenen Landraubtieren. Verhandlungsber. XVI. Internat. Symp. Erkrankungen Zootiere, Erfurt, 29-37.

MARĂN, B., HERCEG, M., HUBER, J., TADIC, M. und S. CUTURIČ (1974): Zur Statistik der Sektionsbefunde bei Raubtieren des Zoologischen Gartens der Stadt Zagreb. Verhandlungsber. XVI. Internat. Symp. Erkrankungen Zootiere, Erfurt, 45-53.

MAYR, A. (1977): Aktive Praemunisierung. Kleintierpraxis 22, 85-87.

MICHALSKA, Z. (1972): Zur Pathologie der Lungentuberkulose bei großen Feliden im Zoologischen Garten Wrocław. Verhandlungsber. XIV. Internat. Symp. Erkrankungen Zootiere, Wrocław, 351-353.

MÜNICH, U. und G. STEGER (1974): Diagnostische Befunde der Veterinäruntersuchungsanstalt Nürnberg bei Raubtieren (1939 - 1973). Verhandlungsber. XVI. Internat. Symp. Erkrankungen Zootiere, Erfurt, 19-27.

SELBITZ, H.-J., SEIFERT, S., VOIGT, A., ELZE, K., BERGMANN, A. und K. EULENBERGER (1978): Ergebnisse bakteriologischer Untersuchungen bei Huftieren der Zoologischen Gärten Leipzig und Erfurt im Zeitraum von 1968 bis 1977. Verhandlungsber. XX. Internat. Symp. Erkrankungen Zootiere, Dvur Králové, 21-30.

STELLMACHER, W. (1974): Salmonella-Infektionen. In: Beer, J. (Hrsgb.): Infektionskrankheiten der Haustiere II. Jena: Fischer, 384-403.

TROLLDENIER, H. und H.-J. RUMMLER (1976): Resistenzprüfung pathogener Keime und deren Ergebnisse in Einrichtungen des Veterinärwesens der DDR. Mh.Vet.med. 31, 386-388.

WEBER, A. (1978): Vorkommen von Salmonellen bei Heimtieren. Tierärztl. Umschau 33, 363-368.

Anschrift der Verfasser: Dipl. vet. med. H.-J. S e l b i t z ,
DDR 701 Leipzig, Marg.-Blank-Str. 8 (DDR)

Aus dem Institut für Pathologie (Vorstand: Prof. Dr. B. M a ř a n), dem Institut für Mikrobiologie und Infektionskrankheiten (Vorstand: Prof. Dr. S. C v e t n i ć) der Veterinärmedizinischen Fakultät Zagreb und dem Zoologischen Garten der Stadt Zagreb (Direktor: I. H u b e r)

YERSINIOSE BEI TIEREN DES ZOOLOGISCHEN GARTENS DER STADT ZAGREB

Von M. H e r c e g , T. N a g l i ć , D. H a j s i g , B. M a ř a n , I. H u b e r , S. B a m b i r und M. S k r e b l i n

Einleitung:

Die Yersiniose ist eine akute bis chronische Infektionskrankheit, die bei verschiedenen Haus- und Wildtierarten sowie beim Menschen vorkommt und durch Yersinia pseudotuberculosis (Y. p.) oder Yersinia enterocolitica (Y. e.) hervorgerufen wird. Die Krankheit ist über alle Erdteile verbreitet, besonders aber über die nördliche Hemisphäre (W e t z l e r , 1970). In Jugoslawien wurde Y. p. aus mehreren Haus- und Wildtierarten, zum Beispiel Hund, Ente, Meerschweinchen, Hase (R a d o j č e v i ć , 1976) beziehungsweise Rebhuhn und Steinhuhn (K a r l o v i ć , 1978), isoliert, während Y. e. beim Menschen (Z a j c - S a t l e r und D r a g a š , 1977), niemals aber bei Tieren festgestellt wurde.

Über eine Infektion des Menschen mit Y. e. wird neuerdings in der Literatur immer häufiger berichtet. Diese Keimart ruft beim Menschen im Grunde die gleichen pathomorphologischen Veränderungen hervor wie Y. p. Da sie bei Affen, Hunden, Chinchillas, Pferden, Schafen, Rindern, Meerschweinchen, Hasen, Kaninchen und Schweinen nachgewiesen wurde, ist anzunehmen, daß diese Tiere bei der Übertragung dieses Erregers auf den Menschen mitwirken. Yersinia p. ist überall zugegen. Der Erreger wurde aus Tieren und Menschen, aber auch aus Staub, Erdboden, Wasser, Viehfutter und Milch isoliert (M e l b y und A l t m a n , 1974).

Über die Yersiniose bei Zootieren sind in der Literatur ebenfalls zahlreiche Berichte zu finden. Die Krankheit ist außer bei Nagetieren häufig auch bei Primaten und Vögeln zu beobachten. So wurde im Frankfurter Zoo in einem Zeitraum von 15 Jahren Yersiniose bei 32 Tieren festgestellt. Von den fünf Serotypen der Y. p. gelten als Erreger der Yersiniose bei Primaten die Serotypen I und II (S t o l l , 1965). M o r t e l m a n s et al. (1977) berichten, daß die Yersiniose bei den Tieren des Zoos der Stadt Antwerpen wiederholt Verluste verursachte. Die Krankheit verlief subakut bis chronisch und trat vorwiegend in der kalten Jahreszeit auf. Am häufigsten erkrankten Affen, Nagetiere und Vögel. Die Tiere waren meistens mit dem Serotyp I infiziert. Bei kaltblütigen Tieren konnte die Krankheit nur selten beobachtet werden. Die Tiere waren in der Regel mit Y. p. infiziert, während Y. e. nur bei einem Langschwanzaffen festgestellt werden konnte. Nach S o s n o w s k i (1977) wurden im Zoologischen Garten von Łodz in den Jahren 1961 - 1975 insgesamt elf Fälle von Rodentiose festgestellt, und zwar zehnmal bei Nagetieren und einmal bei einem Huftier. R o s s i (1965) gibt an, daß Pseudotuberkulose bei Tukanen eine hohe Sterblichkeit verursachen kann, da von 12 Vögeln acht gestorben waren. A p p l e b y (1962) beschreibt die pathologischen und bakteriologischen Befunde der Pseudotuberkulose bei drei Affen und acht tropischen Vögeln, die innerhalb von sechs Wochen verendet waren. Bei Antilopen wurden nur Einzelfälle von Pseudotuberkulose beobachtet. So wurden bei einer plötzlich gestorbenen Nyala-Antilope zahlreiche nekrotische Herde in Leber, Nieren und Darmlymphknoten vorgefunden, während bei einer Sitatunga-Antilope Y. p. aus Lungenabszessen isoliert wurde (K l ö s und L a n g , 1976). W i n k e r w e r d e r (1968) stellte pseudotuberkulöse Knötchen in der Leber einer Impala-Antilope fest, die ebenfalls ohne vorherige Krankheitsanzeichen gestorben war. Bei den erkrankten Antilopen wurde eine Übertragung durch Nagetiere vermutet (K l ö s und L a n g , 1976).

Die Symptome der Yersiniose sind nicht charakteristisch und können oft überhaupt nicht wahrgenommen werden, da die Krankheit in der Regel chronisch verläuft. Bei manchen Tieren werden Allgemeinschwäche sowie Extremitätenparese und Diarrhöe beobachtet. Die Ausbreitung der Infektion in einem Bestand oder einer Herde weist in der Regel kürzere oder längere Abstände zwischen den

einzelnen Krankheitsfällen auf (K l ö s und L a n g , 1976).
G a r l t (1965) beschreibt den Ausbruch einer perakuten Pseudotuberkulose bei Affen, in dem fünf von acht Tieren innerhalb von 36 Stunden gestorben sind. G a r l t und K i u p e l (1978) beschreiben den Krankheitsverlauf und die pathologisch-anatomischen sowie bakteriologischen Befunde bei Yersinia enterocolitica-Erkrankungen von drei Tieraffen. Bei allen drei Tieren konnten die Autoren eine starke Dünndarm- und Blinddarmentzündung sowie Schwellungen der Mesenteriallymphknoten feststellen. Bei einem Tier waren auch nekrotische Herde in der Leber zu sehen. Yersinia enterocolitica wurde bei zwei Affen aus den inneren Organen und dem Darm und beim dritten nur aus dem Darm isoliert.

Laut Angaben aus dem Schrifttum können bei Zootieren, die an Yersiniose gestorben sind, in der geschwollenen Leber und der Milz Miliarnekrosen und in den Darmwänden und den dazugehörigen Lymphknoten Nekrosen gefunden werden. Die Darmentzündung ist zum Teil diphtheroid. Auch eine Lungenentzündung kann beobachtet werden (K l ö s und L a n g , 1976).
Da die Yersiniose bei Mensch und Tier immer häufiger vorkommt, entschlossen wir uns, die bisherigen Forschungsergebnisse über diese Krankheit bei den Tieren des Zoologischen Gartens der Stadt Zagreb zu beschreiben.

Ergebnisse

Auf Grund pathomorphologischer und bakteriologischer Untersuchungen konnten wir in einem Zeitraum von zwanzig Jahren insgesamt 23 Fälle von Yersiniose feststellen. Davon entfallen zwanzig auf eine Infektion durch Y. p. und drei auf eine mit Y. e.

I. Yersiniose, hervorgerufen durch Yersinia pseudotuberculosis

Die Fälle der durch Y. p. hervorgerufenen Infektionen bei Tieren des Zoologischen Gartens der Stadt Zagreb sind in der Tabelle 1 dargestellt.

Tabelle 1:

Tierart	Zahl der Fälle
1. S ä u g e t i e r e	
Meerschweinchen	5
Stachelschwein	3
Hase	2
Sasinantilope	2
Gepard	1
2. V ö g e l	
Kanarienvogel	4
Tukan	1
Wellensittich	1
Zebra-Fink	1

Aus der Tabelle ist ersichtlich, daß die Yersiniose am häufigsten bei Nagetieren vorkommt, und zwar sind Meerschweinchen und Stachelschweine anscheinend besonders anfällig, da sie in allen Altersstufen erkrankten. Einige Tiere magerten während längerer Zeit hindurch ab und nahmen gegen Ende der Krankheit keine Nahrung mehr zu sich, während andere ohne vorherige Krankheitsanzeichen bei gutem Ernährungszustand verendeten.

Der Sektionsbefund ähnelte bei den Nagetieren sehr dem bei Tuberkulose. Ähnlich wie bei der Tuberkulose findet man bei Yersiniose in den Organen grau-weiße bis grau-gelbe, miliare bis erbsengroße Knötchen und Knoten, die manchmal auch Konglomerate bilden. Die meisten Knötchen sind in Milz und Leber zu sehen und durchwachsen diese manchmal derartig stark, daß sie traubenartig erscheinen. Dabei sind beide Organe vergrößert, die Milz sogar um ein Vielfaches. Wenn auch selten, so können Knötchen auch in anderen Organen gefunden werden, am häufigsten in Lunge und Niere, manchmal auch in der Gebärmutterwand und dem Herzen, wo sie zumeist nur vereinzelt auftreten. Zum Unterschied zur Tuberkulose sind die Serosen knötchenfrei und weisen auch keine sonstigen pathologischen Veränderungen auf. Im Dünndarm ist eine katarrhalische bis hämorrhagische Entzündung zu sehen, während in der Blinddarmwand, besonders bei Hasen, nekrotische Knötchen gefunden werden können, die durch Vereiterung und Verkäsung der submukösen Lymphknoten entstanden sind. Der Blinddarm kann bei den Hasen einer dicken Röhre gleichen, deren Innenfläche exulzeriert ist. Die Mesenteriallymphknoten sind stark vergrößert, oft von käseähnlichen bis eitrig erscheinenden Knötchen durchwachsen. Zu eitrigen und fluktuierenden Mesenteriallymphknoten neigen den Beobachtungen nach anscheinend besonders Meerschweinchen. Histologisch gesehen stellen diese Knötchen und Knoten eine Kombination aus nekrotischen und reaktiven Veränderungen dar. Das nekrotische Zentrum zeigt häufig eine Leukozytenkaryorrhexis. Im Eiter selbst sind die Bakterien abgestorben, während sie am Übergang in die entzündliche Zellzone bläuliche Wölkchen bilden. Die reaktive Zellzone besteht aus Lymphozyten, lymphoiden Zellen, Histiozyten, die ein mehr oder weniger epitheloides Aussehen haben sowie Fibroblasten. Die Peripherie wird von einer Zone von Granulationsgewebe gebildet, die selten das Aussehen eines reifen Bindegewebes hat. Riesenzellen sowie Verkalkungen gibt es in den Knötchen nie. An den großen Parenchymen sieht man regressive Veränderungen und Entzündungen, die von einer reaktiven Proliferation des Endothels, dem Zeichen einer länger dauernden Sepsis, begleitet werden.

Zwei Sasin-Antilopen verendeten, eine drei Tage nach der anderen. Als erste starb ein 14jähriges Weibchen, dann ein 1jähriges Männchen, beide in schlechtem Allgemeinzustand. Die Tierkörper waren trotz Dehydratation in verhältnismäßig guter Kondition, besonders der des Männchens. Leber und Milz waren bei beiden Tieren vergrößert und mit hirsekorn- bis erbsengroßen graugelblichen Nekrosen und Knötchen durchzogen. Beim Weibchen zeigten sich nur wenige, beim Männchen dagegen zahlreiche solche Veränderungen. Beim letzteren wurden auch in Lunge und Niere Knötchen gefunden. Die Mesenteriallymphknoten waren auffällig geschwollen und auf der Schnittfläche hämorrhagisch bis nekrotisch. In der Wand des Dünndarmes, besonders in seinem hinteren Abschnitt, fanden sich Herde und größere Flächen hämorrhagisch-nekrotischer oder diphtheroider Entzündungen, die auch die tieferen Wandschichten mit betrafen. Die übrige Schleimhaut des Verdauungsapparates war katarrhalisch entzündet. Mikroskopisch gesehen bestanden die Knötchen in Leber, Milz, Lunge und Niere aus einer umfangreichen karyorrhektischen Nekrose der Leukozyten und anderen Zellen, mit Bakterienkolonien im Zentrum. Die reaktiven Veränderungen an der Knötchenperipherie waren sehr gering und bestanden hauptsächlich aus wenigen mononuklearen Zellen. Leber, Niere und Herz waren degeneriert.

Ein 4jähriger männlicher Gepard verendete nach vorangegangener Abmagerung und Inappetenz. Die Sektion ließ zahlreiche abszedierende gelbliche Knötchen in Leber, Milz und Niere sowie eine hyperplastische Entzündung der Mesenteriallymphknoten und eine exsudative eitrige Peritonitis erkennen. Auch eine Degeneration des Myokards und eine Herzdilatation sowie eine starke durch Askariden und Tänien verursachte Enteritis wurden gefunden.

Bei den Zoovögeln konnten Yersiniosen am häufigsten bei den Kanarienvögeln (vier Fälle) beobachtet werden. Vereinzelt trat sie auch bei Tukanen, Wellensittichen und Zebrafinken auf. Der Sektionsbefund stimmte im großen und ganzen mit jenen Merkmalen überein, die bei der Tuberkulose dieser Vögel zu beobachten sind. In der ausgesprochen vergrößerten Milz und Leber wurden zahlreiche grau-gelbliche nekrotische Knötchen vorgefunden. Die Tiere waren kachektisch, anämisch und ikterisch.

II. Yersiniose, hervorgerufen durch Yersinia enterocolitica

Yersinia enterocolitica konnte bei den Tieren des Zoologischen Gartens der Stadt Zagreb nur bei einem Rhesus-Äffchen und zwei Kanadischen Eichhörnchen ermittelt werden.

Die Krankheitsanzeichen beim Äffchen waren: Unstillbarer Durchfall, fortschreitende Anämie und Kachexie. Die Sektion zeigte eine ausgesprochene Dehydratation, Anämie, geringen Ikterus und eine generalisierte Alopezie. Gefunden wurde auch eine auffällig starke hämorrhagisch-nekrotische, phlegmonöse, ulzeröse Kolitis sowie ein chronischer atrophischer Magen- und Dünndarmkatarrh; eine parenchymatöse Leber-, Herz- und Nierendegeneration sowie ein Lungenemphysem und eine Anthrakose. Die Mesenteriallymphknoten waren stark vergrößert, nekrotisch und hämorrhagisch. Die mikroskopische Untersuchung ergab eine phlegmonöse und nekrotische Entzündung der Kolonwand mit tiefen Ulzerationen. Außer der bereits genannten Degeneration konnten in Leber, Herz und Niere keine anderen Veränderungen gefunden werden.

Bei den zwei Kanadischen Eichhörnchen war ein subakuter Magen- und Darmkatarrh mit zahlreichen Abszessen in der Leber und ein hyperämischer Milztumor sowie eine parenchymatöse Herzdegeneration und eine Hyperämie und ein Ödem der Lunge zu sehen. Die Tiere zeigten einen schlechten Ernährungszustand mit teilweiser Alopezie.

Zur bakteriologischen Untersuchung wurden in der Regel Leber und Milz genommen, die übrigen Organe (Herz, Lunge, Niere, Mesenteriallymphknoten und Darm) wurden je nach der Stärke der makroskopischen Veränderungen einbezogen. Die kulturelle Untersuchung führten wir auf einem Agar-Nährboden durch, dem wir Pferdeserum zufügten. Die isolierten Stämme identifizierten wir auf Grund der morphologischen und physiologischen Eigenschaften nach Bergey's Manual (1957, 1975). Die Isolierung von Y. p. gelang in der Regel aus Leber, Milz und Mesenteriallymphknoten. Trotz ausgeprägter pathomorphologischer Veränderungen in den Därmen gelang es uns nicht ein einziges Mal, Y. p. aus diesem Organ zu isolieren. Aus den großen Parenchymen isolierten wir den Erreger meistens in Reinkultur, selten in Mischkultur mit E. coli und Streptokokken. Im Falle der Yersiniose beim Rhesus-Äffchen wurde aus dem Kolon eine Mischkultur von Y. e. und E. coli, bei ausgesprochener Vorherrschaft des ersten Erregers, isoliert, während die Untersuchung der Milz negative Resultate ergab. Bei der Yersiniose der beiden Kanadischen Eichhörnchen wurde Y. e. außer aus den Därmen auch aus Leber und Milz isoliert.

Diskussion und Schlußfolgerungen:

In unseren mehrjährigen Untersuchungen über die Krankheiten der Tiere des Zoologischen Gartens der Stadt Zagreb, insbesondere ihrer Ätiologie, konnten wir zwanzig Infektionen mit Y. p. und drei Infektionen mit Y. e. ermitteln. Dies deutet darauf hin, daß der Y. p. als Yersiniose-erreger größere Bedeutung zukommt als der Y. e. Von 13 Fällen einer Infektion mit Y. p. bei Säugetieren entfallen 10 auf Nagetiere, in erster Linie auf Meerschweinchen und Stachelschweine. Dies deckt sich mit der bekannten Anfälligkeit der Nagetiere gegen diese Krankheit. Nicht ein einziges Mal isolierten wir Y. p. aus Affen, obwohl man diese Keimart laut Stoll (1965) und Sosnowski (1977) bei Affen häufiger findet als bei Nagetieren und Vögeln. Die Krankheit wurde auch bei kaltblütigen Tieren nicht festgestellt, obwohl sie bei Meerschweinchen, mit denen diese Tiere gefüttert werden, gefunden wurde. Diese Tatsache entspricht auch den Angaben von Mortelmans et al. (1977), wonach kaltblütige Tiere selten an Yersiniose erkrankten.
Trotz sporadischer Berichte über Yersiniose bei Antilopen deuten unsere Fälle bei den Sasin-Antilopen darauf hin, daß die Yersiniose bei diesen Tieren keine Seltenheit ist. Unsere Antilopen haben sich höchstwahrscheinlich am Dunghaufen, der sich im Auslauf befindet und von Nagetieren bewohnt wird, infiziert. Eine derartige Annahme entspricht auch den Mitteilungen von Klös und Lang (1976).
Die Infektionsquelle für den Gepard dürften ebenfalls Nagetiere oder Waldvögel gewesen sein, da diese in die Käfige dieser Raubtiere gelangen können.
Unter den Wildvögeln tritt die Yersiniose am häufigsten bei Kanarien (vier Fälle) auf, während sie bei Tukanen, Wellensittichen und Zebra-Finken nur je einmal beobachtet werden konnte. Wir nehmen an, daß die Infektionsquelle für diese Vögel Nagetiere oder freilebende Wildvögel waren. Hier möchten wir die große Ähnlichkeit der pathomorphologischen Veränderungen bei den untersuchten Vögeln und Säugetieren hervorheben, besonders das Vorhandensein der sehr charakteristischen nekrotischen Knötchen in Leber und Milz sowie auch in anderen Organen sowie die nekrotischen Veränderungen in Mesenteriallymphknoten und Därmen.
Hinsichtlich der Yersiniose bei Affen und den Kanadischen Eichhörnchen (Y. e.) kann gesagt werden, daß sich der pathomorphologische Befund bei Affen vom charakteristischen Bild der durch Y. p. verursachten Yersiniose unterschied, während er bei den Kanadischen Eichhörnchen, außer geringeren Veränderungen in Darm und Mesenteriallymphknoten, ähnlich war.

Auf Grund der pathomorphologischen Untersuchungen kann die Pathogenese des pseudotuberkulösen Prozesses wie folgt angenommen werden. Die Infektion erfolgte in der Regel auf oralem Wege, indem der primäre Herd in den hinteren Teilen des Dünndarmes und den entsprechenden Lymphknoten entstand. Darauf folgte eine Generalisation mit Bildung von Herdnekrosen und Knötchen in Leber und Milz und dann auch in den übrigen Organen.

Die mißlungene Isolierung von Y. p. aus den Därmen kann in unseren Fällen damit erklärt werden, daß keine selektiven Nährböden verwendet wurden und infolgedessen aus diesen Materialien in der Regel E. coli, Proteus und andere ubiquitäre Keime gewachsen sind, die die Kulturen überwucherten. Aus diesem Grunde müßten bei systematischen Untersuchungen über die Keimträger der Yersinioseerreger bei den Tieren der zoologischen Gärten selektive Nährböden verwendet werden. Obwohl Y. e. nur bei einem Äffchen und zwei Kanadischen Eichhörnchen festgestellt wurde, so weist diese Tatsache doch darauf hin, daß Zootiere als Infektionsquelle dieser Art für den Menschen, für den Y. e. als Erreger schwerer Enteritisformen an Bedeutung immer mehr zunimmt, eine potentielle Rolle spielen können.

Zusammenfassung:

Yersiniose bei Tieren des Zoologischen Gartens der Stadt Zagreb

In mehrjährigen Untersuchungen über die Erkrankungen der Tiere des Zoologischen Gartens der Stadt Zagreb konnte bei 23 Tieren Yersiniose festgestellt werden, und zwar bei zwanzig Tieren (neun verschiedene Arten) eine Infektion durch Y. p. und bei drei Tieren (zwei Kanadischen Eichhörnchen und einem Rhesus-Äffchen) eine Infektion mit Y. e. Bei den Säugetieren konnte diese Krankheit am häufigsten bei Nagetieren, besonders Meerschweinchen, festgestellt werden. Yersinia enterocolitica wurde in Jugoslawien bisher bei Tieren noch nicht festgestellt. In der Arbeit werden die pathomorphologischen und bakteriologischen Befunde mitgeteilt und mögliche Infektionsquellen für die Tiere des Zoologischen Gartens der Stadt Zagreb und den Menschen diskutiert.

Summary:

Yersiniosis in Animals in Zoological Garden of Zagreb

Studies were conducted into the diseases of animals kept in the Zoological Garden of Zagreb. Yersiniosis was recorded from 23 animals, including Y. p. infection from nine different species and Y. e. infection from two Canadian squirrels and one Rhesus macaque. Rodents, particularly guinea-pigs, were the most common mammals from which the disease was recorded. Yersinia enterocolitica had not been recorded before from animals in Yugoslavia. The pathomorphological and bacteriological findings are reported. Discussed are possible sources of infection of both the animals in the Zoological Garden of Zagreb and man.

Résumé:

Yersiniose rencontrée chez des animaux gardés au jardin zoologique de Zagreb

Les expériences faites plusieurs années durant sur les animaux du jardin zoologique de la ville de Zagreb ont permis de déceler des cas de yersiniose chez 23 animaux dont vingt (neuf espèces différentes) ont présenté une infection par Y. p. ettrois (deux écureils canadiens et un rhésus juvénile) une infection par Y. e. Parmi les mammifères, les rongeurs - et avant tout les cobayes - ont été les plus frappés. Yersinia enterocolitica n'a jusqu'ici pas encore été constatée chez des animaux de Yougoslavie. Or, l'auteur décrit les résultats des examens pathomorphologiques et bactériels tout en discutant des sources d'infection éventuelles pour les animaux du jardin zoologique de Zagreb et pour les hommes.

Резюме:

Yersinose у животных зоопарка города Загреб

В многолетных исследованиях заболеваемости у животных зоологического парка города Загреб Yersinose был установлен у 23 животных, а именно у 20 животных (9 различных видов) заражение У.р. а у 3 животных (2 канадской белки и один резус) заражение У.е.. Среди млекопитающих эта болезнь наблюдалась чаще всего у грызунов, особенно у морских свинок. В Югославии Yersinia enterocolitica у животных до сих пор еще не наблюдался. В этой работе сообщаются патоморфологические и бактериологические данные и обсуждаются возможные источники заражения для животных зоопарка города Загреб и для человека.

Literatur:

APPLEBY, E. C. (1962): A Small Outbreak of Pseudotuberculosis in Monkeys and Tropical Birds. 4th International Symposium on Diseases in Zoo-Animals, Copenhagen, 213-216.

BUCHANAN, R. E. and N. E. GIBBONS (1957; 1975): Bergey's Manual of Determinative Bacteriology. Baltimore: Williams and Wilkins Comp., VII and VIII Ed.

GARLT, C. (1965): Seuchenhaftes Auftreten von Pseudotuberkulose bei Affen. VII. Internat. Symp. Erkrankungen Zootiere, Zürich und Basel, 139-145.

GARLT, C. und H. KIUPEL (1978): Yersinia enterocolitica-Erkrankungen bei Tieraffen. Verhandlungsber. XX. Internat. Symp. Erkrankungen Zootiere, Dvur Králové, 265-270.

KLÖS, H. G. und E. M. LANG (1976): Zootierkrankheiten. Berlin-Hamburg: Paul Parey.

MELBY, E. and N. H. ALTMAN (1974): Yersiniosis. In: Handbook of Laboratory Animal Science, Vol.II. CRC Press Inc. Cleveland, Ohio, 248-249.

MORTELMANS, J., KAGERUKA, P. et J. VERCRUYSSE (1977): La Yersiniose an Zoo d'Anvers: douze annêes d'observations. Verhandlungsber. XIX. Internat. Symp. Erkrankungen Zootiere, Poznań, 219-222.

ROSSI, C. (1965): Une enzootie provoquée par Pasteurella pseudotuberculosis chez les toucans. VII. Internat. Symp. Erkrankungen Zootiere, Zürich und Basel, 146-152.

SOSNOWSKI, A. (1977): Infektionskrankheiten im Zoologischen Garten Łódź in den Jahren 1961-1975. Verhandlungsber.XIX.Internat.Symp.Erkrankungen Zootiere, Poznań, 147-151.

STOLL, L. (1965): Zum Vorkommen der Pseudotuberkulose bei Zootieren. VII.Internat.Symp.Erkrankungen Zootiere, Zürich und Basel, 135-138.

WETZLER. T. F. (1970): Pseudotuberculosis. In: Infections and parasite diseases of wild birds, edited by J.W.Davis, R.C.Anderson, L.Karstad, D.O.Trainer, 75-88, Iowa State Univ.Press.

WILLIAMSON, W. M., TILDEN, E. B. and R. GETTY (1965): Pathogenic Bacteria Recovered at the Animal Hospital at the Chicago Zoological Park since 1954. VII. Internat. Symp. Erkrankungen Zootiere, Zürich und Basel, 105-121.

WINKENWERDER, W. (1968): Zur Epizootiologie der Pseudotuberkulose bei einigen Haus- und Zootieren. Symp.Series.immunobiol.Stand.9, 69-74. Basel-New York: Karger.

ZAJC-SATLER, J. and A. Z. DRAGAS (1977): Yersinia enterocolitica-strains isolated from 1969 to 1977. IVth Yugoslav and Italian Meeting on Infectious Diseases, Perugia, 19th - 21st May, 1977.

Anschrift der Verfasser: Dr. M. H e r c e g ,
Veterinärmedizinische Fakultät der Universität Zagreb
Heinzelova 55
41000 Zagreb (SFR Jugoslawien)

Aus dem Bezirksinstitut für Veterinärwesen Rostock (Direktor: OVR Dr. med. vet. W. Ehrentraut) und dem Zoologischen Garten Rostock (Direktor: Dr. rer. nat. D. Schwarz)

EIN BEITRAG ZUM BOTULISMUS BEI ELEFANTEN

Von Ch. Garlt, H. Kiupel und W. Ehrentraut

Die in einer tiergärtnerischen Einrichtung gehaltenen Elefanten gehören mit zu jenen Tieren, die außerordentlich besucherwirksam sind, und die neben dem ideellen auch einen nicht geringen ökonomischen Wert darstellen. Der plötzliche Verlust solcher Tiere ist in weiten Kreisen der Bevölkerung einer Stadt bald bekannt, und den Fragen des "Warum" und "Wieso" sind Tiergärtner und Zootierarzt gleichermaßen stark ausgesetzt. Nicht zuletzt durch diese Umstände wird der Personenkreis, der sich mit der Aufklärung eines unklaren Krankheitsgeschehens mit tödlichem Ausgang zu befassen hat, gezwungen, alle Möglichkeiten der Diagnostik auszuschöpfen.

Im Zoologischen Garten Rostock starben am 1. 7. 1978 innerhalb weniger Stunden 0,2 Indische Elefanten (Elephas maximus), neun bis zehn Jahre alt, unter den Symptomen einer Intoxikation, über die im folgenden berichtet werden soll.

Kasuistik

1. Am 1. 7. 1978 wurde die Indische Elefantenkuh "Rona" zu Arbeitsbeginn im Elefantenhaus des Zoos Rostock auf der Seite liegend vom Pfleger vorgefunden. Der Rüssel war völlig kraftlos. Das Tier hatte am 30. 6. 1978 nachmittags lediglich etwas verminderten Appetit gezeigt.
   Status: Temperatur 37,4 °C, Puls 72/Min., Conjunktiven verwaschen rosarot. Die Atemfrequenz erschien erhöht, es bestand eine Dyspnoe. Der hinter dem Tier liegende teils geballte, teils breiige Kot fiel durch üblen Geruch auf.
   Verlauf: Zur Stützung des Kreislaufs erhielt die Kuh 500 ml Dextrofusal[R] und 15 ml Ursocard iv. Versuche, das Tier in Brustlage oder zum Aufstehen zu bringen, blieben erfolglos. Die Dyspnoe nahm zu und blieb dominierendes Symptom. Ferner konnte ein zunehmend ängstlicher Blick registriert werden. Etwa zwei Stunden später trat Atemstillstand ein, die Kuh starb ohne Exzitationen.

2. Die Elefantenkuh "Bani", die neben "Rona" stand, zeigte noch während der Krankheit ihrer Stallgefährtin plötzlich Schwächeanfälle. Diese bestanden in einem leichten Einknicken in den Vorderbeinen und einer Erschlaffung des Rüssels. Das Tier hatte bei der Morgenfütterung verminderten Appetit gezeigt. Das Beschnüffeln und Sortieren von Kot vom Nachbartier "Rona" war schon öfter vom Pfleger beobachtet worden und hatte auch an diesem Tag stattgefunden.
   Status: Temperatur 37,5 °C, Puls 48/Min., Conjunktiven rosarot, Atmung ruhig und tief. Der Rüssel war etwas schlaff, gezieltes Greifen konnte noch beobachtet werden. Die Patientin setzte normalen Kot ab.
   Verlauf: Die Kuh erhielt zur Stimulierung des Kreislaufs 15 ml Ursocard[R] sc. Schwächeanfälle und eine auffällige Aggressivität des als gutartig bekannten Tieres gegenüber jeder Person, auch dem zuständigen Tierpfleger, wechselten in der Folgezeit. Die Schwächeanfälle nahmen an Intensität zu, Salivation und Dyspnoe (Atmung stark pumpend und Zunahme der Frequenz) traten auf. Etwa vier Stunden nach Krankheitsbeginn kam die Kuh in Brustlage zu liegen. Sie konnte sich trotz Hilfestellungen und Aufmunterungsversuchen nicht mehr stehend halten. In dieser neuen Lage konnte sie durch Strohballen gestützt werden. Der Blick war starr, ängstlich, und die Pulsfrequenz betrug nunmehr am liegenden Tier 72/Min. Es erfolgte eine Behandlung mit 15 Mio E Penicillin im. (Ursopan[R] 300000), und iv. wurden Dextrofusal[R] (500 ml), Sulfadimidin[R] (200 ml), Methionin[R] (100 ml) und Vitamin B-Komplex (15 ml) appliziert. Ursocard[R] wurde nochmals sc. injiziert. Bei weiterhin an Intensität zunehmender Dyspnoe trat etwa sechs Stunden nach Krankheitsbeginn Atemstillstand ein. Die Pulswelle war am Ohransatz noch kurze Zeit darauf fühlbar. Exzitationen konnten auch bei diesem Tier nicht beobachtet werden.

Die Aufklärung des perakuten Krankheitsgeschehens war dringend geboten, da sich im Bestand noch zwei Elefanten befanden. Die Sektionen beider Tiere wurden unverzüglich eingeleitet. Ferner wurden Futtermittelproben - Grünfutter, Heu, Kraftfutter - und Wasser aus der Badeanlage, die den Elefanten ständig zur Verfügung stand, zur toxikologischen Untersuchung sichergestellt.

Pathologisch-anatomische Befunde

Die Zerlegung beider Tiere führte nicht zum Nachweis pathognomonischer Veränderungen. Die wesentlichen pathologisch-anatomischen Befunde stellten sich wie folgt dar:
Hochgradige Blutfülle in der Lunge bei gleichzeitigem mittelgradigen bronchialen Ödem. Lehmfarbenes bis hellrotes Myocard, geringe Vermehrung der Herzbeutelflüssigkeit, einzelne spritzerartige subepicardiale Blutungen und hochgradige Blutfülle in der rechten Herzkammer.
Die Leber zeigte eine leicht gespannte und getrübte Kapsel. Bei "Rona" lag außerdem eine ausgeprägte chronisch fibrosierende Cholangitis infolge Leberegelbefalls vor. Der Magen beider Tiere war durch deutliche Gasansammlung blasig gespannt und enthielt zirka eine Schaufel grünfutterartigen Inhalt und klare wäßrige Flüssigkeit. Die Magenschleimhaut wies zahlreiche strichförmige grauschwarze Nekrosen in der Fundus- und Pylorusregion auf. Auf dem Grund der Läsionen fanden sich teilweise Blutkoagula. Die gleichen Nekrosen waren auch im Anfangsteil des Duodenums nachweisbar. Das Jejunum enthielt auffällig viel wäßrige Flüssigkeit, die von unverdauten Futterresten durchsetzt war. Die deutlich gerötete Schleimhaut zeigte bei "Bani" einen feinen netzartigen Fibrinbelag. Im Zaekum befand sich bei beiden Tieren grauschwarzer breiiger bis wäßriger, hochgradig stinkender Inhalt. Die Gehirnzerlegung führte zum Nachweis hämatomartiger meningealer und zerebraler Blutungen im Stammhirn, die besonders deutlich an der dorsalen Medulla ausgeprägt waren.
Durch die pathohistologische Untersuchung wurden folgende Befunde erhoben:

Leber: Geringe diffuse feinstaubige Fettinfiltration, zentrolobuläre Kernpyknose und zentrolobuläre Blutstauung. Bei dem Tier "Rona" lag außerdem eine deutliche Zirrhose vor.

Magen-Darm-Kanal: Unregelmäßige reaktionslose Schleimhautnekrosen in Magen- und Duodenumschleimhaut, die teilweise braunschwarze pigmentartige Einlagerungen aufwiesen.

ZNS: Hochgradige Hyperämie der Leptomeninx besonders im Kleinhirn- und Medullabereich. Maximale Weitstellung und pralle Füllung der Kapillaren und Arteriolen besonders im caudalen Stammhirn. Deutliche fibrinoide Gefäßwandquellung mit degenerativem Zerfall einzelner Gefäßwände. Beginnende Thrombosierung einzelner Kapillaren mit gleichzeitiger massiver perivaskulärer Blutung und ausgeprägtem Status spongiosus. Eindeutige degenerative Ganglienzellveränderungen waren nicht nachweisbar.

Die Untersuchung weiterer Organe ergab keine wesentlichen pathologischen Veränderungen.

Bakteriologie

Die bakteriologische Untersuchung führte nicht zum Nachweis pathogener Bakterien. Durch den Mäuse-Tierversuch (K i u p e l et al., 1979) konnte dagegen Botulinustoxin nachgewiesen werden. Der Toxinversuch verlief positiv mit Leberextrakt von Tier 1 sowie mit Extrakten aus Leber, Darminhalt und Blutkoagula vom Tier 2.

Toxikologische Befunde+)

Die Untersuchungen auf DDT, HCH, Aflatoxin, Toxaphen, Quecksilber, Zinkphosphid, Harnstoff, Arsen und Wafarin verliefen negativ. Die Nitrat-Untersuchung im Blutserum fiel negativ aus, in zwei Heuproben wurden < 0,5 g beziehungsweise < 0,7 g NO_3/kg Frischsubstanz nachgewiesen. Der Chloridgehalt im Kraftfutter lag bei < 0,3 %, im Mageninhalt wurden Cl-Werte von 450 mg beziehungsweise 560 mg/100 g nachgewiesen. Der Nitratgehalt betrug 0,2 mg/kg, die pH-Werte 1,8 beziehungsweise 2,0. Die Ammoniakwerte lagen bei beiden Tieren bei 20 mg/100 g Mageninhalt.

Diskussion

Berichte über das Vorkommen von Botulismus bei Haus- und Wildtieren liegen aus den verschiedensten Ländern vor. Die Erkrankung ist als eine Lebensmittel- beziehungsweise Futtermittelintoxi-

---

+) Herrn Dr. rer. nat. E. M e h n e r t , Fachbereichsleiter für Toxikologie am Bezirksinstitut für Veterinärwesen Rostock, gilt unser Dank für die Durchführung der Untersuchungen.

kation aufzufassen und wird durch die Aufnahme des Toxins von Clostridium botulinum verursacht (K ö h l e r et al., 1974). Die akute Krankheit mit dem Charakter einer Intoxikation wird am häufigsten bei Nerzen, Pferden, Rindern, Schafen und Vögeln beobachtet, seltener bei Schweinen, Hunden und Katzen (K u r z e j a et al., 1974). Klinisch ist die Erkrankung bei Tieren allgemein durch Schlingbeschwerden, Schlinglähmung, Zungenlähmung, allgemeine Bewegungsstörungen, Körperschwäche und Fieberlosigkeit gekennzeichnet.

Aus der jüngsten Vergangenheit liegen zwei Berichte vor, die über ein diesbezügliches Geschehen größeren Ausmaßes auf dem Gebiet der DDR Auskunft geben. F e i l e r et al. (1977) teilen ein Massensterben von Wasservögeln durch Botulismus auf der Potsdamer Havel im Sommer 1975 mit. K i u p e l et al. (1979) berichten über einen Botulismusausbruch bei Weiderindern. Die klinischen Symptome bei den Rindern wurden so typisch gefunden, daß bei eingehender Untersuchung die Verdachtsdiagnose sicher gestellt werden konnte. Hervorgehoben werden die progressive Parese der Gliedmaßen, die Pharynx- und Zungenlähmung sowie den ohne jede Exzitation eintretenden Tod erkrankter Tiere. Ähnliche Symptome wurden auch von anderer Seite beobachtet (R o s e n b e r g e r , 1970). Verursacht war die Erkrankung durch die Aufnahme von Toxin aus einem Abwassergraben. E n f o r s et al. (1975) konnten in Schweden den Ausbruch von Botulismus in einer Rinderherde auf einen im silierten Futter befindlichen Katzenkadaver zurückführen.
Botulismusfälle bei Tieren, die den Zootierarzt interessieren, sind in der zugänglichen Literatur spärlich verzeichnet. P r o v o s t et al. (1975) beschreiben eine Botulismus-Typ-C-Intoxikation bei Dromedaren. Die eine Hinterhandlähmung zeigenden Tiere hatten durch ein mazeriertes Ziegenfell verunreinigtes Brunnenwasser aufgenommen. E l z e (1962) teilt ein Krankheitsgeschehen bei Elefanten mit, das durch große Schwäche, Lähmungserscheinungen der Extremitäten, Kau- und Schluckbeschwerden, Salivation sowie verkrampft kontrahierte Gesichtsmuskulatur gekennzeichnet war. Auf Grund des Krankheitsverlaufs und der Therapie wurde "per exclusionem" die Verdachtsdiagnose Botulismus gestellt. Eine ätiologische Diagnose konnte nicht gestellt werden. G ö l t e n b o t h (1976) führt aus, daß auf Park- und Zooteichen Verluste unter Wassergeflügel durch Botulismus auftreten können. Das Toxin reichert sich vor allem im Schlamm seichter, sauerstoffarmer, alkalischer Gewässer an und wird besonders von Anatiden, aber auch Stelzvögeln, die im Schlamm herumstochern, aufgenommen.

In unseren Fällen erlaubte das rasant ablaufende Krankheitsgeschehen in vivo kaum eine klare Diagnosestellung. Selbst die differentialdiagnostische Abgrenzung war schwierig. Die bei "Rona" gemessene Temperatur wurde als mäßig erhöht eingeschätzt. Auch bei "Bani" lag die Temperatur über der oberen Norm. Diese Erhöhung konnte ihre Ursache aber auch im Erregungszustand des Tieres haben. Die bei der liegenden "Rona" gemessene Pulsfrequenz von 72/Min. mußte, auch unter Berücksichtigung der Tatsache, daß liegende Tiere eine höhere Frequenz haben als stehende (S a l z e r t , 1972), als krankhaft angesprochen werden. Auch bei "Bani", die vier Stunden nach Krankheitsbeginn zum Liegen gekommen war, schien diese Beurteilung angemessen. Bei diesem Tier war die Pulsfrequenz, am stehenden Tier mit 48/Min. gemessen, schon als leicht erhöht zu bezeichnen. Die Lähmung des Rüssels tritt bekanntermaßen als Symptom im Alter auf, sie ist aber auch Begleitsymptom mancher Erkrankung (E l z e , 1975). Der bei beiden Tieren vorhandene Kotabsatz machte das Vorliegen einer Kolik unwahrscheinlich. Die Salivation bei "Bani" ließ Schluckbeschwerden vermuten, sie konnte aber auch erregungsbedingt sein. Auf Grund der festgestellten Symptome bei beiden Tieren, insbesondere der an Intensität zunehmenden Dyspnoe, konnte eine Kreislaufinsuffizienz, in deren Folge sich eine Schwäche einstellte, zunächst als sicher angenommen werden. Der bei beiden Tieren registrierte ängstliche, starre Blick stellte sich ein, als die Patienten hochgradig moribund waren. Die bei "Bani" erhöhte Erregtheit erklärten wir uns zunächst als "psychisch bedingt" und sahen sie im Zusammenhang mit dem Tod der Elefantenkuh "Rona".

Das schnell ablaufende Krankheitsgeschehen bei zwei Tieren, fast mit gleicher Symptomatik, legte die Vermutung einer Vergiftung beziehungsweise das Vorliegen eines infektiösen Geschehens nahe. Der Umstand, daß beide Tiere nebeneinander standen, damit Kontakt hatten, und Futter von einem gemeinsamen Freßplatz aufgenommen wurde, vermochte diese Ansicht zu stärken. Die Kreislauftherapie samt den Aufstehversuchen war in beiden Fällen eine notwendige Maßnahme. Die Herstellung statisch-normaler Verhältnisse ist nach S t e u e r (1966) kreislaufverbessernd und in bestimmten Fällen lebensrettend. Die bei "Bani" durchgeführte Behandlung mit Antibiotika und Sulfonamiden sollte im Hinblick auf das mögliche Vorliegen einer Infektionskrankheit wirksam werden.

Bei retrograder Betrachtung der Fälle, insbesondere Patient 2, und unter Berücksichtigung der Literaturhinweise sprachen für perakuten Botulismus die Salivation, die Dyspnoe und der starre Blick. Bedingt auch das Unvermögen aufzustehen, was im Sinne einer Gliedmaßenlähmung zu verstehen wäre. Diese Symptomatik kann aber auch beim perakuten Milzbrand oder bei perakuter hämorrhagischer Septikämie auftreten, wobei wie S a l z e r t (1972) ausführt, diese Fälle oft uncharakteristisch verlaufen. Nach K ö h l e r et al. (1974) bleiben Botulismussporen in Tierkadavern über sechs Monate lebensfähig. Die Toxine sind in Knochen, faulenden Pflanzen, Silage und muffigem Heu monatelang haltbar. Bei Futtermitteln pflanzlicher Herkunft dürfte das Toxin meist von in Zersetzung befindlichen, Nagetieren oder anderen Tieren stammen. Das Toxin kann sich an eng begrenzten Stellen finden und wird dann auch nur von einzelnen Tieren aufgenommen. In der gemäßigten Klimazone kommt Botulismus fast ausschließlich in den warmen Sommermonaten vor. Eine starke Toxinbildung erfolgt nur bei durchschnittlichen Temperaturen zwischen 22 °C und 37 °C. Neuerdings konnten G r a h a s s e et al. (1978) bei 24 Möwen im Dezember in Schottland bei durchschnittlichen Temperaturen von 3,5 °C Botulismus nachweisen. Im März/April, bei Außentemperaturen von durchschnittlich 11,6 °C, konnte bei zwei Enten der Toxinnachweis erbracht werden. Die Autoren kamen auf Grund experimenteller Untersuchungen zu dem Ergebnis, daß das bei hohen Temperaturen gebildete Botulismustoxin in Wasser und Schlamm lange haltbar ist und im Winter und Frühjahr zu Vergiftungen führen kann.

In unseren Fällen gelang der Toxinnachweis in den untersuchten Futter- und Wasserproben nicht, was bei einer für Botulismus angegebenen Inkubationszeit von 12 Stunden bis 14 Tagen (K ö h l e r et al., 1974) nicht verwunderlich ist. Wahrscheinlich stammte auch in unseren Fällen das Toxin von einem einzelnen Kadaver und war nur an einer eng begrenzten Stelle im Grünfutter vorhanden. Diese Futterpartie wurde von beiden Tieren aufgenommen. Die Kontamination mit Toxin über Rattenkadaver kann nicht ausgeschlossen werden, weil eine Rattenbekämpfung durchgeführt worden war, was am Rande erwähnt werden soll.
Die Elefantenkuh "Bani" hat vermutlich das Toxin nicht nur mit dem Futter, sondern auch beim Umgang mit dem Kot vom früher verendeten Nachbartier aufgenommen. Die Toxinkonzentration war wahrscheinlich sehr hoch, und dies würde die rapide Verlaufsform erklären. Zur Vervollständigung der Differentialdiagnose ist zu bemerken, daß weitere zwei Elefanten und andere Pflanzenfresser mit gleichem Grünfutter versorgt worden sind. Krankheitserscheinungen wurden nicht beobachtet.

Schlußbetrachtung

Bei der Wertung aller erhobenen Befunde kommen wir zu folgender Aussage: Klinische Symptome bei Elefanten, wie Salivation, Dyspnoe, starrer, ängstlicher Blick, Schlaffheit des Rüssels sowie Unvermögen, sich stehend zu halten, weisen wenig Spezifität für die besprochene Erkrankung auf. Auch unter unseren Klimabedingungen sollte differentialdiagnostisch an Botulismus gedacht werden. Die spärlichen pathologisch-anatomischen Aussagen, aus denen sich lediglich Hinweise auf eine Intoxikation ableiten lassen, sollten immer durch eine histologische Untersuchung ergänzt werden. Besonderen Wert messen wir der Gehirnuntersuchung bei. Eine bakteriologische Untersuchung führt in solchen Fällen zu keinem Ergebnis. Sie ist immer durch einen Toxinnachweisversuch mit verschiedenen Proben (Blut, Leber, Magendarminhalt), an Mäusen durchgeführt, zu ergänzen.

Zusammenfassung:

Ein Beitrag zum Botulismus bei Elefanten

Es wird über eine Intoxikation mit tödlichem Ausgang bei zwei Elefanten (Elephas maximus) berichtet. Im Tierversuch konnte der Nachweis einer Clostridium botulinum-Intoxikation erbracht werden. Klinische Befunde und Probleme der Diagnostik werden diskutiert.

Summary:

Botulism in Elephants

Intoxication followed by the deaths of two elephants (Elephas maximus) is reported in this paper. Experimental evidence was established to the presence of Clostridium botulinum intoxication. Clinical findings are discussed together with aspects relating to diagnosis.

Résumé:

Idées sur le botulismus chez les éléphants

L'auteur décrit une intoxication mortelle de deux éléphants (Elephas maximus). Les analyses sur les animaux ont permis de montrer qu'ils avaient été intoxiqués par le Clostridium botulinum. Ensuite, il discute des aspects cliniques et des problèmes du diagnostic.

Резюме:

К ботулизме у слонов

Сообщается о интоксикации с смертельном исходе у двух слонов (Elaphas maximus). В опыте с животными удалось установить Clostridium botulinum - интоксикацию. Обсуждаются клиничческие данные и проблемы диагностики.

Literatur:

ELZE, K. (1962): Über eine unter dem klinischen Bild des Botulismus verlaufene Erkrankung beim Elefanten. Nord. Vet.-Med. 14, Bd.1, 259-271.

ELZE, K. (1975): Grundlagen der Hygiene und Krankheitslehre. In: Wildtiere in Menschenhand. Berlin: VEB Deutscher Landwirtschaftsverlag, 337.

ENFORS, E., GUNNARSON, A., HURELL, B. und N. RINGARP (1975): Ett utbrot av botulism, orsakat av Clostridium botulinum typ C, hos nötkreatur. Svensk Veter.-Tidn., Stockholm, 27, 333-359.

FEILER, M. und B. KÖHLER (1977): Massensterben von Wasservögeln durch Botulismus auf der Potsdamer Havel im Sommer 1975. Der Falke 24, 226-239.

GÖLTENBOTH, R. (1976): Klös, H.-G. und E. M. Lang: Zootierkrankheiten. Berlin-Hamburg: Paul Parey, 277.

GRAHASSE, J. M., SMITH, G. R. and E. D. BORLAND (1978): Avian Botulismus in winter and spring and the stability of Cl. botulinum Typ C toxin. Vet. Rec. 102, 40-41.

KIUPEL, H., SEILS, G. und A. RADTKE (1979): Ein Beitrag zur Diagnostik und Differentialdiagnostik plötzlicher Todesfälle bei Weiderindern. Mh. Vet-med. 34, 164-168.

KÖHLER, B. und J. BEER (1974): Infektionskrankheiten der Haustiere, Teil II. Jena: Gustav Fischer.

KURZEJA, K. und H. DZIOBKIEWICZ (1974): Przypadek enzootii botulizmu u lisow srebrzystych. Med. weter. Warszawa, 30, 226-227.

PROVOST, A., HAAS, P. und M. DEMBELLE (1975): Premiers cas au Tchad de botulisme animal (type C): intoxination de dromadaires par l'eau d'un puits. Rev. Elevage Med. veter. Paystrop (N.S.), Paris, 28, 9-11.

ROSENBERGER, G. (1970): Krankheiten des Rindes. Berlin-Hamburg: Paul Parey.

SALZERT, W. (1972): Elefanten ihre Pathologie und den Tiergärtner interessierende physiologische Daten. Hannover: Vet. med. Diss.

STEUER, H. (1966): Statische Maßnahmen beim festliegenden Elefanten unter Beachtung des Betzold-Jarisch-Reflexes und zur Ausschaltung des Goltz'schen Reflexes. Verhandlungsber. VIII. Internat. Symp. Erkrankungen Zootiere, Leipzig, 175-179.

Anschrift der Verfasser: VR Dr. med. vet. Chr. G a r l t
DDR 25 Rostock, Thierfelderstr. 18/19 (DDR)

Aus dem Institut für Pathologie der Veterinärmedizinischen Fakultät Zagreb (Vorstand: Prof. Dr. B. M a ŕ a n) und dem Zoologischen Garten der Stadt Zagreb (Direktor: I. H u b e r)

EITRIGE MASTITIS UND SPEISERÖHRENKANDIDOSE BEI EINEM KALIFORNISCHEN SEELÖWEN

Von M. H e r c e g , M. Š k r e b l i n und I. H u b e r

In der uns zugänglichen Literatur konnten wir keine Mitteilungen über Mastitiden oder andere Erkrankungen der Milchdrüse bei Kalifornischen Seelöwen finden. Aus diesem Grunde dürfte der von uns beobachtete Fall mitteilenswert sein.

Am 6. Februar 1978 wurden wir informiert, daß ein weiblicher Kalifornischer Seelöwe trotz Nahrungsaufnahme seit einiger Zeit immer magerer wird. Die klinische Untersuchung ergab einen verhältnismäßig schlechten Ernährungszustand sowie eine Wunde vor dem linken Schultergelenk. Die Wunde hatte die Größe einer Kinderhandfläche sowie eine unregelmäßige Form und geschwollene Ränder, die der Unterlage nicht anhafteten. In der Tiefe war nekrotisches Fettgewebe nachweisbar. Nach chirurgischer Behandlung und mehrmaliger parenteraler Verabreichung von Antibiotika normalisierte sich der Allgemeinzustand des Tieres, während die Wunde langsam, aber fast vollkommen verheilte. Am 7. März wurde das Weibchen dann plötzlich unruhig und starb nach kurzer Agonie.

Die Sektion ergab eine vorwiegend diffuse eitrige Mastitis und stellenweise Nekrosen im Milchdrüsengewebe, von dessen Schnittfläche dicker gelber Eiter von rahmähnlicher Konsistenz abfloß. Der phlegmonöse eitrige Prozeß erstreckte sich auch auf das umliegende Fettgewebe der Unterhaut. Es war ein Abszeß entstanden, der an zwei Stellen Fistelbildungen aufwies. Die Organe waren geschwollen und hyperämisch. Die Leber zeigte eine parenchymatöse Hepatitis. Ferner wurden eine Tubulinephrose, eine Herzmuskeldegeneration, ein Lungenödem und eine desquamative Bronchitis festgestellt. Die Milz wies eine retikuläre Hyperplasie und Hämosiderose auf. Außerdem war in der Speiseröhre eine diffuse, nekrotisierende, desquamative Ösophagitis zu beobachten.

Die histologische Untersuchung bestätigte die Diagnose einer eitrigen, zum Teil abszedierenden und nekrotisierenden Mastitis mit eitrigem Exsudat in den Alveolen und Kanälchen der Milchdrüse. In der veränderten Schleimhaut der Speiseröhre konnten histologisch massenhaft Hefepilze nachgewiesen werden.

Die bakteriologische Untersuchung der veränderten Milchdrüse führte zum Nachweis eines Koagulase-positiven Staphylococcus aureus-Stammes in Reinkultur. Der gleiche Mikroorganismus, jedoch in geringerer Anzahl, wurde aus den inneren Organen isoliert. Aus den Veränderungen in der Speiseröhre wurde Candida albicans nachgewiesen.

Diskussion

Da die erwähnte Wunde während der Krankheit entdeckt wurde, könnte auch die beschriebene Mastitis traumatischen Ursprungs gewesen sein, obwohl die diffuse Galaktophoritis und Mastitis sowie die Isolierung von Staphylococcus aureus in Reinkultur dagegen sprechen. Dieser Fall ist auch deshalb interessant, da gleichzeitig eine durch Candida albicans bedingte Ösophagitis festgestellt wurde, die, wie wir annehmen, die Folgeerscheinung einer intensiven Antibiotikabehandlung war.

Zusammenfassung:

Eitrige Mastitis und Speiseröhrenkandidose bei einem Kalifornischen Seelöwen

Es wird eine eitrige Staphylokokken-Mastitis bei einem Kalifornischen Seelöwen beschrieben, bei dem außerdem eine durch Candida albicans verursachte Ösophagitis nach intensiver Behandlung mit Antibiotika beobachtet wurde.

Summary:

Purulent Mastitis and Oesophageal Candidiasis in Californian Sea Lion
Purulent staphylococcal mastitis in a Californian sea lion is reported in this paper. Recorded from the same animal was oesophagitis caused by candida albicans following intensive antibiotic therapy.

Résumé:

Mastite purulente et oesophagite à Candida chez un lion de mer de Californie
Les auteurs font état d'une staphylococcie chez une otarie chez laquelle s'est développée une oesophagite à Candida albicans à la suite d'un traitement intense aux antibiotiques.

Резюме:

Гнойный мастит и кандидозный эзофагит у калифорнийского морского льва
В работе показан случай стафилококного гнойного мастита у самки калифорнийского морского льва, у которой в результате антибиотической терапии и общей слабости организма развился кандидозный эзофагит.

Literatur:

KLÖS, H. G. und E. M. LANG (1976): Zootierkrankheiten. Berlin-Hamburg: Paul Parey.

Anschrift der Verfasser: Dr. M. Herceg,
Veterinärmedizinische Fakultät der Universität Zagreb
Heinzelova 55
41 000 Zagreb (SFR Jugoslawien)

Aus dem Staatlichen Veterinäruntersuchungsamt Frankfurt a. M. (Direktor: Prof. Dr. G. Wachendörfer)

MÖGLICHKEITEN DER PSITTAKOSETHERAPIE UND -PROPHYLAXE UNTER BERÜCKSICHTIGUNG NEUERER VERSUCHSERGEBNISSE

Von W. Lüthgen

Seit den grundlegenden Arbeiten der Arbeitsgruppe um K. F. Meyer haben die Tetracycline in der Chemoprophylaxe und -therapie der Psittakose bei Papageien und Sittichen eine dominierende Stellung erlangt (Arnstein und Meyer, 1966; Arnstein et al., 1968; Arnstein et al., 1969; Doherty et al., 1961; Meyer und Eddie, 1955; Meyer et al., 1958; Meyer, 1962). Über die besondere Bedeutung des Chlortetracyclins (CTC) wurde später vor allem im deutschsprachigen Schrifttum berichtet (Lüthgen, 1972; Wachendörfer, 1969a, 1969b, 1970, 1973; Wachendörfer et al., 1973; Wachendörfer und Lüthgen, 1974a, 1974b). Dabei zeigte sich, daß allein eine kontinuierliche Applikation des CTC über das Futter zu ausreichenden Blutspiegeln führt, während eine Behandlung über das Trinkwasser mit löslichen Tetracyclinpräparaten als unzureichend angesehen werden muß (Wachendörfer, 1972).

Nach den bisherigen Erfahrungen liegt ein therapeutisch wirksamer Blutspiegel bei 1,0 mcg CTC/ml Blut und höher (Arnstein und Meyer, 1966; Arnstein et al., 1968; Wachendörfer, 1972), der über einen längeren Zeitraum erhalten bleiben muß. Bei Wellensittichen werden hierfür 30 Tage als ausreichend angesehen (Arnstein und Meyer, 1966; Arnstein et al., 1968; Lüthgen, 1972; Wachendörfer, 1972), während bei allen übrigen Psittaciden eine 45tägige Behandlung erforderlich ist. Die Ende der 60er und zu Beginn der 70er Jahre in Frankfurt in ausgedehnten experimentellen und Feldversuchen erarbeiteten Ergebnisse (Wachendörfer, 1969a, 1969b; Wachendörfer et al., 1973; Wachendörfer und Lüthgen, 1974) wurden zuletzt 1975 vom Gesetzgeber in der Bundesrepublik Deutschland in einer Neufassung der Psittakoseverordnung und der Papageieneinfuhrverordnung berücksichtigt. Danach werden Wellensittiche kontinuierlich 30 Tage mit einem Fütterungsmittel auf der Basis geschälter Hirse, die 500 ppm CTC enthält, behandelt, das unter dem Namen "Dr. Marten's Aviour" im Handel ist. Für alle übrigen körnerfressenden Papageien und Sittiche werden Fütterungsarzneimittel eingesetzt, die 5000 ppm CTC enthalten müssen. Hierfür stehen zwei handelsübliche pelletierte Fütterungsarzneimittel zur Verfügung, die unter dem Handelsnamen "Psittavit" und "Psittacin" vertrieben werden.

Diese sollten vorzugsweise eingesetzt werden, da bei ihrer alleinigen Verwendung kaum Probleme mit einer Unterdosierung auftreten können. Diese Medizinalfutter zeichnen sich nach den vorliegenden mehrjährigen Erfahrungen durch gute Palatabilität und hohe Wirksamkeit aus. Darüber hinaus besteht noch die Möglichkeit, durch Zumischung des Prämix "Aureomycin(R)-Chlortetracyclin Mix 66" zu einem Grundfutter aus gedämpftem Reis- und Körnergemisch eine orale Therapie durchzuführen. Wie die Erfahrungen der letzten Jahre gezeigt haben, ist die täglich erforderliche, jedoch allenfalls nur stichprobenartig kontrollierbare, Zumischung des Prämix durch den Laien nicht generell gegeben (Wachendörfer und Lüthgen, 1974b). So führt einerseits die fehlerhafte Zubereitung des medikierten Futters zu Komplikationen bei der Futteraufnahme und zu Ungenauigkeiten in der Dosierung, andererseits werden aus Kostengründen - besonders in Quarantänestationen - vielfach bewußt Unterdosierungen vorgenommen. Auf den Einsatz des Prämix kann jedoch bei den überwiegend auf Früchte spezialisierten Psittacidenarten nicht verzichtet werden, da diese die Aufnahme der pelletierten Fütterungsarzneimittel verweigern und somit alsbald einer Unterernährung erliegen würden.

Bei den Nektar aufnehmenden Psittaciden konnten von amerikanischen Autoren bei begrenzten Versuchen bereits nach einer Dosierung von 500 ppm CTC in einer Honig enthaltenden flüssigen Kost wirksame Blutspiegel ermittelt werden (Arnstein et al., 1969). Weitere Untersuchungen bei diesen Spezies liegen unseres Wissens nicht vor.

In allen Fällen einer oralen Chlortetracyclintherapie und -prophylaxe werden sich Storungen der Darmflora nicht immer vermeiden lassen. Den dadurch bedingten Verlusten sollte durch eine zusätzliche Verabfolgung von Vitamin-Konzentraten (insbesondere B-Komplex, C und K) im Trinkwasser vorgebeugt werden.
Eine Zusammenfassung der gegenwärtig auf Grund tierseuchenrechtlicher Bestimmungen in der Bundesrepublik Deutschland gegebenen Möglichkeiten der Therapie und Prophylaxe bei Papageien und Sittichen findet sich in Tabelle 1.

Die Erfahrungen der letzten Jahre haben gezeigt, daß die Behandlung bei Wellensittichen mit dem "Dr. Marten's Avicur" weitgehend unproblematisch ist.
Bei den überwiegend im Handel befindlichen körnerfressenden Papageien und Sittichen bereitet eine Therapie mit den pelletierten Fütterungsarzneimitteln "Psittavit" und "Psittacin" ebenfalls kaum Schwierigkeiten, wobei die besten Erfahrungen bei Graupapageien, Amazonen, Aras (nicht alle Arten), Mohrenkopfpapageien, Mönchsittichen, Edelsittichen sowie einigen weniger im Handel befindlichen Arten wie Nandaysittichen, Maximiliansittichen und Kongopapageien vorliegen.
Dagegen haben sich die anfänglich guten Erfolge (W a c h e n d ö r f e r et al., 1973; W a c h e n d ö r f e r und L ü t h g e n , 1974a) bei der Mehrzahl der Unzertrennlichen (Agaporniden) nicht bestätigt. Als Problemvögel wurden darüber hinaus die weit verbreiteten Nymphensittiche sowie andere, als Futterspezialisten anzusehende Papageien- und Sitticharten erkannt.
Durch Ausweichen auf die in den tierseuchenrechtlichen Bestimmungen gegebene Möglichkeit des Einsatzes des Prämix "Aureomycin(R)-Chlortetracyclin Mix 66" als Bestandteil einer der jeweiligen Spezies angepaßten Futtergrundlage konnte ein Teil der Probleme gelöst werden. Jedoch traten weiterhin bei Agaporniden wie auch bei Nymphensittichen während der 45tägigen Behandlungsdauer höhere Verluste auf, die entweder auf eine Futterverweigerung, wie bei den Nymphensittichen, oder auf eine offensichtlich nicht artgerechte Fütterung, wie bei den Agaporniden, zurückgeführt werden konnten. Darüber hinaus scheinen bei einzelnen Spezies artspezifische Resorptions- und Stoffwechselverhältnisse vorzuliegen, so daß - schon aus Tierschutzgründen - eine weitere Differenzierung der bisher vorgeschriebenen Behandlungsmethoden notwendig erschien.
Hinweise auf unterschiedliche Resorptionsverhältnisse lassen sich bereits aus den Untersuchungen von W a c h e n d ö r f e r et al. (1973) sowie W a c h e n d ö r f e r und L ü t h g e n (1974a, 1974b) ableiten, die bei gleicher Fütterung mit pelletierten Fütterungsarzneimitteln erhebliche Differenzen in den CTC-Blutspiegeln bei verschiedenen Arten feststellen konnten. Extrem hohe Werte fanden sich bei den Brotogeris-Arten.
Es lag daher nahe, den Einsatz von Fütterungsarzneimitteln zu testen, deren CTC-Gehalt zwischen den Werten für Wellensittiche (500 ppm) und für alle anderen körnerfressenden Papageien und Sittiche (5000 ppm) lag.
Darüber hinaus sollte möglichst ein Futtermittel als Träger des CTC eingesetzt werden, welches von den für diese Versuche vorgesehenen Agaporniden akzeptiert und ausreichend verwertet wurde. Auf Grund orientierender Vorversuche zeigte sich bald, daß die als Basis von "Dr. Marten's Avicur" bei Wellensittichen eingesetzte geschälte La Plata-Hirse von den Agaporniden nur bedingt aufgenommen wurde, während die etwas größere Silberhirse auch in geschälter Form angenommen wurde.
Weiterhin wurde in orientierenden Vorversuchen mit kleinen Gruppen die Möglichkeit der Reduzierung des CTC-Gehaltes überprüft, wobei sich bald zeigte, daß sich bereits bei einer Dosierung zwischen 1500 und 2000 ppm CTC bei Agaporniden Blutspiegel erreichen lassen, die über den therapeutischen Wert von 1,0 mcg CTC/ml Blut liegen.
Diese Beobachtungen bestätigten sich in ausgedehnten Feldversuchen bei verschiedenen importierten Agapornis-Arten (L ü t h g e n et al., 1979a).
In drei Versuchsreihen wurden eine größere Anzahl Agaporniden mit einem Fütterungsarzneimittel behandelt, das auf der Basis von Silberhirse, oder einem Gemisch von 50 % Silberhirse und 50 % geschältem Hafer, zirka 2000 bis 2400 ppm CTC (je nach Charge) enthielt. Jeweils am 10., 20., 30. und 40. Versuchstag wurden von 10 % der Tiere Blutproben gezogen und der CTC-Gehalt

Tab. 1. Möglichkeiten der Behandlung von Psittaciden gegen die Psittakose auf Grund tierseuchenrechtlicher Bestimmungen in der Bundesrepublik Deutschland (Stand : 1. 1. 1979)

Spezies	Dosierung in ppm	Behandlungsdauer in Tagen	Art des Präparates bzw. Applikation	Handelsname	Hersteller
Wellensittiche	500	30	Geschälte medikierte Hirse	Dr.Marten's Avicur	Oberhausener Kraftfutterwerk Oberhausen/Rhld.
Ausschließlich Nektar aufnehmende Psittaciden	5000 +)	45	CTC-Reinsubstanz gelöst in Honig enthaltender Flüssigkeit	Aureomycin(R)	Cyanamid GmbH Wolfratshausen
überwiegend auf Früchte spezialisierte Psittaciden	5000	45	Prämix	Aureomycin(R)-Chlortetracyclin Mix 66	Cyanamid GmbH Wolfratshausen
übrige Sittiche und Papageien	5000	45	Prämix	Aureomycin(R)-Chlortetracyclin Mix 66	Cyanamid GmbH Wolfratshausen
	5000	45	Medikierte Futterpellets	Psittacin	Oberhausener Kraftfutterwerk Oberhausen/Rhld.
	5000	45	Medikierte Futterpellets	Psittavit	Fa. Claus Limburgerhof/Pfalz

+) nach Arnstein et al. (1969) : 500 ppm

bestimmt. Die Ergebbisse sind in Tabelle 2 zusammengefaßt.

Tab. 2. Mittlere Blutspiegel bei Agaporniden nach Applikation eines CTC - haltigen Fütterungsarzneimittels (mcg / ml Blut)

Versuchs-tag	Versuch 1 (n = 80) Futter : La Platahirse	Versuch 2 (n = 58) Futter: Silberhirse	Versuch 3 (n = 100) Futter: Silberhirse und geschälter Hafer
10.	1,2	1,4	1,0
20.	0,9	1,5	1,3
30.	1,1	1,3	1,2
40.	1,3	1,3	1,1

Die Versuche wurden ohne Tierverluste abgeschlossen und ergaben eine gute Verträglichkeit des eingesetzten Fütterungsarzneimittels.
Es handelte sich dabei um Kollektive, die sich durch die parallel durchgeführten Überprüfungen der Faeces als frei von Psittakose erwiesen.
Zwischenzeitlich konnte dieses Fütterungsarzneimittel, bestehend aus einem Gemisch von Silberhirse und geschältem Hafer zu gleichen Teilen mit einem CTC-Gehalt zwischen 2000 und 2400 ppm, auch in einigen psittakoseverseuchten Inlandszuchten eingesetzt werden.
Die Überprüfung der Blutspiegel ergab ähnliche Werte wie bei den kontrollierten Versuchen. Daneben konnte, soweit die Untersuchungen abgeschlossen sind, eine vollständige Eliminierung des Psittakoseerregers in den betroffenen Beständen festgestellt werden. Weitere Untersuchungen erscheinen unseres Erachtens jedoch erforderlich, um die bisher vorliegenden positiven Ergebnisse zu bestätigen.
Während somit die Behandlung infizierter Agapornidenbestände gelöst sein dürfte, ist das Problem bei den Nymphensittichen noch nicht abschließend geklärt. Erste Versuche in verseuchten Beständen zeigten zwar ebenfalls, daß die Mehrzahl der Tiere ein Körnergemisch aus Silberhirse und geschältem Hafer akzeptiert. In anderen Fällen mußte jedoch ein Fütterungsausgleich mit einem medikierten Eifutter erfolgen.
Auch bei dieser Spezies konnten bereits mit CTC-Dosierungen, die um die Hälfte im Vergleich zu den bisher geforderten Werten reduziert waren (zirka 2000 bis 2500 ppm CTC), ausreichende Blutspiegel erreicht werden. Jedoch liegen hierfür noch zu geringe Zahlen vor, um eine allgemeingültige Aussage machen zu können.
Versuche bei weiteren Spezies, insbesondere den Brotogeris - Arten, stehen noch völlig aus.
Als mögliche Alternative wurden in der Klinik für Krankheiten des Haus- und Wildgeflügels in München die Möglichkeiten einer parenteralen Behandlung mit Langzeit-Tetracyclinen getestet.
Hierfür eignen sich nach ersten Untersuchungen das Minocyclin und das Doxycyclin (T e i c h - m a n n , 1976; Z e h , 1976; J a c o b y , 1978). Bei Versuchen mit Nymphensittichen und Agaporniden konnten bei Injektionsintervallen von mehreren (bis zu sieben) Tagen bei einer Dosierung von 75 mg Wirkstoff/kg Körpergewicht Blutspiegel erreicht werden, die kontinuierlich über 1 mcg/ml Blut lagen.
In eigenen Versuchen wurde zunächst der Einsatz des Doxycyclins bei Wellensittichen in einer Dosierung von 2 mg/Vogel bei einem fünftägigen Injektionsintervall getestet, wobei sich die grundsätzliche Brauchbarkeit des Verfahrens erwies (vergleiche Abb. 1). Die gewählte Dosierung erwies sich jedoch für ein fünftägiges Behandlungsintervall noch als zu niedrig. Wie auch bei Untersuchungen von J a c o b y (1978) erkennbar, nimmt die Ausscheidungsrate des Tetracyclins zum Behandlungsende hin zu, der gegebenenfalls durch Erhöhung der Dosis oder Verkürzung des Behandlungsintervalls begegnet werden muß.

Weitere Untersuchungen erfolgten an einem Kollektiv von 53 Kakadus, die als Futterspezialisten zu den Problemvögeln in der Importquarantäne zählen. Bei einer Dosierung von 60 mg/kg KGW konnte bei einem fünftägigen Behandlungsintervall, das ab dem 28. Versuchstag auf vier Tage verkürzt wurde, ein ausreichender Blutspiegel erreicht werden (Abb. 2) (L ü t h g e n et al. 1979b).
In allen Versuchen handelte es sich jedoch stets um Vögel, bei denen sich im Rahmen der parallel durchgeführten Untersuchungen zeigte, daß sie bereits zu Beginn der Injektionstherapie frei von Psittakose waren. Somit war eine Aussage lediglich über die erreichbaren Blutspiegel, jedoch nicht über die Wirksamkeit des Doxycyclins auf die Chlamydien möglich.
Hierfür standen uns in letzter Zeit zwei gemischte Kollektive aus verseuchten Zoohandlungen zur Verfügung, wobei es sich um insgesamt 40 Wellensittiche, 7 Agaporniden, 3 Edelsittiche (1 Pflaumenkopfsittich und 2 Halsbandsittiche), 2 Gelbnacken-Zwergaras, 2 Graupapageien, 2 Amazonen, 9 Nymphensittiche und 1 Coenurus handelte. Die Vögel wurden in kleinen Kollektiven (2 bis 5 Tiere) in Käfigen gehalten und zunächst die Chlamydienausscheidung über die Faeces kontrolliert, wobei in der Mehrzahl der Käfige eine Erregerausscheidung bei den uns zur Verfügung gestellten Vögeln bestätigt werden konnte.
Die parenterale Behandlung durch intramuskuläre Injektion von Doxycyclin (Vibravenös(R) - Pfizer, Karlsruhe) erfolgte in fünf- bis sechstägigem Abstand, wobei gleichzeitig durch Entnahme von Blutproben die erreichbaren Blutspiegel überprüft wurden (Abb. 3).
Nach Abschluß der Behandlung erfolgte die Wirksamkeitskontrolle durch Untersuchung von Faecesproben sowie durch die Organuntersuchung von zirka 50 % der Vögel, die zu diesem Zweck getötet worden waren. In keinem Fall gelang die Isolierung von Chlamydien, so daß aus diesem, allerdings noch nicht sehr umfangreichen Testversuch auch die mögliche Wirksamkeit einer parenteralen Psittakosetherapie mit Doxycyclin abgeleitet werden könnte.

Schlußfolgerung

Die bisherigen Untersuchungen an verschiedenen Stellen haben die dominierende Stellung der Tetracycline in der Bekämpfung der Psittakose bestätigt, wobei es das Ziel aller Behandlungsverfahren sein muß, über einen langen Zeitraum einen kontinuierlichen Blutspiegel von 1 mcg Tetracyclin/ml Blut zu erhalten. Hierfür eignet sich nach wie vor am besten die orale Applikation über das Futter, insbesondere, wenn es sich um größere Importkollektive handelt. Für die wichtigsten der importierten Papageien- und Sitticharten stehen hierfür standardisierte Fütterungsarzneimittel zur Verfügung.
Die unterschiedlichen Nahrungsbedürfnisse sowie offensichtliche Stoffwechselunterschiede bei verschiedenen Spezies machen es jedoch erforderlich, abweichend von den bisher zur Verfügung stehenden Fütterungsarzneimitteln, ein differenzierteres Angebot zur Verfügung zu haben, das in Futterbasis und im CTC-Gehalt den Erfordernissen einzelner Spezies besser angepaßt ist. Auf diesem Wege gelingt es, den bisher als Problemvögel angesehenen Agaporniden ein angemessenes Fütterungsarzneimittel anzubieten.
Mit einer parenteralen Tetracyclinapplikation bei Verwendung eines Langzeittetracyclins lassen sich auch die Vögel behandeln, die bisher einer oralen Behandlung mit einem Fütterungsarzneimittel noch Widerstand entgegengesetzt haben, wie zum Beispiel vielfach die Kakadus (und Hyazinthara), vorausgesetzt, daß die Wirksamkeit des Doxycyclins noch in experimentellen Untersuchungen bestätigt wird.
Dieses Verfahren ist jedoch in erster Linie für Einzelvögel oder kleine Gruppen bestimmt, da die Tiere etwa alle fünf Tage für die Injektion gefangen werden müssen. Als Folge der parenteralen Doxycyclininjektion ist eine etwa eintägige Abgeschlagenheit mit Reduktion der Futteraufnahme zu beobachten. Sonstige klinische Nebenwirkungen treten nicht auf. Die Vögel können darüber hinaus, zumindestens für die Dauer der Behandlung, das Vertrauen zum Menschen, als dessen möglicher Lebensgefährte sie oft dienen sollen, verlieren.
Es wird daher der Entscheidung des Einzelfalles überlassen bleiben müssen, welches Verfahren zur Bekämpfung der Psittakose bei Papageien und Sittichen eingesetzt werden soll.

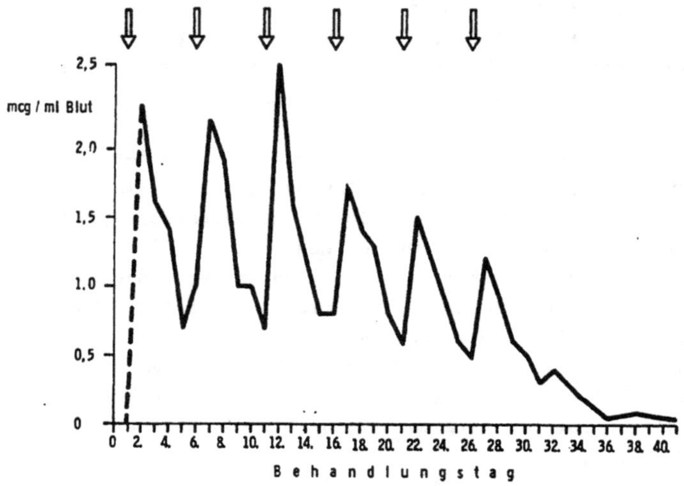

Mittlere Blutspiegel nach intramuskulärer Applikation von Doxycyclin bei Wellensittichen (Mittelwert von jeweils 4 Tieren - n = 42 - Dosis: 2 mg)

Mittlere Blutspiegel nach intramuskulärer Applikation von Doxycyclin bei Wellensittichen (Mittelwert von jeweils 4 Tieren - N = 40 - Dosis: 5 mg pro Vogel = 125 mg/kg/KGW) sowie Einzelblutspiegel diverser anderer Spezies - Behandlung in einem infizierten Kollektiv.

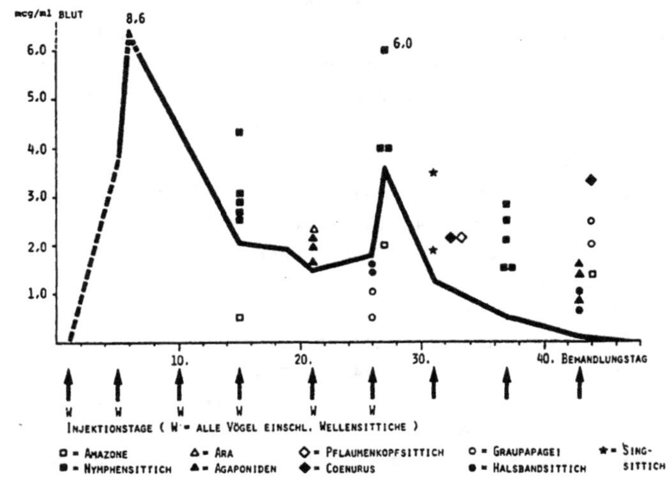

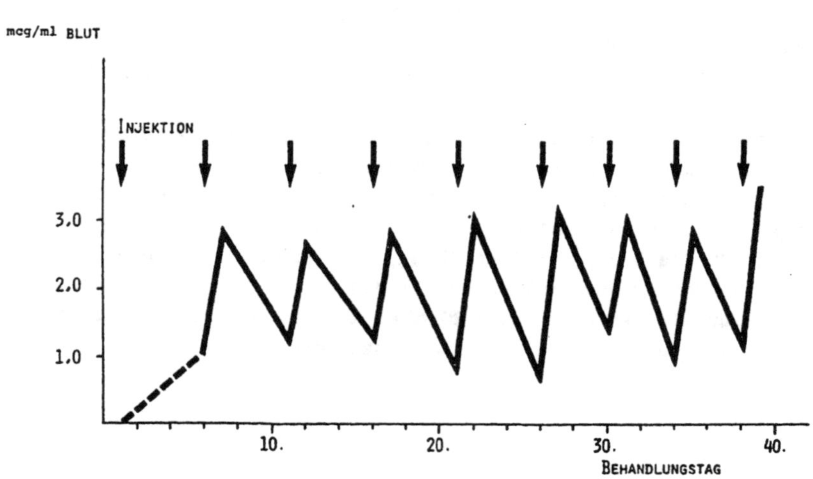

Mittlere Blutspiegel nach intramuskulärer Applikation von Doxycyclin bei Kakadus (kleine und mittlere Gelbhauben- sowie Goffini-Nacktaugenkakadus). Mittelwert von jeweils 3 Tieren - N = 53 - Dosis 60 mg/kg/KGW

Zusammenfassung:

Möglichkeiten der Psittakosetherapie und -prophylaxe unter Berücksichtigung neuerer Versuchsergebnisse

Zur Bekämpfung der Psittakose bei Papageien und Sittichen ist bei oraler Applikation das Chlortetracyclin das Mittel der Wahl. Die Dosierung liegt zwischen 500 und 5000 ppm, wobei verschiedene Fütterungsarzneimittel zur Verfügung stehen, die den unterschiedlichen Bedürfnissen der einzelnen Spezis angepaßt sind. Daneben erscheint bei Einzelvögeln oder kleinen Kollektiven eine wirksame parenterale Applikation mit dem Langzeittetracyclin Doxycyclin möglich bei einem zirka fünftägigen Abstand der einzelnen Injektionen. Die Behandlungsdauer beträgt 30 Tage für Wellensittiche und 45 Tage für alle anderen Arten.

Summary:

Possibilities for Therapy and Prophylaxis against Psittacosis with Reference to Recent Experimental Results

Chlorotetracycline has proved to be the best option for oral treatment of psittacosis in parrot and parakeet. Doses should be between 500 and 5,000 ppm, with several feedborne medicaments being available to meet differentiated preferences of species. Parenteral application of doxycycline, a long-acting tetracycline, seems to be possible, as well, when it comes to individual birds or small groups. The interval between two injections then should be approximately five days. The necessary periods of treatment are 30 days for budgerigar and 45 days for all other species.

Résumé:

Les possibilités nouvelles qui s'offrent au traitement et à la prophylaxie de la psittacose à la suite de nouveaux résultats expérimentaux

La chlorure de tetracycline, appliquée oralement, se prête particulièrement pour combattre la psittacose chez les perroquets et les perruches. Son dosage varie entre 500 et 5000 ppm tout en tenant compte du fait qu'il y a divers aliments enrichis de médicaments adaptés aux besoins différenciés des différentes espèces. Par ailleurs, il paraît que l'application parenterale de Doxycycline, contenant la tetracycline à effet retardataire, présente des avantages permettant de traiter les oiseaux solitaires ou de petits groupes d'oiseaux à condition que les différentes injections se fassent à peu près tous les cinq jours. La durée du traitement est de 30 jours pour les perruches et de 45 jours pour toutes les autres espèces.

Резюме:

Болезнь пситтакоз - возможности ее терапии и профилактики на основе новых исследований

Как средство выбора при пситтакозе попугаев при оральной аппликации утвердился хлортетрациклин. Дозировка лежит между 500 и 5000 ppm, причем существуют различные лекарства для дачи с пищью, которые удовлетворяют различные потребности различных видов. Кроме того кажется возможна парентеральная аппликация долгодействующего тетрациклина "Doxycyclin" у отдельных птиц или в маленьких коллективах в расстояние 5 дней. Срок лечения составляет 30 дней для волнистого попугайчика и 45 дней для всех остальных видов.

Literatur:

ARNSTEIN, P. and K. F. MEYER (1966): Psittacosis-Ornithosis in: Current Vet.-Therap.III, 371-375. Philadelphia: Saunders Co.

ARNSTEIN, P., EDDIE, B. and K. F. MEYER (1968): Control of Psittacosis by Group Chemotherapy of Infected Parrots. Am. J. Vet. Res. 29, 2213-2227.

ARNSTEIN, P., BUCHMAN, W. G., EDDIE, B. and K. F. MEYER (1969): Chlortetracycline Chemotherapy for Nectar-Feeding Psittacine Birds. J.Am.Vet.Med.Ass.154, 190-191.

DOHERTY, R. L., CARLEY, J. G., LEE, P. E., MEYER, K. F. and E. EDDIE (1961): The Effect of Chlortetracycline on Australian Parrots Naturally Infected with Psittacosis. Med. J. Austr. 2, 134-139.

JAKOBY, J. R. (1978): Die Psittakoseprophylaxe bei Agaporniden durch intramuskuläre Verabreichung von Doxycyclin. Prakt. Tierarzt 59, 206.

LÜTHGEN, W. (1972): Aktuelle Fragen zur Ornithose/Psittakosebekämpfung. Ärztliche Praxis 24, 2298-2302 und 2345 - 2352.

LÜTHGEN, W., BRETSCHNEIDER, J. und G. WACHENDÖRFER (1979a): Psittakosetherapie und-prophylaxe bei Agaporniden, Nymphensittichen und anderen Problemvögeln. Vortrag anl. einer Tagung über Vogelkrankheiten in München am 7./8. 3. 1979.

LÜTHGEN, W., SCHULZ, W. und K. W. HAUSER (1979b): Versuche zur parenteralen Doxycyclinapplikation bei Kakadus - Möglichkeiten einer Psittakoseprophylaxe? Prakt.Tierarzt (in Vorbereitung).

MEYER, K. F. and B. EDDIE (1955): Chemotherapy of Natural Psittacosis and Ornithosis. Antibiotics and Chemotherapy 5, 289-299.

MEYER, K. F., EDDIE, B., RICHARDSON, J. H., SCHIPKOWITZ, N. L. and R. J. MUIR (1958): Chemotherapy in the control of psittacosis in parakeets, in: Progress in psittacosis research and control, ed. by F. R. Beaudette, 163-169. New Brunswick-New Jersey: Rutgers Univ. Press.

MEYER, K. F. (1962): Antimicrobial Therapy and Prophylactic Immunization in the Control of Psittacosis of Bedsonia Infection in Show Birds. Schweiz.Med.Wschr.92, 1632-1638.

TEICHMANN (1976): Tetracyclinblutspiegelbestimmungen bei Nymphensittichen (Nymphicus hollandicus). München: Inaug.-Diss.

WACHENDÖRFER, G. (1969a): Zum gegenwärtigen Stand der Chemoprophylaxe der Psittakose bei Sittichen und Papageien sowie Vorschläge für die zukünftige Seuchenbekämpfung. Dtsch. Tierärztl. Wschr. 76, 105-111 und 153-157.

WACHENDÖRFER, G. (1969b): Zur Chemotherapie und -prophylaxe der Psittakose bei Sittichen und Papageien. Kleintierprax. 14, 102-105.

WACHENDÖRFER, G. (1970): Zur Epidemiologie, Chemoprophylaxe und -therapie der Psittakose. Dtsch. Tierärztl. Wschr. 77, 382-385.

WACHENDÖRFER, G. (1972): Zur Chemoprophylaxe und -therapie der Psittakose. Fortschr.Vet.Med. 17, 145-152.

WACHENDÖRFER, G. (1973): Epidemiology and Control of Psittacosis. J. Am. Vet. Med. Ass. 162, 298-303.

WACHENDÖRFER, G., LÜTHGEN, W. und H. KANTOR (1973): Einsatz eines Chlortetracyclin-haltigen pelletierten Medizinalfutters bei größeren Sittichen und Papageien im Rahmen der Prophylaxe und Therapie der Psittakose. Dtsch.Tierärztl.Wschr.80, 173-178 und 202-206.

WACHENDÖRFER, G. and W. LÜTHGEN (1974a): Chlortetracycline impregnated food-pellets for the prophylaxis and therapy of Psittacosis/Ornithosis in psittacines and pigeons. Avian Path. 3, 105-114.

WACHENDÖRFER, G. und W. LÜTHGEN (1974b): Probleme der Psittakosebekämpfung. Prakt.Tierarzt 55, 560-572.

ZEH, Chr. (1976): Behandlungsversuche bei Psittakose des Nymphensittichs (Nymphicus hollandicus). München: Inaug. Diss.

Verordnung über die Einfuhr und Durchfuhr von Papageien und Sittichen (Papageieneinfuhrverordnung) vom 3. 3. 1975, BGBl. I, 653 ff. (1975).

Neufassung der Psittakose-Verordnung (Verordnung zum Schutz gegen die Psittakose und Ornithose) vom 18. 6. 1975, BGBl. I, 1429 ff. (1975).

Ausführungshinweise zur Papageien-Einfuhrverordnung des BMELF vom 9. 5. 1975.

Ausführungshinweise zur Verordnung zum Schutz gegen die Psittakose und Ornithose (Psittakose-Verordnung) des BMELF vom 16. 5. 1975.

Anschrift des Verfassers: VOR Dr. W. L ü t h g e n ,
Staatl. Veterinär-Untersuchungsamt
Deutschordenstr. 48
D-6000 Frankfurt (Main) (BRD)

Aus dem Institut für Geflügelkrankheiten der Justus-Liebig-Universität Giessen (Direktor: Prof. Dr. H. Geissler)

ZUR UNSPEZIFISCHEN GLOBULINPROPHYLAXE BEI PSITTACIDEN

Von R. Busche, J. Kösters und S. Rendemann

Der Import von Papageien in die Bundesrepublik Deutschland ist seit 1964 mit Sondergenehmigung der Länder unter gewissen Auflagen möglich. Während man in den ersten Jahren nach Aufhebung des generellen Importverbotes das Augenmerk hauptsächlich auf die Verhütung der Einschleppung des Erregers der Papageienkrankheit richtete, wurde durch Änderung der Bestimmungen und Übernahme der Gesetzeskompetenz durch den Bund die Verhütung von Tierseuchen, die auf Wirtschaftsgeflügel übertragen werden können, mit einbezogen. Dieses wurde notwendig durch die Erkenntnis, daß Psittaciden den Erreger der Newcastle-Krankheit einschleppen können, wie es während des letzten Seuchenzuges 1970 bis 1973 beobachtet wurde.

Genaue Zahlen über den Import von Psittaciden sind nur schwer erhältlich, da die Durchführung der gesetzlichen Bestimmungen förderalistisch geregelt ist. Es wird jedoch geschätzt, daß zirka 80 % der Importe über den Rhein-Main-Flughafen Frankfurt abgewickelt werden (Hofmann, 1977).

Folgende Importziffern gelten für die Jahre:

1970:	17.478
1971:	18.847
1972:	40.970
1973:	75.007
1974:	52.188
1975:	33.078
1976:	56.936

Der gesundheitliche Zustand der importierten Tiere ist je nach Herkunftsland und Vogelart sehr unterschiedlich. Als spezifische Erkrankungen werden folgende Krankheiten beobachtet: Newcastle-Krankheit, Pocken, Einschlußkörperchen-Hepatitis (vermutlich Pacheco's Disease), Psittakose, Salmonellosen, Parasitosen wie Vogel-Malaria und Mikrofilariose und andere.

Neben diesen spezifischen Erkrankungen werden gehäuft Krankheitsbilder beobachtet, die unter Beteiligung von unspezifischen beziehungsweise fakultativ pathogenen Erregern ablaufen und die mit den unter der Bezeichnung Crowding-Disease in der Nutztierhaltung beobachteten Zuständen vergleichbar sind. Als Crowding versteht man das Zusammenbringen von zahlreichen Tieren unterschiedlicher Herkunft auf engste Räume (Mayr, 1976). Im Falle der Papageien findet dieses Crowding:

1. im Herkunftsland in den Fang-, Aufzucht- und Sammelstationen,
2. während des Transportes in das Bestimmungsland,
3. in der Quarantänestation

statt. Eine Einflußnahme auf die unter 1. und 2. aufgeführten Punkte ist weitgehend unmöglich, es sei denn, der Importeur stellt die Transporte im Herkunftsland selbst zusammen. Die aus dem Crowding resultierenden Probleme werden in der Regel erst in der Quarantänestation manifest.

Als Crowding Disease werden alle infektiösen Faktorenkrankheiten zusammengefaßt, die in einem direkten zeitlichen Zusammenhang mit dem Zusammenstellen der Tiere stehen.

In Anlehnung an Mayr (1976) sind folgende Ursachen für diese Krankheiten anzunehmen:

1. Erregeraustausch zwischen Tieren mit unterschiedlicher Immunität und unterschiedlicher Erregerflora- und -fauna.

2. Synergistisches Zusammenwirken unterschiedlicher Keimarten im Rahmen von Mischinfektionen.
3. Starke Erregeranreicherung beziehungsweise -vermehrung auf dem Transport und im Stall durch begünstigende Faktoren wie Überbesatz, feucht-warmes Milieu für Naßkeime, Ansammlung von Kot und Federstaub, Ansäuern und rasche Verderbnis von vorgequollenem Futter (Weichfutter), Selektierung antibiotikaresistenter Erreger durch die Quarantänebehandlung mit Chlortetracyclin.
4. Dysfunktion der körpereigenen Abwehr beziehungsweise Immunsupression der Tiere durch Transport, Milieuwechsel, Fehlernährung beziehungsweise Futterumstellung (Ersatzfutter), obligatorische Quarantänebehandlung mit Chlortetracyclin, sonstige Stressfaktoren.
5. Erkältungen und andere klimatische Einflüsse.

Zur Durchbrechung des Infektionsdruckes und der Beseitigung haltungsbedingter Ursachen werden folgende Maßnahmen vorgeschlagen:

1. Kontrolle der Tiere beim Zukauf durch den Importeur.
2. Hygienemaßnahmen in der Quarantänestation einschließlich betriebstechnischer Verbesserungen.
3. Medizinische Versorgung der frisch importierten und quarantänierten Tiere. Diese darf sich nicht nur auf die seuchenpolizeilich relevanten Krankheiten beschränken, sondern sollte eine gründliche Untersuchung aller Tiere, koprologische und hämatologische Untersuchungen beinhalten. Selbstverständlich sollten alle gestorbenen Tiere zur Feststellung der Todesursache untersucht werden.
4. Der Beginn der Quarantänebehandlung sollte erst nach einer Adaptationsphase nach Einstallung in die Quarantänestation erfolgen; Voraussetzung für den Beginn der Behandlung sollte ein klinisch gesundes Erscheinungsbild der Vögel sein.
5. Immunprophylaxe:
   a) Im Falle spezifischer Erkrankungen kann eine gezielte aktive Immunisierung (zum Beispiel Notimpfung gegen Newcastle-Krankheit mit La Sota-Lebendvaccine) durchgeführt werden.
   b) Passive Immunprophylaxe

Im folgenden wird über die Anwendung von Immunglobulinen bei Psittaciden berichtet. Der Einsatz von Immunglobulin zur Therapie und Prophylaxe von Infektionskrankheiten geht auf die Entdeckungen von E m i l v o n B e h r i n g zurück. Eine Übersicht über den Einsatz von Immunglobulinen zur unspezifischen und spezifischen Infektabwehr gab kürzlich V o r l a e n d e r (1976). Danach sind Hauptindikationsgebiete für den Einsatz von Immunglobulinen:

1. Bakterielle oder virusbedingte Infektionen bei konnatalen oder erworbenen Immunmangelzuständen.
2. Unterstützung antibiotischer Behandlungen bei Individuen mit normaler immunologischer Ausgangslage.
3. Kurzfristiger Infektionsschutz bei gegebener Infekt-Exposition.

In der Humanmedizin sowie in der Veterinärmedizin beim Säugetier wird von diesen Möglichkeiten weitgehend Gebrauch gemacht. Aus der Vogelpraxis gibt es nur wenige Hinweise über die Anwendung von Hühner- yperimmunserum bei Newcastle-Krankheit von Aras (W i n t e r o l l und G r i m m, 1974) sowie bei Wellensittichen (L ü t h g e n , 1975).

Auf Grund der Befunde von R o l f (1977) ist zu erwarten, daß aus Serum von wirtschaftlich gehaltenen Hühnern Antikörper gegen eine Vielzahl von Erregern isoliert werden können, die auch bei Psittaciden vorkommen. Dementsprechend erscheint die Anwendung von Hühnerimmunglobulin bei Importpapageien sowie bei erkrankten Papageien zur unspezifischen Immunprophylaxe beziehungsweise -behandlung sinnvoll.

In eigenen Untersuchungen wurde die Anwendung von Hühnerimmunglobulin an Amazonen (Amazona aestiva) erprobt. Hühnerblut wurde in einer Althennenschlachterei direkt aus der Entblutungsstraße gewonnen. Nach Absetzen des Serums wurde der Blutkuchen abzentrifugiert und das gewonnene Serum zur Eliminierung von Kontaminanten und Lipiden in der üblichen Weise mit Chloroform behandelt. Die Globuline wurden anschließend nach einer modifizierten Methode (K e k w i c k, 1940, beziehungsweise F ö r s t e r und W a c h e n d ö r f e r , 1971) mit Natriumsulfat gefällt, nach dreimaliger Fällung gegen Boratpuffer dialysiert, steril filtriert und auf eine Proteinkonzentration von zirka 5 % eingestellt.

Die Globulinlösung wurde anschließend auf den entsprechenden Nährböden beziehungsweise im embryonierten spf-Eiern auf das Freisein von kontaminierenden und geflügelpathogenen Erregern geprüft. Gemessen an spezifischen Antikörpern gegen den Erreger der Newcastle-Krankheit kam es dabei zu einer etwa 5fachen Konzentration der Immunglobuline gegenüber dem Ausgangsserum. Bei der Prüfung der Globulinpräparation in der Immunelektrophorese gegen Antihühnerserum und Antihühnerglobulin aus dem Kaninchen erwies sie sich als weitgehend rein. Außer spezifischen Antikörpern gegen NDV wurden weitere Antikörper gegen Mycoplasma gallisepticum und synoviae sowie gegen Aspergillus fumigatus nachgewiesen.

Für Untersuchungen an Psittaciden standen 44 Amazonen (Amazona aestiva) sowie ein Schwarzköpfchen (Agapornis personata personata) zur Verfügung.

1. Verträglichkeit der Globuline

Nach Verimpfen von 5 ml an Kaninchen (i.v.), 2 ml an Amazonen und Schwarzköpfchen (sc. und i.m.) sowie von 0,2 ml in die Allantoishöhle embryonierter Hühnereier wurden keine Schädigungen festgestellt.

2. Dauer der Zirkulation der injizierten Globuline durch Kontrolle spezifischer Antikörper

Es wurde versucht, mit Hilfe von Immunpräzipitationen im Agargel sowie der Immunelektrophorese die Zirkulationsdauer heterologer Globuline im Blut von globulinbehandelten Papageien zu bestimmen. Wegen der engen Proteinverwandtschaft, die offensichtlich unter Vögeln auch so unterschiedlicher Arten wie Hühner und Papageien (Amazonen) besteht, war eine Differenzierung mit den angegebenen Methoden nicht möglich. Antihuhnglobulin aus Kaninchen reagierte gleichermaßen gegen Serum von behandelten und unbehandelten Papageien. Zur Aufhellung dieser überraschenden Feststellung wurde Antihuhnglobulin aus dem Kaninchen mit gleichermaßen positivem Resultat gegen folgende Vogelarten geprüft: Huhn, Pute, Gans, Ente, Mäusebussard, Roter Milan, Habicht, Turmfalke, Waldkauz, Kanarienvogel, Wellensittich, Graupapagei, Schwarzköpfchen.

Aus diesem Grunde wurde die Zirkulation der heterologen Immunglobuline anhand spezifischer hämagglutinationshemmender Antikörper gegen den Erreger der Newcastle-Krankheit gemessen. Hierzu wurden 40 Amazonen mit je 10.000 HAH-Einheiten Hühnerglobulin in 2 ml subcutan injiziert und jeweils fünf Tiere im Abstand von 24 Stunden über acht Tage serologisch kontrolliert. Die mittleren Titerkennzahlen (S i e g m a n n et al., 1974) an den einzelnen Kontrolltagen sind in folgendem Diagramm dargestellt (Abb. 1)

Abbildung 1: Mittlere Titerkennzahlen nach einmaliger subcutaner Verabreichung von ND-Immunglobulin an Papageien (Amazona aestiva). n = 5/Tag

Danach erscheinen erstmals spezifische Antikörper am dritten Tag nach der Injektion. Der Antikörperspiegel steigt bis zum fünften Tag an und fällt bis zum siebenten Tag auf den Null-Wert. Trotz der vorher erwähnten Globulin-Verwandtschaft bilden Amazonen nach einmaliger und wiederholter Verabreichung von Hühnerglobulin spezifische präzipitierende Antikörper gegen eine Teilfraktion wie durch gegenseitige Immunisierungsversuche von Hühnern und Amazonen nachgewiesen wurde. Zwischenfälle wie Anaphylaxien wurden nach Mehrfachinjektionen bis jetzt jedoch nie beobachtet.

Die bis jetzt durchgeführten Untersuchungen lassen erkennen, daß heterologes Immunglobulin aus dem Huhn von Papageien gut vertragen wird. Die Untersuchungen lassen zwar noch keine Schlüsse über eine Wirksamkeit in dem aufgeführten Problembereich zu. Solche Wirksamkeitsprüfungen sind im Rahmen von Quarantänebehandlungen eingeleitet, insbesondere werden Behandlungen am Anfang der Quarantänezeit durchgeführt, um die negativen Folgen des Crowding abzufangen. Wir hoffen, bald ein statistisch auswertbares Material vorstellen zu können. Interessant kann eine Immunbehandlung bei der angestrebten Umstellung der Quarantänebehandlung auf injizierbarem Langzeitantibiotikum werden. Die Verweildauer der injizierten Globuline entspricht in etwa dem Injektionsintervall, das bei Anwendung von Doxycyclin einzuhalten ist.

Zusammenfassung:

Zur unspezifischen Globulinprophylaxe bei Psittaciden

Es wird über die Anwendung von heterologen Immunglobulinen aus Schlachthennenblut bei Papageien berichtet. Wegen der bei Vögeln anzutreffenden Proteinverwandtschaft werden einmalige und wiederholte s.c.- und i.m.-Injektionen gut vertragen, obwohl gegen eine Globulinkomponente offensichtlich Antikörper gebildet werden. Spezifische Antikörper treten nach einmaliger s.c.-Injektion nach zwei Tagen im zirkulierenden Blut der Empfänger auf mit einer Verweildauer von weiteren fünf Tagen.

Summary:

Non-Specific Globulin Prophylaxis for Psittacine Birds

Heterologous immune globulins were obtained from blood of slaughtered hens and applied to parrots. Single and repeated subcutaneous and intramuscular injections were well tolerated, on account of the protein relationship that actually exists between bird species, although antibody obviously was formed against one of the globulin components. Specific antibody was recordable from the circulating blood of recipients two days after one single subcutaneous injection, its sojourn time being another five days.

Résumé:

A propos de la prophylaxie à globuline non-spécifique des psittacidés

L'auteur parle de l'emploi de globulines immunisées hétérologues du sang de pules de boucherie chez des perroquets. La parenté des protéines que présentent les oiseaux fait qu'ils supportent bien des injections uniques ou répétées sous-cutanées et intra-musculaires quoique des anti-corps se forment manifestement contre une composante de globuline. Or, des anti-corps spécifiques apparaissent deux jours après une injection unique sous-cutanée dans la circulation du sang de l'animal récepteur et y restent cinq jours durant.

Резюме:

О неспецифической профилактике с применением глобулина у попугаев (Psittacidae)

Авторы сообщают о применении у попугаев отклоняющихся от нормы иммуноглобулинов из крови убойных куриц. Из-за сходства протеиновых веществ у птиц, они переносят однократные и многократные подкожные и внутримышечные инъекции хорошо несмотря на то, что против одного глобулиного компонента очевидно образуются антитела. Через два дня после однократной подкожной инъекции в циркулирующей крови реципиентов появляются специфические антитела с дальнейшей пятидневной продолжительностью пребывания.

Literatur:

FÖRSTER, G. und G. WACHENDÖRFER (1971): Tollwutantikörperkonjugate aus Seren hyperimmunisierter Ziegen für die Immunfluoreszenz. Zbl.Vet.Med. B. 18, 274-279.

HOFMANN, J. (1977): Hess. Minist. Landw. u. Umwelt (pers. Mitt.).

KEKWICK, R. A. (1940): Biochem. J. 34, 1248. Zit. aus: Chase, M.W. and C. A. Williams, jr. (1967): Methods in Immunology and Immuno-Chemistry. Vol. I, New York-London: Academic Press.

LÜTHGEN, W. (1975): Untersuchungen über die Newcastle-Krankheit bei Psittaciden (unveröffentlicht).

MAYR, A. (1976): Bekämpfung der Crowding disease bei der Kälber- und Bullenmast. Tierärztl. Umsch. 31, 479.

ROLF, J. (1977): Statistische Auswertungen der Autopsien bei Zier-, Zoo- und Wildvögeln. Berl.Münch.Tierärztl.Wschr. 90, 117-119.

SIEGMANN, O., KALETA, E. F. und R. LEIMBECK (1974): Resorption und Elimination NDV-spezifischer maternaler Antikörper sowie deren Bedeutung für Vakzination von Hühnerküken gegen Newcastle Disease. Zbl. Vet. Med. B. 21, 3-13.

VORLAENDER, K. O. (1976): Immunabwehr und ihre Störungen. Die gelben Hefte, 156-173.

WINTEROLL, G. und F. GRIMM (1974): Untersuchungen zur Impfprophylaxe bei Psittaciden und Exoten gegen Newcastle Disease. Prakt.Tierarzt 55, 572-576.

Verordnung über die Einfuhr und Durchfuhr von Papageien und Sittichen (Papageieneinfuhrverordnung) vom 3. 3. 1975. BGBl. I, 653 ff. (1975).

Anschrift der Verfasser: R. B u s c h e ,
Institut für Geflügelkrankheiten der Justus-Liebig-Universität Giessen
Frankfurter Str. 87
D-6300 Lahn 1-Giessen (BRD)

Aus dem Zoologischen Garten Landau (Leiter: Dr. R. S p e n g l e r)

ZU EINIGEN ERKRANKUNGEN BEI HUMBOLDTPINGUINEN IM ZOO LANDAU

Von R. S p e n g l e r

In den vergangenen drei Jahren traten bei einer Gruppe von Humboldtpinguinen (Spheniscus humboldti) im Zoo Landau Erkrankungen an Aspergillose, Malaria und nekrotisierenden Sohlengeschwüren auf, die im Nachgang geschildert werden sollen.

Im November 1975 kauften wir eine Gruppe von fünf frischimportierten Humboldtpinguinen, von denen nach sieben Wochen ein Tier ohne vorhergehende Krankheitserscheinungen verendete. Sektionsbefund: Hochgradiger Cestodenbefall. Nach prophylaktischer Behandlung der restlichen Tiere mit einer einmaligen Gabe von 500 mg Mansonil (Bayer) traten bis zum 21. 7. 1977 keinerlei Krankheitserscheinungen mehr auf.
Am 8. 6. 1977 wurden weitere zehn frischimportierte Tiere zugekauft, die nach anfänglicher Quarantäne mit den bereits vorhandenen Tieren in einem neu geschaffenen Gehege vergesellschaftet wurden. Am 19. 6. 1977 entwichen während eines nächtlichen Gewitters drei Tiere dieser Gruppe und fanden über einen den Zoo durchfließenden Bach den Weg in einen Hochwasser führenden Fluß. Erst am Abend des folgenden Tages konnten diese Tiere etwa sieben Kilometer unterhalb des Zoos ausgemacht werden und unter Einsatz der Feuerwehr aus dem total abwasserverschmutzten Fluß geborgen werden. Fangaktion und alle damit verbundenen sonstigen negativen Einwirkungen stellten für die Tiere eine Streßsituation dar, die wir durch Cortisongabe unter Antibiotikaschutz kompensieren zu müssen glaubten. Das war falsch, wie sich später herausstellte. Am 21. 7. 1977, also vier Wochen nach diesem Vorfall, verendete ein Tier an einer akuten Aspergillose. Fünf Wochen später starb ein zweiter Vogel ohne vorhergehende Krankheitserscheinungen. Sektionsbefund: Leber-Milzschwellung, keine Anzeichen von Aspergillose. Als nach 14 Tagen ein weiterer Pinguin verendete, wurde als Todesursache Malaria festgestellt. Die restlichen Tiere wurden daraufhin vier Wochen lang täglich einer Einzeltierbehandlung mit Daraprim (Wellcome) und Resochin (Bayer) unterzogen, wonach weitere Erkrankungen an Malaria nicht mehr auftraten. Die Dosierung betrug in den ersten vier Tagen je 1/4 Tablette pro Tier, danach je 1/8 Tablette pro Tier.

Am 12. 12. 1977 verendete plötzlich wieder ein Vogel an akuter Aspergillose, gefolgt von einem weiteren am 31. 1. 1978. Die pathologisch-anatomischen Veränderungen in Trachea und Luftsäcken waren bei beiden Tieren derart gravierend, daß jetzt alle noch vorhandenen Tiere, obwohl klinisch völlig gesund erscheinend, vorbeugend einer sechstägigen Inhalationsbehandlung mit Moronal (Heyden) unterzogen wurden, ausgehend von der Überlegung, daß, wenn überhaupt, nur die Behandlung klinisch inapparenter Mykosen Aussicht auf Erfolg haben könne.

Nachdem uns in der Praxis kein aufwendiges Inhaliergerät zur Verfügung stand, wurde das Problem einer Inhalationsbehandlung auf relativ primitive aber effektive Weise gelöst. Die Erzeugung eines inhalierbaren Nebels wurde mittels eines einfachen Handinhaliergerätes bewerkstelligt. Den Tieren wurden die Nasenlöcher zugehalten und mittels eines Gummischlauches wurde der Nebel in den geöffneten Rachenraum eingeleitet. Die tägliche Inhalationsdauer pro Tier betrug zwei Minuten. Wesentlich bei der Inhalation ist, daß der Nebel nur aus Moronalreinsubstanz (Nystatin) hergestellt wird. Andere Darreichungsformen eignen sich nicht zur Inhalation. Moronalreinsubstanz ist in Ampullen von 500000 E im Handel.

Nach der geschilderten vorbeugenden Inhalationsbehandlung traten keine weiteren Erkrankungen an Luftsackmykose auf. Daß dieser klinische Erfolg auch pathologisch-anatomisch abgesichert ist, ergab der negative Sektionsbefund zweier später durch Unfall verlorener Tiere. Auf Grund der gemachten schlechten Erfahrungen halten wir eine Behandlung von Pinguinen mit Cortison und

Antibiotika für gefährlich. Nach Anwendung derartiger Medikamente wurden auch beim Menschen im Mund-Rachenraum angesiedelte lokale Mykosen florid und breiteten sich auf die Lunge aus (S k o b e l , 1966).

Als flankierende Maßnahmen zur Inhalationsbehandlung versuchten wir, optimalere Umweltbedingungen zu schaffen, indem wir die Tiere tagsüber mit Hanauer Solarlicht bestrahlen (UV-C gefiltert). Die Tiere sonnen sich gerne unter dieser Kunstsonne und machen einen frischeren Eindruck. Die schon bisher täglichen Vitamingaben in Pulverform nach der Hellabrunner Zusammensetzung wurden durch Tabletten ersetzt (Mazuri Fisheater tablets), eine Tablette pro Tier und Tag, ausgehend von der Erfahrung, daß nur der Einsatz tablettierter Vitaminmischungen einen regelmäßigen Einsatz durch das Tierpflegepersonal erhoffen läßt.

Seit dem Umsetzen der Pinguine in ein neues Gehege traten plötzlich immer wieder vereinzelt Fälle von Sohlennekrosen auf. Erkrankungen, die im alten Gehege nicht in Erscheinung traten. Ursprünglich führten wir diese Erkrankungen nach der Veröffentlichung von G u t k n e c h t (1978) auf einen zu rauhen Betonbodenbelag zurück. Der Boden wurde geglättet und mit einem Kunststoffüberzug versehen. Der erhoffte Erfolg blieb jedoch aus. Wir haben deshalb jetzt den Betonboden mit einer Auflage eines flexiblen Schaumstoffbodenbelages, wie er in Bädern Verwendung findet, versehen, der weich und gleichzeitig wasserabstoßend ist und so ein übermäßiges Aufquellen der Sohlenepidermis verhindert. Wir vermuten, daß der überwiegende Aufenthalt von Pinguinen auf dem Land mit dem Aufquellen der Sohlenhaut durch zu feuchte Haltung zusammenhängt. Die Tiere gehen zu wenig ins Wasser, wodurch Drucknekrosen entstehen. Sekundär kommt es dann an diesem Locus minoris resistentiae zu Infektionen mit gehegespezifischen Erregern, die aufsteigend meist einseitig zu Sehnenscheiden- und Gelenkentzündungen führen. Weil erfahrungsgemäß jede lokale oder chirurgische Behandlung erfolglos bleibt, versuchten wir den Einsatz einer gehegespezifischen Vakzine. Eine aus dem Gelenk eines unbehandelten Vogels isolierte Bakterienkultur von Staphylokokken, vergrünenden Streptokokken sowie coliformen Keimen wurde zur Herstellung einer Autovakzine verwandt. Die Behandlung erfolgte dreimal im Abstand von sieben Tagen. Subkutan wurden 1,5 ml Vakzine pro Tier appliziert. Die Tiere vertrugen die mehrmalige Vakzination in der angegebenen Dosis ausgezeichnet. Ein bereits erkrankter Vogel erhielt zweimal nur jeweils 0,5 ccm. Bei der Drittimpfung wurde die volle Dosis verabreicht. Die erkrankte Extremität schwoll zwar zunächst an, und die Lahmheit verstärkte sich, aber nach einigen Tagen begann der Vogel erstmals wieder relativ gut zu laufen.

Zusammenfassend läßt sich feststellen, daß eine Behandlung bereits erkrankter Tiere nicht besonders erfolgreich ist. Der Schwerpunkt sollte daher auf die vorbeugende Behandlung klinisch noch gesund erscheinender Tiere gelegt werden. Neu eingestellte Tiere sollten neben der obligatorischen Parasitenbehandlung einer sechstägigen Behandlung mit Moronalreinsubstanz unterzogen werden. Nur die Inhalation erscheint sinnvoll. Eine Malariaprophylaxe ist ebenfalls erfolgreich. Die Anwendung von Autovakzinen können eine Infektion der Gelenke, ausgehend vom Plantarbereich, günstig beeinflussen. Solarbehandlung und regelmäßige Vitamingaben als flankierende Maßnahmen erscheinen zweckmäßig. Cortisonpräparate und Antibiotika sollten bei Pinguinen nicht eingesetzt werden.

Zusammenfassung:

Zu einigen Erkrankungen bei Humboldtpinguinen im Zoo Landau

Es wird über Aspergillosen, Malaria und nekrotisierende Sohlengeschwüre bei Humboldtpinguinen (Spheniscus humboldti) im Zoo Landau berichtet. Durchgeführte Behandlungen werden wiedergegeben und diskutiert.

Summary:

Some Diseases in Peruvian Penguins in Landau Zoo

Reported and discussed are cases of aspergillosis, malaria, and necrotising plantar furuncles in Peruvian penguins (Spheniscus humboldti) in the Zoological Garden of Landau.

Résumé:

A propos de certaines affections que manifestent les pingouins Humboldt du jardin zoologique de Landau

L'auteur décrit des aspergilloses, la malaria et des abscès nécrosés aux plantes des pieds de pingouins Humboldt (Spheniscus humboldti) au jardin zoologique de Landau. Ensuite, il parle du traitement appliqué qu'il soumet à la discussion.

Резюме:

Некоторые заболевания пингвинов гумбольдта в зоопарке Ландау

Сообщается о аспергиллезе, малярии и некротизирующих опухолях у пингвинов гумбольдта (Spheniscus humboldti) в зоопарке Ландау. Описываются и обсуждаются примененные терапии.

Literatur:

GUTKNECHT, P. (1978): Affections podales sur des Manchots de Humboldt. Verhandlungsber. XX. Internat. Symp. Erkrankungen Zootiere, Dvur Králové, 255.

SKOBEL, P. (1966): Zum Problem pilzbedingter Superinfektionen der Atemorgane sowie deren Behandlung mit Inhalationen und Instillationen von Amphotericin B und Moronalreinsubstanz. Med. Welt 17 (N.F.), 2755-2759.

Anschrift des Verfassers: Vit.dir. Dr. R. Spengler,
Sachsenstr. 36
D-674 Landau (BRD)

Aus dem Zoologischen Garten Köln (Direktor: Prof. Dr. E. K u l l m a n n)

ASPERGILLOSE BEIM AFRIKANISCHEN STRAUSS (STRUTHIO CAMELUS MASSAICUS)

Von D. M a r h o l d t

Im Zoo Köln werden seit 1965 1,2 afrikanische Strauße gehalten. Obwohl die Hennen regelmäßig Eier legen, kam es bisher niemals zur natürlichen Brut. Wir waren deshalb erfreut, 1977 von 19 in die Brutmaschine eingelegten Straußeneiern 2,1 Jungtiere künstlich aufziehen zu können. Bei zweien dieser drei Jungtiere trat bei ungestörtem und schnellem Wachstum im Alter von drei Wochen ein Kloakenvorfall auf, eine Jungtiererkrankung, die auch in anderen Zoos bei der künstlichen Aufzucht von Straußen beobachtet worden ist. Beim ersten Jungstrauß verschwand dieser Vorfall nach Anlegen der althergebrachten Tabaksbeutelnaht und ausreichender Vitamin- und Mineralstoffversorgung innerhalb von zwei Wochen. Bei einem weiteren jungen Straußenhahn mit gleichen Beschwerden führte die geschilderte Behandlung nicht zum Erfolg, so daß er im Alter von fünf Wochen in der von N i e m a n d (1972) für den Rectum-Vorfall beim Hund angegebenen Weise durch schachbrettartiges Annähen des Rectums an der dorsalen Bauchwand nach Lapar tomie in Vetalar-Sedation operiert werden mußte. Der Eingriff brachte den erwünschten Erfolg, und alle jungen Strauße entwickelten sich bestens.

Im Alter von zehn Monaten zeigte die junge Straußenhenne verminderte Freßlust, beginnende Lahmheit der rechten Gliedmaßen und später Atemnot. In wenigen Tagen kam es zum Festliegen und nach zehn Tagen zum Exitus.

Die Jungtiere waren zu der Zeit zu den alten Straußen ins gleiche Gehege gelassen worden, und es konnte beobachtet werden, daß der alte Hahn nach ihnen trat. Die zunächst vermutete Hüftgelenksluxation bewahrheitete sich bei der Sektion nicht, vielmehr wurden mehrere handtellergroße Pilzrasen in den Luftsäcken im Brustraum, insbesondere auf der rechten Seite, vorgefunden. Mikroskopische Diagnose: Aspergillus fumigatus.

Wenig später fiel bei dem einen der beiden verbliebenen männlichen, nunmehr ein Jahr alten Jungstrauße eine Anschwellung des Halses vor der Brustappertur auf, die durch Palpation und Probepunktion als Luftinsufflation zu erkennen war. Bekanntlich reichen beim Strauß Aussackungen der kranialen Luftsäcke bis zum Kopf, treten aber beim gesunden Tier äußerlich nicht in Erscheinung.

In der Annahme, es müsse sich um die Zerreißung eines Luftsackes handeln, die sich wieder schließen könnte, wurde zunächst abgewartet, wohl aber mit einer antimykotischen Behandlung begonnen, gestützt auf den Sektionsbefund des zuvor verendeten Jungstraußes. Neben der Behandlung mit Moronal und Trichomycin und anderen gegen Aspergillus leider nur wenig wirksamen Medikamenten ist als ein neueres Präparat der Firma Janssen "Miconazole" versucht worden.

Statt einer Besserung breitete sich die Umfangsvermehrung des Halses, dessen Umfang beim gesunden Strauß weniger als 20 cm mißt, rostral immer mehr und weiter aus und erreichte einen Umfang von stellenweise 55 bis 60 cm.
Bei wiederholt ausgeführten Punktionen mit dicker Nadel und bei größeren Inzisionen entwichen nur geringe Mengen Luft. Die stark gespannte Haut am unförmig erweiterten Hals fühlte sich wie ein Trommelfell an und stand deutlich unter Überdruck. Absaugen wurde ebenso erfolglos versucht, wie das Bandagieren mit elastischen Binden und selbstklebenden, breiten Codan-Binden. Der unbefriedigende Erfolg all dieser Bemühungen dürfte darauf beruhen, daß nicht ein einziger, zusammenhängender Luftraum zu entleeren war, sondern die ganze Auftreibung aus vielen Luftkammern im Unterhautbindegewebe bestand. Futteraufnahme und Vitalität des Laufvogels blieben lange ungestört, bis nach etwa zehn Wochen Krankheitsdauer sich langsam Atemnot einstellte und das Tier schnell verendete.

Bei der Sektion wurden ausgedehnte Pilzrasen im ganzen Bereich der Anschwellung gefunden. Der Untersuchungsbefund des Staatlichen Veterinäruntersuchungsamtes Krefeld lautet: Die starke Umfangsvermehrung des Halses beruht auf einer hochgradigen, fibrinösen Entzündung der in der Unterhaut vorhandenen Luftsackausbuchtungen. Als Ursache der Entzündung wurden Schimmelpilze, und zwar Aspergillus fumigatus nachgewiesen. Miliare Herde in den Lungen waren nur ganz vereinzelt zu finden.

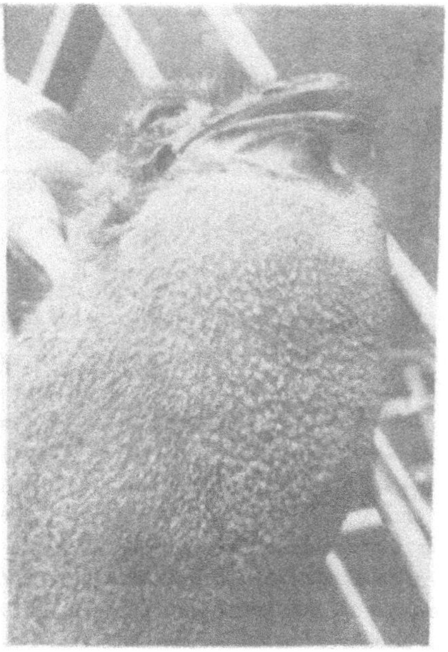

Abb. 1

Über Pilzerkrankungen bei Vögeln ist von vielen Autoren berichtet worden. In Serens historischem Überblick (1932) wird erwähnt, daß bereits 1815 von Mayer und Emmert eine Mykose der Bronchien, Luftsäcke und Lungen bei einem Holzhäher beschrieben worden ist. Fritzsche (1961) erwähnt die besondere Anfälligkeit der Vögel des hohen Nordens und der Antarktis und weist aber gleichzeitig darauf hin, daß das Vorkommen von Aspergillose bei Steppen- und Wüstenvögeln unbekannt sei. Im gleichen Jahr erwähnt Pruski (1961) den Nachweis von Aspergillose bei Straußen im Zoo Warszawa. Ippen und Polzin (1964) machen unter anderem darauf aufmerksam, daß Mykosen bei Straußen mehrfach beschrieben wurden. Spätere Untersuchungen von Kronberger und Schüppel (1972) und Ippen und Schröder (1972) weisen dann auf zwei beziehungsweise vier Fälle von Aspergillose bei Flachbrustvögeln im Sektionsmaterial hin. Übereinstimmend wird berichtet, daß Mykosen bei erwachsenen Vögeln vieler Spezies als Nebenbefunde vorkommen, viel eher aber bei Jungtieren zu Verlusten führen, will man von den Mykosen bei Pinguinen absehen, die jedem Zoo hinreichend bekannt und Gegenstand zahlreicher Veröffentlichungen sind.

Die von Appleby (1960) beschriebenen Beschwerden bei von Aspergillose befallenen Pinguinen, wie Kopfschütteln, Regurgitieren von Nahrung, Verweigerung der Nahrungsaufnahme, beschwerliches Atmen mit Auf- und Abbewegen des gesamten Halses bis hin zur Clavicula-Gegend, übler Geruch der ausgeatmeten Luft und laut vernehmbare Atemgeräusche, konnten beim kranken Strauß nicht beobachtet werden. Auch der von anderen Autoren erwähnte grüne Durchfall bei der Aspergillose der Pinguine scheint bei analoger Erkrankung des Straußes kein charakteristisches Symptom zu sein.

Zur Behandlung:
Mit Recht ist oft auf die bedeutsame präventive Behandlung bei der Bekämpfung der Aspergillose durch hygienische Maßnahmen hingewiesen worden (Klimes, 1954; Fritzsche, 1969). Insbesondere sollte der oft verschimmelten Altstreu mehr Beachtung geschenkt werden. Bei den sehr wäßrigen und reichlichen Exkrementen vom Strauß wird so viel Wasser mit ausgeschieden, daß in kleinen Stallungen mit nicht genügender Luftumwälzung sehr bald ein optimales Milieu für Pilzwachstum und Sporenbildung entsteht. Die hygienische Prophylaxe soll bei uns in Zukunft noch mehr als bisher beachtet werden.

Zur erfolgversprechenden Behandlung der manifesten Aspergillose fehlt bis heute ein spezifisch wirksames Therapeutikum. Die früher verwendeten Kaliumjodidverbindungen bis zur Toleranzgrenze sind wegen ihrer unerwünschten Nebenwirkungen auf das Stoffwechselgefüge des Organismus nicht ungefährlich und stellen wegen der Schwierigkeiten in Dosierung und zeitlicher Anwendbarkeit den therapeutischen Erfolg in Frage. Der Mitteilung von Mantovani und Airoldi (1952) über erfolgreiche Streptomycin-Therapie bei Lungen-Aspergillose stehen unter anderen auch eigene negative Erfahrungen bei der Anwendung von Penicillin, Streptomycin, Aureomycin und Sulfonamiden gegenüber. Appleby (1960) berichtet über unbefriedigende Therapieerfolge mit Phenylmercuric dinaphthylmethane disolphonate, mit Brilliant-Grün als Inhalation oder Luftsack-Injektion, desgleichen über die wirkungslose orale Verabreichung von Nystatin, dem als Spezificum gegen Candida albicans bekannten Moronal. Letzteres hat, wie Lindau (1962) berichtet, bei Lungenaspergillose der Pinguine im Anfangsstadium zu Erfolgen geführt, bei den stark ausgebreiteten Luftsackveränderungen des Straußenhahnes jedoch versagt. Auch das von der Firma Janssen empfohlene und bei dem kranken Strauß verwendete "Miconazole", in den Luftsack injiziert, hat letzthin keine Besserung oder Heilung erwirken können.

Die im Kölner Zoo gemachten Erfahrungen über den tödlichen Ausgang von Luftsack-Aspergillose bei zwei von drei Jungstraußen werden für mitteilenswert gehalten, weil diese Mykose bei Steppen- und Wüstenvögeln bisher selten zu sein scheint, und um das Interesse auf hygienische und präventive Maßnahmen bei der künstlichen Aufzucht von afrikanischen Straußen zu lenken.

Es wird vermutet, daß die fast sterilen Verhältnisse in der Brutmaschine und im Brutraum, wo die neu geschlüpften Straußenküken ihre erste Lebenszeit verbringen, die Ausbildung einer natürlichen Immunität gegen den ubiquitären Saprophyt Aspergillus fumigatus verhindern und dann beim Umsetzen in ein im Verhältnis zur natürlichen Umgebung in der Savanne unendlich kleines und feuchtes Gehege eine massive Sporenaufnahme aus verunreinigter Einstreu zur Manifestation der Pilze an den großen, gut ventilierten Schleimhautflächen der Luftsäcke führt.

Zusammenfassung:

Aspergillose beim afrikanischen Strauß (Struthio camelus massaicus)
Es wird über zwei therapieresistente Fälle von Luftsack-Aspergillose bei jungen, künstlich erbrüteten afrikanischen Straußen berichtet, die in einem Fall mit enormer Vergrößerung des Halses vergesellschaftet war. Die beiden Krankheitsfälle beweisen, daß auch bei Steppen- und Wüstenvögeln häufiger mit Aspergillosen gerechnet werden muß. Auf die Bedeutung der präventiven und hygienischen Maßnahmen wird besonders aufmerksam gemacht.

Summary:

Aspergillosis in African Ostrich (Struthio camelus massaicus)
Reported are two cases of air-bag aspergillosis in young, artificially hatched African ostriches which were resistant to therapy. One case was associated with excessive enlargement of the neck. The two cases are likely to show that more frequent outbreaks of aspergillosis have to be expected even from steppe and desert birds. Particular reference is made to the importance of action for prevention and hygiene.

Résumé:

Aspergillose chez l'autruche africain (Struthio camelus massaicus)

L'auteur fait état d'une aspergillose au sac à air qu'ont présentée des autruches africains juvénils de couveuse dont deux ont été résistants à toute thérapie. Un de ces cas allait de pair avec une dégénération énorme du cou. Or, les deux affections montrent que les oiseaux de steppe et de désert présenteront d'ores et déjà plus souvent des aspergilloses. Il fait surtout remarquer l'importance que revêtent les mesures préventives et hygiénques.

Резюме:

Аспергиллез у африканского страуса (Struthio camelus massaicus)

Сообщается о двух не подающихся лечению случаях аспергиллеза легочных мешков у молодых, искусственно высиживанных африканских страусов, причем в одном случае в дополнении к этому наблюдалось и значительное увеличение шеи. Этим доказывается, что необходимо учитывать возможность заболевания аспергиллезом и птиц живущих в степи и в пустыне. Превентивным и гигеническим мерам уделяется особое внимание.

Literatur:

APPLEBY, E. C. (1961): Mycosis of the Respiratory Tract in Penguines. III. Internat. Symp. Erkrankungen Zootiere, Köln.

FRITZSCHE, K. (1961): Die wichtigsten Infektionskrankheiten der Zoovögel. III. Intern. Symp. Erkrankungen Zootiere, Köln.

IPPEN, R. und H. POLZIN (1964): Mykosen der in Zoologischen Gärten gehaltenen Vögel. Zool. Garten (NF) 29, 14-27.

IPPEN, R. und H.-D. SCHRÖDER (1972): Ein Beitrag zu den Erkrankungen der Zoovögel. XIV. Verhandlungsber. XIV. Internat. Symp. Erkrankungen Zootiere, Wrocław, 11-27.

KLIMES, B. (1954): Pilzerkrankungen beim Geflügel. Dtsch. Wirtschaftsgeflügelzucht 11, 411.

KRONBERGER, H. und K. F. SCHÜPPEL (1972): Ergebnisse der postmortalen Untersuchungen von 4000 Vögeln. Verhandlungsber. XIV. Internat. Symp. Erkrankungen Zootiere, Wrocław, 29-35.

LINDAU, K. H. (1962): Erfahrungen mit Moronal bei der Behandlung der Aspergillose von Pinguinen. Die Kleintierprax. 7, 214-216.

MANTOVANI, G. und G. AIROLDI (1952): La terapia streptomicinia della pulmonite aspergillare nei polli. Atti della Soc. Ital. d. Sc. Vet. VI, 476,

NIEMAND, H. G. (1972): Praktikum der Hundeklinik. Berlin-Hamburg: Paul Parey.

PRUSKI, St. (1961): Krankheits- und Todesursachen bei Straußen. III. Internat. Symp. Erkrankungen Zootiere, Köln.

Anschrift des Verfassers: Dr. D. M a r h o l d t ,
Hammerweg 20
D-5090 Leverkusen 1 (BRD)

Parc Zoologique et Botanique de la Ville de Mulhouse (Dr. Vét. J. M. Lernould)

TUMEURS HEPATIQUES CHEZ LES CIGOGNES BLANCHES (CICONIA CICONIA) ET LES CIGOGNES NOIRES (CICONIA NIGRA) AU PARC ZOOLOGIQUE ET BOTANIQUE DE MULHOUSE

Par D. Laedlein-Greilsammer, J.-M. Lernould et C. Peters

Le 18 avril 1978, peu après mon arrivée à Mulhouse, une cigogne noire mourut brutalement sans symptôme préalable. L'autopsie révéla que l'animal était cachectique et que la mort résultait d'une hémorragie interne par rupture d'une volumineuse tumeur de foie (le foie, malgré l'hémorragie, pesait 470 g).

Je fus surpris d'apprendre que des cas semblables s'étaient déjà produits auparavant et la consultation des rapports d'autopsie me permit de découvrir que, depuis juin 1974, deux autres cigognes noires et 3 cigognes blanches étaient mortes, elles aussi, avec des tumeurs hépatiques, ainsi d'ailleurs que des Hérons bihoreaux (Nycticorax nycticorax). Une étiologie infectieuse semblait peuprobable car les cas étaient relativement espacés dans le temps et les cigognes noires n'avaient jamais vécu avec les cigognes blanches, ni à proximité. L'idée d'une intoxication d'origine alimentaire se dessina rapidement, car ces tumeurs hépatiques faisaient penser à ce que l'on connaît de l'intoxication chronique par les aflatoxines chez le canard domestique en particulier.

En mai, juin et août 1978, 3 autres cigognes blanches moururent atteintes de cancer du foie. En octobre 1978 les 15 cigognes blanches présentes au zoo furent capturées et, à cette occasion, il me fut permis de constater que 3 au moins d'entre elles présentaient déjà une tumeur importante. L'une d'elles mourut en janvier 1979, portant le nombre de cas à 10 depuis 1974.
La mort ne fut pas toujours provoquée par une hémorragie interne, certains oiseaux moururent dans un état de cachexie très avancée (6 sur 10).

A l'exception des deux premiers cas, ces néoplasmes hépatiques de cigognes ont fait l'objet d'un examen histologique au Service d'Anatomie Pathologique du Centre Hospitalier de Mulhouse. Dans aucun des 10 cas l'autopsie ne permit de mettre en évidence d'autres localisations cancéreuses primitives ou secondaires.

Les diagnostics, échelonnés dans le temps, sont tous une variété de cancer primitif du foie, en dehors de toute cirrhose préexistante ou associée, accompagné de remaniements évolutifs nécrotiques ou hémorragiques. Dans un seul cas (cigogne blanche - n° histologique 08515/78) le parenchyme, à distance de la tumeur, est le siège d'une hépatite nécrotique de type toxique.

Ces épithéliomas ont tous une structure très polymorphe. On retrouve en proportion variable toutes les composantes: épithélioma de la travée hépatique ou hépatome malin, épithélioma canaliculaire ou des voies biliaires intra-hépatiques ou cholangiome malin - épithélioma plus ou moins indifférencié, voire anaplasique. Dans une même tumeur, en pratiquant des réinclusions et des recoupes, on peut retrouver tous les aspects mentionnés. (voir tableau II). Cette constatation est en accord avec les descriptions de Newberne et Butler (1969).

Quelques considérations de pathologie comparée: Chez l'homme, le cancer primitif du foie dans nos régions reste un néoplasme rare, développé sur cirrhose éthylique, essentiellement de variété hépatocellulaire (80 %). Le cancer des voies biliaires intra-hépatiques représente 15 % des cas environ, les formes mixtes seulement 5 %.

Les constatations sont différentes chez certaines populations d'Afrique Noire où le cancer primitif du foie est la première cause de décès par tumeur et la maladie hépatique principale. Ce sont des épithéliomas de structure plus polymorphe que ceux du sujet européen. Le cancer se développe très rapidement, chez des sujets plus jeunes qu'en Europe, dans un parenchyme remanié. Les cirrhoses toxi-exogènes mais surtout les cirrhoses post-hépatitiques sont généralement citées. Il est enfin intéressant de noter que l'aflatoxine demeure un facteur épidémiologique systématiquement étudié dans ces populations. Certains auteurs, tels P a y e t (1958) et S a n k a l e (1974), écartent ce facteur carcinogène, faisant remarquer que les cas familiaux sont exceptionnels. On ne possède actuellement aucune preuve du rôle des aflatoxines dans l'espèce humaine. C'est sans doute un facteur adjuvant lorsqu'existent une malnutrition ou des lésions hépatiques pré-existantes.

L'alimentation des cigognes ne pose pas de problème particulier. Au Zoo de Mulhouse, ces oiseaux reçoivent principalement poussins d'un jour, poissons et viande de boeuf mélangée avec un complément pour carnivores. Ce complément protéique, minéral et vitaminique, inspiré de la formule mise au point au Zoo de Bâle et préparé par le fournisseur du Zoo en aliments composés, est utilisé à Mulhouse depuis 1966 à la dose théorique de 70 g par kilo de viande. Apparemment la formule n'a jamais été modifiée jusqu'en 1978. Or, cette formule, pour une raison difficile à comprendre, contenait 20 % de tourteau d'arachide.

Le tourteau d'arachide est depuis quelques années de moins en moins utilisé dans l'industrie de l'alimentation animale à cause de sa qualité protéique assez variable suivant les origines géographiques et de sa pollution très fréquente par les aflatoxines. Les analyses de tourteau d'arachide effectuées en 1976 et 1977 par notre fournisseur d'aliment ont été mises à ma disposition: des taux de 0,20 et 0,40 ppm d'aflatoxine sont assez fréquents et il est fort probable que, dans les années antérieures, les taux n'étaient pas inférieurs. Un complément pour carnivores contenant 20 % de tourteau d'arachide à 0,40 ppm d'aflatoxine, donne dans la viande, après mélange, un taux d'environ 0,01 ppm par rapport à la matière sèche. Chez le canard domestique, un taux de 0,035 ppm provoque des épithéliomas de la travée hépatique en 14 mois.

Les 3 cigognes noires sont arrivées au Zoo en 1971. La première est morte 3 ans et 4 mois plus tard, la dernière 7 ans et 2 mois après son entrée. Les cigognes blanches sont mortes après des durées d'ingestion de l'aliment suspecté allant de 5 ans 9 mois à 10 ans.

Naturellement la formule du complément pour carnivores fut totalement modifiée dès mai 1978 et en octobre, afin de savoir si les 15 cigognes blanches encore présentes au Zoo étaient atteintes de tumeurs hépatiques, nous avons prélevé du sang de ces oiseaux pour tenter de doser l'alpha-foeto-protéine du sérum. Chez l'homme, cette globuline est la principale protéine circulante au début du développement foetal. Son taux diminue jusqu'à la naissance. Chez l'adulte cette protéine augmente en cas d'atteinte de la cellule hépatique avec régénération. Le taux normal se situe sous 10 nanogrammes par ml, un taux au-dessus de 200 nanogrammes et presque toujours lié à un hépatocarcinome. Nous ignorons évidemment si cette protéine existe chez les oiseaux, mais les 3 cigognes qui présentaient des tumeurs palpables avaient les taux les plus forts. Une entre 800 et 1.600 nanogrammes et 2 entre 1.600 et 3.200 nanogrammes.

Pour avoir un témoin, 3 cigognes du Zoo de Bâle nous offrirent généreusement leur sang. Malheureusement toutes 3 furent positives, entre 200 et 800 nanogrammes. Cette réaction ne nous permet donc pas de savoir si toutes nos cigognes sont déjà atteintes de cancer du foie, même si apparemment il existe un rapport positif entre les tumeurs décelables cliniquement et le taux de l'alpha-foeto-protéine.

Entre 1973 et 1977, 5 hérons bihoreaux moururent avec des lésions hépatiques. Trois furent dénommées tumeurs dans les rapports d'autopsie. Dans un autre cas, le foie contenait des foyers hémorragiques de la taille d'une noisette. Malheureusement une seule tumeur fut l'objet d'un examen histologique. L'aspect microscopique de cette tumeur est parfaitement semblable à celui des cancers des cigognes.

Pour conclure, il faut reconnaître que nous n'avons pas la preuve absolue de l'intervention des aflatoxines dans cette série étonnante, et non encore terminée, de cancers du foie chez les cigognes du Zoo de Mulhouse. Il faudrait en administrer la preuve expérimentale. Je crois cependant que cela valait la peine d'être signalé.

TABLEAU I - CANCER PRIMITIF DU FOIE - DONNEES MACROSCOPIQUES

HISTOLOGIE n° d'examen	ESPECE	POIDS FOIE	TAILLE FOIE	TAILLE TUMEUR	ASPECT MACROSCOPIQUE DE LA TUMEUR
05079/76	C. blanche	330 G	9x7x6 cm	Presque entièrement occupé par le néo + adénopathie 11x6x6	encéphaloïde
00507/77	C. blanche	340 G	14 cm 2 lobes	4/5e occupés par du néo.	encéphaloïde, pseudokystique et nécrose
10972/77	C. noire	340 G	13x9x8 cm	Plurinodulaire	encéphaloïde et pseudokystique
06130/78	C. noire	470 G	9 cm ∅	Presque entièrement occupé par le néo.	encéphaloïde, hémorragique avec nécrose
08515/78	C. blanche	290 G 45 G	13x7x6 cm 7x4x1,7 cm	3 nodules de 6, 3 et 1 cm ∅	encéphaloïde, hémorragique avec nécrose
10479/78	C. blanche	240 G	17x10x7 cm	Plurinodulaire 3 cm > ∅ > 0,3 cm (60 à 50 % de la masse)	encéphaloïde
11927/78	C. blanche	660 G	13x10x9 cm	Presque entièrement occupé par le néo	masse ferme pseudodystique avec hémorragie et nécrose
01497/79	C. blanche	150 G	9x3x2 cm	dizaine d'hépatomes 1 cm ∅	nodules beige fermes

Tableau II

BILAN HISTOLOGIQUE

TYPE 1 Epithélioma hépatocellulaire différencié (hépatome malin)

TYPE 2 Epithélioma hépatocellulaire indifférencié voire anaplasique fuso-cellulaire

TYPE 3 Epithélioma canaliculaire différencié de type biliaire (cholangiome malin)

TYPE 4 Epithélioma canaliculaire peu différencié voire anaplasique

HISTOLOGIE n° d'examen	TYPE 1	TYPE 2	TYPE 3	TYPE 4	CONCLUSIONS
05079/76	+++	-	+	++	Epithélioma à composante hépatocytaire prédominante
10972/77	+++	-	+++	-	Epithélioma différencié polymorphe
00507/77	+	-	+++	++	Epithélioma à prédominance excrétobiliaire
06130/78	-	++	+	+++	Epithélioma indifférencié
08515/78	-	++++	+	-	Epithélioma indifférencié à prédominance hépatocytaire
10479/78	++	++	++	++	Epithélioma polymorphe plus ou moins différencié
11927/78	+	++	++++	+++	Epithélioma polymporphe à prédominance excréto-biliaire
01497/79	++++	-	-	-	Hépatomes malins

Résumé:

Tumeurs hépatiques chez les cigognes blanches (Ciconia ciconia) et les cigognes noires (Ciconia nigra).

Etude de 10 cas de cancers du foie apparus entre 1974 et 1978 chez des cigognes blanches et des cigognes noires au Parc Zoologique et Botanique de Mulhouse. Forte probabilité d'une intoxication chronique par les aflatoxines.

Zusammenfassung:

Lebertumoren bei Weiß- und Schwarzstörchen

Es wird über 10 Leberkrebsfälle berichtet, die zwischen 1974 und 1978 im Parc Zoologique et Botanique de Mulhouse bei Störchen beobachtet wurden. Höchstwahrscheinlich handelt es sich um eine chronische Vergiftung durch Aflatoxin.

Summary:

Liver Tumours in White and Black Stork

Reported are ten cases of liver carcinoma recorded from storks in the Zoological and Botanical Garden of Mulhouse, France, between 1974 and 1978. The cases were most likely attributable to chronic aflatoxin poisening.

Резюме:

Опухоли печени у белых и черных аистов

Сообщается о десяти случаях рака печени, которые наблюдались с 1974 по 1978 гг. в Parc Zoologique et Botanique de Mulhouse у аистов. Очевидно эти заболевания вызваны отравлением афлатоксином.

Bibliographie:

CACHIN, M. (1974): Fréquence, nature et développement des tumeurs du foie: Revue du Praticien 24, 2941-2949.

DELMONT, J., REY, J. F., KREBS, B., CASSUTO, J. P. et R. MASSEYEFF (1975): L'alpha-foeto-protéine dans les hépatopathies: La Revue de Médecine Clinique 22, 1514-1518.

NEWBERNE, P. M. and W. H. BUTLER (1969): Acute and Chronic Effects of Aflatoxin on the Liver of Domestic and Laboratory Animals: A Review, Cancer Research 29, 236-250.

PAYET, M. (1958): Cirrhose et cancer primitif du foie: Revue du Praticien 8, 629-631.

SANKALE, M. (1974): L'hépatome malin de l'Africain: Revue du Praticien 24, 3023-3032.

Adresse des auteurs: Dr. D. Laedlein,
Service d'Anatomie Pathologique Centre Hospitalier de Mulhouse
87, Avenue d'Altkirch
F-68051 Mulhouse Cedex (France)

Parc zoologique Orangerie Strasbourg

PATHOLOGIE, SPÉCIALEMENT D'ÉLEVAGE, DE LA CIGOGNE BLANCHE (CICONIA CICONIA) DANS LES ENCLOS DU ZOO DE L'ORANGERIE DE STRASBOURG

Par L. Gangloff

Conditions d'observation

Le zoo de l'Orangerie dispose de plusieurs couples de cigognes dont la descendance est destinée à servir au repeuplement de l'Alsace. Pour obtenir une reproduction maximale la première ponte est enlevée et mise en incubation artificielle. La deuxième ponte est laissée aux parents qui peuvent librement élever leurs jeunes. Certaines cigognes sont éjointées, d'autres volent librement et peuvent chercher de la nourriture à l'extérieur.

L'alimentation est à base de poussins d'un jour, de cous de dindons, de déchets d'abattoir, d'aliment pour chien en conserve et d'un concentrat minéral et vitaminisé. Du pain et d'autres denrées sont donnés par les visiteurs en quantité minime.

Il est donc possible de comparer la pathologie des cigogneaux élevés artificiellement à celle des cigogneaux élevés par leurs parents. Dans le premier cas les affections en rapport avec l'incubation artificielle et les affections métaboliques dominent. Dans le second cas les traumatismes et les infections sont plus fréquents.

Symptômes

Les symptômes sont frustes et rappellent les symptômes, mieux connus, des volailles domestiques.

Le premier signe de maladie grave est l'inappétence, surtout si elle se prolonge au delà d'une demi-journée. Un cigogneau bien nourri peut en effet refuser de manger pendant quelques heures, même s'il est en bonne santé.

Un signe pronostic important est le claquètement du bec avec renversement de la tête sur le dos. Ce signe existe dès l'éclosion et se produit jusqu'à 3 à 4 semaines dès qu'on gratte le croupion du jeune. Il devient plus rare ensuite, mais subsiste. L'animal, même s'il est très malade, essaye encore, souvent très péniblement, de claqueter du bec tant qu'il a encore un peu de force. L'absence de ce signe est d'un pronostic sombre. Il est d'ailleurs effectivement possible, comme cela a déjà été suggéré, que les adultes éliminent tout jeune qui n'arrive plus à répondre à leur sollicitation par un claquètement avec renversement de la tête sur le dos. Il s'agit probablement d'un signal qui amène les adultes à se comporter comme parents et non comme prédateurs.

Les déformations et les positions anormales du cou, des pattes et du bec, les mouvements respiratoires accélérés avec halètement et gonflement des sinus s'observent et s'interprètent facilement.

Enfin signalons que l'incubation est de 30 jours, que le jeune bêche normalement la coquille 48 heures au moins avant l'éclosion et qu'il ne faut pas ouvrir la coquille prématurément "pour aider l'éclosion".

Stérilités: oeufs clairs

Les oeufs clairs, non fécondés ou tout au moins sans aucun développement embryonnaire visible, sont relativement fréquents, de l'ordre de 10 %. Ils ont atteint 30 % pour la première ponte de 1978. Tous les oeufs d'une ponte peuvent être clairs, ou seulement quelques uns. La pourcentage d'oeufs clairs est plus important lors de la première ponte, en particulier quand cette ponte commence très tôt dans l'année.

Parmi les causes possibles, on peut éliminer à Strasbourg:
- Les conditions d'incubation, car dans le même incubateur une majorité d'oeufs se développent et des oeufs stériles se rencontrent aussi dans l'incubation naturelle, quoiqu'il soit parfois difficile de poser un diagnostic certain, à cause de la putréfaction des oeufs.

- Les carences, car il arrive que la première ponte soit stérile alors que la seconde est fécondée sans que rien n'ait été changé dans l'alimentation. Dans le cas de carences, les résultats de la seconde ponte auraient logiquement dû être moins bons. Signalons que Monneret et al. (1978), qui ont constaté également, dans la nature, des premières pontes stériles chez le faucon pèlerin, avec seconde ponte fertile, pensent que cette stérilité est due à une concentration trop forte de pesticides. Cette hypothèse n'a pas pu être étudiée à Strasbourg.

- L'âge: L'âge avancés semble à peine avoir une influence sur la fécondité. Un couple dont la femelle avait 22 ans et le mâle 24 ans au moins se sont parfaitement reproduits. La jeunesse n'intervient pas non plus. Les couples de 3 ans ont à leur première ponte une très bonne fécondité.

- Par contre l'éjointage joue un rôle très important, surtout s'il est unilatéral.

Pendant l'accouplement la femelle reste normalement debout et le mâle, pour la féconder, est obligé de se maintenir en équilibre sur son dos. Il utilise pour cela ses ailes qui servent de balanciers. Il a été observé que les mâles éjointés ont tendance à basouler du côté de l'aile amputée. La fécondation est alors impossible. Par contre la fécondation est parfaitement possible quand la femelle reste couchée sur le nid. Ce type d'accouplement est connu dans la nature, mais n'est pas fréquent. En captivité par contre, tout au moins à Strasbourg, un important pourcentage de femelles se laissent féconder dans cette position.

Il est ainsi possible d'expliquer pourquoi une première ponte est stérile alors que la deuxième est féconde ou pourquoi certains oeufs seulement d'une ponte sont clairs. Les cigognes s'accouplent en effet de nombreuses fois environ 15 jours avant la ponte du premier oeuf et tout au début de l'incubation.

Mortalité embryonnaire

Cette mortalité n'est pas très fréquente (4 %). Elle survient à n'importe quel moment de l'incubation, mais essentiellement quelques jours avant l'éclosion. Les cigogneaux meurent entièrement formés juste avant le bêchage et la résorption du vitellus. Cette mortalité tardive n'a été constatée qu'en incubation artificielle. Il est d'ailleurs intéressant de constater que le même type de mortalité tardive est également fréquent lors d'incubation artificielle de diverses espèces de gibier.

Lors d'incubation naturelle les oeufs qui n'éclosent pas sont en général pourris à la suite de la contamination transcoquillaire due aux saletés qui s'accumulent dans les nids et qui souillent rapidement les oeufs. Pour cette raison il n'est pas toujours possible de distinguer les oeufs clairs des morts embryonnaires, car dans les oeufs en putréfaction il n'est plus possible de retrouver des restes d'embryons si la mort est précoce.

Quand le début d'incubation (8 à 10 jours) se fait sous la cigogne et que les oeufs sont ensuite mis en incubateur, aucune mortalité embryonnaire n'est constatée, même pas les mortalités tardives avant l'éclosion. Il est donc permis de penser que les conditions d'incubation des premiers jours ont une influence primordiale même pour les mortalités embryonnaires tardives. La période de l'organogénèse semble très importante. Il n'est par contre pas possible de déterminer les facteurs exacts qui interviennent: température, humidité, retournement des oeufs. Le retournement se fait par exemple deux fois par jour en incubateur, alors que des observations ont montré que la cigogne retourne ses oeufs toutes les 45 minutes en moyenne.

Mauvaise résorption du vitellus

Dans tous les cas observés, il s'agit de cigogneaux qui ont été aidés lors de l'éclosion. Le délai de 48 heures qui sépare le bêchage de l'éclosion proprement dite incite en effet souvent à intervenir. Le vitellus n'est alors pas totalement rentré dans l'abdomen. Les cigogneaux survivent facilement sous réserve de désinfecter fréquemment le nombril et la partie extérieure du vitellus qui se desséchera.

Déformations à l'éclosion

Ces déformations sont de deux ordres:

Pérosis

Les signes sont classiques. Il s'agit d'un glissement, surtout vers l'extérieur, du tendon d'Achille et des tendons des fléchisseurs des doigts au niveau de l'articulation intratarsienne avec en même temps déviation des extrémités de la patte. Un seul membre était touché dans les cas observés. La lésion s'aggrave lorsque l'animal est élevé sur une surface lisse, mais dans un grand nombre de cas elle est déjà très nette dès l'éclosion. Il arrive également que la pérose ne se développe qu'au bout de quelques jours. Dans ce cas une déviation insignifiante peut ou peut ne pas être visible à l'éclosion. La déviation n'apparaît alors que parce que les cigogneaux sont élevés, pour des raisons d'hygiène, sur une surface lisse, un tissu par exemple. L'animal, dont les métatarses sont peu développés, prend appui sur les tibias qui ont tendance à glisser sur la surface lisse. Le glissement des tendons d'Achille est ainsi favorisé. Quand la litière est faite de paille ou de brindilles, comme dans les nids sauvages, aucune déviation n'apparaît, car l'animal trouve assez de résistance pour faire fonctionner correctement ses articulations.

A Strasbourg la pérose n'a été observée qu'en incubation artificielle, jamais en incubation naturelle. Pour cette raison et sans qu'il soit possible d'éliminer un effet prédisposant d'une éventuelle subcarence des reproducteurs en divers vitamines, acides aminés et surtout manganèse, habituellement considérés comme cause de cette déformation, il est évident que le facteur déterminant est lié aux conditions d'incubation.

Souvent la pérose se rencontre également chez certaines espèces de gibier ou autres oiseaux nidifuges, comme la poule domestique par exemple, dès l'éclosion, lorsque l'incubation se fait en incubateur. E v a n s L a g n y et al. (1978) citent ces cas chez les nandous. Il est probable qu'il existe plusieurs causes et que les carences, les conditions d'incubation et des causes génétiques peuvent intervenir.

Dans les cas graves aucun traitement n'est valable. Les cas légers se traitent facilement. Il suffit de fixer la patte déviée pendant quelques jours à la patte normale en laissant un espace de 1 à 2 cm et de veiller à une litière grossière pour permettre un bon appui des pattes.

Les déformations du bec

Les déformations se rencontrent également lors d'incubation et d'élevage artificielle.

Un certain nombre de ces déformations existent dès l'éclosion. Il s'agit alors du raccourcissement d'une des mandibules. En général ces malformations sont peu marquées et disparaissent avec l'âge. Du point de vue étiologique, on pense immédiatement à une carence minérale et vitaminique, mais le fait que ces déformations ne se soient jamais rencontrées en incubation naturelle font penser, comme pour le perosis, à rechercher les causes dans les mauvaises conditions d'incubation.

Dans deux cas, le bec, normal à l'éclosion, s'est dévié et tordu dès les premiers jours. Les lésions se sont accentuées avec la croissance, malgré un régime riche en minéraux et vitamines, pour aboutir à des becs complètement tordus. Curieusement les cigognes ne semblent pas trop incommodées et arrivent parfaitement à se nourrir. La plus âgée a maintenant 6 ans.

Dans ces deux cas les cigogneaux avaient été élevés sur une surface plane, seuls sans autres jeunes. Or il est aisé de constater que les cigogneaux ont tendance lors du repos de poser leur tête soit sur le dos de leurs compagnons, soit sur des brindilles, de sorte que le bec prend appui sur sa surface inférieure. Les cigogneaux élevés seuls, lors des tout premiers jours, ont tendance, par suite de la faiblesse du cou, de prendre appui sur la pointe du bec, avec souvent des glissements latéraux dus à la nature du plancher. Une déviation, strictement d'origine mécanique, apparaît et s'accentue au fur et à mesure que le bec pousse.

Depuis la mise en place de litières épaisses et l'élevage des jeunes par lots aucun cas semblable n'est apparu.

Pathologie d'élevage proprement dite

Importance de la chaleur

Les cigogneaux ont besoin de 35 °C environ à la naissance. Une baisse de température entraîne d'abord de l'inappétence, puis l'arrêt du claquètement du bec, enfin le coma et la mort. Les oiseaux plus âgés, ayant déjà mangé des proies avec leur peau (poussins d'un jour par exemple), n'arrivent plus à rejeter les pelotes formés de duvets. La mort survient très rapidement au bout de 12 à 24 heures selon la température ambiante. Par contre le réajustement de la température permet d'assister à des résurrections spectaculaires.

Les cigogneaux craignent également l'exposition au soleil. Un jeune de 11 jours exposé par mégarde pendant moins d'une heure au soleil a été trouvé mort après ce temps. La température atteignait 42 °C à cet endroit.

Il est aisé de déterminer la température qui convient le mieux aux cigogneaux en observant leur comportement. Aussi bien en élevage que sur leur nid les oiseaux se mettent en tas serré après avoir mangé et quand ils ont froid. Dans tous les autres cas ils s'écartent les uns des autres, tout en gardant un certain contact et en restant sous la source de chaleur. Si cette dernière est trop forte ils se dispersent jusqu'à ce que la distance par rapport à la source de chaleur corresponde à une température ressentie comme la plus agréable.

La grande sensibilité des cigogneaux au manque de chaleur explique également la forte mortalité en bas âge lors des printemps pluvieux. Par temps froid et sec les adultes arrivent facilement à chauffer les jeunes. Il n'en est plus de même si les jeunes sont continuellement trempés. L'évaporation de l'eau les refroidit alors anormalement. Pour cette raison, en 1978, la mortalité était anormalement forte dans les quelques nids encore sauvages et les divers enclos d'élevage en Alsace: 11 jeunes seulement pour 17 nids. A l'Orangerie, la mortalité des jeunes de seconde ponte, élevés par leurs parents devenait catastrophique. Il a fallu rentrer rapidement sous abri et élever manuellement les cigogneaux restant pour éviter leur mort.

Importance de la stérilité et mortalité précoce chez les cigognes sauvages

En Alsace, d'après un recensement de S c h i e r e r de 1948 à 1974 le pourcentage de couples sans jeunes est de 12,41 % et varie de 5,3 % (1951) à 39,13 % (1969). Il est donc loin d'être négligeable. Ces couples comprennent l'absence de ponte, les oeufs non fécondés, les morts embryonnaires et les morts en bas âge, sans qu'il soit possible de donner plus de précision.

Accidents liés à l'alimentation et carences

Le régime d'élevage utilisé à Strasbourg est le suivant:
Pendant les 8 premiers jours, filets de poissons congelés, mouillés et enduits d'un concentrat minéral et vitaminisé. Puis alimentation exclusive de poussins d'un jour mouillés, d'abord dépouillés, ensuite entiers, toujours saupoudrés du même concentrat minéral et vitaminisé. Poissons et poussins sont donnés ad libitum, en 3 à 6 repas.

Signalons que les jeunes avalent facilement des cailloux mis à leur disposition. Ces derniers se trouvent également régulièrement à l'autopsie de cigognes sauvages dans l'estomac. Ils remplissent probablement le même rôle de broyage que les silex du gésier des poules. Ils ne sont néanmoins pas indispensables, car il est possible d'élever les jeunes correctement sans leur donner de pierres.

Accidents mécaniques

- Lors des premiers essais d'élevage, des morceaux de cou de poussin d'un jour ont été donnés à des cigogneaux. Un jeune de deux jours est mort par étouffement car un morceau de cou s'était mis à travers au niveau du pharynx en bouchant l'ouverture du larynx. L'oiseau était incapable de s'en débarasser seul.

- En enclos une cigogne est morte après avoir avalé un fil de fer de quelques cm. Ce dernier a traversé l'estomac et entraîné une aérosacculite et péritonite aigue.

- Un jeune de 3 semaines environ est mort après avoir avalé une brindille que les adultes avaient utilisé pour construire le nid. La brindille avait 10 cm de long et 0,5 cm de diamètre. Elle sortait en partie du bec. La brindille était arrivés dans l'estomac, mais ne l'avait pas perforé.

Changement d'alimentation

Chez des jeunes de 3 à 6 semaines le changement brutal d'alimentation consistant à passer de poussins d'un jour à des gésiers de poulets coupés en morceaux a été suivi de la mort rapide de la majorité des cigogneaux. A l'autopsie, l'estomac, congestionné, était rempli d'un liquide foncé, nauséabond où subsistaient des morceaux de l'épithélium corné des gésiers non digérés. La brutalité de la mort et le type de lésions font penser à des complications par germes anaérobies.

Impossibilité de rejet des pelotes de digestion

Ce rejet ne se fait plus lorsque les cigogneaux sont malades et quand la température d'élevage est trop basse. Normalement il se fait 18 à 24 heures après le repas.

Rachitisme

Il a été possible d'observer cette maladies métabolique dans les conditions suivantes:

- Alimentation exclusive avec des rates, sans complément minéral, chez un éleveur privé à qui cette alimentation avait été recommandés comme spécialement adaptée aux cigognes.

- A l'Orangerie, lorsque des cigogneaux avaient été gavés (9 repas par jour entre 6 h et 22 h) avec des poussins d'un jour. Le complément minéral et vitaminisé n'avait probablement pas été donné en quantité suffisante, compte tenu de la quantité d'aliments absorbés.

Au début la croissance ne semble pas affectée, mais les os, le bec et le métatarse surtout, deviennent parfaitement mous, caoutchouteux, et peuvent être facilement courbés. La croissance devient ensuite irrégulière. Les oiseaux n'arrivent pas à se lever normalement, ni à se tenir debout. Des déformations du bec et des pattes apparaissent. Les membres se fracturent souvent spontanément. Dans les cas graves, la mort peut survenir après quelques semaines. Les déformations, surtout avancées, cèdent difficilement aux traitements. Les fractures quérissent lentement et pauvent donner naissance à des pseudarthroses. Le traitement minéral et vitaminique est classique, mais ne donne de bons résultats que s'il est entrepris précocement.

La prévention par contre est facile et consiste

- A ne donner à manger aux oiseaux que les quantités qu'ils absorbent spontanément. De 6 à 3 repas sont largement suffisants par jour selon l'âge.

- A distribuer régulièrement un concentrat minéral et vitaminisé adapté.

A Strasbourg, la ration composée de poussins d'un jour, de 1 % de phosphate bicalcique et de 1 % d'un composé minéral vitaminisé donne entière satisfaction.

Le concentrat minéral (SANDERS) est garanti comme suit:

Matères minérales:	55 %
Calcium:	8 %
Chlorures:	18 %
Insoluble chlorhydrique:	10 %

Aux 100 kg

Vitamine A:	150 000 000 U.I.
D3:	30 000 000 U.I.
B1:	10 000 mg
B2:	60 000 mg
B6:	25 000 mg
B12:	100 mg
PP:	150 000 mg
Acide folique:	8 000 mg
Pantothénate de Ca:	100 000 mg
Vitamine E:	200 000 mg
K:	10 000 mg
Choline:	6 000 g
Méthionine:	6 000 g

Pathologie de l'appareil locomoteur

La croissance et l'ossification du tarso-métatarse débute chez le cigogneau vers 10 jours et se manifeste d'abord par une enflure des articulations intertarsiennes et digitales. Il ne faut pas confondre ces enflures avec des arthrites. L'enflure disparaît normalement après 8 jours.

Une curieuse anomalie a été observée chez un vieux mâle d'une vingtaine d'années. Cet oiseau, dès qu'il désirait se déplacer, projetait brutalement sa jambe et patte raide horizontalement vers l'arrière. Il restait ensuite plusieurs minutes dans cette position avant de pouvoir ramener le membre, toujours tenu raide, vers l'avant. Il arrivait ainsi à se déplacer péniblement, quoique la démarche s'améliorait un peu avec le temps.

Puis au bout de deux ans la cigogne ne pouvait plus tenir debout qu'en utilisant le bec appuyé sur le sol et en écartant les jambes. La hanche gauche, opposée à la patte déjà malade, avait perdu de sa mobilité. L'oiseau restait le plus souvent couché et montrait rapidement des escarres de décubitus sur les pattes. Il avait également quelques arthroses déformantes au niveau des doigts. Il a été alors sacrifié.

L'autopsie a d'abord montré des arthroses déformantes des articulations digitales et de la hanche gauche. Le mouvement de cette dernière vers l'arrière était réduit de 80 %.

Sur la patte droite, la bride tarsienne qui traverse obliquement vers le bas et l'extérieur l'extrémité distale du tibio-tarse était ossifiés. Le tendon du fléchisseur du métatarse (M. tibialis cran.) qui normalement coulisse sous ce ligament pour se fixer dorsalement sur l'extrémité proximale du tarso-métatarse était ainsi fixé sur la partie distale du tibio-tarse. Le jeu de l'extenseur des doigts (M. extensor digitorum longus), également fléchisseur du métatarse, qui passe derrière le tendon du précédent sous cette bride avant son passage osseux, était sérieusement gêné. L'oiseau ne pouvait donc plus plier le métatarse. La tension du M. tibialis cran. sur son insertion fémorale et l'action des muscles postérieurs, antagonistes, de la jambe et de la cuisse projetaient alors le membre en extension horizontalement vers l'arrière. Avac beaucoup de difficultés et un long apprentissage, la cigogne arrivait ensuite à ramener sa patte raide vers l'avant pour se déplacer, probablement en agissant sur les muscles antérieurs de la cuisse.

Il aurait probablement été possible d'améliorer la situation en faisant sauter chirurgicalement la bride ossifiée. Enfin, comme l'indiquent les arthroses et cette ossification, le métabolisme phosphocalcique devait être fortement perturbé chez cette cigogne âgée.

Pathologie nerveuse

Catalepsie

A l'approche d'un danger et en particulier de l'homme, les cigognes jeunes et même adultes restent en état d'hypnose qui peut durer de nombreuses minutes. Cette attitude, également connue chez les cigognes sauvages, est normale. Elle peut se faire dans n'importe quelle position couchée.

Torticolis

Un cas de torticolis a été observé sur un cigogneau de un mois environ élevé par ses parents. La longueur du cou rend cette affection très spectaculaire. L'oiseau avait en même temps une paralysie partielle du côté gauche, en particulier des membres.

Le traitement a consisté à administrer des vitamines du groupe B et de la vitamine E, mais surtout à nourrir l'oiseau de force. L'amélioration de l'état était net après 4 jours et l'animal fut totalement quéri dès le huitième jour.

Il est peu probable qu'il y ait eu une origine métabolique, mais il s'agissait plutôt d'un accident traumatique, coup de bec par exemple, avec hémorragie cérébrale.

Encéphalose

Une cigogne de 2 mois environ, élevée artificiellement, présentait brutalement du l'ataxie, puis rapidement une tendance à culbuter vers l'arrière et à se renverser sur le dos en se repoussant de toutes ses forces avec les pattes sur le sol. Elle restait ensuite étendue sur le dos pendant des heures, le bec ramené sur le cou et une procidence de la troisième paupière. Ces symptômes rappellent fortement les symptômes de l'encéphalomalacie des poulets, affection considérée être une carence en vitamine E, due au rancissement des graisses de la ration. Les mêmes symptômes se rencontrent lors de certaines intoxications.

Un traitement à base de vitamines E et A et de minéraux n'a pas donné d'amélioration. La mort est survenue après 6 jours.

Infections

Elles ne se sont rencontrées que chez les cigognes sauvages et les cigognes des enclos. A Strasbourg les enclos se trouvent sous les arbres et sont très humides.

- Divers cas de pneumonies et de sinusites ont été constatés et parfois vérifiés par l'autopsie. La difficulté respiratoire avec ouverture du bec et le gonflement des sinus sont les signes dominants.

Pris à temps, le traitement à base d'antibiotiques donne de très bons résultats. sous réserve de rentrer les oiseaux à l'abri.

- Deux jeunes cigognes ont été trouvées mortes sous un nid construit par des oiseaux sauvages. Elles étaient atteintes de salmonellose à Salmonella typhimurium. Elles présentaient une aérosacculite et péritonite purulente avec des lésions hémorragiques. La date tardive de la découverte (9/9/76) semble indiquer que les cigogneaux, déjà affaiblis, n'étaient pas partis en migration.

Conclusion

Les plus fréquentes affections des cigogneaux, quoique faisant penser à des maladies d'origine métabolique semblent en réalité étroitement liées aux conditions d'élevage et d'incubation, tout au moins en ce qui concerne les cigogneaux d'élevage. Il y a d'ailleurs une grande correspondance entre ces affections et celles rencontrées lors de l'élevage d'autres oiseaux, en particulier du gibier, mais aussi des oiseaux domestiques.

De bonnes conditions d'élevage permettent facilement du les éviter, particulièrement en veillant aux trois points suivants:

- Respect de la température optimale d'élevage.
- Présence d'une litière profonde et grossière.
- Alimentation adaptée, riche en minéraux et vitamines.

La maîtrise des conditions d'incubation artificielle est indispensable, mais il faut avouer que la pathologie de l'incubation et en particulier l'étiologie et la pathogénie précise des affections sont encore peu connues.

Résumé:

Pathologie, spécialement d'élevage, de la cigogne blanche (Ciconia ciconia) dans les enclos du zoo de l'Orangerie de Strasbourg

L'élevage artificiel et naturel simultané de cigognes blanches au zoo de l'Orangerie de Strasbourg ont permis une étude comparative de quelques affections rencontrées chez cet oiseau. En élevage artificiel dominent les affections dues aux conditions d'incubation et d'élevage, ainsi que les maladies métaboliques. En élevage naturel les affections traumatiques et infectieuses sont plus importantes. Une importante mortalité des jeunes au nid est due au temps froid et humide. La stérilité des oeufs chez les cigognes en captivité est essentiellement due à l'éjointage unilatéral des mâles qui rend la fécondation difficile. Quelques maladies, souvent considérées comme étant d'origine métabolique semblent plutôt dépendre de la technique d'élevage et d-incubation.

Zusammenfassung:

Aufzuchtkrankheiten beim Weißstorch (Ciconia ciconia) im Zoo Strassburg

Die gleichzeitige natürliche und künstliche Aufzucht junger weißer Störche im Zoo der Orangerie von Strassburg erlaubte eine vergleichende Erfassung einiger Krankheiten dieses Vogels. Bei der künstlichen Aufzucht spielen die durch Brut und Aufzucht bedingten Krankheiten die größere Rolle. Bei der natürlichen Aufzucht stehen die traumatischen und infektiösen Krankheiten im Vordergrund. Ein großer Teil der Sterblichkeit der Jungen im Nest wird durch kaltes und feuchtes Wetter bewirkt. Die schlechte Befruchtung der Eier der gefangenen Störche ist besonders auf das unilaterale Kupieren der Männchen zurückzuführen, da die Befruchtung dadurch erschwert wird. Einige Krankheiten, die normalerweise als Fehler bei der Fütterung angesehen werden, scheinen eher mit Fehlern der Brut- und Aufzuchttechnik in Verbindung zu stehen.

Summary:

Diseases in White Stork Raising (Ciconia ciconia) in Zoo of Strasbourg

Young white storks were raised under both natural and artificial conditions at one and the same time in the Orangerie Zoo of Strasbourg. Some of the diseases of storks, therefore, could be recorded for comparison. Diseases related to hatching and raising played a greater role in the context of artificial raising. Traumatic diseases and infections, however, were more important in natural raising. Nest mortality among young birds was strongly attributable to cold and moist weather. Poor embryonation of eggs laid by storks in captivity was attributable mainly to unilateral arresting of males, which actually rendered embryonation more difficult. Certain diseases which usually had been related to feeding mistakes were found to be associated rather with shortcomings in hatching and raising techniques.

Резюме:

Заболевания белого аиста (Ciconia ciconia) при выращивании в зоопарке Штрасбурга

Одновременное естественное и искусственное выращивание молодых белых аистов в зоопарке оранжерии Штрасбурга разрешает сравнивать некоторые заболевания этой птицы. При искусственном выращивании обусловленные высиживанием и выращиванием заболевания играют большую роль. При естественном выращивании особенно важны травматические и инфекционные заболевания. Гибель значительной части птинцов в гнезде обусловлен холодной и мокрой погодой. Плохое оплодотворение яиц аистов в неволе обьясняется унилатеральным купированием самцов, усложняющем копуляцию. Некоторые заболевания, обычно отнесенные к ошибочному кормлению, оказывается связаны с ошибками в технике высиживания и выращивания.

Literatur:

EVANS LAGNY, M. S. et al. (1978): The hatching and rearing of Darwin's Rhea: Zool. Garten 48, 273-287.

FRIR (1978): Le Faucon Pèlerin. Arlay.

HORNBERGER, F. (1967): Der Weißstorch. Wittenberg Lutherstadt: Ziemsen.

SCHIERER, A. (1972): La Cigogne blanche en Alsace. Comment la conserver? Ciconia 1.

SCHIERER, A. (1975): La Cigogne blanche en Alsace. Ciconia 2, 41-43.

L'adresse d'auteur: L. G a n g l o f f , Docteur-Vétérinaire,
14, Rue des Romains
F-67520 Marlenheim (France)

Aus dem Veterinärdienst im Zoo der Tiergesundheitsstation der Hauptstadt Budapest (Direktor: Dr. A. B a l s a i), dem Lehrstuhl für Pathologische Anatomie (Leiter: Prof. Dr. A. K a r d e v á n) und dem Lehrstuhl für Parasitologie (Leiter: Prof. Dr. T. K o b u l e j) der Universität für Veterinärwissenschaften zu Budapest

VERLUSTE DURCH EGELBEFALL BEI WEISSTÖRCHEN (CICONIA CICONIA) IM ZOO BUDAPEST

Von L. F á b i á n , G. B o r o s und M. J a n i s c h

Über Egelbefall bei Störchen finden wir in der uns zugänglichen Literatur verhältnismäßig wenig Angaben. S k r j a b i n (1947) führt in seiner Monographie als Egel im Verdauungstrakt des Weißstorches (Ciconia ciconia), Schwarzstorches (Ciconia nigra) und zweier Reiherarten (Ardea cinerea und Nycticorax nycticorax) Cathaemasia hians (Rudolphi 1819) an. Eine ausführliche Beschreibung der Biologie des Egels findet sich in den Arbeiten von S z i d a t (1939 und 1940). Als eine zweite Egelart im Verdauungstrakt der oben erwähnten Störche und der Rohrdommel (Botaurus stellaris) finden sich in der schon zitierten Monographie von S k r j a b i n (1947) Angaben über Chaunocephalus ferox (Rudolphi 1795) von D i e t z (1909). Er ist der Familie der Echonostomatidae zuzuordnen und wurde sowohl im früheren Deutschland als auch in Österreich festgestellt. Die ersten Zwischenwirte der beiden Egelarten sind Schnecken, während als zweite Zwischenwirte Frösche und Fische zu nennen sind, die vom Endwirt, den Störchen, verzehrt werden.

Da über Erkrankungen bei Störchen bedingt durch diese beiden Egelarten in Ungarn bisher keine Angaben vorliegen, halten wir es für angezeigt, kurz über drei Beobachtungen zu berichten, die wir bei Störchen im Zoo Budapest machen konnten. Beschreibungen über das Vorkommen der Egel in Ungarn finden sich bei E d e l é n y i (1974).

Am 16. März 1978 wurde ein erwachsener Weißstorch des Budapester Zoos tot in seinem Gehege aufgefunden. Das Tier war im Jahre 1977 als Wildfang in den Zoo gebracht worden. Deutlich schwächer als die anderen mit ihm zusammen gehaltenen Störche mußte er Ende Februar 1978 in Einzelhaltung genommen werden. Im Ösophagus des gestorbenen Tieres bemerkten die Pfleger einen roten Pfropfen. Bei der Sektion im Pathologischen Institut der Tierärztlichen Universität erwies sich der Tierkörper als anämisch. Die Schleimhaut des Drüsenmagens und des Dünndarmes war geringgradig katarrhalisch entzündet. Im oberen Drittel des Ösophagus und im Rachenraum konnten 62 fleischfarbene, lanzettförmige Parasiten ermittelt werden, die eine Länge von 12 mm und eine Breite von 2 - 3 mm aufwiesen und dorsoventral deutlich abgeflacht waren. Ein Teil von ihnen haftete an der Schleimhaut. Die Anheftungsstellen dokumentierten sich deutlich als runde, grauweiße, erhabene Flecken, in deren Zentrum nadelstichähnliche Löcher zu erkennen waren. Die Parasiten wurden einer genauen Untersuchung unterzogen und als Egel der Art Cathaemasia hians bestimmt.

Am 6. Juni 1978 wurde ein zweiter Weißstorch vom Tierpfleger tot im Gehege aufgefunden. Auch bei diesem Tier handelte es sich um einen Wildfang, der 1977 in geschwächtem Zustand dem Zoo übergeben worden war. Vor dem Tod des Tieres konnten keine Krankheitsanzeichen wahrgenommen werden. Die Sektion im Veterinärpathologischen Institut erbrachte die gleichen Befunde wie im vorher angeführten Fall, wobei es sich bei den nachzuweisenden Parasiten wiederum um die Egelart Cathaemasia hians handelte.

Bei dem dritten hier anzuführenden Weißstorch handelte es sich um ein Jungtier, das - mit unsicherem Gang auf einer Wiese schreitend - von Straßenpassanten nahe der Straße vor den Toren einer Stadt am 2. August 1978 beobachtet wurde. Der Storch konnte leicht gefangen werden. Der geschwächte Vogel wurde einige Tage hindurch mit der Hand gefüttert. Auf Grund mündlicher Berichte war der Kot des Tieres anfänglich dünn, grün und schaumig und wurde am dritten Tag weißlich. Zu diesem Zeitpunkt konnte der Vogel nur noch unsicher aufstehen und ließ die ihm gereichten Brocken immer wieder aus dem Schnabel fallen. Daraufhin wurde der Jungstorch am 6. August 1978 dem Budapester Zoo übergeben. Das stark abgemagerte und geschwächte Tier zeigte an den Schwingen leichtere Verletzungen und mußte mit der Hand gefüttert werden. Drei Tage nach Übernahme in den Zoo starb der Storch. Bei der Sektion erwies sich das Tier als hochgradig kachektisch. Im letzten Drittel des Dünndarmes konnten pfefferkorn- bis erbsengroße zystenartige Gebilde, die mehr oder weniger scharf abgegrenzt waren, in der Darmwand festgestellt werden (Abb. 1). Die Schleimhaut des veränderten Darmabschnittes war mit einem gelbgrünen, zähen Sekret bedeckt. An jedem zystenähnlichen Gebilde zeigte sich eine von Schleimhaut umrandete Öffnung von 1 - 1½ cm Durchmesser. Aus dieser kraterförmigen Öffnung ragte ein 0,5 - 1,0 mm langes, fleischrotes Gebilde in das Lumen des Darmes. Auf leichten Druck auf die Zyste entleert sich ein apfelkernähnlicher blaßroter Parasit, der als Chaunocephalus ferox (Rudolphi 1795) bestimmt werden konnte. Zur Verdeutlichung wurde eine Aufnahme vom Kopfende des Egels angefertigt (Abb. 2). Eine bildliche Darstellung der beiden hier besprochenen Egelarten gibt die Abb. 3 wieder.

Abb. 1: Darmwand mit zystenartigen Egelknoten (Aufnahme: Fábián)

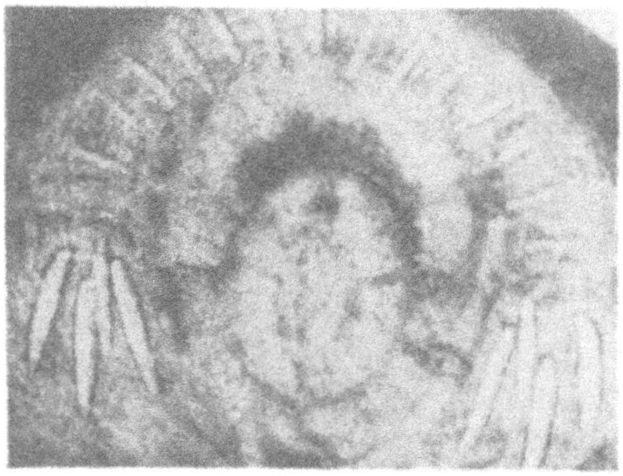

Abb. 2: Kopfende des Chaunocephalus ferox

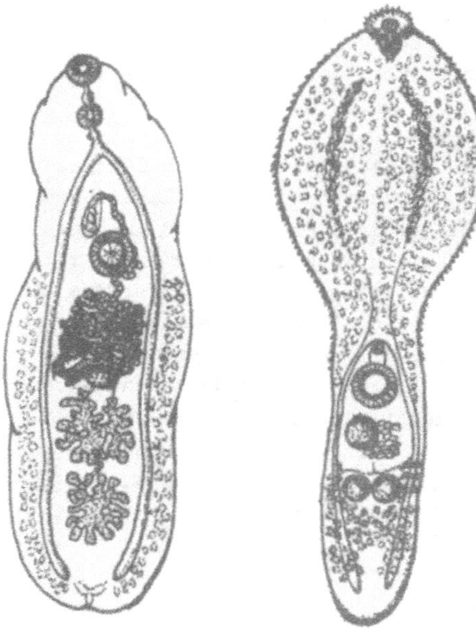

Abb.3a: Skizze vom Cathaemasia hians Abb.3b: Skizze vom Chaunocephalus ferox
(Zeichnungen: M. Janisch)

Diskussion:

Bei allen drei Störchen trat der Tod infolge einer Kachexie nach lang anhaltender Unterernährung ein. Bei den beiden erstgenannten Tieren konnte zusätzlich eine Anämie ermittelt werden, wofür das Blutsaugen der Egel verantwortlich zu machen ist. Die rein mechanische Behinderung des Schluckens durch die der Schleimhaut anhaftenden Cathaemasia hians-Exemplare und die durch die Egel verursachten Verletzungen dürften entscheidend zu der Kachexie geführt haben. Beim dritten Weißstorch führte der Befall mit Chaunocephalus ferox durch die umfangreichen Darmverletzungen zu Funktionsstörungen, die ein Verhungern zur Folge hatten. Grundsätzlich darf aber auch die Bedeutung der toxischen Wirkung der Parasitenstoffwechselprodukte nicht unterschätzt werden.

Alle drei Fälle weisen darauf hin, daß gerade auch bei Störchen in der freien Natur mit einem Egelbefall gerechnet werden muß, wofür mit Metacercarien befallene Amphibien und Fische eine ständige Infektionsquelle darstellen. Bei der Übernahme aufgefundener Störche in den Zoo sollte der Ermittlung der Fundorte, der Kennzeichnung der Tiere und ihrer wiederholten parasitologischen Untersuchung besondere Aufmerksamkeit gewidmet werden.

Zusammenfassung:

Verluste durch Egelbefall bei Weißstörchen (Ciconia ciconia) im Zoo Budapest

Es wird über den Tod von drei Weißstörchen infolge Egelinvasion berichtet. In allen Fällen handelte es sich um Wildfänge. Zwei Tiere zeigten einen Befall mit Cathaemasia hians, und bei einem Weißstorch wurde Chaunocephalus ferox nachgewiesen. Es wird kurz auf die Zwischenwirte eingegangen.

Summary:

Loss of White Storks (Ciconia ciconia) due to Fluke Disease in Zoo of Budapest

Reported are the deaths of three white storks due to fluke invasion. All three had been captured. Infestations included Cathaemasia hians in two animals and Chaunocephalus ferox in one. Brief reference is made to intermediate hosts.

Résumé:

Pertes de cigognes blanches (Ciconia ciconia) infestées de sangsues au jardin zoologique de Budapest

L'auteur parle de la mort de trois cigognes blanches causée par une invasion de sangsues. Dans les trois cas mentionnés, il s'agissait d'animaux sauvages. Deux animaux étaient envahis de Cathaemasia hians, et une cigogne blanche avait été infestée de Chaunocephalus ferox. L'auteur parle en plus brièvement des hôtes intermédiaires.

Резюме:

Потерия у белых аистов (Ciconia ciconia) вследствие трематодоза в зоопарке Будапешта

Сообщается о гибели трех белых аистов вследствие трематодоза. 2 животного были заражены Cathaemasia hians и у одного белого аиста установлен Chaunocephalus ferox
Коротко обсуждаются промежуточные хозяева.

Literatur:

EDELÉNYI, B. (1974): Trematodes II. Digenea. Fauna Hungariae 117, II. Kötet 5. Füzet.

SKRJABIN, K. I. (1947): Trematodü zsiwotnüch i tscheloweka. Tom I.Izdat. Moskwa-Leningrad: Akad. Nauk SSSR.

SZIDAT, L. (1939): Beiträge zum Aufbau eines natürlichen Systems der Trematoden. 1. Die Entwicklung von Echinocercaria choanophila U. SZIDAT zu Cathaemasia hians und die Abteilung der Fasciolidae von den Echinostomatidae. Z. Parasitenkd. 11, 239-283.

SZIDAT, L. (1940): Die Parasitenfauna des weißen Storches und ihre Beziehung zu Fragen der Ökologie, Phylogenie und der Urheimat der Störche. Z. Parasitenkd. 11, 563-592.

Anschrift der Verfasser: Dr. L. F á b i á n ,
Zoologischer Garten Budapest
Állatkerti korut 8 - 10
H-1146 Budapest XIV (VR Ungarn)

Aus dem Zoologischen Garten Wrocław (Direktor: Dr. A. G u o w i ń s k i) und der Forschungsstelle für Wirbeltierforschung (im Tierpark Berlin) (Direktor: Prof. Dr. sc. Dr. h. c. H. D a t h e) der Akademie der Wissenschaften der DDR

SCHWIERIGKEITEN BEI DER AUFZUCHT UND EINGEWÖHNUNG JUNGER GIRAFFEN IM ZOO WROCŁAW

Von A. G u o w i ń s k i und R. I p p e n

Die Giraffen zählen seit 1945 zum traditionellen Tierbestand des Zoologischen Gartens Wrocław. Dabei erwies sich die Haltung von erwachsenen Tieren als relativ problemlos. Erhebliche Schwierigkeiten bereitete dagegen die Aufzucht von Jungtieren sowie die Eingewöhnung junger frischimportierter Giraffen. Im nachfolgenden möchten wir hierüber berichten und besonders auch auf die Untersuchungsergebnisse von den gestorbenen Tieren eingehen.

Ungewöhnliche Schwierigkeiten stellten sich bei der Aufzucht von drei im Zoo geborenen Jungtieren eines Elternpaares ein. Es handelte sich um die Nachzucht der Netzgiraffenkuh (Giraffa camelopardalis reticulata) "Somali", die 1960 im Zoo Rotterdam geboren wurde und später nach Wrocław kam, und den im Zoo Katowice 1968 geborenen Netzgiraffenbullen "Przecinek". Die in zweijährigen Abständen erfolgten Geburten verliefen komplikationslos, und die Jungtiere wurden vom Muttertier komplikationslos aufgezogen. Die Entwicklung in den ersten Lebensjahren verlief gut. Später stellten sich jedoch bei allen drei Giraffen Osteo- beziehungsweise Arthropathien ein, die die Lebensfähigkeit stark beeinträchtigten und in einem Falle zur Tötung Veranlassung gaben. Im einzelnen wurden folgende Befunde erhoben:

Fall I: Bei der am 27. 10. 72 geborenen männlichen Giraffe wurde nach anfänglich gutem Wachstum im Alter von einem Jahr eine deutliche Anschwellung im Bereich des linken Sprung- und Fesselgelenkes beobachtet. Anfangs beeinträchtigten diese Veränderungen die Bewegungsfähigkeit des Tieres überhaupt nicht. Im weiteren Verlauf trat jedoch eine erhebliche Ausdehnung der Anschwellung im Bereich des Sprunggelenkes auf, und es kam zu einer lateralen Abwinkelung im Fesselgelenk von Fesselbein, Kronbein und Klauenbein. Zu diesem Zeitpunkt setzte die Giraffe die linke Hinterextremität nur noch mit der medialen Klaue auf den Boden auf. Dem Futter des Tieres wurde daraufhin eine Mineralstoff-Vitaminmischung zugesetzt und dem Tier selbst i.m. Vitamin A+D_3 appliziert. Trotz einer solchen Behandlung trat keine Besserung ein, vielmehr setzte infolge der unterschiedlichen Belastung eine Atrophie der Körpermuskulatur an der linken Hinterextremität ein. Mit zunehmendem Alter vergrößerte sich die Verdickung am Sprunggelenk, und es kam zu Lähmungen und Koordinationsschwierigkeiten bei der Bewegung. Schließlich war auch ein selbständiges Aufstehen nicht mehr möglich, so daß wir uns zur Tötung des Tieres entschließen mußten. Bei der Sektion zeigte sich am stark vergrößerten Tarsalgelenk nach Eröffnung der Gelenkkapsel eine ausgedehnte Polypenbildung, ausgehend von der Synovia. Die Gelenkkapsel war um ein Vielfaches bindegewebig verdickt. Die Gelenkflächen waren auffällig aufgerauht und stumpf. Eine deutliche Verdickung wies ebenfalls die Gelenkkapsel des Fesselgelenkes auf, wobei die schon zu Lebzeiten festgestellte laterale Abwinkelung der Phalangen hervortrat und das einseitige Aufsetzen der medialen Klaue sich durch eine abnormale Abnutzung des Klauenhorns dokumentierte. Als weitere Befunde sind noch ein starker Peitschenwurmbefall im Dünndarm, eine beginnende Leberzirrhose und eine Tubulinephrose anzuführen. Eine histologische Untersuchung der chronischen Gelenkentzündung erfolgte nicht.

Fall II: Das männliche Tier wurde am 23. 8. 1974 geboren und entwickelte sich in den ersten drei Lebensjahren sehr gut. 1977 wurde es an einen anderen Zoo abgegeben. Bereits nach kurzer Zeit trat dort eine Verschlechterung des Allgemeinzustandes ein, und es zeigten sich Bewegungsstörungen in Form eines unsicheren Ganges. Weiterhin wurde durch eine Kotuntersuchung ein Peitschenwurmbefall nachgewiesen. Der Einsatz verschiedener Anthelminthika und die Zufütterung hoher Gaben von einem Vitamin-Mineralstoffgemisch führten zu einer gewissen Konditionsbesserung. Trotzdem blieb, nach den uns vorliegenden Angaben, das Tier schwächlich und in seinem Gang unsicher. Ende des Jahres 1978 trat dann beim Passieren der Stalltür eine Verletzung am linken Brustkorb auf. In der Umgebung der Verletzung kam es zu einer starken Ödembildung. Gleichzeitig

entwickelte sich auch in den unteren Abschnitten der Extremitäten ein teigartiges Unterhautödem. Kontinuierlich verschlechterte sich der Zustand der Giraffe, und sie verstarb unter allgemeinen Schwächesymptomen.
Aus dem Sektionsbericht konnte ersehen werden, daß linksseitig durch die Verletzung an der Brustwand die fünfte, sechste und siebente Rippe gebrochen waren. Auf der thorakalen Seite entwickelte sich eine umschriebene Pleuritis. Gleichzeitig wurden eine Epikarditis und Myokarditis sowie ein Peitschenwurmbefall ermittelt. Die makroskopische Untersuchung der Gelenke zeigte eine Unterentwicklung der Epiphysenknorpel sowie ausgesprochen rauhe Gelenkoberflächen bei nur geringer Synovialflüssigkeit in den Gelenkhöhlen. Eine genaue histologische Untersuchung der Knochen und Gelenkswandungen steht noch aus. Die bakteriologische Untersuchung erbrachte keine Hinweise auf eine Infektion. Als Todesursache wurde eine Kreislaufinsuffizienz ermittelt.

Fall III: Am 17. 2. 1976 wurde von den gleichen Eltern "Somali" und "Przecinek" als drittes Kalb eine weibliche Giraffe geboren. Bis zum achtzehnten Lebensmonat entwickelte sich das Tier sehr gut und war von ausgesprochen großem Wuchs. Zu diesem Zeitpunkt zeigte sich eine leichte Schwellung an allen Fesselgelenken. Aufmerksam gemacht durch die schweren Gelenkveränderungen bei dem ersten Kalb, wurden diesem Tier neben besonders gutem Futter die Vitamine A+D_3 i.m. und per os ein Mineralstoffgemisch verabreicht. In den Wintermonaten wurde täglich eine Bestrahlung mit UV-Licht vorgenommen. Im Frühling und Sommer wurde das Tier im Auslauf zu intensiver Bewegung gezwungen. Trotz aller Bemühungen trat im Alter von 2 1/2 Jahren wie im erstbeschriebenen Fall eine allmähliche Abwinkelung der Phalangen der linken Hinterextremität im Bereich des Fesselgelenkes nach lateral ein. Auch dieses Jungtier setzte das linke Hinterbein nur noch mit der medialen Klaue auf, was zu einer erheblichen Beeinträchtigung der Beweglichkeit führte. Der Krankheitsprozeß an der linken Hinterextremität verschlechterte sich kontinuierlich, wobei auch eine Verdickung des linken Kniegelenkes sichtbar wurde. Im Dezember 1978 ist die Giraffe 4 1/2 m groß und von ausgesprochen guter Kondition. Angeführt werden muß, daß neben der hier besprochenen Junggiraffe im gleichen Bestand noch weitere gleichaltrige Tiere gehalten werden, die bei derselben Fütterung und unter gleichen Haltungsbedingungen keinerlei Veränderungen erkennen lassen.

In allen drei von uns beschriebenen Fällen zeigten sich Veränderungen an den Extremitäten, deren Ursache nicht sicher zu erklären war. Als auffällig erweist sich die fast völlige Identität der Prozesse beim ersten und dritten Tier. Eine endgültige Abklärung der Befunde setzt natürlich eine genaue histologische Untersuchung der Knochen und Gelenke voraus. Dennoch scheint hier als eigentliche Ursache eine Wachstumsstörung der Epiphysenfugenscheiben (Dämmrich, 1978) vorgelegen zu haben, die auf Grund einer Skelettüberbelastung, über ein ungleichmäßiges Knochenwachstum zu Stellungsanomalien der Extremitäten führte. Im Verlauf derartiger Wachstumsstörungen der Gelenkknorpel kommt es zu bleibenden Gelenkveränderungen. Als mögliche Ursache verweist Dämmrich (1978) auf eine Störung des harmonischen Ablaufs von Wachstum und Reifung, die oft mit einer übersohüssigen und zu proteinreichen Fütterung in Zusammenhang steht. Ein weiterer Faktor, der auch in den hier besprochenen Fällen mit für das Auftreten von Stellungsanomalien infolge Überbelastungen des Skeletts in Betracht gezogen werden muß, stellt die besondere Großwüchsigkeit der Nachkommen der gleichen Elterntiere dar. Entsprechende erblich mit bedingte Befunde wurden auch bei Rindern und Schweinen aus Intensivhaltungen sowie bei großwüchsigen Hunderassen erhoben. Der Bericht von Göltenboth und Keller (1970) über eine Subluxation der Fesselgelenke beider Vorderextremitäten bei einer erst sechs Monate alten Giraffe im Berliner Zoologischen Garten läßt eine große Ähnlichkeit mit den von uns erhobenen Befunden deutlich werden. Die Autoren halten auf Grund klinischer Befunde die Veränderungen für einen rachitisähnlichen Krankheitsprozeß, wobei sie auch auf das Anlegen von Stützverbänden, verbunden mit einer Vitamin- und Mineralstoffbehandlung, eingehen.

Ein weiteres Problem bei der Giraffenhaltung im Zoo Wrocław ergab sich mit dem Versuch der Eingewöhnung von elf frischimportierten Junggiraffen im Alter von zwei bis drei Jahren. Die Tiere waren 1974 in Ostafrika gefangen worden und nach Angaben des Lieferanten während der achtmonatigen Quarantäne vor dem Transport völlig gesund. Der Besitzer, eine westeuropäische Tierhandlung, beabsichtigte, die elf Giraffen für die Dauer von zehn Monaten im Zoo Wrocław unterzustellen.
Am 15. 7. 1974 übernahm ein Vertreter des Zoos Wrocław die elf Giraffen (3,8) im Hafen von

Szczecin direkt von Bord des MS Leningrad. Es handelte sich um drei Massaigiraffen (1,2) und acht Somaligiraffen (2,6). Die Überfahrt von Mombassa nach Szczecin dauerte 42 Tage. Von Szczecin aus wurden die Giraffen mit einer Flußbarke die Oder aufwärts innerhalb von drei Tagen nach Wrocław transportiert und dort in einem geeigneten Gebäude von 120 m^2 Grundfläche untergebracht. Unmittelbar neben diesem Gebäude befindet sich ein 2209 m^2 großer Auslauf mit natürlicher Grasnarbe.

Die Giraffen trafen in völlig entkräftetem Zustand im Zoo ein. Bei allen zeigten sich umfangreiche, zum Teil in Abheilung befindliche Hautverletzungen, besonders an den Extremitäten. Die Tiere interessierten sich sowohl für das angebotene Futter als auch für die neue Umgebung. Auffällig war ihre Furchtlosigkeit beim Kontakt mit dem Pflegepersonal. Alle Giraffen bewegten sich schwerfällig und legten sich oft, sowohl im Stall als auch im Außengehege. Als Futter boten wir ihnen, genau wie auf dem Schiff, anfänglich Quetschhafer und -gerste, gekochten Weizen, Heu und Luzerne an. Später fütterten wir zusätzlich Mohrrüben, Eichen-, Ahorn- und Eschenblätter, Äpfel, Haferflocken, Mais, Wiesenheu und fügten dem Futter das Mineralstoffgemisch Paszowit (Firma Biowet) hinzu. Trotz offensichtlich guten Appetits trat bei den Giraffen keine Konditionsverbesserung ein, im Gegenteil verstärkte sich die Abmagerung unaufhaltsam. Als typische Symptome während der letzten Lebenstage müssen folgende Befunde genannt werden: Absonderung von der Herde, Niederbeugen des Halses, schwankender Gang, Zuckungen an der Halsmuskulatur, gesteigerter Speichelfluß und bei einzelnen Tieren Erbrechen. Die Augäpfel lagen auffällig tief in den Augenhöhlen. Kurz vor dem Tode wurde bei einigen Giraffen ein Erblinden und eine zeitweilige Bewußtlosigkeit wahrgenommen. Der zu diesem Zeitpunkt wäßrige, grüngelbe Kot war fast geruchlos.

Alle Tiere wurden lediglich symptomatisch behandelt, da keine konkrete Diagnose erhoben werden konnte. Herzstärkungsmittel, Antibiotika und Vitaminpräparate kamen zum Einsatz. Genau sieben Wochen nach dem Eintreffen der Giraffen in Wrocław starb der erste, nur zwei Tage sichtbar erkrankte Bulle. Innerhalb der folgenden fünf Wochen starben die restlichen zehn Giraffen. Die Zeitdauer einer klinisch nachweisbaren Erkrankung variierte zwischen einer Stunde und 18 Tagen.

Bei der Sektion der gestorbenen Giraffen zeigte sich ein so weitgehend übereinstimmendes Bild, daß eine zusammenfassende Befundwiedergabe erfolgen kann. Alle Tiere befanden sich zum Zeitpunkt der Sektion in einem kachektischen Zustand. Alle Fettdepots im Körper waren restlos abgebaut und in ein sulzig gallertiges Gewebe umgewandelt. Besonders stark trat dieser Befund im Bereich der Herzkranzgefäße, der Nierenkapsel und an den Muskelfaszien hervor. Die Körpermuskulatur und die Organe waren auffällig hell und deuteten auf eine mittelgradige Anämie hin. Die makroskopische und histologische Untersuchung aller Organe ließ keine Anzeichen deutlich werden, die auf ein krankhaftes Geschehen hinwiesen. Als auffällig muß hervorgehoben werden, daß bei allen Tieren der Pansen gut gefüllt war und der Labmagen eine Überdehnung durch große Mengen eines weichbreiigen Futters erkennen ließ. Im Darmtraktus konnte lediglich wäßriger Inhalt festgestellt werden, ohne daß entzündliche Prozesse an der Schleimhaut nachzuweisen waren. Histologisch deckten sich die Untersuchungsergebnisse mit den makroskopischen Befunden. Die Organe zeigten keine Veränderungen, die den Tod der Tiere erklären könnten. Nur in der Nebenniere trat eine regressive Transformation in der Zona arcuata auf. Auch dieser Befund muß in direktem Zusammenhang mit der Kachexie gesehen werden. Die bei fast allen Tieren durchgeführte bakteriologische Untersuchung erstreckte sich jeweils auf fünf Organe jedes Tieres. Als Ergebnis konnten lediglich bei drei Tieren Streptokokken und bei einem Tier Salmonellen-verdächtige Keime festgestellt werden.

Auf Grund der erhobenen pathologischen Untersuchungsbefunde kann ausgesagt werden, daß die nachgewiesenen Erreger nicht als Ursache für eine Erkrankung in Betracht zu ziehen sind, da keine entsprechenden Veränderungen ermittelt wurden. Die eigentliche Todesursache ist in der vollständigen Abmagerung und Konditionsminderung der Tiere zu sehen. Entsprechend dem Vorbericht dürfte der Fang und anschließende Transport wesentlich zur erheblichen Konditionsschwächung beigetragen haben, wobei die Frage offen bleibt, ob die Tiere nicht bereits in freier Wildbahn witterungsbedingt schlechte Ernährungsvoraussetzungen gehabt hatten. Der ausgesprochen schlechte Zustand der Tiere auch nach guter Futteraufnahme in Wrocław findet seine mögliche Erklärung in einer stark verminderten Darmperistaltik, die in allen Fällen bestanden haben muß, da die Mägen gut gefüllt waren, der Labmagen stets überdehnt und prall gefüllt, während im Darm nur flüssiger Inhalt nachzuweisen war. Die Abmagerung der Tiere war so hochgradig, daß selbst die Fettreserven im Wirbelkanal vollständig abgebaut waren. Als direkte Todesursache muß nach den vorliegenden Untersuchungsergebnissen ein Kreislaufversagen angesehen werden. Eine bakterielle Infektion ist auszuschließen. Da eine zuverlässige Auskunft über die Fangdauer und tatsächliche Quarantänezeit vor der Einschiffung nicht zu erhalten ist, bleibt es ungeklärt, wo und zu welchem Zeitpunkt ein Fehler bei der Eingewöhnung der Junggiraffen gemacht wurde.

Zusammenfassung:

Schwierigkeiten bei der Aufzucht und Eingewöhnung junger Giraffen im Zoo Wrocław

Es wird über eine möglicherweise erblich bedingte Osteopathie an der linken Hinterextremität bei Junggiraffen desselben Elternpaares berichtet. Einzelheiten über den Eingewöhnungsversuch und den Tod von weiteren elf frischimportierten Junggiraffen werden mitgeteilt.

Summary:

Problems in Raising and Adaptation of Young Giraffes in Zoological Garden of Vrocłav

Possibly inherited osteopathy in the left hind extremity of young giraffes of one and the same couple of parents is reported. Details are given on attempts to get the animals adjusted and on the deaths of another eleven young giraffes that had been freshly imported.

Résumé:

Difficultés dans l'élevage et dans l'adaptation de jeunes girafes au jardin zoologique de Wrocław

L'auteur fait état d'une ostéophatie à l'extrémité arrière gauche chez de jeunes girafes de parents égals et mentionne en détail les tentatives d'adaptation ainsi que la mort d'autres jeunes girafes (du nombre de onze) nouvellement importées.

Резюме:

Трудности при выращивании и аклиматизации молодых жирафов в зоопарке города Врослав

Сообщается о возможно наследственно обусловленной остеопатии на левой задней конечности молодых жирафов с одинаковыми родительями. Далее сообщаются подробности о попытке аклиматизации и гибели одинадцати других свежо-импортированных молодых жирафов.

Literatur:

DÄMMRICH, K. (1978): Mündliche Mitteilung.

GÖLTENBOTH, R. und H. KELLER (1970): Rachitisähnliche Erkrankungserscheinungen an den Fesselgelenken der Vorderextremitäten einer jungen Giraffe. Verhandlungsber. XII. Internat. Symp. Erkrankungen Zootiere, Budapest, 113-116.

Anschrift der Verfasser: Dr. A. G u o w i ń s k i ,
Zoologischer Garten
ul. Wroblewskiego 1
51-618 Wrocław (VR Polen)

Aus dem Zoologischen Garten Dresden (Direktor: G. B e r g e r)

TORSIO UTERI BEI EINER GIRAFFE

Von H.-E. S c h n e i d e r

1977 berichteten wir über die künstliche Aufzucht einer Giraffe. Das Muttertier dieses Kalbes wurde nach der Schwergeburt am 9. 7. 1976 - relativ zu große Frucht, Ausgrätschen während der stark verzögerten Austreibungsphase - nach dem 29. 7. 1976 wiederholt brünstig. Die letzte Paarung konnten wir am 3. 1. 1977 beobachten. Danach kam es nicht mehr zu Deckakten. Die Geburt des ersten Kalbes erfolgte 436 Tage nach der letzten Kopulation. Wir rechneten daher mit der zweiten Geburt zwischen Mitte und Ende März 1978. Die Trächtigkeit verlief zunächst ohne Besonderheiten. Am 4. und 5. 2. 1978 war das Tier auffallend unruhig, lief ständig umher und reagierte ungewohnt stark auf bekannte Umweltreize. Veränderungen des äußeren Genitales und des Gesäuges waren nicht feststellbar. Am 6. 2. 1978 verhielt sich die Giraffenkuh wieder normal. Am 2. 3. 1978 begann sich das Euter zu entwickeln. Am 16. 3. 1978 war es voll ausgebildet. Nach dem 6. 3. 1978 verweigerte das Tier die Kraftfutteraufnahme, während Heu und Blätter zunächst noch in gewohnter Menge gefressen wurden. Mit zunehmender Trächtigkeitsdauer zeigte sich auch, daß die Folgen des Ausgrätschens bei der ersten Geburt, eine Schwäche der Nachhand, besonders aber des linken Hinterbeines, unter der Belastung der Hochträchtigkeit wieder auftraten. Der Leib der relativ kleinen Giraffenkuh erschien kugelig aufgetrieben. Das Aufstehen vom Boden aus physiologischer Ruhelage bereitete dem Tier erhebliche Schwierigkeiten.

Am 8. 3. 1978 glaubten wir bereits an den Beginn der Geburt, als das Tier sich im Außengehege gelegt hatte und unter erheblichen Anstrengungen, teilweise in Seitenlage mit abgestreckten Beinen etwa eine Stunde lang bemüht war, sich zu erheben. Offensichtlich durch diese mit erheblichem Kraftaufwand und entsprechender Drucksteigerung im Abdomen betriebenen Aufstehversuche kam es zu einer leichten Öffnung der Vulva, die zu diesem Zeitpunkt nur geringgradig ödematisiert war und zum Abgang kleiner Mengen eines glasklaren Schleims aus der Scham. Wir halten es nicht für ausgeschlossen, daß bereits zu diesem Zeitpunkt eine Lageveränderung der Gebärmutter eingetreten war, zumal von diesem Tag an eine zwar sehr allmähliche aber ständig zunehmende Beeinträchtigung des Allgemeinbefindens bei der Giraffe auftrat. Besonders deutlich wurde die Verschlechterung des Zustandes nach dem 19. 3. 1978. Bis auf geringe Rauhfutterportionen wurde die Nahrungsaufnahme ganz eingestellt. Das Tier legte sich von diesem Tag an nicht mehr, sondern drängte sich mit den Hinterextremitäten in die Ecken des Innenstalles. Dabei lief die Giraffe häufig rückwärts und stellte den Schwanz nach hinten oder seitlich ab. Wiederholt lehnte sich das Tier auch an die Stallwand an. Zeitweise konnte ein Muskelzittern an den Extremitäten beobachtet werden. Bei der Kot- und Harnabgabe grätschte das Tier leicht aus. Vom 21. 3. 1978 an prägte sich die vorher nur leichte Ödematisierung der Vulva stärker aus, zeigte aber von Tag zu Tag eine wechselnde Beschaffenheit. Zeitweise war auch der Schwellungszustand der beiden Seiten der Scham unterschiedlich stark. Auch die Ödematisierung des Euters schwankte erheblich. Auf Grund dieser Erscheinungen vermuteten wir eine Torsio uteri. Das Tier wurde von nun an Tag und Nacht ständig kontrolliert. Am 27. 3. 1978 sahen wir noch Fruchtbewegungen. Am Morgen des 28. 3. 1978 wurde die Vulvaschwellung wieder sehr stark, das Tier drängte ständig mit den Hinterleib in die Stallecken, wobei der Kopf bei gestrecktem Hals nach vorn gesenkt gehalten wurde. Der Schwanz des Tieres war in ständiger Bewegung. Aus der Scham entleerte sich wenig grauer, leicht getrübter Schleim. Am Nachmittag des gleichen Tages beruhigte sich das Tier wieder und zeigte keine Anzeichen einer fortschreitenden Geburt.

Am frühen Morgen des 30. 3. 1978 fanden wir die Giraffenkuh tot im Stall vor. Bei der manuellen Untersuchung der Geburtswege wurde unsere Vermutung bestätigt. Es lag eine Torsio uteri nach rechts vor. Die Portio war verstrichen und nur für zwei Fäuste passierbar. Die Gebärmutter enthielt ein totes vollentwickeltes Kalb in Vorderendlage. Die Fruchtwässer waren in Farbe, Geruch und Konsistenz unverändert.

Die Sektion, durchgeführt in der Abteilung für Zoo- und Wildtiererkrankungen der Forschungsstelle für Wirbeltierforschung (im Tierpark Berlin), ergab folgenden Befund: "Der Tod des Tieres trat infolge einer Geburtskomplikation in Form einer Torsion des Uterus ein. Die Gebärmutter war um 270° verdreht. Das Jungtier war voll ausgereift. Als weitere Befunde waren zu ermitteln: Eine Peritonitis, die Ausbildung von Niereninfarkten und Gewebsverdichtungen in der Lunge. Bakteriologisch wurden Pseudomonaskeime isoliert."

Diskussion:

Nach dem 23. 3. 1978 hatten wir zumindest die Vermutung einer Torsio uteri. In der uns zur Verfügung stehenden Literatur war eine solche Geburtskomplikation bei Giraffen nicht beschrieben. Unsere Absicht war es, beim Auftreten deutlicher Geburtsanzeichen einen Kaiserschnitt vorzunehmen. Dabei waren wir uns im klaren, daß das vorgeschädigte Muttertier eine Eröffnung der Bauchhöhle und die Entbindung der Frucht mit allen Folgen wohl kaum überstehen würde. Es ging uns um die Erhaltung des Jungtieres, wobei uns nicht bekannt war, zu welchem Zeitpunkt Giraffenkälber, vor dem physiologischen Geburtstermin geboren, lebensfähig sind. Zur Feststellung des Geburtszeitpunktes wurde die Giraffenkuh Tag und Nacht kontrolliert. Sie starb, offensichtlich in der Geburt, als der kontrollierende Mitarbeiter für kurze Zeit einer anderen Aufgabe nachkam.
Auf Grund der pathologischen Veränderungen kann man unseres Erachtens annehmen, daß die Torsion des Uterus längere Zeit bestanden hat. Ob die Drehung der Gebärmutter von vornherein 270° betragen hat, scheint zumindest fraglich. Eine von uns angenommene Vorschädigung des Halteapparates der Gebärmutter durch das 1976 bei der Geburt erfolgte Ausgrätschen konnte bei der Sektion nicht nachgewiesen werden.

Ein Zwangsstand zur Untersuchung des erkrankten Tieres ohne Sedierung stand uns nicht zur Verfügung. Die Sedierung der Giraffe ohne Einleitung der Geburt hätte mit Sicherheit zum Festliegen des Tieres und den abzusehenden Folgen geführt. Die Versuche, die Giraffenkuh ohne Zwangs- und Sedierungsmaßnahmen zu untersuchen, mußten wegen der Abwehrreaktionen des Tieres abgebrochen werden.
Die Frage, ob Giraffenkälber, die 10 - 14 Tage vor dem physiologischen Geburtstermin operativ entbunden werden, lebensfähig sind, kann von uns nicht beantwortet werden.
Uterustorsionen scheinen bei Giraffen seltene Geburtskomplikationen zu sein, ihre Behebung war in unserem Falle nicht möglich.

Zusammenfassung:

Torsio uteri bei einer Giraffe

Verfasser schildert eine nicht zu behebende Uterustorsion bei einer zum zweiten Male gebärenden Giraffe, die zum Tod des Tieres führte.

Summary:

Torsio uteri in Giraffe

Incurable uterus torsion led to the death of a secundiparous giraffe. The case is described in greater detail.

Résumé:

Torsio uteri chez une girafe

L'auteur décrit une torsion d'utérus incurable chez une girafe à deuxième mise bas qui a abouti à la mort de l'animal.

Резюме;

Вращение матки у жирафа

Афтор описывает неличимое вращение матки у жирафа родившего второй раз, которое повело к смерти животного.

Literatur:

SCHNEIDER, H.-E. (1977): Künstliche Aufzucht einer Giraffe nach Schwergeburt. Verhandlungsber. XIX. Internat. Symp. Erkrankungen Zootiere, Poznán, 383-385.

Anschrift des Verfassers: Dr. med. vet. H.-E. S c h n e i d e r ,
DDR 8020 Dresden, Zoologischer Garten,
Tiergartenstr. 1 (DDR)

Aus dem Institut für Tierpathologie (Direktor: Prof. Dr. H. Luginbühl) der Universität Bern und aus dem Zoologischen Garten Basel

ASPERGILLUSABORT BEI EINER GIRAFFE (GIRAFFA CAMELOPARDALIS TIPPELSKIRCHI) IM ZOOLOGISCHEN GARTEN BASEL

Von A. Heldstab und D. Rüedi

Über die Ursache von Totgeburten und Aborten bei Zootieren ist wenig bekannt (Benirschke and Bogart, 1978; Kast und Kmedener, 1970; Schneider und Gensch, 1974; Vetesi et al., 1973). Verluste dieser Art, die in Zoologischen Gärten 5 - 20 % der Abgänge ausmachen, werden leider oft nur summarisch zusammengefaßt (Elze et al., 1974; Ippen und Schröder, 1970; Kronberger et al., 1971; Schröder, 1978; Steger, 1973).

Eine 23jährige Massaigiraffe abortierte am 25. 5. 1978 überraschend zirka drei Monate vor dem erwarteten Geburtstermin (10. Jungtier, letzter Deckakt am 24. 6. 77, zirka 468 Tage Trächtigkeitsdauer). In den vorausgegangenen Trächtigkeitsmonaten war sie bei gutem Allgemeinzustand zunehmend abgemagert. Da beim geschwächten Tier ein Aufflammen der vor zirka zehn Jahren im Bestand verbreiteten und mit Erfolg behandelten Tuberkulose befürchtet wurde, wurde die Giraffe am 10. 7. 78 euthanasiert.

Material und Methode:

Zur Abklärung des Abortes wurden Placenta, Eihäute, Organe des Foeten und Uterus der Mutter bakteriologisch, mykologisch (KOH-Präparat, kulturelle Differenzierung) wie auch histologisch (Fixation in 4 % Formalin, H.E.-, PAS-, VG-, KOSSA- und Grocott-Färbung) untersucht.

Untersuchungsergebnisse:

Placenta, Eihäute: Die runden Kotyledonen (Ø zirka 20 - 25 mm) berührten sich gegenseitig und waren gleichmäßig über das gesamte Chorion verteilt. Im Querschnitt zeigten sie im Zottenbereich eine gleichmäßig dunkelrote Verfärbung, während tiefere Chorionschichten von weiß-gelber Farbe waren.

Histologie: Die maternalen und foetalen Zottenteile konnten nur noch im basalen Teil der Kotyledo differenziert werden, alle übrigen Gebiete der Placentome waren degenerativ und zusätzlich autolytisch hochgradig verändert. Im Bereich der multipel disseminiert auftretenden septierten Pilzhyphenfragmente ließ sich herdförmig vermehrt Zelldetritus feststellen. Der obere foetale Zottendrittel wies zudem oft eine streifenförmige Infiltration mit neutrophilen Granulozyten sowie ausgedehnte, zur Zottenrichtung parallel verlaufende dystrophische Verkalkungen des Stromas auf. In den Eihautgefäßen waren entzündliche Veränderungen selten. Das Chorion leave war generalisiert hyperämisch. Vereinzelt wurden herdförmig Epithelnekrosen und kleinkörnige Verkalkungen beobachtet. Aus dem Placentagewebe konnte Aspergillus fumigatus isoliert werden. Bakteriologisch wurde eine Mischflora nachgewiesen.

Foet: Die Organe des 18 kg schweren Foeten waren gut ausdifferenziert und wiesen mit Ausnahme des Gehirns keine Veränderungen auf. Im Gehirn wurden im Großhirnmark disseminiert herdförmige Malazien mit Axonschwellung und Gliazellschwund nachgewiesen.

Uterus: Besonders die rechte Hornspitze enthielt wenig gallertigen, stellenweise mit fibrinhaltigen Fetzen durchzogenen trüben Schleim. Daraus konnten bakteriologisch und mykologisch keine Erreger isoliert werden. Die zirka 15 x 7 mm großen, in Reihen angeordneten Karunkeln hoben sich durch ihre auffallende orange-gelbe Verfärbung deutlich von der übrigen leicht rosafarbenen Mukosa ab. Viele Karunkelkuppen waren von einem zuckergußähnlichen gelbweißlichen, porösen Belag bedeckt.

Histologie: In den Karunkeln ließ sich lumenwärts regelmäßig eine relativ breite Pars spongiosa von der tieferliegenden Pars compacta unterscheiden. Beide waren durch eine rundzellige, manchmal eher histiozytäre Demarkationszone voneinander getrennt. Degeneriertes mütterliches Zottenstroma, zusammengesinterte degenerierte Kerne des Zottenepithels sowie von Karunkel zu Karunkel verschieden ausgeprägte dystrophische Verkalkungen erwiesen sich für die Pars spongiosa als charakteristisch. Die Oberfläche war bei einigen Karunkeln vollständig reepithelisiert, bei anderen aber noch hochgradig zerklüftet und herdförmig mit Neutrophilen infiltriert. Das Oberflächenepithel in den karunkelfreien Bezirken war meist intakt. Im darunterliegenden etwas ödematösen Stratum subepitheliale kam diffus eine mehr oder weniger ausgeprägte gemischtzellige Infiltration zum Vorschein. Die Lumina der häufig hypertrophierten Uterindrüsen waren gebietsweise mit neutrophilen Granulozyten angeschoppt.

Diskussion:

Um unsere Befunde besser interpretieren zu können, wurden die Beobachtungen mit experimentellen Arbeiten beim Rind verglichen (Hill et al., 1971; Hillman and McEntee, 1969; Whiteman et al., 1972). Dabei stimmten die histologischen Läsionen mit den in der Literatur beschriebenen weitgehend überein (Hill et al., 1971; Hillman and McEntee, 1969; Henner et al., 1977; Sielicka et al., 1976; Whiteman et al., 1972). Die in unserem Fall am schwersten veränderten Regionen sind mit den basalen Placentarbereichen, in denen die degenerativen Veränderungen nach intravenöser Infektion beginnen, identisch. Von hier aus müssen sich die nekrotischen Prozesse im maternalen Villistroma weiter ausgebreitet haben (Hill et al., 1971). Dies führte im Zottenspitzenbereich zu einem Nebeneinander von nekrotischem maternalem Gewebe und erhaltenen foetalen Zotten. Im Unterschied zu anderen Beobachtungen konnte ein Übergreifen der Infektion auf die Allantochorionmembran und größere Eihaut- und Placentargefäße selten festgestellt werden (Hill et al., 1971; Hillman and McEntee, 1969). Ausgedehnte Verkalkungen wie in unserem Fall sind bei experimentellen Infektionen nicht erwähnt.

Der Infektionsweg blieb unklar. Wie experimentelle Untersuchungen beim Rind zeigten, sind aszendierende Infekte wegen guter lokaler Abwehrbereitschaft des Uterus nicht zu erwarten (Hillman and McEntee, 1969). Unmittelbar nach der Besamung direkt ins Uteruslumen inokulierte Pilzsporen erzeugten weder im Organ selbst noch in der Placenta irgendwelche Läsionen. Nach einer normalen Trächtigkeit wurden gesunde Kälber geboren.

Der hämatogene Infektionsweg dagegen ist beim Rind und der Maus experimentell belegt (Hill et al., 1971; Hillman and McEntee, 1969; Sielicka et al., 1976) und auch in unserem Fall wahrscheinlich (Miller, 1977). Während der Sektion wurde in allen großen Parenchymen des Muttertiers speziell nach möglichen Streuherden gesucht. Makroskopisch und später auch histologisch konnten keine Pilzgranulome oder dafür verdächtige Veränderungen festgestellt werden. Wir sind uns aber bewußt, daß kleine Infektionsherde hätten übersehen werden können und solche pathogenetisch nicht auszuschließen sind. Wie Versuche gezeigt haben, lassen sich wenige Tage nach künstlicher Infektion in verschiedenen Organen herdförmige Parenchymdefekte beobachten, welche zur Zeit des Abortes aber nicht mehr nachzuweisen sind (Hill et al., 1971). Infekte scheinen sich nach hämatogener Aussaat in der Placenta zu etablieren, währenddem sie in den übrigen Organen spontan wieder verschwinden können.

Die Veränderungen des Giraffenuterus wurden mit verschiedenen Puerperalstadien des Rinderuterus post partum verglichen. Erwartungsgemäß zeigte die Giraffe um Wochen verzögerte Rückbildungsprozesse in der Mukosa. Ein mit unserem Fall vergleichbares Bild fanden wir nämlich bei Kühen eine Woche post partum.

Die Gehirnveränderungen des Foeten könnten durch Asphyxie, hervorgerufen durch ein frühzeitiges Ablösen der Placenta, induziert worden sein. In der Veterinärmedizin sind vergleichbare Läsionen in diesem Zusammenhang beschrieben (Fatzer, 1978).

Zusammenfassung:

Aspergillusabort bei einer Giraffe (Giraffa camelopardalis tippelskirchi) im Zoologischen Garten Basel

Es werden die pathologisch-anatomischen Befunde einer drei Monate vor dem Termin abortierten Giraffe (Giraffa camelopardalis tippelskirchi), der Placenta und des Uterus des Muttertieres beschrieben. Verglichen mit experimentell erzeugten Pilzaborten wurde eine weitgehende Übereinstimmung der Placentaveränderungen gefunden. Die Rückbildungsprozesse der Uterusmukosa waren verzögert. Der hämatogene Infektionsweg schien gestützt auf Versuche beim Rind am wahrscheinlichsten.

Summary:

Aspergillic Abortion of Giraffe (Giraffa camelopardalis tippelskirchi) in Zoological Garden of Basle

Described in this paper are the pathologico-anatomic findings recorded from a giraffe aborted three months ahead of term as well as from the placenta and uterus of the mother animal. The placental changes established resembled closely findings recorded from experimentally induced fungal abortion. Involution of the uterine mucosa was retarded. Experimental results recorded from cattle suggested with great probability that the route of infection had been haematogenic.

Résumé:

Avortement à aspergille chez une girafe (Giraffa camelopardalis tippelskirchi) au Jardin Zoologique de Bâle

Du point de vue anatomo-pathologique, les auteurs décrivent l'état de l'utérus et du placenta de la femelle après l'avortement d'une girafe trois mois avant terme (Giraffa camelopardalis tippelskirchi). Comparé aux avortements à aspergille provoqués artificiellement, une large conformité des altérations du placenta est à enregistrer. L'involution de la muqueuse utérine est retardée. L'infection de l'utérus par voie hématogène à partir d'un foyer primaire n'est pas à exclure, si l'on se base sur les essais faits sur les bovins.

Резюме:

Микотический аборт (аспергиллез) у жирафы

Описаны патолого-анатомические данные абортированного плода обыкновенной жирафы Типпельскиха (Giraffa camelopardalis tippelskirchi), а также последа и матки матери; выкидыш три месяца перед нормальным сроком рождения. Изменения последа похожие на экспериментальный микотический аборт крупного рогатого скота. Процессы катаплазии в слизистой оболочке матки были замедленны; инфекция беременной матки вероятно гематогенного происхождения.

Literatur:

BENIRSCHKE, K. and M. BOGART (1978): Pathology of Douc Langurs (Pygathrix nemaeus) at San Diego Zoo. Verhandlungsber. XX. Internat. Symp. Erkrankungen Zootiere, Dvur Králové, 257-261.

ELZE, K., EULENBERGER, K., SEIFERT, S., KRONBERGER, H., SCHÜPPEL, K. F. und U. SCHNURRBUSCH (1974): Auswertung der Krankengeschichten der Felidenpatienten 1958 - 1973 des Zoos Leipzig. Verhandlungsber. XVI. Internat. Symp. Erkrankungen Zootiere, Erfurt, 5-18.

FATZER, R. (1978): Beiträge zur Neuropathologie der Wiederkäuer. V. Wild- und Zootiere. Schweiz. Arch. Tierheilk. 120, 455-475.

HENNER, S., LUGMAYR, D., MILKE, K.-J. und H. TRIXL (1977): Häufige morphologische Veränderungen an Nachgeburten und Foeten bei Rinderaborten. Tierärztl. Prax. 5, 167-178.

HILL, M. W. M., WHITEMAN, C. E., BENJAMIN, M. M. and L. BALL (1971): Pathogenesis of Experimental Bovine Mycotic Placentitis produced by Aspergillus fumigatus. Vet. Path. 8, 175-192.

HILLMAN, R. B. and K. McENTEE, K. (1969): Experimental Studies on Bovine Mycotic Placentitis. Cornell Vet. Vol. LIX, No.2, 289-302.

IPPEN, R. und H.-D. SCHRÖDER (1970): Über Verluste bei der Aufzucht von Säugetieren in Zoologischen Gärten. Verhandlungsber. XII. Internat. Symp. Erkrankungen Zootiere, Budapest, 5-13.

KAST, A. und R. V. KMEDENER (1970): Virusabort der Stute im Zoo. Verhandlungsber. XII. Internat. Symp. Erkrankungen Zootiere, Budapest, 91-93.

KRONBERGER, H., SCHÜPPEL, K. F., SEIFERT, S. und D. ALTMANN (1971): Todesursachen von Primaten. Verhandlungsber. XIII. Internat. Symp. Erkrankungen Zootiere, Helsinki, 5-12.

MILLER, R. B. (1977): A Summary of some of the Pathogenetic Mechanisms Involved in Bovine Abortion. Canadian Vet. J. 18 (4), 87-95.

SCHNEIDER, H. E. und W. GENSCH (1974): Abortivei beim Weißhandgibbon (Hylobates Lar L.). Verhandlungsber. XVI. Internat. Symp. Erkrankungen Zootiere, Erfurt, 261-263.

SCHRÖDER, H.-D. (1978): Beitrag zu den Erkrankungen der Unpaarhufer. Verhandlungsber. XX. Internat. Symp. Erkrankungen Zootiere, Dvur Králové, 37-40.

SIELICKA, B., SAMBORSKI, Z., SENSE, A., SZUMIGALSKA, D., SZUMIGALSKI, Z. und J. MADEY (1976): Aborte bei Kühen als wahrscheinliche Folge von Pilzinfektionen. Derm. Mschr. 162, 184-185.

STEGER, G. (1973): Untersuchungsergebnisse an 1500 Objekten aus der Gruppe der wildlebenden Wiederkäuer. Verhandlungsber. XV. Internat. Symp. Erkrankungen Zootiere, Kolmarden, 25-34.

VETESI, F., BALSAI, A. und F. KEMENES (1973): Listerienabort bei einem Nonnenaffen (Cercopithecus mona). Verhandlungsber. XV. Internat. Symp. Erkrankungen Zootiere, Kolmarden, 275-278.

WHITEMAN, C. E., BENJAMIN, M. M., BALL, L. and M. W. M. HILL (1972): Bovine Aspergillosis Produced by the Inoculation of Conidiospores of Aspergillus fumigatus into a Mesenteric or Jugular Vein. Vet. Path. 9, 408-425.

Anschrift der Verfasser: Dr. med. vet. A. H e l d s t a b ,
Institut für Tierpathologie
Länggass-Str. 122
CH-3012 Bern (Schweiz)

Aus dem Bezirksveterinäramt Trutnov (Direktor: MVDr. J. V i t) und dem Zoologischen Garten Dvůr Králové nad Labem (Direktor: Ing. J. V á g n e r , CSc)

STOSSZAHNFRAKTUREN BEI ELEFANTEN

Von M. S t e h l i k

Anatomie:

Die Stoßzähne der Elefanten wachsen ständig und bestehen fast vollständig aus Dentin (Substantia eburnea). Nur die Spitze des Stoßzahnes trägt in der Jugend eine Kappe aus Schmelz (Substantia adamantina), die aber bald abgerieben wird. Dentin besteht aus ineinandergeschobenen Dentintüten, die dem Elfenbein die besondere Struktur verleihen (L a n g , 1965). Das orale Ende des Stoßzahnes liegt tief in der Alveole des Oberkiefers und ist zeitlebens mit Zement (Substantia ossea) bedeckt. Nach K r u m b i e g e l (1943) liegt etwa ein Drittel, bei südlichen Rassen des Afrikanischen Elefanten sogar die Hälfte der Gesamtlänge des Stoßzahnes in der Alveole. Bei dem Afrikanischen Elefanten besitzen beide Geschlechter Stoßzähne, wobei die Stoßzähne der Bullen größer sind. Bei den Indischen Elefanten haben nur die Bullen gut entwickelte Stoßzähne. Die Elefantenkühe besitzen keine Stoßzähne oder haben nur schwach ausgebildete. E v a n s (1910) bezeichnet die kleineren Stoßzähne der Kühe und einiger Bullen als "tushes", während er die mächtigen Stoßzähne der Bullen "tusks" nennt. Dentin ist kalzifiziertes Bindegewebe, das auf der gesamten Oberfläche der Pulpa mit Hilfe der Odontoblasten entsteht und gleichzeitig in die Länge und Breite wächst. Nur der proximale (aborale) Teil der Pulpa ist nicht mit Dentin bedeckt. Hier befindet sich eine dünne Schicht spongiösen Knochens, die eine ähnliche Struktur wie der Knochen im distalen Teil der Alveole jedes Molaren aufweist. Dieser spongiöse Knochen hat Foramina für die Blutgefäße und Nerven.
Die Pulpa, die die Stoßzahnhöhle ausfüllt, besteht aus gefäß- und nervenreichem Bindegewebe. Histologisch ähnelt die Pulpa derjenigen der Inzisiven des Menschen (S i k e s , 1971). Nach E l d e r (1970) beginnt sich bei dem weiblichen Afrikanischen Elefanten in der Pubertät die Stoßzahnhöhle zu schließen, während bei Bullen die Pulpahöhle mit der Alveole mitwächst.

Klinische Fälle

Am 21. 5. 1975 wurde der neunjährige Afrikanische Elefantenbulle "San" von der erwachsenen Indischen Elefantenkuh "Kitty" angegriffen und niedergeworfen. Dabei wurde ihm der vordere Teil des linken Stoßzahnes abgebrochen (Abb. 1).
Der anwesende Tierpfleger hörte einen lauten Knall. Die entblößte Pulpa blutete sehr stark. Vom rechten Stoßzahn wurde nur ein kleines Stück abgebrochen. Der Bulle war durch den Angriff der Elefantin so beeindruckt, daß er keine Schmerzäußerungen zeigte und nur sehr nervös wirkte. Der abgebrochene Teil des Stoßzahnes hatte eine Gesamtlänge von 14,0 beziehungsweise 24,6 cm (Schrägbruch), und die Pulpahöhle war 10,4 cm lang.

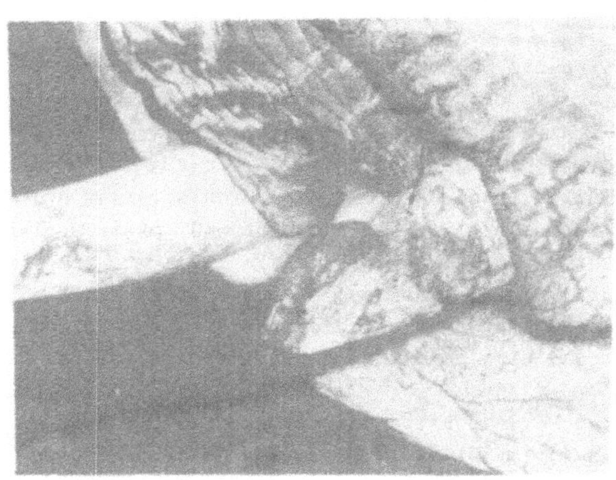

Abb. 1: Entblößte Pulpa nach Schrägfraktur des Stoßzahnes bei dem Elefantenbullen "San"

Der Durchmesser am Bruchende betrug 6,4 cm (Abb. 2).

Am darauffolgenden Tage blutete die Pulpa nicht mehr. Erst jetzt war eine Behandlung mit Septonex-Spray (Spofa) und Framykoin-Pulver (Spofa) möglich Noch am selben Tag hat sich der Elefant den größten Teil der freihängenden Pulpa mit dem Rüssel entfernt, wobei wieder starke Blutungen auftraten.
Am 23. 5. 1975 blutete die Pulpa wiederum stark, so daß Aureomycin[R]-Violett-Spray 2 % (Lederle) appliziert wurde.

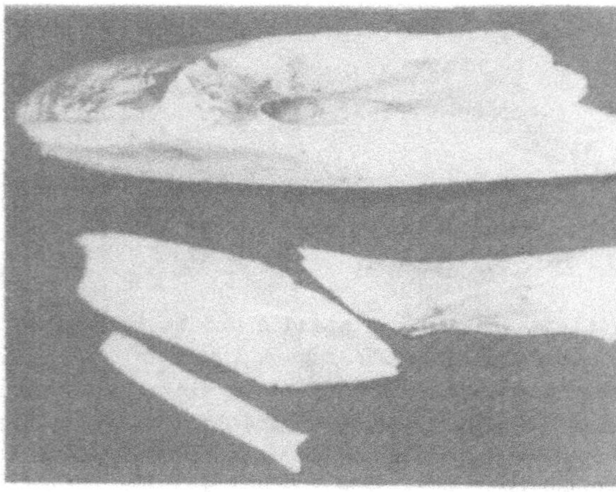

Abb.2: Das abgebrochene und zersplitterte Vorderteil des Stoßzahnes des Elefantenbullen "San"

An den nachfolgenden Tagen (24., 25., 26. und 27. 5. 1975) wurde die Behandlung fortgeführt.
Am 28. 5. 1975 wurden die ersten Anzeichen einer Eiterung festgestellt. Trotz täglicher Behandlung mit H_2O_2, Antiseptika und Antibiotika kam es zu stärkerer Eiteransammlung.
Am 24. 5. 1975 war der Bulle bei der Behandlung sehr nervös und ungehorsam. Von diesem Tage an konnte nur noch der Tierpfleger die Wunde reinigen. Mehrmals führte der Elefant Ästchen und einmal sogar ein Stück Futterrübe mit dem Rüssel in die Stoßzahnhöhle ein. Diese Fremdkörper konnten nur mit erheblichen Schwierigkeiten wieder entfernt werden. Dabei traten jedesmal stärkere Blutungen auf.
Am 12. 10. 1975 stellte der Tierpfleger eine Myiasis in der Stoßzahnhöhle fest, die durch Ausspülung der Stoßzahnhöhle beseitigt werden konnte.
Wiederholte bakteriologische Untersuchungen verliefen negativ. Lediglich am 30. 11. 1977 wurde Corynebacterium pyogenes festgestellt.
Da der Bulle wiederholt Aggressivität gegenüber den Tierpflegern zeigte, wurde er am 14. 2. 1978 erschossen.

Die Sektion wurde von Professor Dr. habil. R. I p p e n , Forschungsstelle für Wirbeltierforschung (im Tierpark Berlin) der Akademie der Wissenschaften der DDR, durchgeführt. Die makroskopische und histologische Untersuchung der inneren Organe zeigte keine Abweichungen vom physiologischen Zustand. Von einer Eröffnung der Kieferhöhle wurde Abstand genommen, da das Schädelskelett für Studienzwecke mazeriert werden sollte.

Nach der Mazeration des Schädels konnte der abgebrochene Stoßzahn leicht aus der Alveole entfernt werden, während der gesunde Stoßzahn in der Alveole verblieb. Im Inneren der Stoßzahnhöhle wurden zahlreiche Dentingebilde verschiedener Größe gefunden (Abb. 3). Der Form nach werden sie im englischsprachigen Schrifttum (D e r a n i y a g a l a , 1955; S i k e s , 1971) als "Pearls" - Perlen bezeichnet. In der durch Eiterung und Mazeration veränderten Pulpa waren diese Dentingebilde wesentlich kleiner (Abb. 4). Diese Perlen entstehen durch die Funktion der beschädigten Odontoblasten. Nach D e r a n i y a g a l a (1955) entstehen diese Perlen durch konzentrische Lagerung der Dentinschichten, die die Fremdkörper umgeben, die in die Pulpahöhle eindringen. Beim Wachsen des Stoßzahnes werden diese Perlen mit dem sie umgebenen Dentin aboral geschoben und dann gemeinsam mit dem Vorderteil des Stoßzahnes abgenutzt.

Einen ganz anderen Verlauf hatte die Stoßzahnfraktur bei der fast gleichaltrigen Afrikanischen Elefantenkuh "Kara". Am 16. 1. 1973 stellte der Tierpfleger eine abnorme Beweglichkeit des linken Stoßzahnes fest. Bei der genaueren Untersuchung wurde ein in Längsrichtung verlaufender, am oralen Ende beginnender 6,5 cm langer Riß festgestellt. An den darauffolgenden Tagen wurde eine schwache Blutung festgestellt und deshalb eine Behandlung mit Antiseptika und Antibiotika

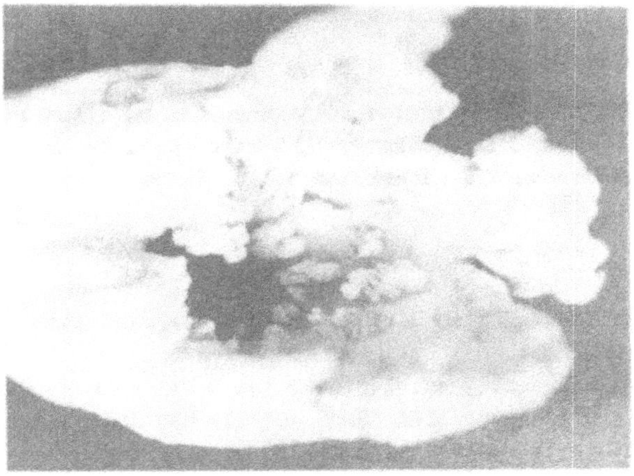

Abb. 3: "Perlen" in der Pulpahöhle

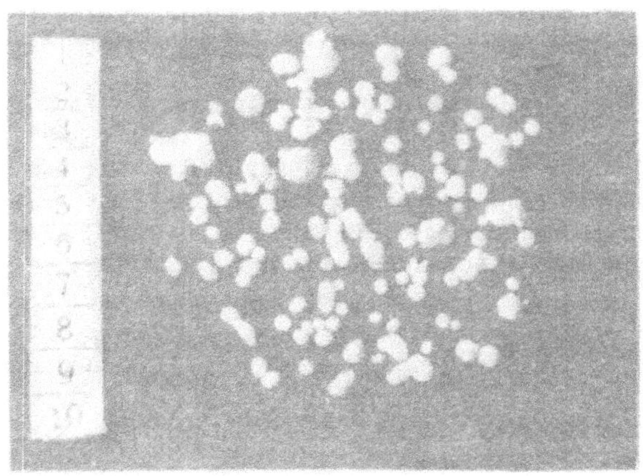

Abb. 4: Kleinere "Perlen" aus der Pulpa

durchgeführt. Am 15. 4. 1973 brach sich die Elefantin schließlich den Stoßzahn an der Umzäunung ab, wobei sich die Pulpahöhle als vereitert erwies.
Der sehr kurze Stumpf des Stoßzahnes blutete nicht. Der Stoßzahn hatte eine Gesamtlänge von 18 cm, und die Pulpahöhle betrug 15,5 cm. Der Gesamtdurchmesser belief sich auf 3,5 cm (Abb. 5).

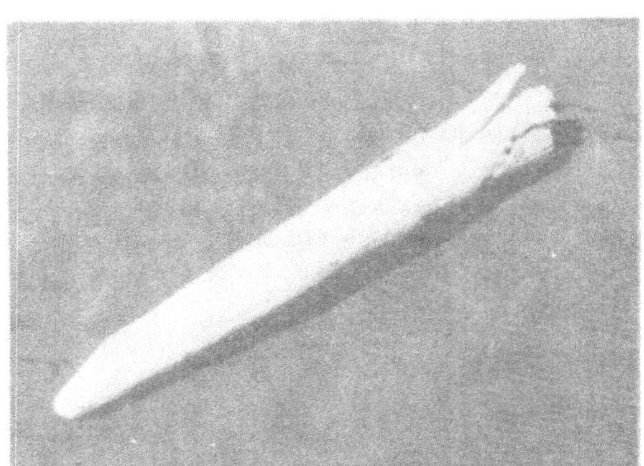

Abb. 5: Der abgebrochene Stoßzahn der Elefantenkuh "Kara"

Von diesem Tage an wurde der Stoßzahnstumpf täglich abwechselnd mit H_2O_2, Akriflavingranulatlösung und Solutio Chlumsky bis zum 28. 8. 1973 gespült.
Am 2. 4. 1974 wurde erneut Schmerzhaftigkeit und Eiteransammlung festgestellt, so daß wiederum bis zum 31. 8. 1974 behandelt werden mußte. Danach traten keine Beschwerden mehr auf. und zur Zeit ist der Stumpf gänzlich mit Gewebe bedeckt.

Frakturen der sehr kurzen Stoßzähne bei erwachsenen Indischen Zirkuselefantinnen heilen oftmals ohne tierärztlichen Eingriff aus, was mit der sehr kurzen Pulpahöhle erklärt wird. Nach Beobachtungen von E l d e r (1970) findet man bei Afrikanischen Elefantenkühen selten Pulpahöhlen, die die Lippenlinie überragen.

Diskussion

Die angeführten Fälle und Mitteilungen aus dem Schrifttum deuten darauf hin, daß es grundsätzlich zwei Frakturmöglichkeiten der Elefantenstoßzähne gibt:
1. Die Fraktur des gesunden Stoßzahnes. Aus der freihängenden, entblößten Pulpa kommt es zur starken Blutung. Dies traf zum Beispiel für unseren Elefantenbullen "San" und für den Indischen Elefantenbullen "Boy" im Zoo München zu. "Boy" hatte sich beide Stoßzähne abgebrochen und mußte wegen starker Schmerzen erschossen werden (S c h u l z e , 1957). Auch im Zoo Erfurt brach sich der weibliche Afrikanische Jungelefant "Safari" den rechten Stoßzahn. Die 13 cm lange Pulpa hing aus der Stoßzahntasche heraus. Bemerkenswert war in diesem Falle die nur unerhebliche Blutung. Dem Tier wurde in Vetalar-Combelen-Narkose die Pulpa chirurgisch entfernt und die Stoßzahntasche durch eine Tabaksbeutelnaht mit Perlonfäden vernäht. 22 Tage nach der Operation trat Eiterung auf. Die Behandlung bestand in Ausspülung der eiternden Pulpahöhle mit H_2O_2 und Akriflavinlösung sowie Austupfen und anschließendem Einblasen von Jodoformpulver (A l t - m a n n , 1976).
2. Die Fraktur des Stoßzahnes nach Pulpitis. Der Stoßzahn wird mitsamt der veränderten Pulpa abgebrochen. Das war der Fall bei der Elefantin "Kara" und dem Indischen Elefantenbullen "Omar" des Zoos Leipzig (S c h u l z e , 1957). Im Falle der Stoßzahnfrakturen bei dem Elefantenbullen entstand nachfolgend eine chronische Pulpitis, die trotz intensiver Therapie nicht zu beeinflussen war. Nach Beobachtungen von S i k e s (1971) kommt die Fraktur der gesunden Stoßzähne bei den Afrikanischen Wildelefanten nicht vor. Eine Fraktur ist nur dann möglich, wenn der Stoßzahn schon vorher an der Basis beschädigt war oder eine Pulpitis durch bakterielle oder parasitäre Infektion vorlag. Der von W i n t e r angeführte Fall ist zweifellos auf eine Verletzung des Stoßzahnes an der Basis oder aber auf eine Infektion zurückzuführen (S i k e s , 1971). In diese Kategorie gehört höchstwahrscheinlich auch der von L ö n n b e r g abgebildete Stoßzahnbruch, wobei sich der Afrikanische Wildelefant den Zahn durch einen starken Ast abgebrochen hat (K r u m b i e g e l , 1943). E v a n s (1910) erwähnt bei Indischen Wildelefanten zwei Fälle von Stoßzahnbrüchen (aus Burma und aus Ceylon), welche bei Kämpfen zwischen den Elefantenbullen entstanden. Bei Arbeitselefanten führt E v a n s (1910) diese Verletzung nicht an. Nur bei unsachmäßiger Kürzung der Stoßzähne, die die Mahouts bei den Elefantenbullen durchführen, wird die Pulpahöhle eröffnet, was eine Pulpitis zur Folge hat. Die Therapie wird dann mit einer Salbe, die das Harz von Gardenia lucida enthält, durchgeführt. Dieses Harz soll nicht nur eine Heilwirkung besitzen, sondern ist zugleich ein Mittel gegen eine Myiasis.

Zusammenfassung:

Stoßzahnfrakturen bei Elefanten

Nach einem kurzen Abriß der Anatomie der Stoßzähne der Elefanten werden zwei Fälle von Stoßzahnfrakturen, und zwar bei einem Afrikanischen Elefantenbullen und einer Afrikanischen Elefantenkuh aus dem Zoo Dvůr Králové nad Labem beschrieben. Es wird der unterschiedliche Verlauf bei Fraktur eines gesunden Stoßzahnes (starke Blutung und Schmerzhaftigkeit) und eines Stoßzahnes mit Pulpitis hervorgehoben.

Summary:

Tusk Fractures in Elephants

A brief account of the anatomic structure of tusks of elephant is followed by a report on two cases of tusk fractures, one in a male African elephant and one in a female, both kept in the Zoological Garden of Dvůr Králové nad Labem, Czechoslovakia. Particular reference is made to the different courses of fractures, depending on whether they occur to a clinically intact tusk (strong bleeding and pain) or to a tusk with pulpitis.

Résumé:

Fractures de la défense d'éléphants

Après avoir dressé un tableau comprimé de l'anatomie de la défense des éléphants, l'auteur décrit deux cas de fractures de la défense, premièrement chez un éléphant de sexe masculin africain et deuxièmement chez un éléphant africain de sexe féminin du jardin zoologique de Dvůr Králové nad Labem. Il met en relief la différence entre le processus de guérison de la fracture d'une défense saine (forte perte de sang et douleurs violentes) et le traitement d'une défense atteinte de pulpite.

Резюме:

Прелом бивней у слонов

После короткого описания анатомии бивней слонов описываются два случая перелома бивней: у одного Африквнского слон-самца и у одной Африканской слон-самки из зоопарка Dvůr Králové nad Labem Особое внимание уделяется различным протеканием перелома здорового бивня (сильное кровотечение и чувство боли) и бивня с

Literatur:

ALTMANN, D., HEIMANN, D. und R.-J. TUNGER (1976): Stoßzahnfraktur und Narkose bei einer Afrikanischen Elefantin. Verhandlungsber. XVIII. Internat. Symp. Erkrankungen Zootiere, Innsbruck, 307-315.

DERANIYAGALA, P. E. P. (1955): Some extinct elephants, their relatives and the two living species. Ceylon: Government Press.

ELDER, W. H. (1970): Morphometry of elephants tusks. Zoologica africana 5, 143-159.

EVANS, G. H. (1910): Elephants and their diseases. Rangoon: Supdt. Govt. Printing and Staty Union of Burma (Reprint 1961).

KRUMBIEGEL, I. (1943): Der Afrikanische Elefant. Leipzig: Dr. Paul Schöps.

LANG, E. M. (1965): Zahnbeobachtungen bei Elefanten. Zschr. Säugetierkde. 30, 287-292.

SCHULZE, W. (1957): Fraktur eines Stoßzahnes bei einem Indischen Elefantenbullen. Der Zoologische Garten (NF) 23, 13-18.

SIKES, S. K. (1971): The Natural History of the African Elephant. London: Weidenfels and Nicolson.

Anschrift des Verfassers: MVDr. M. S t e h l í k ,
Postfach 38
288 80 Nymburk 2 (ČSSR)

Московский зоопарк (Директор: Шпицин)

ИСПОЛЬЗОВАНИЕ МИОРЕЛАКСАНТОВ И НАРКОТИКОВ В МОСКОВСКОМ ЗООПАРКЕ

В.И.КОРНЕЕВА и В.Н.ЖУЛЕНКО

Анализ двадцатилетнего опыта применения мышечного релаксанта деполяризующего типа действия-дитилина (сукцинилхолина) показывает, что иммобилизация одних и тех же видов животных в разных географических зонах наступает от неодинаковых количеств препарата на килограмм массы животного.
Это и побудило нас провести исследование действия дитилина и использование его в производственных условиях на разных видах диких животных с целью установления оптимальных обездвиживающих доз для временной иммобилизации (без существенного ослабления дыхания) диких животных, живущих в Московском зоопарке.
В ходе исследований и производственных испытаний действие изучено на 32-х видах животных.
Препарат вводили внутримышечно с помощью обычного и "летающего" шприца и специальным инъектором с расстояния I,5-2м. Концентрация и субапноэтические дозы дитилина для каждого вида животных подбирались индивидуально с учетом влияния их на дыхание и другие показатели, характеризующие газообмен.
В ходе исследований показано, что дозы дитилина, не влияющие на дыхание или несущественно ослабляющие его, отличаются от аналогичных доз, установленных другими авторами на животных, обитающих в Африке или содержащихся в зоопарках Америки и других стран (таблицы № I и № 2).

Таблица № I

Оптимальные обездвиживающие дозы дитилина (мг/кг) для некоторых видов хищных животных (средние данные по 3-I3 животным)

№ № п/п	ВИД животных	Оптим. доза дитилина на (мг/кг)	Концентрация раствора	Латентный период	Продолжительность обездвиживания
				в минутах и секундах	
	Семейство псовых				
I.	Обыкновенный волк	0,I	I %	4'08" ± 0'48"	I8'45" ± 2'56"
2.	Красный волк	0,I	I %	4'22" ± I'I5"	24'30" ± 0'35"
3.	Гибрид волка с собакой	0,I	I %	3'00" ± 6'00"	I2'00" ± 20'00"
4.	Собака динго	0,I	I %	4'I2" ± 0'36"	I5'49" ± 2'42"
5.	Енотовидная Собака	0,075- 0,I	0,5 %	3'00" ± 5'00"	9'00" ± I4'00"
6.	Шакал	0,075 - 0,I	0,5 %	3'30" ± 0'47"	I6'42" ± I'20"
7.	Обыкновенная лисица	0,08 - 0,I	0,5 %	3'00" ± 6'oo"	I0'00" ± I8'00"
8.	Песец	0,08 - 0,I	0,5 %	3'00" ± 6'00"	I0'00" ± I8'00"
	Семейство кошачьих				
I.	Лев	0,4 - 0,6	3 %	2'I5" ± 0'55"	20'55" ± 6'00"
2.	Тигр уссурийский	I,5 - 2,0	5 -7 %	2'00" ± 3'00"	I8'00" ± 23'00"
	Семейство медвежьих				
I.	Бурый медведь	0,4 - 0,6	3 - 5 %	I'45" ± 0'56"	II'30" ± I'57"

Таблица № 2

Оптимальные обездвиживающие дозы дитилина (мг/кг) для некоторых видов парнокопытных животных (средние данные по 3-I3 животным)

№№ п/п	Вид животных	Оптимальная доза дитилина (мг/кг)	Конц. р-ра	Латентный период	Продолжительность обездвиживания
				в минутах и секундах	
	Семейство оленей				
I.	Лань	0,075	I%	4'I8" ± I'30"	2I'36" ± 5'22"
2.	Пятнистый олень	0,08 - 0,I	I%	4'II" ± 0'29"	28'4I" ± I'56"
3.	Благородный олень	0,06-0,907	I%	8'00" ± 9'00"	I8'24" ± 24'00"
4.	Олень изюбр	0,085	I%	9'00" ± I0'I0"	27'30" ± 40'00"
5.	Марал	0,08-0,085	I%	9'00" ± I0'I0"	27'30" ± 40'00"
6.	Европейская косуля	0,075-0,I	I%	3'00" ± 6'00"	I0'00" ± I8'00"
7.	Лось	0,6 - 0,7	I%	7'00" ± 8'00"	20'00" ± 22'00"
	Семейство полорогих				
I.	Европейский муфлон	0,6 - 0,8	2%	4'22" ± 0'56"	I8'30" ± 2'22"
2.	Гривистый баран	0,4 - 0,5	2%	5'00" ± 0'00"	I8'00" ± 25'00"

По нашей классификации обездвиживание подразделяется на частичное и полное. Частичное обездвиживание мы классифицируем как начало адинамии (иммобилизации), когда животное в результате нарушения проводимости нервных импульсов в нервно-мышечных синапсах конечностей ложится и лежит с приподнятой головой. Полное обездвиживание наступает после прекращения мионервальной передачи в области синапсов мышц шеи, тогда животное лежит с вытянутой шеей. Полное обездвиживание заканчивается, когда восстанавливается проводимость нервных импульсов в нервно-мышечных синапсах мышц и животное лежа хорошо удерживает голову, а спустя еще 2-3 минуты после восстановления нервной проводимости во всех нервно-мышечных синапсах скелетной мускулатуры животное встает, свободно передвигаясь в вольере.

Наши данные подверждают мнение других авторов, что дитилин в основном гидролизуется ацетилхолинэстеразой и холинэстеразой (АХЭ и ХЭ). Оказалось, что чем ниже уровень АХЭ иХЭ в крови животных, тем они более чувствительны к дитилину. Самая ниская активность АХЭ и ХЭ у шакалов - I,77 микромоль, у волков - 2,08, у львов - 2,54 и наибольшая активность у бурых медведей - 3,2 микромоль. Эти данные в значительной мере согласуются с результатами исследований видовой чувствительности животных. Более чувтвительны шакалы, затем волки, а более устойчивы льбы и медведи. Вовремя обездвиживания количество энзима понижается у шаквлов до 64%, у львов до 75%, у медведей до 70% от исходного количества. Восстанавливается содержание АХЭ и ХЭ только через 24 часа, а при назначении максимальных обездвиживающих доз-только через двое суток.

У волков при первом введении оптимальной дозы дитилина (0,Iмг/кг) уровень АХЭ и ХЭ снижается и составляет в среднем 89% от исходного количества. Примерно такой же уровень АХЭ и ХЭ остается и через сутки после окончания адинамии. Полное восстановление фермента наступает к концу вторых суток. При двухкратном введении дитилина уровень АХЭ и ХЭ у волков после второй иньекции снижается еще больше и составляет через час после обездвиживания 82% от исходного количества. Срок действия дитилина при этом удлиняется примерно в два раза. Учитывая это обстоятельство, очередное введение дитилина у всех животных необходимо уменьшать не менее, чем наполовину в том случае, когда препарат вводится до окончания действия ранее введенной дозы. У львов при назначении оптимальных доз дитилина (0,5-0,6мг/кг) в форме 3% раствора содержание АХЭ и ХЭ снижается сразу же после начала обездвиживания до 85%, во время обездвиживания до 75%, после окончания обездвиживания до 65% от исходного количества.

У медведей при применении оптимальных доз дитилина активность АХЭ и ХЭ через 5 мин. после введе-

ния снижается до 70%, а после повторного введения до 52% и сохраняется на этом уровне в течение всего периода адинамии.
Несмотря на тавое снижение количества ХЭ, повторные введения в тот же день или на другой день переносятся животными вполне хорошо. Этот факт убеждает в том, что дитилин, повидимому, гидролизуется как АХЭ и ХЭ, так и щелочным резервом крови, причем, при повторных введениях основную роль в разрушении дитилина играет щелочной гидролиз, поскольку количество АХЭ и ХЭ сохраняется на одном и том же уровне.
Сколько-нибудь существенных изменений основных показателей кислотно-щелочного равновесия во время действия дитилина не наблюдается как у бурых медведей, так у волков и шакалов (таблица №3).

Таблица №3

Изменение pH, PCO_2, SB и tCO_2 у медведя (вес 50кг, возраст I0 мес.) до и после в/м введения 0,5мл 5% р-ра дитилина (0,5мг/кг)

Время	pH	pCO_2	SB	tCO_2	Количество дыхательных движений в I мин.	Общее состояние
I	2	3	4	5	6	7
До введения	7,32	30,0	I7,0	I5,9	36	Обычное, стоит
Обездвиживание наступило через 3 минут после введения препарата						
Через 3 мин. после начала обездвиживания	7,36	24,0	I6,0	I3,72	44	Лежит
Через 6 мин.	7,30	28,5	I5,7	I4,35	40	Лежит
Через I0мин.	7,33	29,0	I6,7	I5,87	48	Лежит с приподнятой головой
Действие препарата продолжалось I7 минут (обездвиживание)						
Через I0мин. после окончания действия препарата	7,30	3I,0	I6,5	I5,93	39	Стоит
Через 40мин.	7,39	23,0	I8,0	I4,43	39	Обычное, стоит

Следовательно, субапноетические дозы, рекомендованные для временного обездвиживания диких животных, не оказывают выраженного влияния на легочную вентиляцию.
Так как дитилин блокирует мионервальные синапсы не только мускулатуры конечностей, но и межреберных мышц и мускулатуры диафрагмы, то возможны различные изменения легочного дыхания. Чем больше доза и быстрее контакт релаксанта с нервно-мышечными синапсами межреберной мускулатуры, тем более выражено ослабление дыхания.
У ланей и волков при в/м применении дитилина в дозе 0,075-0,I мг/кг в форме I% раствора вскоре после введения препарата и в начале обездвиживания отмечается некоторое учащение дыхания. Учащение дыхания до наступления релаксации происходит вследствие непосредственного действия дитилина на хеморецепторы синокаратидных зон в результате рефлекторного действия диацетилхолиновых эстеров на дыхательный центр. Учащение дыхания в начале адинамии по-видимому может наступать так же за счет слабо выраженной гипоксии или гиперкапнии, возможных в первое время обездвиживания, даже при применении оптимальных доз дитилина ввиду одномоментной частичной блокады нейросимпатической передачи в дыхательной мускулатуре.
Учащение дыхания у ланей, волков и др. животных не является отрицательным фактором, т.к. оно может быть и в обычных условиях под влиянием естественных факторов (бег, испуг и др.). У большинства животных дыхание учащается и после окончания адинамии, очевидно по той же причине, что и до начала обездвиживания. Минутный и дыхательный обьем легочной вентиляции в начале и в середине адинамии несколько уменьшается. Причем, чем чаще дыхание, тем меньше минутный обьем. Во

второй половине обездвиживания легочная вентиляция достигает исходной величины или несколько больше ее. Это происходит за счет увеличения минутного дыхательного обьема. Следовательно, при применении дитилина у ланей и волков в рекомендуемых для практики дозах (0,075-0,I мг/кг) не наступает нарушения легочной вентиляции, отрицательно влияющей на состяние животных. При применении 0,I5 мг/кг наблюдаются более выраженные изменения легочной вентиляции. От этой дозы частота дыхания у волков в начале адинамии увеличивается. Нормализуется дыхание к окончанию действия препарата. Минутный и дыхательный обьем при применении токсических доз в начале адинамии уменьшаются наполовину, а затем, к концу адинамии воотанавливаются до исходного уровня. Такое нарушение естественного дыхания может отрицательно сказаться на деятельности жизненно важных органов и систем, поэтому доза 0,I5 мг/кг не может быть рекомендована для практического применения. При управляемом искусственном дыхании волки переносят даже 0,5 мг/кг., обездвиживание при этом продолжается до 2 часов.

При повторном введении ланями оптимальной дозы- 0,075 мг на кг веса животного через 7-8 мин. после окончания действия первоначально введенной дозы в начале обездвиживания наблюдается увеличение минутного и дыхательного обьемов (в отличе от уменьшения их при однократном применении дитилина). Во второй половине адинамии обьем увеличивается более, чем в I,5 раза.

Литературные данные о действии дитилина на сердечнососудистую систему животных и человека весьма разноречивы. Сердечная деятельность у исследованных нами диких животных под влиянием оптимальных обездвиживающих доз дитилина при в/м применении изменяется незначительно.

Анализируя изменения биоэлектрической активности сердца у волков и ланей, можно заключить, что для них оптимальными обездвиживающими дозами следует считать 0,I мг/кг и 0,075 мг/кг при применении в I% концентрации. С целью выявления индивидуальной чувствительности к препарату первое введение следует начинать с дозы 0,075 мг/кг волкам и 0,05 мг/кг ланям.

Наши исследования показывают, что дитилин, применяемый в оптимальных обездвиживающих дозах у львов, волков, шакалов и медведей существенных изменений в морфологическом составе крови не вызывает. У одних животных в период максимального действия релаксанта наблюдается незначительное снижение количества эритроцитов и лейкоцитов, а у других, напротив- увеличение. Каких-либо закономерностей в изменении лейкоцитарной формулы не установлено.

Все показатели гемограмм колеблются в пределах возможных физиологических отклонений. Следовательно, дитилин в оптимальных обездвиживающих дозах, используемый для временной иммобилизации диких животных, не вызывает в организме существенных изменений, отрицательно влияющих на жиненно важные системы.

З А К Л Ю Ч Е Н И Е

Разные виды животных имеют неодинаковую чувствительность к дитилину, которая зависит от уровня АХЭ и ХЭ в крови и выраженности щелочного гидролиза. Животные с большей активностью АХЭ и ХЭ менее чувствительны к дитилину. При применении оптимальных обездвиживающих доз дитилина уровень АХЭ снижается и восстанавливается только через 24-48 часов, вместе с тем, повторные введения дитилина в тот же день или на следующий переносятся без каких-либо осложнений. Следовательно, дитилин гидролизуется не только ложной холинэстеразой и холинэстеразой на свойственные для организма веществ: холин и янтарную кислоту.

Наиболее чувствительны у дитилину шакалы, лисицы, песцы, енотовидные собаки, благородные и пятнистые олени, лани, изюбры, маралы, косули, обыкновенные и красные волки, собаки динго. Более устойчивы к дитилину львы, бурые медведи, гривистые бараны, гепарды, уссурийские тигры. Крайне высокая устойчивость к релаксанту у носухи, снежного барса и некоторых видов обезьян (макак резус и макак лапундер).

Дитилин у диких животных, в отличие от человека, вызывает в первую очередь деполяризацию нервно-мышечных синапсов тонизированной мускулатуры конечностей. Это подтверждается тем, что в начале обездвиживания животные лежат с приподнятой головой.

Все исследованные нами дикие животные хорошо переносят повторные введения дитилина. На этом основании рекомендовано предварительное введение препарата в уменьшенной дозе (накануне основной иньекции) с целью выявления индивидуальной чувствительности к препарату. В тех случаях, когда после введения оптимальной дозы дитилина действие не наступает в течение I0 минут, тогда следует проводить дополнительное введение препарата, составляющее 20-25% первоначального количества релаксанта.

В случаях тяжело протекающего обездвиживания для облегчения течения адинамии необходимо вводить п/к или в/м витамин B_I в дозе 5-I0 мг/кг в форме 5-6% раствора, обладающий некоторым антогонистическим действием, или I0-20 кратное количество физиологического раствора в место иньекции дитилина для уменьшения всасывания релаксанта. Радикальной мерой первой помощи при ослаблении естественной вентиляции легких является искусственное дыхание, которое у многих видов животных можно проводить с помощью аппарата РПА-2.
Для получения длительного обездвиживания и обеспечения обезболивания дитилин можно применять в комбинации с неингаляционными наркотиками гексеналом или тиопенталом натрия (в/м 25-30 мг/кг), или со снотворными лекарственными веществами - этаминалом натрия (ректально 25-50 мг/кг), а также с новокаином (5-I0 мг/кг).

Резюме:

Использование миорелаксантов и наркотиков в Московском зоопарке

В работе показана неодинаковая чувствительность диких животных, содержащихся в Московском зоопарке к мышечному релаксанту - дитилину, в сравнении с животными, выращенными в Африке, Америке и др. континентах.
Установлены оптимальные субапноэтические дозы для 32-х видов диких животных. Изучен уровень АХЭ и ХЭ и вентиляция легких при введении разных доз дитилина. Доказана возможность использования дитилина с неингаляционными наркотиками.

Zusammenfassung:

Über die Anwendung von Myorelaxantien und Narkotika im Zoopark Moskau

In der vorliegenden Arbeit wird die unterschiedliche Empfindlichkeit der Wildtiere gegenüber dem Muskelrelaxans Ditilin beschrieben und die optimale Dosis für 32 Tierarten ermittelt. Als Indikatoren dienten der Azethylcholinesterase- und Cholinesterasespiegel sowie die Atemfrequenz. Schließlich wird auf die Möglichkeit des Einsatzes von Ditilin ohne zusätzliche Anwendung von Inhalationsnarkotika hingewiesen.

Summary:

Use of Myorelaxants and Anaesthetics in Moscow Zoo Park

Differentiated sensitivities of wild animals to Ditilin, a myorelaxant, are described, and optimum doses are suggested for 32 species. The acetylcholine-esterase and choline-esterase levels as well as respiratory frequency were used as indicators. Reference is made to the possibility of using Ditilin without complementary application of inhalation anaesthetics.

Résumé:

A propos de l'application d'un myorelaxant et de narcotiques au parc zoologique de Moscou

L'auteur décrit dans son ouvrage la réaction différente des animaux sauvages au produit relaxant Ditiline et propose la dose optimale pour 32 espèces. Le taux d'acéthylcholinesterase et de cholinesterase ainsi que la fréquence respiratoire ont servi d'indicateurs. Finalement, l'auteur évoque la possibilité de l'application de Ditiline sans y ajouter en supplément des narcotiques d'inhalation.

Адресс автора: Док. В.И.Корнеева
Москва
ул. Грузинская №I
Зоологический парк Москвы

Aus der Poliklinik für kleine Haustiere, Ambulanz für Exoten, Wild- und Zirkustiere (Leiter: Dr. habil. A. Kuntze)

ZUR KLINIK DER KOLIK BEIM ELEFANTEN (ELEPHAS MAXIMUS)

Von A. Kuntze

Der Magen- und Darmtrakt gehört nach Salzert (1972 und 1976) zu den Organsystemen des Elefanten, die am häufigsten erkranken. Cociu et al. (1967) sehen darin typische Symptome von Anpassungsstörungen.

Das klinische Bild der Elefantenkolik ist von Munn (1896), Wildsfeuer (1920), Narayanan (1927), Langer (1934), Schulze und Steuer (1961), Märker (1964), Gabrys et al. (1965), Stehlik (1967) und Salzert (1972 und 1976) beschrieben worden. Danach beginnt die Erkrankung mit herabgesetztem Appetit, Nachlassen des Ohr- und Rüsselspiels und zunehmender Apathie des Patienten. Von den meisten Untersuchern werden später Festliegen und Stöhnen, akute Schmerzzustände aber lediglich von Campbell (1934) geschildert. In der Mehrzahl der Fälle werden Störungen des Harn- und Kotabsatzes bis zum völligen Sistieren von Defäkation und Miktion beschrieben. Offensichtlich verbergen sich hinter dem Syndrom Indigestion/Koprostase ätiologisch verschiedenartige Erkrankungen, worüber im folgenden berichtet wird.

Kasuistik

1. Am 19. 2. 1973 wird die zirka sechsjährige Asiatische Elefantin "Deoli" wegen hochgradiger Tympanie vorgestellt. Das Tier ist sehr apathisch. Rüssel- und Ohrenspiel sistieren. Der Leib ist so trommelartig aufgetrieben, daß beide Hungergruben prall ausgefüllt sind und das Niveau der Lendenwirbelsäule nach oben überragen. Wenige, leicht wäßrige, säuerlich riechende Kotbällchen liegen hinter dem Tier. Temperatur 37,7°C. Konjunktiven kräftig injiziert. Darmgeräusche sind auf beiden Seiten nicht wahrnehmbar. Bei der rektalen Untersuchung wird trocken-pappiger, kleingeballter schwärzlicher Kot aus der Ampulle entfernt. Trotz Gleitmitteleinreibung legt sich die sehr trockene Darmschleimhaut so abschnürend auf die untersuchende Hand, daß weiteres Vordringen nicht möglich ist. Intravenös werden 50 ml Metapyrin und danach 500 ml Alvesin als Tropf verabfolgt. Mit einem etwa 2 m tief eingeführten Gartenschlauch (Durchmesser 2,5 cm) werden zirka 200 Liter lauwarmes Wasser direkt von der Mischbatterie unter Wasserleitungsdruck in das Rektum infundiert. Anschließend wird die Patientin 1/2 h lang in der Manege zwangsbewegt, wobei wiederholt Gase abgehen. Etwa 3 h später werden stinkende schwärzliche Kotmassen abgesetzt. Angebotener leicht gesalzener schwarzer Tee wird getrunken. Futterentzug für 24 h. Am nächsten Tag ist die Tympanie weitgehend abgeklungen. Ohr- und Rüsselspiel haben sich normalisiert. Temperatur 36,8°C. Der Tierpfleger wird angewiesen, nur gut gewaschene frische Möhren und Heu bester Qualität zu füttern. Ab 22. 2. erhält die Elefantin wieder "Normalfutter".

2. Am 28. 2. 1973 Rezidiv: Es wird wenig, recht klein geballter Kot abgesetzt, leichte Tympanie. Temperatur 36,5°C. Nach intravenöser Metapyrinapplikation und Diätfütterung klingen die klinischen Symptome binnen 36 h rezidivlos ab. Der koprologische Befund ist negativ. +

3. Am 3. 7. 1974 wird von den territorial zuständigen behandelnden Kollegen Behandlungshilfe erbeten:
Die zirka 40jährige Elefantin "Dixie" eines ausländischen Zirkusunternehmens hat seit mindestens zwei Tagen keine Nahrung zu sich genommen und nur wenig Kot abgesetzt. Auf der linken Körperseite ist ein ausgeprägtes Unterbauchödem auffällig. Die Gefäße in der linken Ohrmuschel sind so stark gestaut, daß sie zeigefingerstark angetreten sind. Die Konjunktiven sind bläu-

+ Alle Untersuchungen wurden im Bezirksinstitut für Veterinärwesen Berlin (Direktor: VR Dr. E. Gudat) durchgeführt, wofür ich Frau Dr. F. Fiolka und ihren Mitarbeitern zu danken habe.

lich-rot und verwaschen. Aus dem Rektum kann wenig, sehr trockener, nicht gleitfähiger Kot geräumt werden. Intravenös werden 1 mg Strophantin, 200 ml 20%ige Glukoselösung, 1000 ml Alvesin und 80 ml Metapyrin verabfolgt. Warmes Leitungswasser steht am Platz nicht zur Verfügung, so daß mit einem zirka 3,5 m tief eingeführten Gartenschlauch kaltes Leitungswasser rektal infundiert wird. Kurz danach erfolgt spontaner Harn- und Kotabsatz. Nach entsprechender Diät normalisieren sich Appetit, Verhalten und Kotabsatz binnen 48 h. Die Herzkreislaufbehandlung wird über einen längeren Zeitraum fortgesetzt.

4. Am 7. 3. 1977 fällt bei der zwölfjährigen Elefantin "Saida" eine gewisse Unruhe auf. Häufiger als sonst werden kleine Mengen Harn abgesetzt. Rüssel- und Ohrenspiel sind nicht beeinträchtigt. Temperatur 36,8°C. In der Nacht zum 8. 3. 77 stöhnt die Elefantin mehrmals, schläft sehr unruhig insgesamt höchstens zwei Stunden und steht wiederholt auf. Am Morgen sistiert der Kotabsatz fast vollständig. Der Appetit ist herabgesetzt, die Konjunktiven sind rosarot. Im Harnsediment werden massenhaft gramnegative nicht sporenbildende Keime nachgewiesen und als B. faecale alcaligens identifiziert. Sie sind lediglich erythromycinempfindlich und gegen alle übrigen erhältlichen Breitspektrumantibiotika resistent. Bilirubin (+), Tripelphosphate und Urobilinogen deutlich vermehrt. Eine gezielte antibiotische Behandlung war nicht möglich. Es wurde daher angewiesen, dem Tier Folia-uvae-ursi-Tee und täglich 20,0 g Ascorvittabletten (Vitamin C) anzubieten. Durch zugfreie Unterkunft und abwehrfördernde Diät (Heu guter Qualität, Möhren, täglich 4 - 5 kg Citrusfrüchte) wurde der Heilungsverlauf unterstützt, so daß die Zystitis binnen drei Wochen abklingt.

5. Der zirka fünfjährige Elefantenbulle "Hannibal" eines ausländischen Zirkusunternehmens verweigert am 15. 4. 1978 die Futter- und Getränkeaufnahme. Phasen gewisser Apathie wechseln mit unruhigem Hin- und Hertreten. Temperatur 37,8°C, Konjunktiven rosarot-verwaschen. Bei der rektalen Untersuchung wird breiiger, gelblicher, vergoren säuerlich riechender Stuhl zutage gefördert, in dem massenhaft Haferkörner nachweisbar sind. Nach intravenöser Metapyrininjektion und diätischen Maßnahmen (Kraftfutterverbot, gutes Wiesenheu , viel Möhren, Citrusfrüchte) normalisieren sich Appetit, Faeces und Verhalten des Jungbullen innerhalb von drei Tagen.

6. Wegen vollständig sistierender Nahrungs- und Getränkeaufnahme wird die etwa elfjährige Elefantin "Deoli" am 15. 12. 1978 vorgestellt. Das Tier liegt viel und nimmt zeitweise hundsitzige Stellung ein. Die Konjunktiven sind rosarot. Temperatur 37,6°C. Rüssel- und Ohrenspiel sind wesentlich eingeschränkt, Darmgeräusche auf beiden Flanken nicht auszukultieren. Im Rektum finden sich wenige, trockene, grünlich-braune, harte Kotballen, die säuerlich riechen. 100 ml Metapyrin (zum Teil intravenös und zum Teil subkutan). Am nächsten Tag werden nur 2 - 3 geschälte Apfelsinen gefressen. Ohren- und Rüsselspiel sind noch immer eingeschränkt. Darmgeräusche sind beiderseits nicht wahrnehmbar. Der Kotabsatz sistiert vollständig. Temperatur 36,8°C. Neben 100 ml Metapyrin i. v. werden mit kräftigem Wasserleitungsdruck zirka 250 l lauwarmen Wassers als Klysma verabfolgt. Die gewünschte Wassertemperatur wurde vorher eingestellt, so daß wegen des laufenden Wassers der Schlauch abgeknickt eingeführt werden mußte. Durch ständiges allmähliches Vorschieben gelang es, den Schlauch zirka 3,5 m tief einzuführen. Der Einlauf wurde so lange fortgesetzt, bis nach etwa 10 Minuten unter großem Druck zirka zwei Stalleimer säuerlich riechenden Kots abgesetzt werden. Tagsüber ist die Elefantin ruhig und frißt etwas Heu. Abends Temperatur 36,5°C, noch immer recht apathisch, so daß erneut 100 ml Metapyrin (zum Teil intravenös) injiziert werden. Am 17. 12. 1978 nimmt die Elefantin Leckerbissen (Äpfel, Zucker, Citrusfrüchte), verweigert aber weiterhin Möhren und Heu. Nach einem erneuten Massendruckklistier werden hellgrüne, vergoren riechende Faeces ausgeschieden. Temperatur 36,5°C. Am 18. 12. 1978 frißt die Elefantin etwa die Hälfte der sonst üblichen Menge. Die Körpertemperatur ist auf 36,1°C gefallen. Da noch immer kein spontaner Kotabsatz erfolgt, wird erneut ein Massendruckklistier verabfolgt. Am 19. 12. 1978 harnt und kotet "Deoli" spontan und frißt mit gutem Appetit. Auf beiden Darmseiten können leicht kollernde Darmgeräusche wahrgenommen werden. Form, Größe und Geruch der Kotballen entsprechen der Norm.

Diskussion

Unter dem Sammelbegriff "Kolik" verbergen sich auch beim Elefanten ätiologisch unterschiedliche Erkrankungen. Verdauungsstörungen, die mit herabgesetztem Appetit, Apathie und fehlender Defäkation einhergehen, werden häufig beobachtet. E v a n s (1910) unterscheidet Krampf- und Gaskolik, die sich entweder nach Fütterungsfehlern oder bei unterbeschäftigten Elefanten entwickelten. Die von S c h u l z e und S t e u e r (1961), G a b r y s et al. (1965) erhobenen klinischen Befunde führten zur Vermutungsdiagnose "Indigestion mit Obstipation". Der exakten klinischen Untersuchung sind unüberwindliche Schranken gesetzt: Der rektal untersuchende Arm reicht bestenfalls bis an die craniale Beckengrenze, so daß Kolonanschoppungen lediglich vermutet werden können. Sehr gründliche Anamnese, Adspektion, Auskultation und gegebenenfalls Perkussion der Flanken sind wesentlich und ergänzen die unumgängliche rektale Untersuchung: Farbe, Geruch, Konsistenz, Menge und Größe der direkt entnommenen Kotballen erlauben wichtige diagnostische Rückschlüsse, zumal gleichzeitig Beschaffenheit und Spannungszustand der Rektumschleimhaut mit erfaßt werden können.

In der Mehrzahl unserer Fälle entwickelte sich die Anschoppung im Gefolge erkennbar anderer Grundkrankheiten. Den typischen Verlauf einer sekundären Obstipation beim Elefanten beschreibt L a n g e r (1934). Ein sechsjähriger Bulle, der zwei Tage lang das Futter verweigert und weder Harn noch Kot abgesetzt hatte, litt an einer schmerzhaften Zystitis. Mehrmals an einigen Tagen wiederholte Lentingaben bewirkten zwar jeweils Harn- und Kotabsatz, spontane Miktion und Defäkation resultierten jedoch erst nach wesentlicher Besserung der Zystitis.

Schmerzhafte Entzündungen (zweimal Enteritis, einmal Zystitis) waren zweifelsfrei nachweisbar. Sie verursachten vegetative Dysregulationen, die zwangsläufig auf das Intestinum ausstrahlten: Vagusdiskrepanz bedingt entweder Spasmen oder herabgesetzte Peristaltik. Das Resultat beider: Ansammlung und Anschoppung von Kotmassen. Längere Verweildauer des Kotes begünstigt intensivere Flüssigkeitsresorption und die zusätzliche Resorption toxischer Abfallprodukte. Für die Entstehung der Kolik des Pferdes hält U l r i c h (1966) "...... eine besondere Empfindlichkeit der die Darmbewegung regulierenden nervösen Zentren für maßgebend".

Ohne die zielgerichtete ätiologische Therapie zu vernachlässigen, galt daher das Hauptaugenmerk der Unterbrechung des Circulus vitiosus: Schmerz - Vagusreizung - Spasmus (oder verminderte Darmmotilität) - Anschoppung - Schmerz. Neben dem Einsatz des Spasmoanalgetikums Metapyrin erwiesen sich die Massendruckklysmen als außerordentlich hilfreich. Den Wert unter Druck eingebrachter Wassermassen kannte schon M u n n (1896). Nachdem Versuche, vier verstopften Elefanten oral Laxantien zu applizieren, gescheitert und schließlich ein Patient verendet waren, pumpte er den übrigen eine "große Quantität Wasser" aus einem Teich mehrfach direkt in das Rektum, worauf sie genasen. Selbstverständlich können dort, wo sich erkrankte Elefanten zur Aufnahme von Laxantien bewegen lassen, zusätzlich sowohl Mittelsalze als auch Aloe, Istizin oder Paraffinöl gegeben werden. Obwohl alle unsere Patienten abgerichtete Zirkustiere sind, mißlang selbst das Eingeben nichtpräparierter Apfelsinen. Zur Vermeidung von Rezidiven ist es zweckmäßig, während der Heilungsphase Diät (gutes Heu, saftreiche Wurzel- und Südfrüchte) zu füttern.

Zusammenfassung:

Zur Klinik der Kolik beim Elefanten (Elephas maximus).

Das klinische Bild der Kolik bei fünf Elefanten (Apathie, Einschränkung oder Sistieren des Ohren- und Rüsselspiels, Inappetenz, Koprostase) wird kasuistisch skizziert. Nur in einem Fall konnte die exakte Ursache der Anschoppung nicht ermittelt werden. Die übrigen Koprostasen entstanden im Gefolge schmerzhafter Entzündungsprozesse (Zystitis, Enteritis). Die Pathogenese der sekundären Anschoppung und die Therapiemaßnahmen werden diskutiert.

Summary:

Clinical Aspects of Colic in Elephant (Elaphus maximus)

The clinical patterns of intestinal colic is outlined on the basis of case histories taken from five elephants. Reference is made to apathy, reduction or discontinuation of ear and trunk movement, inappetence, and coprostasis. The precise causes were all elucidated, but for one case. Coprostasis usually was a sequel of painful inflammations (cystitis, enteritis). The pathogenesis of the secondary course and therapeutic decisions are discussed.

Résumé:

A propos de la clinique des coliques chez l'élephant (Elephas maximus)

L'auteur donne une esquisse casuistique de l'aspect clinique d'une colique qui a frappé cinq élephants (apathie, diminution ou cessation du jeu des oreilles et de la trompe, inappétence, coprostase). A part un seul cas, l'auteur est arrivé à détecter la cause exacte de la stase. En ce qui concerne le reste des coprostases, elles se sont formées à la suite d'inflammations douloureuses (cystite, entérite). Ensuite, il soumet à la discussion la pathogenèse de la stase secondaire et les mesures thérapeutiques.

Резюме:

О клиническом проявлении колики у слона (Elephas maximus)

Клиническая картина колики у пяти слонов (апатия, ограничение или переустановление игры ушей и хобота, безапетитие и копростаз) описывается казуистически. Только в одном случае не удалось установить причину застоя. Остальные копростазы являлись следствием болезненных восполительных процессов.(цистит, энтерит). Обсуждаются патогенез вторичной гиперемии и терапевтические меры.

Literatur:

CAMPBELL, J. A. (1934): Some observations relative to ailments of inmates in a zoological collection. J. Am. Vet. Med. Ass. 84, 711-739.

COCIU, M., WAGNER, G. und N. DRAGOMIR (1967): Der erste Indische Elefant (Elephas maximus) im Zoo Bukarest und die seit seiner Ankunft aufgetretenen Haltungsprobleme. Verhandlungsber. IX. Internat. Symp. Erkrankungen Zootiere, Prag, 253-256.

EVANS, G. H. (1910): Elephants and their Diseases. Supdt.Govt.Printing Union of Burma (Reprint 1961).

GABRYS, K., GABRYS, A. und A. SOSNOWSKI (1965): Darmstich und tiefer Wassereinlauf bei der Kolik eines Indischen Elefanten. Kleintier-Prax. 10, 116-120.

LANGER, H. (1934): Verstopfung und Harnverhaltung beim Elefanten. Wien. Tierärztl. Mschr. 21, 731-733.

MÄRKER, B. (1964): Krankheiten bei Zoo- und Menagerietieren. Literaturstudie (1900 - 1961). Leipzig: Vet. med. Diss.

MUNN, J. A.(1896): Impaction in Elephants. Vet. Magazine 9. Im Referat gelesen. - Verstopfung bei Elephanten. Berl. Tierärztl.Wschr.1897, 295.

NARAYANAN, R. S. (1927): Impaction of the Colon in an Elephant. Tierärztl. Rndsch. 12, 218.

SALZERT, W. (1972): Elefanten, ihre Pathologie und den Tiergärtner interessierende physiologische Daten. Hannover: Vet. med. Diss.

SALZERT, W. (1976): Elefanten. In Klös, H.-G. und E. M. Lang: Zootierkrankheiten. Berlin-Hamburg: Parey.

SCHULZE, W. und H. STEUER (1961): Ein Beitrag zu den Erkrankungen der Elefanten in: Der Zoologische Garten Leipzig - Stätte der Wissenschaft, 41-110, Leipzig: Geest und Portig.

STEHLIK, M. (1967): Über zwei Fälle von Fußleiden ("Gunruss" und "Tenderfeet"), einen Fall von Volvulus und einen Fall von Hernia parinealis bei Indischen Elefanten. Verhandlungsber. IX. Internat. Symp. Erkrankungen Zootiere, Prag, 243-247.

ULRICH, K. (1966): Grundriß der speziellen Pathologie und Therapie der Haustiere. 10. Aufl. Stuttgart: Ferdinand Enke.

WILDSFEUER, H. (1920): Kolik bei einem Elefanten. Münch.Tierärztl.Wschr. 71, 881-883.

Anschrift des Verfassers: Dr. habil. A. K u n t z e ,
DDR 1157 Berlin, Robert-Siewert-Str. 34 (DDR)

Aus dem Zoologischen Garten Berlin (Direktor: Prof. Dr. H.-G. K l ö s)

ERKRANKUNGEN BEI IN GEFANGENSCHAFT GEHALTENEN AFRIKANISCHEN NASHÖRNERN (ZUCHTBUCHAUSWERTUNG)+

Von D. J a r o f k e und H.-G. K l ö s

Im Berliner Zoologischen Garten werden seit 1966 die Zuchtbücher für Spitz- und Breitmaulnashörner geführt. Über die Bestandsentwicklung dieser beiden Tierarten berichteten K l ö s und F r ä d r i c h (1970, 1971) sowie K l ö s und F r e e s e (1978). Bis zum 31. 12. 1978 wurden 271 Spitz- und 484 Breitmaulnashörner registriert.

Im nachfolgenden wollen wir die uns zugegangenen Informationen über die bei den Nashörnern festgestellten Erkrankungen zusammenstellen. Dabei muß jedoch besonders auf die sehr unterschiedlich gearteten Aussagen hingewiesen werden, die eine Todesursachenstatistik unmöglich machen. Bei zahlreichen Tieren wurden darüber hinaus mehrere verschiedene Erkrankungsprozesse ausgewiesen, so daß die zusammengestellte Gesamtzahl der Erkrankungen größer ist als die Anzahl der ausgewerteten Nashörner. Über das Lebensalter der Spitzmaulnashörner kann mitgeteilt werden, daß die fünf ältesten Tiere ein Alter von 32, 32, 31, 27 und 26 Jahren erreichten.
C r a n d a l l (1974) gibt als Alter für Spitzmaulnashörner, die in Gefangenschaft gestorben sind, folgende Zahlen an: 27, 25 und 22 Jahre. Die von uns und von C r a n d a l l ermittelten Zahlen sind jedoch noch keine sicheren Angaben über das Höchstalter. Da es sich in fast allen Fällen um Wildfänge handelt, sind diese Tiere möglicherweise noch älter gewesen.
Die ältesten drei Tiere der Breitmaulnashörner erreichten ein Alter von 22, 20 und 19 Jahren, während C r a n d a l l (1974) hierzu noch keine Angaben macht, da diese Tierart früher noch nicht gehalten wurde.

A. Spitzmaulnashorn:

Am 31. 12. 1978 lebten 188 (85, 103) Spitzmaulnashörner in Gefangenschaft. Seit der Einrichtung des Zuchtbuches starben 89 Tiere. In 49 Fällen wurden keine Mitteilungen über krankhafte Veränderungen gemacht, so daß nur von 40 Spitzmaulnashörnern Sektionsergebnisse beziehungsweise Aussagen über Erkrankungen vorliegen, die im folgenden wiedergegeben werden.

B. Breitmaulnashorn:

Erst wesentlich später als das Spitzmaulnashorn gelangte das Breitmaulnashorn in die Zoologischen Gärten. Als erster Zoo konnte Pretoria im Jahre 1946 und als erster europäischer Zoo Antwerpen 1950 seinen Besuchern diese Art zeigen. Am 31. 12. 1978 lebten 447 (201, 246) Breitmaulnashörner in Gefangenschaft. Seit Einführung des Zuchtbuches im Jahre 1966 starben 26 Tiere. In elf Fällen liegen Informationen über Erkrankungen vor.

Eine Einschätzung der tabellarisch aufgeführten Erkrankungen ist auf Grund der Unterschiedlichkeit der Angaben recht schwierig. Mit Sicherheit dürften die Fälle mit einer Infektion wesentlich höher liegen, wenn in jedem Fall eine entsprechende Untersuchung durchgeführt und entsprechende Angaben mitgeteilt worden wären. Wahrscheinlich wird auch ein Teil der ausgewiesenen Enteritiden, Pneumonien, Nephritiden sowie Hautulzera und -abszesse mit einer bakteriellen Infektion in Zusammenhang stehen. Die vorgelegten Ergebnisse lassen deutlich erkennen, daß Veränderungen im Bereich des Verdauungssystems (Spitzmaulnashörner elfmal, Breitmaulnashörner dreimal) am häufigsten festgestellt wurden. Am zweithäufigsten erweisen sich bei beiden Nashornarten Verletzungen unterschiedlicher Art und verschiedenen Ursprungs. Aus der Vielzahl der

---

+Herrn Ernst-August P i s t o r , dem langjährigen Mitglied des Aufsichtsrates des Zoologischen Gartens Berlin, zur Vollendung seines 60. Lebensjahres gewidmet.

	Spitzmaul-nashorn (40)	Breitmaul-nashorn (11)
INFEKTIONEN:		
Bakterielle Infektionen:		
E.coli-Infektion (Puerperalsepsis)	1	-
Clostridien-Infektion	1	-
Tuberkulose	3	-
Actinomykose	1	-
Mykose (Lungen, 2x Aspergillose)	3	-
ORGANKRANKHEITEN:		
Verdauungssystem:		
Katarrhalische Gastro-Enteritis	1	1
Hämorrhagische Enteritis	1	-
Magengeschwür	2	-
Magenblutung	2	-
Blutung in der Jejunumwand	1	-
Kolik	1	-
Diarrhoe	-	1
Obstipation des Dünndarmes	-	1
Chronische Hepatitis	1	-
Leberzirrhose	1	-
Leberdegeneration	1	-
Respirationssystem:		
Bronchopneumonie	1	1
Eitrige Pneumonie	2	-
Kreislaufsystem:		
Kreislaufinsuffizienz	2	2
HARNSYSTEM:		
Pyelonephritis	1	-
Glomerulonephritis	-	1
Interstitielle Nephritis	1	-
Blutungen in der Niere	2	-
Übrige Organe:		
Hautulzerationen und -abszeßbildung	4	-
Arthritis	1	-
Erblindung	1	-
SONSTIGE ERKRANKUNGEN:		
Verletzungen:		
Transporttrauma	3	-
Unfalltrauma	2	1
Schockeinwirkung	2	2
Hornfraktur	2	-
Rückenmarkverletzung	1	-
Tumoren:		
Uteruskarzinom	1	-
Haemangiosarkom	1	-
Weitere Befunde:		
Vitaminmangel	1	-
Kachexie	1	-
Haemoglobinurie	2	-
Intoxikation	1	1
Vergiftungsverdacht	2	-

weiteren aufgeführten Erkrankungen sei lediglich noch auf die jeweils in drei Fällen nachgewiesenen Tuberkulosen und Mykosen besonders aufmerksam gemacht.

Als Ergebnis dieser kurzen Untersuchung erscheint es angezeigt, die Wichtigkeit der Einsendung exakter Informationen besonders hervorzuheben, denn nur dann wird es möglich sein, für den Tierhalter sinnvolle Hinweise aus den Zuchtbüchern zu erarbeiten.

Zusammenfassung:

Erkrankungen bei in Gefangenschaft gehaltenen afrikanischen Nashörnern (Zuchtbuchauswertung)

Es wird eine Auswertung der Zuchtbücher für Spitz- und Breitmaulnashörner im Hinblick auf die vorliegenden Informationen über Erkrankungen vorgenommen. Entsprechende Angaben von 40 Spitz- und 11 Breitmaulnashörnern werden tabellarisch wiedergegeben und kurz besprochen.

Summary:

Diseases of African Rhinos in Captivity (Pedigree Evaluation)

Pedigrees of black and white-mouthed rhinoceroses were evaluated for data on diseases. Information compiled about 40 black and eleven white-mouthed rhinoceroses has been tabulated for brief discussion.

Résumé:

Affections constatées chez les rhinocéros africains gardés en captivité (dépouillement du journal d'élévage)

L'on est en train de procédér au dépouillement des journaux d'élevage pour les rhinocéros à cornes pointu et large pour réunir les informations requises sur les affections qu'ils presentent. Sous forme sont indiquées de tableau les données correspondantes sur 40 rhinocéros à cornes pointus et sur il rhinocéros à cornes larges et sont brièvement traitées par la suite.

Резюме:

Заболевания у содержащихся в неволе Африканских носорогов

Обсуждаются данные из журнала о разведении уско- и широкомордых носорогов, причем особое внимание уделяется информациям о заболеваниях.
Соответствующие данные о 40 уско- и II широкомордых носорогов обсуждаются и передаются в таблицах.

Literatur:

CRANDALL, L. S. (1974): The Management of Wild Mammals in Captivity. Chicago-London: The University of Chicago Press.

KLÖS, H.-G. und H. FRÄDRICH (1970): Ein Überblick über die in Zoologischen Gärten gehaltenen afrikanischen Nashörner. Zool. Garten (N.F.) 38, 227-245.

KLÖS, H.-G. und H. FRÄDRICH (1971): Veränderungen im Bestand afrikanischer Nashörner in Zoologischen Gärten. Zool. Garten (N.F.) 41, 49-55.

KLÖS, H.-G. and R. FRESE (1978): Population trends in African rhinoceroses (Diceros bicornis and Ceratotherium simum) living in zoos and safari parks. International Zoo Yearbook Vol. 18, 231-234.

Anschrift der Verfasser: Dr. D. J a r o f k e und
Direktor Prof. Dr. H.-G. K l ö s ,
Hardenbergplatz 8
1000 Berlin 30 (West)

From Academy of Medical Sciences of the USSR, Institute of Experimental Pathology and Therapy, Sukhumi (Director: Prof. Dr. B. A. Lapin)

SENILE CHANGES AND PATHOLOGY IN SOME MONKEY SPECIES

By R. I. Krilova and B. A. Lapin

Literature data on aging processes in monkeys are scarce and far from being complete, because in wild life quite obviously it is practically impossible to watch one and the same animal from adulthood to senescence, while monkeys in captivity rarely reach high age.

Literature and our own data suggest that macaques, baboons, and green monkeys over 20 should be regarded elderly or old. Yet, the onset of age-related changes varies from monkey to monkey. Some 20-year macaques or baboons exhibited no typical age changes, while others developed them much earlier, at the age of 14 or 16. Such variability is characteristic of man, too. Age changes, occasionally are more pronounced in one particular system or tissue and insignificant in others at the same time.

Scattered reports are available on the death of aged animals (Fox , 1934; Ratcliffe , 1940). Advanced age has been mentioned most often in reports on spontaneous tumours of monkeys. That is the kind of pathology which seems to be most thoroughly studied.

The authors of this paper have studied pathological changes in 29 rhesus monkeys (M. mulatta), 32 hamadryas baboons (Papio hamadryas), seven green monkeys (Cercopithecus aethiops), three anubis baboons (Papio anubis) and two pig-tailed macaques (M. nemestrina) (Table 1).

Table 1:

Total number of monkeys surviving more than 20 years

Age (years)	Papio hamadryas		Papio anubis		Macaca mulatta		Macaca nemestrina		Cercopithecus aethiops	
	0	0	0	0	0	0	0	0	0	0
20 - 25	3 (all b)	15 (1 i)	-	3 (2 i)	6 (4 i)	17 (14 i)	1 (b)	1 (b)	3 (all i)	2 (all i)
25 - 30	-	9 (2 i)	-	-	3 (all i)	3 (2 i)	-	-	-	2 (1 i)
Over 30	1 (i)	4 (1 i)	-	-	-	-	-	-	-	-

Note: b - born in Sukhumi
i - imported from the wild

Thirty-three of 73 animals were used in different experiments, some of them repeatedly. Some of the monkeys died of spontaneous diseases, often after the end of an experiment. Nineteen of 33 monkeys were sacrificed. Five of them (rhesus monkeys) had not exhibited any significant pathological phenomena but senile changes in blood vessels and, in some cases, pulmonary emphysema and anthracosis. Other monkeys were sacrificed because of their poor general condition due to experimental factors (three hamadryas baboons and two rhesus monkeys) or spontaneous diseases (two hamadryas baboons and one rhesus monkey). Two hamadryas baboons and four rhesus monkeys developed spontaneous diseases, non-fatal at the moment of sacrifice.

Aged monkeys have a characteristic external appearance. Their skin is wrinkled and flaccid, with marked outlines of twisted sclerotic vessels on belly and extremities. Joint contracture, baldness, decreased locomotor activity, muscular atrophy, dedentition, and atrophy of alveolar processes of the jaws are also recordable. Monkeys aged over 25 were found to suffer body weight loss as a result of muscular atrophy. The latter process has been found to be most strongly pronounced in hamadrys baboons. They gradually gained weight up to the age of 18 or 20 and rapidly lost it beyond 25 (Table 2).

Table 2: Loss of weight in aged P. hamadryas (females) (M±SD n=10)

Age (years)	10	18-22	25-30
Weight (kg)	15.312±0.625	17.315±1.862	11.755±0.755

In rhesus monkeys weight loss is not so severe, with some individuals even gaining weight due to obesity.

Spontaneous diseases that caused death are shown in Table 3.

Only one main disease is given for each animal, although many of them suffered the whole complex of degenerative changes, and it often was quite difficult to single out the primary process. In that respect, old monkeys are very similar to aged people who often develop pathological changes in various organs and systems.

The authors failed to detect and identify any disease that might have caused the death of three monkeys. They were female hamadryas baboons, 24, 30 and 31 years old, in a state of macies, muscular atrophy, and baldness. Visceral atrophy and sclerotic changes in the vascular system were evident. Death occurred in the wake of senile cachexia.

Intestinal pathology accompanied by pneumonia was one of the most common findings (Table 3). The most common pattern was dysentery with isolation of Shigella flexneri. Both the large and small intestines were involved. Almost all forms of colitis were observed (catarrhal, ulcerative, and atrophic). Enteritis was morphologically characterised by the development of catarrhal forms of inflammation. In one hamadryas baboon, enteritis was caused by Salmonella typhimurium.

Colitis was often accompanied by pneumonia (four cases). The major disease often was difficult to elucidate. Regarding their relevance to the cause of death, they apparently seemed to be concurrent diseases. As in other age groups, pneumonia was the second cause of death, in combination with colitis or as the sole and main disease (Table 3).

It should be noted that the distribution of processes was wider, as compared to the standard pattern (Lapin and Yakovleva, 1960, 1963; Fiennes et al., 1972). In cases of bronchopneumonia, both lungs usually were involved, with the foci confluent and the process often widened to the pleura. Diffuse lesions were noted in the intestines.

It should be pointed out that the two nosological forms of clearly acute character were the only findings observed in three rhesus monkeys during the period of acclimatisation. (The monkeys died shortly after importation). It seems to be important in evaluating the condition of animals in the wild that a clinically intact animal is likely to live long enough only under conditions of natural selection.

As to pathological findings associated with gestation and parturition, only one nosological form was observed by the authors, that is trophoblastic disease with retention in the uterus of the placenta or parts of it, followed by fatal bleeding or acute postpartum endometritis with subsequent immediate sepsis. The observations applied to all species studied, with the exception of M. nemestrina. The animals were aged between 20 and 22 years. The placenta adhered to the uterus walls in all those cases. At such age, when immune mechanisms decline, pregnancy appears to be affected by excessive development of lytic and invasive properties of trophoblasts

Table 3: Causes of death of aged moneys

	Macaca mulatta		Macaca nemestrina	Papio hamadryas			Papio anubis	Cercopitheous aethiops		Total
	20-25 yr	over 25 yr	20-22 yr	20-25 yr	25-30 yr	over 30 yr	20-22 yr	20-25 yr	over 25 yr	
Senile cachexia	-	-	-	1	-	2	-	-	-	3
Colitis	4	-	1	1	2	1	-	2	1	12
Enteritis	2	1	-	2	-	1	-	-	-	6
Colitis + pneumonia	3	-	-	1	-	-	-	-	-	4
Pneumonia	1	2	-	1	2	-	-	1	-	7
Cholelithiasis	-	-	-	1	-	-	-	-	-	1
Retention of placenta followed by postpartum haemorrhage	1	-	-	1	-	-	-	1	-	3
Postpartum endometritis, sepsis	1	-	-	1	-	-	1	-	-	3
Postinfarction cardiosclerosis	1	-	1	-	-	-	-	-	-	2
Myocarditic cardiosclerosis	-	-	-	-	1	-	-	-	-	1
Pancreonecrosis and multiple cysts in pancreas	-	-	-	-	1	1	-	1	-	3
Basilar artery atherosclerosis and thrombosis	-	-	-	1	-	-	-	-	-	1
Trauma	-	-	-	1	-	-	-	-	-	1
Sepsis	-	1	-	-	-	-	-	-	-	1
Strangulated hernia	-	-	-	1	-	-	-	-	-	1
Malignant tumours	-	-	-	1	1	-	2	-	1	5
Sacrificed: a) without marked pathological changes	5	-	-	-	-	-	-	-	-	5
b) with marked pathological changes	5	2	-	5	2	-	-	-	-	14
T o t a l :	23	6	2	18	9	5	3	5	2	73

as well as accretion of the placenta. One P. hamadryas that developed eclampsia with severe involvement of liver and kidneys was sacrificed in the 16th week of gestation.

In three cases, death occurred as a result of cardiac insufficiency caused by cardiosclerosis. Two monkeys (M. mulatta and M. nemestrina) had macrofocal cardiosclerosis (Table 3) which had originated from myocardial infarction.

In the third monkey (P. hamadryas) cardiosclerosis was associated with chronic myocarditis, with death occurring in the state of aggravation.

Polycystosis of the pancreas caused the deaths of two old hamadryas baboons and one green monkey.

Trauma, sepsis, cholelithiasis, thrombotic complication of the basilar artery, atherosclerosis, and strangulated hernia caused the deaths of other animals.

The peculiarities of the pathological pattern recorded from old monkeys should be worked out more clearly for an analysis of that pattern and for its comparison to pathological situations in other age groups. Complications of pregnancy and tumour incidence are much higher in aged monkeys. The spectrum of diseases in one and the same animal is wider. There have been some deaths caused by general weakening of physiological functions, atrophic changes to organs, and cachexia.

Age-related changes observed in different systems and organs will be described in the following paragraphs with reference to certain diseases. Causes of death will be reported together with certain types of pathology that were common to all animals during pathomorphological routine investigations.

Age-related changes versus certain pathological categories - the cardiovascular system

Age-dependent change should be distinguished from disease in advanced age. Age-related arteriosclerotic changes in the cardiovascular system have been well studied in primates (Lapin and Yakovleva, 1960). Like in man, they are characterised by changes in the elastic frame and by the development of smooth muscles and connective tissue. In P. hamadryas and C. aethiops monkeys the aortic intima sometimes accounts for one third or even half of the aorta thickness. Age changes were insignificant only in some of the animals tested. One should distinguish age changes from atherosclerotic vascular lesions. The authors of this paper have taken a particular interest in them, as many other authors had shown earlier that both in man and monkey the degree of atherosclerosis depended to a certain extent on age. The authors' own results are presented in Table 4.

Atherosclerotic processes have been shown to be fairly pronounced in advanced age and to occur more often (3 to 50 per cent) than in other age groups (19 to 20 per cent). The aortic arch and abdominal part of the aorta are the most vulnerable regions. As to specific differences, most significant lesions are developed by C. aethiops (Table 4). P. hamadryas takes an intermediate position but can also develop severe forms of atherosclerosis. The authors have observed thrombosis of the atherosclerotic basilar artery in a P. hamadryas.

Changes such as myocytic hypertrophy, diffuse thickening of connective streaks, mainly in perivascular spaces, are considered cardiac changes caused by advanced age. Cachexic monkeys developed atrophy of muscular fibres. In these monkeys, muscular tissue was replaced by adipose tissue not only in subepicardial layers, but also in the thickness of the wall proper.

Also observed in aged monkeys were myocarditis and cardiosclerosis. Myocarditis developed in a M. mulatta obviously as a complication of cardiosclerosis. The monkey died of colitis.

Cardiosclerosis was one of the more frequent findings. Affected were 18 monkeys, among them seven M. mulatta, two C. aethiops, one M. nemestrina, and eight P. hamadryas, of which 13 are presented in Table 4. It caused severe cardiac failure and death of three monkeys (Table 3).

Table 4:

Degrees of atherosclerotic lesions of aorta and of coronary and cerebral vessels in aged monkeys

Animals No.	Sex	Age (years)	Part of aorta arch	chest	abdominal	Brain vessels	Coronary vessels	Cardiosclerosis diffuse	focal
			Macaca mulatta						
583	♀	21	+	-	+	-	-	-	-
548	♂	22	+	-	+	-	-	+	-
1768	♂	20	+	+	+	-	+	+	-
1086	♀	20	+	-	+-	-	-	+	-
757	♀	22	+-	-	+	-	-	-	-
7788	♂	22	+	-	+	-	-	-	-
473	♀	20	-	-	+-	-	-	-	-
645	♂	23	++	++	++	-	+	-	+
777	♀	22	-	+	++	-	-	-	-
391	♂	25	-	-	+-	-	-	+	-
18	♂	27	++	-	+++	-	+	-	-
766	♀	27	++	+	+++	+	++	+	-
			Macaca nemestrina						
953	♀	22	+	-	-	-	-	-	+
			Papio hamadryas						
319	♂	20	+	-	+	-	++	-	-
203	♀	25	+++	-	++	-	+	-	-
1721	♀	20	-	-	+	-	-	-	-
651	♂	20	-	+	-	-	-	-	-
824	♂	23	+	-	++	-	-	-	-
625	♀	24	++	-	+++	++	++	-	-
633	♀	24	+	-	+	+	++	-	-
207	♀	28	+	-	+	-	-	+	-
736	♀	29	+	-	++	-	-	+	-
658	♀	30	+	+	++	-	-	+	-
1058	♂	34	+	++	+++	-	-	-	-
64	♀	32	++	+	+++	-	-	+	-
			Papio anubis						
1060	♀	20	+	-	+	-	-	-	-
1059	♀	20	++	+	++	-	-	-	-
			Cercopithecus aethiops						
998	♀	20	+++	+++	+++	-	+++	-	+
1036	♂	20	+	++	+++	-	++	-	-
1023	♀	20	-	-	+++	-	-	-	-
1017	♀	30	+	+	++	-	-	+	-

Note:

+++ Severe widespread atherosclerosis with great number of plaques complicated by atheromatosis and calcification;

++ Mild atherosclerosis with fibrous plaques in restricted areas;

\+ Single fibrous plaques and lipid spots;

+- Lipid spots;

\- No atherosclerotic change.

The remaining 15 monkeys developed disseminated sclerosis, with foci varying in remoteness and extension. Myocytes were hypertrophic as a rule. Some of those monkeys were hypertensive. In most cases, cardiosclerosis developed as a result of coronary insufficiency. Two P. hamadryas monkeys exhibited signs of myocarditis, in concomitance with cardiosclerosis, which pointed at the myocarditic origin of the cardiosclerosis.

The conclusion is justified that there is no direct correlation between cardiosclerosis and the severity of coronary artery atherosclerosis (Table 4).

Only one C. aethiops (No. 998) appeared to develop coronary insufficiency and myocardial infarction in conjunction with atherosclerosis of the coronary vessels. The monkey died of bleeding in the postpartum period. Scars on the posterior wall of the left ventricle and marked atherosclerotic lesions in the coronary arteries were revealed by post-mortem examination.

The possible development in monkeys of coronary insufficiency without atherosclerosis of the coronary arteries might be a corroboration to the effect that coronary insufficiency can be conditioned by functional disorder in coronary circulation. Also corroboratory to that assumption have been established findings according to which atherosclerotic changes, whenever they occurred at all in the coronary artery, were of so little significance that they could not be regarded as mechanical blocks to coronary circulation.

Age-related valvular changes in monkey are very much comparable to those in man, in that their manifestations include fibrosis of the connective tissue lay, total valvular collagenisation (mainly in proximal regions), focal valvular sclerosis, and subendothelial valvular thickening which, sometimes, may lead to cusp disfiguration. Endocardial sclerosis is one of the frequent findings. Age-related valvular and endocardial changes occurred in different combinations in eight P. hamadryas and three M. mulatta. Five monkeys (four P. hamadryas and one M. mulatta) developed sclerosis in the proximal parts of the mitral valves, while polypoid semitransparent ecphymae were recordable from the distal parts. Histologically, they were composed of nuclear-free amorphic mass which contained collagenous and elastic fibres. Solitary thickening of the distal tricuspid area in combination with collagenous fibre growth was observed in three animals (one M. mulatta and two P. hamadryas). Changes of the above nature in the bicuspid valves were accompanied by diffuse sclerotic changes in the tricuspid valves of two P. hamadryas.

Age-related changes in the form of diffuse sclerosis of valvular tissue were recorded from the valves of the aorta and pulmonary artery of three individuals (one P. hamadryas and two M. mulatta), with two of them having additional changes in the mitral valve.

The authors so far have failed to establish the cause by which valvular change is predetermined and merely found such change occurring in 16 per cent of their aged animals.

Morphological valvular changes were more strongly pronounced in some of the cases and led to the development of age-related valvular defects very similar to postrheumatic conditions.

In addition to those age-related valvular changes, there were two cases of valvular change probably caused by endocarditis. One of them, a female M. mulatta (No. 583) aged 22 years, had been kept at the authors' Institute for 19 years and died of colitis in conjunction with pneumonia. The post-mortem revealed marked thickening and deformation of the mitral valvular cusps with partial adhesion to the base. A combination of valvular insufficiency with stenosis of the left venous orifice was the morphological definition.

The authors also observed a case of marked valvular change caused by sepsis. Signs of ulceropolypous endocarditis were exhibited by one M. mulatta (No. 18) aged 27 years. Major leucocyte infiltration of the valve was microscopically established, most of it concentrated on those necrotic sites of the surface where fibrin deposition and signs of purulent infiltration of tissue were noted, as well.

Respiratory organs

Certain phenomena of physiological aging were recordable from the respiratory organs. Emphysema, for example, was established in nine animals, among them three M. mulatta, two C. aethiops, and four P. hamadryas). Histological tests showed that the elastic fibres were thin and elongated and in somewhat confused distribution. They did not form the usual elastic frame. Four of them developed subpleural barge and air bubbles in the form of bullous emphysema, some of them confluent.

Other findings included atrophy of supporting collagenous elastic structures in the trachea and bronchi and of the bronchial glands.

Also present was anthracosis of lymphatic glands in the pulmonary hili and the lungs proper. Coal dust had deposited in the alveolar septa, surrounding the bronchi and even more strongly the vessels, such deposition being recordable extracellularly and in macrophage cytoplasma. Dust sites, however, were rarely surrounded by sclerotic area.

A genetic abnormality was recorded from the lungs of a female P. hamadryas (No. 203) aged 25 years. It consisted of multiple cysts with thin walls of vascular origin.

The high rate of pathological pulmonary findings from aged monkeys may be attributable to a gradual weakening of bronchial drainage functions due to atrophy of supporting collagenous elastic structures (Table 3).

Digestive system

Age-related changes of the digestiv system were very much in the shadow of pathological changes which actually were recordable from one third of all animals in the experimental and control groups (27 monkeys). The general impression which seems to be supported is that atrophy of the gastric and intestinal mucosa is likely to aggravate along with growing age. Glands and crypts become sparse, and mild sclerotic changes come up in the submucosa. Marked atrophy of the intestinal lymphoid tissue has been observed, too. A certain degree of muscular atrophy, coarseness of collagenous fibres as well as associated intestinal atony and distension were additionally noted.

Shigella infection, as mentioned earlier, has been the most important intestinal defect, whereas Salmonellosis was rare.

The following non-infectious diseases of the digestive system were recorded by the authors: cholelithiasis, polycystosis of liver and pancreas, liver cirrhosis, and tumours.

While cholelithiasis is a rare condition in monkey, its occurrence is thought to be stimulated by captivity in cages and resulting muscular atonicity. Small semi-soft dark-green, almost black inclusions were found in the gallbladder and hepatic bile ducts of one P. anubis who had died of a malignant tumour at the age of 20. The mucosa had remained unchanged. The case was no-symptom cholelithiasis. Cases of complicated cholelithiasis were also observed. Acute cholelithiasis with close clinical similarity to ileus was present in a P. hamadryas, 20 years of age. The animal died under surgery. Gross rounded gallstones of light greyish colour and 0.5 cm in diameter were found on autopsy. Their composition was 65 per cent cholesterol and 35 per cent calcium salts. The gallbladder was expanded. Its walls showed signs of chronic inflammation. Stones of analogous nature had obturated the pancreatic duct. Necrotic foci and extensive haemorrhage were found in the pancreas, omentum, and perirenal tissue on the left.

Biliary cirrhosis was developed by one M. mulatta and one C. aethiops.

Cystohepatic change is a process which deserves special attention. Accompanied by swelling and protrusion of certain cavities under the capsule, it was recorded from eleven animals, among them one M. mulatta and C. aethiops each and nine P. hamadryas. Histologically, the cyst wall consisted of a thin connective tissue frame with mononuclear prismatic or cubic epithelium lining similar to the epithelium of the bile duct. No inflammation was detected in the cyst walls, but massive haemorrhage was recorded from the cyst wall of one P. hamadryas. The authors feel that congenital origin cannot be ruled out, since the combination of hepatopancreatic with renal polycystosis is faced quite often. Such changes were observed by the authors in different age groups, primarily in P. hamadryas. Yet, it should be borne in mind that in old monkeys they occur more often than in others. It may be imagined as well that those cysts by their very nature are similar to retention cysts of the bile duct.

The rare cases of lipomatosis of the pancreas are relevant in that context. Amyloidosis of Langerhans islets was recorded from three monkeys and also attributed to advanced age. The authors, unfortunately, are unaware of whether those monkeys had been diabetics or not, since no clinical examination ever took place. Nevertheless, there are literature data on cases of monkey diabetes due to amyloidosis of the insular part of the pancreas (Sheldon and Gleiser, 1971; Howard, 1972; Howard and Palotay, 1975).

One C. aethiops and six P. hamadryas developed cystic lesions in the pancreas and atrophy in the parenchyma. The cysts consisted of a thin connective tissue capsule without any sign of inflammation and had a single layer of epithelial lining. Certain areas resembled cysto-adenopapilloma, with papillary protrusions in stroma and epithelium as well as multiple cavities. The exocrine tissue of the gland was compressed by that multiplicity of cysts and had gone atrophic.

Two P. hamadryas and one C. aethiops, aged 28, 33 or 20 years, died of a disease which clinically resembled diabetes, although the diagnosis had not been supported by laboratory tests. Monkey No. 207 had gangrenous lesions on the tail and bilateral cataracts. Ulcerative stomatitis, extensive alopecia, cachexia, and seizures were clinical manifestations recorded from all animals. Autopsy was performed and revealed atrophy of the pancreas with cystic substitution of its parenchyma, haemorrhage, and necrotic areas. Analogous cysts were found in the liver. Those obviously had been the causes of death. Tumours of the digestive system will be described below.

<u>Genito-urinary system</u>

Glomerular sclerosis and moderate sclerosis of perivascular spaces in kidneys are considered as age-related changes by the authors. The sclerotic changes recorded from one M. mulatta and four P. hamadryas, however, were so severe that their macroscopic appearance in three monkeys was very similar to renal shrinkage in man. Histological findings included connective tissue growth, glomerular sclerosis, and hyalinosis. Three monkeys exhibited macrofoci of scarry collagenous tissue. Small cysts had developed in the sclerotic kidneys. Nephrosclerosis was in all cases accompanied by sclerosis of both the abdominal aorta and the orifice of the renal arteries which might be a clue to some correlation between the two processes. Renal cysts of different sizes were recorded from nine P. hamadryas and two M. mulatta. Such cysts developed in isolation or in concomitance with nephrosclerosis and polycystosis of the liver and pancreas. The cysts usually were small and did not exceed one centimetre in diameter. Transparent yellowish fluid was contained in them. Their lining was histologically similar to tubular epithelium with a basal membrane and a frame of connective tissue. The observed occurrence of such cysts in younger monkeys was below that recorded from older animals. They seemed to be of a retention nature, and, occasionally, when they occurred in concomitance with cysts in the liver and pancreas, they reflected a congenital abnormality.Two cases of acute cystitis were observed.

Morphological changes in genital organs were limited to ovarian cysts, except for the above fatal diseases. Such cysts, usually bilateral, were recorded quite frequently from M. mulatta (four animals). The tumours also observed will be described below. The authors did not even in old monkeys detect atrophy of uterine mucosa, entirely different from the usual findings obtained from man. Involutional changes of this organ were limited to atrophy and moderate sclerosis of the myometrium.

Lymphatic system

Atrophy of spleen, lymph nodes, and thymus were the characteristic age-related changes that occurred to the lymphatic system. The thymus turned into adipose tissue, in obese animals, or the anterior epicardial surface underwent miosclerotic thickening. Bounds, weight, and shape of thymus cannot be determined in such individuals. Tissue of M. mulatta was microscopically investigated and revealed islands of lymphoid tissue which formed shapeless lobules. These were divided by strong strands of connective tissue and by adipose tissue. Involutional thymus processes usually were more strongly pronounced in P. hamadryas. No structures in any way resembling thymus were practically recordable from their connective tissue and adipose epicardial thickenings. Only small accumulations of lymphoid cells had been left in the thickenings of their epicardial connective tissue. Scattered Hassall's bodies were observed by the authors in M. mulatta but not in aged P. hamadryas.

Considerable atrophisation was recorded from the spleen with weight loss which was most strongly pronounced in cachexic individuals. P. hamadryas often developed capsular hyalinosis.

The amount of connective tissue frame increased, while the number of follicles dropped sharply . Follicles with light reproduction centres were almost entirely absent. The walls of the central arteries underwent sclerosis hyalinisation. Involution was most clearly manifested in P. hamadryas and C. aethiops. The authors observed lymphatic tissue atrophy in all animals, but it was not always accompanied by weight loss of the spleen, since the reduction of spleen caused by reduction of lymphoid tissue might have been superimposed and, consequently, somewhat concealed by the degree of hyperaemia and hypertrophy in the connective tissue. Lymph nodes also were seen to have turned atrophic, mainly those in peripheral zones. The mass of connective tissue stroma went up, while the follicles declined in number, with only few being left with light centres. The cortical layer narrowed. The area occupied by marginal, intermediate medullar sinuses widened relatively. Small lymphocytes prevailed, while reticular and young lymphoid cell counts were comparatively low. Atrophy of lymphoid formations was recorded also from the intestines and lungs.

Muscular and bone system

As mentioned earlier, three P. hamadryas died of marked senile cachexia together with muscular and visceral atrophy. Some extent of cachexia is generally typical of aged P. hamadryas. Severe cachexia was noted in 50 per cent of those animals between 20 and 25 years of age and, practically, in all animals over 30.

A somewhat intermediate position is held by animals between 25 and 30. This is the age group in which a fair stability is reached by the aging processes that actually begin between 20 and 25.

There were obese animals in that group. Changes in the nutritional status were less pronounced in M. mulatta. Some of the animals gained weight to obesity, while other lost weight, but even that weight loss was not as drastic as it had been in P. hamadryas.

Muscular atrophy was observed in both obese and cachexic animals.

Calcification of cartilaginous costal segments was recorded from three P. hamadryas and one M. mulatta and dystrophy of the cartilaginous articular surface with bone articular head baring from two P. hamadryas and two M. mulatta. Other changes in the osteoarticular system were moderate osteoporosis, mainly in the vertebral column, and, quite frequently, atrophy of teeth and alveolar processes. Disorders in the calcium metabolism of one P. hamadryas were accompanied by calcinosis of myocardium and stomach.

Hernia was recorded from some of the animals after it had developed as a result of muscular atrophy and atony. Hernia is rare among monkeys and confined primarily to old animals. All the hernias established were white line with lacuna of the abdominal strait muscles. Those findings were obtained from four P. hamadryas and one M. mulatta, all of them multiparous females. The hernias, as a rule, were reducible with omentum in the hernial sac. A strangulated hernia was recorded only from one female P. hamadryas. Its hernial sac contained liver with haemorrhagic and necrotic areas. This complication led to the death of the monkey.

Tumours

Sixteen tumours were recorded from twelve out of 73 animals (16.4 per cent). They are all presented in Table 5. Five tumours that is six per cent of all autopsies, were malignant. Three monkeys had two or three tumours (Table 5). Most of the tumours were located in the digestive system, including two gastric polyps, one gastric leiomyoma, two cases of cancer of the common bile duct and Vater's papilla, one insuloma, as well as one cylindroma of the duodenum and neurilemmoma of the transverse colon in one and the same animal.

Lipoma of the anterior gastric wall was recorded from one P. hamadryas.

Polyps of the cervix uteri were among the most frequent findings of tumours of the female genital system (Table 5). The polyps were made up of solid collagenous tissue with impregnation of smooth muscular fibres. The polyps were covered with columnar epithelium forming a great number of deep crypts which intruded into the polyp body. The crypts expanded here and there thus forming cystic cavities with mucus in the lumen.

Also observed by the authors were two malignant tumours of the female genital system with metastasation. Reticulosarcoma of the right ovary was established by the post-mortem performed on one P. anubis.

C. aethiops No. 1017 was afflicted with a squamous cell carcinoma of the cervix uteri with metastasation into the lymph nodes of the small pelvis, mesentery, and omentum. This was one of three tumours in the same animal (Table 5). While the monkey had been used for experimentation 24 years before those tumours were found, the authors do not assume that the tumours had been caused by those experiments.

One P. anubis had a renal tumour which metastasised to the pelvic and inguinal lymph nodes. The left part of the ischiatic area was occupied by extensive metastasation with necrosis and fistulation. The tumour was a reticulosarcoma, as borne out by histological examination. Hence, tumour incidence, in general, and the occurrence of malignant tumours, in particular, was found to be higher in old monkeys, as compared to young individuals. Tumour incidence in animals of advanced age was twice as high as in monkeys between ten and 20 years of age and something between six or ten times as high as in animals below ten. Most of the malignant tumours in old monkeys were accompanied by clinical signs of intoxication and acute cachexia. The authors of this paper also observed multiple tumours, which was in fair agreement with reports elsewhere (Fox, 1934; Ratcliffe, 1940; Seibold and Wolf, 1973).

It is believed by the authors that increased tumour incidence among monkeys along with growing age is somewhat identical with the same phenomenon in man, in that it is conditioned by age and resulting weakening of immunological mechanisms.

Conclusions

The data presented in this paper have demonstrated the prevalence of involutional processes in old monkeys. Loss in body weight is a result of muscular and visceral atrophy. Muscular atrophy was found to lead to hernia formation, particularly when multiparous females are affected. Significant decline in the volume of lymphadenoid tissue was established. Articular atrophy developed, as well. Other phenomena regarded as early signs of aging included expansion and elongation of arteries and arterial changes, such as major thickening of the intima and hyperplasia of connective and smooth muscular tissue.

Increased incidence of atherosclerotic arterial lesions in old monkeys is undeniable. The authors failed to establish any direct correlation between coronary insufficiency and coronary atherosclerosis. A vasomotor functional factor in interaction with metabolic factors obviously is involved in the pathogenesis of coronary insufficiency, an assumption which applies equally

Table 5: Tumours in aged monkeys

Animal No.	Species	Sex	Age (years)	Duration of life in monkey colony (years)	Kind of tumour
953	M. nemestrina	♀	22	22	Polyps of cervix uteri
583	M. mulatta	♀	21	19	Polyps of cervix uteri
1087	M. mulatta	♀	20	20	Fibroadenoma of mammary gland, insuloma of pancreas, colloid goiter
473	M. mulatta	♀	20	16	Polyps of stomach and cervix uteri
777	M. mulatta	♀	22	22	Polyps of stomach
1017+	C. aethiops	♀	30	28	Cancer of cervix uteri with metastases, cylindroma of duodenum, neurilémmoma of colon
1059	P. anubis	♀	20	8	Reticulosarcoma of ovary with metastases
1060	P. anubis	♀	20	16	Reticulosarcoma of the left kidney with metastases
824	P. hamadryas	♂	23	23	Adenocarcinoma of the common biliary duct
736	P. hamadryas	♀	29	29	Adenocarcinoma of the common biliary duct
773	P. hamadryas	♀	29	29	Lipoma of abdominal wall
664	P. hamadryas	♀	31	31	Leiomyoma of stomach

Note: + 9-10-dimethyl-1-2-benzanthracen was inserted into monkey's tibia twenty-four years ago.

to monkey and man. Tumour incidence was found to go up along with growing age, with multiple tumours being quite frequent. As far as the general pathological situation is concerned, it should be emphasised that the diseases are the same in old and young monkeys. However, in old monkeys some parallelism with man was established again, in that more than one disease sometimes developed at one and the same time, quite often without any symptoms. Cysts in the liver, kidneys, and pancreas, as well as age-related complications in pregnancy and parturition were typical of animals in advanced age. It should be borne in mind that the course of pathological processes in old monkeys under the conditions of senile atrophy pointed at a specific adaptation of the organism to a new, advanced-age level of metabolism.

Summary:

Senile Changes and Pathology in some Monkey Species

Studies have been conducted into pathological processes and age-related changes in 73 monkeys beyond the age of 20 years. They were 29 rhesus monkeys (M. mulatta), 32 hamadryas baboons (P. hamadryas), seven green monkeys (C. aethiops), three anubis baboons (P. anubis), and two pig-tailed macaques (M. nemestrina). Recorded were increased incidence of atherosclerotic lesions in vessels, tumours, and pathological processes associated with pregnancy and delivery. Involutional processes were most often recorded from motor-supporting and lymphatic systems.

Zusammenfassung:

Altersbedingte Veränderungen und Erkrankungen bei einigen Affenarten.

An 73 Affen im Alter von mehr als 20 Jahren wurden pathologische Prozesse und Altersveränderungen untersucht. Es handelte sich um 29 Rhesusaffen (M. mulatta), 32 Mantelpaviane (P. hamadryas), sieben Grüne Meerkatzen (C. aethiops), drei Anubis-Paviane (P. anubis) und zwei Schweinsaffen (M. nemestrina). Es wurde eine mit dem Alter zunehmende Häufung von arteriosklerotischen Gefäßschäden, Geschwülsten und anderen Krankheitserscheinungen im Zusammenhang mit der Gravidität und dem Geburtsgeschehen festgestellt. Involutionsprozesse fanden sich am häufigsten im motorischen Stütz- und im Lymphsystem.

Résumé:

Altérations et affections dûes à l'âge chez certaines aspèces de singes

Certains phénomènes pathologiques et altérations dûes à l'âge ont été étudiés chez 73 singes ayant plus de 20 ans. Il s'agissait, en l'occurrence, de 29 rhésus (M. mulatta), de 32 babouins (P. hamadryas, de 7 guénons verts (C. aethiops), de 3 pavions anubis (P. anubis) et de deux singes-porc (M. nemestrina). Or, au fur et à mesure qu'ils avancent en âge, l'on constate chez eux un accroissement de lésions artériosclérotiques aux vaisseaux, de tumeurs et d'autres affections dûes à la gravidité et à l'acte de mise bas. Le système moteur de soutien et le système lymphatique ont présenté le plus fréquemment des processus d'involution.

Резюме:

Возрастные изменения и заболевания у некоторых видов обезьян

Была изучена патология и возрастные изменения у 73 обезьян старше 20 лет (29 макаков резусов, 32 павианов гамадрилов, 7 зеленых мартышек, 3 павианов анубисов и 2 макаков лапундеров). Отмечено возрастные частоты атеросклеротического поражения сосудов, опухолей, патологии, связаной с беременостью и родами. Инволютивные процессы наиболее выражены в опорно-двигательной и лимфатической системе.

<u>Literature:</u>

FIENNES, R. H., LAPIN, B. A., DZHIKIDZE, E. K., and L. A. YAKOVLEVA (1972): The Respiratory and Alimentary Systems, in: Pathology of Simian Primates, Part I, 671-710, edited by R. N. Fiennes. Basle: Karger.

FOX, H. (1934): Subjects of Pathological Interest. Rept. Lab. Comp. Path. Philadelphia <u>16</u>, 17-30.

HOWARD, C. F. (1972): Spontaneous Diabetes in Macaca Nigra. Diabetes <u>21</u>, 1077-1090.

HOWARD, C. F. and J. L. PALOTAY (1975): Spontaneous Diabetes Mellitus in Macaca Cyclopis and Mandrillus leucophaeus - Case Reports. Lab. Anim. Sci. <u>25</u>, 191-196.

LAPIN, B. A. and L. A. YAKOVLEVA (1963): Comparative Pathology in Monkeys. Moscow 1960, translation published by Thomas, Springfield.

RATCLIFFE, H. L. (1940): Familial Occurrence of Renal Carcinoma in Rhesus Monkeys (Macaca mulatta). Am. J. Pathol. <u>16</u>, 619-624.

SEIBOLD, H. R. and R. H. WOLF (1973): Neoplasms and Proliferative Lesions in 1065 Non-Human Primates - Necropsies. Lab. Anim. Sci. <u>23</u>, 533-539.

SHELDON, W. G. and C. A. GLEISER (1971): Amyloidosis of the Islets of Langerhans in a Crab-Eating Monkey (Macaca fascicularis). Vet. Pathol. <u>8</u>, 16-18.

Address of authors: Dr. R. I. K r i l o v a and Director Prof. Dr. B. A. L a p i n ,
Academy of Medical Sciences of the USSR
Institute of Experimental Pathology and Therapy
Sukhumi (USSR)

Aus der Hoechst Aktiengesellschaft, Helminthologisches Labor, Frankfurt (Main) und den Forsehungslaboratorien der Behringwerke Aktiengesellschaft, Marburg

ZUR ANTHELMINTHISCHEN BEHANDLUNG VON JAVANERAFFEN (MACACA IRUS) MIT PANACUR(R)

Von D. Düwel, R. Kirsch und E. Weinmann

Einleitung:

Tiere aus den warmen Klimazonen leiden nach den Import in gemäßigte Zonen bekannterweise nicht nur unter anderem Milieu und vielfach auch Futterumstellung, sondern meistens wird auch als Folge dieser Veränderungen das Wirt : Parasiten-Verhältnis zuungunsten des Wirtes verschoben. Antiparasitäre Behandlungen sind bei diesen Tieren deshalb üblich und häufig sogar lebensnotwendig. Eine besondere Stellung nehmen Affen ein. Sie sind nicht nur begehrte Tiere für zoologische Gärten, sondern sie gewinnen auch mehr und mehr an Bedeutung bei pharmakologischen und toxikologischen Untersuchungen in der Entwicklung neuer Arzneimittel für den Menschen. Affen sind jedoch nicht nur häufig stark parasitiert, sondern sie widersetzen sich auch oft jeglicher Behandlung mit Arzneimitteln, weil sie äußerst geschmacksempfindlich sind.

Seit einigen Jahren befindet sich Panacur (Fenbendazol, Hoechst AG) als Breitspektrum-Anthelminthikum in der Anwendung bei Haus-, Wild- und Zootieren. Dieses Anthelminthikum zeichnet sich nicht nur durch seine breite Wirkung auf immature und adulte Helminthen aus, sondern es ist auch wegen seiner Geschmacksneutralität sowie ausgezeichneten Verträglichkeit für Massenbehandlungen sehr geeignet (D ü w e l , 1975; T i e f e n b a c h , 1975). Zahlreichen Berichten und Publikationen über die erfolgreiche Anwendung von Panacur bei ökonomisch wichtigen Helminthen der Haustiere stehen naturgemäß weniger Untersuchungen bei Zootieren gegenüber. Wir untersuchten die Wirksamkeit von Panacur auf Helminthen von Javaneraffen.

Material und Methoden:

In einer Quarantäne-Station standen verschiedene Importe mit insgesamt zirka 300 Javaneraffen (Macaca irus) im Gewicht von 2-(3) kg, überwiegend Männchen, zur Verfügung. Die Tiere wurden einzeln oder zu zweit in Käfigen gehalten. In dreimaliger koprologischer Untersuchung im Kochsalz-Flotations-, Telemann- sowie Baermann-Verfahren wurde der Helminthen-Befall vor der Behandlung qualitativ festgestellt und Kotkulturen für eine Larvendifferenzierung angelegt. Eine Erfolgskontrolle erfolgte in gleicher Weise bis sechs Wochen nach der Therapie.
Die Affen wurden mit Pellets (SNIFF P/Soest, Affenfutter, Mehlform) gefüttert, in die vor dem Pressen Panacur Pulver 4 % in einer Konzentration von 1000 ppm Fenbendazol eingemischt worden war. Bei einer durchschnittlichen Aufnahme von 40 g Pellets/2 kg Affe/Tag entspricht das einer Dosis von zirka 20 mg Fenbendazol/kg Affe/Tag. Entsprechend der Versuchsanordnung wurde das medikierte Futter 5, 7 oder 14 Tage als Alleinfutter angeboten.

Resultate

Bei der Mehrzahl der Javaneraffen wurden hauptsächlich Eier von Strongyloides spp. und dünnschaligen Nematoden festgestellt. Bei der Larven-Differenzierung aus Kotkulturen konnten - neben Strongyloides - nur Larven von Oesophagostomum spp. festgestellt werden. Daneben trat bei einigen Tieren Befall durch Streptopharagus spp., Physaloptera spp., Trichuris spp. und Capillaria spp. auf. In einer frisch importierten Sendung überwog Bertiella spp.
Eine sehr gute Wirkung von Panacur in der Dosis von 20 mg Fenbendazol/kg/Körpergewicht x 5 Tage ist auf Strongyloides spp. und Oesophagostomum spp. sowie auf Trichuris spp., Capillaria spp., Streptopharagus spp. und Physaloptera spp. zu verzeichnen, doch werden offensichtlich immature und präadulte Stadien der beiden letzteren Nematoden nicht oder nur wenig beeinflußt. Eine anthelminthische Wirksamkeit gegenüber Bertiella spp. fehlt selbst bei 20 mg/kg Körpergewicht x 14^d.
Die einzelnen Ergebnisse sind in der Tabelle 1 niedergelegt.

Tabelle 1:

Wirksamkeit von Fenbendazol auf Helminthen von Macaca irus

Versuch	Helminthen-Spezies	Befall vor Behandlung	Befall 4^w post applicat.	Heilungs-rate	Erst-Infektion 4^w post applicat.
A	Behandlung mit medikiertem Futter: 1000 ppm x 5^d ≙ 20 mg/kg/Kgw.x 5^d				
	Von 120 paarweise gehaltenen Javaneraffen waren befallen mit:				
	Strongyloides spp.	42	2	>95 %	6
	dünnschaligen Nematoden-Eiern+)	62	0	100 %	
	Capillaria spp.	6	0	+++	
	Streptopharagus spp.	2	0	+++	1
	Physaloptera spp.	6	0	+++	2
B	Behandlung mit medikiertem Futter: 1000 ppm x 7^d ≙ 20 mg/kg/Kgw.x 7^d				
	Von 128 paarweise gehaltenen Javaneraffen (frisch importiert) waren befallen mit:				
	Bertiella spp.	64	40	(40 %)	24
	Strongyloides spp.	46	2	>95 %	
	dünnschalige Nematoden-Eiern+)	26	0	100 %	
	Trichuris	6	0	+++	
	Physaloptera spp.	16	6	(~60 %)	4
C	Behandlung mit medikiertem Futter: 1000 ppm x 14^d ≙ 20 mg/kg/Kgw.x 14^d				
	Von 52 paarweise gehaltenen Javaneraffen waren befallen mit:				
	Bertiella	50	36	(30 %)	
	Strongyloides spp.	40	0	100 %	
	Physaloptera spp.	3	0	+++	

+) Larvendifferenzierung = Oesophagostomum spp.

Diskussion:

Berichte über die anthelminthische Wirksamkeit von Panacur bei Affen liegen nur von T i e f e n b a c h (1975), B ö c k e l e r und L i n d a u (1978) sowie R a m i s z et al. (1978) vor. Sie berichten übereinstimmend von einer guten bis sehr guten Wirksamkeit gegenüber verschiedenen Nematoden, wobei unterschiedliche, individuelle Dosierungen zur Anwendung kamen (siehe Tabelle 2).

Ziel unserer Untersuchungen war es, bei einer größeren Tierzahl eine arbeitstechnisch einfache Behandlung mit Panacur auf ihre Durchführbarkeit und anthelminthische Wirksamkeit zu prüfen. - Voraussetzung für eine Behandlung mit medikiertem Futter bei freier, ungesteuerter Aufnahmemöglichkeit ist nicht nur ein neutraler Geschmack des Präparates, der die Futteraufnahme unbeeinträchtigt läßt, sondern auch die Verträglichkeit des Präparates, die auch bei vielfacher Überdosierung dem zu behandelnden Tier nicht schadet. Naturgemäß ist die Futteraufnahme in Tierkollektiven unterschiedlich, wobei nicht nur die Rangordnung der Tiere eine Rolle spielt, so daß die Wirksamkeit auch bei geringerer als bei berechneter Dosis gewährleistet sein muß. Alle diese Bedingungen erfüllt Panacur. Ein sicherer anthelminthischer Effekt wird bei fünftägiger Applikation gewährleistet, wobei zeitlich kürzere Applikationen nicht geprüft wurden.

Die zur Verfügung stehenden Versuchstiere hatten einen ein- oder mehrfachen Befall mit den bei Makaken häufig anzutreffenden Helminthen. Von entscheidender Bedeutung ist, daß die ökonomisch wichtigen Nematoden Strongyloides spp. und vor allem Oesophagostomum spp., die wegen ihrer Morbidität und Mortalität verursachender Pathogenität für zum Teil ausgeprägte Verluste verantwortlich sind (F l y n n , 1973), sicher beeinflußt werden. Dasselbe können wir

Tabelle 2 Wirksamkeit von Fenbendazol auf Helminthen von Affen

Affen-Spezies	Dosis d x mg/kg	Strongyloides	Strongylidea	Ancylostoma	Oxyurata	Trichuris	Prosthenorchis	Autor / Jahr
Saimiri sciureus								
Macaca silenus	1 x 10					+++		
Pan troglodytes	2 x 10				+++			
Holybates spec.	1 x 30	+++	++					Tiefenbach, 1975
Pygathrix nemaeus	3 x 20*	++						
Nasalis larvatus								
Saimiri spec.		x						
Papio spec.	1 x 20-25					x		
Pongo pygmaeus	1 x 50	x	x					Böckeler et al., 1978
Gorilla gorilla		x						
Pan spec.			x					
Macaca spec.				100 %		100 %		
Papio spec.	2 x 25**			100 %		100 %		Ramisz et al., 1978
Pan spec.				100 %		100 %		
NEU-WELT-AFFEN	5 x 50						+++	Schütze, 1978

*) 14^{d}-Intervall ++ gute Wirkung

**) 7^{d}-Intervall +++ sehr gute Wirkung x = behandelt und geheilt

nach vorliegenden Ergebnissen auch über Trichuris spp. und Capillaria spp. sowie Streptopharagus spp. und Physaloptera spp. aussagen, wenn auch nur eine begrenzte Anzahl von infizierten Tieren zur Verfügung stand.
Allerdings werden offensichtlich immature oder präadulte Stadien von Streptopharagus und Physaloptera nicht oder nur ungenügend beeinflußt. Dies ist abzulesen aus der bei einigen Tieren erstmals nach der Behandlung festgestellten Infektion im Versuch A, wobei die Ergebnisse des Versuches B diese These unterstützen (Tabelle 1). Die in dieser Untersuchung (B) relativ hohe Anzahl von nicht geheilten, frisch importierten Makaken mit Physaloptera-Befall wird gleichfalls auf eine ungenügende Wirkung in der Präpatenzperiode zurückgeführt. Nicht auszuschließen sind auch Re-Infektionen über Zwischen- oder Transportwirte, die diese Biohelminthen für die Fortführung des Entwicklungszyklus benötigen, da in der Quarantänestallung während unserer Versuche keine flankierenden Maßnahmen wie Arthropoden-Bekämpfung oder besondere hygienische Maßnahmen durchgeführt wurden. Es ist jedoch bislang über den Kreislauf dieser Nematoden zu wenig bekannt, als daß Endgültiges ausgesagt werden könnte; außerdem konnten keine Sektionen vorgenommen werden.

Die geringe Befallsquote durch Strongyloides bei den Nachuntersuchungen ist auffallend, da dieser Nematode wegen seiner kurzen Präpatenzperiode gerade in Affen-Stallungen häufig zum Problem-Parasit wird. Der nachhaltige Erfolg mag in der mehrtägigen Applikation begründet sein, wobei auch ein ovizider Effekt nicht auszuschließen ist, der eine Entwicklung in der Außenwelt unterbindet. Bei Strongyloides papillosus im Schaf hatten wir (D ü w e l , 1977) nach einmaliger Gabe von 5 mg Fenbendazol/kg/Kgw wie auch für andere Magen-Darm-Nematoden einen oviziden Effekt von Fenbendazol festgestellt.

Die ungenügende Wirksamkeit auf adulte und immature Bertiella spp. wird bereits im Versuch B demonstriert. Auch nach Applikation für 14 Tage mit je zirka 20 mg Fenbendazol/kg/Kgw ist der anthelminthische Effekt unzureichend (Tabelle 1). Dies ist auffallend, da andere Anaplocephaliden wie zum Beispiel Moniezia spp. im Schaf von Fenbendazol abgetrieben werden. Jedoch unterstreicht dieses Behandlungsschema die gute Verträglichkeit von Fenbendazol, da bei einer

Nachbeobachtungszeit von drei Monaten keine nachteiligen Wirkungen bei den behandelten Javaneraffen beobachtet wurden.

Das Einmischen von Panacur Pulver 4 % in das Mehlfutter war einfach, Verteilung und Stabilität im pelletierten Mehlfutter sind gewährleistet. Probleme der Applikation oder Aufnahmebereitschaft durch die Affen, wie sie unter anderem auch von R e m f r y (1978) skizziert werden, konnten wir nicht beobachten. Wir halten deshalb Fenbendazol wegen seiner einfachen und gefahrlosen Anwendung und bei ausgezeichneter Wirkung auf ökonomisch wichtige Nematoden zur Behandlung von Affen für sehr geeignet.

Zusammenfassung:

Zur anthelminthischen Behandlung von Javaneraffen (Macaca irus) mit Panacur(R)

Panacur Pulver 4 % (Wirkstoff Fenbendazol), eingemischt in pelletiertes Affenfutter, eignet sich wegen der einfachen und gefahrlosen Anwendung zur anthelminthischen Behandlung von Affen. 1000 ppm Fenbendazol-haltiges Futter für 5 Tage gegeben (≙ zirka 20 mg Fenbendazol/kg/Kgw x 5^{d}) beseitigen einen Befall durch Strongyloides spp. und Oesophagostomum spp. sowie Trichuris spp., Capillaria spp., Streptopharagus spp. und Physaloptera spp.; doch werden immature und präadulte Stadien der beiden letzteren wie auch Bertiella spp. nicht oder nur ungenügend beeinflußt. Die Pellets werden ohne Zögern von den Affen aufgenommen und die Behandlung sehr gut vertragen.

Summary:

Use of Panacur(R) for Anthelminthic Treatment of Crab-Eating Macaque (Macaca irus)

A four-per-cent concentration of Panacur powder, with phenbendazol as active principle, was found to be properly applicable to anthelminthic treatment of monkeys for its convenient and riskless applicability when mixed into pelletised monkey feed. Feed rations with 1,000 ppm phenbendazol given over five days, equivalent to some 20 mg of phenbendazol to one kilogram of body weight multiplied by five days, eliminated infestation with Strongyloides spp., Oesophagostomum spp., Trichuris spp., Capillaria spp., Streptopharagus spp., and Physaloptera spp., with immature and pre-adult stages of the latter two as well as Bertiella spp., however, insufficiently or not at all affected. The pellets are readily accepted by monkeys, and the treatment is tolerated very well.

Résumé:

Traitement anthelminthique de cynomolgus (Macaca irus) avec le PanacurR

La poudre de PanacurR à 4 pour cent (produit actif: fenbendazole) mélangée à la nourriture en pellets des singes se prête au traitement anthelminthique des singes étant donné son emploi simple et sans danger. Un traitement de 5 jours avec un aliment contenant 1.000 ppm de fenbendazole (≙ environ 20 mg de fenbendazole par kg de poids corporel pendant 5 jours) guérit les animaux infestés par diverses aspèces de Strongyloides, d'Oesophagostomum spp., de Trichuris spp., de Capillaria spp., de Streptopharagus spp. et de Physaloptera spp.; toutefois, les stades immatures et pré-adultes des deux derniers ainsi que les espèces de Bertiella ne sont que peu ou pas assez affectés par le traitement. Les singes ingèrent les pellets sans difficulté et supportent parfaitement le traitement.

Резюме:

Панакур(R) для антигельминтного применения на макаках (Macaca irus)

Панакур порошок 4% (д.в. фенбендазол) примешанный к кормовым брикетам для обезьян из-за его простого и безопасного введения имеет хорошую пригодность для антигельминтного лечения обезьян. Подачей 1000 ppm корма содержащего фенбендазол в продолжение 5 дней (≙~ 20 мг фенбендазола/кг вес тела х 5 дней) лечат поражение от Strongyloides spp. и Oesophagostoum spp. а также Trichuris spp., Capillaria spp., Streptophargus spp. и Physaloptera spp., однако он не действует или влияет лишь недостаточно на незрелые и неполовозрелые стадии обеих последних а также на Bertiella spp. - Кормовые брикеты принимались обезьянами без промедления и оказывали отличную переносимость.

Literatur:

BÖCKELER, W. und K. H. LINDAU (1978): Erfahrungen mit Panacur bei Säugetieren vom Kölner Zoo. Z. Kölner Zoo 20, 115-118.

DÜWEL, D. (1975): Panacur - die Entwicklung eines neuen Breitband-Anthelminthikums. Die Blauen Hefte 55, 189-203.

DÜWEL, D. (1977): Ovicidal and Larvicidal Activity of Various Anthelmintics. 8th Internat. Conf. Wld. Ass. Adv. Vet. Parasit., Sydney/Australia, Abstr.No. 29.

FLYNN, R. J. (1973): Parasites of Laboratory Animals. Ames: Iowa State University Press.

FRANK, W. und K. REICHEL (1977): Erfahrungen bei der Bekämpfung von Nematoden und Zestoden bei Reptilien und Amphibien. Verhandlungsber. XIX. Internat. Symp. Erkrankungen Zootiere, Poznań, 107-114.

RAMISZ, A., SKOTNICKI, J. and A. KRZAKOWSKI (1978): (The Effectiveness of Fenbendazole - Panacur - Hoechst against Trichocephalosis and Ancylostomatosis in Monkeys). Medycyna Wet. 34, 523-524.

REMFRY, J. (1978): The Incidence, Pathogenesis and Treatment of Helminth Infections in Rhesus Monkeys (Macaca mulatta). Laboratory Animals 12, 213-218.

TIEFENBACH, B. (1975): Panacur - weltweite klinische Prüfung eines neuen Breitband-Anthelminthikums. Die Blauen Hefte 55, 204-218.

Anschrift der Verfasser: Dr. D. Düwel
Hoechst AG, Helminthologie
Postfach 80 03 20
D-6230 Frankfurt/M. 80 (BRD)

Aus dem Veterinärdienst im Zoo der Tiergesundheitsstation der Hauptstadt Budapest (Direktor: Dr. A. Balsai) und aus dem Lehrstuhl für Pathologische Anatomie (Leiter: Prof. Dr. A. Kardeván) der Universität für Veterinärwissenschaften zu Budapest

ANALYSE DER RAUBTIERVERLUSTE (1968 - 1977) IM ZOO BUDAPEST

Von A. Balsai, E. Tury und L. Fábián

Im vorliegenden Bericht wird eine Analyse der Todesursachen bei Raubtieren des Zoologischen und Botanischen Gartens der Hauptstadt Budapest vorgenommen, womit wichtige Hinweise für die Prophylaxe und Therapie für die im Veterinärdienst tätigen Kollegen erlangt werden. Der Aussagewert der zusammengestellten Angaben wird durch die stets vom Pathologischen Institut der Veterinärmedizinischen Universität Budapest durchgeführten Sektionen wesentlich erhöht.

Material und Methode:

Es erfolgte eine Auswertung der pathologisch-anatomischen Untersuchungsergebnisse von 98 Raubtiersektionen. Gestorbene Neugeborene und säugende Jungtiere, die im Untersuchungszeitraum zur Sektion gelangten, wurden nicht in die Auswertung mit einbezogen. Soweit als möglich werden Angaben zu präventiven und therapeutischen Maßnahmen gemacht. Die Ergebnisse werden tabellarisch wiedergegeben.

Tabelle 1:

Ordnung	Unterordnung	Familie	Species		
Carnivora	Fissipedia	Canidae	Haushund	11	
			Dingo	2	
			Wolf	3	
			Goldschakal	3	28
			Fuchs	4	
			Silberfuchs	3	
			Fennek	2	
		Ursidae	Kamtschatkabär	1	
			Kragenbär	1	4
			Eisbär	2	
		Procyonidae	Waschbär	6	6
		Mustelidae	Otter	1	
			Steinmarder	6	
			Dachs	6	32
			Iltis	1	
			Frettchen	14	
			Zorilla	4	
		Viverridae	Ginsterkatze	5	5
		Hyaenidae	Gefleckte Hyäne	1	1
		Felidae	Wildkatze	4	
			Puma	1	
			Leopard	3	
			Schwarzer Panther	3	16
			Jaguar	1	
			Löwe	1	
			Bengaltiger	2	
			Sundatiger	1	
	Pinnipedia	Otariidae	Kalifornischer Seelöwe	6	6
		insgesamt		98	98

Tabelle 2

	Canidae	Ursidae	Procyonidae	Mustelidae	Viverridae	Hyaenidae	Felidae	Otariidae	
Panleucopenia			2		1		2		11 (11,2%)
Colisepticaemia				4					
Pasteurellosis				1					
Tuberculosis							1		
Toxoplasmosis	1								3 (3,1%)
Trachea-u.Lungenmilben								1	
Starker Flohbefall					1				
Torsio ventriculi	2								84 (85,7%)
Fremdkörper in Magen u.Ulcus ventriculi								1	
Gastroenteritis catarrh.acuta	1			5	2		1		
Gastroenteritis catarrh. chronica		1							
Enteritis haemorrhagica		1							
Invaginatio intestini				2					
Obstipatio intestini							1		
Leberruptur	1						1		
Leberdystrophie			2	3					
Endocarditis chronica	1	1					1		
Dilatatio cordis acuta				1					
Torsio lienis	1								
Oedema pulmonum								1	
Pneumonia crouposa	1								
Bronchopneumonia	2			1				1	
Pneumonia interstitialis								1	
Pneumonia purulenta		1		1					
Glomerulonephritis chronica	2		1				1		
Nephritis interstitialis							1	1	
Nierencirrhose	2								
Urolithiasis	1								
Pyometra	3					1	2		
Neubildungen	5						2		
Trauma	2		1	9			2		
Kachexie					1				
Tod durch Schock				2					
Keine Todesursache nachweisbar	3			3					

Ergebnisse:

Die Tabelle 1 bietet einen Überblick über die zur Sektion gelangten Raubtiere. Insgesamt handelte es sich um Vertreter aus acht verschiedenen Familien, die 28 unterschiedlichen Arten zuzuordnen waren.

Die bei den Untersuchungen erlangten Sektionsbefunde werden in Form einer Todesursachenstatistik in der Tabelle 2 wiedergegeben. Hieraus ist zu entnehmen, daß mit 85,7 % aller Verluste die nicht erregerbedingten Erkrankungen an erster Stelle der Todesursachen stehen. Demgegenüber treten die Verluste durch virusbedingte bakterielle Infektionen sowie durch Parasitenbefall weit in den Hintergrund. Unter den nicht erregerbedingten Erkrankungen ist im vorliegenden Material besonders den krankhaften Veränderungen im Verdauungssystem mit 17,3 % Beachtung zu schenken. Der Häufigkeit des Nachweises folgend, wären als nächstes die Erkrankungen des Urogenital-Systems (15,3 %) anzuführen. Erstaunlich hoch mit 14,3 % liegt in unserem Material die Zahl der durch traumatische Einwirkungen bedingten Verluste. Erwähnenswert blieben abschließend noch die in 9,2 % festgestellten Todesursachen, die im direkten Zusammenhang mit Erkrankungen des Atmungssystems standen, und die in 7,1 % ermittelten Neubildungen.

Präventive und therapeutische Maßnahmen:

Wie in anderen zoologischen Gärten werden auch bei uns alle üblichen Seuchenschutzmaßnahmen sowie Schutzimpfungen durchgeführt. So wird bei den Caniden systematisch die Schutzimpfung gegen Tollwut, Hepatitis contagiosa, Hundestaupe und Leptospirose durchgeführt. Jungbären erhalten zweimal - im Abstand eines Monats - eine Vakzination gegen Infektiöse Hepatitis der Hunde. Katzen, Nasen- und Waschbären sowie Ginsterkatzen werden prophylaktisch in Form einer sogenannten Serienimpfung gegen Panleukopenie schutzgeimpft. Wir beginnen damit im Alter von 2 1/2 bis 3 Monaten. Die Tiere werden in 3-4wöchigem Abstand insgesamt fünfmal mit Felivax (Gräub A.G., Bern, Schweiz) geimpft. Die Einführung dieser Serienimpfung erfolgte auf Grund der in der Praxis gewonnenen Erfahrung, daß nach nur ein- bis zweimaliger Impfung immer wieder Erkrankungen und auch Todesfälle auftraten. Nach Einführung dieser Methode traten keine Verluste mehr auf.

Die erfolgreiche Bekämpfung von Parasitosen besteht bei uns in erster Linie in einer jährlich zweimal durchgeführten Kotuntersuchung von jedem Einzeltier und der daraus abgeleiteten gezielten medikamentellen Behandlung. Selbstverständlich wird anschließend eine Kontrolluntersuchung des Kotes vorgenommen. Im Bedarfsfall nehmen wir in einzelnen Gehegen auch einen Bodenaustausch zwecks Parasitenvernichtung vor. Zwei der von uns durch Parasitosen verursacht ausgewiesenen Todesfälle waren als Geschenke nur kurze Zeit im Budapester Zoo gehalten worden.

Abschließend bleibt noch darauf hinzuweisen, daß die beste Prophylaxe für die Gesunderhaltung der Tierbestände die Schaffung optimaler Haltungs- und Fütterungsbedingungen ist, wobei selbstverständlich alle hygienischen Forderungen voll Berücksichtigung finden müssen. Eine regelmäßige Analyse der Verluste in den Tierbeständen kann sehr von Nutzen sein.

Zusammenfassung:

Analyse der Raubtierverluste (1968 - 1977) im Zoo Budapest

Es wird über die Todesursachen bei 98 Raubtieren des Budapester Zoologischen Gartens berichtet und auf die durchgeführten präventiven und therapeutischen Maßnahmen eingegangen.

Summary:

Analysis of Losses among Beasts of Prey in Budapest Zoo (1968 through 1977)

Reported are causes of the deaths of 98 beasts of prey in the Zoological Garden of Budapest. Reference is made to preventive and therapeutic action.

Résumé:

Analyse des pertes de fauves (entre 1968 et 1977) au jardin zoologique de Budapest

L'auteur a examiné les causes ayant abouti à la mort de 98 fauves du jardin zoologique de Budapest et fait état des mesures préventives et thérapeutiques prises par la suite.

Резюме:

Анализ потерий хищных животных в Будапештском зоопарке с1968 по 1977гг.

Дается анализ данных патологоанатомических вскрытий погибших в течение 10 лет 98 хищных животных в Будапештском зоопарке. Описываются проведенные профилактические и терапевтические мероприятия.

Anschrift der Verfasser: Dr. A. B a l s a i ,
Veterinärmedizinische Station Budapest
H-1389 Budapest, Pf.62 (VR Ungarn)

Aus dem Zoologischen Garten Dresden (Direktor: G. Berger)

BEMERKUNGEN ZUR KÜNSTLICHEN AUFZUCHT UND ZU ERKRANKUNGEN VON MÄHNENWÖLFEN IM ZOOLOGISCHEN GARTEN DRESDEN

Von H.-E. Schneider, B. Geidel und Petra Geidel

Mähnenwölfe (Chrysocyon brachyurus) gehören ohne Zweifel zu den Arten, bei denen sich eine künstliche Aufzucht lohnt. Besonders wenn es möglich ist, die Tiere in Gruppen aufzuziehen, wodurch die Gefahr, ausschließlich auf den Menschen geprägte Tiere zu erhalten, die sich mit Artgenossen nicht verständigen können, deutlich gemindert wird.

Unser Garten besitzt seit Juli 1970 1,1 Mähnenwölfe, die aus einem im Januar 1970 im Tierpark Berlin geborenen und natürlich aufgezogenen Wurf stammen. Unser Mähnenwolfpaar war mit 21 Monaten zuchtfähig, denn im Dezember 1971 fiel der erste Wurf. Insgesamt brachte dieses Paar bisher sechsmal Nachzucht, und zwar:

1971	28. 12.	1,1	nicht aufgezogen, Handaufzucht gescheitert
1973	15. 12.	2,1	nicht aufgezogen, Welpen tot aufgefunden
1975	18. 12.	1,2	nicht aufgezogen, Welpen tot aufgefunden
1976	1. 12.	1,1	Handaufzucht gelungen
1977	5. 12.	2,2	Handaufzucht gelungen
1978	25. 11.	4,0	1 Welpe tot aufgefunden, 3 Welpen werden künstlich aufgezogen.

Leider zog die Fähe die Welpen des ersten Wurfes, die im Beisein des Rüden geboren wurden, nicht auf. Wir nahmen sie im Alter von drei Tagen aus der Wurfbox, weil die Mutter kein Pflegeverhalten zeigte. Die Jungtiere waren leicht unterkühlt. Die künstliche Aufzucht wurde im Raubtierhaus durch die Pfleger des Raubtierreviers durchgeführt und verlief zunächst erfolgversprechend. Im Alter von 14 Tagen erkrankten beide Welpen kurz nacheinander und verendeten im Abstand von zwei Tagen an Bronchopneumonien verursacht durch Pasteurella haemolytica.

In den Jahren 1973 und 1975 versuchten wir durch weitgehendes Fernhalten störender Umwelteinflüsse die Fähe zur Aufzucht ihrer Jungen zu veranlassen. 1973 wurde auch der Rüde von dem Muttertier getrennt. In beiden Jahren war das Ergebnis negativ. 1973 fanden wir am zweiten Tag nach dem Werfen die Welpen, teilweise mit Bißverletzungen, tot vor der Wurfkiste. Auch die drei Welpen des Jahrganges 1975 konnten nicht lebend geborgen werden. Bei ihrer Sektion wurde festgestellt, daß sich bei keinem der Tiere Milch im Verdauungskanal befand. Das Gesäuge der Fähe war vor dem Werfen deutlich vergrößert, es mußte also am fehlenden Pflegeverhalten der Mutter liegen.

Für das Jahr 1976 bereiteten wir uns von vornherein auf eine Handaufzucht des zu erwartenden Nachwuchses vor. Wegen des Mißerfolges im Jahre 1972 wollten wir die Aufzucht nicht in einem unserer Tierhäuser durchführen und verzichteten auch auf den Einsatz von Pflegern, die außer der Aufzucht der Jungtiere noch andere tierpflegerische Aufgaben im Raubtierrevier zu lösen hatten. Die Gefahr, dabei Keime auf die nahezu ungeschützten Welpen zu übertragen, schien uns zu groß, zumal wir nicht über geeignete Immunglobulinpräparate verfügten. Außerdem sind wir der Meinung, daß die handelsüblichen Präparate ohnehin nicht ausreichen, sondern mehr oder weniger garten- beziehungsweise anlagenspezifische Seren zum Einsatz kommen müßten.

Kanidenwelpen verfügen bei der Geburt nur über eine unvollständige Immunität, "die pränatale Aufnahme erfolgt über das Dottersackentoderm" (Naaktgeboren und Slijper, 1970). Den Ausführungen der gleichen Autoren zufolge nehmen Hundewelpen "nach der Geburt noch Antikörper aus der Milch auf, und zwar während längerer Zeit (Hund 10 Tage)". Horsch (1977) schreibt, daß beim Hund in einem gewissen Umfang mütterliche Antikörper die Plazenta passieren, aber die postnatale Aufnahme kolostraler Antikörper für diese Tierart eine weitaus größere Bedeutung besitzt.

Die Aufzucht mit Hundeammen hat sicher einiges für sich, birgt aber auch eine Anzahl von Unsicherheitsfaktoren, die schon mit der Koordinierung der Wurftermine beginnen.

Unsere Aufgabe bestand darin, die Welpen möglichst unmittelbar nach Abschluß der Geburt zu bergen, um den Grad der Vorschädigung möglichst niedrig zu halten. Die Tiere hatten zu diesem Zeitpunkt erfahrungsgemäß keine Kolostralmilch aufgenommen. Die Aufzucht mußte deshalb in einem möglichst keimarmen Milieu erfolgen, bis das Immunsystem der Welpen von sich aus in der Lage war, auf Antigene aus der Außenwelt hinreichend zu reagieren. Nach unseren rein klinischen Erfahrungen war mit etwa drei bis vier Wochen eine gewisse Stabilität der Welpen erreicht. Der mit der Aufzucht betraute Tierpfleger widmete sich ausschließlich dieser Aufgabe. Er durfte keinen Kontakt zu anderen Tieren und zu Kollegen unseres Gartens haben. Die hygienischen Maßnahmen entsprachen denen, die bei der Betreuung eines menschlichen Säuglings üblich sind. Da im Garten kein geeigneter Aufzuchtraum zur Verfügung stand, wurden die Welpen in der Wohnung der betreuenden Mitarbeiterin gepflegt.

Über Mangel an Beschäftigung hat sich ein mit der Aufzucht von zwei bis vier Mähnenwölfen betrauter Kollege nicht zu beklagen. Besonders in den ersten vier Wochen, in denen die Nahrung aus der Flasche verabreicht und die Kost zu jeder Mahlzeit frisch zubereitet werden muß. Außerdem müssen die notwendigen Pflege- und Kontrollmaßnahmen an den Tieren selbst durchgeführt werden. Zusätzlich sind die anfallenden Windeln, die als Unterlagen dienen, zu reinigen und zu sterilisieren. Der Erfolg unserer aufwendigen Aufzuchtmethode gibt uns recht. Wir konnten 1976 1,1 und 1977 2,2 Mähnenwölfe aufziehen. Zur Zeit befinden sich noch 3,0 Welpen des Jahrganges 1978 in Pflege.

Im folgenden einige Bemerkungen zur Unterbringung, Umgebungstemperatur, Nahrungszusammensetzung, Fütterungshäufigkeit, zur körperlichen und zur Verhaltensentwicklung unserer Welpen.

1,1 Mähnenwölfe 1. 12. 1976

Geburtsgewichte ♂ 355 g ♀ 385 g

Weitere Gewichte liegen von diesem Wurf nicht vor.

2,2 Mähnenwölfe 5. 12. 1977

	♂	♂ N	♀	♀ N
Geburtsgewicht	360	320	360	330
Gewicht Ende der 1.Woche	550	490	520	490
2.Woche	750	620	730	650
3.Woche	1070	900	1090	1010
4.Woche	1340	1170	1370	1270
5.Woche	1740	1640	1840	1680

3,0 Mähnenwölfe 25. 11. 1978

	♂ NF	♂ RF	♂
Geburtsgewicht	330	294	340
Gewicht Ende der 1.Woche	540	510	530
2.Woche	750	730	710
3.Woche	1070	930	1030
4.Woche	1300	1150	1250
5.Woche	1620	1420	1540
6.Woche	2100	1700	2040

Unmittelbar nach der Wegnahme von der Mutter werden die Welpen in einen Aufzuchtbehälter gebracht. Dieser besteht aus einer Kiste von 35 x 55 cm und einer Höhe von 40 cm, die mit einem vergitterten Deckel versehen ist. Vier Zentimeter über dem Boden des Behälters befindet sich ein Gitterrost, auf dem das Heizkissen liegt. Der so entstehende Raum zwischen Boden und Gitterrost ist mit einigen seitlich angebrachten Öffnungen versehen, durch die Warmluft entweichen kann. Legt man das Heizkissen einfach auf den Kistenboden, so entstehen auch bei Einschaltung der niedrigsten Wärmestufe des Heizkissens zu hohe Temperaturen. Das geschilderte Verfahren garantiert eine recht gleichmäßige Berührungstemperatur von 28° - 32° C, die wir in den ersten vierzehn Tagen beibehalten. Die Luftfeuchtigkeit hält sich zwischen 75 und 80 %. Bis zum 25. Lebenstag ist die Grundfläche dieser Unterbringung ausreichend. Danach werden die Tiere in ein größeres Behältnis umgesetzt, in dem zirka 1/3 der Bodenfläche vom Heizkissen eingenommen wird, so daß die Welpen sich ihren Liegeplatz selbst wählen können. Nach dem 30. bis 32. Lebenstag wird das Heizkissen entfernt, und die Tiere werden bei Zimmertemperatur (22° bis 23° C) gehalten. Am 40. Tag erfolgt die Umsetzung in eine Laufbox von 1,4 x 1,6 m Grundfläche. Darin befindet sich ein Unterschlupf - eine umgedrehte Gemüsestiege - der den Tieren Deckung von drei Seiten und von oben gibt. Dieser Unterschlupf wird oft und gern genutzt. Außerdem erhalten die Welpen freien Auslauf in der Wohnung unserer Tierpflegerin. Zwischen dem 5. und 12. Lebenstag tritt bei allen unseren Welpen ein mehr oder weniger starker Haarausfall ein, der hauptsächlich die Seiten des Rumpfes, den Bauch, weniger die Rückenlinie und die Extremitäten betrifft. Andere Autoren, die über Aufzuchten von Mähnenwölfen berichten, Encke et al. (1970), Seidel (1972) sowie Hämmerling und Lippert (1975) erwähnen solche Erscheinungen nicht. Möglicherweise steht der Haarausfall in Zusammenhang mit der warmen Haltung der jungen Mähnenwölfe.

Die Flaschennahrung verabreichen wir den Welpen mit einem handelsüblichen langen Sauger, der mit einer oder zwei engen Öffnungen versehen wird, damit die Welpen kräftig saugen müssen, um zu ihrer Nahrung zu kommen.
Als erstes erhalten die Jungtiere nach der Wegnahme von der Mutter eine Teemahlzeit (Fenchel oder Kamille) ohne jegliche Zusätze.
Die Milchtränke wird in Anlehnung an die von Christoph (1962) angegebene Welpennahrung nach Björk, Olsson und Dyrendal zubereitet. Sie besteht aus

100,0 ml Kuhmilch
25,0 ml Kondensmilch und einem Zusatz von
20%iger Glukose.

Außerdem wird der Nahrung Eigelb zugesetzt, je nach Alter der Tiere bis zu 5 g auf 100,0 ml Tränke. Später wird in dieser Tränke auch Möhrensaft mit verabreicht. Vom 5. Lebenstag an geben wir je nach Lebensalter 1 - 4 Tropfen Summavit (VEB AWD Dresden) und 1 Tropfen Dekristol (VEB Jenapharm) pro Tier und Tag. Bei dem Wurf von 1976 wurde auch Oroseran, wie von Seidel (1972) empfohlen, der Nahrung zugesetzt. 1977 stand uns dieses Präparat nicht mehr zur Verfügung. Die Nahrung säuern wir vom ersten Tag an mit Zitronensaft an. Allerdings nehmen die Welpen derart präparierte Milch nur bis zum 8. - 10. Tag nach der Geburt, dann wird die Mischung offensichtlich aus geschmacklichen Gründen abgelehnt. Diese Feststellung hat schon Seidel (1972) bei einem einzeln aufgezogenen Welpen allerdings erst am 12. Lebenstag gemacht.

Alle Mahlzeiten werden stets frisch zubereitet und sofort verfüttert. Wir geben die Nahrung in folgender Menge und Häufigkeit:

1. Woche	8 Mahlzeiten	10 - 20 g/Tier und Mahlzeit
2. Woche	7 Mahlzeiten	20 - 30 g/Tier und Mahlzeit
3. - 4. Woche	6 Mahlzeiten	30 - 70 g/Tier und Mahlzeit
5. - 7. Woche	5 Mahlzeiten	70 -100 g/Tier und Mahlzeit

Die Trinkmengen richten sich nach dem Appetit der Tiere, dabei bemühen wir uns, niemals bis zur absoluten Sättigung zu füttern, um Verdauungsstörungen zu vermeiden. Von der vierten Woche an reduzieren wir die Milchmahlzeiten und füttern Fleischsaft, Schabefleisch mit Ei, Zwieback (Keks) - Milchbrei sowie Gemüse - Obstbrei (Möhre, Banane, Apfel) mit Haferflocken. An die Breie müssen die Jungtiere allmählich gewöhnt werden, zuerst nehmen sie diese Kost nur zögernd auf. Ab 9. - 10. Woche bieten wir Kücken und Junghühner frisch getötet an.
Die Kalkversorgung erfolgt mit Calcipot (Pharmazeutika "Leipzig") bei zunehmendem Phosphoranteil in der Nahrung mit reinem Kalziumkarbonat. Vom 5. Lebenstag an werden die Tiere mit UV-Licht bestrahlt. Wir beginnen mit einer Minute Bestrahlungszeit und steigern in wenigen Tagen auf fünf Minuten.

Bis zur dritten Woche führen wir die Massage der Anogenitalgegend durch, um Kot- und Harnabsatz auszulösen. Nach diesem Zeitpunkt werden die Exkremente wahllos in der Kiste abgegeben, und die Tiere reagieren kaum noch auf Massagereize. Die Fellpflege erfolgt durch Abreiben des Haarkleides mit feuchten Lappen.

Vom ersten Moment an orientieren sich die Welpen geruchlich in ihrem Aufzuchtbehälter und sind schon nach wenigen Tagen in der Lage, ihren Pfleger olfaktorisch zu erkennen. Der Ge-

ruchssinn gehört auch bei den adulten Tieren zur primären Orientierung.
Das Öffnen der Augen erfolgt zwischen 9. und 11. Tag. In dieser Zeit öffnen sich auch die äußeren Gehörgänge. Reaktionen auf akustische Reize zeigen unsere Welpen aber erst vom 18. Lebenstag an.
Zwischen 30. und 40. Tag tritt bei unseren Welpen eine Aggressivität auf, die sich hauptsächlich gegen Artgenossen, mitunter aber auch gegen rangniedrige Familienmitglieder (Kinder) richtet. Dabei verbeißen die Tiere sich ineinander und versuchen, sich abzuschütteln. Sie zeigen vor Erregung starken Speichelfluß und müssen mitunter gewaltsam getrennt werden. Während dieses Zeitraumes müssen wir die Tiere einzeln halten, auch während der Spaziergänge in der Wohnung. Nach etwa zehn Tagen klingen diese Erscheinungen ab, und wir gewöhnen die Tiere wieder aneinander. Ähnliches Verhalten schildern auch Encke et al. (1970) sowie Hämmerling und Lippert (1975). Das von den letztgenannten Autoren dargelegte Ethogramm der Jugendentwicklung bei Mähnenwölfen trifft in den meisten Punkten auch für unsere von Hand aufgezogenen Welpen zu, wobei wir eine individuelle Variabilität feststellen müssen, bei welcher der arbeitstechnische Ablauf der Aufzucht sicherlich keine geringe Rolle spielt.

Die Erkrankungen der Jungtiere beschränken sich in den ersten vier Wochen fast ausschließlich auf Ernährungsstörungen und sind zum Teil auf ein qualitatives oder quantitatives Überangebot an Nahrung zurückzuführen. Klinische Anzeichen sind Inappetenz, leichte Temperaturerhöhungen und Veränderungen der Kotbeschaffenheit in Farbe und Konsistenz. Die Stühle werden breiig bis wäßrig, teils blasig-schaumig, riechen säuerlich und nehmen einen grünlichen Farbton an. Die Behandlung solcher Formen von Darmerkrankungen beginnen wir mit einem Nahrungsentzug für 1 - 2 Mahlzeiten. Wir verabreichen stattdessen Tee (Kamille, Fenchel, schwarzen Tee) mit Glukose und etwas Kochsalz. Meistens führt diese Diätregelung bei der danach angebotenen Mahlzeit schon wieder zur Aufnahme einer 1/3-oder 1/2-Milch (Milch : Tee) und zur Normalisierung des Allgemeinbefindens und der Futteraufnahme bei den folgenden Mahlzeiten. Nur in ganz wenigen Fällen ist es notwendig, Flüssigkeit parenteral zuzuführen. Reicht diese Diät nicht aus, verwenden wir mit gutem Erfolg Karottensuppe. Bei sehr hartnäckigem Verlauf, oder wenn wir von vornherein eine bakterielle Ursache vermuten, setzen wir Streptomycin-Sulfat in 10%iger Lösung oral ein (40 - 50 mg/kgKM). Die Verabreichung erfolgt alle acht Stunden in der vollen errechneten Dosis. Mitunter verursacht die Eingabe einige Schwierigkeiten. Die Verträglichkeit des Streptomycins ist sehr gut.

Durchfälle mit Erbrechen beobachteten wir nur zweimal. Einmal nach der Verfütterung von Fleisch mit einem zu hohen Fettanteil und einmal bei zwei Jungtieren im Alter von fünf Wochen nach der Verfütterung von rohem Geflügelfleisch.

Nicht selten kommt es zu Unterhautinfiltrationen nach Beißereien beim Spielen oder dem bereits erwähnten aggressiven Verhalten der Welpen untereinander. Vor allem Verletzungen im Nackenbereich führen leicht zu phlegmonösen Prozessen und müssen antibiotisch behandelt werden. Bißverletzungen im Bereich der Extremitäten haben nicht selten länger anhaltende Lahmheiten zur Folge, ohne das Allgemeinbefinden der Jungtiere wesentlich zu beeinflussen.
Ausgeprägte Erscheinungen dystrophischer Prozesse am Skelettsystem konnten wir nicht feststellen. Allerdings fiel uns bei allen Würfen eine mittelgradige Durchtrittigkeit in den Karpal- und Tarsalgelenken auf, die wir zwischen fünfter und siebenter Lebenswoche beobachten konnten. Wir sind uns aber nicht schlüssig, ob diese Erscheinungen bereits als pathologisch zu werten sind. Die Extremitäten der älteren Tiere zeigen keinerlei Veränderungen, die einen osteodystrophischen Prozeß oder dessen Folgen vermuten lassen. Bei je einem Rüden der Würfe von 1977 und 1978 konnten wir eine einseitige Cataracta congenita feststellen. Das Verhalten der Tiere wird davon in keiner Weise beeinträchtigt.
Alle bei uns aufgezogenen Mähnenwölfe werden im Alter von 12 Wochen mit Canvac PH (Fcc und Hcc) schutzgeimpft. Eine Zweitimpfung erfolgt vier Wochen später, weitere Nachimpfungen jährlich. In Zukunft beabsichtigen wir, die Tiere mit einer Totvaccine auch gegen IPL prophylaktisch zu behandeln.

Bei der sprichwörtlichen Magen-Darmempfindlichkeit der Mähnenwölfe messen wir einer kontrollierten Fütterung dieser Tiere große Bedeutung bei. Dabei unterscheiden wir uns in der Zusammensetzung des Futters nicht von den Diäten anderer Gärten. Allerdings verfüttern wir Ratten und Meerschweinchen im allgemeinen ohne Kopf. In den letzten 10 - 14 Tagen der Trächtigkeit erhält die Fähe kein Rauhfutter sondern nur Stückenfleisch.

Nicht selten kommt es bei den erwachsenen Mähnenwölfen zu Bißverletzungen, die zum Teil erhebliche Ausmaße annehmen. Diese Verletzungen zeigen fast immer eine gute Heiltendenz, phlegmonöse Komplikationen traten bei adulten Tieren nicht auf. In einzelnen Fällen setzen wir bei länger anhaltenden Wundeiterungen Mebacid Tabletten (Berlin Chemie), seltener OTC-Kapseln ein.

Im August 1972 beobachteten wir bei dem weiblichen Mähnenwolf klinische Erscheinungen, die dem Bild einer Myositis eosinophilica entsprachen. Es bestand eine beiderseitige Konjunktivitis mit deutlichem Tränenfluß und ein leichter Vorfall des dritten Augenlids, der bei Kieferbewegungen stärker wurde. In den ersten Tagen der Erkrankung traten Schwierigkeiten bei der Aufnahme und der Zerkleinerung von Futtertieren auf. Wir behandelten, ohne das Tier zu greifen, mit oralen Prednisolon- und OTC-Gaben. Nach sechs Tagen war die Fähe beschwerdefrei und zeigte keine klinischen Symptome mehr. Bis zum heutigen Tag wiederholten sich diese Erscheinungen nicht. Auf eine Blutuntersuchung wurde wegen des erheblichen Fangrisikos bewußt verzichtet.

Erkrankungen des Magen-Darmtraktes treten sowohl bei unserem Zuchtpaar als auch bei unseren Nachzuchttieren immer wieder auf. Der Grad der Erkrankungen ist unterschiedlich. Breiige bis suppig-wäßrige Stühle treten in Abhängigkeit vom Futterangebot auf. Sie beeinflussen das Allgemeinbefinden und die Nahrungsaufnahme nicht. Durch Rauhfuttergaben normalisiert sich die Kotbeschaffenheit schnell.

Öfter stellen wir auch dünnflüssige Stühle bei wählerischer bis leicht gestörter Futteraufnahme ohne Veränderungen des Allgemeinbefindens fest, die meist mehrere Tage anhalten.

Mitunter kommt es zu schleimigen und blutigen Beimengungen im normal geformten oder breiigen Kot ohne Störungen der Futteraufnahme und des Allgemeinbefindens. Diese Abgänge stammen offenbar aus Dickdarmabschnitten. Über ihre Ursachen sind wir uns noch unklar, da diese Erscheinungen bei ganz unterschiedlichem Futterangebot auftreten.
In den genannten Fällen entziehen wir den Tieren für 24 Stunden die Nahrung und bieten nur schwarzen Tee mit Traubenzucker und etwas Kochsalz an. Bei länger anhaltenden leichten Darmerkrankungen hat sich die Verabreichung von Sulfaguanidin-Tabletten (Wolfen) oder OTC-Kapseln über drei bis vier Tage bewährt. Als Vehikel für die Medikamente verwenden wir Mäuse oder Eintagsküken.

Eine im Mai 1976 bei unserem Zuchtrüden aufgetretene Enteritis mit erheblicher Störung des Allgemeinbefindens und der Nahrungsaufnahme, die auch die Medikamentenverabreichung über Futtertiere unmöglich machte, konnten wir durch Injektion von Hunde-Gamma-Globulin (SW Dessau), Oxytetrazyklin, Prednisolon, Spasmolytika und Infusion von Glukose und physiologischer Kochsalzlösung verhältnismäßig rasch zum Abklingen bringen.

Weniger erfolgreich waren wir bei der Behandlung eines am 1. 12. 1976 geborenen Nachzuchtrüden, der am 1. 7. 1978 akut an einer Enteritis mit fleischwasserähnlichen Darmentleerungen erkrankte. Das Allgemeinbefinden war stark beeinträchtigt. Der Mähnenwolf ruhte fast nur in Seitenlage und nahm kein Futter aber sehr reichlich Flüssigkeit auf. Erbrechen wurde während der vier Krankheitstage nicht beobachtet. Nach einer vorübergehenden Zustandsbesserung kam es am 4. 7. 1978 nach kurzdauerndem Koma zum Exitus. Da es sich um ein handaufgezogenes Tier mit relativ gutem Kontakt zum Menschen handelte, konnten alle Möglichkeiten der Therapie von Darmerkrankungen einschließlich des Flüssigkeitsersatzes genutzt werden, leider ohne Erfolg. Die Sektion, durchgeführt von der Abteilung für Zoo- und Wildtiererkrankungen der Forschungsstelle für Wirbeltierforschung (im Tierpark Berlin), ergab folgenden Befund:
"Mähnenwolf, ♂, 19 Monate, 24,8 kg: Das mit Antibiotika behandelte Tier zeigte im Magen-Darmtraktus erhebliche Schleimhautdesquamation und Nekrosen. Abschnittsweise bestand auch eine Enteritis. Die Leber ließ eine zentrolobuläre Blutstauung mit Untergang der Leberzellen deutlich werden. In den Nieren traten eine Glomerulonephrose und Kalzifikation der Tubuli auf. Die Lunge ließ Anzeichen für einen Pneumoniebeginn erkennen."

E n c k e et al. (1970) beschreiben bei Mähnenwölfen aufgetretene Todesfälle infolge akuter Gastroenteritiden, die möglicherweise durch eine Infektion mit einem den Enteroviren nahestehenden Virus aufgetreten sind. Die in der Arbeit aufgeführten Sektionsbefunde weisen allerdings wesentlich ausgeprägtere Veränderungen des Magen-Darmkanals nach als im vorliegenden Fall. Ein in der Krefelder Gruppe befindliches älteres Tier erkrankte nicht. Bei uns blieb das gleichalte weibliche Tier, das bis zum ersten Erkrankungstag gemeinsam mit dem Rüden gehalten worden war, ebenfalls gesund.

Leider gab es 1978 auch in anderen Zoologischen Gärten Todesfälle infolge akut bis perakut verlaufender Darmerkrankungen vornehmlich bei jungen Mähnenwölfen. Im Tierpark Berlin starben zwei Jungtiere aus unserer Nachzucht an einer perakut verlaufenden Darmentzündung bisher ungeklärter Genese im Alter von etwa fünf Monaten (D a t h e , 1978). F a u s t (1978) berichtete vom Tod zweier in zweiter Zoogeneration in Frankfurt (Main) gezüchteter Mähnenwölfe im Alter von vier Monaten an einer schweren Darminfektion. V i s e e et al. (1974) vermuten auf Grund gegebener Umstände und des Sektionsbefundes eine Infektion mit IPL-Virus bei zwei im Zoologischen Garten in Rotterdam verendeten Mähnenwölfen.

Die in der Literatur häufig zitierten und als Primärursache für Darmerkrankungen ätiologisch als bedeutsam bezeichneten Magen-Darmparasiten konnten wir bei unseren Mähnenwölfen bisher bei zahlreichen Untersuchungen nicht feststellen. Auch die bei allen Durchfallerkrankungen wiederholt durchgeführten bakteriologischen Untersuchungen erbrachten keine Hinweise auf bestimmte ursächlich in Frage kommende Erreger. Virologische Untersuchungen wurden nicht durchgeführt.

Wir sind bemüht, die bei uns nachgezogenen Mähnenwölfe schon im Ursprungsbestand gegen mögliche Infektionen zu schützen, soweit das mit Hilfe geeigneter Vakzinen durchführbar ist.

Es ist uns ein Bedürfnis, allen Mitarbeitern unseres Raubtierreviers, die mittelbar oder unmittelbar an der Aufzucht unserer Mähnenwölfe beteiligt sind, für ihr Engagement bei der tadellosen Betreuung der ihnen anvertrauten Tiere zu danken.

Zusammenfassung:

Bemerkungen zur künstlichen Aufzucht und zu Erkrankungen von Mähnenwölfen im Zoologischen Garten Dresden

Die Autoren berichten über drei Handaufzuchten von Mähnenwölfen (Chrysocyon brachyurus). Neben Ernährung, Unterbringung und Verhalten werden Erkrankungen während der Aufzucht und bei erwachsenen Mähnenwölfen beschrieben.

Summary:

Comments on Artificial Raising and on Diseases of Maned Wolves in Zoological Garden of Dresden

Three maned wolves were manually raised (Chrysocyon brachyurus) in the above zoo. Reference is made in this paper to nutrition, accommodation, behaviour, and diseases during the process of raising and with the maned wolves in adult age.

Résumé:

Remarques à propos de l'élévage artificiel et à propos des maladies rencontrées chez des loups à crinière au Jardin Zoologique de Dresden

Les auteurs parlent de trois élévages manuels de loups à crinière (Chrysocyon brachyurus) et ne décrivent non seulement leur alimentation et leur garde mais aussi le comportement et les affections constatés durant l'élévage et chez les loups à crinière adultes.

Резюме:

Некоторые заметки о выращивании от рукой и о заболеваниях гривистых волков в зоопарке Дрездена

Авторы сообщают о выращивании от рукой 3 гривистых волков. Описываются питание, подслон и поведение а также и болезни животных при выращивании и у половозрелых гривистых волков.

Literatur:

ALTMANN, Dagmar (1972): Verhaltensstudien an Mähnenwölfen (Chrysocyon brachyurus). Zool. Garten N. F. 41, 278-298.

CHRISTOPH, H.-J. (1962): Abriß der Klinik der Hundekrankheiten. Jena: Fischer.

DATHE, H. (1978): Persönliche Mitteilung.

ENCKE, W. (1970): Beobachtungen und Erfahrungen bei der Haltung und Zucht von Mähnenwölfen. Freunde des Kölner Zoo 13, H. 2, 69-75.

ENCKE, W., GANDRAS, R. und H.-J. BIENIEK (1970): Beobachtungen am Mähnenwolf. Zool. Garten N.F. 38, 74-77.

FAUST, R. (1978): Zoologische Gesellschaft von 1858 Frankfurt a. M. Hilfe für die bedrohte Tierwelt. Mitteilungen 2, 22.

GRONEFELD, G. (1977): Das Tier 17, H.5, 46-53.

HÄMMERLING, F. und W. LIPPERT (1975): Beobachtung des Geburts- und Mutter-Kind-Verhaltens beim Mähnenwolf über ein Nachtsichtgerät. Zool. Garten N.F. 45, 393-415.

HORSCH, F. (1977): Immunprophylaxe bei Nutztieren. Jena: Fischer.

KLÖS, H.-G. und E. M. LANG (1976): Zootierkrankheiten. Berlin-Hamburg: Paul Parey.

KRUSKA, D. und J. LANGE (1967): Beitrag zur künstlichen Aufzucht von Canidenwelpen (Canis aureus L. 1758) Zool. Garten N.F. 33, 5, 251-254.

LIPPERT, W. (1973): Zum Fortpflanzungsverhalten des Mähnenwolfes (Chrysocyon brachyurus Illiger). Zool. Garten N.F. 43, 5, 225-246.

NAAKTGEBOREN, C. und E. J. SLIJPER (1970): Biologie der Geburt. Hamburg-Berlin: Paul Parey.

SEIDEL, B. (1972): Zur mutterlosen Canidenaufzucht aus tierärztlicher Sicht. 1. Mitteilung: Erfolgreiche künstliche Aufzucht eines Mähnenwolfes. Zool. Garten, N.F. 42, 17-29.

THIEDE, Ulrike und Olga OTTENS (1965): Erfahrungen bei der künstlichen Aufzucht verschiedener Canidenwelpen. Zool. Garten, N.F. 31, 203-208.

VISEE, E. M., ZWART, P. und J. HAAGSMA (1974): Zwei Fälle von infektiöser Enteritis bei Mähnenwölfen. Verhandlungsber. XVI. Internat. Symp. Erkrankungen Zootiere, Erfurt, 67-69.

Anschrift der Verfasser: Dr. med. vet. H.-E. S c h n e i d e r ,
Zoologischer Garten
DDR 8020 Dresden, Tiergartenstr. 1 (DDR)

Aus dem Zoologischen Garten der Stadt Zagreb (Direktor: Dr. I. Huber)

ULZERATIVE ÖSOPHAGITIS UND GASTRITIS BEI KRAGENBÄREN (URSUS THIBETANUS)

Von I. Huber, M. Jakovac und M. Sehić

Im Bestand der Kragenbären (Ursus thibetanus) des Zoologischen Gartens in Zagreb zeigte eine erwachsene Bärin plötzlich eine auffallende Abgeschlagenheit. Ein weiteres Männchen und die erwachsene Tochter waren dagegen munter und voll mit der Nahrungsaufnahme beschäftigt. Die erkrankte Bärin wurde abgesondert. Um zunächst einen Verschluß der Speiseröhre auszuschließen, gaben wir dem Tier zwei Liter Wasser, die gierig getrunken wurden. Innerhalb einer Minute erbrach die Bärin jedoch das gesamte Wasser. Bereits vor einigen Jahren konnten wir ebenfalls bei einer Kragenbärin die gleiche Beobachtung machen. Auch in diesem Fall wurden Nahrung und Flüssigkeiten sofort nach der Aufnahme wieder erbrochen. Leider starb dieses Tier damals nach fünftägiger Krankheit. Durch die Sektion konnte festgestellt werden, daß durch eine Kupferdrahtspule mit kirschgroßem Eisenkern eine Verlegung des Pylorus verursacht wurde, die keine Passage von Futterbrei in den Dünndarm mehr zuließ. Dieser Befund gab uns jetzt Veranlassung, eine röntgenologische Untersuchung des Abdomens der erkrankten Bärin vorzunehmen. Es zeigte sich, daß der aufgegaste, übermäßig stark erweiterte Magen sich kaudal bis zum vorletzten Lendenwirbel ausdehnte. Weder im Magen noch im ebenfalls aufgegasten Darm konnten Fremdkörperschatten gefunden werden. In den Endabschnitten des Dickdarms befand sich gut geformter Kot. Auch die übrigen Organe der Bauchhöhle zeigten keine pathologischen Veränderungen. Trotz des negativen Röntgenbefundes entschlossen wir uns zu einer diagnostischen Laparotomie. Zwei Tage nach der Operation verstarb die Bärin unter den Anzeichen einer ausgeprägten Exsikkose.

Bei der sofort durchgeführten Sektion erwiesen sich die Rachenschleimhaut sowie große Teile der Speiseröhren- und Magenschleimhaut als hochgradig ulzerativ entzündlich verändert. Weder am Darmtrakt noch an den anderen Organen traten irgendwelche pathologischen Veränderungen auf. Auf Grund dieser Befunde vermuteten wir eine Verätzung der Schleimhäute durch ungelöschten Kalk, Laugen oder Säuren. Ein Nachweis derartiger Schadstoffe nach mehr als 24 Stunden nach dem Auftreten erster Krankheitsanzeichen ist so gut wie ausgeschlossen.

Unmittelbar nach der Sektion der verstorbenen Bärin wurde die Erkrankung des männlichen Bären und des jungen Weibchens gemeldet. Es zeigten sich völlig die gleichen Symptome wie im ersten Fall. Auf Grund der inzwischen gesammelten Erfahrungen konnten wir jetzt eine gezielte Untersuchung vornehmen. Sowohl an der Mundschleimhaut als auch dem Speiseröhrenepithel konnte eine Ablösung von Schleimhautfetzen beobachtet werden. Dort, wo sich die gelblich-weißen Schleimhautstückchen abgelöst hatten, traten kraterartige Wunden auf. Auf Grund der bekannten Tatsache, daß Milch bei verschiedenen Vergiftungen eine günstige Wirkung ausübt, verabreichten wir den stark durstigen Tieren Milch. Bereits ein bis zwei Minuten nach der Aufnahme trat ein heftiger Brechreiz auf, der zum vollständigen Erbrechen alles Aufgenommenen führte. Zu diesem Zeitpunkt waren beide Tiere noch in guter Kondition. Die Schwierigkeit bestand für uns vor allem darin, einen Weg zu finden, der das sofortige Erbrechen aller aufgenommenen Nahrung, Flüssigkeit und Arzneimittel verhinderte. So versuchten wir, eine der Sonde vergleichbare Vorrichtung anzufertigen. Wir verwandten ein leicht gebogenes Eisenrohr, an dessen einem Ende ein Gummischlauch mit Trichter befestigt wurde. Dem im Einengungskäfig fixierten Bären führten wir das Metallrohr möglichst tief in die Mundhöhle und gossen in Wasser gelöstes $CaCO_3$ in den Trichter. Der Bär schluckte gut ab, erbrach jedoch anschließend wie zuvor beschrieben. Um sekundäre Infektionen zu verhindern, behandelten wir beide Bären gleichzeitig parenteral mit Penicillin und Streptomycin. Durch das ständige Erbrechen verloren die Tiere rasch erheblich an Gewicht und wurden sichtbar schwächer. Um irgendwie das Erbrechen zu verhindern, probierten wir es mit einer Anästhesie des Magens. Hierzu verabreichten wir zwei Löffel 2%iges Novocain in 300 ml Wasser über die selbstgebaute Metallsonde den Bären. Fünfzehn Minuten nach Verabreichung des Novocains gaben wir den Bären etwa 1 Liter Milch, in die wir zwei Löffel $CaCO_3$ in Pulverform gemengt hatten. Das Erbrechen blieb aus, und der Zustand der Tiere schien sich zu bessern. Beim nächsten Versuch boten wir den Tieren die Novocain-Wasserlösung im Trinknapf an. Die Bären tranken es gierig aus, und 15 Minuten später konnten wir Milch, aufgeweichtes Brot und $CaCO_3$ füttern, ohne daß etwas erbrochen wurde. Wir verfuhren so über mehrere Tage und probierten dann, die Anästhesie abzusetzen, jedoch mit dem Erfolg, daß prompt alles erbrochen wurde. So waren wir gezwungen, die vorgenannte Novocainbehandlung fortzusetzen. Mehrmalige Versuche, im Verlauf der nächsten drei Wochen das Medikament abzusetzen, schlugen fehl. Erst nach dem 21. Tag seit Krankheitsbeginn waren die krankhaften Veränderungen im oberen Verdauungstrakt soweit abgeklungen, daß wieder normal Nahrung aufgenommen werden konnte. Nach einem weiteren achttägigen Kontrollaufenthalt in der Tierklinik konnten dann beide Tiere als gesund in ihr Gehege zurückgebracht werden.

Zusammenfassung:

Ulzerative Ösophagitis und Gastritis bei Kragenbären (Ursus thibetanus)

Es werden die klinischen und pathologisch-anatomischen Veränderungen ulzerativer Schleimhautveränderungen im Pharynx, Ösophagus und Magen bei drei Kragenbären (Ursus thibetanus) beschrieben. Die Ursache der ulzerativen Veränderungen blieb ungeklärt. Nach dem Tod und der Sektion der zuerst erkrankten Altbärin konnten zwei gleichartig erkrankte Bären erfolgreich behandelt werden.

Summary:

Ulcerative Oesophagitis and Gastritis in Asiatic Black Bears (Ursus thibetanus)

Described in this paper are clinical and pathologico-anatomic changes associated with ulcerative processes in the mucous membrane of the pharynx, oesophagus, and stomach of three Asiatic black bears (Ursus thibetanus). The causes of the ulcerative changes remained unelucidated. Two bears were treated with good success following the death of and post-mortem on the first bear that had been taken ill, an aged female.

Résumé:

Oesophagite ulcérative et gastrite chez l'ours à col (Ursus thibetanus)

L'auteur décrit des altérations cliniques et pathologiques ainsi qu'anatomiques d'une déterioration ulcérative de la muqueuse au pharynx, à l'oesophage et dans l'estomac chez trois ours à col (Ursus thibetanus). Les causes de ces altérations ulcératives n'ont pu être découvertes. Après la mort et l'autopsie de la première ourse la plus âgée, on a réussi le traitement des deux ours atteints des mêmes phénomènes.

Резюме:

Ульцеративный эзофагит и гастрит у черного медведя (Ursus thibetanus)

Описываются клинические и патолого-анатомические изменения в результате ульцератиных изменений слизистой оболочки глотки, пищевода и желудка у трех черных медведев. Установить причину этих ульцеративных изменений не удалось. После смерти и вскрытия медведицы заболевшей первой удалось успешное лечение двух заболевших в последствие одновременно медведев.

Anschrift der Verfasser: Diplomveterinär I. H u b e r ,
Zoologischer Garten
41000 Zagreb (SFR Jugoslawien)

From the Penrose Research Laboratory of the Zoological Society of Philadelphia

HEPATITIS AND HEPATOCELLULAR CARCINOMA IN CAPTIVE PRAIRIE DOGS (CYNOMYS LUDOVICIANUS)

By R. L. Snyder

Hepatitis and hepatocellular carcinoma are common diseases of captive wild mammals (Lombard and Witte, 1959; Snyder and Ratcliffe, 1963, 1969; Snyder, 1968, 1977 and 1978). Viruses have been discovered as the natural etiologic agents for hepatitis in humans (Blumberg et al., 1972; Feinstone et al., 1973; Fenner and White, 1976), canines (Green and Dewey, 1929; Rubart, 1947), bears (Bruner and Gillespie, 1973), mice (Tyrrell et al., 1975) and woodchucks (Marmota monax) (Summers et al., 1978). Thus far, only hepatitis B virus (HBV), the cause of "serum" hepatitis in man, and woodchuck hepatitis virus (WHV) have been linked with HC (Macnab and Bersohn, 1973; Kew et al., 1974; Blumberg et al., 1975; Masseyeff et al., 1972; Cohen et al., 1978; Summers et al., 1978; Smolec et al., 1979).

The present paper describes liver disease found in black-tailed prairie dogs (Cynonys ludovicianus) of the family Sciuridae, a close relative of the woodchuck. These mammals have forms of chronic hepatitis and HC that resemble that reported in captive woodchucks (Snyder, 1979). Evidence is presented that suggests the existence of a virus in prairie dogs with properties like WHV and HBV.

MATERIALS AND METHODS

Necropsies of 60 black-tailed prairie dogs from the Philadelphia Zoo were available for study. Between 1907 and 1946 twenty-one of these mammals were necropsied with no mention of hepatitis, cirrhosis, or primary liver cancer. In 1951 a diagnosis of portal cirrhosis was listed. The paraffin blocks of liver tissues from the 39 prairie dogs necropsied between 1951 and 1977 were sectioned at six microns and stained with hematoxylin and eosin. Liver tissues with evidence of fibrosis were also stained by the allochrome method. Fifteen livers were selected and stained by the orcein method. These included all but two of the livers with evidence of hepatitis or cancer as well as eight livers considered normal or with other kinds of disease. The orcein stain (McManus and Mowry, 1963) followed the modified procedure of Shikata (Shikata et al., 1974), which is employed to detect Australian antigen (HB_sAg) in liver cells. This technique has been successful in detecting this antigen in paraffin-embedded tissues that were more than fifty years old. The oldest tissues stained by the orcein method in this study were 21 years old.

RESULTS:

Hepatitis

Three distinct forms of hepatitis were recognized: (1) with extensive confluent zones of necrosis, regenerating liver cells, and an inflammatory response, (2) with inflammatory cells in the portal tracts but no evidence of necrosis of hepatocytes, and (3) with focal necrosis of hepatocytes and inflammatory cells in portal tracts and sinusoids.

The first form of hepatitis consisted of large confluent zones of necrosis with obvious collapse of the liver framework and collections of erythrocytes (hemorrhage). Regenerating liver cells were often arranged in acinar fashion (Fig. 1). Inflammatory cells in the portal tracts included predominately lymphocytes, plasma cells, neutrophils and scattered histiocytes. Extensive proliferation of bile ducts and ductules was another prominent feature (Fig. 2).

This form of disease was observed in a prairie dog only a month of age and was presumed to represent a form of acute hepatitis.

The second form of hepatitis consisted of an inflammatory exudate in the portal tracts without necrosis of hepatocytes. The sparse number of cells, predominately neutrophils, lymphocytes, and plasma cells, were generally found within the limiting plate of liver cells. This form was observed in two animals, both of which had also developed HC.

The third form of hepatitis featured scattered, spotty necrosis with inflammatory cells surrounding the degenerating liver cells (Fig. 3). Abundant inflammatory cells enlarged the portal tracts and spilled over the limiting plate (Fig. 4). Proliferation of bile ducts and ductules and fibroplasia (Fig. 5) in varying degrees were constant features of this form of hepatitis. The inflammatory cells included lymphocytes, plasma cells, neutrophils, histiocytes, and scattered eosinophils. These cells were scattered in the sinusoids but aggregates seldom exceeded more than four or five cells. This form of hepatitis was diagnosed in five animals and four of these had developed HC.

Hepatocellular Carcinoma

Seven cases of HC were confirmed by histological study. Malignant cells resembling normal hepatocytes but with hyperchromatic, sometimes giant nuclei and prominent nucleoli were generally arranged in plates (trabecular). Tubular or acinar elements were, however, found in every tumor studied (Fig. 6). Bile ducts and ductules were absent. The question of malignancy was not a problem, since three of the cases were characterized by widespread pulmonary metatases (Fig. 7). Preexisting chronic portal or chronic active hepatitis was evident in six of the seven cases of HC. The nonneoplastic tissue of the seventh liver studied was characterized by extensive fatty change.

Shikata Orcein Stains

Seven of 15 livers studied had Shikata positive hepatocytes. The Shikata staining pattern is seen as homogeneous dark reddish-brown deposits within the cytoplasm of hepatic cells. Nuclei remain unstained. The material stained in cases of human hepatitis is believed to be HB_sAg. A typical pattern of orcein staining in the prairie dog livers is illustrated in Fig. 8. Usually, when the stain was positive, there were large areas of negatively stained liver tissue and other areas with clustering of positively stained cells (Fig. 8). The orcein positive material was distributed diffusely in the cytoplasm and showed fine granular structure. Since the nuclei were unstained, the positive cells appeared to have round holes or spots corresponding to the location of the nucleus (Fig. 9). In some instances the positive granules were distributed along the peripheral parts of the cells.

Shikata positive granules were found in the nonneoplastic cells of six livers with hepatocellular carcinoma. Unfortunately, the seventh tumor was not stained by the orcein method. The seventh positive Shikata reaction was noted in the case of acute hepatitis in the one month old prairie dog.

Summary of Results

Several characteristics of the liver disease in prairie dogs are listed and correlated in Table I. Three forms of hepatitis were recognized: acute hepatitis, chronic portal hepatitis (CPH) and chronic active hepatitis (CAH). Chronic portal hepatitis was characterized by conspicuous inflammatory infiltration of the portal tracts and mild proliferation of bile ductules. The inflammatory cells, however, were generally within the limiting plate and necrosis of liver cells was absent. In contrast, chronic active hepatitis was characterized by inflammatory cells extending well beyond the limiting plate and necrosis of scattered hepatocytes.

Age of Prairie Dogs

Several young-of-the-year were trapped each year and tattooed for individual identification.

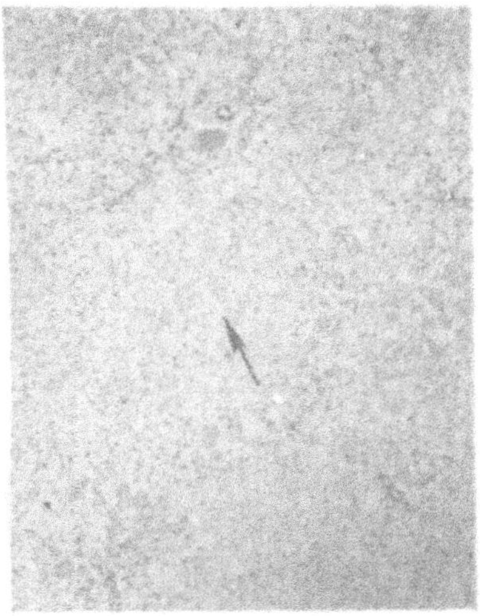

Figure 1: (X50, H % E). Acute hepatitis in a prairie dog one month of age. Regenerating liver cells were forming acinar structures (<-). Hepatocytes were orcein positive.

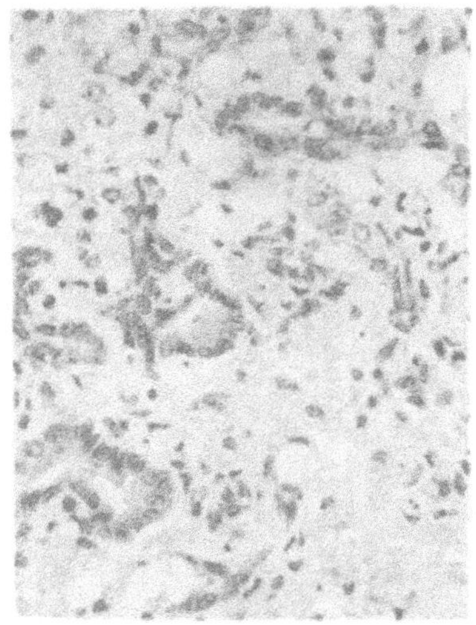

Figure 2: Proliferation of bile ducts in acute hepatitis.

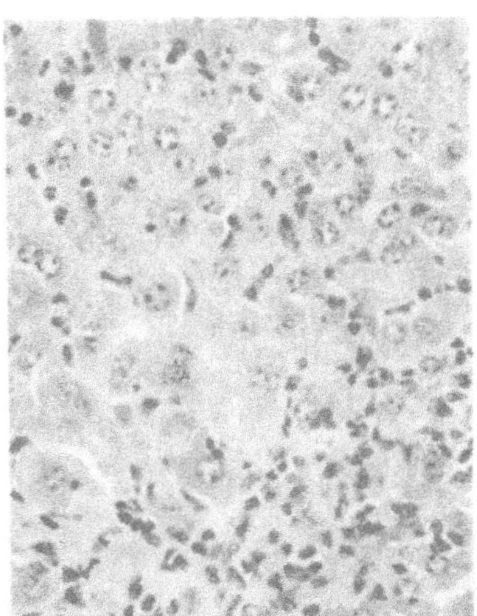

Figure 3: (X200, H & E). Piecemeal necrosis of hepatocytes in a case of CAH with orcein positive hepatocytes. A neoplastic portion of the liver was diagnoses HC (see Fig. 6), (from an adult animal).

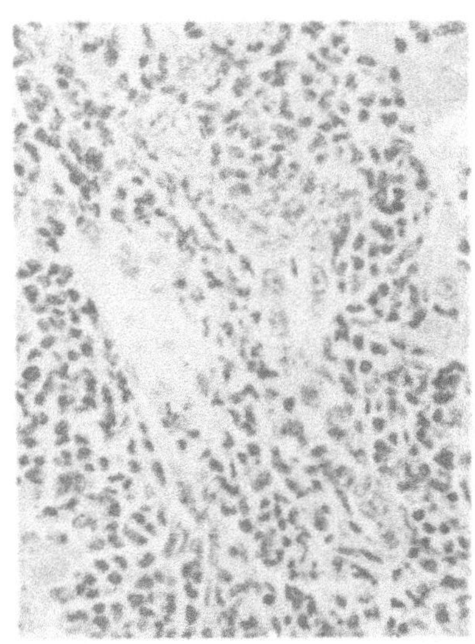

Figure 4: (X200, H & E). Inflammatory exudate extending through the limiting plate of parenchymal cells in a case of CAH (same case as Figs. 3, 5, 6 & 8).

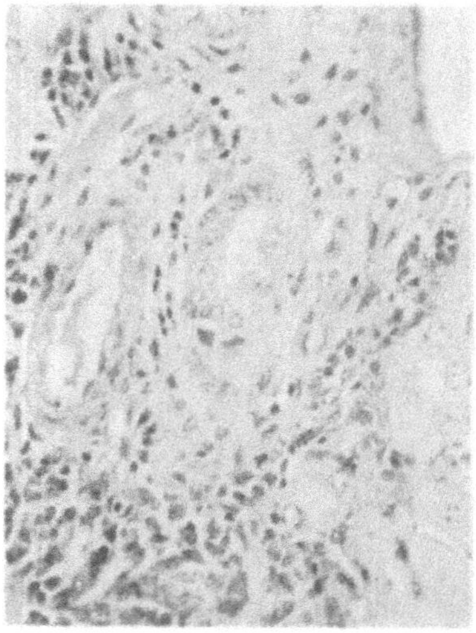

Figure 5: (X200, Allochrome). Fibroplasia and inflammation in a portal tract from a case CAH (same case as Figs. 3, 4, 6 & 8).

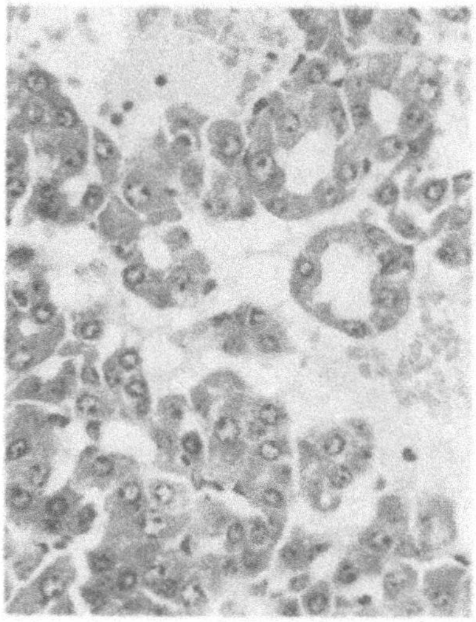

Figure 6: (X200, H & E). Acinar or tubular elements in HC. An adult prairie dog with CAH and orcein positive hepatocytes (same case as Figs. 3, 4, 5 & 8).

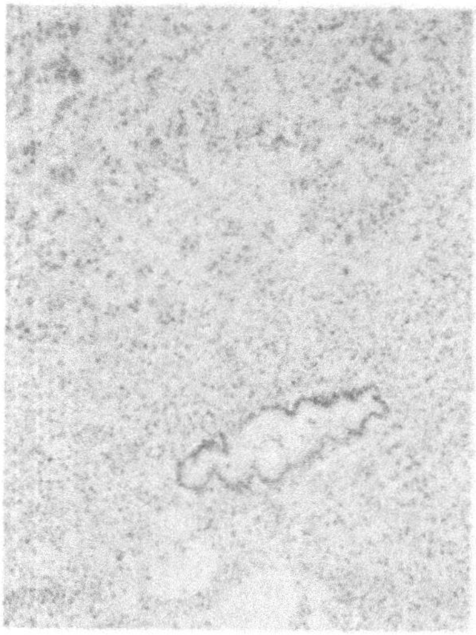

Figure 7: (X50, H & E). Pulmonary metatasis of HC in a 32 month old prairie dog with CPH and orcein positive hepatocytes.

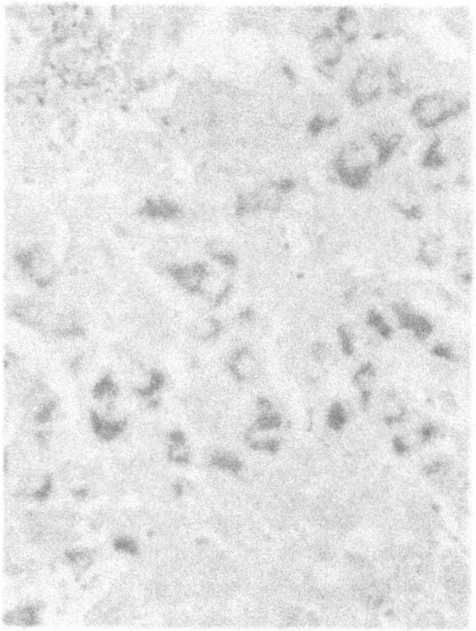

Figure 8: (X200, orcein). Red-brown granules (black in the photograph) in cytoplasm of hepatocytes may be surface particles from a virus of the same class as HBV and WHV (same case as Figs. 3-6).

Age was listed in Table I for the marked animals. The average age at death for animals with HC was thus 36 months (range 30-40 months) based on three animals. The mean age at death for 30 animals from the Philadelphia Zoo's colony was 20 months.

Table I Study of the Livers of 17 Prairie Dogs with H & E, Alloohrome and Orcein Stains.

Sex	Months of Age	Pathology	Tumor	Metastases	Shikata Stain
♀	1	Acute hepatitis	None	-	Pos.
♀	30	CPH	PHC	None	0
♀	32	CPH	PHC	Lungs	Pos.
♂	Adult	CAH	PHC	Multiple	Pos.
♂	Adult	CAH	PHC	None	Pos.
♂	34+	CAH	PHC	None	Pos.
♂	UNK	CAH	PHC	None	Pos.
♀	UNK	CAH	None	-	0
♀	47	Fatty change	PHC	Lungs	Pos.
♀	39	Fatty change	None	-	Neg.
♂	4	Solitary abscess	None	-	Neg.
♀	UNK	Multiple abscesses	None	-	Neg.
♀	41	Toxoplasmosis	None	-	Neg.
♂	3	Normal	None	-	Neg.
♀	23	Normal	None	-	Neg.
♂	37	Normal	None	-	Neg.
♀	Adult	Normal	None	-	Neg.

Abbreviations:
CPH - Chronic portal hepatitis
CAH - Chronic active hepatitis
PHC - Primary hepatocellular carcinoma
UNK - Unknown
POS - Positive
NEG - Negative
0 - Orcein stain not done

DISCUSSION:

Chronic Hepatitis

The designation hepatitis has no special connotation with respect to etiology. A viral etiology is not easily proven except when HB_sAg or WH_sAg are found in the serum or when virus activity is localized in the liver. Arbitrarily, hepatitis of more than six months duration in humans is considered chronic (S h e r l o c k , 1974) but this designation recognizes the fact that "acute viral hepatitis" lasting up to two full years and borderline nonspecific reactive hepatitis would be included in this category. Medical pathologists have found it helpful to classify hepatitis according to morphologic manifestations. In contrast to prolonged acute hepatitis, chronic hepatitis is characterized primarily by accumulation of lymphoid and histiocytic cells in and around enlarged portal tracts associated with proliferation of bile ductules (P o p p e r , 1975). In chronic active hepatitis the exudate spills over into the peripheral portion of the lobular parenchyma, where it is accompanied by some necrosis of hepatocytes (piecemeal necrosis). Inflammatory cells surround damaged cells and are numerous in the sinusoids. Chronic active hepatitis with erosion of the limiting plate of the parenchyma has a tendency to progress to cirrhosis (P o p p e r , 1975). This tendency is increased considerably if this lesion is associated with bridging or multilobular necrosis (B a g g e n s t o s s et al., 1972) particularly if inflammatory cells accumulate in the confluent necrotic area (P o p p e r , 1975).

The chronic active form has been contrasted with chronic persisting or portal hepatitis (D e G r o o t e et al., 1968; B e c k e r et al., 1970) in which the portal inflammatory cells seldom extend beyond the limiting plate. Some minor lobular inflammation is common and proliferated bile ductules may extend into the parenchyma surrounded by inflammatory cells and small connective tissue septa. Transition to cirrhosis seldom occurs in this form of hepatitis.

HBV is incriminated as a cause of both chronic active and persistent hepatitis in man. Components of this virus have been localized in the liver and in the serum. The original Australia antigen, a lipoprotein coat now called surface antigen, HB_sAg, is visualized in the blood by electron microscopy as spherical particles 22nm in diameter and long tubular structures with the same diameter. This surface antigen surrounds a core 27 nm in diameter, containing the c antigen, HB_cAg, demonstrable by fluorescence microscopy using a specific antibody. The core surrounded by HB_sAg is the Dane particle, 42 nm in diameter, presumably the whole virus. Dane particles are also visualized in the blood by electron microscopy.

A large amount of HB_sAg can be visualized by fluorescence microscopy in the cytoplasm of hepatocytes. The same technique has identified HB_cAg in the nucleus of the liver cell (primarily) and also in the cytoplasm.

Particles of the woodchuck hepatitis virus are morphologically similar to those associated with HBV (S u m m e r s et al., 1978). Spherical and tubular forms in woodchuck blood are almost identical to HB_sAg but approximately 25 nm in diameter. Larger particles similar to the Dane particle but 55 nm in diameter have endogenous DNA polymerase activity. The DNA genome structure of HBV is unique in having a substantial heterogeneous single-strandes region. In vitro, a DNA polymerase fills in this region, generating a fully doublestranded circular DNA (S u m m e r s et al., 1975). The same type of DNA genome and the same role for the DNA polymerase have been described for WHV (S u m m e r s et al., 1978). The two viruses, HBV and WHV, appear to represent a new novel class of viruses.

The existence of Shikata positive granules in the cytoplasm of the hepatocytes of prairie dogs with forms of hepatitis is of considerable interest. Until now, Shikata positive hepatocytes have been associated solely with hepatitis in man. Orcein staining of formalin-fixed paraffin-embedded liver tissue sections has proved to be almost as reliable and specific a method for detection of HB_sAg as immunoperoxidase and immunofluorescence techniques (H u a n g , 1975; L a m o t h e et al., 1976; N a y a k and S a c h d e v a , 1975; and P o r t m a n et al., 1976).

Shikata (S h i k a t a et al., 1974) originally described two patterns of HB_sAg distribution in the liver: one in which almost all of the hepatocytes in small areas had HB_sAg in the cytoplasm, and a second where only single cells containing HB_sAg were scattered in the liver cell plates. The distribution of positive hepatocytes in the prairie dogs followed the first pattern. Furthermore, the positive material was diffusely distributed in the cytoplasm as fine granules which is a characteristic described by Shikata for this pattern of distribution. The second pattern of distribution described by Shikata was not observed in the prairie dog livers.

The existence of Shikata positive hepatocytes in prairie dogs could conceivably be a remarkable coincidence but other unpublished observations appear to negate this possibility. Similar Shikata positive hepatocytes have been observed in the livers of woodchucks with chronic hepatitis (S n y d e r , 1979) and these mammals are known to harbour a virus similar to HBV. Furthermore, Shikata positive hepatocytes have been observed in the livers of a cheetah (Acinonyx jubatus), a fishing cat (Felis viverrinus) and an ocelot (Felis pardalis) from the collected necropsy material of the Penrose Research Laboratory. In each instance, a diagnosis of chronic hepatitis or cirrhosis was listed. The existence of a form of chronic hepatitis in captive exotic felines has been well known for many years. This is the first indication to my knowledge that chronic hepatitis in the feline species may be virus induced (S n y d e r , 1979).

CONCLUSION:

Shikata positive cells are associated with hepatitis and hepatocellular carcinoma in prairie dogs. The probability is that the orcein stain in the prairie dog livers is reacting to a surface antigen of the type found in HBV and WHV. Hepatocellular carcinoma apparently occurs when chronic hepatitis exists for a long period of time. A virus similar to HBV and WHV might be the cause of hepatitis in prairie dogs, the exact relationship of the suspected virus to liver cancer is unknown.

ACKNOWLEDGEMENTS

I gratefully acknowledge Dr. Phillip C u s t e r for his helpful criticisms and for photographic assistance. Susan P a j k u r i c h also provided technical assistance. This work was supported by U. S. Public Health Service Grant HL-01979.

Summary:

Hepatitis and Hepatocellular Carcinoma in Captive Prairie Dogs (Cynomys ludovicianus)

Tissues from 60 black-tailed prairie dogs (Cynomys ludovicianus) that died at the Philadelphia Zoo between 1907 and 1977 were examined for evidence of hepatitis and liver cancer. Three forms of hepatitis were recognized: acute hepatitis in one animal, chronic portal hepatitis in two animals, and chronic active hepatitis in five animals. Hepatocellular carcinoma with evidence of preexisting chronic portal or chronic active hepatitis was discovered in six prairie dogs. A seventh case of liver cancer was accompanied by extreme fatty change. Seven of 15 livers studied had Shikata positive hepatocytes. Hepatocellular carcinoma apparently occurs when chronic hepatitis exists for a long period of time. The evidence from the orcein staining of liver cells suggests that a virus similar to HBV and WHV is a cause of hepatitis in prairie dogs.

Zusammenfassung:

Leberentzündung und Leberzellkarzinome bei in Gefangenschaft gehaltenen Präriehunden (Cynomys ludovicianus)

Zur Ermittlung von Hepatitiden und Leberkrebs wurden aus dem Zoo von Philadelphia von 60 Schwarzschwanz-Präriehunden (Cynomys ludovicianus), die im Zeitraum von 1907 - 1977 gestorben waren, Lebergewebsproben untersucht. Drei Formen von Leberentzündungen wurden festgestellt: Bei einem Tier eine akute Hepatitis, bei zwei Tieren eine chronische Hepatitis und in fünf weiteren Fällen eine chronisch aktive Hepatitis. Bei sechs weiteren Präriehunden konnte nach vorausgegangener chronischer portaler oder aktiver Hepatitis ein Leberzellkrebs nachgewiesen werden. Ein siebenter Fall von Leberkrebs stand im Zusammenhang mit extremen Verfettungsvorgängen. Sieben von 15 untersuchten Lebern zeigten Shikata-positive Leberzellen. Leberzellkrebs scheint sich bei lange bestehenden chronischen Hepatitiden zu entwickeln. Der Nachweis einer Orceinanfärbung in den Leberzellen deutet darauf hin, daß ein Virus gleichartig für HBV und WHV die Ursache für die Hepatitis bei Präriehunden ist.

Résumé:

Hépatite et carcinomes cellulaires au foie de chiens de prairie (Cynomys ludovicianus) gardés en captivité

Des prélèvements du tissu hépatique de 60 chiens de prairie à queue noire (Cynomys ludovicianus) du jardin zoologique de Philadelphia morts entre 1907 et 1977 ont été analysés pour connaître la nature des hépatites et du cancer. Or, trois formes d'hépatite ont pu être détectées: un animal manifestait des signes d'une hépatite aiguë alors que deux autres ceux d'une hépatite chronique et dans cinq cas, il s'agissait d'une hépatite chronique active. Six autres chiens de prairie avaient été atteints d'un cancer cellulaire hépatique à la suite d'une hépatite portale ou active. Un septième cas de cancer hépatique état dû à une extrême dégénérescence graisseuse. Sept de 15 foies examinés ont manifesté des phénomènes de cellules hépatiques Shikata-positif. Il paraît alors que le cancer cellulaire hépatique se développe à la suite d'hépatites chroniques de longue durée. La présence, dans les cellules hépatiques, d'une coloration d'orcanète explique qu'un virus égal pour HBV et pour WHV est la cause d'une hépatite de chiens de prairie.

Резюме:

Восполение печени и карциномы печенночных клеток у содержащихся в неволе луговых собачек (Cynomys ludovicianus)

Для определения гепатита и печенночного рака исследовались пробы печенночной ткани от 60 чернохвостых луговых собачек из зоопарка Филадельфии, умерших с I907 по I977 гг.. Установлено 3 формы восполения печени. У одного животного: острый гепатит, у двух животных хронический гепатит и в 5 случаях хронический активный гепатит. У 6 других луговых собачек установлен после хронического портального или активного гепатита рак печенночных клеток. 7 случай рака печени был связан с крайным ожирением. 7 от I5 исследованных печеней показали Shikata - положительные клетки печени. Кажется, что рак печени развивается из долгого хронического гепатита. Orcein - окрашивание в клетках печени указывает на один вирус и для HBV и для WHV как причина гепатита у луговых собачек.

Literature:

BAGGENSTOSS, A. H., SOLOWAY, R. D., SUMMERSKILL, W. H. J., ELVEBACK, L. R. and L. J. SCHOENFIELD (1972): Chronic active liver disease: The range of histologic lesions, their response to treatment, and evolution. Hum. Pathol. 3, 183-198.

BECKER, M. D., SCHEVER, P. J., BAPTISTA, A. and S. SHERLOCK (1970): Prognosis of chronic persistent hepatitis. Lancet 1, 53-56.

BLUMBERG, B. S., SUTNICK, A. I., LONDON, W. T. and I. MILLMAN (1972): Australian antigen and hepatitis. Cleveland, Ohio: Chem. Rubber Publ., Co.

BLUMBERG, B. S., LAROUZE, B., LONDON, W. T., WERNER, B., HESSER, J. E., MILLMAN, I., SARMOT, G. and M. PAYET (1975): The relation of infection with hepatitis B agent to primary hepatic carcinoma. Am. J. Pathol. 81, 669-682.

BRUNER, D. W. and J. H. GILLESPIE (1973): Hagan's Infectious Diseases of Domestic Animals, 6th Ed. Ithaca-London: Cornell Univ. Press.

COHEN, C., BERSON, S. D. and E. W. GEDDES (1978): Hepatitis B antigen in black patients with hepatocellular carcinoma. Cancer 41, 245-249.

DE GROOTE, J., GEDIGK, P., POPPER, H., SCHEVER, P. J., THALER, H., WEPLER, W., DESMET, V. J., KARB, G., POULSEN, H., SCHMID, M. and E. UEHLINGER (1968): A classification of chronic hepatitis. Lancet 2, 626-628.

FEINSTONE, S. M. KAPIKAN, A.Z. and R. H. PURCELL (1973): Hepatitis A: Detection by immune electron microscopy of a viruslike antigen associated with acute illness. Science 182, 1026-1028.

FENNER, F. and D. O. WHITE (1976): Medical Virology 2nd Ed. New York: Acad. Press.

GREEN, R. G. and E. T. DEWEY (1929): Fox encephalitis and canine distemper. Proc. Soc. Exper. Biol. and Med. 27, 129-130.

HUANG, S. (1975): Immunohistochemical demonstration of hepatitis B core and surface antigens in paraffin sections. Lab. Invest. 33, 88-95.

KEW, M. C., GEDDES, E. W., MACNAB, G. M. and I. BERSOHN (1974): Hepatitis-B antigen and cirrhosis in Bantu patients with primary liver cancer. Cancer 34, 539-541.

LAMOTHE, F., LAURENCIN-PICHÉ, J., COTÉ, J., GUÉVIN, R., Viallet, A. and G. RICHER (1976): Detection of surface and core antigens of hepatitis B virus in the liver of 164 human subjects. A study by immunoperoxidase and orcein staining. Gastroenterology 1, 102-108.

LOMBARD, L. S. and E. J. WITTE (1959): Frequency and types of tumors in mammals and birds of the Philadelphia Zoological Garden. Cancer Res. 19, 127-141.

MACNAB, G. M. and I. BERSOHN (1973): Australian antigen in healthy Bantu and coloured blood donors in cases of primary liver cancer. In: Liver, Proceedings of an International Liver Conference, Cape Town, S. J. Saunders and J. Terblanche, Eds. London: Pitman Medical, 24-26.

MASSEYEFF, R., PRINCE, A. M., LEBLANC, L. and W. SZMUNESS (1972): Am. J. Dis. Child. 123, 412-413.

MC MANUS, J. F. A. and R. W. MOWRV (1963): Staining Methods: Histological and Histochemical. New York: Harper and Row, 239-240.

NAYAK, N. C. and R. SACHDEVA (1975): Localization of hepatitis B surface antigen in conventional paraffin sections of the liver. Comparison of immunofluorescence, immunoperoxidase and orcein staining methods with regard to their specificity and reliability as antigen marker. Am J. Pathol. 81, 479-492.

POPPER, H. (1975): Clinical pathologic correlation in viral hepatitis. Am. J. Pathol. 81, 609-628.

PORTMAN, B., GALBRAITH, R. M., EDDLESTON, A. L. W. F., ZUCKERMAN, A. J. and R. WILLIAMS (1976): Detection of HB_sAg in fixed liver tissue - use of a modified immunofluorescent technique and comparison with histochemical methods. Gut 17, 1-9.

RUBARTH, S. (1947): An acute virus disease with liver lesions in dogs (Hepatitis contagiosa canis). A pathologico - anatomical and etiological investigation. Acta path. et microbiol. Scandinav. (Supp.).

SHERLOCK, S. (1974): Chronic hepatitis. Gut 15, 581-597.

SHIKATA, T. (1974): Australian antigen detected in the liver tissues which were obtained half a century ago. Hepatitis Scientific Memorandum, H 655, March.

SHIKATA, T., UZAWA, T., YOSHIWARA, N., AKATSUKA, T. and S. YAMAZAKI (1974): Staining methods of Australian antigen in paraffin section. Japan J. Exp. Med. 44, 25-36.

SMOLEC, J. M., SUMMERS, J. and R. L. SNYDER (1979): Woodchuck viral hepatitis: An animal model for hepatitis B and hepatoma in man. Unpubl. Ms.

SNYDER, R. L. (1968): Hepatomas of captive woodchucks. Am. J. Path. 52, 32 Abst.

SNYDER, R. L. (1977): Longevity and disease patterns in captive and wild woodchucks. Proc. Am. Assc. Zool. Parks and Aquariums. Wash., D. C.

SNYDER, R. L. (1978): Comparative pathology program of the Penrose Research Laboratory. In: Symposium on the Comparative Pathology of Zoo Animals, Smithsonian Institution, Wash., D. C. In press.

SNYDER, R. L. (1979): Shikata positive hepatocytes in nonhuman mammals. Unpubl. Ms.

SNYDER, R. L. and H. L. RATCLIFFE (1963): Factors in the frequency and types of cancer in mammals and birds at the Philadelphia Zoo. Ann. N. Y. Acad. Sci. 108, 793-804.

SNYDER, R. L. and H. L. RATCLIFFE (1969): Marmota monax: a model for studies of cardiovascular, cerebrovascular and neoplastic disease. Acta Zool. et Path. Antverp. 48, 265-273.

SUMMERS, J., O'CONNELL, A. and I. MILLMAN (1975): The genome of hepatitis B virus: restriction enzyme cleavage and structure of the DNA isolated from Dane particles. Proc. Nat'l. Acad. Sci. USA 72, 4597-4601.

SUMMERS, J., SMOLEC, J. M. and R. L. SNYDER (1978): A virus similar to human hepatitis B virus associated with hepatitis and hepatoma in woodchucks. Proc. Natl. Acad. Sci. U.S.A. 75, 4533-4537.

TYRRELL, D. A. J., ALMEIDA, J. D., CUNNINGHAM, C. H., DOWDLE, W. R., HOFSTAD, M. S., MCINTOSH, K., TAJIMA, M., ZAKSTELSKAYA, L. Y., EASTERDAY, B. C., KAPKIAN, A. and R. W. BINGHAM (1975): Coronaviridae. Intervirology 5, 76-82.

Address of author: Robert L. S n y d e r , M. S., Sc. D.,
Penrose Research Laboratory
Philadelphia Zoological Garden
34th and Girard Ave.
Philadelphia, Pa. 19104 (USA)

Aus dem Zoo am Meer Bremerhaven (Direktor: Dr. G. R u e m p l e r)

BLEIVERGIFTUNGEN BEI FLUGHUNDEN (PTEROPUS SPEC.) IM ZOO AM MEER BREMERHAVEN

Von G. R u e m p l e r

Seit 1973 wird im Zoo am Meer eine größere Gruppe von Flughunden gehalten. Die Tiere bewohnen einen 2,60 x 5,20 m großen und 2,40 m hohen Flugraum und sind durch Glasscheiben vom Besucher getrennt. Mit den Flughunden leben tropische Kleinvögel, vorwiegend Finken, Prachtfinken und Webervögel, sowie einige Landschildkröten in der Tropenvoliere zusammen. Über die hier gesammelten Erfahrungen in der Haltung von Flughunden wurde ausführlich berichtet (R u e m p l e r, 1976).

Von Anfang an sorgten die Flughunde (Geschlechtsverhältnis zunächst 9,6) regelmäßig für Nachwuchs. Von 1973 bis 1978 wurden 24 Tiere geboren; davon konnten nur vier erfolgreich aufgezogen werden (zwei im Jahre 1977 und zwei Tiere 1978). Schon in der eingangs erwähnten Arbeit wurde die Vermutung ausgesprochen, daß der Tod der Jungtiere mit Umwelteinflüssen zusammenhängen könnte. Hierfür sprechen verschiedene Gründe, so der Zeitpunkt des Todes (vorwiegend im Alter von zwei bis fünf Monaten), sowie das verhältnismäßig einheitliche Bild der äußerlich zu beobachtenden Krankheitserscheinungen und der Sektionsbefunde. Nachfolgend werden in einer Übersicht die Befunde von 18 verendeten jungen Flughunden zusammengefaßt (Tab. 1).

Nachdem wir in der eingangs zitierten Veröffentlichung die Vermutung geäußert hatten, daß es sich um Bleivergiftungen handeln könnte, wurde dieser Verdacht in der Zwischenzeit bestätigt. Von den 1976 - 78 verendeten zehn Flughunden wurden sechs zu toxikologischen Untersuchungen an das Chemische Institut der Tierärztlichen Hochschule Hannover geschickt. Vier davon wiesen in der Leber Bleigehalte zwischen 1,6 und 9,4 ppm auf. Bei einem Tier (Nr. 17), das erst im Alter von neun Monaten starb und keine Alopezie gezeigt hatte, war das Ergebnis der Bleiuntersuchung negativ. Ein anderes (Nr. 18) zeigte trotz hochgradigen Haarausfalls und teilweise typischen Symptomen im Alter von sechs Monaten einen Gehalt in der Leber von nur 0,8 ppm Blei. Hier wäre unter Umständen daran zu denken, daß noch weitere Schwermetalle eine Rolle spielen könnten (Zink, Quecksilber), auf die bei den Analysen nicht eingegangen wurde. Meines Erachtens zeigen die Ergebnisse trotzdem in großer Deutlichkeit, daß eine Schwermetallvergiftung für den Tod der jungen Flughunde verantwortlich gemacht werden muß.

Über die Ursachen können bislang nur Vermutungen angestellt werden, zumal bei der Hochschule Bremerhaven zur Ermittlung von Schwermetall-Immissionen im Bereich des Zoo am Meer eine Untersuchung in Auftrag gegeben wurde, die seit Oktober 1978 durchgeführt wird.

An lokalen Einwirkungen müssen zwei unterschiedliche Quellen ins Auge gefaßt werden. Einmal ist eine Bleizufuhr mit dem Obstfutter denkbar, nachdem chemische Untersuchungen verschiedener Lebensmittelinstitutionen der BR Deutschland ergeben haben, daß das für den menschlichen Verzehr im Handel befindliche Obst und Gemüse mehr oder weniger bleihaltig sein kann. Das Schwermetall ist auf den Oberflächen der Pflanzenteile abgelagert, zum Teil auch in der Wachsschicht (Tomaten). Deshalb wird seit Anfang 1976 das Obst sorgfältig abgewaschen, bei Tomaten entfernen wir die Haut.

Eine weitere Quelle mußte im Flugraum unseres Tropenhauses beseitigt werden. Die verzinkten Geflechte des Deckengitters waren in einer Metallrahmenkonstruktion aufgehängt, die mit Mennige als Grundanstrich und dann mit einem Farbanstrich versehen war. Obwohl der Farbanstrich nur an wenigen Stellen Kratzer aufwies, die die Mennige-Grundierung zutage treten ließen, konnten diese als Kontaktmöglichkeit der Tiere mit dem Schwermetall nicht ausgeschlossen werden. Aus die-

Tabelle 1:

Lfd. Nr.	Geschlecht	Tod / Alter	Pathologische Befunde Haarkleid / Haut	Leber	ZNS	Verdauungsorgane	Atmungsorgane	Sonstiges
1	1,0	12.11.73 5 Monate	Alopezie	hochgradige degenerat. Leberverfettung		geringgradige Enteritis catarrh.		
2	1	30.6.74 2½ Monate	Haarkleid normal, Unterhaut trocken	Stauungshyperämie	Meningitis non purulenta		hochgradiges alveoläres Emphysem	
3	1	17.9.74 5 Monate	Alopezie	?	geringgradige Melanose ?	?		hochgrad. Autolyse
4	0,1	18.1.75 3 Tage	Haarkleid normal, praemortal hochgradige Ödeme	?	?	?		Versuch der Handaufsucht
5	0,1	3.4.75 2½ Monate	Haarkleid normal, Unterhaut trocken	hochgradige degenerat. Verfettung mit diffusen Blutungen	herdförmige Blutungen mit beginnender Malazie	Enteritis hämorrhagica	hochgradige Hyperämie, katarrhalische Pneumonie	
6	1	14.4.75 2½ Monate	beginnende Alopezie	hochgradige degenerat. Verfettung, herdförmige Blutungen	hochgradige eitrige Meningoencephalitis, hochgr. eitr. Entzündung d.N. opticus	Enteritis catarrh. acuta	hochgradiges Ödem, nicht eitrige interstitielle Pneumonie	
7	1	24.4.75 3 Monate	beginnende Alopezie	hochgradige degenerative Verfettung	herdförmige Malazien im Bereich des Großhirns	Enteritis catarrh. acuta	alveoläres Emphysem	hochgrad. Myocarditis non purulenta
8	1	26.4.75 2 Monate	beginnende Alopexie	hochgradige degenerative Verfettung	herdförm. Malazien im Bereich d. Großhirns	Magenruptur, Enteritis catarrh. acuta	geringgrad. interstitielle Pneumonie	fibrinöse Ophthalmie
9	0,1	30.1.76 31 Tage	Haarkleid normal, praemortal hochgradige Ödeme	geringgradige Leberzelldegeneration	o.b.B.	Gastroenteritis catarrh. chronica	mäßiges Ödem und Emphysem	hochgradige Anämie, hochgr. Herzschwäche, <u>Verdacht Bleivergiftung</u>
10	1	19.3.76 2 Monate	Haarkleid normal	?	?	?	Pneumonie	hochgradige Autolyse
11	1	27.4.76 4 Monate	hochgradige Alopezie	fettige Leberzelldegeneration	?	Gastroenteritis catarrh. chronica		hochgradige Anämie degenerative Herzmuskelveränderungen Leber: <u>1,7 ppm Blei</u>

Fortsetzung:

Fortsetzung:

12	1	20.6.76 5½ Monate	Haarkleid normal !	hochgradige fettige Leberzelldegeneration, Vergrößerung	?	Gastroenteritis catarrh. chronica		hochgradige Anämie, degenerative Herzmuskelveränderungen, Herzschwäche Leber: 7,1 ppm Blei (AAS)
13	1,0	22.7.76 21 Tage	Haarkleid normal	hochgradiges Ödem	?	Gastroenteritis catarrh. subacuta	mäßiges Ödem und Emphysem	schwere Herzschwäche, starke Anämie
14	0,1	4.4.77 2½ Monate	Haarkleid normal	hochgradige degenerative Leberverfettung, hochgr. Stauung	?	?	hochgradiges alveoläres Ödem	Leber: 9,4 ppm Blei
15	0,1	14.6.77 5 Monate	hochgradige Alopezie	hochgradige diffuse grobtropfige Verfettung	?	?	?	Leber: 1,6 ppm Blei
16	1	13.1.78 8 Tage	Haarkleid normal	?	hochgradige Ödemetisierung, mittelgradige Meningitis, leptomeningeale Blutungen und Exsudate	?	?	
17	1,0	23.4.78 9 Monate	Haarkleid normal	hochgradige degenerative Verfettung	mittelgradige Aktivierung der Meningen	o.b.B.	geringgradiges alveoläres Ödem	Bleinachweis: negativ
18	1,0	27.6.78 6 Monate	hochgradige Alopezie	mittelgradige Kongestion	o.b.B.	o.b.B.	mittelgradiges alveoläres Ödem	Kreislaufversagen Leber: 0,8 ppm Blei

sem Grunde wurden im Frühjahr 1976 die Gitterrahmen mit einem Zinkblechmantel abgedeckt, so daß diese Quelle heute mit Sicherheit ausgeschlossen werden kann.

Eine weitere Ursache für die Bleivergiftungen muß außerhalb des Zoogeländes gesucht werden. In einer Entfernung von 7 km in südwestlicher Richtung liegt in Nordenham am linken Weserufer die Blei- und Zinkhütte der Preussag (Friedrich-August-Hütte). Hier werden rund 38 % der Bleierzeugung (118 000 t / 1977) der BR Deutschland und rund 26 % der Zinkmenge (88 900 t / 1977) produziert. Seit Jahren sterben im Umkreis dieser Schwermetallhütte Kühe. Das Blei wird in erster Linie auf den Weiden mit der Nahrung aufgenommen. An Hand von Röntgenreihenuntersuchungen wurden bei 32 Schulkindern der Stadt Nordenham bleibedingte Dunkelstreifen an den langen Röhrenknochen festgestellt. Der Bevölkerung Nordenhams wird jedes Jahr von neuem empfohlen, nur geringe Mengen des Obstes und Gemüses aus den eigenen Gärten selbst zu verwenden. Die Milch aus Nordenham wird mit der Milch aus ungefährdeten Bereichen vermischt, um den Bleigehalt herabzumindern. Die Preussag hat bei persönlichen Gesprächen versichert, daß Bleiablagerungen aus den Emissionen der Hütte nur in einem Umkreis von 3 km festgestellt werden können. Darüber wird die Untersuchung der Hochschule Bremerhaven genaueren Aufschluß geben.

Anzufügen wäre noch, daß die jungen Flughunde nicht die einzigen Tiere in unserem Zoo sind, die nachweislich einer Bleivergiftung zum Opfer fielen. Unter den gleichen Symptomen starben 1973 ein Binturong, 1974 ein erwachsener Flughund und 1977 ein erwachsenes Faultier. Leider wurden hier keine toxikologischen Untersuchungen durchgeführt. Hochinteressant in diesem Zusammenhang sind aber zwei weitere Befunde von einem erwachsenen Katzenbär, der nach fünfjähriger Haltung in unserem Zoo an einer chronischen Bleivergiftung mit typischen Befunden verendete (hochgradige Alopezie, hochgradige Hepatitis, hochgradige Pyelonephritis, hochgradige Meningoencephalitis, hochgradiges Hydropericard; Leber 1,8 ppm Blei), und einer Kegelrobbe, die neben einer hohen Bleibelastung (Nieren 2,5 ppm) eine manifeste Quecksilbervergiftung (Leber 9,8 ppm HG) zeigte.

Zusammenfassung:

Bleivergiftungen bei Flughunden (Pteropus spec.) im Zoo am Meer Bremerhaven

Von 24 zoogeborenen Flughunden (1973 - 1978) starben 20 Tiere, vorwiegend im Alter von zwei bis fünf Monaten. Die Sektionsbefunde sprechen für eine Bleivergiftung. Bei vier von sechs toxikologischen Untersuchungen ergeben sich Bleigehalte zwischen 1,9 und 9,4 ppm in der Leber. Die möglichen Ursachen werden diskutiert.

Summary:

Lead Poisoning of Fruit Bats (Pteropus spec.) in Zoo am Meer, Bremerhaven

Twenty of 24 fruit bats born in this zoological garden died between 1973 and 1978, most of them at an age between two and five months. Lead intoxication was concluded from the histological findings. In four of six toxicological tests liver-borne lead levels were between 1.9 ppm and 9.4 ppm. Possible causes are discussed.

Résumé:

Intoxications au plomb chez des chiens volants (Pteropus spec.) dans le jardin zoologique près de la mer à Bremerhaven

20 des 24 chiens volants nés au jardin zoologique (entre 1973 et 1978) meurent avant tout à l'âge de deux à cinq mois. Les examens de la dissech'ou font état d'une intoxication au plomb. Les examens toxicologiques montrent que quatre des six sujets présentent des teneurs en plomb entre 1,9 et 9,4 ppm dans le foie. Les causes éventuelles sont objet de discussion.

Резюме:

Отравление оловом у летучих собак (Pteropus speo.) в зоопарке Бремахафена

С 24 родившщих в зоопарке летучих собак (I973-I978) умерли 20 животных, прйде всего в возрасте от двух до пяти месяцев. Аутопсия говорит о отравлении олвом. 4 от 6 токсикологических исследований установили содержание олова между I,9 и 9,4 ppm в печени. Возможные причины обсуждаются.

Literatur:

RUEMPLER, G. (1976): Zur Haltung von Flughunden (Pteropus speo.) im Zoo. Zschr. Kölner Zoo 19, 3-8.

Anschrift des Verfassers: Direktor Dr. G. R u e m p l e r,
Zoo am Meer
D-2850 Bremerhaven (BRD)

Aus dem Wissenschaftsbereich Klein- und Heimtierkrankheiten (Leiter: VR Prof. Dr. sc. med. vet. Vera S c h m i d t) und dem Wissenschaftsbereich Anatomie, Histologie und Embryologie (Leiter: Prof. Dr. sc. med. vet. G. M i c h e l) der Sektion Tierproduktion und Veterinärmedizin der Karl-Marx-Universität Leipzig und dem Zoologischen Garten Halle (Leiter: Dr. rer. nat. K.-G. W i t s t r u k)

CHIRURGISCHE ENTFERNUNG UND MORPHOLOGISCHE BESONDERHEITEN DER STINKDRÜSEN BEIM STREIFENSKUNK (MEPHITIS MEPHITIS)

Von Vera S c h m i d t , K.-G. W i t s t r u k und G. M i c h e l

"Wirklich ein freundliches, sympathisches und ehrliches Tier - das Stinktier" (G r z i m e k , 1975). Dennoch schien es angezeigt, bei acht (3,5) am 5. 6. 1978 im Zoo Halle geborenen Streifenskunks am 31. 7. 1978 die Stinkdrüsen (Analbeuteldrüsen) zu entfernen, die einzige, wegen des übelriechenden Inhalts und der Zielsicherheit beim Beschießen des Opfers respektierte wirkliche Waffe dieser kleinen netten Burschen.

Die Drüsen wurden als taubeneigroße, beiderseits des Afters unter der Haut liegende und von Fettgewebe umgebene Gebilde beschrieben (P u s c h m a n n , 1975), deren Ausführungsgang caudal des Afterschließmuskels in den After mündet. Die Menge des vornehmlich aus Mercaptan zusammengesetzten Drüsensekrets richtet sich nach der Frequenz und Menge der jeweiligen Entleerung.

Die Analbeutelexstirpation vollzog sich in folgenden Etappen: Fixation der sich ruhig und interessiert verhaltenden Tiere in der Hand des Zootierinspektors. Zwei der Tiere (Nr. 5 und Nr.8) verspritzten anläßlich dieser Manipulation ungezielt Analbeutelsekret. Intramuskuläre Applikation des Narkotikums Vetalar(R) in einer Dosierung von 40 mg/kg (siehe Tabelle 1). Der Wirkungseintritt deutete sich nach Verlauf von zwei Minuten durch Entspannung des Tieres, Augapfelrückfall und -drehung, Nickhautvorfall und inkompletten Lidschluß an. Fixation des auf dem Rücken gelagerten Tieres in der Hand des Pflegers mit Vorverlagerung und Fixieren der Hinterbeine an die ventrale Bauchwand und Auswärtsdrehen des Schwanzes. Vorbereitung des Operationsfeldes durch Rasieren, Reinigen, Entfetten und Jodieren der rechts und links vom Anus liegenden Hautbereiche. Horizontale, 20 mm lange Schnittführung durch die Haut, beginnend 5 mm seitlich des Anus. Stumpfes Durchtrennen des unter der Haut liegenden Fettgewebes. Sichtbarwerden eines derben, rosagrauen, mit Falten ausgestatteten Gewebes, das im Falle der rechten Seite des erstoperierten Tieres stumpf aus seiner Umgebung gelöst, sich als kräftige Muskelhülle des Analbeutels herausstellte, dessen Ausführungsgang etwa in der Mitte seines Verlaufs mit einer sphinkterartigen Verdickung ausgestattet ist. Nach Durchdringen der zirka 3 mm dicken Muskelschicht mit Hilfe eines mit der Spitze aufgesetzten Skalpells gelangt man auf den gelblichweiß erscheinenden Analbeutel, dessen Wandung sehr dünn, jedoch von derbelastischer Konsistenz ist. Er läßt sich (wie mit Ausnahme des rechten Analbeutels des erstoperierten Tieres dann praktiziert) aus einer zirka 1 cm großen Inzisionsöffnung der Muskelschicht bei konzentriertem und vorsichtigem Vorgehen stumpf herauslösen und am Beginn seines Ausführungsganges noch vor seiner Papille mit Catgut 2/0 doppelt unterbinden und mittels Schere zwischen den zwei Unterbindungsstellen absetzen. Zweimal wurde der Analbeutel während seiner Vorverlagerung verletzt. Das aus der Öffnung quellende Sekret wies ein zitronengelbes, inhomogenes, mit zerdrückbaren, käsig anmutenden Flocken durchsetztes Aussehen auf. Nach Einbringen von 2000 IE einer 10%igen Penizillin-Na-Lösung in die zurückbleibende Analbeutel-Muskelhöhle erfolgte der Wundverschluß durch Knopfnähte mit 1/0 Naturseide. Die Operationsdauer betrug nach Einarbeiten 20 - 30 Min. (siehe Tabelle 1). Die Anästhesie war für diese Zeit voll ausreichend, ja, wir kamen sogar bei den ersten drei Tieren mit erheblich längerer Operationsdauer (die auf unsere zunächst vorhandene Unerfahrenheit zurückzuführen war) ohne Nachdosierung aus.

Die Nachbehandlung erfolgte ausschließlich durch Auflegen gekühlter Kompressen. Nach acht Tagen (am 8. 8. 1978) wurden die Fäden gezogen. Bei Tier Nr. 1 trat zu diesem Zeitpunkt aus der rechten Operationswunde etwas stinkendes, blutig-eitriges Sekret aus, bei Tier Nr. 5 trat Stichkanalsekretion auf, die mit einem der Analbeutelflüssigkeit ähnelnden gelbflockigen Sekretanteil untermischt erschien. Bei den übrigen Tieren heilten die Operationswunden per primam intentionem. Die Wundheilungsstörung der zwei genannten Tiere war nach zirka 14 Tagen überwunden.

Tabelle 1:

	Gewicht des Tieres	Vetalareinsatz	Operationsdauer
1. Tier ♀	685 g	0,30 ml	50 Minuten
2. Tier ♀	695 g	0,30 ml	45 "
3. Tier ♀	735 g	0,31 ml	40 "
4. Tier ♂	945 g	0,38 ml	30 "
5. Tier ♀	685 g	0,30 ml	23 "
6. Tier ♂	850 g	0,38 ml	22 "
7. Tier ♀	795 g	0,35 ml	21 "
8. Tier ♂	870 g	0,38 ml	22 "

Tabelle 2:

Gewichte der Drüsen:

1. Tier ♀	rechte Drüse	2,365 g	(Drüse mit umgebender Muskulatur)
	linke Drüse	0,698 g	
2. Tier ♀	rechte Drüse	0,968 g	
	linke Drüse	0,946 g	
3. Tier ♀	rechte Drüse	0,514 g	
	linke Drüse	0,740 g	
4. Tier ♂	rechte Drüse	0,514 g	
	linke Drüse	2,440 g	
5. Tier ♀	rechte Drüse	1,850 g	
	linke Drüse	1,119 g	
6. Tier ♂	rechte Drüse	0,965 g	
	linke Drüse	0,650 g	
7. Tier ♀	rechte Drüse	0,781 g	
	linke Drüse	0,937 g	
8. Tier ♂	rechte Drüse	0,567 g	
	linke Drüse	1,019 g	

Alle acht Jungtiere wurden nach der Operation gemeinsam, jedoch vom Muttertier getrennt, gehalten, und zwar zunächst zwei Monate lang (bis zum 4. 10. 1978) in einem Käfig im Hausgarten von K. Witstruk. Hier hatten die Tiere täglich ein bis zwei Stunden unter Aufsicht freien Auslauf im gesamten Gartengelände. In dieser Zeit traten bei täglicher Kontrolle der Tiere bis auf einen geringen Darmverfall (Tier Nr. 4), der sich innerhalb von 24 Stunden von selbst wieder behob, keine Krankheitserscheinungen auf. Am 4. 10. 1978 wurden die Tiere wieder in den Tierbestand des zuständigen Reviers des Zoos übernommen.

Der vom Tier Nr. 1 stammende Analbeutel mit umgebender Muskelschicht wurde der histologischen Untersuchung zugeführt. Die sekretproduzierenden Drüsen liegen in Form von Paketen innerhalb der dicken Muskelhülle und münden über kurze, kleine Ausführungsgänge in einen großen Sammelraum (Abb. 1), den Analbeutel. Die quergestreiften Muskelfaserbündel sind vorwiegend zirkulär um die Drüsen und damit gleichzeitig um den Sammelraum angeordnet. Die Muskulatur bildet in der Gesamtheit eine aus großen Bündeln bestehende gemeinsame dicke Lage.

Die Muskulatur setzt sich auf den großen Ausführungsgang des Sammelraumes fort. Dabei werden die Muskelfaserbündel kleiner und durch gröbere Bindegewebssepten getrennt. Um den Ausführungsgang liegt somit gleichfalls eine Muskelhülle, die aus einzelnen Bündeln besteht (Abb. 2). Diese verlaufen außen, wo die Bündel noch größer sind, vorwiegend zirkulär, nach innen verkleinern sie sich weiter, lassen zum Teil einen mehr schrägen Verlauf erkennen und sind durch gröbere Bindegewebssepten getrennt. Diese Anordnung der Muskelbündel in verschiedener Richtung mit dem reichen Bindegewebsnetz deutet auf einen sphinkterähnlichen Bau hin. Es bleibt weiteren Untersuchungen an Quer- und Längsschnittserien vorbehalten, seine Ausbildung weiter zu klären, um daraus genaue Rückschlüsse auf die Funktion ziehen zu können.

Diskussion:

Die histologischen Befunde lassen erkennen, daß die sekretproduzierenden Drüsen im Muskelgewebsverband liegen und bei der geschilderten Operationsmethode, wie auch bei der von H a m a n n (1963) beschriebenen (Exstirpation des Analbeutels unter Erfassen und zirkulärer Umschneidung seiner Ausführungspapille von der Rektumschleimhaut her) im Tier verbleiben können. Mit einer Sekretion müßte demzufolge noch gerechnet werden. Hierfür spräche der Befund bei dem Tier mit der Stichkanalsekretion. Die gezielte Sekretabgabe ist auf Grund des fehlenden und im Stumpf mittlerweile ausgranulierten Ausführungsganges nicht mehr möglich. Der Erfolg der bisher angewandten Operationsmethoden (H a m a n n , 1963; K l ö s , 1963) läßt vermuten, daß die Drüsen postoperativ möglicherweise einer Atrophie anheimfallen.

Zusammenfassung:

Chirurgische Entfernung und morphologische Besonderheiten der Stinkdrüsen beim Streifenskunk (Mephitis mephitis)

Bei acht juvenilen Skunks wurde mit Erfolg der transperineale Operationsweg zur Entfernung der Analbeutel gewählt, Die morphologische Struktur ist durch Anordnung sekretproduzierender Drüsenpakete in der starken, den Analbeutel umgebenden Muskulatur und durch einen sphinkterähnlichen Aufbau der Muskulatur des Ausführungsganges des Analbeutels gekennzeichnet.

Summary:

Surgical Removal and Morphological Peculiarities of Anal Glands of Striped Skunk (Mephitis mephitis)

The anal glands of eight juvenile skunks were removed with good success by transperineal surgery. The morphological structure was found to be characterised by arrangement around the anal bag of parcels of secretory glands which are embedded in strong muscles. The muscles which surround the exit of the anal bag are of spinoteral structure.

Résumé:

Ablation chirurgicale et particularités morphologiques des glandes anales chez la moufette à rayures

C'est avec succès que nous avons procédé à l'ablation de la bourse anale chez huit (8) jeunes skunks par voie transpérinéale. La structure morphologique est caractérisée par une suite d'amas de glandes secrétrices à l'intérieur de la forte musculature qui entoure la bourse anale et par une structure musculaire analogue au sphinctère de la voie d'évacuation de la bourse anale.

Резюме'

Хирургическое удаление и морфологические особенности душистой железы у обыкновенной вонючки (Mephitis mephitis)

Для удаления анальной мешки у 8 молодых обыкновенных вонючек успешно применился трансперинеальный путь операции. Морфологическая структура характеризуется распределением секрет- образующих пучков желез в сильной мускулатуре вокруг анальной мешки и сфинктеробразным строением мускулатуры выводящего из анального мешка канала.

Literatur:

GRZIMEK, B. (1975): Zwanzig Tiere und ein Mensch. Berlin: Henschel.

HAMANN, J. R. (1963): Tierärztliche Betreuung der zahmen Skunks. Vet. Med., Small Anim. Clin. 64, 409.

HERTER, K. (1972): in: Grzimeks Tierleben, Bd. 12, Zürich: Kindler.

KLÖS, H.-G. (1963): Mehrere Methoden der Stinkdrüsen-Exstirpation von im Berliner Zoologischen Garten geborenen Skunks. Zool. Garten 28, 93-97.

PUSCHMANN, W. (1975): in: Wildtiere in Menschenhand - Säugetiere. Berlin: Landwirtschaftsverlag.

Anschrift der Verfasser: Prof. Dr. sc. med. vet. Vera Schmidt,
DDR 701 Leipzig, Zwickauer Str. 57 (DDR)

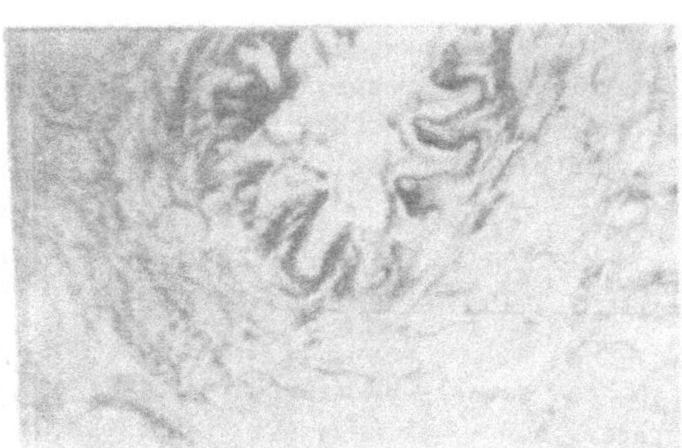

Abb. 1: Schnitt durch den Ausführungsgang des Sammelraumes der Stinkdrüse eines Streifenskunks.
H.-E.-Färbung. Proj. 4, Obj. 2,5

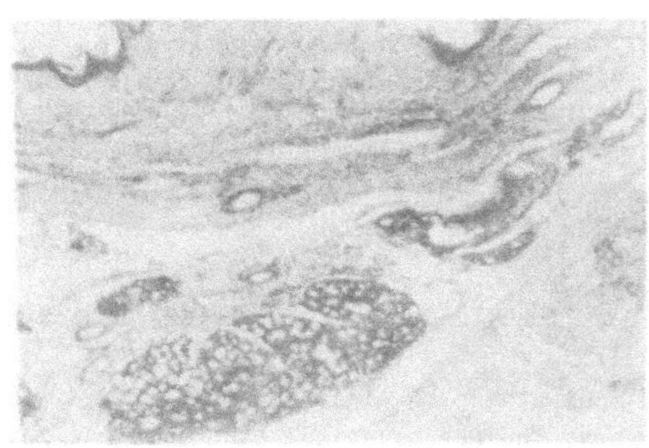

Abb. 2: Schnitt durch die Stinkdrüse eines Streifenskunks.

H.-E.-Färbung. Proj. 4, Obj. 2,5
1) Epithel des Sammelraumes
2) Drüsen (umgeben von Muskulatur und Bindegewebe)
3) kleine Ausführungsgänge der Drüsen
4) quergestreifte Muskulatur

From the Department of Biology, Veterinary Faculty Zagreb

ECOLOGICAL APPROACH TO PARASITIC INVASION OF ZOO ANIMALS

By D. H u b e r and I. E h r l i c h

Reported in this paper is a systematic study into helminthoparasites that infested the animals in the Zoo of Zagreb. The authors' approach has been ecological, in that they have concentrated on factors which determined the buildup, maintenance, and control of parasitic populations in an environment entirely influenced by man. Major emphasis was laid on a factor which was defined as the "increase in the coefficient of used unit area" with respect to increasing intensity in parasitic invasion.

Ninety postmortems and coprological examinations were performed on 56 different animal hosts. Twenty-six host species (46 per cent) were infested with 23 endohelminthic species. All individuals of one and the same species were not infested to the same degree with some of them even free of a parasite which might have infested another host heavily. Certain parasites were without host specificity. The figure of host species affected, therefore, was higher (46 per cent) than that of invaded individuals (40 per cent), as may be seen from Table 1.

Parasites to wild animals were reported earlier by many authors and also in manuals on animal parasitology, like O l s e n 's (1974) and S p r e h n 's (1932).

Some important data about Apophallus muehlingi were given by O d e n i n g (1970). Crepidobothrium gerrardii was reported by K ü t z e r et al. (1965b) and F r a n k et al. (1977b). Polydelphis anoura was covered by S p r e n t (1969 and 1970) and K u t z e r at al. (1965a), Toxascaris leonina by E h r l i c h (1938), and Toxascaris transfuga by M a s t a - c a n et al. (1969), B r g l e z et al. (1968) and D e l i ć et al. (1971). Data about Ascaridia galli may be found from S t o i c a n et al. (1972) and H e r c e g et al. (1972), while Contracaecum microcephalum was reported by S t o i c a n et al. (1970), Heterakis by H ö r c h n e r (1963), Rhabditidae by I p p e n (1965), Z w a r t (1968), and F r a n k et al. (1977a), and Haemonchus contortus by S o s n o w s k i (1967) and H u b e r et al. (1975). Metastrongylidae was mentioned by C o c i u et al. (1968), P á s z t o r (1968), S o s n o w s k i (1968), and F r a n k et al. (1975), and Trichuris ovis by B r g l e z et al. (1969). Armillifer moniliformis (Pentastomida), finally, was listed by Z w a r t (1968), I p p e n (1965), G r ü n b e r g et al. (1963), Č u l j a k (1972), and T o m a n o - v i ć et al. (1976).

Some of the parasite species had to be left unidentified on account of their unsuitability or of scarcity of material or due to the lack of appropriate description in literature. In the following list of parasites and hosts the numbers in brackets denote repeated findings and the (+) marks cases of lethal invasion:

1. Opisthorchis sp.: Anaconda (Eunectes murinus)
2. Apophallus muehlingi (Jägerskiöld, 1899): Pelican (Pelecanus sp.) (2)
3. Fasciola hepatica Linnaeus, 1758: Nilgau antelope (Boselaphus tragocamelus)
4. Crepidobothrium gerrardii (Baird, 1860): Anaconda (Eunectes murinus)
5. Himenolepis sp.: Middle spotted woodpecker (Dendrocopus medius) (+)
6. Polydelphis anoura Baylis, 1920: Burmese python (Python molurus) (+)
7. Toxocara canis (Werner, 1782): Grey wolf (Canis lupus), Dog (Canis familiaris) (2)
8. Toxascaris leonina (Linstow, 1902): Cheetah (Acinonyx jubatus), Lion (Panthera leo)
9. Toxascaris transfuga (Rudolphi, 1819): Brown bear (Ursus arctos)
10. Ascaridia galli (Schrank, 1788): North American wood duck (Aix sponsa) (2)

11. Porrocaecum angusticolle (Molin, 1960): Buzzard (Buteo buteo)
12. Contracaecum microcephalum (Rudolphi, 1809): White stork (Ciconia ciconia)
13. Heterakis sp.: Emerald lizard (Lacerta viridis) (3)
14. Rhabditis sp.: Burmese python (Python molurus), Indian python (Python bivittatus), smooth snake (Coronella austriaca) (+), Eastern glass lizard (Ophisaurus ventralis (+) (5).
15. Ancylostoma caninum (Ercolani, 1859), Grey wolf (Canis lupus).
16. Syngamus sp.: Northern hill mynah (Gracula religiosa)
17. Haemonchus contortus (Rudolphi, 1830): Barbary sheep (Ammotragus lervia) (+)
18. Metastrongylus sp.: African pygmy goat (Capra hircus minor)
19. Trichuris ovis Abildgaard, 1755: Dromedary (Camelus dromedarius (+) (3), Bactrian camel (Camelus bactrianus (+) (3)
20. Trichuris vulpis (Froelich, 1889): Grey wolf (Canis lupus)
21. Trichuris sp.: Coypu (Myocastor coypus) (2)
22. Capillaria sp.: North American wood duck (Aix sponsa)
23. Armillifer moniliformis (Diesing, 1835): Burmese python (Python molurus).

Parasitisation of free-living hosts is a normal ecological feature and conducive stability of the ecosystem (K e n n e d y , 1975). There are many ways of feedback control to keep parasitic populations on tolerable levels in ecosystems unaffected by activity of man. A high percentage of invaded hosts (incidence) and often a high worm burden (intensity) were established by the authors' findings in the Zoo of Zagreb and pointed to an abnormal situation which they have been trying to understand for theoretical and practical reasons.

A zoo is an artificial environment with numerous obstacles to natural self-regulation. Microclimate, soil, feedstuff, and other habitat parameters can be artificially created with good success. Yet, over population of zoo animals per unit space, an unavoidable characteristic of zoo practice, is the main reason for which control is lost over the populations of parasitic helminthes. The area at the disposal of any given individual animal in free nature is larger than that in even the most generously arranged in zoological garden. A zoo animal, consequently, will get more often into contact with every unit part of usable space, an ecological measure denoted elsewhere by the authors as "increase in the coefficient of used unit area" (H u b e r , 1977). This factor has a double effect with respect to the intensity of parasitic invasion: 1. Developmental phases of ground-borne helminthes are distributed within limited space, which causes hyperinvasion of the soil.
2. Repeated contact of the host with every space unit in the area increases the probability of re-invasion of the host by each of the parasites present. All this should allow for exponential increase in the helminthoparasitic population, with negative impact on the host's homoeostasis. It might even be followed by complete destabilisation of the host - parasite system. It is only reasonable to expect that hyperpopulation of hosts causes hyperpopulation of parasites. The six cases of lethal invasion among camels, caused by Trichuris ovis, are the most illustrative examples from the authors' own investigations.

It is also reasonable to suppose that, along with this mechanism of re-invasion, a series of favouring factors should come into play. In the first place, among those parasites potentially suitable for extensive re-invasion the best candidates would be the geohelminthic species, parasites with direct developmental cycle. Biohelminthes with cycles that include intermediate hosts usually show low incidence in zoos and show up sporadically in animals that are kept associated. Yet, sometimes even such parasites may produce high intensity and lethal invasion, as exemplified by the nematode Polydelphis anoura in Burmese python in the Zagreb zoo. Nevertheless, twelve of 14 listed lethal invasions had been caused by geohelminthes.

Ambient characteristics of the habitat may be helpful in more or less successful checking of re-invasion. Variation of such characteristics by inobservance or disregard may contribute to an increase in re-invasion. Yet, they usually are not as strong as the intrinsic factor of the increase in used unit space.

Table 1:

	Reptiles		Birds		Mammals		Total	
	Number of findings	Number of animal species	Number of findings	Number of animal species	Number of findings	Number of animal species	Number of findings	Number of animal species
Negative examinations	3 (23%)	2 (25%)	18 (67%)	14 (67%)	33 (66%)	14 (52%)	54 (60%)	30 (54%)
Positive examinations	10 (77%)	6 (75%)	9 (33%)	7 (33%)	17 (34%)	13 (48%)	36 (40%)	26 (46%)
Total (100 %)	13	8	27	21	50	27	90	56

The habit of snakes to lie for weeks on the same place, as was seen by the five specimens of the lethally invaded smooth snakes (Coronella austriaca), exemplifies the potential importance of ethological peculiarities of a given animal host to re-invasion.

The authors are aware that host response to the parasite is of great influence to the intensity of parasitic invasion. Immunity against parasites calls for investigations of a different type, and along this line of ecological parasitology a team of scientists is working in the Department of Biology in Zagreb.

<u>Summary:</u>

<u>Ecological Approach to Parasitic Invasion of Zoo Animals</u>

Twenty-three endohelminthic species were identified from 36 invaded animals in the Zoological Garden of Zagreb. The species obtained belonged to 15 families. Helminthic parasitisation was recorded from 46 per cent of the animal species and 40 per cent of the invividuals kept in the Zoo. A list is given of host-animal species and their respective helminthoparasites. The authors' findings seem to suggest that relative hyperpopulation of host-animals in a zoo causes hyperpopulation of helminthoparasites and undermines the stability of the host-parasite system. An explanation of this interdependence is offered by the mechanism of repeated use of unit space by the host-animals. Other factors were discussed.

<u>Zusammenfassung:</u>

<u>Parasitenbefall bei Tieren der Zoologischen Gärten als ein ökologisches Problem</u>

Bei 36 Tieren mit Parasitenbefall konnten 23 Arten von Endoparasiten gefunden und bestimmt werden. Sie waren 15 Familien zuzuordnen. 46 % aller Tierarten und 40 % aller Tiere zeigten einen Helminthenbefall. Die Untersuchungsergebnisse werden tabellarisch wiedergegeben. Es wird vermutet, daß ein zu starker Tierbesatz in den Gehegen das Wirt-Parasitenverhältnis negativ beeinflußt. Weitere Faktoren werden analysiert.

Résumé:

L'infection parasitique d'animaux gardés des les jardins zoologiques, un problème écologique

L'examen de 36 animaux a permis de dépister et de déterminer 23 espèces d'endoparasites appartenant à 15 familles. 46 % de toutes les espèces d'animaux et 40 % de tous les animaux étaient infectés par les helminthes. Un tableau fait état des résultats atteints dans les expériences qui amènent à la conclusion que peut-être une surpopulation du jardin zoologique influe négativement sur le rapport entre hôte et parasite. En plus de cela, d'autres facteurs sont objets de discussion.

Резюме:

Заражение животных зоопарка паразитами как экологическая проблема

У 36 животных зараженных паразитами были установлены 23 вида эндопаразитов. Они относятся к I5 фамилиям . 46% всех видов животных и 40% всех животных были заражены гельминтами. Результаты исследования показаны в таблицах. Вероятно большое число животных в оградах оказывает отрицательное влияние на отношение паразитов и хозяев. Анализируются и другие факторы.

Literature:

BRGLEZ, J., und S. VALENTINČIČ (1968): Nametnici medvjeda (Ursus arctos L.). Acta vet., Beograd, 18, 6, 379-384.

BRGLEZ, J. and L. ŠENK (1969): Contribution to the knowledge of pathogenicity of trichuriasis in wild ruminants in captivity. Verhandlungsber. XI. Internat. Symp. Erkrankungen Zootiere, Zagreb, 187-188.

COCIU, M., WAGNER, G., MASTACAN, D. und D. NEGRU (1968): Eine durch Lungenwurmbefall komplizierte Adaptationskrise bei einem Wisent (Bison bonasus L.). Verhandlungsber. X. Internat. Symp. Erkrankungen Zootiere, Salzburg, 77-79.

ČULJAK, K. (1972): Einige Funde von Armillifer armillatus bei Zootieren. Verhandlungsber. XIV. Intern. Symp. Erkrankungen Zootiere, Wrocław, 373-374.

DELIĆ, S. und J. BRGLEZ (1971): Parazitoze lovne divljači u nekim područjima Jugoslavije. Acta Parasitologica Jugoslavica, 2, 1, 25-31.

EHRLICH, I. (1938): Parazitička fauna pasa s područja grada Zagreba. Veterinarski arhiv, 8, 11, 531-571.

FRANK, H., FRESE, K. und R. SCHÜTZE (1975): Zerebrospinale Nematodiasis bei afrikanischen Antilopen in einem Safaripark. Verhandlungsber. XVII. Internat. Symp. Erkrankungen Zootiere, Tunis, 111-116.

FRANK, W. und Brigitte LOOS-FRANK (1977a): Interessante Krankheitsbilder bei Amphibien und Reptilien, die durch Bakterien, Pilze und Parasiten bedingt sind - eine Übersicht nach 15jähriger Erfahrung. Verhandlungsber. XIX. Internat. Symp. Erkrankungen Zootiere, Poznań, 31-44.

FRANK, W. und K. REICHEL (1977b): Erfahrungen bei der Bekämpfung von Nematoden und Cestoden bei Reptilien und Amphibien. Verhandlungsber. XIX. Internat. Symp. Erkrankungen Zootiere, Poznań, 107-114.

GRÜNBERG, W., KUTZER, E. und E. OTTE (1963): Abszeßähnliche Nekrosen bei Schlangen aus Zoologischen Gärten. Berl.Münch.tierärztl.Wschr. 76, 5, 90-95.

HERCEG, M., HUBER, I., MAŘAN, B., ČUTURIĆ, S. und A. VRANČIĆ (1972): Zur Sektionsstatistik bei Vögeln des Zoologischen Gartens der Stadt Zagreb. Verhandlungsber. XIV. Internat. Symp. Erkrankungen Zootiere, Wrocław, 37-42.

HÖRCHNER, F. (1963): Zur Parasitenfauna der Chameleontidae und Agamidae (Squamata). Z. ParasitKde 22, 537-544.

HUBER, I., MAŘAN, B., HERCEG, M. und A. VRANČIĆ (1975): Über die Krankheiten der afrikanischen Tiere im Zoologischen Garten der Stadt Zagreb. Verhandlungsber. XVII. Internat. Symp. Erkrankungen Zootiere, Tunis, 15-18.

IPPEN, R. (1965): Reptilienerkrankungen. VII. Internat. Symp. Erkrankungen Zootiere, Zürich und Basel, 66-71.

KENNEDY, C. R. (1975): Ecological Animal Parasitology. Oxford-London-Edinburgh-Melbourne: Blackwell Scientific Publications.

KUTZER, E. und J. LAMINA (1965a): Zur Biologie einiger Schlangen Ascariden. Z. ParasitKde. 25, 211-230.

KUTZER, E. und W. GRÜNBERG (1965b): Massenbefall mit Crepidobothrium gerrardii (Baird, 1860) bei einer Anakonda (Eunectes murinus). Z. ParasitKde. 26, 24-28.

MASTACAN, D., WAGNER, G., COCIU, M. und N. MICU (1969): Starker Wurmbefall mit Toxascaris transfuga (Rudolphi 1819) bei einem Eisbären (Thalarotos maritimus). Verhandlungsber. XI. Internat. Symp. Erkrankungen Zootiere, Zagreb, 175-179.

ODENING, K. (1970): Der Entwicklungszyklus von Apophallus muehlingi (Trematoda: Opisthorchiida: Heterophyidae) in Berlin. Z. ParasitKde. 33, 194-210.

OLSEN, O. W. (1974): Animal Parasites; Their Life Cycles and Ecology. Baltimore-London-Tokyo: University Park Press.

PASZTOR, L. (1968): Die Lungenwurmseuche des Mufflons (Ovis musimon) und ihre Therapie mit Thiabendazol. Verhandlungsber. X. Internat. Symp. Erkrankungen Zootiere, Salzburg, 81-82.

SOSNOWSKI, A. (1967): Behandlungsversuche der Darmparasitosen bei Kamelen im Zoo Łódź. Verhandlungsber. IX. Internat. Symp. Erkrankungen Zootiere, Prag, 97-98.

SOSNOWSKI, A. (1968): Diktyokaulose bei Kamelen im Zoo Łódź. Verhandlungsber. X. Internat. Symp. Erkrankungen Zootiere, Salzburg, 73-75.

SPREHN, E. W. (1932): Lehrbuch der Helminthologie. Berlin: Gebrüder Borntraeger.

SPRENT, J. F. A. (1969): Studies on ascaroid nematodes in pythons: redefinition of Ophidascaris filaria and Polydelphis anoura. Parasitology 59, 129-140.

SPRENT, J. F. A. (1970): Studies on ascaroid nematodes in pythons: the life-history and development of Polydelphis anoura in Australian pythons. Parasitology 60, 375-397.

STOICAN, E., EUSTAFIEVICI, VL., POPESCU, S., MASTACAN, D., COCIU, M., MICU, N. and G. WAGNER (1970): Contributions to the study of the helminthofauna and to the therapy of some helminthoses in birds in the Zoological Garden of Bucharest. Verhandlungsber. XII. Internat. Symp. Erkrankungen Zootiere, Budapest, 297-300.

STOICAN, E., MASTACAN, D., COCIU, M., MICU, N., WAGNER, G. und V. EUSTAFIEVICI (1972): Helminthosen bei einigen Vogelarten im Zoologischen Garten Budapest und unsere Erfahrungen bei der Behandlung. Verhandlungsber. XIV. Internat. Symp. Erkrankungen Zootiere, Wrocław, 105-108.

TOMANOVIĆ, B. und S. PAUNOVIĆ (1976): Parazitološki nalaz kod anakonde (Eunectes murinus) uginule u beogradskom Zoološkom vrtu. Veterinarski glasnik 12, 1051-1055.

ZWART, P. (1968): Parasitäre und mykotische Lungenaffektionen bei Reptilien. Verhandlungsber. X. Internat. Symp. Erkrankungen Zootiere, Salzburg, 45-48.

Anschrift der Verfasser: D. Huber, M. Sc. and
Prof. Dr. I. Ehrlich, Ph. D.
Veterinary Faculty
Heinzelova 55
41000 Zagreb (SFR Jugoslawien)

Aus dem Wissenschaftsbereich Klein- und Heimtierkrankheiten (Leiter: VR Prof. Dr. sc. Vera S c h m i d t) und aus dem Wissenschaftsbereich Veterinär-Pathologie (Leiter: Dozent Dr. sc. U. J o h a n n s e n) der Sektion Tierproduktion und Veterinärmedizin der Karl-Marx-Universität Leipzig

TUMOREN BEI WELLENSITTICHEN

Von P. A r n o l d , K.-F. S c h ü p p e l und Walpurga G o e t t e

Der Wellensittich gehört zu den am häufigsten gehaltenen Heimtieren. Auch in Zoologischen Gärten gehört er zum festen Tierbestand. Er besitzt eine Popularität wie kein anderer Vogel in der Welt. Als Patient in der tierärztlichen Kleintiersprechstunde gewinnt er deshalb ständig mehr an Bedeutung.

Die auffällige Neigung des Wellensittichs zur Tumorbildung verdient bei dem weltweiten Interesse an Entstehung, Behandlung und Verhütung des Krebses beim Menschen und bei Tieren größte Beachtung. K r o n b e r g e r (1962) fand bei 200 pathologisch-anatomisch untersuchten Wellensittichen 4,5 % Tumorträger, S c h e t t l e r (1968) 6,7 %, K e y m e r (1960) 8,8 %, G r i m m und J a c o b y (1977) 13,8 %, B l a c k m o r e (1967) 14,8 % und B e a c h (1962) 24,2 %.

Trotz der erheblichen Differenzen bei den Zahlenangaben stimmen alle genannten Autoren darin überein, daß der Wellensittich eine hohe Prädisposition zur Tumorbildung besitzt. Dies wird nach K r o n b e r g e r (1962) nur noch vom Hund übertroffen. Das Verhältnis der bösartigen Geschwülste zu den gutartigen beträgt nach K r o n b e r g e r (1962) 4,5 : 1. S c h e t t l e r (1968) fand bei 27,8 % der Tumorträger Lipome, das entspricht 2,3 % aller untersuchten Wellensittiche. Die Neigung zur Metastasenbildung beträgt nach dem Material von B l a c k m o r e (1967) zirka 10 %.

In den Jahren 1977/78 wurde in unserer Klinik bei 115 Wellensittichen auf Grund der klinischen Symptome die Diagnose "Geschwulsterkrankung" gestellt. Klinisch davon nicht eindeutig abgrenzbar und deshalb differentialdiagnostisch beachtenswert sind Abszesse, Zysten, Strumen, Granulome und Hämatome.

In Tabelle 1 sind die Lokalisation der Umfangsvermehrungen und deren histologische Befunde dargestellt. In 26 Fällen (22,6 %) wurden bösartige Geschwülste, in 50 Fällen (43,5 %) gutartige Geschwülste und in 39 Fällen (33,9 %) Abszesse, Strumen, Hämatome, Granulome und Zysten festgestellt. Das Verhältnis der bösartigen zu den gutartigen Geschwülsten beträgt etwa 1 : 2. Der Unterschied zu dem von K r o n b e r g e r (1962) angegebenen Verhältnis von 4,5 : 1 erklärt sich aus den objektiven Grenzen der klinischen Diagnostik gegenüber der pathologischen Diagnostik, insbesondere bei Tumoren in der Leibeshöhle.

Bei der Betrachtung des Alters der tumorkranken Wellensittiche wird sichtbar, daß die Tumorbildung keine Folge des Erreichens eines hohen Lebensalters ist, denn der größte Anteil der Tumorpatienten wird in den Altersgruppen bis sechs Jahren angetroffen. S t ü n z i (1972) fordert bei statistischen Erhebungen über Tumoren beim Haustier im Vergleich die altersmäßige Zusammensetzung der Gesamtpopulation zu berücksichtigen. Bei 72 tumorkranken Wellensittichen ließ sich das Alter exakt ermitteln. In Tabelle 2 ist die altersmäßige Verteilung der 115 Tumorpatienten dargestellt. Im Vergleich dazu erfolgt die altersmäßige Aufschlüsselung unseres sonstigen klinischen Patientengutes.

Während für andere Tierarten und speziell Hund und Katze (S t ü n z i , 1972; Ü b e r r e i t e r , 1977) im höheren Lebensalter steigende Tumorneigung konstatiert werden kann, ergeben unsere, sich auf die Jahre 1977/78 beziehenden Erhebungen ein anderes Bild. Tumorerkrankungen kommen mehr oder weniger in allen Altersgruppen vor, wobei einzelne Altersgruppen besonders

Abb. 1: Xanthom, im Bereich des Brustmuskels

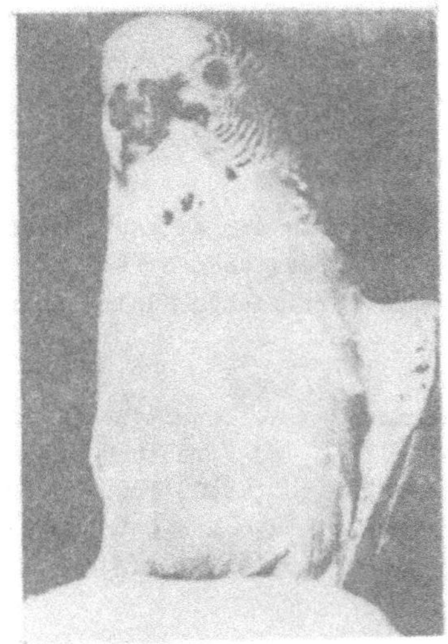

Abb. 2: Hämangiom (in linke Nasenhöhle) eingebrochen)

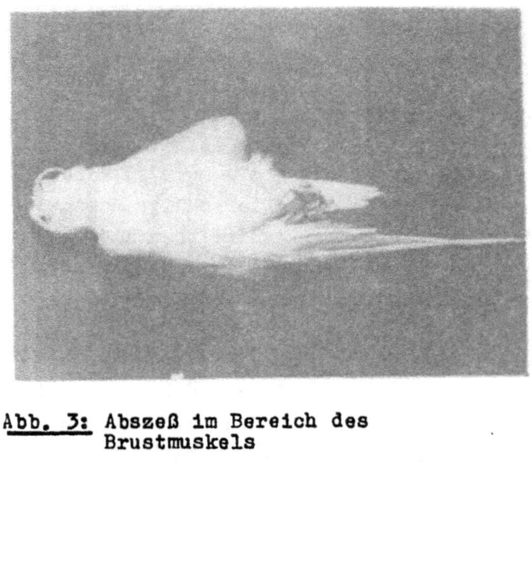

Abb. 3: Abszeß im Bereich des Brustmuskels

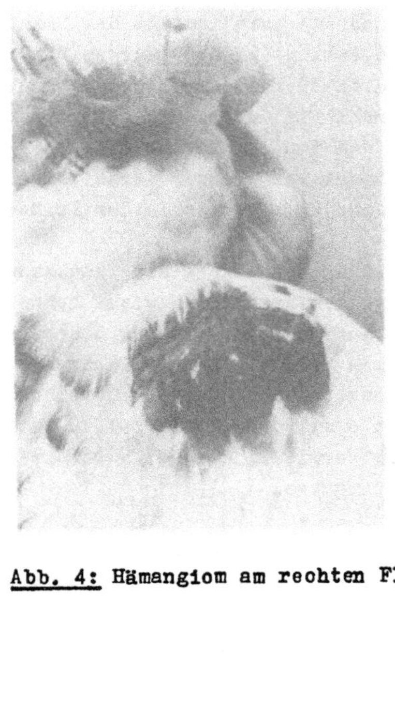

Abb. 4: Hämangiom am rechten Flügel

Abb. 5: Papillom im Schnabelwinkel

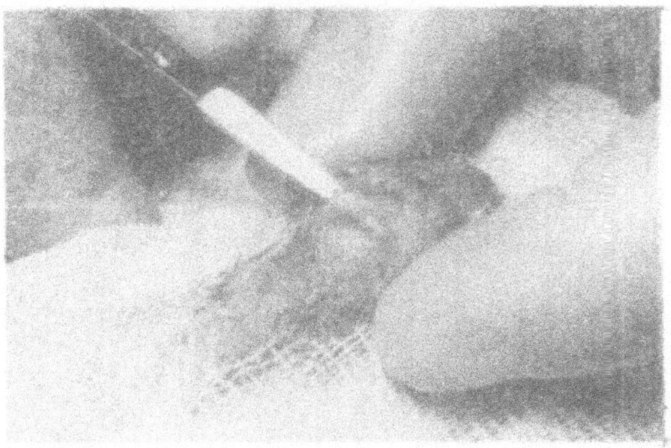

Abb. 6: Lipomoperation. Stumpfes Lösen des Tumors von der Haut

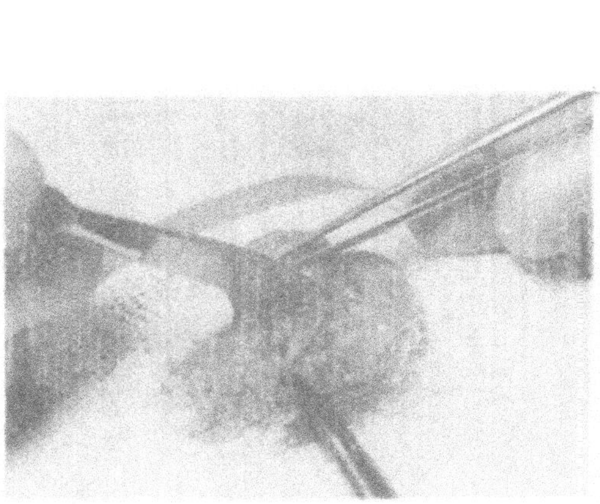

Abb. 7: Lipomoperation. Freipräparieren des Tumors vom Brustmuskel

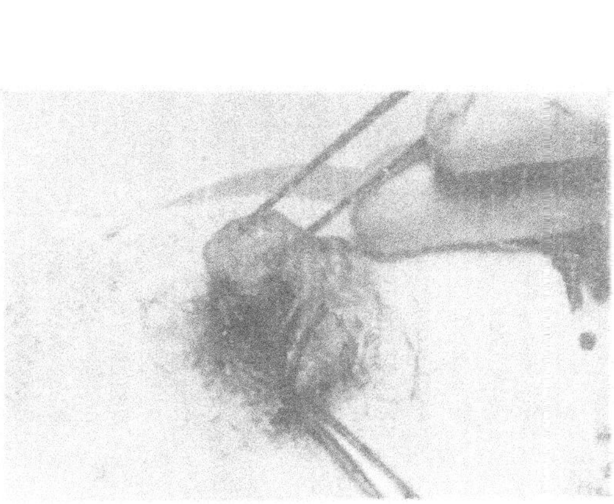

Abb. 8: Lipomoperation. Der Tumor ist weitgehend von der Unterlage gelöst.

Tabelle 1 — Lokalisation und histologische Befunde

	Kopf-bereich	Hals-bereich	Brust-bereich	Bauch-bereich	Rücken	Bürzel-bereich	Flügel	Ständer	Nieren	Gonaden	Schild-drüse	Gesamt
Epitheliom						2						2
Papillom	7											7
Seminom										1		1
Adenokarzinom									2		2	4
Plattenepithel-karzinom x)				1		5						6
Hämangiom	1			1			1					3
Lipom/Xanthom	4	1	16	6	1	3	3	1				35
Neurinom			1				1					2
Myxom						1						1
Riesenzell-sarkom							1					1
Spindelzell-sarkom		1	1			1	7	2				12
Fibrosarkom			1									1
undiff.Sarkom				1								1
Abszeß	1	1	4	4	1	3	2					16
Zyste		7	1			1						9
Hämatom	1		3				2	1				7
Struma											4	4
Granulom			1				2					3
Gesamt	14	10	28	13	2	16	19	4	2	1	6	115

x) einschließl. verhornendem Plattenepithelkarzinom und Kankroid

Tabelle 2: Prozentuale Verteilung der Altersgruppen der tumorkranken Wellensittiche und der sonstigen klinischen Patienten

Jahre	<1	<2	<3	<4	<5	<6	<7	<8	<9	<10	<11	<12	<13	<14	<15	<16
Tumorpatienten $n = 72$	12,5	18,2	19,5	15,4	15,4	9,2	-	2,8	2,8	-	-	-	1,4	2,8	-	-
Sonstige klin. Patienten $n = 4000$	31,8	17,6	15,1	12,0	8,2	5,1	3,6	3,2	1,3	0,8	0,3	0,4	0,3	0,1	0,1	0,1

prädisponiert erscheinen. Für die Altersgruppe zwei bis sechs Jahre ergibt der x^2-Test eine Signifikanz von 95 %, für die Altersgruppe vier bis sechs Jahre eine solche von 99 %.

Wellensittiche werden wegen tumoröser Erkrankungen häufig erst dann in den tierärztlichen Sprechstunden vorgestellt, wenn schon erhebliche klinische Erscheinungen aufgetreten sind, oder wenn der Tumor für den Besitzer offensichtlich erkennbar ist, wie zum Beispiel Papillome im Schnabelwinkel, Tumoren im Augenbereich oder ähnliches.

Die Diagnostik oberflächlich liegender Tumoren bereitet in der Regel keine Schwierigkeiten. Die klinischen Erscheinungen bei Tumoren in der Leibeshöhle sind häufig unspezifisch. Apathie über längere Zeit, Abmagerung, Atmungsstörungen, Durchfall sowie eventuell einseitige Ständerlähmungen können Hinweise geben. Die Diagnostik gestaltet sich hier schwieriger, unter Umständen ist ein Röntgenogramm aufschlußreich.

Die einzig mögliche wirksame Therapie ist die chirurgische Entfernung des Tumors. Bevor man sich zu einem derartigen Eingriff entschließt, müssen Risiko der Operation und Prognose des Krankheitsfalles einer kritischen Betrachtung unterzogen werden. Die Technik der Operation wird maßgeblich durch die Lokalisation sowie durch Größe und Art des Tumors bestimmt. Durch peinlichste Blutstillung mit Hilfe eines Elektrokaustikgerätes oder durch Gefäßligatur wird Kollapszuständen vorgebeugt.

Als Nahtmaterial verwenden wir Catgut Traumafil(R) mit atraumatischer, gebogener Nadel der Stärken 3/0 - 4/0. Zur Anästhesie hat sich Vetalar(R) in einer Dosierung von 15 - 20 mg/kg KM bestens bewährt (A r n o l d und G o e t t e , 1978).

Gestielte Tumoren lassen sich leicht nach kreuzweisem Unterstechen abbinden und absetzen. Tumoren mit breiter Basis sind möglichst stumpf von der Unterlage freizupräparieren, der verbleibende Gefäßstiel mit den in den Tumor ziehenden Gefäßen ist zu ligieren. Ist die Haut in die Neubildung mit einbezogen, ist sie ebenfalls mit zu exzidieren. Das führt häufig zu unangenehmen Blutungen.

Tumoren im Ständer- beziehungsweise Flügelbereich reichen häufig bis in tiefere Gewebsschichten, eventuell sogar bis zum Knochen. In diesen Fällen ist eine Amputation der betreffenden Gliedmaße notwendig.

Die Heilungsaussichten von Tumoren in der Leibeshöhle sind, da derartige Patienten erst in einem stark fortgeschrittenen Krankheitszustand vorgestellt wurden, oft ungünstig bis aussichtslos, so daß eine Operation häufig nicht mehr durchführbar ist. Von unseren Patienten waren 21 inoperabel, sie wurden euthanasiert. 94 Wellensittiche wurden operiert, und 72 davon (76,6 %) konnten als geheilt entlassen werden. 22 Patienten (23,4 %) verstarben während oder nach der Operation. Das Gewicht von 38 Exstirpaten (Neubildungen, Abszesse, Hämatome, Zysten, Granulome) war mit durchschnittlich 8,2 % des Körpergewichtes des Vogels vor der Operation (max. 26 %, min. 1,1 %) erstaunlich hoch.

Zusammenfassung:

Tumoren bei Wellensittichen

Anhand eines Patientengutes von 115 Wellensittichen mit klinisch diagnostizierten Tumoren wurden deren Lokalisation in Beziehung zur histologischen Diagnose sowie die Altersverteilung der Patienten dargestellt. Die chirurgische Therapie und deren Erfolgsaussichten wurden erläutert.

Summary:

Tumours in Budgerigars

The location of clinically diagnosed tumours in 115 budgerigars is reported together with its relationship to both histological diagnosis and age. Reference is made to surgical therapy and its prospects.

Résumé:

Tumeurs des perruches ondulées

115 perruches ondulées examinées en clinique et présentant des tumeurs ont permis d'établir une relation entre la localisation des tumeurs en question, la diagnose histologique et l'âge des animaux malades. Par ailleurs, l'auteur explique la thérapie chirurgicale utilisée et ses chances de réussite.

Резюме:

Опухли у волнистых попугайчиков

На основе собраного от II5 волнистых попугайчиков клинического материала с установленными опухлями показана локализация в зависимости от гистологического диагноза и возрастного распределения пациентов. Объясняются хирургические терапии и их надежды на успешное лечение.

Literatur:

ARNOLD, P. und Walpurga GOETTE (1978): Intramedulläre Osteosynthese bei Tibiotarsusfrakturen von Psittaziden. Verhandlungsber. XX. Internat. Symp. Erkrankungen Zootiere, Dvur Králové, 219-224.

BEACH, J. E. (1962): Diseases Budgerigars and other Cage-birds. Vet. Rec. 74, 10-15, 63-68, 134-140.

BLACKMORE, D. K. (1967): The pattern of Disease in Budgerigars. A Study in Comparative Pathology. Ph. D. Thesis, London University.

GRIMM, F. und J. JACOBY (1977): Krankheiten bei Patienten der Klinik des Lehrstuhls für Krankheiten des Hausgeflügels, der Zier- und Zoovögel, München im Jahre 1976. Berl. Münch. Tierärztl. Wschr. 90, 123-125.

KEYMER, L. F. (1960): Cage and aviary bird surgery. Mod. vet. Pract. 41, 28-31, 32-36.

KRONBERGER, H. (1962): Geschwülste bei Vögeln. Berl. Münch. Tierärztl. Wschr. 75, 7-10.

SCHETTLER, C. H. (1968): Die Lipome des Wellensittichs und ihre Behandlung. Verhandlungsber. X. Internat. Symp. Erkrankungen Zootiere, Salzburg, 201-203.

STÜNZI, H. (1972): Gedanken zur Krebsstatistik bei Hund und Katze. Kleintierprax. 17, 66.

ÜBERREITER, O. (1977): Klinische Krebsforschung bei Tieren. Fortschritte der Veterinärmedizin. Berlin-Hamburg: Paul Parey.

Anschrift der Verfasser: Dr. med. vet. P. Arnold,
DDR 701 Leipzig, Zwickauer Str. 57 (DDR)

Aus dem Tierpark Berlin (Direktor: Prof. Dr. sc. Dr. h. c. H. D a t h e) und dem Bezirksinstitut für Veterinärwesen (Direktor: VR Dr. G u d a t)

ZUR EICHELFÜTTERUNG IN ZOOLOGISCHEN GÄRTEN

Von W.-J. W u n d e r s e e , Helga P i t s c h k e und P. H u n s d o r f f

Eicheln werden von jeher in den meisten zoologischen Gärten als willkommenes Zusatzfutter betrachtet und an Wiederkäuer, Schweine und Enten verfüttert.

Die verabreichte Menge richtet sich nach dem Eichelaufkommen und der Aufnahme durch die Tiere und dürfte im Tierpark Berlin in den Herbst- und Wintermonaten bei ein bis zwei Kilogramm pro Wildwiederkäuer und Tag liegen. Die Dauer der Eichelfütterung ist ebenfalls vom jährlichen Eichelanfall abhängig und liegt bei drei bis vier Monaten, so daß pro Tier und Saison bis 200 kg Eicheln aufgenommen werden können. In manchen Tiergärten besteht zudem noch die Möglichkeit, grüne Eicheln von den Bäumen der Anlagen zu fressen.

Nach W i e s n e r (1970) sind die Ansichten über die Eignung von Eicheln zur Fütterung recht unterschiedlich und Tierverluste häufig. D o l l a t h i t e (1966) gibt allein für Texas durch die Eichenart Quercus havardi verursachte Tierverluste bei Wiederkäuern in Höhe von zehn Millionen Dollar jährlich an und auch aus Schweden (J o n s o n , 1972), England (B e c k , 1972), Frankreich (W o l t e r , 1974), Bundesrepublik Deutschland (S t ö b e r , 1974) und aus Bulgarien (A n g e l o f f , 1939) wurde mehrfach über Vergiftungen nach Aufnahme von Eicheln oder Eichenlaub berichtet. Als den Tierkörper schädigende Substanzen werden allgemein Gerbsäure (C l a r k e , in Garmers Veterinärmedizinische Toxikologie, 1968) beziehungsweise deren Hydrolyseprodukte Gallussäure und Pyrogallol (W i e s n e r , 1970) angesehen. Gerbsäure ist in der Trockenmasse der Eicheln zu sieben bis neun Prozent enthalten und soll besonders in den Schalen und Bechern konzentriert sein (L o r t h i o i r , 1967). Die Zusammensetzung der Eicheln schwankt nach W o l t e r (1974) erheblich und ist unter anderem von der Eichenart, dem Standort und dem Reifegrad abhängig. Besonders unreife Eicheln sollen stark toxisch sein, so daß die Aufnahme von einem Eimer grüner Eicheln, innerhalb von vier Tagen verabreicht, bei einem Rind tödlich wirken kann (B e n t z , 1969). Der Verzehr reifer Eicheln bewirkt meist erst nach Wochen oder Monaten und fast ausschließlich bei Tieren mit mehrhöhligem Magen klinische Symptome. Nach W o l t e r (1974) geht Tannin mit Eiweiß im Verdauungstrakt eine wenig lösliche Verbindung ein. Man muß annehmen, daß die Pansenmikroben diese Verbindung aufspalten, wodurch die giftigen Substanzen resorbiert werden können und es daher bei Wiederkäuern wesentlich häufiger zu Vergiftungen kommt als bei anderen Tieren. J e a n - B l a i n und J e a n - B l a i n (1975) dagegen machen Sporenbildner, die mit dem Futter aufgenommen werden, für die Aufspaltung des Tannins im Wiederkäuermagen verantwortlich, ohne diese jedoch näher zu differenzieren. Nach ihrer Ansicht können zahlreiche Schaf- und Ziegenarten diese Bakterien in ihrem Pansen zerstören. Zu Erkrankungen kommt es nach ihrer Auffassung nur, wenn drei Bedingungen erfüllt sind:

- die Eicheln müssen einen hohen Tanningehalt aufweisen,
- die Wiederkäuer müssen wenigstens über zwei Wochen Eicheln aufgenommen haben und die zum Tanninabbau zu Pyrogallol befähigten Mikroben im Pansen beherbergen und
- die Eicheln müssen mindestens zwei Tage bei 38,5 °C im Pansen verbleiben, da erst dann Pyrogallol gebildet wird.

Bei Pferden soll es seltener zu Schädigungen kommen, da diese Tiere erstens weniger Eicheln fressen und zweitens das Tannin im Magen und Dünndarm nur bis zur Gallussäure gespalten wird. Erst im Blinddarm und Colon könnte unter mikrobieller Einwirkung noch der Teil des Tannins zu Pyrogallol abgebaut werden, der Magen und Dünndarm passiert hat.

Bei Schweinen und Vögeln erfolge keine Pyrogallolbildung, so daß diese Tiere und auch Menschen

Eicheln ohne Schäden aufnehmen können. An Equiden sollen Eicheln nur wegen häufig beobachteter Koliken nicht verfüttert werden (B e c k , 1972).

Die wichtigsten klinischen Symptome bei Eichelvergiftung sind Anorexien, Obstipationen oder Diarrhoen mit durch Blutbeimengungen schwarz gefärbten Exkrementen, Epistaxis und Hämoglobinurie. Häufig werden Kolik und bei länger bestehender Erkrankung Abmagerung und Paresen beobachtet. Körpertemperatur, Puls und Atmung bleiben in der Regel normal, der Herzschlag ist pochend (C o m m e r g n a n t , 1973). An pathologisch-anatomischen Veränderungen werden katarrhalisch-hämorrhagische Entzündungen im Verdauungstrakt beobachtet, die in ihrem Ausmaß jedoch meist gering sind, und fast alle Autoren beschreiben Glomerulonephrosen, häufig mit perirenalen Infiltrationen (S t ö b e r , 1974).

Ausgehend von der Anamnese der Eichelfütterung, dem klinischen Verlauf und den pathologisch-anatomischen und den negativen mikrobiologischen Befunden lassen sich bei mehreren, in den letzten Jahren im Tierpark Berlin verendeten Wiederkäuern Eichelvergiftungen vermuten.

So verendete im November 1973 ein Moschusochsenbulle (Ovibos m. moschatus), nachdem er einige Tage reduzierten Allgemeinturgor und Anorexie sowie am letzten Tag Apathie, Hämoglobinurie und Festliegen gezeigt hatte. Körpertemperatur und Atmung waren normal, der Herzschlag leicht beschleunigt und pochend. Es bestand weder Diarrhoe noch Obstipation; der Kot war physiologisch geformt. Der pathologisch-anatomische Befund lautete: Starke Milz- und mittelgradige Leberschwellung, Verklebungen der Nierenkapseln, so daß deren Lösung nur unter Substanzverlust möglich war und herdförmige, interstitielle Nephritis. Histologisch waren starke Nierenveränderungen mit Verquellung der Baumann'schen Kapsel sichtbar. Die bakteriologische Untersuchung der Organproben verlief, ebenso wie ein Tetanus-Toxinnachweis, negativ. Der Bulle hatte über Wochen mindestens zwei Kilogramm Eicheln pro Tag gefressen. Durch seine α-Stellung in der Herde bedingt, kann er jedoch auch mehr reife Eicheln und zusätzlich einige grüne Eicheln von den Bäumen der Anlage aufgenommen haben.

Ähnliche klinische und pathologisch-anatomische Befunde lassen sich unter anderem von einem Sambarhirsch (Rusa equinus), einem Kreishornschaf (Ovis ammon cycloceros) und einem Hausrindbullen (Auerochsen-Rückzüchtung) erheben. Vorberichtlich hatten auch diese Tiere Eicheln erhalten.

Es ist Ziel dieser Arbeit, unsere bei Wildwiederkäuern gestellte Verdachtsdiagnose "Eichelvergiftung" durch Eichelfütterungsversuche an Schafen und Ziegen zu überprüfen. Neben Vergleichen der klinischen Symptome und pathologisch-anatomischen Befunde werden die Nierenfunktion und der Blutstatus sowie aus dem Blutserum die Leberfermente GOT und GPT, die alkalische Phosphatase, die Glucose, Calcium, Eisen, Phosphor, Magnesium und die Zellulosedigestion des Pansensaftes überwacht, um Möglichkeiten zu finden, die Diagnosestellung am lebenden Tier ohne den sehr aufwendigen Pyrogallolnachweis zu ermöglichen.

Eigene Untersuchungen

Material, Methoden und Ergebnisse

Als Versuchstiere standen insgesamt 4,0 Karakulschafe, 4,0 Kamerunschafe, 6,0 Kamerunzwergziegen, 1,0 Mufflon und 1,0 Hausrind (Auerochsen-Rückzüchtung) zur Verfügung. Alle Tiere waren höchstens zwei Jahre alt.
Die Fütterungsversuche mit vier Karakulschafen, zwei Kamerunzwergziegen und einem Auerochsen (Versuchsserie I) erfolgten im Herbst 1976, die Fütterungsversuche mit vier Kamerunschafen, vier Kamerunzwergziegen und einem Mufflon (Versuchsserie II) im Herbst 1977.

In beiden Versuchsserien wurden ausgereifte und grob geschrotete Eicheln verabreicht. Sie stammten mit hoher Wahrscheinlichkeit aus dem Stadtgebiet oder der unmittelbaren Umgebung Berlins und somit von der Eichenart Quercus robur (Stiel- oder Sommereiche) oder der Traubeneiche (Quercus petraea).

In der ersten Versuchsreihe wurden einmal täglich an die Schafe zirka zwei Kilogramm, an das

Rind zirka drei Kilogramm und an die Ziegen zirka ein halbes Kilogramm Eicheln sowie je Tier ein halbes Kilogramm Heu verabreicht. Das Heu wurde gefüttert, um den negativen Auswirkungen des einseitig hohen Eichelangebotes auf die Pansenflora entgegenzuwirken. Wasser stand ad libidum zur Verfügung. Die Schafe haben die angebotenen Eicheln gut gefressen, der Auerochse und die Ziegen widerwillig und selten in der angebotenen Menge.

Jeweils morgens und abends wurden Körpertemperatur, Puls und Atmung gemessen sowie die Futteraufnahme und Verdauung beurteilt. Die Blutproben wurden stets morgens vor der Fütterung entnommen.

Schon ab dritten Versuchstag verhielten sich die Tiere sehr ruhig. Besonders die Schafe und Ziegen zeigten geringe Bewegungsfreudigkeit. Mit fortschreitender Versuchsdauer standen sie häufig mit gesenktem Kopf und sägebockartig gestellten Beinen. Die Körpertemperaturen lagen mit 38 bis 39 °C ebenso wie Puls (um 60/min.) und Atmung (durchschnittlich 24/min.) im physiologischen Bereich. Der Herzschlag war gleichmäßig und regelmäßig, aber pochend, die Konjunktiven verwaschen. Der Nasenspiegel der Schafe war trocken und besonders um die Nasenlöcher durch blutiges Exsudat verkrustet. Der Kot aller Tiere war fest, von dunkler Farbe und trocken. Der Harn war adspektorisch unverändert klar und von gelblichem Aussehen.

Der Serumcalciumspiegel ist von einem durchschnittlichen Ausgangswert von 11,7 mg% vor Versuchsbeginn in den ersten sieben Versuchstagen um durchschnittlich 5 mg% gefallen, um ab zehntem Tag wieder anzusteigen. Am 16. Tag war der Ausgangswert erreicht und wurde bis zum Versuchsende gehalten.

Der anorganische Phosphor im Serum blieb bis zum fünften Versuchstag im Normalbereich, um etwa gleichzeitig mit dem Calcium beginnend leicht anzusteigen und sich auf diesem Niveau einzuregeln.

Die anfangs im Normalbereich liegenden Magnesiumwerte im Serum von zwei bis drei mg% fielen im Versuchsverlauf allmählich auf durchschnittlich 1,7 mg% ab.

Der Glucosegehalt des Blutes schwankte im gesamten Untersuchungszeitraum stark. Die Variationsbreite erstreckte sich bei den Karakulschafen von 20,9 mg% bis 56,8 mg%, bei den Kamerunzwergziegen von 32,1 mg% bis 51,6 mg% und beim Rind von 31,1 mg% bis 54,5 mg%.

Der Hämoglobinwert lag vor Versuchsbeginn bei durchschnittlich 14 g%, das Mittel der Erythrozytenzahlen bei 10,5 Mio./ml und der Leukozyten bei 10.000/ml. Ab zehntem Versuchstag begann eine kontinuierliche Abnahme von Hämoglobin und Erythrozytenzahlen, die bei dem Rind und den Karakulschafen nach 37 Tagen, bei den Kamerunzwergziegen bereits nach 15 Tagen besonders deutlich wurden. Die Hämoglobinwerte waren durchschnittlich um 4 g% auf zirka 10 g% und die Erythrozytenzahlen um 1,5 bis 2 Mill. gesunken. Zu diesen Zeitpunkten traten auch deutliche Anisozytosen und Poikilozytosen auf. Die Leukozytenzahlen waren gering schwankend, zeigten aber bei allen Tieren, bezogen auf die individuell unterschiedlichen Ausgangswerte zum Versuchsende, eine deutliche Verminderung. Das Differentialblutbild lag im physiologischen Bereich und ließ nur geringe Schwankungen erkennen. Gegen Ende des Versuches machte das entnommene Venenblut der Ziegen und Schafe, nicht das des Rindes, einen lackfarbenen Eindruck.

Bei der Sektion der Tiere waren makroskopisch keine Veränderungen festzustellen. Lediglich die Gallenflüssigkeit war bei den Schafen fast pigmentfrei, goldgelb und schleimig und bei den Ziegen durchscheinend und von grünlicher Farbe. Die Gallenblasenwand war bei einigen Tieren leicht verdickt.

Bei den histologischen Befunden standen Nierenveränderungen im Vordergrund. Es wurden in verschiedenen Abschnitten Anzeichen einer Tubulinephrose festgestellt. Die Tubuliepithelzellen waren weitgehend nicht mehr vorhanden und das Lumen der Tubuli mit homogenen, eosingefärbten Massen gefüllt. Einzelne Glomerula waren degenerativ verändert. Entzündliche Veränderungen oder Infiltrationen waren in den Nieren nicht nachweisbar. In der Darmschleimhaut war das Epithel deutlich aufgelockert und zum Teil stärkere Zellinfiltrationen histiozytärer und lymphozytärer Zellen nachweisbar. Auffällig groß war der Anteil an Schollenleukozyten im Darmepithel.

Von den vier Kamerunschafböcken, vier Kamerunzwergziegen und dem einen Mufflonbock, die in der zweiten Versuchsserie zur Verfügung standen, wurden zwei Kamerunschafböcke und ein Kamerunzwergziegenbock als Kontrolltiere gehalten.

In der letzten Woche vor Versuchsbeginn wurden von allen Tieren Körpertemperatur, Puls und Atmung gemessen, Blut- und Harnstatus erstellt, aus dem Serum Calcium, Phosphor, Magnesium, Eisen, alkalische Phosphatase, Glucose und Bilirubin ermittelt, die Leberfermente GOT und GPT bestimmt, Nierenfunktionsproben mit Phenolrot durchgeführt sowie nach Pansensaftentnahmen die Zellulosedigestion pro Zeiteinheit gemessen.

Die Messungen und Probeentnahmen erfolgten jeweils morgens vor der Fütterung. Die Blutentnahmen und Injektionen wurden an der V. jugularis vorgenommen. Die Methoden und Zeiten wurden während der gesamten Versuchsdurchführung gleichbleibend beibehalten.

Während die drei Kontrolltiere ständig mit Heu, Versuchstierpellets und Wasser versorgt wurden, erhielten die Versuchstiere täglich zwei Kilogramm Eicheln und zirka ein viertel Kilogramm Heu angeboten. Der durchschnittliche Futterverbrauch während der gesamten Versuchsdauer lag bei 780 g Eicheln und 150 g Heu je Tier und Tag. Die Eicheln wurden fast immer dem Heu vorgezogen.

Als erste Veränderungen wurden ab achtem Versuchstag bei zwei Tieren trockene, vermehrt warme Nasenspiegel und ab 16. Versuchstag zeitweilig breiig-geformter Kot beobachtet. Erst ab 28. Versuchstag ließ bei allen Tieren die Freßlust nach und beginnend bei den Kamerunzwergziegen setzte muköser, rötlich gefärbter Nasenausfluß ein, der zu Verkrustungen an Nasenspiegel und Mundwinkeln führte. Der Kot der Tiere wurde auffallend fest und dunkel.

Der Blutstatus der Tiere zeigte im Gegensatz zur ersten Versuchsserie bis zum Ende keine Veränderungen und auch die Resistenz der Erythrozyten (Hämolyse) war ebenso wie die Serumwerte der Leberfermente GOT und GPT, alkalische Phosphatase, Glucose, Eisen, Phosphor und Magnesium unverändert.

Die Serum-Calcium-Werte fielen bereits ab drittem Versuchstag von 10,6 mg% allmählich um 1,5 bis 2 mg% ab und begannen erst ab 28. Versuchstag wieder leicht anzusteigen.

Der Harnstatus ließ keine groben pathologischen Abweichungen erkennen. Eiweiß und Glucose wurden in keinem Fall nachgewiesen, Urobilinogen war gering vermehrt, der pH-Wert lag in den Grenzen von 6,7 bis 8,7. Bei fünf Tieren deuteten vereinzelte Erythrozyten und Rundepithelien im Sediment auf Schädigungen der Nieren hin.

Die Nierenfunktion wurde durch die Ausscheidungszeit von intravenös injiziertem Phenolrot bestimmt. Während die normale Ausscheidungszeit zwischen zehn und zwölf Minuten lag, erhöhte sie sich nach zirka zwei Wochen Eichelaufnahme bis zur doppelten Zeit.

Der pH-Wert des Pansensaftes der Versuchstiere stieg während der Versuchszeit von durchschnittlich 6,4 auf 7,1 an, wogegen er bei den Kontrolltieren unverändert bei 6,4 blieb. Die Zellulosedigestionszeit begann sich etwa zeitgleich mit der pH-Wert-Verschiebung von durchschnittlich 48 Stunden auf 72 Stunden zu verzögern.

Diskussion und Schlußfolgerungen

Eicheln haben einen nach Eichenart, Reifegrad und Jahrgang schwankenden Tanningehalt (W o l t e r , 1974). Tannin oder Gerbsäure ist der Hauptbestandteil der pflanzlichen Adstringentien und denaturiert Eiweiß, wodurch auf Schleimhäuten und Wundflächen Verschorfungen hervorgerufen werden. Die in unseren beiden Versuchsserien an den lebenden Tieren beobachteten Krustenbildungen an den sichtbaren Nasenschleimhäuten, die einheitlich bei allen Tieren histologisch nachweisbaren Veränderungen der Darmschleimhaut, in der ersten Versuchsserie als Auflockerungen des Darmepithels mit Zellinfiltration histiozytärer und lymphozytärer Zellen bezeichnet, bei den Tieren der zweiten Versuchsserie als chronisch proliferative Schleimhautentzündung mit lymphoretikulärer Wucherung und Drüsenatrophie angesehen, beruhen wohl auf direkter Gerbsäurewirkung. Makroskopisch erschienen die Darmepithelien dabei bräunlich tingiert. Die Entstehung von Ulzerationen aus diesen Epithelschäden, wie sie auch S t ö b e r et al. (1974) gesehen haben, ist verständlich. Die im Darm hydrolysierte Gerbsäure wird als nicht mehr adstringierend wirkendes gallussaures Salz im Dünndarm resorbiert (F r ö h n e r , 1941).

Der bei allen Versuchstieren beobachtete allmähliche Abfall der Serum-Calcium-Werte innerhalb der ersten zwei Wochen der Eichelaufnahme ist wohl als Erschöpfung der Serum-Calcium-Reserven bei der Metabolisierung der Gerbsäure zu betrachten und die langsame Normalisierung auf Gegenregulationen des Organismus zurückzuführen. Wäre die Nierenschädigung für die Verschiebung der Serum-Calcium-Konzentration verantwortlich, wie es S t ö b e r (1974) annimmt, müßten diese bei Normalisierung der Serum-Calcium-Werte ausgeheilt sein. Das ist nach den Nierenfunktionsproben und den pathologisch-anatomischen Befunden jedoch nicht der Fall.

Unter Mitwirkung von Sporenbildnern soll nach J e a n - B l a i n und J e a n - B l a i n (1975) in den Gärkammern des Verdauungstraktes der Pflanzenfresser, insbesondere im Pansen, aus Gerbsäure auch Pyrogallol gebildet werden können.

Pyrogallol ist ein starkes Blutfarbstoffgift, das Hämoglobin ähnlich wie Blei, Arsen, Sulfon, schweflige Säure oder Saponine und Schlangengifte irreversibel unter Bildung von Verdoglobin beziehungsweise Zyanhämoglobin zerstört (H a u s c h i l d , 1958; P o t e l , 1969). Die so geschädigten Erythrozyten werden in der Milz und Leber abgefangen und phagozytiert (J u n g , 1947). Die Zerfallsprodukte des freiwerdenden, umgewandelten Hämoglobins können sekundär in den Nieren durch toxische Schädigungen Nephrosen verursachen (P o t e l , 1969), wie wir sie bei den im Zusammenhang mit Eichelfütterung verendeten Wildwiederkäuern und übereinstimmend bei allen Versuchstieren gesehen haben und wie sie, gemeinsam mit den Schädigungen des Darmepithels auch viele andere Autoren beschrieben haben (S t ö b e r et al., 1974).

Die Entstehung von Nierenschäden im Zusammenhang mit Eichelfütterung wird auch durch unsere Nierenfunktionsproben belegt. Während die Phenolrotausscheidung bei den drei Kontrolltieren unverändert innerhalb von 10 bis 14 Minuten erfolgte, benötigten die Versuchsziegen Nr. 4 und 5 gegen Versuchsende annähernd die doppelte Zeit, beziehungsweise erfolgte keine Ausscheidung mehr, und bei dem Versuchsschaf Nr. 7 war die Ausscheidungszeit von zirka elf Minuten auf über 28 Minuten angestiegen. Auch beim Versuchsschaf Nr. 6, bei dem die Ausscheidung von Anfang an verzögert war, erfolgte eine Erhöhung der Ausscheidungszeit.

Versuchsschaf Nr. 8 hatte hingegen schon vor Versuchsbeginn verkürzte Ausscheidungszeiten von zirka neun Minuten, die sich noch weiter verkürzten.

Vergleicht man die Ergebnisse der Nierenfunktionsproben von unseren Versuchsschafen und -ziegen mit denen beim Rind (K i r c h n e r , 1970), so ist aus stark veränderten Ausscheidungszeiten immer auf Nierenschäden zu schließen. Die Harnuntersuchungen erbrachten für Nierenschäden mit unserer Methode aber noch keine Hinweise.

Wie bei der chronischen Einwirkung von Blutgiften zu erwarten, läßt das kontinuierliche Absinken des Hämoglobinwertes und der Erythrozytenzahlen sowie das Auftreten von Anisozytose und Poikilozytose in der ersten Versuchsserie einen verstärkten Abbau geschädigter Erythrozyten vermuten. In der zweiten Versuchsserie wurden diese Veränderungen des roten Blutbildes nicht gesehen, aber auch das Allgemeinverhalten der Tiere schien weniger beeinträchtigt.

Die Beurteilung des Differentialblutbildes, der Leberfermente GOT und GPT sowie der alkalischen Phosphatase, der Serumglucose und der Serumwerte von Eisen, Magnesium und Phosphor lassen keine gesicherten Normabweichungen erkennen.

Aus der bei allen Versuchstieren verzögerten Zellulosedigestion ist trotz Neufütterung auf eine Schädigung der Pansenflora zu schließen. Eine absolute Mangelernährung ist bei den der Ration zugrunde liegenden Nährstoffwerten ausgeschlossen.

Zusammenfassend haben unsere Fütterungsversuche ergeben, daß es bei Eichelfütterung bei kleinen Wiederkäuern zu Epithelschäden im Verdauungstrakt und zu Nephrosen gekommen ist, die morphologisch nachweisbar waren. Für die Diagnosestellung am lebenden Tier konnten wir keine sichere Methode finden. Aus klinischer Sicht ist durch geringe Bewegungsfreudigkeit bis zur Apathie gekennzeichnetes Allgemeinverhalten der Tiere, verbunden mit einer häufig gesehenen sägebockartigen Stellung der Extremitäten bei gesenktem Kopf, normaler Körpertemperatur, "pochendem" Herzschlag, Krustenbildung an Nasenlöchern und Mundwinkeln und meist sehr trockenem, festem und auffallend dunklem Kot bei vorberichtlicher Eichelfütterung der Verdacht einer "Eichelvergiftung" gegeben. Ein klinisch-chemischer Nachweis konnte mit unseren Methoden nicht erbracht werden. Der Serum-Calcium-Wert könnte nur nach etwa 10 bis 14 Tagen Eichelaufnahme den Verdacht einer Tannineinwirkung verstärken.

Es ist zu erwarten, daß mit jeder Eichelfütterung an Wiederkäuer eine toxische Schädigung einhergeht, auch wenn sie mit klinischen, klinisch-chemischen und hämatologischen Methoden nicht sicher erfaßbar ist. Der Grad der zu erwartenden Schädigung hängt von der aufgenommenen Tanninmenge, der Dauer der toxischen Einwirkung und dem Gerbsäureabbau im Organismus ab und ist immer schwer zu kalkulieren. Beim Absetzen der Eichelfütterung und Ausbleiben der Noxen ist je nach Grad der Schädigung wohl bei den meisten Tieren mit Regeneration beziehungsweise Kompensation der Schäden zu rechnen, so daß letale Verläufe selten gesehen werden. Wo sie auftreten, ist das durch Vorratswirtschaft mögliche sehr lange Eichelangebot oder die sich aus der sozialen Struktur der Herde ergebende Möglichkeit einzelner Tiere, sehr viel Eicheln aufzunehmen, verantwortlich zu machen, wie es A n g e l o f f (1939) nach Verfütterung junger Eichentriebe und andere Autoren nach langdauernder Verfütterung reifer Eicheln mit Mortalitäten von 70 bis 80 % beschrieben haben.

Bei unseren Versuchen waren Ziegen wesentlich empfindlicher als Schafe. W i e s n e r (1970) gibt für die Empfindlichkeit der Haustiere folgende Reihenfolge an: Milchkühe, Rinder, Pferde, Geflügel, Schafe, Schweine. Schafe sind somit als Versuchstiere für Eichelfütterungsversuche nicht sehr geeignet. Ob hierfür die von J e a n - B l a i n und J e a n - B l a i n (1975) vermutete Fähigkeit kleiner Wiederkäuer, bestimmte Sporenbildner im Pansen, die die Gallussäurespaltung in Pyrogallol und Kohlenhydrate bewirken sollen, zu zerstören, ausschlaggebend ist, können wir nicht beantworten.

Die scheinbare, aber nicht bewiesene gute Verträglichkeit der Eicheln für Cerviden in freier Wildbahn würde hier eine der möglichen Erklärungen finden.

In Zoologischen Gärten sollten Eicheln in erster Linie an Schweine oder Geflügel verabreicht werden. Alle anderen Zootiere sollten Eicheln nur aus diätetischen Gründen zeitweilig, streng kontrolliert und in kleinen Mengen erhalten. Die Aufnahme unreifer Eicheln durch Zootiere ist zu vermeiden.

Zusammenfassung:

Zur Eichelfütterung in zoologischen Gärten

Es wird zum Problem der Eichelfütterung in zoologischen Gärten Stellung genommen. In Fütterungsversuchen konnte gezeigt werden, daß es nach Eichelfütterung bei kleinen Wiederkäuern zu Epithelschäden im Verdauungstrakt und zu Nephrosen kommt.

Summary:

Acorn Feeding in Zoological Gardens

Reference is made to the problem of acorn feeding on the premises of zoological gardens.

Für die Durchführung der pathologisch-anatomischen Untersuchungen danken wir Herrn VR Prof. Dr. habil. R. I p p e n von der Forschungsstelle für Wirbeltierforschung (im Tierpark Berlin) der Akademie der Wissenschaften der DDR (I. Versuchsserie) und Frau Dr. R e s s e l vom Bezirksinstitut für Veterinärwesen Berlin (II. Versuchsserie).
Die Versuchstiere wurden dankenswerterweise vom Tierpark Berlin zur Verfügung gestellt.

Feeding experiments applied to small ruminants have shown acorn feeding to be followed by epithelial damage to the digestive tract and nephrosis.

Résumé:

A propos de l'utilisation de glands pour ravitailler les animaux zoologiques

L'auteur prend position à propos du problème que soulève l'alimentation des animaux de jardins zoologiques avec des glands. Les analyses des prélèvements ont montré que des petits ruminants manifestent des irritations à l'épithélium du tube digestif et des néphroses après avoir été affouragés avec des glands.

Резюме:

К кормлению желудями в зоопарках

Обсуждается проблема кормления животных зоопарка желудями. Опытами показано, что кормление маленьких жвачных животных желудями вызывает у них нарушения эпителии пищеварительного тракта и нефрозы.

Literatur:

ANGELOFF, St. und Zw. THOMOFF (1939): Erkrankungen der Rinder und Büffel nach Aufnahme von Eichelknospen und jungem Eichenlaub. Dtsch. Tierärztl. Wschr. 47, 55-58.

BECK, J. L. and C. C. BECK (1972): Acorn toxicity in a heifer. Vet.-Med. 67, 1003-1006.

BENTZ, H. (1969): Nutztiervergiftungen. Jena: Gustav Fischer.

COMMERGNANT, J. (1973): Intoxication des bovins par les glands. Bull. mens. Soc. vet. pract. Pr. 57, 371-374.

DOLLATHITE, J. W. (1966): zitiert in Wiesner (1970): Ernährungsschäden der landwirtschaftlichen Nutztiere. 2. Auflage. Jena: Gustav Fischer.

FOWLER, M. E. und W. P. C. RICHARDS (1965): zitiert in Stöber, M.: Beitrag zur Eichelvergiftung des Rindes - Krankheitsfälle im Herbst 1973. Dtsch. Tierärztl. Wschr. 81 (1974), 155-161.

FRÖHNER, E. und R. REINHARDT (1941): Lehrbuch der Arzneimittellehre für Tierärzte. Stuttgart: Enke-Verlag, 219-220.

GARNERS Veterinärmedizinische Toxikologie (1968): Jena: Gustav Fischer.

HAUSCHILD, F. (1958): Pharmakologie und Grundlagen der Toxikologie. Leipzig: Georg Thieme, 1019.

JEAN-BLAIN, A. und M. JEAN-BLAIN (1975): Pathogenie de l'intoxication par les glandes du chêne chez les bovides. Econ. et Med. animales, Paris, 16, Nr.4, 213-226.

JONSON, G. (1972): Vergiftung mit Eicheln - eine Realität. Svensk. Veter. Tidn. 24, 215-218.

KIRCHNER, H. und L. B. LEHMANN (1974): Zur Diagnostik der Nierenerkrankungen des Rindes unter besonderer Berücksichtigung der Phenolrotprobe. Humboldt-Universität Berlin: Vet.med. Diss.

POTEL, K. (1969): Lehrbuch der Pathologischen Physiologie der Haustiere. Jena: Gustav Fischer, 40 und 408.

WIESNER, E. (1970): Ernährungsschäden der landwirtschaftlichen Nutztiere. 2. Auflage. Jena: Gustav Fischer.

WOLTER, R. (1974): La toxicité des glands. Revue Med. vet. 12, 1481-1485, Toulouse.

STÖBER, M., ZIGLER, H.-P. und K. von BENTEN (1974): Beitrag zur Eichelvergiftung des Rindes - Krankheitsfälle im Herbst 1973. Dtsch. Tierärztl. Wschr. 81, 155-161.

Anschrift der Verfasser: VR Dr. W.-J. W u n d e r s e e ,
DDR-1136 Berlin, Am Tierpark 125 (DDR)

From the Pathology Department of the Royal Veterinary College, London

SEVEN YEARS WITH THE INTERNATIONAL ZOO DATA PROGRAMME (V.R.Z.A.) - A SUMMARY OF PATHOLOGICAL FINDINGS

By E. C. A p p l e b y

Introduction

The V. R. Z. A. programme commenced in 1971 with the object of establishing a pool of data concerning disease in captive wild mammals from established zoological collections in several countries. The data consists principally of pathological findings from mammals which have died and been examined post-mortem.

The origins of the programme, which has been closely related to the International Symposium of Zoo Animal Diseases throughout its existence, together with its mode of operation and some interim results, have been discussed in a series of publications during recent years (A p p l e b y, 1974a, 1974b, 1976; A p p l e b y and E l l i s , 1973; R o t h e t a l , 1973).

Much support for the programme has been received from the World Health Organisation which has provided computer facilities from inception until the end of 1977.

The present communication provides a summary and brief analysis of the data accumulated during the period 1971 - 1977 involving approximately 6000 animals from 12 institutes in 6 countries. (It is intended to submit a more detailed account of this material to the Bulletin of the World Health Organisation at a later date).

Results

Table 1 indicates the approximate number of individual mammal records which have been submitted to the programme during the period under review, classified according to zoological orders. Up to 3 pathological "diagnoses" are permitted for each individual animal and thus the total of "diagnoses" listed for each order is, in most cases, higher than the total of individual animals. Since 1975 (cf. A p p l e b y , 1976) these totals have increased from 3363 to 6209 animals and 4955 to 8639 "Diagnoses".

In the individual orders, the numbers of primate, carnivore and artiodactyl reports has continued at a high level as in previous years. The number of marsupial reports has increased markedly, however, from 160 "diagnoses" in 1975 to 565 "diagnoses" in 424 animals in the 1977 total.

Table 2 indicates the number of diagnoses subdivided according to the major aetiological groupings provided by the coding system. (For technical reasons there is a disparity between the 'total' figure in this table and that in Table 1, Column 4).

In comparison with previous years "microbial infections", "trauma etc." and "metabolic and nutritional disorders" remain the biggest groups in this greatly enlarged collection of cases. The percentage of "diagnoses" of parasitism has fallen from about 9 % to approximately 6 %, perhaps indicating a genuine decline or else, possibly, a reluctance to record common parasites that are causing no obvious disease.

In the "microbial infections" category more than 2000 "diagnoses" are listed but a specific biological agent is named in approximately 700 cases only.

Table 1: Approximate Numbers of Animals and Diagnoses in each Order of Mammals

Code	Order	No. of Animals	No. of Diagnoses
101	Montremata	5	7
102	Marsupialia	424	565
103	Insectivora	46	69
104	Dermoptera	0	0
105	Chiroptera	62	78
106	Primates	598	873
107	Edentata	21	29
108	Pholidata	6	7
109	Lagomorpha	144	185
110	Rodentia	1295	1652
111	Cetacea	1	1
112	Carnivora	790	1171
113	Pinnipedia	61	99
114	Tubulidentata	2	2
115	Proboscidea	10	22
116	Hyracoidea	37	60
117	Sirenia	0	0
118	Perissodactyla	204	295
119	Artiodactyla	2483	3488
	(Unclassified)	(20)	(36)
	Totals	6209	8639

Table 2: Number of "Diagnoses" in the major "Aetiological" Groups

0000	Genetic prenatal diseases	497
1000	Microbial infections	2289
2000	Animal parasites	526
3000	"Intoxications"	124
4000	Trauma or physical agents (including "stress")	1447
5000	Circulatory disturbances	132
5500	Disturbances of innervation	12
6000	Mechanical abnormalities, including obstructions, deformities etc.	235
7000	Disorders of metabolism, growth or nutrition	1193
8000	New growths (tumours)	150
9000	Structural reactions of uncertain cause	1065
X000	Disturbance of function	78
Y000	Undetermined cause	828
	Unclassified	8
	Total	8566

Table 3 lists some of the specific bacterial infections, the cases being subdivided according to zoological orders.

The cases of tuberculosis were submitted by a number of different sources. It is of interest that this disease continues to occur, albeit in a small number of animals only, and also to see that the figures include 20 marsupials.

The clostridial infections were mostly diagnosed as "enterotoxaemia" and this included three young elephants.

Yersinia pseudotuberculosis is the most frequently recorded bacterium in our lists with the exception of Escherichia coli. It is perhaps surprising to see the diagnosis in artiodactyls.

Table 3: Some Bacterial Diseases - agent specified

Agent	Zoological Order						
	Marsupialia	Primates	Rodentia	Carnivora	Artiodactyla		Total
Mycobacterium tuberculosis	20	3	6	1	54	3 Perissodactyla 1 Probosoidea	88
Mycobacterium paratuberculosis	-	-	-	-	31	-	31
Clostridium spp.	1	-	1	-	32	1 Perissodactyla 3 Proboscidea	38
Erysipelothrix insidiosa	-	-	10	-	3	1 Pinnipedia	14
Listeria monocytogenes	-	1	3	-	3	-	7
Yersinia pseudotuberculosis	1	27	34	9	12	6 Lagomorpha 2 Hyracoidea	92+
Salmonella spp.	2	5	12	12	5	3 Perissodaytyla 2 Lagomorpha 1 Hyracoidea	42

+This figure includes 1 mammal of unrecorded species

The number of cases in which Salmonella sp. have been found is very small and it is possible that routine bacteriological examination of intestinal contents would reveal more cases.

Specific diseases due to viruses listed include rabies (2), canine distemper (12), feline enteritis (17), malignant catarrhal fever (8), mucosal disease (4), equine rhinopneumonitis (3), contagious eothma (3), 'pox' (2), myxomatosis (2), porcine pneumonia (1), bovine rhinotracheitis (1), "influenza" (1) and ovine abortion (1).

The 526 diagnoses of parasitism include a great variety of protozoan and metazoan parasites. The 44 cases of intestinal coccidiosis involve 19 artiodactyls, 17 lagomorphs, 4 marsupials, 2 insectivores, 1 carnivore and 1 rodent embracing a total of 17 species of mammal. Nine cases of toxoplasmosis were diagnosed in seven different species.

The majority of parasitological diagnoses concerned nematodes and arachnids. Cestodes and trematodes were relatively infrequently recorded.

It is of interest to note that all three cases of trichinosis were found in polar bears Thalarctos maritimus.

Table 4 indicates the distribution of the 138 tumour-bearing animals among the zoological orders. Six of these animals had two tumours each and six others had been recorded twice thus explaining the figure of 150 diagnoses given in Table 2.

With the exception of Edentata where one tumour is recorded in a total of only 21 animals, the prevalence of neoplasia appears highest in Carnivora (4.4 %) and Rodents (3.8 %). Primates (1.8 %) and Artiodactyla (1.2 %) have a rather low prevalence. These figures, as well as the total figure of 2.22 %, are consistent with a number of other surveys.

The total absence of tumours from the 204 records of Perissodactyla is a surprising feature of the table.

Table 4: Tumour prevalence in zoological Orders

Order	Tumour-bearing animals	Total animals in survey	%
Monotremata	0	5	0.0
Marsupialia	4	424	0.9
Insectivora	0	46	0.0
Dermoptera	0	0	0.0
Chiroptera	1	62	1.6
Primates	11	598	1.8
Edentata	1	21	4.8
Pholidata	0	6	0.0
Lagomorpha	2	144	1.4
Rodentia	49	1295	3.8
Cetacea	0	1	0.0
Carnivora	35	790	4.4
Pinnipedia	1	61	1.6
Tubulidentata	0	2	0.0
Proboscidea	0	10	0.0
Hyracoidea	1	37	2.7
Sirenia	0	0	0.0
Perissodactyla	0	204	0.0
Artiodactyla	31	2483	1.2
Unrecorded	2	20	10.0
Total	138	6209	2.22

Discussion

In this communication, as in previous reports on the V. R. Z. A. programme presented to the International Zoo Symposium, the writer has in general avoided mentioning specific cases of disease in individual animals. The reason for this has been to avoid breaching the confidential nature of the records. However, a more detailed account of this material is being prepared in which it is hoped to provide more specific information and this will be circulated to contributors for their comments before being submitted for publication.

The accumulation of a total of over 6000 pathological records of captive wild mammals represents a great deal of dedicated work on the part of the contributing institutes. It is hoped that, in time, their efforts will be justified by an analysis based on smaller groups of mammals down to the level of the individual species, though this must await the renewed availability of computer facilities.

In the meantime, those records which are still being submitted from some institutes are being stored until such time as computerisation can begin again.

Summary:

Seven years with the International Zoo Data Programme (V.R.Z.A.) - A Summary of Pathological Findings

The V. R. Z. A. programme has accumulated records of over 6000 captive wild mammals during the period 1971 to 1977. The pathological findings in these cases are tabulated according to the main groups of diseases and the zoological orders of mammals. These results and possible future developments are briefly discussed.

Zusammenfassung:

Sieben Jahre internationales Zoodatenprogramm (V.R.Z.A.) - eine Übersicht über die pathologischen Befunde

Das V. R. Z. A.-Programm faßt die Sektionsbefunde von 6000 Zootieren während der Zeit vor 1971 bis 1977 zusammen. Die pathologischen Befunde dieser Fälle sind tabellarisch zusammengefaßt, wobei die Hauptgruppen der Erkrankungen und der Tierordnungen von Säugetieren besonders ausgewiesen sind. Diese Ergebnisse und die mögliche künftige Entwicklung werden kurz diskutiert.

Résumé:

Sept ans de programme international pour les données zoologiques (V.R.Z.A.) - aperçu des indices pathologiques

Le programme V.R.Z.A. a réuni les résultats des dissections de 6000 animaux zoologiques de la période entre 1971 et 1977. Les indices pathologiques de ces cas sont groupés sous forme de tableau tout en mentionnant expressément les catégories essentielles des maladies et les genres de mammifères concernés. L'auteur discute ensuite brièvement de ces résultats et du dévelloppement futur éventuel.

Резюме:

7 лет международная программа данных зоопарков (V.R.Z.A.) - обзор патологических данных

V.R.Z.A. - программа резюмирует данные вскрытий 6000 животных зоопарков в I97I-I977 гг.. Данные передаются в даблицах, причем подчеркиваются главные группы заболеваний и порядков млекопитающих. Коротко обсуждаются результаты и возможное дальнейшое развитие.

Literature:

APPLEBY, E. C. (1974a): A Second Progress Report on the International Zoo Data Scheme (V.R.Z.A.). Verhandlungsber. XVI. Internat. Symp. Erkrankungen Zootiere, Erfurt, 349-351.

APPLEBY, E. C. (1974b): The V.R.Z.A. International Programme for Zoo Data Recording and Retrieval - Some Preliminary Results. Proc. Centennial Symp. Philadelphia Zool. Soc. Nov. 1974 - in press.

APPLEBY, E. C. (1976): The International Zoo Data Programme (V.R.Z.A.) - a third report. Verhandlungsber. XVIII Internat. Symp. Erkrankungen Zootiere, Innsbruck, 401-405.

APPLEBY, E. C. and P. R. ELLIS (1973): A Progress Report on the International Zoo Data Scheme (V.R.Z.A.). Verhandlungsber. XV. Internat. Symp. Erkrankungen Zootiere, Kolmården, 389-393.

ROTH, H. H., KEYMER, I. F. and E. C. APPLEBY (1973): Computerised data recording for Captive and Free-living Wild Animals. Internat. Zoo Yearbook (pub. Zool. Soc. London) 13, 252-257.

Address of Author: Dr. E. C. A p p l e b y ,
Pathology Department,
Royal Veterinary College,
London NW1 OTU (United Kingdom)

Richtlinien für die Anfertigung der Manuskripte

Manuskripte, die zum Druck eingereicht werden, müssen satzreif sein. Hierfür sind sie mit Schreibmaschine einseitig, doppelzeilig und mit einem genügend breiten Rand zu schreiben. Die Absätze müssen klar erkennbar sein. Nachträglich vorgenommene Verbesserungen sind deutlich und in Druckschrift unter Verwendung der international üblichen Korrekturzeichen anzubringen. Bei größeren Änderungen ist es erforderlich, die betreffende Seite neu zu schreiben. Sämtliche Manuskriptseiten einschließlich der Tabellen, des Literaturverzeichnisses und der Bildunterschriften sind fortlaufend zu numerieren. Nachträglich eingeschobene Seiten sind mit a, b usw. der vorangegangenen Seitenzahl zu bezeichnen. Bei Arbeiten, die in Instituten, Kliniken, Tiergärten usw. angefertigt worden sind, ist über dem Titel der Arbeit deren Herkunft anzugeben. Am Ende des Manuskriptes ist die Anschrift des Verfassers mit akademischen Titeln und ausgeschriebenem Vornamen aufzuführen.

Eigennamen im Text werden gesperrt geschrieben. Werden Autoren im Text zitiert, so ist neben dem Namen die Jahreszahl der betreffenden Literatur in Klammern einzusetzen. Bei mehr als zwei Autoren wird nur der erste genannt, gefolgt von dem Zusatz "et al.". Werden mehrere Arbeiten desselben Autors aus dem gleichen Jahr zitiert, so werden die Buchstaben a, b usw. der Jahreszahl hinzugefügt. Werden Pharmaka angeführt, so ist gegebenenfalls der Name des Herstellers in Klammern dahinter zu setzen.

Im Literaturverzeichnis sind die zitierten Arbeiten ohne Numerierung in alphabetischer Reihenfolge nach dem Namen des jeweiligen ersten Autors anzuordnen und die Jahreszahl des Erscheinens der Arbeit in Klammern dahinter zu setzen. Es ist der vollständige Titel der zitierten Arbeiten in der Originalsprache, jedoch nur in lateinischer Schrift, mit Auflage, Seitenzahl, bei Büchern der Erscheinungsort und der Verlag anzuführen.

Beispiel für Zeitschriften:

DIETZEL, P. B., FRISCH, H. und H. JAKOB (1964): Leukodystrophie mit orthochromatischen Abbaustoffen. Virchows Arch. path. Anat. 338, 1-4.

Beispiel für Bücher:

NAUMANN, H. (1955): Der Gelbbrandkäfer. Wittenberg-Lutherstadt: Ziemsen.

Abbildungen können nur gebracht werden, wenn sie für das Verständnis des Textes unentbehrlich und auf andere Weise nicht ersetzbar sind. Es sind Originalfotografien oder Originalzeichnungen zu verwenden, wobei möglichst eine Größe von 9 x 12 cm nicht überschritten werden soll. Hierbei ist zu berücksichtigen, daß diese Abbildungen i. d. R. im Verhältnis 1:2 verkleinert gebracht werden. Für die Wiedergabe eignen sich nur scharf aufgenommene und kontrastreich auf weißem Papier abgezogene Fotografien. Die Abbildungen sind auf der Rückseite mit dem Namen des Verfassers, der Abbildungs-Nummer sowie mit der Kennzeichnung "oben" zu versehen. Bildunterschriften gehören zum Manuskript und sind am Ende des Artikels fortlaufend aufzuführen. Farbige Abbildungen können nicht verwendet werden, desgleichen auch nicht Diapositive. Tabellen sind einheitlich auszuführen und fortlaufend zu numerieren.

Wir machen besonders darauf aufmerksam, daß die Manuskripte sowohl eine Zusammenfassung in deutscher als auch in englischer, französischer und russischer Sprache beinhalten sollen.

Der Autor erhält 30 Sonderdrucke zu seiner persönlichen Verwendung.

Directions for Preparing Manuscripts

Manuscripts submitted for printing shall be ready for setting. For this purpose the pages shall be typed on one side only, with double space between the lines, and a sufficiently wide margin. The breaks shall be marked clearly. Subsequent corrections shall be made clearly and in block letters using the international reader's marks. In the case of more corrections it is necessary to type the page concerned once more. All pages of the manuscript, including tables, bibliography, and captions, shall be numbered consecutively. Subsequently inserted pages shall be numbered consecutively. Subsequently inserted pages shall be marked with a, b etc. of the preceding page number. In papers prepared at institutes, clinics, zoological gardens, etc. the origin of the paper shall be specified above the title. At the end of the manuscript the author's address, his academic degrees, and his first name shall be given.

Proper names in the text shall be typed spaced. If authors are quoted in the text the publication date of the work concerned shall be given in brackets after the name of the respective author. In case of more than two authors only the name of the first one shall be given followed by the addition "et al.". In case several works of one author published in the same year are quoted the letters a, b, etc. shall be added to the publication date. If pharmaceuticals are mentioned the name of the manufacturer should be stated in brackets, if any.

In the bibliography the quoted works shall be ordered without numbers and alphabetically according to the name of the respective first author, and the publication date shall be added in brackets. The complete title of the quoted works shall be given in the original languages - in Latin writing, however - including edition, number of pages, and - in case of books - publication place and publishing house.

Example for journals:

DIETZEL, P. S., FRISCH, H. and H. JAKOB (1964): Leukodystrophie mit orthochromatischen Abbaustoffen. Virchows Arch. path. Anat. 338, 1-4.

Example for books:

NAUMANN, H. (1955): Der Gelbbrandkäfer. Wittenberg-Lutherstadt: Ziemsen.

Illustrations may be included only if they are indispensable for understanding the text and cannot be replaced otherwise. It is original photographies or original drawings that should be used, not exceeding a size of 9 x 12 cm. It should be borne in mind that as a rule these illustrations are printed largely reduced, in the proportion of 1:2. Only well-focussed and high-contrast photographies printed on white paper are suitable for being reprinted. The illustrations shall be marked with the author's name, the number of the illustration, and with the mark "top". Captions belong to the manuscript and shall be listed consecutively at the end of the paper. Coloured illustrations and slides cannot be used. Tables shall be written uniformly and numbered consecutively.

We should like to draw the author's attention to the need hat each of the manuscripts should include German, English, French and Russian summaries.

The author will obtain 30 separate reprints for private purposes.

ERKRANKUNGEN DER ZOOTIERE

Generalregister der Vorträge des I.–XI. Internationalen Symposiums über die Erkrankungen der Zootiere (1959–1969)

General Register of the Papers delivered at the I.–XI. International Symposium on Diseases in Zoo Animals (1959–1969)

zusammengestellt und bearbeitet von Dr. med. vet. habil. Rudolf Ippen
Oberreferent Günter Riemer und Dr. med. vet. Hans-Dieter Schröder

1969. VI, 112 Seiten – 4° – 31,– M
Bestell-Nr. 761 265 3 (2136/R)

Im vorliegenden Band sind alle Titel der Vorträge der veranstalteten Internationalen Symposien über die Erkrankungen der Zootiere von 1959 bis 1969 in deutscher und englischer Sprache in Form einer Bibliographie zusammengestellt. Daneben wird ein computer-technisch ausgearbeitetes Stichwortregister in englischer Sprache vorgelegt, dessen Recherchekode Hinweise auf den Fundort in der Bibliographie gibt. Am Schluß der Arbeit befindet sich ein Autorenregister.
Das vorliegende Generalregister bietet allen Interessenten aus den Bereichen der Veterinärmedizin, Medizin und Zoologie beste Möglichkeit, sich leicht und schnell über die ausgewerteten 441 Arbeiten zu verschiedensten Fragen der Zootierkrankheiten zu informieren.

Bestellungen durch eine Buchhandlung erbeten

AKADEMIE-VERLAG BERLIN

www.ingramcontent.com/pod-product-compliance
Lightning Source LLC
LaVergne TN
LVHW081346011026
849161LV00013BB/3017